HANDBUCH FÜR STERNFREUNDE

WEGWEISER FÜR DIE PRAKTISCHE ASTRONOMISCHE ARBEIT

UNTER MITWIRKUNG VON
PRIV.-DOZ. DR. ADALBERT GÜTTLER · DR. WULFF-DIETER HEINTZ
DR. WILHELM JAHN · DR. RUDOLF KÜHN · PROF. DR. ROLF MÜLLER
DR. WINFRIED PETRI · DR. WERNER SANDNER · PROF. DR. FELIX SCHMEIDLER · PROF. DR. KARL SCHÜTTE

HERAUSGEGEBEN VON

GÜNTER DIETMAR ROTH

MIT 112 TEXTABBILDUNGEN UND 29 TABELLEN IM ANHANG

SPRINGER-VERLAG BERLIN HEIDELBERG GMBH

1960

Ursprünglich erschienen bei Springer-Verlag OHG. Berlin - Gottingen - Heidelberg 1960
Softcover reprint of the hardcover 1st edition 1960

ISBN 978-3-662-23525-6 ISBN 978-3-662-25600-8 (eBook)
DOI 10.1007978-3-662-25600-8

Vorwort

Seit dem Erscheinen der letzten ähnlichen deutschsprachigen Publikation sind Jahrzehnte vergangen. Der Mangel ist von den astronomisch Interessierten allgemein empfunden worden. Im Zeichen der Weltraumfahrt dringt astronomisches Wissen immer mehr in die Öffentlichkeit. Die praktische Beobachtung am Fernrohr bringt die wertvollste Vertiefung dieser Kenntnisse für den Sternfreund. Der Lehrwert dieser Schulung ist von *hohem pädagogischem Nutzen*. Zum anderen kann die systematische Amateurarbeit auch Hilfsdienste für die Fachwissenschaft leisten.

Unter diesen Gesichtspunkten will das vorliegende Handbuch mit vielseitigen Ratschlägen dienen. Das Buch will gleichzeitig die *Vielseitigkeit der angewandten Astronomie* aufzeigen, so wie sie sich für den Sternfreund ergibt: auf mathematisch-physikalischem, feinmechanisch-optischem und nicht zuletzt auch sozialem Gebiet. Über den Kreis der Amateurastronomen hinaus wendet sich das Handbuch an Dozenten, Lehrer, Studenten und Schüler. Es will ihnen Leitfaden sein für das astronomische „Experiment", wie es im Unterricht an Grund-, Mittel-, Fach- und Oberschulen, sowie an Akademien und Volkshochschulen gepflegt werden soll.

Das weite Gebiet der Himmelskunde zwang notwendigerweise zu einer Beschränkung in der Stoffauswahl. Die Darstellung allgemeiner astronomischer Tatsachen ist bewußt zugunsten von Anleitungen zur selbständigen Arbeit zurückgestellt worden. Aber auch diese können aus einem reichen Stoff nur eine *Auswahl* bringen. Elementare astronomische, mathematische und physikalische Kenntnisse, wie sie die Oberschule vermittelt, müssen dabei als bekannt vorausgesetzt werden. Das Literaturverzeichnis (s. S. 344) und die Hinweise im Text geben genügend Anregungen, wie der Leser zu weiteren Quellen sachlicher Ergänzungen vorstoßen kann.

Die Benutzung wird durch die Gliederung im Inhaltsverzeichnis und das Sachwortregister erleichtert. Die Zweiteilung des Inhalts in Theorie und Praxis ist nicht streng wörtlich aufzufassen. Es werden mit ihr vor allem allgemeine und spezielle Abschnitte getrennt. Die Eigenart der Autoren ist bei den einzelnen Abschnitten erhalten geblieben; die zahlreichen Verweisungen im Text schaffen jedoch den notwendigen Zusammenhang zum Ganzen.

Die Stoffauswahl ist den *modernen* astronomischen Belangen angepaßt. Neuzeitliche Instrumente, z. B. Maksutow-Teleskop und Radio-Teleskop, werden ebenso erläutert wie das aktuelle Forschungsgebiet der künstlichen Erdsatelliten. Möglichkeiten der Himmelsphotographie werden ausführlich erörtert. Ein Kapitel über angewandte Mathematik für Amateurastronomen soll besonders Voraussetzungen zur selbständigen Reduktion der Beobachtungen schaffen. Wissenschaftlich ergiebige Arbeitsgebiete, z. B. Sonne, Sternbedeckungen, Planeten, Sternphotometrie, sind umfangmäßig reichhaltig ausgestattet worden. Die Verwendung eines astronomischen Jahrbuchs bzw. Kalenders (s. S. 354) als Ergänzung zum vorliegenden Handbuch, muß jedem Benutzer ebenso *selbstverständlich* nahegelegt werden wie der Gebrauch von astronomischen Karten und Katalogen (s. S. 352). Auch muß der Benutzer astronomische Zeitschriften (s. S. 353) konsultieren, um den zeitloseren Rat des Handbuchs mit den neuen, fortschreitenden Tatbeständen zu vereinen.

Als Herausgeber statte ich auch an dieser Stelle meinen Herren Mitarbeitern für ihre verständnisvolle und freundschaftliche Mitwirkung während der Planung und Ausarbeitung des Handbuchs meinen aufrichtigen Dank ab. In zahlreichen Gesprächen zwischen Autoren und Herausgeber sind Form und Inhalt des Werkes gewachsen. Mit dem Dank an die Mitarbeiter verbinde ich das Gedenken an Herrn Professor Dr. WILHELM RABE, München, der von Anfang an das Vorhaben warm unterstützt hat. Ein tragisches Schicksal hat seine Mitarbeit unmöglich gemacht.

München im Frühjahr 1960

GÜNTER D. ROTH

Inhaltsverzeichnis

A. Technik und Theorie

Seite

B. Beobachtung und Praxis

C. Anhang

A. Technik und Theorie

I. Einführung in die astronomische Literatur und Nomenklatur

Von

W. D. Heintz

Universitäts-Sternwarte München

Mit 1 Textabbildung

1. Gegenstand der Astronomie

Gegenstand der Astronomie sind alle Phänomene außerhalb der Erde. Ihr Reich ist der gesamte Raum, über größte Entfernungen hinweg. Der Astronom ist also von seinen Forschungsobjekten räumlich getrennt; er kann nicht beliebig sich ihnen nähern und experimentieren. Er muß Beobachtungen oft zu den Zeiten und sonstigen Bedingungen machen wie sie die Natur vorschreibt. Ferner sind die zu messenden Gegenstände und Bewegungen (in der Astrometrie) bzw. die zur Analyse verfügbare Lichtmenge (in der Astrophysik) meist so klein, daß den Beobachtungen erhebliche natürliche Unsicherheit anhaftet. Wenn trotzdem, von der rechnerischen Beherrschung des Gestirnlaufes her, astronomische Genauigkeit sprichwörtlich wurde, so deswegen, weil man diesen Rechnungen eine große Fülle beobachteter Daten und eine sorgfältige Prüfung der dabei in Frage kommenden Fehlerquellen zugrunde legen konnte.

Astronomie ist eine mathematische, „exakte" Wissenschaft: ihre Methoden und Ergebnisse sind meist quantitativ, in Zahlen ausgedrückt. Auf manchen Gebieten erfordert die Reduktion der Beobachtungen (Bearbeitung bis zur Ableitung eines Ergebnisses) viele Hilfsrechnungen und Benutzung von Tabellenwerken, und die auf den Beobachtungen beruhenden astronomischen Theorien müssen oft höchste mathematische Hilfsmittel anwenden.

Wo aber höhere Mathematik ins Spiel kommt, hört für den Sternfreund die Astronomie meist ebenso auf wie dort, wo kompliziertes und kostspieliges Instrumentarium (Spektrographen, Elektronenverstärker) gebraucht wird. Trotzdem ist das Feld für den Sternfreund am Fernrohr weit gesteckt, wenn er nur *sorgfältig* und *systematisch* arbeitet und seine Zeit nicht an Probleme verschwendet, die sich entweder erledigt haben oder nur noch mit großen instrumentellen Mitteln voranzutreiben sind. Ganz ohne Zahlen und einfache Rechnungen kommt man allerdings nirgends aus.

Schon der bloß betrachtende Blick durch den Feldstecher, nur aus Freude am Sternhimmel, wäre doch eine Halbheit ohne Kenntnis der himmelskundlichen Grundlagen: Man will wissen, was man da eigentlich sieht. Hier wie auf dem weiteren Weg bis schließlich zur selbständigen Tätigkeit am Fernrohr mit dem Ziel der Bereicherung himmelskundlicher Erkenntnis wird folgendes von Nutzen sein, was dem Sternfreund als Wegweiser durch das vorliegende Buch und für seine Tätigkeit überhaupt diene:

a) Astronomisches Grundwissen: einige Kenntnis der einführenden Literatur, im speziellen auch wichtiger Fachwerke, und nützlicher Hilfsmittel wie Karten, Kataloge, Kalender; hiervon berichtet das einleitende Kapitel.
b) Die optischen Mittel, ihre Leistungskraft und zweckmäßige Anwendung (S. 6—78).
c) Die Bewegungen an der Himmelssphäre und ihre einfache, mathematische Behandlung, sowie die Wirkungen der Erdatmosphäre auf die Beobachtungen (S. 90—121).
d) Die Eigenheiten der Beobachtungen verschiedener Arten Himmelsobjekte, wovon der zweite Teil des Buches handelt.
e) Schließlich liegen Routine und Geduld auf dem Weg zum guten Beobachter — und doch soll man seinen Beobachtungen stets kritisch prüfend gegenüberstehen, wozu ebenfalls ein einfaches mathematisches Mittel förderlich sein kann: die Grundzüge der Fehlertheorie s. S. 78. Bei speziellen Arbeiten empfiehlt sich Verbindung mit erfahrenen (beruflichen oder Amateur-)Beobachtern, deren Kenntnis des betreffenden Gebietes nützlich sein kann.

2. Astronomische Literatur

(S. hierzu Literaturverzeichnis S. 344.)

Zahlreiche volkstümliche Darstellungen des Gesamtgebietes sind erschienen; einige davon können sehr empfohlen werden.

Die Einzelgebiete der Forschung sind jedoch bereits so aufgespalten und angewachsen, daß ihre Darlegung in der für Fachzwecke nötigen Ausführlichkeit Spezialwerke erfordert. Die Astrophysik ist noch weitgehend in vielbändigen Handbüchern zusammengefaßt (*Handbuch der Astrophysik 1928*, *Handbuch der Physik, Gruppe VII: Astrophysik*), einiges aus der mathematischen Astronomie in der *Enzyklopädie d. math. Wiss.* Darüber hinaus ist man auf speziellere Werke angewiesen.

Für einzelne Arbeiten sind die fach- und populär-astronomischen Zeitschriften heranzuziehen, deren wichtigste (mit ihren in Zitaten gebräuchlichen Abkürzungen) ebenfalls der Anhang aufführt. Daneben geben die einzelnen Sternwarten eigene Veröffentlichungsserien im Austauschwege heraus. Auch einzelne Volkssternwarten, auf denen wirklich wissenschaftlich gearbeitet wird, beteiligen sich an diesem Publikationsaustausch.

Einen Gesamtüberblick über die astronomische Literatur geben die Referatenjournale, insbesondere der *Astronomische Jahresbericht* (Heidelberg).

3. Karten und Kataloge

Ein guter Himmelsatlas, etwa mit den dem bloßen Auge sichtbaren Sternen, ist für den Beobachter praktisch unentbehrlich. Es gibt auch Kartenwerke für schwächere Sterne; bei Beobachtung solcher Objekte muß man jedoch meist ohnehin mit Einstellkreisen arbeiten und dazu auf Katalogörter zurückgreifen. Die großen Stern- und Spezialkataloge findet man im allgemeinen nur in den Sternwartbibliotheken.

Zur Orientierung am Himmel wie in den Karten und Katalogen ist zu bemerken:

Die Einteilung des Himmels in Sternbilder ist teilweise schon sehr alt, wurde aber erst im 18.—19. Jahrhundert (besonders am Südhimmel) vervollständigt und vereinheitlicht. Heute sind 88 Sternbilder anerkannt, deren Grenzen durch Übereinkunft genau festliegen (den Meridianen und Breitenkreisen anschließend). Sie werden gewöhnlich bei ihrem lateinischen Namen bzw. dessen drei- oder vierbuchstabiger Abkürzung genannt (s. Tabelle 24 im Anhang).

Für hellere Sterne ist die Bezeichnung durch kleine griechische Buchstaben (nach Bayer, in jedem Sternbild im allgemeinen in der Reihenfolge in Größenklassen, innerhalb einer Klasse aber nach der Stellung in der Sternbildfigur) nebst Namen des Sternbildes gebräuchlich: α Leonis = Alpha im Löwen (= Regulus).

Flamsteed hat die Sterne etwa bis 5. Größe in jedem Sternbild in Reihenfolge der Rektaszension durchnumeriert (z. B. 61 Cygni). Lateinische Buchstaben, die Bayer in mehreren Fällen vergeben hat, wo die griechischen nicht reichten, werden heute nicht mehr gebraucht, da sie Verwirrung stiften. Man ersetzt sie durch Flamsteednummern.

Volkstümliche Namen (meist verstümmelt arabisch) gibt es nur für die etwa 130 hellsten Sterne des Nordhimmels. Manchmal findet sich der gleiche Eigenname für verschiedene Sterne oder verschiedene Namen bzw. Schreibweisen für denselben Stern. Man verwendet also höchstens diejenigen Namen wie Sirius, Antares, Atair, die allgemein bekannt und unverwechselbar sind.

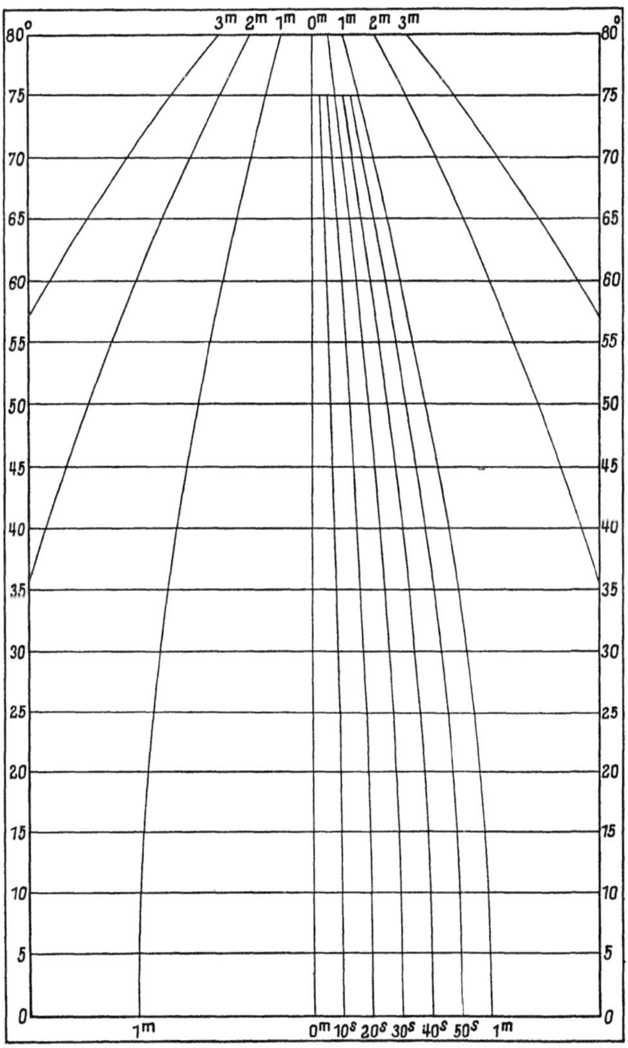

Abb. 1. Netz zum Zeichnen von Sternkarten. Aus Hilfstafeln der Hamburger Sternwarte 1916.

Am Südhimmel führte Gould eine Numerierung der Sterne ein. Sie wird durch ein G. hinter der Nummer bezeichnet (z. B. 38G.Puppis). Manchmal findet man auch Nummern mit H, nach einem entsprechenden Nordhimmelkatalog von

Hevelius (z. B. 19H.Caml). Es gibt weitere Bezeichnungen, die aber kaum mehr gebraucht werden (z. B. H[1] = Heis, B. = Bode); bequemer ist bei schwächeren Sternen die Angabe der laufenden Nummer in einem der großen Sammelkataloge, z. B. der *Bonner Durchmusterung* (BD), dem *Henry Draper-Catalog* (HD), dem *General Catalogue* (GC), wo die Sterne ohne Rücksicht auf Sternbilder durchgezählt werden, und zwar in Reihenfolge der Rektaszension, manchmal auch mit zusätzlicher Unterteilung in Deklinationszonen. So z. B. HD 111123, oder BD +53°779 (= Stern 779 in Zone +53° der BD). Sternhaufen und Nebelflecke laufen unter ihrer Nummer in der Liste von *Messier* (M) oder im *New General Catalogue* von Dreyer (NGC), z. B. M 31 = NGC 224 = Andromedanebel. Veränderliche tragen eigene Bezeichnungen mit ein oder zwei Großbuchstaben (U Gem, RR Lyr). Natürlich sind einige Bayer-Buchstaben auch an Veränderliche (δ Cep, β Lyr), sogar an Sternhaufen (χ Per) vergeben worden. Man behält sie aus Gewohnheit bei.

Nächst dem Namen wird ein Stern durch seinen Ort am Himmel (Rektaszension und Deklination) charakterisiert. Da der Ort sich ändert (hauptsächlich durch Präzession, s. S. 99), ist beizufügen, auf welche Zeit sich die Ortsangabe bezieht. Die Örter in einem Katalog sind auf eine gemeinsame Zeit bezogen, das sog. *Äquinoktium* des Kataloges. Wie auf S. 100 besprochen wird, lassen sie sich durch Berücksichtigung der Präzession (bei größerer Genauigkeit: auch der Eigenbewegung, Aberration u. a.) auf andere Zeiten umrechnen.

Weitere Merkmale eines Sterns sind seine (visuelle oder photographische) Helligkeit und sein Spektrum, daneben kann man in Katalogen noch Eigenbewegung, Angaben über Veränderlichkeit oder Doppelsternnatur u. a. finden.

Zur Vermeidung von Fehlidentifizierungen (durch Druck- und Lesefehler, bei Veröffentlichungen, Hinweisen, Rückfragen) achte man darauf, Objekte stets durch *zwei unabhängige* Bezeichnungen zu bestimmen. Man gibt also zum Beispiel: Name und Koordinaten, oder: Nummern in zwei verschiedenen Katalogen, oder (etwa bei lichtschwachen Veränderlichen): Helligkeit und Umgebungskärtchen. Wenn zwischen den Komponenten eines Doppelsterns oder sonstwie nahe benachbarten Sternen zu unterscheiden ist, hat man die Bezeichnungen:

N oder bo (borealis): nördlich,
S oder au (australis): südlich,
pr oder p (praecedens, preceding): vorangehend = westlich,
sq (sequens) oder f (following): nachfolgend = östlich,
maior, minor: hellerer bzw. schwächerer Stern,
bei engen Doppelsternen: m., med. = Mitte (Lichtzentrum).

Über die Listen von Objekten (Sternbilder, hellste Sterne, Doppelsterne sowie die Messierliste von Sternhaufen und Nebeln, die die meisten helleren Objekte dieser Art enthält) im Anhang hinaus werden die dort nachgewiesenen Kataloge den allermeisten Bedürfnissen genügen.

4. Jahrbücher

Was sich am Himmel alles ändert, findet man in den astronomischen Jahrbüchern: den Lauf von Sonne, Mond und Planeten, Sternzeit, Finsternisse, Tafeln zur genauen Umrechnung von Sternörtern, Daten zur Planetenbeobachtung (Zentralmeridiane, Achsenlage, Beleuchtung, Mondstellungen) u. a. Die umfangreichen Ephemeriden (Vorausberechnungen) der Jahrbücher sind für Präzisionsbeobachtungen und haben daher eine Rechengenauigkeit, die für den Gebrauch des Sternfreundes im allgemeinen überflüssig ist. Himmelskalender, die auf den für die Jahrbücher berechneten Ephemeridengrundlagen beruhen, sind ebenso zuverlässig und für viele Zwecke ausreichend. Doch bringen die Jahrbücher auch Hilfstafeln, die in kleineren Kalendern fehlen und doch für den Amateurbeobachter nützlich sein können, besonders wenn sie nicht an das betreffende Jahr gebunden sind: Umwandlung von Sonnen- in Sternzeit und zurück, Umwandlung in Bruchteile des Tages und Jahres, Dämmerungstafeln, Polarsterntafeln zur Azimutbestimmung, Hilfstafeln zur Interpolation (s. auch Tabellen S. 313 ff.).

Jedes Jahrbuch enthält einen Anhang mit Erläuterungen, worin die verwendeten Bezeichnungen besprochen sind. Sie erfordern daher ebenso wie die bekannten Himmelskalender keine weitere Einführung.

Die im deutschen Sprachgebiet bisher erschienenen Jahrbücher sind neuerdings in internationaler Absprache mit den *Astronomical Ephemeris* (England) zusammengelegt worden.

5. Verwertung von Beobachtungen

Die Auswertung von Beobachtungsreihen und wichtigen Einzelbeobachtungen (selbstredend vorausgesetzt, daß sie überhaupt Wert haben, also insbesondere hinsichtlich Genauigkeit und verwendeter optischer Mittel „konkurrenzfähig“ sind) muß meist dem Fachmann überlassen bleiben, der über die nötigen mathematischen Kenntnisse und die Literatur verfügt, evtl. auch die Resultate mehrerer Beobachter sammeln muß. Wie weit man ihm durch eine Vorbearbeitung des Materials, Bildung von Mittelwerten u. ä. den Überblick über die Daten erleichtern kann, hängt ganz vom Einzelfall ab, ebenso, ob sich eine Veröffentlichung lohnt.

Das für eine Sammelstelle oder Schriftleitung bestimmte Manuskript soll die Resultate in möglichst knapper Form enthalten, aber doch übersichtlich alles bieten, was für eine Auswertung von Interesse sein könnte, selbstverständlich auch eventuelle Unsicherheiten bzw. zahlenmäßig ausgedrückte Fehlergrößen. Die Ausarbeitung muß sorgfältig durchgeprüft und vollständig sein; nachträgliche Verbesserungen und Ergänzungen stiften Durcheinander oder können ganz verloren gehen.

Wesentlich zur Beurteilung der Beobachtungen sind Angaben über das Instrument: Öffnung und optische Qualität, Brennweite bzw. Vergrößerung. Bei der Beobachtung vergesse man nicht Notizen über die atmosphärischen Bedingungen. Hier unterscheidet man Bildgüte (Seeing) — klare, ruhige oder verwaschene bzw. tanzende Sterne — und Durchsicht (Transparency) — von völlig klarem Himmel über Dunst und Nebel verschiedener Stärke bis zur Wolkenbildung. Man gibt Bild und Durchsicht in 5- oder 10stufiger Skala an. Die objektive Eichung, speziell der besonders wichtigen Seeing-Skala, ist kaum möglich, es spielen zu viele Faktoren herein. Jeder geübte Beobachter verfügt über eine zuverlässige *Erfahrungsskala*, wobei Fernrohröffnung und Vergrößerung zu berücksichtigen sind.

In den sehr seltenen Fällen eines wichtigen, unerwarteten Ereignisses — eines Meteorfalles, eines neuen Kometen, Aufleuchten eines neuen Sterns, der sich mit keinem bekannten Objekt identifizieren läßt — unterrichte man umgehend die nächste Universitätssternwarte — aber erst, nachdem man sich von der Richtigkeit der Sache gebührend überzeugt hat! Dann ist eine *sofortige* weitere Verfolgung sehr wichtig. Allermeistens muß aber auf solche „Entdeckungen“ die blamable Antwort gegeben werden, daß der helle Stern, den man noch nie gesehen habe, doch der Jupiter sei, und der vermeintliche Komet ein Dunststreifen im Scheinwerferlicht des Flughafens.

II. Die Beobachtungsinstrumente des Amateurastronomen

Von

W. Jahn

Universitäts-Sternwarte, München

Mit 29 Textabbildungen

1. Die Leistungen der astronomischen Beobachtungsinstrumente

a) Aufgabe und Einteilung der astronomischen Beobachtungsinstrumente

Der Astronom will mit seinem Beobachtungsinstrument mehr und besser sehen. Was heißt mehr sehen und besser sehen? Darunter kann man vielerlei verstehen: groß sehen, was nur klein erscheint; schwache Lichtreize unmittelbar oder mittelbar zu einer deutlichen Empfindung steigern; unsichtbare Strahlung sichtbar machen; deutlich sehen, was nur verschwommen empfunden wird; getrennt sehen, was vereint gesehen wird; Richtungen festlegen und Winkelabstände messen. Jedes Instrument dient mehreren dieser Zwecke.

Ihre Namen haben die astronomischen Beobachtungsinstrumente nach anderen, und zwar verschiedenen Gesichtspunkten erhalten. Sie werden benannt nach der Art der Bildentstehung durch Brechung, Spiegelung oder durch beides (Refraktor, Reflektor, Medial), nach dem Beobachtungsobjekt (Kometensucher, Koronograph), nach der Aufstellungsart (Zenit-Teleskop, Vertikalkreis), nach wesentlichen Einzelteilen (Sextant, Meridiankreis), nach der Beobachtungsmethode (Passageninstrument, Astrograph), oder sie tragen sehr allgemeine Bezeichnungen (Fernrohr, Teleskop). In diesen Benennungen zeigt sich die Vielfalt der Eigenschaften der astronomischen Beobachtungsinstrumente.

Einen guten Einteilungsgrund bietet ein rein optischer Gesichtspunkt. Danach sind die astronomischen Beobachtungsinstrumente:
dioptrische Systeme (Linsenfernrohre, Linsenkameras), in denen eine Abbildung durch Lichtbrechung (Refraktion) zustande kommt,
katoptrische Systeme (Spiegelfernrohre, Spiegelkameras), in denen eine Abbildung durch Lichtspiegelung (Reflexion) zustande kommt,
katadioptrische Systeme (Spiegel-Linsen-Fernrohre, -Kameras), in denen Brechung und Spiegelung wesentlich zur Abbildung beitragen.

Indes sind die Beobachtungsinstrumente auch nach mechanischen Grundsätzen konstruiert. Man unterscheidet azimutal und parallaktisch aufgestellte, feste und transportable Instrumente. Eine vollständige Beschreibung jedes Instrumentes erfordert also die Berücksichtigung ganz verschiedener Gesichtspunkte. Das kann im vorliegenden Rahmen nicht durchgeführt werden.

Deshalb sollen im Folgenden weniger die Instrumente selbst, sondern ihre Eigenschaften behandelt werden. Im Vordergrund steht dabei die optische „Leistungsfähigkeit" des Beobachtungsinstrumentes, obwohl das ein recht unbestimmter Ausdruck ist. „Wir haben heute noch kein befriedigendes Kriterium für die Bewertung oder Leistung eines optischen Systems" (A. Sonnefeld, 1958).

b) Die einzelnen Leistungen

α) Die Fernrohrvergrößerung

Das „astronomische Fernrohr" besteht aus mindestens 2 „optischen Systemen" (Linsen, Spiegeln). Sie sind so zusammengesetzt, daß der bildseitige Brennpunkt des vorderen Systems (des Objektivs, des Hauptspiegels) mit dem bildseitigen

Brennpunkt des hinteren Systems (des Okulars) zusammenfällt. Dann treten parallel einfallende „Strahlen“ (Parallel-Lichtbündel) auch wieder als parallele Strahlen aus (*brennpunktloses Gesamtsystem*, „*teleskopische Folge*“) (Abb. 1 und 2).

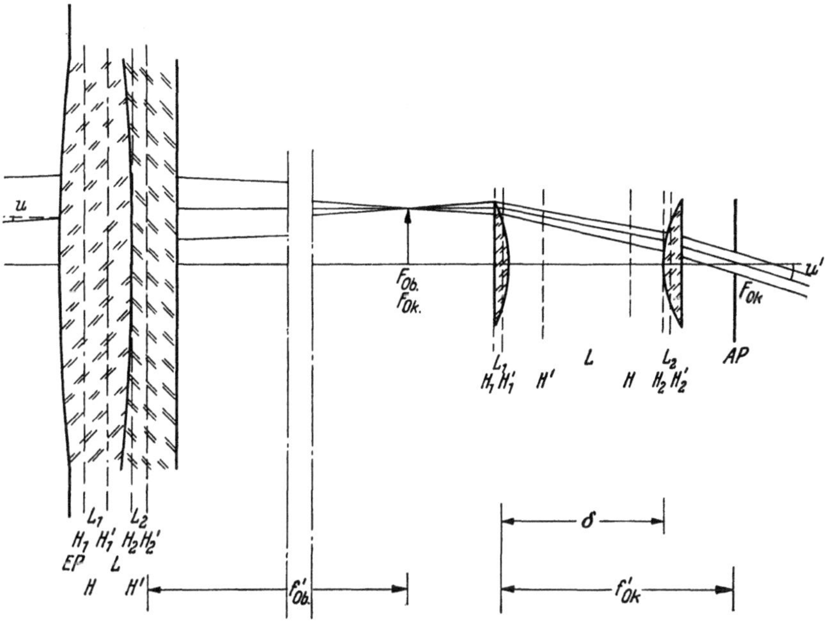

Abb. 1. Strahlengang im Keplerschen Fernrohr. Objektiv Littrow-Linse. Ramsden-Okular. L_1, L_2 Einzellinsen; H_1, H_1', H_2, H_2' ihre Hauptebenen. L zusammengesetzte Systeme: Objektiv und Okular; H, H' ihre Hauptebenen; δ Abstand der Hauptebenen des Okulars. EP Eintrittspupille, AP Austrittspupille, f' Brennweiten, F Brennpunkte. u, u' Neigungswinkel der Bündelachsen. Das Objektiv muß man sich in der Entfernung $6 \times f'_{\mathrm{Obj.}}$ nach links gerückt denken, dann ist der Durchmesser des eintretenden Bündels so groß wie die Eintrittspupille EP. Die Linsen des Okulars sind auseinandergerückt gezeichnet.

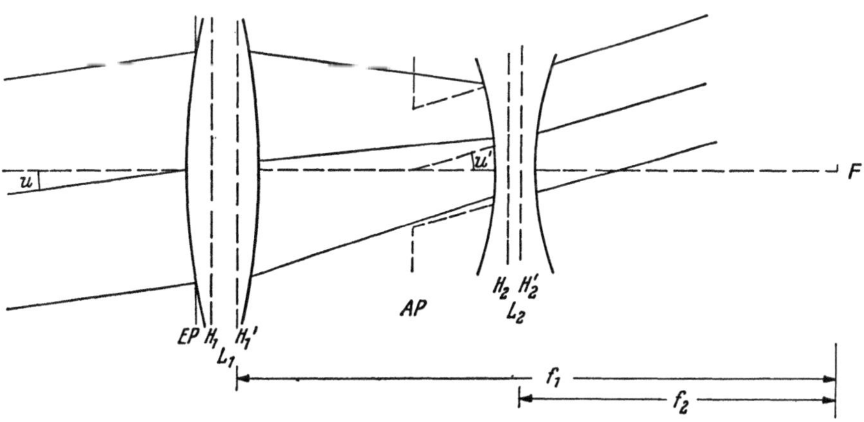

Abb. 2. Strahlengang im Galileischen Fernrohr mit einfacher Objektivlinse L_1 und einfacher Okularlinse L_2. H_1, H_1', H_2, H_2' deren Hauptebenen. EP Eintrittspupille, AP Austrittspupille. f_1, f_2 Brennweiten des Objektivs und des Okulars. F' gemeinsamer Brennpunkt von Objektiv und Okular. Vergrößerung 2fach.

Das astronomische Fernrohr zeigt das beobachtete Objekt in Vergrößerung. Die *Fernrohrvergrößerung* V (Angularvergrößerung) läßt sich berechnen oder messen. Die Berechnung erfolgt nach einer der Formeln:

$$(1)\qquad V = \frac{\text{Blickwinkel zum sehr weit entfernten Objekt mit Fernrohr}}{\text{Blickwinkel zu demselben Objekt ohne Fernrohr}}$$

(2) $$V = \frac{\text{Brennweite des Objektivs}}{\text{Brennweite des Okulars}}$$

(3) $$V = \frac{\text{Durchmesser eines eintretenden parallelen Lichtbündels}}{\text{Durchmesser des austretenden parallelen Lichtbündels}}$$

(4) $$V = \frac{\text{Durchmesser der Eintrittspupille}}{\text{Durchmesser der Austrittspupille}}$$

Die Messung der Fernrohrvergrößerung (Brillenträger immer mit Brille!) erfolgt so, wie aus diesen Formeln folgt. Entweder: man blickt mit einem Auge durch das Fernrohr, mit dem anderen neben diesem entlang zu einem weit entfernten Maßstab (Lattenzaun, Ziegeldach) und zählt die mit bloßem Auge gesehenen Maßstabteile (Latten, Ziegel), die mit einem oder mehreren Maßstabteilen im „bewaffneten" Auge genau zusammenfallen. Die erste Anzahl durch die zweite geteilt gibt nach Formel (1) die Vergrößerung V. Oder: man mißt die Brennweite von Objektiv und Okular von deren Hauptpunkten H und H' aus und teilt nach Formel (2) die erste durch die zweite (s. oben und Abb. 1 und 2). Oder: man mißt mittels einer auf das Okular aufgesteckten Meßlupe das Bild einer Schirmöffnung, die unmittelbar vor das Objektiv gehalten wird und zum besseren Ausmessen viereckige Form haben kann, und teilt nach Formel (3) den Durchmesser der Schirmöffnung durch ihren Bilddurchmesser. Oder: als Durchmesser der Eintrittspupille kann hier der Objektivdurchmesser genommen werden, als derjenige der Austrittspupille der Durchmesser des vom Okular erzeugten Bildes des Objektivs, das man auf einem Schirm auffängt, wenn man das Fernrohr gegen den hellen Himmel richtet (Ramsden-Scheibchen). Man mißt deshalb den freien Objektivdurchmesser und teilt ihn nach Formel (4) durch denjenigen des hellen Kreises, der sich auf einem Auffangschirm scharf abzeichnet, wenn man das Fernrohr gegen den hellen Himmel richtet.

β) Die Normalvergrößerung

Aus Formel (3) und Formel (4) folgt, daß der Durchmesser des aus dem Okular austretenden Parallel-Lichtbündels durch die Wahl der Vergrößerung V vergrößert oder verkleinert werden kann. Ist dieser Durchmesser so groß wie der Pupillendurchmesser des Auges, so spricht man von *Normalvergrößerung*. Die Kenntnis der Normalvergrößerung ist für photometrische Messungen wichtig, wie sogleich gezeigt wird.

Zur Berechnung der Normalvergrößerung wird, wenn nichts weiter angegeben ist, der Pupillendurchmesser des Auges meist zu 5 mm angesetzt. Nachts ist der Pupillendurchmesser größer als 5 mm und erreicht bei völliger Dunkelheit 8 mm. Bei Normalvergrößerung wird das gesamte, austretende Lichtbündel vom Auge aufgefangen. Bei *Unternormalvergrößerung* ist der Durchmesser des austretenden Lichtbündels zu groß, um ganz aufgefangen zu werden. Dann bewirkt eine Änderung des Pupillendurchmessers eine Änderung der Lichtstärke, d. h. der Menge der Strahlung, die das Sinnesorgan Auge empfindet. Deshalb wird für photometrische Messungen sicherheitshalber eine nicht zu große Okularbrennweite gewählt, so daß die Vergrößerung den Durchmesser des ins Auge gelangenden Lichtbündels bei höchstens 4 mm hält („*photometrisches Okular*").

Z. B.: ein Schulfernrohr von 50 mm Öffnung und 540 mm Brennweite mit einem Okular von 40 mm Brennweite gibt nach Formel (2) eine 13½fache Vergrößerung und nach Formel (3) einen Lichtbündeldurchmesser von 3,7 mm. Die Normalvergrößerung wäre eine 10fache Vergrößerung, die mit einem Okular von 54 mm Brennweite erreicht würde. Bei bestem Luftzustand gilt höchstens der 10fache Betrag der Normalvergrößerung noch als nutzbringend.

γ) Die stärkste und schwächste Vergrößerung

Das vom Okular entworfene Bild des Objektivs (*Ramsden-Scheibchen*) hat einen bestimmten Durchmesser. Es ist

$$(5)\qquad \begin{matrix}\text{Durchmesser des}\\ \text{Ramsden-Scheibchens}\\ \text{in mm}\end{matrix} = \begin{matrix}\text{Okularbrennweite}\\ \text{in mm}\end{matrix} \times \begin{matrix}\text{Öffnungsverhältnis}\\ \text{des Objektivs}\end{matrix}$$

Dieser Durchmesser ist so groß, wie der des Parallel-Lichtbündels, das bei der Beobachtung eines Sternes aus dem Okular austritt; er darf nicht größer sein als der Durchmesser der Augenpupille. Setzt man diesen zu 8 mm an, so folgt unter Berücksichtigung von Formel (5)

$$(6)\qquad \text{schwächste anwendbare Vergrößerung} = \frac{\text{Objektivdurchmesser in mm}}{8\text{ mm}}$$

Wird eine noch geringere Vergrößerung angewendet, so dient das Sternenlicht zum Teil zur Irisbeleuchtung.

Bei etwa 3 mm Durchmesser des aus dem Okular austretenden Parallel-Lichtbündels erreicht das Auge seine größte Auflösungskraft. Daraus folgt als beste Vergrößerung für Detailbeobachtung

$$(7)\qquad \text{stärkste anwendbare Vergrößerung} = \frac{\text{Objektivdurchmesser in mm}}{3\text{ mm}}$$

Erfahrungsgemäß wird eine Verdoppelung der aus Formel (7) folgenden Vergrößerung als bequemer gefunden.

δ) Das Gesichtsfeld

Der Blickwinkel zu einem Objekt im Fernrohr wird zum scheinbaren *Gesichtsfelddurchmesser*, wenn das Objekt das Gesichtsfeld im Fernrohr ganz ausfüllt. Der Blickwinkel ohne Fernrohr errechnet sich aus

Blickwinkel ohne Fernrohr in Grad =

$$(8)\qquad \frac{\text{halbe Höhe des Objekts (senkrecht gemessen)}}{\text{Entfernung des Objekts (waagrecht gemessen)}} \cdot 57°.2958 \cdot 2.$$

Dann kann man, wie aus Formel (1) und Formel (8) folgt, rechnen:

$$(9)\qquad \begin{matrix}\text{Scheinbarer Gesichts-}\\ \text{felddurchmesser im}\\ \text{Fernrohr in Grad}\end{matrix} = \begin{matrix}\text{Vergrößerung}\\ \text{des Fernrohrs}\end{matrix} \times \begin{matrix}\text{Blickwinkel ohne Fernrohr}\\ \text{zu einem das Gesichtsfeld}\\ \text{des Fernrohrs genau ausfüllenden}\\ \text{Objekt}\end{matrix}$$

Teilt man den scheinbaren Gesichtsfelddurchmesser durch die Vergrößerung, so erhält man den wahren Gesichtsfelddurchmesser, d. i. den Durchmesser des überblickten Himmelsfeldes in Grad:

$$(10)\qquad \begin{matrix}\text{Wahrer Gesichtsfeld-}\\ \text{durchmesser in Grad}\\ \text{(überblicktes Himmelsfeld)}\end{matrix} = \frac{\text{Scheinbarer Gesichtsfelddurchmesser in Grad}}{\text{Vergrößerung}}$$

Als Faustregel für Fernrohre, die nicht ein Okular mit besonders großem Gesichtsfeld besitzen, mag gelten:

$$(11)\qquad \text{Wahrer Gesichtsfelddurchmesser} = \frac{30°}{\text{Vergrößerung}}$$

Aus diesen Formeln ersieht man: je stärker die Vergrößerung V, desto kleiner das überblickte Himmelsfeld.

Die Messung des scheinbaren Gesichtsfelddurchmessers erfolgt nach Formel (9), diejenige des wahren Gesichtsfelddurchmessers nach Formel (10) oder auf folgende Weise: man ermittelt, wieviel Zeitminuten oder Zeitsekunden ein äquatornaher Stern braucht, um das Gesichtsfeld des nicht bewegten Fernrohrs zentral zu durchlaufen. Die gemessene Zeit mit 15 malgenommen ergibt den Durchmesser des wahren Gesichtsfeldes in Bogenminuten bzw. Bogensekunden.

ε) Die geometrische Lichtstärke

Aus Formel (4) und Abb. 1 und 2 ist ersichtlich, daß bei unveränderter Eintrittspupille eine Steigerung der Vergrößerung eine Verkleinerung der Austrittspupille nach sich zieht; auch erscheint das betrachtete Objekt bei starker Vergrößerung weiter ausgebreitet und deshalb weniger hell als bei schwacher Vergrößerung. Das Quadrat des Durchmessers der Austrittspupille in mm ist die *geometrische Lichtstärke* des Fernrohres. Sie läßt sich nach Formel (4) berechnen, wobei als Eintrittspupille der Objektivdurchmesser in mm gesetzt und durch die bekannte Vergrößerung geteilt wird. Das Teilungsergebnis mit sich selbst malgenommen (quadriert) ist die geometrische Lichtstärke des Fernrohrs. Sie wird gemessen, indem man mittels einer auf das Okular aufgesetzten Meßlupe den Durchmesser der Austrittspupille in mm mißt und quadriert. Oder: man mißt den Durchmesser des Lichtkreises, als der sich das Objektiv oder der Spiegel auf einem Schirm dicht hinter dem Okular scharf abbildet, wenn man das Fernrohr gegen den hellen Himmel richtet. Das quadrierte Meßergebnis ist die geometrische Lichtstärke des Fernrohrs. Der Lichtverlust durch Absorption und Reflexion im Fernrohr bleibt hierbei unberücksichtigt.

ζ) Das Beugungsscheibchen

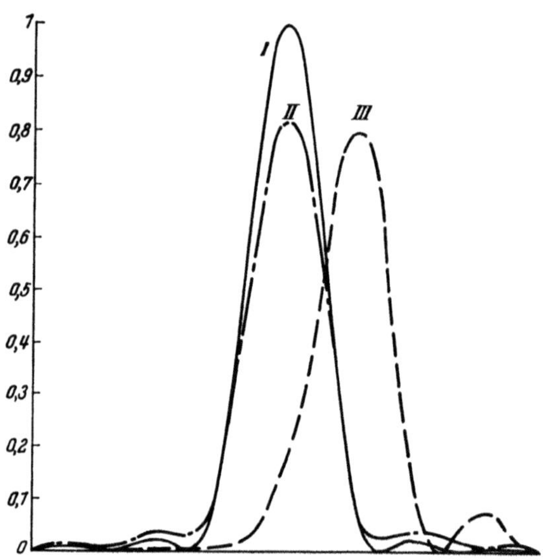

Abb. 3. Die Lichtverteilung (Leuchtdichte) in dem Beugungsbild eines Fixsternes I. bei kreisförmiger Öffnung des Objektivs; II. bei Kugelgestaltfehler; III. bei Koma. Aus Handbuch der Astrophysik, Bd. I, S. 118. Berlin: Springer 1931.

Das Licht, das von den punktförmig erscheinenden Sternen durch eine kreisrunde Öffnung (Öffnung der Lochkammer, Fassung des Objektivs oder des Hauptspiegels) aufgefangen wird, wird in der Brennebene als ein helles Scheibchen abgebildet, das von farbiggesäumten, konzentrischen Ringen umgeben ist (*Beugungsscheibchen*) (Abb. 3 und 4). Läßt man durch ein vorgesetztes Farbglas nur einfarbiges Licht einfallen, so entstehen einfarbige Ringe, die von dunklen Ringen unterbrochen sind. Der Durchmesser b des innersten dunklen Ringes wird zugleich als Durchmesser des zentralen Scheibchens, des Beugungsscheibchens, betrachtet; er ist

$$(12)\qquad b \text{ in mm} = 2.44\,\frac{\text{Wellenlänge des benutzten Lichtes in mm}}{\text{Öffnungsverhältnis der Lochkammer bzw. des Objektivs, des Spiegels}}$$

Als Wellenlänge darf bei visueller Beobachtung ohne Farbglas 0,000550 mm gesetzt werden. Das Öffnungsverhältnis eines Objektivs oder Spiegels ist:

$$(13)\qquad \text{Öffnungsverhältnis} = \frac{\text{Durchmesser des Objektivs bzw. Spiegels}}{\text{Brennweite des Objektivs bzw. Spiegels}}$$

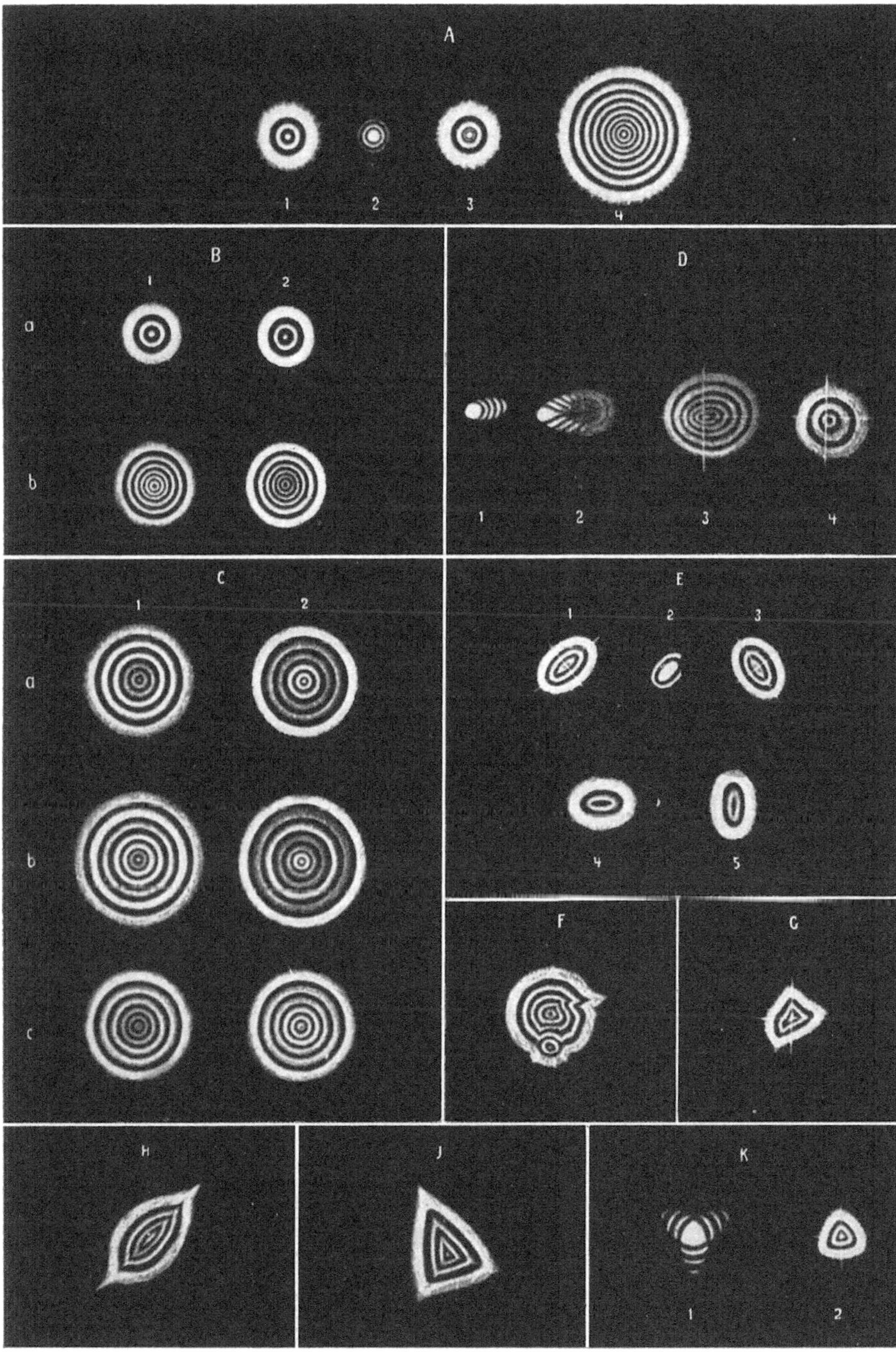

Abb. 4. Beugungsbilder eines Sternes: A für ein gutes Objektiv; B bei sphärischer Abweichung; C bei Zonen; D bei Koma; E bei Astigmatismus; F bei Schlieren; G, H, J, bei Spannung; K bei Durchbiegung einer Linse. (Nach COOKE and SONS.) Aus Handbuch der Astrophysik, Bd. I, S. 186. Berlin: Springer 1931.

Der Durchmesser des Beugungsscheibchens ist nach Formel (12) um so kleiner, je kleiner die Brennweite und je größer der Durchmesser des Objektivs oder des Spiegels ist.

Die Form und Helligkeit der Beugungsscheibchen und -ringe läßt sich durch die Form und Größe der Eintrittsöffnung und durch die Brennweite des Okulars stark verändern. Die *Beugungsringe* können zuweilen nur durch Verringern des Öffnungsverhältnisses deutlich sichtbar gemacht werden. Das gilt besonders für Spiegel, wo sie schwerer zu sehen sind als bei Objektiven. Die Beugungsringe sind in einem Linsenfernrohr (Refraktor) meist nur halb so breit wie in einem Spiegelinstrument (Reflektor). Die Helligkeit der Beugungsringe ist bei sehr unruhiger Luft für Augenblicke größer als die der Beugungsscheibchen, und zwar bei Spiegeln häufiger als bei Linsen. Es werden Abweichungen von der theoretischen Form der Beugungsscheibchen und -ringe beobachtet, die nicht auf Fehler der Optik zurückgeführt werden können (W. H. PICKERING, 1930).

η) Das Auflösungsvermögen

Zwei gleich große Beugungsscheibchen lassen sich sicher voneinander „trennen", d. h. deutlich als 2 Scheibchen erkennen, wenn sie sich von außen berühren. Dann ist ihr gegenseitiger Abstand so groß wie ihr Durchmesser. Weil aber die Helligkeit der Beugungsscheibchen zum Rande hin stark abnimmt, werden sie bei noch geringerem Abstand getrennt. Die Grenze der Trennbarkeit nennt man das *Auflösungsvermögen* des Fernrohrs. Diese Grenze ist im allgemeinen erreicht, wenn der Abstand der Scheibchenmitten gleichheller Sternbildchen so groß ist wie ihr Halbmesser $b/2$. Der Winkel, unter dem dieser Halbmesser vom Objektiv aus gesehen werden könnte, ist so groß wie der Winkel, den die beiden noch trennbaren Sterne am Himmel haben. Es gilt

$$(14)\quad \begin{matrix}\text{Auflösungsvermögen}\\ \text{in Bogensekunden}\end{matrix} = \frac{13.8 \text{ Bogensekunden}}{\text{Durchmesser der Objektiv- oder Spiegelöffnung in cm}}$$

Diese Regel kann an die Stelle der häufig gebrauchten *Regel von Dawes* treten, die erfahrungsgemäß für Objektive und Spiegel mit dem Öffnungsverhältnis mindestens 1 : 12 gilt, und deshalb ein etwas besseres Auflösungsvermögen angibt:

$$(15)\quad \begin{matrix}\text{Auflösungsvermögen}\\ \text{in Bogensekunden}\end{matrix} = \frac{4.56 \text{ Bogensekunden}}{\text{Durchmesser der Objektiv- oder Spiegelöffnung in Zoll}}$$

$$(1 \text{ Zoll} = 25{,}3998 \text{ mm})$$

Durch den Einfluß von Luftunruhe, Unvollkommenheiten der Optik und Zerstreuung des Lichtes in der Aufnahmeschicht werden die Beugungsscheibchen zum *Zerstreuungskreis* vergrößert. Bei Öffnungsverhältnissen 1 : 20 und kleiner wird der Durchmesser der Beugungsscheibchen größer als 0,02 mm. Dann werden die Beugungsscheibchen und -ringe von der Photoplatte (Auflösungsvermögen 0,03 mm) in allen Einzelheiten festgehalten.

Unser Auge sieht zwei Dingpunkte voneinander getrennt, wenn sie einen gegenseitigen Mindestabstand nicht unterschreiten. Bei Tagesbeobachtungen nimmt man als Grenzwinkel für das Auflösungsvermögen des Auges an

1 Bogenminute für absolut scharfes Sehen
2 Bogenminuten für deutliches Sehen
4 Bogenminuten für bequemes Sehen

Bei nächtlicher Beobachtung am Fernrohr gilt

$$(16)\quad \text{Auflösungsvermögen des Auges} = \frac{720 \text{ Bogensekunden}}{\text{Pupillendurchmesser des Auges in mm}}$$

Ist der Pupillendurchmesser 6 mm, so trennt das Auge noch 120 Bogensekunden. Ein 2-Zöller bildet nach der Regel von DAWES Formel (15) zwei Sterne im Abstand von 2.28 Bogensekunden noch trennbar ab. Diese 2.28 Bogensekunden müssen durch das Fernrohr auf 120 Bogensekunden, d. i. um das 53fache, vergrößert werden, wenn sie noch vom Auge getrennt werden sollen. Die 53fache Vergrößerung, überschreitet die Normalvergrößerung, die in diesem Falle $8\frac{1}{3}$fach wäre, um das 6fache.

Diejenige Vergrößerung, die den Grenzwinkel des Auflösungsvermögens unseres Auges erreicht, nennt man die *förderliche Vergrößerung*. Als Faustregel gilt:

(17) förderliche Vergrößerung für Tagesbeobachtungen
$= 2 \times$ Objektivdurchmesser in mm

(18) förderliche Vergrößerung für Nachtbeobachtungen
$= 1 \times$ Objektivdurchmesser in mm

Oder noch kürzer:

(19) förderliche Vergrößerung $= 6 \times$ Normalvergrößerung.

Eine über die förderliche Vergrößerung hinausgehende Vergrößerung ist eine „*tote*" oder „*leere*" *Vergrößerung*. Sie liefert keinen Beitrag zu einer besseren Auflösung. Die Beugungsscheibchen und Beugungsringe haben keine scharfen Ränder. Betrachtet man sie mit einem Okular sehr geringer Brennweite, also mit sehr starker Vergrößerung, so erscheinen sie unscharf und von wechselnder Ausdehnung. Das schadet einer genauen Abstandsmessung oder -schätzung. Außerdem wird bei starker Fernrohrvergrößerung auch der Einfluß der Luftunruhe vergrößert. Deshalb: starke Vergrößerung mit Vorsicht benutzen!

Das Auflösungsvermögen, mit dem man bei visueller Beobachtung rechnen kann, wird durch die Beobachtung möglichst gleichheller Doppelsterne von bekanntem Winkelabstand gemessen (Tabelle 2, S. 18 und Tabelle 28, S. 338). Je größer der Helligkeitsunterschied der beiden Komponenten eines Doppelsternpaares ist, desto schwieriger ist die „Trennung". Bei geringem Winkelabstand gelten Doppelsterne als getrennt, wenn sie zusammen länglich erscheinen. Geringes Abblenden des Objektivs (Verkleinern des Öffnungsverhältnisses) kann die Bildschärfe erhöhen.

Eine *Veränderung des Auflösungsvermögens* tritt in folgenden Fällen ein:

1. Anbringen einer begrenzenden Öffnung in einer dünnen Glasplatte vor der Bildebene (E. LAU 1937). Zeigt das Objekt detailreicher.
2. Aufbringen einer absorbierenden Schicht auf das Objektiv, so daß die Randpartien das Licht stärker schwächen als die zentralen. Führt zu einer Vergrößerung des Beugungsscheibchens und zu einer Lichtschwächung der Beugungsringe (R. STRAUBEL 1902). Wichtig zur Beobachtung von Planeten vor der Sonnenscheibe!
3. Anbringen einer zentralen Blende, die das durch die Zentralpartien des Objektivs oder Spiegels gehende Licht wegnimmt. Führt zu einer Verkleinerung des Beugungsscheibchens und zu einer Aufhellung der Beugungsringe. Dieser Fall liegt vor, wenn Fang- oder Sekundärspiegel vor einem Hauptspiegel befestigt sind. Deshalb liefern Reflektoren (ausgenommen die größten) keine so guten Resultate in der Planetenbeobachtung wie Refraktoren. Wie sich die durch Fangspiegel entstehenden Beugungsfiguren auf den photographischen Aufnahmen heller Sterne dennoch vermeiden lassen, hat A. COUDER (1934)[1] gezeigt (Abb. 5.)

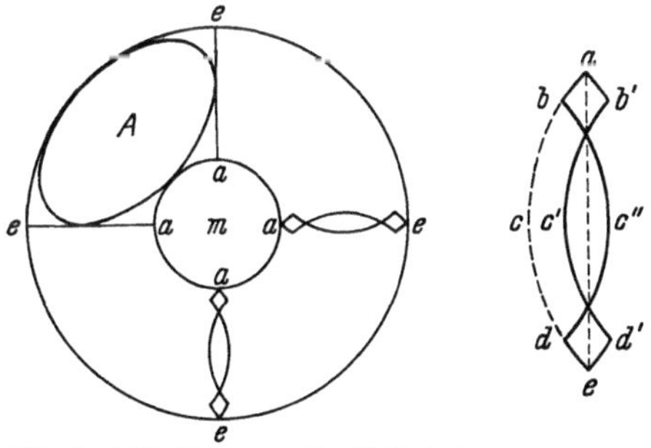

Abb. 5. a) Verkleinerung der Haltestreben *ae* eines Sekundär- oder Fangspiegels *m*. Die 4 Öffnungen *A* erzeugen ein Sternbildchen ohne kreuzförmige Beugungserscheinungen. Lichtverlust 20%. Nach A. DANJON. b) Umkleidung der Haltestreben zur Vermeidung der Beugungsfiguren bei 4% Lichtverlust. $c'c'' = 3/4\, bb'$. Nach A. COUDER. Aus Amateur Telescope Making. Book two, S. 621. New York: Scientific American, Inc. 1954.

[1] Amateur Telescope Making. Book two, S. 620. New York: Scientific American, Inc. 1954.

ϑ) *Die Helligkeit der Fernrohrbilder*

Die Helligkeit der vom Objektiv entworfenen Bilder im Fernrohr hängt von mehreren Faktoren ab: von der scheinbaren Helligkeit und Ausdehnung des Objektes am Himmel, von Öffnungsdurchmesser und Brennweite des Objektivs oder Spiegels, vom Lichtverlust und zusätzlichen Streulicht im Instrument. Zu diesen treten noch die Eigenschaften des Okulars und des Strahlungsempfängers (Auge, Photoschicht, lichtelektrische Zelle). Von allen diesen Faktoren hängt die *Grenzgröße* ab, d. i. die Größenklasse der punktförmigen oder flächenhaften Objekte am Himmel, die mit dem Beobachtungsinstrument noch erfaßt werden können.

Der Lichtstrom, der von einem Objektiv oder Spiegel mit dem Durchmesser d aufgefangen wird, ist d^2/p^2 mal größer als derjenige, der durch die Pupille mit dem Durchmesser p ins Auge gelangt. Ein 2-Zöller (Fernrohr von $2 \cdot 2.53998$ cm Öffnung) sieht also $\frac{(2 \cdot 2.53998)^2}{(0.5)^2} = 102.7\ldots$, d. i. 103 mal so viel wie unser unbewaffnetes Auge bei 0.5 cm Pupillendurchmesser. Sieht dieses noch Sterne 5. Größe, so sollte der 2-Zöller noch Sterne zeigen, die

$$2.5 \cdot \log 103 = 5.03 \text{ Größenklassen}$$

schwächer sind, also ihrer scheinbaren Helligkeit zufolge der Größenklasse

$$5.0 + 5.03 = 10.03$$

angehören. Diese Rechnung ist nur sehr grob. Sie berücksichtigt nicht die meisten der genannten Faktoren. Dennoch führt sie zu einigermaßen richtigen Resultaten.

Ein Schulfernrohr vom Öffnungsdurchmesser $d = 50$ mm und der Objektivbrennweite $f = 540$ mm erzeugt von einer punktförmigen Lichtquelle (Fixstern) ein Beugungsscheibchen, dessen Durchmesser b nach Formel (12) ist

$$b \text{ in mm} = 2.44 \frac{0.000550 \cdot 540}{50} \text{ mm} = 0.0146 \text{ mm}\,.$$

Mit einem Okular von 40 mm Brennweite (bzw. 25, 16, 10, 6 mm) betrachtet, erscheint das Beugungsscheibchen unter einem Sehwinkel von $\frac{0.0146}{40} \cdot 57^\circ\!.2958 = 0^\circ\!.2 = 12'$ (bzw. 20′, 32′, 50′, 80′). In den beiden ersten Fällen — Netzhautbild höchstens 20′ Durchmesser — ist dem Auge die Winkelgröße des betrachteten Beugungsscheibchens gleichgültig, sofern dessen Umfeld vollkommen dunkel ist. Es empfindet nur die Gesamtmenge des Lichtes. Diese wird hauptsächlich vom Durchmesser des Objektivs bestimmt, von dem somit auch die Grenzgröße in diesem Falle abhängt. Ist aber das Umfeld des betrachteten Beugungsscheibchens nicht vollkommen dunkel, so bestimmt auch dieses noch die Grenzgröße. Sie liegt um so niedriger, je heller das Umfeld ist. Ist endlich der Durchmesser des Beugungsscheibchens größer als 20′, so wird selbst bei dunklem Umfeld die Grenzgröße um so mehr herabgesetzt, je größer das Beugungsscheibchen ist. Diese Abhängigkeit der Grenzgröße von der Größe des Bildchens und seiner Umfeldhelligkeit besteht erst recht, wenn das Himmelsobjekt flächenhaft ist (Nebel, Kometenkopf)[1].

Berechnung der Bildhelligkeit:

Durchmesser eines Objekts am Himmel in Winkelmaß	w
Durchmesser des wahren Gesichtsfeldes	w_g
Durchmesser von Eintrittspupille und Austrittspupille	d, d'
Brennweite von Objektiv und Okular	f, f'
Durchlässigkeitsgrad von Objektiv und Okular	k, k'
Strahlungsintensität und Fläche eines Objektes	J, F

[1] H. SIEDENTOPF: Grundriß der Astrophysik. S. 32, Abb. 18. Stuttgart: Wissenschaftliche Verlagsgesellschaft 1950.

Strahlungsdichte des Himmels	H
Strahlungsdichte des Streulichtes im Objektiv	S
Empfindlichkeitsfaktor des Auges	K
Durchmesser der Augenpupille	p
Lineare Größe des vom Objektiv entworfenen Bildes	y'
Lichtstärke des Objekts mit bloßem Auge gesehen	$\frac{\pi p^2 K J}{4}$
Leuchtdichte des Objekts mit bloßem Auge gesehen	$\frac{\pi p^2 K J}{4 F}$
In Eintrittspupille eintretende Strahlung	$\frac{\pi d^2 J}{4}$
Lichtstärke des Bildes, wenn $d' \leqq p$	$\frac{\pi d^2 K J}{4} k k'$
wenn $d' > p$	$\frac{\pi p^2 d^2 K J}{4 d'^2} k k'$
Durchmesser des Beugungsscheibchens eines Sternes	$\frac{2.44 \cdot \lambda \cdot f}{d}$
Durchmesser des Bildes eines Objektes mit w	$f \cdot \operatorname{tang} w$
Leuchtdichte des Beugungsscheibchens, wenn $d < p$	$\frac{d^4 K J}{(2.44)^2 \cdot \lambda^2 \cdot f^2} k k'$
Leuchtdichte des Bildes eines Objekts mit w	$\frac{\pi \cdot d^2 K J}{4 f^2 \operatorname{tang}^2 w} k k'$
Leuchtdichte des Himmeluntergrundes im Fernrohr	$\frac{\pi d^2 K H}{4 f^2 \cdot \operatorname{tang}^2 w_g} k k'$
Leuchtdichte des Streulichtes	$\pi \cdot K S k' \cdot \log\left(1 + \frac{1}{4} \frac{d^2}{f^2}\right)$

Die Grenzgröße eines Sternes oder eines flächenhaften Objektes im Fernrohr wird durch den relativen Kontrast bestimmt:

$$\frac{\text{gesamte Bildhelligkeit} - \text{Umfeldhelligkeit}}{\text{Umfeldhelligkeit}}$$

Man erhält aus obigen Ausdrücken bei Vernachlässigung des Streulichtes:

$$\text{relativer Kontrast eines Sternbildchens} = \frac{4 J y^2}{\pi (2.44^2 \lambda^2 H)} \left(\frac{d}{f}\right)^2$$

$$\text{relativer Kontrast des Bildes eines flächenhaften Objektes} = \frac{J y^2}{H \operatorname{tang} w} \frac{1}{f^2}$$

Es zeigt sich: je größer das Öffnungsverhältnis des Fernrohres, desto lichtschwächer sind die erreichten Grenzgrößen der Sterne; je kleiner die Brennweite, desto lichtschwächer die erreichten Grenzgrößen der flächenhaften Objekte. Große Himmelshelligkeit und starkes Streulicht wirken kontrastvermindernd.

Vergleicht man die Flächenhelligkeiten der beiden Netzhautbilder, die bei der Betrachtung eines flächenhaften Objektes einmal von einem Fernrohr mit dem Austrittspupillen-Durchmesser d' und zum andern beim unbewaffneten Sehen mit dem Augenpupillen-Durchmesser p erzeugt werden, so ist die erste Flächenhelligkeit d^2/p^2 mal größer als die zweite[1]. Wird eine so starke Vergrößerung gewählt, daß die Austrittspupille kleiner ist als die Augenpupille p, so erscheint das be-

[1] Handbuch der Experimentalphysik. Band **26**: Astrophysik, S. 107. Leipzig: Akademische Verlagsgesellschaft 1937.

trachtete, flächenhafte Objekt weniger hell als mit bloßem Auge. Wird dagegen d' größer gemacht als p, so faßt das Auge nicht das ganze aus dem Okular austretende Lichtbündel, und das beobachtete Objekt erscheint ebenfalls dunkler als mit bloßem Auge. Nur wenn die Vergrößerung so gewählt ist, daß die Austrittspupille gleich der Augenpupille ist, d. i. bei Normalvergrößerung, erscheint das Objekt (Nebel, Komet usw.) am hellsten.

ι) Der Einfluß der Luftunruhe auf die Sternbildchen

Die Luftunruhe führt zu Helligkeits-, Größen-, Farb- und Ortsschwankungen der vom Fernrohr erzeugten Bildchen. Die *Helligkeitsschwankungen* (Intensitäts-, Scintillation) reichen von den geringsten Schwankungen bis zum kurzzeitigen völligen Auslöschen der Helligkeit. Die *Größenschwankungen* (Durchmesser) bestehen in einem Aufblähen der Bilder. Die *Farbschwankungen* treten nur bei tiefstehenden Sternen in Erscheinung und sind nicht mit dem atmosphärischen Spektrum zu verwechseln (s. S. 115). Die *Ortsschwankungen* reichen meist von 0''.5 bis zu einigen Bogensekunden.

Bei visuellen Beobachtungen sind in erster Linie die Intensitätsschwankungen („*visual seeing*"), aber auch das Blähen und die Farbschwankungen von Einfluß. Bei photographischen Aufnahmen sind hauptsächlich Intensitäts- und Ortsschwankungen („*photographic seeing*") von Einfluß.

Ein photographisches Objektiv oder ein Spiegel von 1000 mm Brennweite zeichnet eine Ortsschwankung von 0.5 Bogensekunden in einer linearen Größe von $\frac{0''.5 \cdot 1000\,\text{mm}}{206265''} = 0.0025$ mm auf. Das *Auflösungsvermögen der Photoplatte* liegt bei 0.03 mm. Ortsschwankungen von 0''.5 werden deshalb von ihr nicht bemerkt. Erst der 12fache Betrag, d. i. 6 Bogensekunden werden bei der Brennweite von 1000 mm aufgezeichnet.

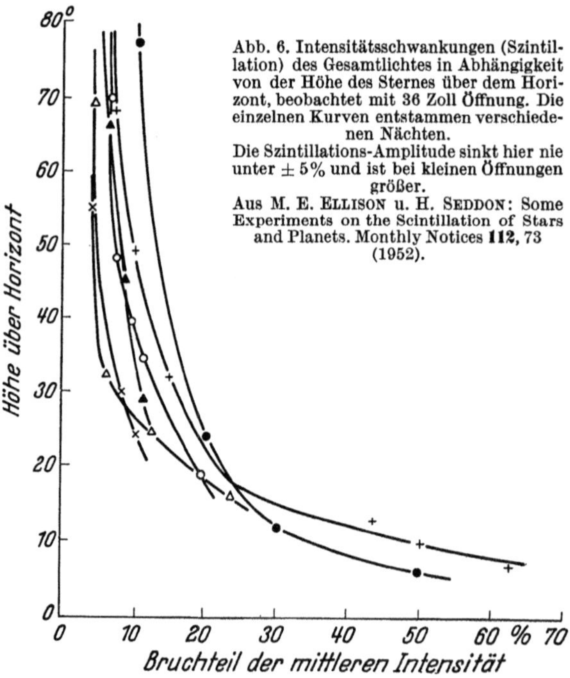

Abb. 6. Intensitätsschwankungen (Szintillation) des Gesamtlichtes in Abhängigkeit von der Höhe des Sternes über dem Horizont, beobachtet mit 36 Zoll Öffnung. Die einzelnen Kurven entstammen verschiedenen Nächten.
Die Szintillations-Amplitude sinkt hier nie unter ± 5% und ist bei kleinen Öffnungen größer.
Aus M. E. ELLISON u. H. SEDDON: Some Experiments on the Scintillation of Stars and Planets. Monthly Notices **112**, 73 (1952).

Wegen des vielseitigen Charakters der Wirkung der Luftunruhe gibt es kein allgemein gebräuchliches Maß dafür. Bei visueller Beobachtung wird die Helligkeitsschwankung oft in einer 5stufigen Skala (1 = bester, 5 = schlechtester Luftzustand) angegeben. Die Helligkeits- und Ortsschwankungen des beobachteten Sternbildchens hängen stark von der Öffnung des Objektivs oder Spiegels ab; mit der Verdoppelung des Öffnungsdurchmessers gehen die Helligkeitsschwankungen auf die Hälfte zurück. Erst bei sehr großen Öffnungen (größer als 10 Zoll) ist dieHelligkeitsschwankung kleiner als 50% der mittleren Helligkeit (Abb. 6). Auch die Luftbewegung im Rohre (Tubus) muß beachtet werden (s. S. 47).

Neuerdings ist von C. W. TOMBAUGH und B. A. SMITH eine Skala zur objektiven Beurteilung der Bildgüte vorgeschlagen worden[1]. Die Bildgüte wird hiernach nur an dem *Durchmesser* der visuell beobachteten Bildchen von Fixsternen durch Vergleich festgestellt. Deren Durchmesser lassen sich recht genau am gegenseitigen Abstand von Doppelsternkomponenten abschätzen. Die Tombaugh-Smith-Skala ist in Tabelle 1 wiedergegeben.

Tabelle 1. *Bildgüte-Skala nach Tombaugh-Smith. Maßgebend für die Bildgüte ist hierin nur der Bilddurchmesser*

Bildgüte	Bilddurchmesser in Bogensekunden	Bildgüte	Bilddurchmesser in Bogensekunden
−4	50″	+3	2″,0
−3	32	+4	1.3
−2	20	+5	0.79
−1	12.6	+6	0.50
0	7.9	+7	0.32
+1	5.0	+8	0.20
+2	3.2	+9	0.13

Zum Abschätzen der Bilddurchmesser können auf der nördlichen Halbkugel die in Tabelle 2 und in Abb. 7 aufgeführten Doppelsterne benutzt werden.

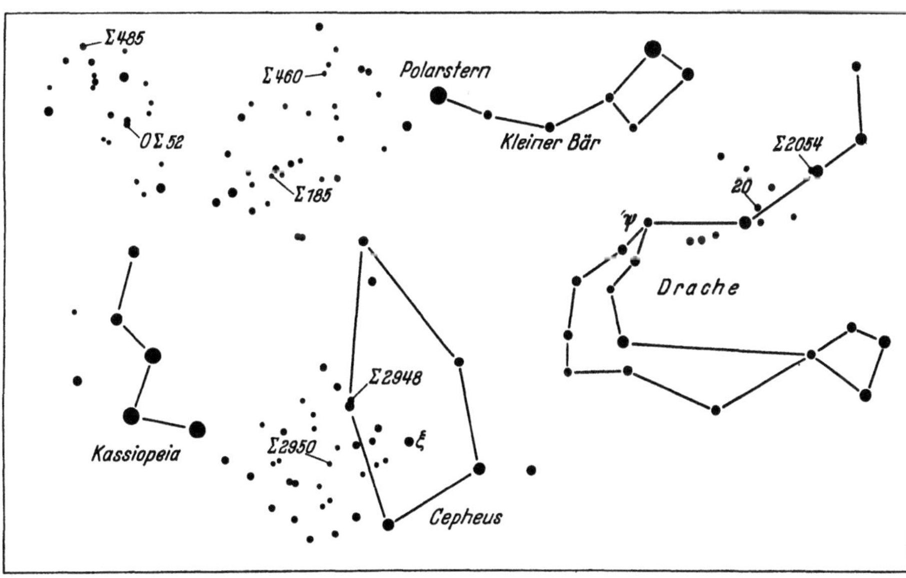

Abb. 7. Karte der Doppelsterne in Polnähe zur Bestimmung der Bildgüte nach TOMBAUGH-SMITH. Aus Sky and Telescope Vol. XVII, Nr. 9, S. 449, July 1958.

Bei Doppelstern- und Planetenbeobachtungen wird die beste Bildgüte, die sich im Verlaufe der Beobachtung gezeigt hat, angegeben; bei photographischer Beobachtung wird die mittlere Bildgüte des Leitsternes genannt.

[1] C. W. TOMBAUGH u. B. A. SMITH: A Seeing Scale for Visuel Observers. Sky and Telescope, Vol. XVII, Nr. 9, S. 449, July 1958.

Tabelle 2. *Doppelsterne in Polnähe zur Bestimmung der Bildgüte nach Tombaugh-Smith*

Doppel-stern	Scheinbare Helligkeiten m der Komponenten	Positions-winkel	Winkelabstand in Bogensekunden
ψ Dra	$4^{m}0 - 5^{m}2$	15°	30.″6
Σ 485	6.1 – 6.2	304	18.3
ξ Cep	4.7 – 6.5	279	7.3
Σ 2948	7.0 – 8.7	5	2.8
Σ 2950	6.0 – 7.2	302	2.3
Σ 185	7.0 – 8.5	20	1.3
Σ 2054	5.7 – 6.9	355	1.2
Σ 460	5.2 – 6.1	65	0.9
20 Dra	6.5 – 7.1	78	0.6
0Σ 52	6.4 – 7.0	94	0.5

$\varkappa$) *Der Lichtverlust in der Optik durch Absorption*

Der Lichtverlust beim Durchgang des Lichtes durch Glas (Absorption) von 1 cm Dicke in Prozenten der einfallenden Lichtmenge bei senkrechtem Einfall ist in Tabelle 3 angegeben[1].

Tabelle 3. *Lichtverlust optischer Gläser von 1 cm Dicke durch Absorption*

Wellenlänge in mm/1000000	357	388	415	442	500	640
Borsilikatkron	4,7%	2,5%	1,2%	—	0,7%	0,5%
Kalksilikatkron	3,4	2,5	1,8	1,4	0,5	0,3
Fernrohrflint	49	30	12	3,6	0,7	0,7
Gewöhnl. Silikatflint	28	9,6	4,1	—	0,0	0,0
Schweres Silikatflint	41	28	6,9	—	0,9	0,5
Uviolglas	98	98	—	—	—	—

Quarzglas ist nur für kurzwelliges Licht bis höchstens 0.0023 mm Wellenlänge, Steinsalz und Kalkspat bis 0.00145 mm durchlässig.

λ) *Der Lichtverlust in der Optik durch Reflexion*

Der Lichtverlust beim Zurückwerfen des Lichtes an einer polierten Oberfläche (Reflexion) ist in Prozenten der einfallenden Lichtmenge bei senkrechtem Einfall in Tabelle 4 angegeben. Es ist hierbei gleichgültig, ob das Licht von Luft in Glas

Tabelle 4. *Lichtverlust optischer Gläser mit polierter Oberfläche durch Reflexion*

Wellenlänge in mm	420	450	500	550	600	650
Kronglas					4,2%	
Flintglas					5,5–6,0%	
Silber frisch	13,4%	9,5%	8,7%	7,3%	7,4%	6,5%
Silber alt	27,0	18,9	16,1	15,0	13,7	11,4
Aluminium	8,6	8,5	8,0	8,9	9,7	10,4
Chromnickelstahl	15,0	19,0	24,0	28,5	32,0	35,0

oder von Glas in Luft eintritt. Sind 2 Glasflächen mit einer Flüssigkeit verkittet, die das Licht stärker als Glas bricht, so tritt beim Durchgang des Lichtes durch die Kittschicht keine Reflexion ein (z. B. bei Kanadabalsam).

[1] Nach A. PFLÜGER: Absorptionsvermögen einiger Gläser. Annalen der Physik 11, 561 (1903).

Die *Durchlässigkeit* eines Glases von 1 cm Dicke bei senkrechtem Lichteinfall errechnet sich aus Tabelle 3 wie folgt: Durchlässigkeit des Borsilikatkron für Wellenlänge 357 mμ = = 1 − 4,7% = 95,3% = 0,953. Wird nicht nur 1 cm, sondern werden s cm durchlaufen, so ist in diesem Beispiel die Gesamtdurchlässigkeit für die Wellenlänge 357 mμ = 0.953^s.

Der Reflexionsverlust beim Durchgang durch eine Kronglasscheibe ist, da an 2 Flächen Reflexion erfolgt, nach Tabelle 4: $0.042 + (1 - 0.042) \cdot 0.042$.

Die durch das Borsilikatkron von 1 cm Dicke bei senkrechtem Einfall hindurchgehende Lichtmenge der Wellenlänge 550 mμ ist

$$0{,}958 \times 0{,}994 \times 0{,}958 = 0{,}912 = 91{,}2\%.$$

Der Gesamtlichtverlust beträgt bei einem Galileischen Fernrohr etwa 20%, bei einem normalen Prismenfernrohr etwa 40%. Er setzt sich aus den durch Absorption und Reflexion entstandenen Einzelverlusten zusammen und kann durch besondere Maßnahmen verringert werden.

Die Reflexion an Flächen von durchsichtigen Körpern läßt sich durch Aufbringen (Aufdampfen, Aufätzen, Aufschleudern) von Schichten bestimmter Dicke (optische Dicke 1/4 Wellenlänge λ) und bestimmter Brechungszahl n (n^2 der Schicht = n des Glases) so vermindern, daß die Reflexverluste an jeder Glasfläche von 5% auf 1% vermindert werden (T-Belag, T = Transparenz, vergütete Optik). Bei 4maliger Reflexion in einem optischen Instrument wird demnach die Durchlässigkeit durch *Vergütung* der freien Glasflächen von 0.95^4 auf 0.99^4, d.i. von 82% auf 97% erhöht. Wegen anderer Lichtverluste bleibt freilich die Durchlässigkeit z. B. in einem Prismenfeldstecher auf 80% beschränkt.

Metallbelage sind entweder nicht neutral (sie sind farbstichig, Durchlässigkeit und Reflexion hängen von der Wellenlänge des Lichtes ab), so z. B. Ag, Al; oder sie absorbieren zu viel Licht (geringe Lichtausbeute), wie z. B. Rh, Cr. Manche verändern diese Eigenschaften mit der Zeit (geringe Standfestigkeit) oder sie sind gegen mechanische Beschädigungen und chemische Einflüsse empfindlich (geringe Widerstandsfähigkeit). Absorptionsfreie und nicht farbstichige Schichten werden durch Aufbringen mehrfacher nichtmetallischer Schichten (TiO_2, SiO_2) erhalten, in denen sich das reflektierte Licht auslöscht (interferenzfähige Schichten, λ/4-Wechselschichten). Siehe Abb. 8. Auch an metallischen Schichten (Cr, Ni) läßt sich durch Einschalten einer nichtmetallischen Schicht zwischen Metall und Glas die Lichtausbeute erhöhen[1].

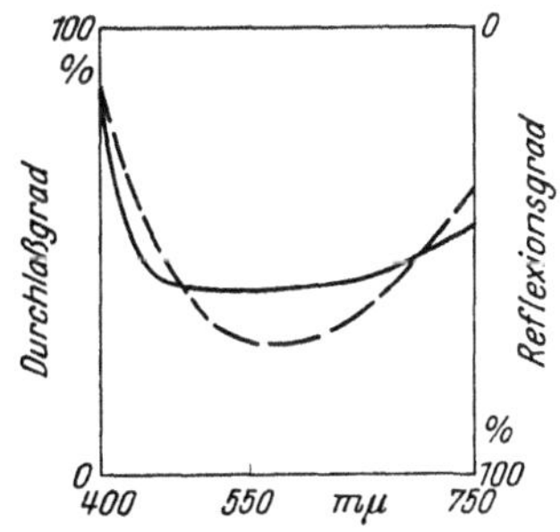

Abb. 8. Die Abhängigkeit des Durchlaßgrades und des Reflexionsgrades von der Wellenlänge (gestrich. Linie) wird für einen weiten Bereich vermieden (ausgezogene Linie), wenn statt Schichtung aus einem Metalloxyd solche aus mehreren verwendet werden: reine λ/4-Wechselschichten aus TiO_2-SiO_2.
Aus Jenaer Rundschau Abb. 5, **3**, 83, (1958).

μ) *Die Grenzgröße der Sterne*

Bis zu welcher Grenzgröße das benutzte Instrument unter dem Einfluß der verschiedenen, genannten Faktoren reicht, läßt sich nicht in allgemeingültiger Weise ausdrücken. In Tabelle 5 sind die von Siedentopf angegebenen, erfahrungsmäßig festgestellten Grenzgrößen für visuelle, photographische und lichtelektrische Beobachtung verzeichnet. In Abb. 9 sind die Grenzgrößen für visuelle Beobachtung aufgetragen. Darin zeigt sich u. a. der Einfluß des Lichtverlustes in der Optik.

„Für binokulare Beobachtung läßt sich unter Benutzung der von Siedentopf[2] und Mitarbeitern gewonnenen Ergebnisse über die physiologische Kontrastschwelle

[1] H. Pohlack: Über neue Methoden der chromatischen und achromatischen Strahlenteilung. Jenaer Rundschau **3**, 82 (1958).

[2] H. Siedentopf: Neue Messungen der visuellen Kontrastschwelle. Astronomische Nachrichten **271**, 193 (1941). — H. Siedentopf: Grundriß der Astrophysik. Abb. 18, S. 32. Stuttgart: Wissenschaftliche Verlagsgesellschaft 1950.

Tabelle 5.

Grenzgröße der A-Sterne bei visueller Beobachtung im Dunkelfeld

Eintrittspupille d	Grenzgröße
unbewaffnetes Auge	6.0^m
50 mm	10.3
100	11.7
200	13.0
300	13.8
500	14.5
1000	15.0

Grenzgröße der A-Sterne für photoelektrische Photometrie

(Vervielfacherzelle, ca. 1% Photometriergenauigkeit)

Eintrittspupille d	Grenzgröße
200 mm	12.5^m
500	14.5
1000	16.0
2500	18.0

Grenzgröße der A-Sterne bei photographischen Aufnahmen verschiedener Belichtungszeit

Eintrittspupille d	10 Min.	30 Min.	100 Min.
200 mm	14.0^m	15.0^m	16.0^m
400	15.5	16.5	17.5
1000	17.5	18.5	19.5
2500	19.5	20.5	21.5
5000	21.0	22.0	23.0

herleiten, daß bei der gewöhnlich verwendeten Übernormalvergrößerung $\overline{V}$ der Beitrag des Fernrohrs zur Erhöhung der Grenzhelligkeit m_0 bei nicht zu starkem Streulicht

$$\Delta m_0 = 1.9 \cdot \log \varkappa\varkappa' + 3.8 \cdot \log \frac{d}{p_{\max}} + 1.2 \cdot \log \overline{V}$$

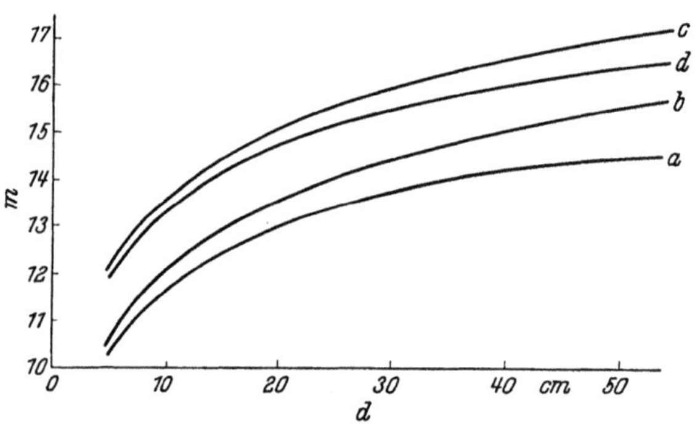

Abb. 9. Grenzgröße der Sterne bei visueller Beobachtung: a) im Dunkelfeld nach H. SIEDENTOPF; b) mit Augenpupillendurchmesser p = 0.76 cm nach J. B. SIDGWICK; c) nach W. H. STEAVENSON; d) mit Berücksichtigung des Lichtverlustes in der Optik nach J. B. SIDGWICK.

beträgt ($\varkappa\varkappa'$ Durchlässigkeitsgrad von Objektiv und Okular; d Durchmesser des Objektivs, $p_{\max}$ größter Durchmesser der Augenpupille). Das erste, wegen $\varkappa\varkappa' < 1$ stets negative Glied läßt den Gewinn durch Verwendung vergüteter Optik erkennen: jedes vergütete Oberflächen-Paar ergibt einen Gewinn von 0^{m}07. Das zweite Glied zeigt, daß man bei Verdoppelung der Öffnung 1^{m}14 gewinnt.

Einen merklichen Beitrag liefert aber auch die im 3. Glied berücksichtigte Vergrößerung. So verschiebt sich die visuelle Grenzhelligkeit z. B. durch Verdoppelung der Okularvergrößerung um 0^{m}36. Diese eigentlich für binokulares Sehen ohne zusätzliche Störeinflüsse geltenden Zahlen dürfen auch wegen einer Extrapolation der physiologischen Messungen nur als Anhaltswerte betrachtet werden, zeigen das Wesentliche aber wohl recht deutlich. Der Feldstecher schneidet dabei wegen seiner geringen Vergrößerung und kleinen Öffnung nicht gut ab, was aber nichts gegen seine Verwendung bei guter Durchsicht und helleren Sternen besagt.“ (A. Güttler)

2. Die Einzelteile der astronomischen Beobachtunginstrumente

a) Über Brennpunkt und Brennweitenbestimmung an Linsen und Spiegeln

Die wichtigsten optischen Bezeichnungen an Linsen und Spiegeln sind aus Abb. 1 und 2 zu ersehen. Oft werden mehrere Linsen durch Zusammenkitten mit schwerflüss'gem Kanadabalsam oder durch Zusammensetzen bei geringem Abstand der Linsenscheitel zu einem optischen System vereinigt. Dann müssen die Einzellinsen so sitzen, daß ihre Achsen eine Gerade bilden *(zentriertes System)*. Das ist der Fall, wenn die gespiegelten Bilder eines Glühbirnchens (bei verkitteten Achromaten 2 Bilder) in einer durch den Mittelpunkt der Öffnung gehenden Geraden gesehen werden können. Nicht verkittete Einzellinsen eines 2-teiligen Objektivs liegen meist auf 3 zwischengelegten Blättchen aus Stanniol, deren Lage am Linsenrand gekennzeichnet ist und beim Zusammensetzen genau beachtet werden muß.

Über die Brennweite eines zusammengesetzten optischen Systems s. S. 44. Zuweilen wird nach dem *Abbildungsmaßstab* (Lateralvergrößerung) eines Systems gefragt; es ist

$$\text{Abbildungsmaßstab} = \frac{\text{Bildgröße}}{\text{Gegenstandsgröße}} = \frac{\text{Bildweite}}{\text{Gegenstandsweite}}.$$

Wichtig ist zu wissen, wie groß ein flächenhaftes Objekt am Himmel (Sonne, Mond, Planet, Nebel) abgebildet wird, wenn die Brennweite des abbildenden Systems bekannt ist. Es ist

$$\text{(20)}\quad \text{Bildgröße in mm} = \text{Brennweite in mm} \times \text{Tangens des Gesichtswinkels zum Objektiv in Grad}.$$

Bei kleinen Gesichtswinkeln bis zu 8° kann Formel (20) ersetzt werden durch

$$\text{(21)}\quad \text{Bildgröße in mm} = \text{Brennweite in mm} \times \frac{\text{Gesichtswinkel zum Objekt in Grad}}{57{,}^{\circ}2958}.$$

Beispiel: Das Objektiv eines Schulfernrohrs mit $d = 50$ mm und $f = 540$ mm bildet Sonne oder Mond (beider Winkeldurchmesser $0{,}^{\circ}52$) ab als Scheibchen in der

$$\text{Bildgröße in mm} = 540\ \text{mm} \times \frac{0{,}^{\circ}52}{57{,}^{\circ}2958} = 4.9\ \text{mm}.$$

Den *Ort des Brennpunktes* findet man, indem von einem sehr fernen Gegenstand ein auf der Achse des untersuchten optischen Systems entworfenes Bild aufgefangen oder besser mit einer Fadenkreuzlupe betrachtet wird. Der Brennpunkt befindet sich dort, wo Bild und Fadenkreuz scharf gesehen werden. Kann kein Bild eines Gegenstandes aufgefangen werden (nichtreeller Brennpunkt; bei zerstreuenden optischen Systemen und negativen Okularen), so wird das nichtreelle Bild eines fernen Gegenstandes mit einem Ablesefernrohr (für die Nähe einstellbares Fernrohr) betrachtet, danach das untersuchte System (Linse, Okular) entfernt und an seine Stelle eine fein unterteilte Schirmfläche (Millimeterpapier) bis zur Scharfeinstellung verschoben. Der gesuchte Brennpunkt liegt dann in der Schirmfläche.

Die *Brennweite* einer Linse mit reellem Brennpunkt *(positives System)* kann man nach Bessel wie folgt bestimmen[1]: Befindet sich ein Gegenstand in einem konstanten, die vierfache Brennweite übersteigenden Abstand l von einem Schirm, so gibt es zwei Zwischenstellungen, in denen die Linse ein deutliches Bild des

[1] F. Kohlrausch: Praktische Physik. 19. Auflage. Bd. I, S. 331. Leipzig: B. G. Teubner Verlagsgesellschaft 1951.

Gegenstandes auf dem Schirm entwirft. Die Verschiebung zwischen beiden Stellungen betrage die Länge e. Dann ist die Brennweite der Linse angenähert

$$f = \frac{l^2 - e^2}{4l}. \tag{22}$$

Die *Brennweite* eines *negativen* Okulars (z. B. Huygens' Okular) erhält man bequem nach Formel (2) aus der damit erzielten Vergrößerung eines Fernrohrs und seiner Objektiv- bzw. Spiegelbrennweite.

Die *Brennweite eines Spiegels* bestimmt man nach der Messerschneiden-Methode. (s. unten).

Die *Brennweite* einer *Zerstreuungslinse* erhält man aus dem von der Sonne erzeugten Lichtkreis[1]: Man mißt die Größe des Lichtkreises, den die Zerstreuungslinse von der Sonne auf einen Schirm in gegebenem Abstand l entwirft. Bedeutet d den Durchmesser der Linsenöffnung, b den Durchmesser des Lichtkreises, so ist

$$f' = \frac{l \times d}{d - b + 0.0094\,l} \tag{23}$$

0.0094 ist die doppelte Tangente des scheinbaren Halbmessers der Sonne. Bei stärkeren, nicht zu kleinen Linsen kann man $0.0094\,l$ vernachlässigen und hat die einfache Regel: Derjenige Abstand des Schirmes, bei dem das Zerstreuungsbild den doppelten Durchmesser der Linse hat, gibt die Brennweite.

b) Die Abbildungsfehler und die Messerschneidenmethode

Es gibt kein Linsen- oder Spiegelsystem, das ein Himmelareal in jedem Punkte scharf und ähnlich (maßstabgetreu) in einer Ebene abbildet. Die einzelnen Fehler und die Methoden zu ihrer Ausmessung sind:

Der Kugelgestaltfehler (sphärische Aberration). Einzellinsen und Spiegel mit kugelförmigen (sphärischen) Oberflächen vereinigen die von einem Objektpunkt auf der Achse ausgehenden, randnahen Strahlen in geringer Brennweite als die achsennahen (paraxialen) Strahlen. Jede kreisförmige „Zone" der Linse, des Spiegels hat dieselbe Brennweite. Der Brennweitenunterschied der einzelnen Zonen heißt Kugelgestaltfehler. Er läßt sich durch Kombination zweier Linsen oder durch von der Kugelgestalt abweichende (asphärische) Form der Oberflächen für 2 Zonen gänzlich „heben", für sämtliche andere Zonen sehr klein halten. Bei guten Fernrohrobjektiven soll die Abweichung der Brennweiten von einer mittleren Brennweite nicht mehr als 1/1000 der Brennweite betragen. Besitzen die randnahen Zonen eine kürzere Brennweite als die zentralen, so ist das Objektiv oder der Spiegel *sphärisch unterkorrigiert*, im gegenteiligen Falle *überkorrigiert*.

Die Messung des Kugelgestaltfehlers erfolgt mit *Foucaults Messerschneidenmethode*, die nur für Linsen und Spiegel mit mehr als 3 cm Durchmesser ratsam ist. Man braucht dazu einen künstlichen Stern: ein Loch von 0.01 bis 0.05 mm Durchmesser (G. W. Ritchey), durch Azetylen, Lichtbogen usw. sehr hell erleuchtet und mit einer sorgfältig geschliffenen Nadel in eine Aluminium- oder Kupferfolie gebohrt. Dieses Verfahren ist wie die gesamte Foucault-Prüfmethode in einer reichhaltigen Literatur bis in alle Einzelheiten von den zahlreichen, leidenschaftlichen Spiegelschleifern in aller Welt geschildert.

Im Falle eines *Objektivs* wird in das Bild eines einfarbigen, objektseitig in doppelter Brennweite auf der Achse gelegenen künstlichen Sterns eine Messerschneide (Rasierklinge) eingeführt. Dem Auge, das dicht hinter der Messerschneide und an dieser vorbei das strahlend hell — wie der Vollmond — erscheinende Objektiv betrachtet, erscheint dieses genau zur Hälfte verdunkelt, sobald die Messerschneide die optische Achse erreicht hat. Wird die Messerschneide genau in den Bildpunkt eingeführt, so würde das Objektiv schlagartig verdunkelt werden,

[1] F. Kohlrausch: Praktische Physik. 19. Auflage. Bd. I, S. 333. Leipzig: B. G. Teubner Verlagsgesellschaft 1951.

wenn es für alle Zonen dieselbe Brennweite hätte. Durch zonenweises Ausblenden des Objektivs läßt sich die Lage der jeweiligen Brennpunkte ermitteln, in denen eine schlagartige, zumindest gleichmäßig fortschreitende Verdunklung der betrachteten Zone des Objektivs eintritt, wenn die Schneide in den Brenn-„Punkt" hineingeschoben wird. Der Abstand der Brennpunkte der einzelnen Zonen kennzeichnet den Kugelgestaltfehler.

Im Falle eines *Hohlspiegels* wird der künstliche Stern in den Krümmungsmittelpunkt, d. i. in doppelte Brennweite, gesetzt. Die Messerschneide, an der vorbei das Auge zum Spiegel blickt, steht dicht daneben in gleicher Entfernung vom Spiegel. Der Krümmungsmittelpunkt ist gefunden, sobald sich der vollmondartig strahlende Spiegel bei einer kleinen, seitlichen Verschiebung der Schneide fast oder gänzlich schlagartig verdunkelt. Gelingt eine solche schlagartige und vollständige Verdunklung des Spiegels, so ist der Spiegel kugelförmig (sphärisch) und weist den Kugelgestaltfehler auf, wenn man mit ihm einen Stern am Himmel beobachtet. Um diesen Fehler zu beseitigen, wird der Spiegel in der Mitte etwas tiefer geschliffen; die Brennweite der zentralen Zone ist etwas kürzer als die der randnäheren Zonen. Der Brennweitenunterschied m der Spiegelmitte gegen eine randnähere Zone soll sein:

$$m \text{ in mm} = \frac{\text{Zonenhalbmesser} \times \text{Zonenhalbmesser in mm}}{\text{Brennweite dieser Zone in mm}}. \tag{24}$$

Hierbei ist zur Ermittlung der jeweiligen Brennweite nur die Messerschneide, nicht der künstliche Stern in Richtung der Achse zu verschieben. Wird der künstliche Stern zugleich mit der Messerschneide in Richtung der Achse verschoben, so ist in (24) im Nenner die doppelte Brennweite zu setzen. Gilt diese Beziehung für jede Spiegelzone, so hat er die Gestalt eines Paraboloides (Parabolspiegel); er ist „*parabolisiert*" und vereinigt ein paralleles und in der Achsenrichtung auffallendes Lichtbündel in einem einzigen Punkt, auch wenn es den ganzen Spiegel ausfüllt.

Der Kugelgestaltfehler einzelner Linsen und Spiegel ist um so kleiner, je kleiner das Öffnungsverhältnis ist. Der Fehler nimmt ab, mit dem Quadrat des Öffnungsverhältnisses $(d/f)^2$. Deshalb läßt sich auch ein Kugelspiegel zu astronomischen Beobachtungen verwenden, wenn sein Öffnungsverhältnis klein genug ist (Tab. 13, S. 38).

Die *Farbabweichung* (chromatische Aberration). Sie zeigt sich nur bei der Lichtbrechung, nicht bei der Lichtreflexion und wird herbeigeführt, weil kurzwelliges Licht stärker gebrochen wird als langwelliges. Deshalb vereinigt sich kurzwelliges Licht nach dem Durchgang durch eine Linse in einer kürzeren Brennweite als langwelliges. Durch Kombination von 2 Linsen verschiedenen Glasmaterials kann sie für 2 Farben (bei den achromatischen Systemen, *Achromaten*) vollständig oder für weitere Farben (bei den apochromatischen Systemen, *Apochromaten*) nahezu behoben werden. Sie zeigt sich daran, daß die Sternbildchen im Fernrohr Farbränder (bei den Achromaten „*sekundäres Spektrum*" genannt) haben und daß jedes Planetenbildchen innerhalb der Brennweite (intrafokal) oder außerhalb der Brennweite (extrafokal) zu einem Scheibchen mit verschiedenfarbigen Rändern wird. Achromatische Objektive für visuelle Beobachtung vereinigen die Wellenlängen der *Fraunhoferschen Linien C* (0.0006563mm) und *F* (0.0004862mm) in einem Punkt; diejenigen für gewöhnliche photographische Aufnahmen sollen die Wellen-

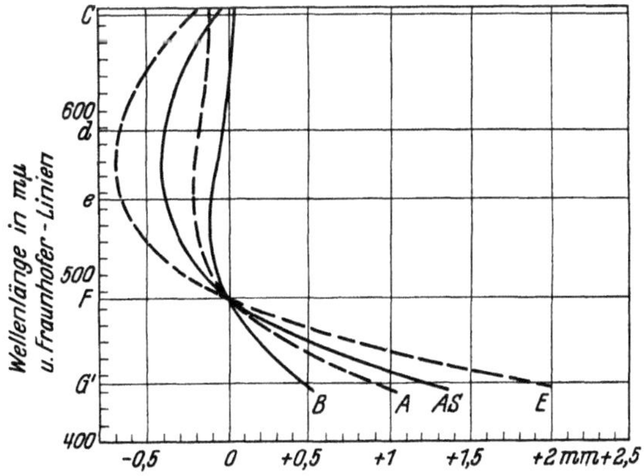

Abb. 10. Farbabweichung (Farbenlängsabweichung) eines Objektivs von 1000 mm Brennweite für das Licht der verschiedenen Wellenlängen: *E* Achromat; *A*, *AS* Halbachromat; *B* Apochromat. Aus Handbuch d. Astrophysik, Bd. I, S. 111. Berlin: Springer 1931.

längen der Linien D (0.0005896 mm) und G' (0.0004340 mm) und die astrophotographischen Objektive die Wellenlängen F (0.0004862 mm) und G' (0.0004340 mm) vereinigen (Abb. 10). Je kleiner das Öffnungsverhältnis, desto kleiner ist die Farbabweichung. Der Fehler nimmt ab mit dem Öffnungsverhältnis (d/f). Es gilt

(25) Brennweite einer Linse mit unmerklicher Farbabweichung $= 100 \times$ Öffnungsdurchmesser.

Die *Lichtflecke*. Sie entstehen durch einmalige oder mehrmalige Reflexion des Lichtes an Linsen- und Spiegelflächen oder auch an der Emulsionsschicht der Photoplatte. Sie werden nur bei sehr hellen Sternen merklich, liegen symmetrisch zur optischen Achse und bewegen sich im Gesichtsfeld, wenn man ein betrachtetes, sehr helles Objekt an einen anderen Gesichtsfeldort bringt.

Die weiter zu nennenden Linsenfehler treten nur bei photographischen Aufnahmen in Erscheinung.

Der *Astigmatismus*. Er entsteht, wenn schief zur Achse einfallende Lichtbündel durch eine Linse gebrochen oder durch einen Spiegel reflektiert werden. Auch enge Parallel-Lichtbündel vereinigen sich dann nicht in einem Punkte, sondern in 2 voneinander entfernt liegenden Geraden. Außerhalb dieser Geraden erzeugen sie ovale Lichtscheibchen. Je weiter diese Geraden für dieselbe Bündelneigung voneinander entfernt liegen (stigmatische Differenz), desto stärker ist der Astigmatismus. Der Fehler des Astigmatismus ist bei den *anastigmatischen Systemen* behoben. Tritt er in einem Fernrohr oder in einer Kamera auf, so prüfe man zuerst, ob Linsen und Spiegel zentriert und nicht verspannt sind.

Die *Bildfeldwölbung*. Sie besteht darin, daß parallele Lichtbündel, die unter verschiedenen Winkeln zur Achse einfallen, nicht in einer zur Linsen- oder Spiegelebene parallelen Ebene, etwa auf einer Mattscheibe, in gleicher Schärfe vereinigt werden, sondern auf einer Kugelfläche. Dieser Fehler läßt sich durch Einfügen einer einfachen Linse beheben (s. S. 30).

Die *Verzeichnung*. Sie äußert sich darin, daß eine Gerade, die nicht durch die Linsenachse geht, nicht als Gerade, sondern als eine nach außen oder innen gekrümmte Linie abgebildet wird.

Die *Koma*. Sie entsteht dadurch, daß schräg zur Achse einfallende Lichtbündel durch die scheinbare Vereingung der Öffnungsblende und durch die Länge des optischen Systems eine seitliche Abschattung (*Vignettierung*) erfahren, so daß sie nicht in voller Breite abgebildet werden. Das Sternbildchen ähnelt dann einem Kometen mit einem Schwanze, eine Figur, zu der auch Astigmatismus und Bildfeldwölbung beitragen.

c) Die Öffnungsblende

Die Öffnungsblende ist so wichtig wie das Objektiv oder der Hauptspiegel selbst. Sie bestimmt nicht nur, welche Teile der vom Objekt kommenden Lichtbündel zur Abbildung verwendet werden, sondern genügt auch allein für eine Abbildung. Einfache Linsen und Spiegel dienen nur dazu, die einfallenden Lichtstrahlen schneller im Brennpunkt zusammenzuführen und dadurch die Lichtstärke zu erhöhen. Deshalb können auch mit der Lochkammer (Lochkamera) Aufnahmen sehr heller Objekte (Sonne, Mond, helle Meteore) gemacht werden. Der günstigste Lochdurchmesser 2 r einer Lochkammer errechnet sich aus

(26) $$2r = 1{,}90\sqrt{\text{Kameralänge} \times \text{Wellenlänge des benutzten Lichtes}}\,.$$

Für einen 15 cm großen Abstand einer Photoplatte von der Öffnung (Diaphragma) der Lochkammer und für Licht der Wellenlänge 0.000400 mm, wie es bei Blauplatten wirksam ist, folgt $2r = 0.47$ mm.

Ein paralleles Lichtbündel, das eine kreisrunde Öffnung durchsetzt, erzeugt ein Beugungsscheibchen (Diffraktionskreis), dessen Durchmesser nach Formel (9) zu berechnen ist.

d) Das Objektiv für visuelle und für photographische Beobachtung

α) *Brennweite einer Einzellinse und Größe des abgebildeten Feldes*

Objektive, die nur aus einer Linse bestehen, können sehr wohl zu visueller oder photographischer Beobachtung benutzt werden. Bei visueller Beobachtung ist das Öffnungsverhältnis 1:20 zu empfehlen, damit die Kugelgestaltfehler und Farbabweichungen klein genug gehalten werden (s. S. 22—24). Bei photographischer Beobachtung ist das Öffnungsverhältnis kleiner als 1:12 zu halten, und außerdem ist durch eine geeignete Kombination von Filter und Photoschicht dem Farbfehler entgegenzuwirken, z. B. durch Verwendung von Gelbfilter mit blauempfindlicher Platte. Das gut ausgezeichnete Plattenfeld ist ziemlich verschieden groß.

Die *Bildbrennweite* einer Linse ist von der Linsendicke g, von der Brechungszahl n des Linsenglases für die einzelnen Wellenlängen und den beiden Krümmungsradien r_1 und r_2 der Linsenoberflächen abhängig. Es ist

$$\frac{1}{f} = (n-1)\,(1/r_1 - 1/r_2) + \frac{(n-1)^2}{n} \cdot g/r_1 r_2\,. \tag{27}$$

Die Krümmungsradien läßt man sich von einem Optiker mit dem Brillensphärometer messen, falls man sie nicht selbst auf Grund der Beziehung

$$r = \frac{2\,a\,a'}{a + a'}$$

in der a und a' die Gegenstands- und Bildweite bezeichnen, berechnet (s. S. 44). Die Brechzahl n wird vom Linsenhersteller angegeben. In Tabelle 6 sind die Brechungszahlen einiger *Jenaer Gläser* und von Quarzglas für die *Frauenhoferschen Linien* bezogen auf Luft von $+20°$ C und 760 mm Quecksilberdruck bei 10 mm absoluter Feuchtigkeit angegeben. Längeneinheit 1 Å = 0.0000001 mm. Tabelle 6 zeigt, daß der Unterschied der Brechungszahlen (die Dispersion) für kurzwelliges

Tabelle 6. *Brechungszahlen optischer Gläser für die Fraunhoferschen Linien*

Wellenlänge in Å	A(O) 7608.2	B(O) 6867.2	C(H) 6562.8	D(Na) 5893.0	E(Fe) 5270.0	F(H) 4861.4	G′(H) 4340.5	G(Ca) 4307.8	H(Ca) 3968.5
Bor-Kron BK1	1.50491	.50674	.50762	.51002	.51302	.51567	.52017	.52050	.52457
Schwer-Kron SK1	1.60347	.60585	.60698	.61016	.61418	.61778	.62396	.62443	.62999
Flint F3	1.60294	.60638	.60805	.61279	.61898	.62464	.63473	.63548	.64518
Schwer-Flint SF4	1.73924	.74452	.74728	.75496	.76520	.77471	.79201	.79336	.81038
Quarzglas SiO_2	1.45443	.45604	.45682	.45886	.46140	.46358	.46731	.46758	.47091

Licht besonders groß ist. Dann wird auch die Farbabweichung für dieses Licht besonders groß; es entstehen breite, blaue Farbsäume. Diese kann man weitgehend durch Vorsetzen eines Gelbfilters vermeiden.

Hat man eine Photoplatte auf den Brennpunkt einer bestimmten Farbe eingestellt, so errechnet sich der Halbmesser des Farbkreises (Farbzerstreuungskreises) für eine andere Farbe auf der Achse zu

(28) Halbmesser des Farbkreises = Öffnungsverhältnis der Linse × Brennweitendifferenz der beiden Farben

Objektive, weder einfache noch zusammengesetzte, zeigen keinen „*Randeffekt*", weil die Einzellinsen nur dünn sind und weil nur eine Fläche der Temperaturänderung voll ausgesetzt ist. Auch wesentliche Temperaturunterschiede von Linsenfläche zu Linsenfläche sind für die Güte der Abbildung bedeutungslos. Wohl aber bestimmt die durchgehende Temperatur des Objektivs seine Brennweite.

Bei jeder photographischen Himmelsaufnahme ist die Bewegung der Himmelskörper zu berücksichtigen. Ein Stern bewegt sich in einer Zeitsekunde um den Winkel

$$\frac{360^\circ}{23^h\,56^m\,4^s\!.091} = 0^\circ\!.004$$

Da ein Winkel von 1° bei 100 mm Brennweite in einer Länge von

$$\frac{1^\circ \times 100\text{mm}}{57^\circ\!.2958} = 1.8\ \text{mm}$$

abgebildet wird, so zeichnet ein Stern in 1 Zeitsekunde eine Strecke von 0.004 × 1.8 mm = = 0.0072 mm auf die Photoplatte. Eine so kleine Strecke wird von ihr als Punkt wiedergegeben. Nach 4 Zeitsekunden Belichtungszeit ist aber das Auflösungsvermögen der unbewegten Photoplatte (0.03 mm) erreicht und der Fixstern zeichnet von da an einen Strich, zumindest wird sein Bild länglich. Die Aufnahme eines Planeten oder Kometen, deren Bewegung der eines Fixsternes hier gleichgesetzt werden kann, wird in diesem Beispiel nach Überschreiten der Zeitdauer von 4 Sekunden unscharf. Will man aber einen punktförmigen Himmelskörper (Satellit, kleiner Planet) als Strich abbilden, so muß in diesem Beispiel die Belichtungszeit von 4 Sekunden um das Vielfache überschritten werden. Andernfalls wird die Kamera auf einem Fernrohr so befestigt, daß beide das Beobachtungsobjekt zugleich im Gesichtsfeld haben. Während der Aufnahme muß das Fernrohr sorgfältig „nachgeführt" werden.

Auch die Größe des Himmelsareals, das bei einer bestimmten Brennweite auf ein vorliegendes Plattenformat abgebildet wird, kann leicht errechnet werden. Es ist

(29) Seitenlänge der abgebildeten Himmelsfläche in Grad =

$$= \frac{\text{Länge oder Breite der Photoplatte}}{\text{Brennweite des Objektivs}} \times 57^\circ\!.2958\,.$$

Diese Beziehung gilt nur für Winkel bis zu etwa 8°. Wird die nach Formel (29) errechnete Seitenlänge der Himmelsfläche größer, so ist Formel (29) zu ersetzen durch

(30) Tangens des Winkeldurchmessers der abgebildeten Himmelsfläche =

$$= \frac{\text{Länge oder Breite der Photoplatte}}{\text{Brennweite des Objektivs}}$$

β) Einzellinsen als Objektive

Die *plankonvexe Linse.* Wie aus Formel (27) folgt, hat sie die Brennweite

$$f = \frac{r}{n-1}$$

Ist ihre ebene Fläche (Planfläche) gegen das Objekt gekehrt, und ist im Abstand

$$a = \frac{r-g}{n}$$

(wegen der Bedeutung von r, g, und n s. S. 25) eine Blendenöffnung mit dem Durchmesser $d < f/7$, so erhält man eine von Astigmatismus freie Abbildung. Das Gesichtsfeld zeigt bei einer Größe von 60° noch gute Abbildung. Das Bildfeld ist gewölbt; der Krümmungsradius beträgt das n-fache der Brennweite. Dann werden die schief durch die Blende gehenden Lichtbündel nicht auf der Photoplatte vereinigt, sondern bilden sich als kleine Lichtflecke ab. Durch Verengen der Blendenöffnung läßt sich der Durchmesser dieser Zerstreuungskreise kleiner halten als das Auflösungsvermögen der Platte[1].

Ein anzubringender Verschluß muß wie bei jedem Objektiv in der Blendenebene oder dicht dabei sitzen. Über die Ebnung des Bildfeldes s. S. 30.

Die *Meniskuslinse.* Der in der Abb. 11 wiedergegebene positive Meniskus wurde von J. W. Shean angegeben[2]. Die Zahlengrößen beziehen sich auf die Brennweite 100; sie werden auf andere Brennweiten umgerechnet, z. B. werden sie für die Brennweite 10 cm durch 10 dividiert und in cm genommen. Die Brechungszahl des Glases für das zu benutzende Licht ist $n = 1.53$. Die Dispersion sollte klein gehalten werden. Der angegebene Blendendurchmesser entspricht einem Öffnungsverhältnis 1 : 14.4.

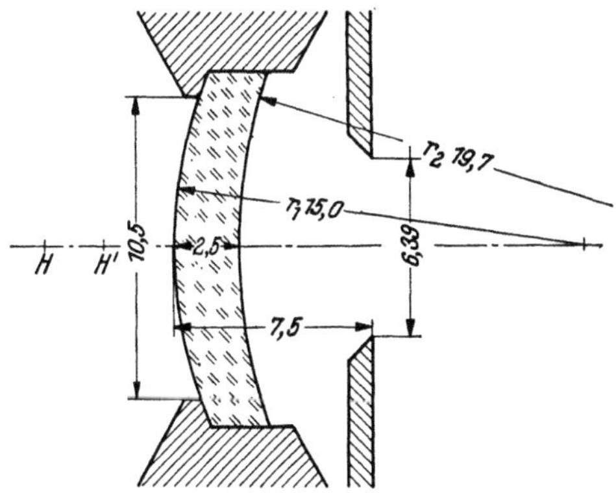

Abb. 11. Einfache Linse (Meniskus) als photographisches Objektiv. Mit diesem einfachen Objektiv $f/4.4$ erhält man bei 40° Gesichtsfelddurchmesser ein ebenes Bildfeld ohne Koma, 1,8% Verzeichnung und 3% Astigmatismus am Rande. Verbesserungen sind im Text angegeben. Aus Amateur Telescope Making. Book one, S. 29. New York: Scientific American, Inc. 1953.

Durch Erweitern der freien Objektivöffnung von 10.5 auf 15 und Verringern der Blendenöffnung von 6.39 auf 5.5 und Verschieben der Blende von der Entfernung 7.5 auf 11.5 läßt sich die Abbildung verbessern. Die Plattenebene befindet sich dann in der Entfernung 84 von der Blendenebene. Die Abbildungsfehler — Farbfehler ausgenommen — sind gering, wenn man sich auf den Gesichtsfeldwinkel von 40° beschränkt. Das notwendige Plattenformat ist dann 74 × 74.

Diese beiden Beispiele einfacher Linsen zeigen, wie man bereits mit einfachen Hilfsmitteln gute Beobachtungen durchführen kann. Zugleich seien sie eine Anregung für diejenigen, die selbst *Linsen schleifen*, eine Beschäftigung, für die es bereits genügend genaue Anweisungen gibt[3]. Aber auch zur *Berechnung* einfacher und zusammengesetzter (achromatischer) Linsen werden so gute Anleitungen gegeben, daß dazu nur ermuntert werden kann[4].

γ) *Die achromatischen Objektive*

Die Beispiele über die Objektive aus einfachen Linsen zeigen, daß sich alle Linsenfehler weit unterdrücken lassen — mit Ausnahme des Fehlers der Farbabweichung. Nur das Objektiv, das aus mindestens 2 verschiedenen Glassorten zusammengesetzt ist, vermag auch diesen Fehler weitgehend zu vermeiden. Es ist eine der großen Leistungen Joseph Fraunhofers (1787—1826), derartige Achro-

---

[1] H. J. Gramatzki: Hilfsbuch der astronomischen Photographie. S. 16. Berlin und Bonn: Ferd. Dümmlers Verlag 1930.

[2] J. W. Shean: Elementary Camera Lenses. Amateur Telescope Making. Book three, S. 532. New York: Scientific American, Inc. 1953.

[3] F. B. Ferson u. P. Lenart: Lens Production. Amateur Telescope Making. Book three, S. 163. New York: Scientific American, Inc. 1953.

[4] A. E. Gee: The Design of Telescope Objectives by the G-sum Method. Amateur Telescope Making. Book three, S. 208. New York: Scientific American, Inc. 1953.

C. L. Woodside: On Computing the Radii of an Achromatic Objective. Amateur Telescope Making. Book three, S. 565. New York: Scientific American, Inc. 1953.

maten (achromatische Objektive) als erster in jeder Einzelheit vorausberechnet und danach geschliffen zu haben. Als *Fraunhofer Typ* besteht ein Achromat aus einer Kronlinse als Vorderlinse und aus einer Flintlinse als Hinterlinse; beide haben kugelförmige (sphärische) Oberflächen und berühren sich im Scheitelpunkt, ohne verkittet zu sein. Kugelgestaltfehler und Koma sind unbemerkbar; Astigmatismus, Verzeichnung und Bildfeldwölbung sind vorhanden. Im Brennpunkt sind 95% des Lichtes vereint; die restlichen 5% bilden das „sekundäre Spektrum" (s. Abb. 10). Auch dieser Farbrest wird unbemerkbar, wenn sich das Öffnungsverhältnis 1 : 20 nähert. Dann bildet der Achromat so farbreine Bilder ab, daß jeder Planetenbeobachter dieses Öffnungsverhältnis beachten muß. Weitere Vorteile des achromatischen Objektivs sind: Unempfindlichkeit gegen Temperatur- und Feuchtigkeitsschwankungen, leichtes Reinigen der einzigen Linsenfläche, die außen ist. Als Faustregel für achromatische Objektive mag gelten, daß das sekundäre Spektrum ausreichend unterdrückt ist, wenn gilt

(31) Brennweite eines Achromaten $= 2 \times$ (Öffnungsdurchmesser)^2.

In dem Schulfernrohr 50/540, das ein Objektiv vom Fraunhofer-Typ enthält, ist dieser Regel Genüge getan. Über die Brennweite zusammengesetzter Linsen (s. S. 44).

Weitere Entwicklungen des Achromaten, die für den Amateurastronomen von Wichtigkeit sind:

Das zweiteilige, „*apochromatische*" Fernrohrobjektiv von Zeiß, das ein stark vermindertes „sekundäres Spektrum" aufweist. Es ist in dem Schulfernrohr 63/840 verwendet und als AS-Objektiv bezeichnet (s. Abb. 10).

Das zweiteilige, verkittete Fernrohrobjektiv von HARTING, zu dem neuere Jenaer Gläser verwendet sind und das vollständig komafrei ist. Es liefert gestochen scharfe Bilder und wird nur für kleinere Öffnungen verwendet, vermutlich weil sich die verkitteten Linsen unter Temperatureinfluß deformieren.

Endlich sei der dreiteilige *Apochromat* erwähnt, der die Forderung nach Farbfreiheit fast ideal erfüllt und natürlich ebenfalls unmerklichen Kugelgestaltfehler und restlose Beseitigung der Koma aufweist. Er wird nur bis zum Durchmesser von 200 mm hergestellt und übersteigt die Bedürfnisse eines Amateurastronomen (s. Abb. 10).

Achromatische Objektive finden sich in fast allen Refraktoren und Kometensuchern, die heute neu oder gebraucht käuflich sind:

Firma	Instrument	Durchmesser/Brennweite
Utzschneider und Fraunhofer, München	Refraktoren, Kometensucher und „Fernröhre"	43/540 bis 176/2978 mm
Reinfelder und Hertel, München	Refraktoren	13.5/70 bis 380/6820 mm
Merz, München	Schulfernrohre, Refraktoren	20/60 bis 244/2500 mm
Steinheil, München	Schulfernrohre, Refraktoren	40/360 bis 400/6000 mm
Busch, Rathenow	Refraktoren	
VEB Optische Werke, Jena	Schulfernrohr	50/540 und 63/840 mm
	Amateurfernrohr	80/1200 mm
Butenschön, Hamburg	Schulfernrohre	70/1000 bis 160/2000 mm
Phywe, Göttingen	Schulfernrohr	54/750 mm
Kosmos-Lehrmittel, Stuttgart	Astro-Fernrohr	68/900 mm
Tremel, Traunreut/Obb.	Amateur- u. Schulfernrohr	2—5 Zoll

Achromatische Objektive können von den 5 zuletzt genannten Firmen bezogen werden. In ATM[1] sind Beispiele zweiteiliger, achromatischer Objektive aus Menisken mit allen notwendigen Daten für Herstellung und Verwendung angegeben; wertvoll ist, daß dabei der Einfluß von Blendenort und -öffnung auf die Abbildungsfehler erörtert und dem an einer Herstellung oder Verwendung interessierten Amateurastronomen die Entscheidung erleichtert wird.

Ein achromatisches, zwei- oder dreiteiliges Objektiv ist am besten für die Abbildung auf der Achse korrigiert. Am besten sind wieder diejenigen korrigiert, in denen dafür gesorgt ist, daß ein flächenhaftes Objekt in der Mitte des Gesichtsfeldes durch alle Teile des Objektivs in gleicher Größe und am gleichen Ort abgebildet wird (Erfüllung der *Sinusbedingung*). Dennoch ist das für die photographische Abbildung brauchbare Feld viel größer als man gemeinhin meint. So wurde z. B. der Pariser Mondatlas (73 Kartenblätter vom Format 47 × 57 cm) hergestellt, nach Aufnahmen mit einem 2-linsigen Objektiv von 620/15900 mm, und die Photographische Himmelskarte (22000 Aufnahmen) wurde mittels eines ebenfalls 2-linsigen, achromatischen Objektivs von 340/3400 mm gewonnen, mit dem auf Platten von 28 × 28 cm ein Areal von 20 Quadratgrad abgebildet wird.

Manche Achromaten bilden bis zu 40° Gesichtsfelddurchmesser genügend ab. Die Refraktoren für visuelle Beobachtung besitzen *Bildfeldwölbung*, der durch Platten- oder Filmwölbung entsprochen werden kann. Schwieriger ist es, der Tatsache Rechnung zu tragen, daß in den Refraktoren nur die auf das Auge am meisten wirksamen Farben in einem Brennpunkt gut vereinigt werden können, während die auf die Photoplatte wirksamen Farben eine so große Brennweitendifferenz haben, daß die Abbildungsschärfe beeinträchtigt wird. Wenn es gelingt, durch sensibilisierte Photoplatten im Verein mit vorgesetzten *Farbfiltern* nur das Licht der Wellenlänge 0.000510 mm bis 0.000600 mm zur photochemischen Wirkung zu bringen, dann läßt sich ein achromatisches Objektiv zu photographischen Aufnahmen benutzen. (Abb. 12). Der Lichtverlust durch die vorgesetzten Filter muß hingenommen werden und ist besonders schmerzlich, wenn mäßig helle Objekte aufgenommen werden sollen, die dann eine um so längere Belichtungszeit erfordern. Soll die Helligkeit von Sternen auf Grund der Größe und Schwärzung der Sternbildchen auf einer Photoplatte bestimmt werden, so ist zu bedenken, daß derselbe Stern ein nach Größe und Schwärzung verschiedenes Bild erzeugt, je nachdem er in der Mitte oder mehr am Rande einer Platte sitzt. Am besten eignen sich achromatische Refraktorobjektive zu photographischen Aufnahmen von Einzelobjekten am Himmel.

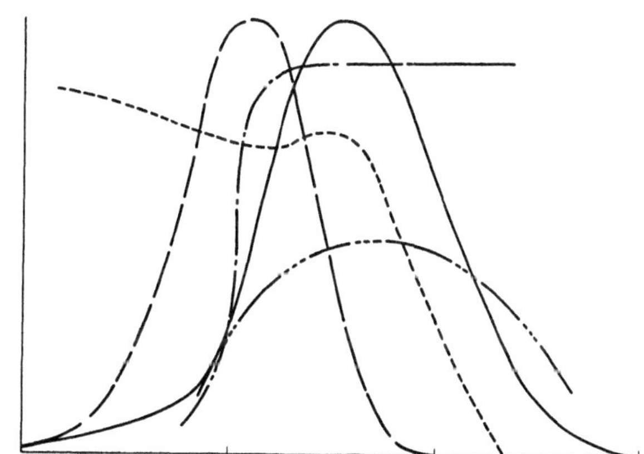

Abb. 12. Farbempfindlichkeit bzw. Farbdurchlässigkeit und Farbenlängsabweichung von Auge (——— Tagessehen), Auge (— — — Dämmerungssehen), orthochromatische Photoplatte (----), Farbfilterglas GG 11 (— - — -) und *E*-Objektiv (— --- —). Jede Kurve in willkürlichen Einheiten.

[1] Amateur Telescope Making. Book three. New York: Scientific American, Inc. 1953.

Auf die Weiterentwicklung der zweiteiligen Achromate zu den drei- und vierlinsigen Objektiven (Cook-Triplet, Ross-Objektiv, Zeiß-Vierlinser von Sonnefeld, usw.), in denen Astigmatismus, Verzeichnung und Bildfeldwölbung vermindert wird, braucht hier nicht eingegangen zu werden. Sie sind nur für große Sternwarten von Interesse.

Das *Petzval-Objektiv.* Petzval hat 1880 sein bekanntes Porträtobjektiv geschaffen, um die damalige Unempfindlichkeit der Platten durch die Lichtstärke des Objektivs auszugleichen. Es besteht aus 4 Linsen und hat relativ große Bildfeldwölbung und zeichnet noch 7° aus. Es wurde von vielen Firmen mit den Öffnungsverhältnissen 1:3 bis 1:6 und mit Brennweiten von 25 bis 100 cm hergestellt; dabei kommen Objektivdurchmesser bis zu 25 cm vor. Der charakteristische, große Abstand zwischen dem vorderen und dem hinteren Linsenpaar dieses Objektivs wurde zuweilen vermindert, um die Bildschärfe außerhalb der Achse zu erhöhen; auch wurde die hintere Linse manchmal umgekehrt zum Schaden der Bildschärfe auf der Achse. Ein gutes Petzval-Objektiv ist ein geeigneter Objektivtyp für den Amateur, der Himmelsaufnahmen machen will. Es besteht die Möglichkeit, die nachteilige *Bildfeldwölbung* (Petzval-Wölbung) zu beseitigen.

Dazu muß zunächst die Bildfeldwölbung gemessen werden. Mit dem Objektiv wird eine weit entfernte, scharf zeichnende Lichtquelle auf einer Mattscheibe in der Mitte des Gesichtsfeldes und in verschiedenen, gemessenen Abständen von der Mitte bis zum Rande der Mattscheibe scharf eingestellt. Zu jedem Abstand z von der Gesichtsfeldmitte gehört eine andere Mattscheibeneinstellung. Die Verschiebung der Mattscheibe muß sehr genau gemessen werden; am besten: viele Messungen wiederholen und Mittelwerte bilden. Zeichnet man die Verschiebungen der Mattscheibe in Abhängigkeit von den gemessenen Abständen der Bilder von der Plattenmitte auf, so erhält man eine gekrümmte Kurve, einen Kreisbogen von 10° bis 20°.

Nun muß eine ***Ebnungslinse*** (plankonkave Linse) beschafft oder selbst geschliffen werden. Ist n die Brechzahl des Glases der Ebnungslinse, so muß die Linsendicke im Abstand z von der Plattenmitte sein

$$\text{Dicke der Linse} = z \cdot n/(n-1) + \text{Dicke der Linse in der Mitte} \tag{32}$$

Der Krümmungsradius der Ebnungslinse soll sich dann ergeben zu

$$\text{Krümmungsradius der Ebnungslinse} = \text{Krümmungsradius des Bildfeldes} \times (n-1)/n \tag{33}$$

Die Photoplatte wird an die Planfläche der Ebnungslinse angelegt.
Weitere Formen von möglichen Ebnungslinsen finden sich in Amateur Telescope Making, Book three, S. 310. New York: Scientific American, Inc. 1953. Dort auch weitere Literatur.

δ) Die Optik des Koronographen

Ein Linseninstrument spezieller Art, das in den Händen des Amateurastronomen erfolgreich verwendet werden kann, ist der Koronograph, der das zarte Licht der Sonnenkorona sichtbar machen kann. Dazu wird ein am Grunde einer langen Taukappe sitzendes Objektiv, das wenig Streulicht erzeugt (keine Kratzer, Bläschen, Staubteile), auf eine Kegelblende und das von der Öffnung erzeugte Beugungslicht auf eine Irisblende abgebildet, so daß zwei helle Lichtquellen abgefangen werden. Das am Rande der Kegelblende erzeugte Bild des Sonnenrandes und der unmittelbaren Sonnenumgebung wird mit einem zweiten Objektiv auf die Bildebene abgebildet. Man sieht, hier muß sauber konstruiert werden.

Es ist das Verdienst von O. Nögel, daß er mit folgenden Hilfsmitteln einen leistungsfähigen Koronographen gebaut hat (s. S. 134):

4 Leichtmetallscheiben zugleich als Fassung für die Optik
3 × 4 Leichtmetallstäbe
1 Blechrohr
1 Staku-Montierung
1 achromatisches Objektiv (Basteloptik VEB Optische Werke, Jena) $f = 54$ cm
1 Kegelblende

1 durchbohrte, bikonvexe Brillenglaslinse
1 Irisblende aus einem Photoapparat
1 Feldstecherobjektiv $f = 15$ cm
1 Interferenzfilter mit 3.6 mμ[1] Halbwertsbreite
1 Okular
1 Kleinbildkamera

ε) Die Barlowlinse

Sie ist ein negatives Linsensystem mit dem Zweck, die Brennweite eines Refraktorobjektivs zu verlängern. Sie wird als zweiteilige, achromatische Linse vor den Brennpunkt des Objektivs gesetzt. Der chromatische Fehler für Sterne außerhalb der Gesichtsfeldmitte kann klein gehalten werden. Das ist Sache des Optikers, der die Barlow-Linse für ein bestimmtes Objektiv berechnet. Sie ist um so besser herzustellen, je kleiner das Öffnungsverhältnis des Objektivs ist und je kleiner die Brennweitenverlängerung sein soll. Ihre freie Öffnung wird am sichersten mit einem transparenten Papierscheibchen, das in den Strahlengang an den beabsichtigten Platz gebracht wird, ermittelt. Die Barlow-Linse soll nicht verschoben werden, etwa um die Gesamtbrennweite zu verändern, weil dann die vorgesehene Korrektion der Linsenfehler nicht mehr voll vorhanden ist. Wegen der großen Brennweite ist die Benutzung eines Huyghens' Okulars gut möglich.

Das Gegenstück zur Barlow-Linse ist ein positives Linsen-System, das zur Brennweitenverkürzung eingesetzt wird. Das von der Barlow-Linse Gesagte gilt entsprechend. An die korrigierende Leistung werden besonders hohe Anforderungen gestellt.

ζ) Die Handkamera

Die Objektive der Handkameras sind sehr verschieden nach Öffnungsverhältnis, Brennweite und Gesichtsfeld. Keines von ihnen ist zur visuellen Beobachtung geeignet, aber jede Art ist für die Aufnahme bestimmter Himmelsobjekte verwendbar. Vor einer solchen Verwendung müssen aber einige allgemeine Gesichtspunkte beachtet werden (s. S. 26):

Die *Brennweite* soll nicht kürzer als 15 cm sein, wenn man Aufnahmen von Sternfeldern machen will, auf denen die Sterne noch genügend getrennt sind. Der Vergrößerung setzt das Plattenkorn oder das Auflösungsvermögen des Objektivs meist enge Grenzen. Kurzbrennweitige Objektive sind zu Aufnahmen von Einzelobjekten, wie Mond, Kometen, Halos, Zodiakallicht, Dämmerungserscheinungen, hellen Meteoren und des Milchstraßenlichts ebenso geeignet wie langbrennweitige. Die Brennweite bestimmt die Größe des Bildes auf der Platte oder auf dem Film. Siehe Formel (29). Wegen Sonnenaufnahmen (s. S. 143).

Der Durchmesser der *Öffnungsblende* unterliegt keiner Begrenzung. Das Beispiel der Lochkammer zeigt, daß man mit der kleinsten Öffnung bestimmte Aufnahmen machen kann, wie von Sonne und Mond. Bei Handkameras ist die Objektivöffnung nicht der Öffnungsblende gleichzusetzen.

Soll die wirksame Öffnung (Eintrittspupille) zwecks Ermittlung des Öffnungsverhältnisses bestimmt werden, so bildet man eine punktförmige Lichtquelle auf der Achse in der Bildebene bei weit geöffnetem Verschluß auf durchsichtiges Papier ab, das auf das Objektiv gelegt wird und mißt den Durchmesser des darauf sichtbaren hellen Kreises. Dieser ist gewöhnlich etwas kleiner als der Durchmesser des Objektivs.

Bei kurzer Brennweite einer Handkamera kommen auf einer Sternfeldaufnahme die Abbildungsfehler der Optik stark zur Geltung. Es ist zu bedenken, daß das photographische Objektiv der Handkamera meist für Landschafts- und Porträt-

[1] 1 mμ = 0.000001 mm.

aufnahmen bestimmt ist und deshalb unbedenklich etwas weich zeichnen darf. Die Aufnahme eines Sternfeldes ist in jedem Falle sehr gut geeignet, fast alle Eigenheiten der optischen Abbildung des verwendeten Objektivs schonungslos aufzuzeigen[1]. Auch Strichaufnahmen der Sterne können zu diesem Zwecke gemacht werden. Die Striche stärkster Schwärzung, nicht größter Breite, zeigen den Fokus an.

Das *Öffnungsverhältnis* (*f*-Nummer, Kehrwert der Blendennummer, *f*-ratio, speed; die Lichtstärke ist proportional der *f*-Nummer) einer Handkamera kann in weitem Umfang verändert werden. Großes Öffnungsverhältnis führt leicht zum Verschleiern der Photoschicht, wenn starkes Streulicht von künstlichen Lichtquellen ins Objektiv gelangt. Ein heller Plattenuntergrund läßt die schwachen Sternbildchen nicht hervortreten und schränkt deshalb die Grenzhelligkeit der aufgenommenen Sterne ein. Tabelle 7, berechnet von WHIPPLE und RUBENSTEIN, zeigt den durch die Beobachtung bestätigten Zusammenhang von Öffnungsdurchmesser und Öffnungsverhältnis mit der Helligkeit der Sterne, deren Beugungsscheibchen oder Zerstreuungskreise sich mit ihrer Schwärzung noch vom Plattengrund abheben.

Tabelle 7. *Grenzgröße und Bilddurchmesser bei Sternaufnahmen*

Öffnungsverhältnis		1:3		1:5		1:7	
Öffnung in cm	Öffnung in Zoll	Bilddurchmesser mm	Grenzgröße m	Bilddurchmesser mm	Grenzgröße m	Bilddurchmesser mm	Grenzgröße m
1.0	0.4	0.023	10.20	0.026	11.18	0.028	11.84
2.5	1.0	0.024	12.15	0.027	13.12	0.030	13.74
5.0	2.0	0.025	13.61	0.029	14.55	0.032	14.28
7.5	3.0	0.026	14.44	0.031	15.36	0.035	15.96
10.0	3.9	0.027	15.03	0.032	15.96	0.042	17.27
15.0	6.0	0.030	15.80	0.036	16.71	0.042	17.27
20.0	7.9	0.032	16.35	0.040	17.21	0.047	17.77

Besonders große Luftunruhe und Aufhellung des Himmels beeinflussen die Tabellenwerte ungünstig. Eine Himmelsaufnahme sollte möglichst in großer Höhe über dem Horizont oder doch zumindest symmetrisch zum Meridian gemacht werden, um den Einfluß von Extinktion und Luftunruhe gering zu halten.

Als *Aufnahmematerial* für Himmelsaufnahmen sollte die Platte dem Film vorgezogen werden, wenn eine Wahl möglich ist. Es sollten nur solche Platten verwendet werden, deren Gradation und Farbempfindlichkeit genau bekannt ist (s. S. 69).

Wichtig ist eine vollständige Beschriftung der Aufnahme. Angegeben werden sollte:

Himmelsgegend, Sternbild, Einzelobjekt;
Rektaszension und Deklination der Plattenmitte;
Datum und Zeit der Aufnahme (von ... bis ...) in MEZ oder WZ;
Aufnahmeinstrument mit Objektivtyp, Öffnungsverhältnis und benutzter Blende;
Plattensorte, evtl. vorgenommene Sensibilisierung;
Filter;
Luftunruhe, Durchsicht, Streulicht, Mondschein, Wolken, Wind;
Entwickler, Entwicklungszeit, Temperatur, Kontrastmittel;
Reproduktion: Papier, Entwickler;
Vergrößerung.

[1] W. JASCHEK: Die Prüfung von photographischen Astroobjektiven. Photographische Korrespondenz **87**, 11 (1956).

η) *Das Objektiv des Fernglases*

Das Fernglas gehört zu den am weitesten verbreiteten optischen Instrumenten. Über seine Verwendung zu astronomischen Beobachtungen hat R. BRANDT ein Buch voll wertvoller Anregungen geschrieben[1].

e) Der Spiegel für visuelle und photographische Beobachtung

α) *Randeffekt und Brennweitenänderung*

Das Licht breitet sich wellenförmig aus. Trifft es auf eine optische Fläche, so erleidet es entweder eine Brechung oder eine Reflexion oder beides. Dabei wird jedesmal die Richtung der *Wellenfront* verändert. Ist ein brechender oder reflektierender Körper unregelmäßig gestaltet, so erleidet die Wellenfront eine Verformung (Deformation). Diese Deformation hängt von der Brechungszahl des lichtdurchlässigen Körpers und vom Einfallswinkel des Lichtes ab und darf ein Viertel der Lichtwellenlänge nicht überschreiten, wenn ein einwandfreies Bild entstehen soll. Das ist die *Raleigh-Bedingung.* Wenn nur eine reflektierende Fläche eine Bild ergibt, so muß nach dieser Bedingung bei senkrechtem Lichteinfall die Anforderung an die Genauigkeit dieser Fläche viermal so groß sein wie diejenige einer einzelnen, brechenden Fläche. Daraus folgt, daß die Anforderungen beim Schleifen spiegelnder Flächen besonders groß sind. Die Messerschneiden-Methode von FOUCAULT und der Ronchi-Test geben die Möglichkeit, die erforderliche Genauigkeit zu prüfen (s. S. 22 u. 40).

Glas ist ein schlechter Wärmeleiter. Temperaturänderungen des Glases führen zu Deformationen seiner Oberfläche und zu Spannungen in seinem Inneren. Man nimmt meist an, daß nur unausgeglichene Temperaturen im Glas zu Verformungen führen, obwohl bei großen Spiegeln auch Verformungen bei konstanter Temperatur eintreten. Bei Temperaturschwankungen vergrößert oder verkleinert sich ein Metallspiegel maßstabgerecht, ohne die geometrische Flächenform zu verändern: die Kugel bleibt erhalten, das Paraboloid ändert nur die Brennweite. Der Glasspiegel dagegen ändert nicht nur seine Krümmung nach einem nicht genau feststellbaren Gesetz, sondern auch seine Flächenform, und zwar hauptsächlich in der Nähe der äußeren Zone (Randzone). Dieser Temperatureffekt wurde von RICCI *„Randeffekt des Spiegels" genannt.*

Nach MAKSUTOW zeigen wahrscheinlich Spiegel aus Stoffen, für die der

$$\text{Quotient } Q = \frac{\text{Elastizitätsmodul} \times \text{Temperaturleitfähigkeit}}{\text{Wärmeausdehnungskoeffizient}} \tag{34}$$

groß ist, geringen oder keinen Randeffekt. Setzt man den Wert von Q für Kronglas gleich der Einheit, so haben andere Stoffe folgende Q-Werte:

Kupfer	176	Aluminium	70	Pyrexglas	2.9
Silber	156	Stahl	63	Kronglas	1.0
Invar	86	Quarzglas	33	Flint	0.44

Aus Tabelle 8 folgt, daß Spiegel aus Metall den Randeffekt leichter vermeiden als solche aus Glas. Dennoch wird Glas als Spiegelmaterial vorgezogen, weil es sich schnell und leicht polieren läßt. *Flintglas* ist wegen seines kleineren Q-Wertes und wegen anderer Eigenschaften (geringe Härte, geringe chemische Beständigkeit) für Glasspiegel ungeeignet. Handelsübliches Glas genügt für die jetzt gebräuchlichen, kleineren Spiegel ($d < 30$ cm). Im *Pyrexglas* treten manchmal beim Schleifen Innenblasen zutage, die sehr störend sein können. Der geringe Wärme-

[1] R. BRANDT: Himmelswunder im Feldstecher. 5. Auflage. Leipzig: Johann Ambrosius Barth 1956.

ausdehnungskoeffizient dieses Stoffes erfordert besondere Rücksicht beim Einfassen von Spiegeln. Der Mt. Palomarspiegel ($d = 5$ m) ist aus Pyrexglas hergestellt. Gegen die Verwendung von *Quarzglas* für Spiegel spricht nur sein hoher Preis; wahrscheinlich läßt es sich nur für Spiegel mit $d < 1.5$ m verwenden. Es ist nicht ausgeschlossen, daß sich Metallspiegel vielleicht mit einer Chromschicht überzogen als Spiegel für Fernrohroptik wieder einführen. Über die Eignung weiterer Stoffe zu Spiegelmaterial s. [1].

Tabelle 8[1]. *W* Wärmeausdehnungskoeffizient, *E* Elastizitätsmodul, *q* Temperaturleitfähigkeit

	W	*E*	*q*
Kupfer	0.000014	1000	1.15
Silber	0.00001921	7000	1.72
Invar	0.00000037	14000	0.022
Aluminium	0.000026	7500	0.84
Stahl	0.00001322	21000	0.13
Gußeisen	0.00001061	10000	0.12
Quarzglas	0.00000057	6200	0.0083
Pyrexglas	0.00000788	6200	0.0060
Kronglas	0.00000954	7500	0.0042
Flintglas	0.00000788	5000	0.0030

Eine Temperaturdifferenz zwischen Vorder- und Rückfläche eines Spiegels führt um so leichter zu *Verformungen*, je größer d und je kleiner der Quotient

$$\frac{\text{Spiegeldicke}}{\text{Spiegeldurchmesser } d}$$

ist. Andererseits vergrößert eine Erhöhung dieses Quotienten den Randeffekt (s. S. 33). Als Faustregel für Glasplatten, die zu Spiegeln geschliffen werden sollen, gilt

$$\frac{\text{Spiegeldicke}}{\text{Spiegeldurchmesser } d} = 1:6\,.$$

Die Berechtigung dieser Faustregel wurde auch bei Durchbiegungsuntersuchungen bestätigt. Die Rückseite eines Spiegels soll von Luft bestrichen werden; jedoch soll keine Ventilation herbeigeführt werden. Der Rand soll durch Kork eine Wärmeisolation erhalten (Porter, Hindle). Bei Sonnenbeobachtungen soll die Rückseite des Heliostatenspiegels durch einen Hilfsspiegel bestrahlt werden. Auch bei kleinen Temperaturdifferenzen zwischen Vorder- und Rückfläche eines Spiegels muß mit einer *Verschiebung des Brennpunktes* infolge Änderung der Spiegelbrennweite gerechnet werden. Es ist vorgeschlagen worden, Parabolspiegel mittleren Öffnungsverhältnisses (etwa 1:7) nur zu 2/3 zu parabolisieren, damit sich bei fallender Temperatur die Brennweite verkürzt (Wassell).

Um eine Vorstellung von der Größe der Brennpunktsverschiebung zu haben, seien in Tabelle 9 einige Rechenergebnisse von Maksutow wiedergegeben, die für einen Parabolspiegel $f = 1000$ mm gelten.

Tabelle 9. *Brennpunktverschiebung eines Parabolspiegels* $f = 1000$ mm

	Spiegeldicke	300 mm	100 mm	30 mm
Temperaturdifferenz	0.1°	0.002 mm	0.006 mm	0.021 mm
Temperaturdifferenz	0.3°	0.006 mm	0.019 mm	0.064 mm

[1] D. D. Maksutow: Technologie der astronomischen Optik. S. 26. Berlin: VEB Verlag Technik 1954. — Amateur Telescope Making. Book one, S. 325. New York: Scientific American, Inc. 1953.

Die Durchmesseränderung eines Sternscheibchens in der Bildebene oder auf der Photoplatte infolge Temperaturänderung ist

2 × Öffnungsverhältnis × Brennpunktverschiebung

Die Verschiebung des Okulars oder der Photoplatte zur Nachfokusierung infolge Temperaturänderung eines Glasspiegels setzt sich aus der Brennweitenänderung und Rohrlängenänderung zusammen. Es ist

Brennweiten-änderung	=	Brennweite	×	Temperatur-änderung	×	Wärmeausdehnungskoeffizient des Spiegelmaterials
Rohrlängen-änderung	=	Brennweite	×	Temperatur-änderung	×	Wärmeausdehnungskoeffizient des Rohrmaterials

Ein entscheidender *Vorteil bei der Verwendung eines Spiegelteleskopes* vor dem Linsenfernrohr ist die fehlende Farbabweichung (Achromasie). Bei der Herstellung eines Spiegelteleskopes braucht dieser Fehler, der mit dem Kugelgestaltfehler der lästigste ist, nicht behoben zu werden. Daraus ergeben sich fast alle weiteren Vorzüge eines Spiegelteleskopes gegenüber einem Linseninstrument: größeres Öffnungsverhältnis anwendbar, deshalb kleinere Rohrlänge bei gleicher Öffnung, deshalb leichtere Montierung, bequemeres Beobachten und geringere Kosten.

β) Newtonspiegel, Schiefspiegler, Cassegrain- und Gregory-Spiegel

Wie bereits dargelegt, läßt sich ein Kugelspiegel trotz seiner mannigfachen Abbildungsfehler zu astronomischen Beobachtungen verwenden (s. S. 23). Diese heute von jedem Schüler herstellbare Spiegelform läßt sich dank der bis ins Kleinste ausgearbeiteten und in leicht zugänglicher Literatur niedergelegten Verfahren von jedem mit Geduld begabten Erwachsenen zum Parabolspiegel umformen[1]. Der Parabolspiegel hat den Vorzug, daß nach nur einmaliger Reflexion ein farbfreies Bild entworfen wird. Wird dieses auf einer Photoplatte aufgefangen oder nach Einsetzen eines *Fangspiegels* oder eines *Prismas* seitlich außerhalb des Rohres entworfen, so hat man einen *Newton-Spiegel;* man beobachtet im *Newton-Fokus* (Abb. 13). In diesem Spiegelsystem beträgt der Lichtverlust durch Abschattung *(Silhouettierung)* 7% und derjenige durch zweimalige Reflexion 15%. Bei visueller Beobachtung stören die Bildfehler auf der Achse kaum. Unter Anwendung stärkerer Vergrößerung ergibt sich nach A. SONNEFELD die in Tabelle 10 angegebene Größe des brauchbaren Feldes[2].

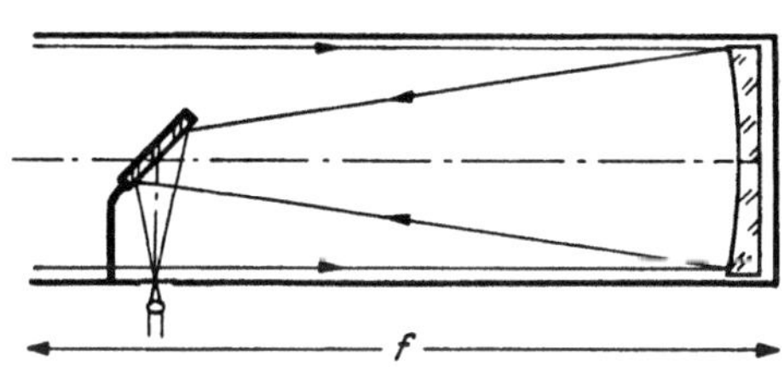

Abb. 13. Das Spiegelfernrohr nach NEWTON. Aus Handbuch der Astrophysik, Bd. I, S. 172. Berlin: Springer 1931.

Tabelle 10

Öffnungsverhältnis	1/6	1/5	1/4	1/3
brauchbares Feld in Bogenminuten des Parabolspiegels	6′	5′	4′	3′

Bei photographischer Beobachtung werden die Sternbildchen außerhalb der Achse nicht mehr als kreisrunde Scheibchen abgebildet, sondern erhalten mehr und mehr die Gestalt eines Kometenbildes. Deren Größe läßt sich aus Tabelle 13 ersehen[2].

[1] H. ROHR: Das Fernrohr für Jedermann. (2. Aufl.) Zürich: Rascher Verlag 1955.
[2] A. SONNEFELD: Die Hohlspiegel. Berlin: VEB Verlag Technik; Stuttgart: Berliner Union 1957.

Die Tabelle 11 gibt an, in welcher Entfernung von der Gesichtsfeldmitte eines Parabolspiegels ein Sternbildchen die Längsausdehnung 0,1 mm hat. Die Querausdehnung ist 2/3 der Längsausdehnung.

Tabelle 11

Öffnungsverhältnis	Entfernung von Gesichtsfeldmitte
100/1000	3°
125/1000	2°
167/1000	1°
200/1000	0.7°

Wird im Newton-Spiegel der oben erwähnte Fangspiegel angebracht, so ist dessen Größe von seiner Entfernung vom Brennpunkt des Hauptspiegels, vom Öffnungsverhältnis des Hauptspiegels und von der Größe der Gesichtsfeldblende des Okulars abhängig. Der Fangspiegel kann so angebracht werden, daß der Brennpunkt des Hauptspiegels noch innerhalb des Rohres, das Okular aber außerhalb zu liegen kommt. Es ist zweckmäßig, den Hauptspiegel zentral zu durchbohren, weil dann der Newton-Spiegel leichter in einen Cassegrain- oder Gregory-Spiegel umgebaut werden kann und die Durchbohrung nur die ohnedies ungenutzte Zentralzone betrifft. Die meisten Spiegelhersteller ziehen es vor, diese Durchbohrung vor dem Schleifen vorzunehmen und den Bohrkern sofort wieder einzusetzen, um ihn erst nach dem Polieren und Parabolisieren wieder herauszunehmen. Allerdings wirkt eine solche Durchbohrung bei Temperaturänderungen deformierend auf den Hauptspiegel (s. S. 33). Die günstigste Lage des Fangspiegels und die Größe des Bohrloches im Hauptspiegel können durch eine maßstabgerechte Zeichnung von Hauptspiegel und Rohr ermittelt werden (Abb. 21, s. S. 48).

Der durch den Fangspiegel herbeigeführte 7%-ige *Lichtverlust* im Newton-Spiegel und die durch die Fangspiegelhalterung bewirkte geringe Qualität der Beugungsscheibchen und damit der Bilddefinition können vermieden werden, wenn der Fangspiegel weggelassen wird und der schiefgestellte Hauptspiegel das Licht unmittelbar ins Okular wirft. So hat HERSCHEL beobachtet *(Herschel-Spiegel)*. Setzt man aber einen Sekundärspiegel neben das Rohr und läßt das vom schiefgestellten Hauptspiegel kommende Licht nochmals zurückwerfen, um es in ein Okular zu schicken, das nunmehr nicht weit vom Hauptspiegel entfernt ist, so erhält man eine sehr große Brennweite, was der Güte der Abbildung nur förderlich ist, ein fehlerfreies Bildfeld von 30—40 Bogenminuten und hat wegen des geknickten Strahlenganges doch eine kurze Baulänge. Diese Instrumente nennt man *Brachyte* (Schiefspiegler). Sie stellen eine konsequente Weiterentwicklung des Newton-Spiegels dar.

Im letzten Jahrzehnt hat sich A. KUTTER sehr um die Einführung eines einfachen und doch sehr leistungsfähigen *Schiefspieglers* bemüht. Seiner Schrift[1] wird entnommen: Schiefspiegler aus kugelförmigem Haupt- und Sekundärspiegel heben entweder den Fehler des Astigmatismus, der proportional dem Quadrat des Neigungswinkels und proportional dem Öffnungsverhältnis ist (anastigmatische Anlage) oder sie heben den Fehler der Koma, die proportional dem Neigungswinkel und proportional dem Quadrat des Öffnungsverhältnisses ist (komafreie Anlage). Beide Fehler lassen sich deshalb nicht gleichzeitig vermeiden: ein Kompromiß ist erforderlich. KUTTER schlägt vor: entweder Deformation des Hauptspiegels oder besser: Einführung einer kleinen Zylinderlinse vor dem Brennpunkt des komafreien Systems. Bis zu Öffnungsdurchmessern von 230 mm genügt ein kugel-

[1] A. KUTTER: Der Schiefspiegler, ein Spiegelteleskop für hohe Bilddefinition. Biberach a.d.R.: Fritz Weichhardt 1953.

förmiger Haupt- und ein ebensolcher Sekundärspiegel; darüber hinaus wird eine ellipsoidische Deformation des Hauptspiegels oder eine Verminderung des Öffnungsverhältnisses empfohlen. Auf jeden Fall soll ein Schiefspiegler ein Öffnungsverhältnis nicht größer als 1/18 haben (Abb. 14 u. Tabelle 12).

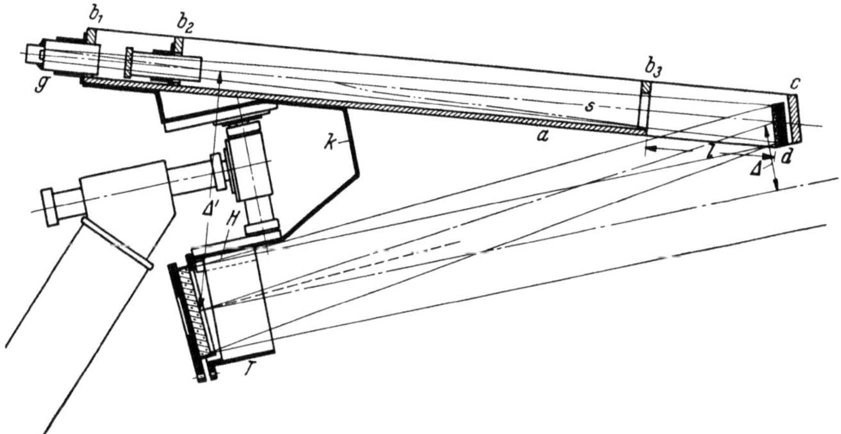

Abb. 14. Schiefspiegler nach KUTTER in komafreier Anlage und gegengewichtsloser Aufhängung an einer Staku-Montierung.
Aus A. KUTTER: Der Schiefspiegler. Biberach a. d. R.: F. Weichhardt 1953.

Tabelle 12. *Die optischen Daten eines Schiefspieglers* 20/400 mm

	D	f_1	r_1	e	d	f_2	r_2	p	F	Δ_1	Δ_2	φ_1	φ_2
Komafreie Anlage	20	240	480	139	8.42	251	502	169	400	14.5	52.6	2°59.6	11°07′
Anastigmatische Anlage	20	240	480	139	8.42	251	502	169	400	14.5	34.9	2°59.6	7°17′
	a	r_1'	i	r_2'	d	n							
Korrektionslinse	5.0	13.3	2.0	∞	4.0	1.516							

Zu Tabelle 12:
Sämtliche linearen Größen in cm. Diese werden mit dem Faktor D'/D umgerechnet, wenn ein Schiefspiegler mit dem Öffnungsdurchmesser D' statt D geplant wird. Die Winkelgrößen bleiben unverändert.

D, f_1, r_1 Durchmesser, Brennweite, Radius des Hauptspiegels
d, f_2, r_2 Durchmesser, Brennweite, Radius des Sekundärspiegels
e Abstand Hauptspiegel—Sekundärspiegel
p Abstand Sekundärspiegel—Brennpunkt
F Gesamtbrennweite
Δ, Δ' siehe Abb. 14
$\varphi_1\,\varphi_2$ Neigung des Haupt- bzw. Fangspiegels zum einfallenden Strahlenbüschel
d, r_1', r_2', i Durchmesser, Krümmungen, Dicke der Korrektionslinse
a, n Bildweite, Brechungszahl der Korrektionslinse

Tabelle 10 zeigt, daß die Größe des brauchbaren Feldes eines Parabolspiegels mit der Verringerung des Öffnungsverhältnisses anwächst. Es ist deshalb folgerichtig, daß ein Beobachter das Öffnungsverhältnis seines Parabolspiegels herunterzudrücken sucht, um ein größeres brauchbares Gesichtsfeld zu erlangen. Um die mit der Brennweite anwachsende Rohrlänge zu vermeiden, werden zwei seit fast 200 Jahren bekannte Spiegelsysteme empfohlen. Entweder wird vor dem Brennpunkt des durchbohrten Hauptspiegels ein kleiner Spiegel mit konvexer Oberfläche in den Strahlengang gebracht: es entsteht ein *Cassegrain-Spiegel*; oder es wird hinter dem Brennpunkt des gleichen Hauptspiegels ein kleiner Spiegel mit konkaver Oberfläche angebracht: es entsteht ein *Gregory-Spiegel.* Die Abb. 15 u. 16 zeigen die sich ergebenden Brennweitenverlängerungen und die Lage der Brennpunkte hinter dem Hauptspiegel. Durch Anbringen eines zweiten kleinen Spiegels vor dem Hauptspiegel kann der Strahlengang geknickt werden, so daß der Brennpunkt noch vor dem Hauptspiegel außerhalb des Rohres zu liegen kommt. Die erhaltene *Gesamtbrennweite* eines zusammengesetzten optischen Systems nennt man die *Äquivalentbrennweite.*

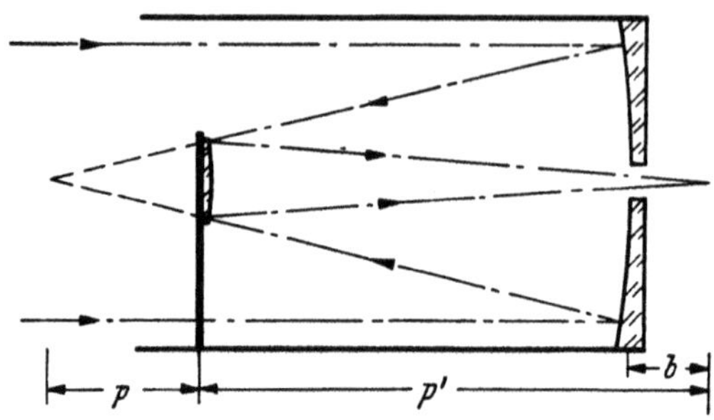

Abb. 15. Das Spiegelteleskop nach Cassegrain. Aus Handbuch der Astrophysik, Bd. I, S. 173. Berlin: Springer 1931.

Wenn die Brennweite f des Hauptspiegels und die beabsichtigte Lage des Okulars in der Entfernung b hinter dem Scheitel des Hauptspiegels festliegt, so erhält man die Lage des Sekundärspiegels in der Entfernung p vom Brennpunkt des Hauptspiegels aus

$$p\,(\text{Cassegrain}) = \frac{f+b}{A+1} \qquad p\,(\text{Gregory}) = \frac{f+b}{A-1}$$
$$A = 3 \qquad\qquad A = 5$$

Tabelle 13. *Fehlerzusammenstellung für den idealen Kugelspiegel*[1]
$f = 1000$

B' der Durchmesser des Zerstreuungskreises der sphärischen Aberration;
C' die halbe Streuung durch Bildwölbung; F' die Streuung durch Koma

Öffnungs-verhältnis $\frac{d}{f}$	Gesichtsfeld in Graden $\frac{1}{2}$	$\frac{2}{2}$	$\frac{3}{2}$	$\frac{4}{2}$	$\frac{5}{2}$	$\frac{6}{2}$	
$\frac{1}{20}$	0.0039	—	—	—	—	—	B'
	0.0005	0.0019	0.0043	0.0076	0.0172	0.0172	C'
	0.0020	0.0041	0.0061	0.0082	0.0102	0.0123	F'
$\frac{2}{20}$	0.031	—	—	—	—	—	B'
	0.0010	0.0038	0.0086	0.0152	0.0238	0.0343	C'
	0.0082	0.0164	0.0246	0.0328	0.0410	0.0492	F'
$\frac{3}{20}$	0.105	—	—	—	—	—	B'
	0.0014	0.0057	0.0129	0.0229	0.0358	0.0515	C'
	0.0184	0.0369	0.0553	0.0737	0.0922	0.1106	F'
$\frac{4}{20}$	0.250	—	—	—	—	—	B'
	0.0019	0.0076	0.0172	0.0305	0.0476	0.0686	C'
	0.0328	0.0655	0.0983	0.1311	0.1639	0.1966	F'
$\frac{5}{20}$	0.488	—	—	—	—	—	B'
	0.0024	0.0095	0.0215	0.0381	0.0596	0.0858	C'
	0.0512	0.1024	0.1536	0.2048	0.2560	0.3072	F'
$\frac{6}{20}$	0.844	—	—	—	—	—	B'
	0.0029	0.0114	0.0257	0.0458	0.0715	0.1029	C'
	0.0737	0.1474	0.2211	0.2948	0.3685	0.4423	F'

$C' + F'$ gibt die gesamte meridionale Ausdehnung der durch Bildwölbung und Koma erzeugten Zerstreuungsfiguren.

[1] A. Sonnefeld: Die Hohlspiegel. Berlin: VEB Verlag Technik; Stuttgart: Berliner Union 1957.

Der Krümmungsradius r des Sekundärspiegels ist

$$r\ (\text{Cassegrain}) = \frac{2\,p\,p'}{p' - p} \qquad r\ (\text{Gregory}) = \frac{2\,p\,p'}{p' + p}\,.$$

Der Durchmesser d' des Sekundärspiegels darf nicht zu groß sein, um starke Abschattung zu vermeiden; deshalb hier die Festsetzung der A-Werte zu 3 bzw. 5. (Andere A-Werte ergeben andere Brennweitenverlängerungen.) Sein geometrisch ermittelter Durchmesser ist

$$d' = \text{Öffnungsverhältnis des Hauptspiegels} \times p\,.$$

Tatsächlich muß dieser Durchmesser d' etwas größer gemacht werden (effektiver Durchmesser), weil sonst auf seinen Rand auftretende Strahlen nicht genau reflektiert werden. Gewöhnlich genügt hierzu 1 cm. Wird ein Newton-Spiegel in einen Gregory-Spiegel umgebaut, so ist der Gewinn an Brennweite größer als beim Umbau in einen Cassegrain-Spiegel; $f_{\text{Cassegrain}} = f_{\text{Gregory}} - 2\,p$; jedoch ist auch die Rohrlänge um $2\,p$ größer.

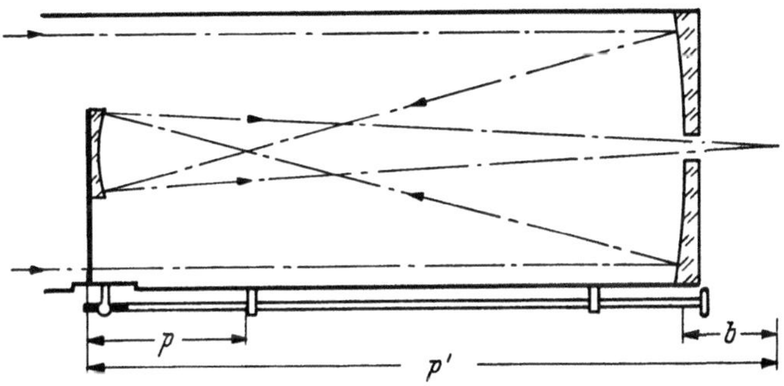

Abb. 16. Das Spiegelteleskop nach GREGORY. Aus Handbuch der Astrophysik, Bd. I, S. 173. Berlin: Springer 1931.

Ist der Hauptspiegel parabolisch, so muß der Cassegrain-Spiegel einen hyperbolischen Sekundärspiegel und der Gregory-Spiegel einen elliptischen Sekundärspiegel besitzen. Der Hauptspiegel kann aber auch von der Form des Paraboloides abweichen; dann muß der Sekundärspiegel beim Schleifen und Polieren dieser anderen Form angepaßt werden. Die Sekundärspiegel sollen auf der Rückseite anpoliert werden, damit man sie von hinten wie Konvexspiegel auf Gleichmäßigkeit, nicht auf den richtigen Krümmungsradius, prüfen kann.

Das Übergehen vom Cassegrain-Spiegel (Cassegrain-Fokus) zum Newton-Spiegel (Newton-Fokus) durch Herausnehmen des Sekundärspiegels und Einsetzen des Fangspiegels kann eine Sache von wenigen Minuten sein. Der schnelle Übergang vom Newton- zum Cassegrain-Fokus erfordert sehr gute und feste Justierung des Sekundärspiegels. Manche Beobachter verzichten auf die Durchbohrung des Hauptspiegels und ziehen den geknickten Strahlengang vor. Grund: das Okular ist dann leichter zugänglich, der Hauptspiegel wird nicht so sehr der Körperwärme ausgesetzt und die unkontrollierbaren Verformungen des Hauptspiegels während der Beobachtung werden vermieden. Durch einen Fangspiegel wird das entstehende Bild umgelenkt (rechte und linke Seite werden miteinander vertauscht); ein Pentagonalprisma vermeidet dieses Umlenken. Haupt-, Sekundär- und Fangspiegel müssen bei jedem Spiegelsystem sehr sorgfältig gelagert und mit Justierschrauben versehen sein (s. S. 47).

Das Justieren eines Cassegrain-Spiegels kann so erfolgen: Mitte der Eintrittsöffnung des Rohres mittels zweier Fäden festlegen und Auge in diesen Mittelpunkt bringen; das Spiegelbild des Sekundärspiegels und seiner Haltestreben muß genau in der Mitte des Hauptspiegels gesehen werden, andernfalls wird die Lage des Hauptspiegels mittels einer Justierschraube entsprechend verändert. Bei herausgenommenem Okular durch Okulareinschub schauen, die Mitte der Sekundärspiegelhalterung muß sich in der Mitte des Fangspiegels zeigen, falls dieser vorhanden. Nunmehr Sekundärspiegel einsetzen und wieder durch Okulareinschub blicken, das

Auge muß sich in der Mitte des Sekundärspiegels spiegeln, alle Umrisse müssen in den Spiegeln symmetrisch gesehen werden. Okular einsetzen und Feinjustierung vornehmen.

Eine andere Justier-Prüfmethode: An Stelle des Okular wird ein feines Strichgitter mit 2 bis 10 Strichen pro mm in den Brennpunkt gesetzt und hinter dieses ein paralleler, hell erleuchteter Spalt. Das Auge, dicht daneben, muß auf dem Sekundärspiegel parallele Streifen sehen, andernfalls muß die Feinjustierung fortgesetzt werden. Verlaufen die Streifen auf keinen Fall parallel, so sind Haupt- und Sekundärspiegel nicht richtig aufeinander einkorrigiert. Diese Gittermethode (der *Ronchi-Test*) ist eine sehr empfindliche Prüfmethode und kann auch auf einfache Spiegel angewendet werden[1].

Das Licht, das vom Himmel direkt ins Okular eines Cassegrain-Spiegels fällt (falsches Licht) und die „*Tagblindheit*" herbeiführt, läßt sich nach O. NÖGEL völlig abschirmen, wenn man eine Blende hinter dem Okular dort anbringt, wo das Bild des Hauptspiegels auf einem Projektionsschirm entsteht; Blendenöffnung = Bilddurchmesser. Ebenso lassen sich nach O. NÖGEL die *Reflexbilder des Mondes* bei Sternbedeckungsbeobachtungen durch einen ringförmigen Deckel, der in der Größe des Fangspiegels auf die Mitte des Hauptspiegels gelegt wird und dessen Durchbohrung frei läßt, vermeiden[2].

Newton- und Cassegrain-Spiegel sind ohne oder mit Montierung von den meisten der auf S. 28 genannten, soweit noch bestehenden Firmen sowie von den zahlreichen in ‚Sky and Telescope' annoncierenden Herstellern zu beziehen.

Die mit dem Parabolspiegel auftretenden Abbildungsfehler lassen sich weitgehend unterdrücken, wenn ein *Reflektor-Korrektor* nach BAKER verwendet wird. Er besteht aus einer Korrektionsplatte mit einer positiven, achromatischen Linse in seiner Mitte und sitzt zwischen Hauptspiegel und Brennpunkt, so daß ein fast ebenes Gesichtsfeld ohne störende Koma und Astigmatismus entsteht[3]. Das Roß-Linsensystem, das demselben Zwecke dient, sei nur am Rande erwähnt[3].

γ) *Die Spiegellinseninstrumente nach* SCHMIDT, BOUWERS, MAKSUTOW *und das Schupmannsche Medialfernrohr*

Die im Vorstehenden beschriebenen Instrumente dienen wegen ihres kleinen Gesichtsfeldes meist der Beobachtung einzelner Objekte mit geringer Winkelausdehnung am Himmel. Sie sind geeignete Instrumente für den Amateurastronomen; mit ihnen haben die Astronomen der letzten Jahrhunderte ihre Entdeckungen gemacht. Die nachfolgend beschriebenen Spiegelinstrumente dienen bisher meist der photographischen Aufnahme größerer Himmelsgebiete (Sternfelder, kosmische Wolken und Nebel). Die Auswertung solcher Aufnahmen erfordert fast immer die instrumentellen und theoretischen Hilfsmittel der Fachastronomen. Indessen schreitet die Fortentwicklung der optischen Instrumente weiter, und es dürfen keine wichtigen Glieder in dieser Entwicklung übergangen werden. Auch gewinnt die Himmelsphotographie immer mehr Freunde und die Kunst der Herstellung optischer Instrumente verbreitet sich unter den Amateurastronomen mancherorts zusehends, so daß auch deswegen manches der nachfolgend beschriebenen Instrumente erwähnt werden muß[4].

Die Verwendung neuartiger photographischer Kameras hat 1931 begonnen, als BERNHARD SCHMIDT (1878—1935) zum ersten Male die nach ihm benannte Kamera zum Himmel richtete. Das optische Prinzip dieses *Schmidtspiegels* sei dargelegt: sehr enge parallele Lichtbündel, die mit der Bündelachse durch den

---

[1] Amateur Telescope Making. Book one, S. 264. New York: Scientific American, Inc. (1953).

[2] O. NÖGEL: Verlustfreie Beseitigung der Tagblindheit des Cassegrain-Teleskopes. Die Sterne **34**, 141 (1958). Ein anderes Verfahren mit einer verstellbaren Blende empfiehlt G. WALTERSPIEL: Der Sternfreund und sein Instrumentarium Nr. 16, Monatsbeilage zu dem Nachrichtenblatt der Vereinigung der Sternfreunde **9**, Heft 1—2 (1960).

[3] Amateur Telescope Making. Book three, S. 1. New York: Scientific American, Inc. (1953).

[4] Schleif- und Poliermittel in kleinen Mengen bezieht man z. B. von Ing. HANS THOREY (14a) Göppingen, Quäkerstr. 4 oder von der „Astronomischen Arbeitsgruppe" Schaffhausen (Schweiz) über die Schweiz. Astr. Ges. (s. S. 355).

Krümmungsmittelpunkt eines Kugelspiegels gehen, werden nach der Reflexion in Brennpunkten vereinigt, deren Entfernung vom Kugelspiegel so groß ist wie dessen halber Krümmungshalbmesser r. Sie liegen deshalb auf einer Kugelfläche, die konzentrisch zum reflektierenden Kugelspiegel ist nud die Krümmung $r/2$ hat. Werden diese engen, parallelen Bündel zu endlichen Parallelbündeln erweitert, so wird keines von ihnen in einem Punkte vereinigt, vilemehr zeigen sie alle nach der Reflexion den Kugelgestaltfehler (s. S. 22). Gelingt es, die der Bündelachse nahen Strahlen ein wenig zu sammeln und die der Bündelachse ferneren ein wenig zu zerstreuen, so sollte der Kugelgestaltfehler zu beheben sein. Beides: Zulassen von nur solchen Bündeln, die durch den Krümmungsmittelpunkt des Kugelspiegels gehen und Verändern der Konvergenz der Strahlen der endlichen Bündel ist das Kennzeichen des Schmidtspiegels. Es wird verwirklicht, indem in der Entfernung des Krümmungsradius des Kugelspiegels eine Korrektionsplatte eingesetzt wird. Diese hat eine ebene (plane) Vorderfläche und eine nichtkugelförmige (asphärische), sogar kompliziert geformte Hinterfläche. In der Mitte ist sie wie eine plankonvexe, nach dem Rande zu wie eine plankonkave Linse geformt. Sie bricht natürlich das durchgehende Licht und bringt dadurch die bekannten Abbildungsfehler einer Linse herein. Diese Fehler sind aber sämtlich so gering, daß sie nicht bemerkt werden. Ein Schmidt-Spiegel kann also mit nur unwesentlicher Ungenauigkeit als ein sphärischer Reflektor bezeichnet werden, in dem keine schräg auffallenden Bündel zustande kommen und in dem der Kugelgestaltfehler behoben ist (Abb. 17).

Sein Erfinder hat nicht nur das Verdienst, das Prinzip dieses Spiegels gefunden, sondern auch das Verfahren zur Herstellung verschieden geformter Korrektionsplatten angegeben und erprobt zu haben. Dieses Verfahren — Abschleifen der über einem luftverdünnten Raum durchgebogenen Platte — braucht heute nicht mehr angewendet zu werden; es wurden seither andere, vorteilhaftere Verfahren bekannt gemacht[1].

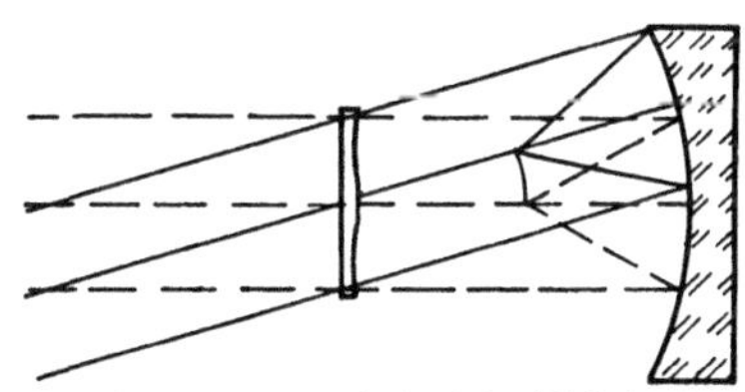

Abb. 17. Der klassische Schmidt-Spiegel. Aus Amateur Telescope Making. Book three S. 359 New York: Scientific American, Inc. 1953.

Die Abweichung Δ der Oberfläche der Korrektionsplatte mit dem Radius r, der Brechungszahl n und dem Zonenradius x ist, wenn R der Radius des Kugelspiegels ist,

$$\Delta = \frac{x^4 - k\,r^2\,x^2}{4\,(n-1)\,R^3}.$$

Die Konstante k liefert mit dem Wert 1 eine Oberflächenkurve, bei der Mitte und Rand gleich hoch sind; bei $x = 0.707\,r$ ist die Platte planparallel. Der Durchmesser α des abgebildeten Feldes eines Schmidtspiegels mit dem Plattenhalterdurchmesser d' und der Brennweite f folgt aus:

$$\sin\frac{\alpha}{2} = \frac{d'}{2\,f}\,.$$

Ist d der Durchmesser der Korrektionsplatte, so muß der Durchmesser des Kugelspiegels sein

$$D = d + 2\,d'$$

wenn größte Lichtausbeute erfolgen soll.

Als Material für die Korrektionsplatte wird angegeben: Schottglas U.B.K. 5. Zur Prüfung wird die Korrektionsplatte unmittelbar auf den Kugelspiegel gelegt; dann wird mit der Messerschneiden-Methode der Krümmungsradius jeder Zone x gemessen. Wenn Schneide und Lichtquelle zusammen bewegt werden, muß sein

$$\Delta R = \frac{x^2}{R}.$$

[1] Amateur Telescope Making. Book three, S. 354. New York: Scientific American, Inc. (1953).

Die Wölbung des Bildfeldes kann mit einer plankonvexen Linse aufgehoben werden, deren Vorderfläche den Krümmungsradius $f/3$ hat (für $n = 1.50$) (s. S. 30). Die Nachteile des Schmidt-Spiegels sind seine verhältnismäßig große Baulänge und die Reflexbilder, die an der Rückseite der Korrektionsplatte und evtl. an der Ebnungslinse entstehen.

Die große Baulänge wurde von VÄISÄLÄ und von WRIGHT in *Modifikationen des Schmidt-Spiegels* vermieden. Beide haben die Korrektionsplatte näher zum Kugelspiegel gerückt und diesen deformiert, um die bei der Verkürzung eingeführte Koma zu beseitigen. Die Verkürzung kann so weit gehen, daß die Korrektionsplatte nur noch Brennweitenabstand hat. Dann ist sogar das Bildfeld eben und viel größer als im „klassischen" Schmidt-Spiegel. Die Leistung des letzteren in seiner Bildschärfe bleibt aber unerreicht.

Der Schmidt-Baker-Spiegel in seinen verschiedenen Abarten wird hier nicht erörtert. Ebenso nicht die modernen komafreien Spiegelsysteme von SONNEFELD, SLEVOGT und RICHTER, WHIPPLE, WYNNE und der monozentrische Meniskus-Spiegel von MAKSUTOW[1].

Unabhängig voneinander haben MAKSUTOW und BOUWERS die vorteilhafte Verwendung von Menisken für *komafreie Spiegelsysteme* erfunden. Der Meniskus hat darin die Aufgabe, in erster Linie den Kugelgestaltfehler des Hauptspiegels nahezu aufzuheben. Um dem geringen Betrage dieses Fehlers entgegenzuwirken, braucht diese „durchgebogene Linse" fast keine Brechkraft und fast keine Dickendifferenz. Die benutzten Menisken sitzen bei fast allen Abarten vor dem Kugelspiegel im parallelen Strahlengang, d. h. das Licht durchläuft sie, bevor es auf den Spiegel auftrifft. Dadurch wird das Rohr geschlossen und Luftzirkulationen bleiben ausgeschlossen. Die Fehler Astigmatismus und Koma lassen sich leicht beheben, wenn in der Entfernung des Krümmungsradius vom Hauptspiegel eine Blende angebracht wird, andernfalls lassen sie sich gut unterdrücken. Das Bildfeld ist nicht eben und liegt entweder zwischen Kugelspiegel und Meniskus oder hinter dem durchbohrten Kugelspiegel oder vor dem im nichtparallelen Strahlengang befindlichen Meniskus. Es entstehen Spiegel, die eine nur äußerliche Ähnlichkeit mit dem Newton- bzw. Cassegrain- und Gregory-Spiegel haben, jedoch viel kleinere Ausmaße haben und nur kugelförmige Flächen besitzen.

Wichtig erscheinen hier 2 vorgeschlagene bzw. durchgeführte Systeme.

1. Das *„verbesserte Herschel-Teleskop"*. Durch Schwenken des Kugelspiegels kann der Brennpunkt außerhalb des Rohres gelegt werden. Es entsteht ein abschattungsfreies Fernrohr ähnlich dem von HERSCHEL benutzten (s. S. 36). HINDLE rühmt seinem 10-Zöller dieser Bauart die gleiche Qualität in der Mondbeobachtung nach wie dem 24-Zöller des Lowell-Observatoriums. Das Öffnungsverhältnis dieses Fernrohrs sollte nach HINDLE nicht über 1 : 9 liegen. Die beste Blendenöffnung muß erprobt werden. Nur achromatische Okulare sind zu verwenden. Für das Schleifen des Meniskus gibt HINDLE praktische Hinweise.

Im einzelnen gibt er an[2]:

Öffnungsdurchmesser	305 mm	Meniskus-Durchmesser	63.5 mm
Brennweite	2745 mm	Dicke	9.5—11.5 mm
Borsilikatkronglas für den Meniskus mit $n = 1.50$		r (konkav)	762 mm
		r (konvex)	714 mm

2. *Das Cassegrain-Maksutow-Teleskop.* Der Meniskus wird auf weniger als Brennweite an den Kugelspiegel herangerückt, so daß das von diesem reflektierte

[1] R. RIEKHER: Fernrohre und ihre Meister. Berlin: VEB Verlag Technik 1957.

[2] J. S. HINDLE: An Improved Herschelian Telescope. Sky and Telescope. Vol. XII, Nr. 4, S. 107 (1953).

Licht auf die Rückseitenmitte trifft. Diese zentrale Zone wird mit einem reflektierenden Belag versehen und wirft das Licht durch die Durchbohrung des Kugelspiegels zurück, so daß der Brennpunkt hinter dem Kugelspiegel liegt.

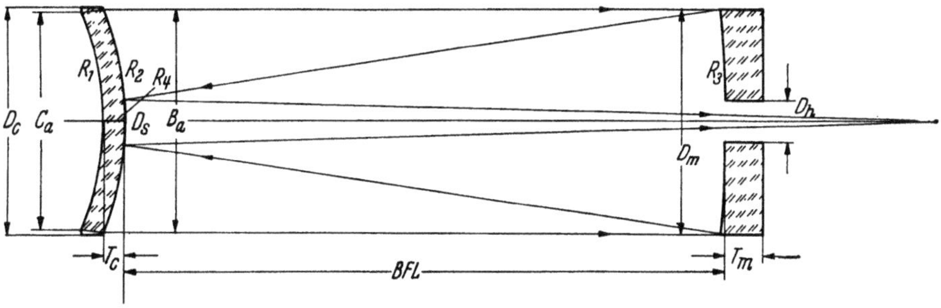

Abb. 18. Das Cassegrain-Maksutow-Teleskop. Aus Sky and Telescope. Vol. VXI, Nr. 5, S. 237, 1957.

Die Abb. 18 und die Zahlenangaben geben ein genaues Bild[1]:

		f/15	f/23	f/2
D_m	Durchmesser des Kugelspiegels	6.6 Zoll	6.4 Zoll	(180 mm)
D_c	Durchmesser des Meniskus	6.45	6.26	(140)
T_c	Dicke des Meniskus	0,541	0.448	(14)
D_s	Durchmesser des Sekundärspiegels	1.4	1.2	
T_m	Dicke des Kugelspiegels	1.1	1.1	(30)
D_h	Dicke der Kugelspiegel-Durchbohrung	1.375	1.17	
R_1		−6.583	−8.040	(−135.6)
R_2		−6.888	−8.293	(−143.5)
R_3		−30.83	−43.39	(−583.0)
R_4		−6.888	−8.293	
Ca	Durchmesser des freien Meniskus	6.0	6.0	(80)
B_a	Durchmesser der Meniskusrückseite	6.3	6.11	
S	Abstand Kugelspiegel-Mitte — Meniskusscheitel	12.867	18.541	(341)
BFL	Brennpunktabstand des Sekundärspiegels	17.16	23.05	
	Gesamtbrennweite (effektive Brennweite)	90.00	140.00	(280)

Etwa analog erfolgt die Konstruktion einer Maksutow-Kamera. Sie verwendet an Stelle der Korrektionsplatte der Schmidt-Kamera eine Meniskuslinse mit Kugelflächen. Die Filmkrümmung erfolgt *konzentrisch* zum Spiegel hinter dem Meniskus. Die in der *rechten* Spalte obiger Tabelle in *Klammern* stehenden Werte sind die Konstruktionselemente für eine Kamera mit Meniskusöffnung von 140 mm (*alle* Angaben der *rechten* Spalte in mm). Der Abstand: Scheitel der Filmkrümmung — Kugelspiegelmitte ist mit 298 mm anzusetzen. Die Meniskuslinse besteht aus Kronglas $n = 1.516$[2].

Die Firma Dr. J. Heidenhain in Traunreut/Obb. liefert einen Maksutow-Spiegel 300/3000mm in Gabelmontierung und mit seitlichem Einblick.

Als letztes katadioptrisches System sei das *Schupmannsche Medial* genannt. Es ist seit 1899 bekannt und hat in den Händen des Mondforschers Philipp Fauth viel geleistet. Neuerdings hat es auch in den USA wieder Verwendung gefunden. Es enthält ein einfaches Objektiv, dessen Fehler Kugelgestaltfehler, Farbabweichung und Koma durch eine Linse vor einem Hohlspiegel oder durch einen *Mangin-Spiegel* (rückseitig reflektierender Hohlspiegel) behoben werden. Die chromatische Korrektion der Mediale entspricht nach Sonnefeld der der Fernrohre mit halbachromatischen Objektiven vom Typ AS[3]. Astigmatismus ist vorhanden, stört aber bei der visuellen Beobachtung, zu der das Medial benutzt wird, nicht.

[1] J. Gregory: A Cassegrainian-Maksutov Telescope Design for the Amateur. Sky and Telescope. Vol. XVI, Nr. 5, S. 237 (1957).

[2] Orion, Mitteilungen d. Schweiz. Astron. Ges. **61**, 457 (1958).

[3] A. Sonnefeld: Die Hohlspiegel. Berlin: VEB Verlag Technik; Stuttgart: Berliner Union 1957.

f) Die Okulare

α) *Brennweite, Bildweite und Bildgröße eines zusammengesetzten Systems*

Das Okular bildet zusammen mit dem Objektiv ein brennpunktloses (teleskopisches) System. Von jedem erfaßten Stern verläßt ein Parallel-Lichtbündel das Okular. Der Durchmesser dieses Lichtbündels bestimmt die minimale und maximale Vergrößerung für bestimmte Zwecke (s. S. 8). Das Okular dient weiterhin als Lupe zur Betrachtung des vom Objektiv entworfenen Bildchens eines Objektes im Gesichtsfeld. Der Winkel, unter dem man das vom Objektiv entworfene Bild mit Hilfe des Okulars sieht, ist

$$\text{(35)}\qquad \text{Tangens des Sehwinkels} = \frac{\text{Größe des vom Objektiv entworfenen Bildes in mm}}{\text{Brennweite des Okulars in mm}}$$

Die Brennweite eines Okulars, das aus einer vorderen Linse (Feldlinse) mit der Brennweite f_1 und aus einer hinteren Linse (Augenlinse) mit der Brennweite f_2 so zusammengesetzt ist, daß beide Einzellinsen den Abstand (Linsenhauptabstand) δ haben, ist

$$\text{(36)}\qquad f' = \frac{f_1 f_2}{f_1 + f_2 - \delta}$$

f' ist die *Äquivalentbrennweite* eines 2-teiligen Linsensystems; sie ist gleich der Brennweite einer Ersatzlinse (*Äquivalentlinse*); δ ist der Abstand der Hauptpunkte $H_1' H_2$. Die Lage der *Hauptpunkte* und *Hauptebenen* von Linsen ist in den Abb. 1 und 2 gezeigt. Auch das zusammengesetzte Okular hat 2 Hauptpunkte: H und H'. Von H aus muß die *Gegenstandsweite* a und von H' aus muß die *Bildweite* a' gemessen werden. Die Lage der Hauptpunkte H und H' errechnet sich aus

$$\text{(37)}\qquad \overrightarrow{H_1 H} = \frac{f_1}{f_1 + f_2 - \delta} \qquad \overrightarrow{H_2' H'} = \frac{(f_1 - f_2) - f_1 f_2}{f_1 - f_2 - \delta}$$

Dann ist bei gegebener Gegenstandsweite a

$$\text{(38)}\qquad \text{die Bildweite } a' = \frac{a\, f'}{a + f'}$$

$$\text{(39)}\qquad \text{die Bildgröße } b = \frac{a'}{a} \times \text{Größe des vom Objektiv entworfenen Bildes}$$

Für kurze Okulare (orthoskopische, monozentrische) darf man bei grober Rechnung f', δ, a und a' von den Scheiteln der Feld- oder Augenlinse aus messen.

β) *Die einzelnen Okulararten*

Das Huyghens-Okular

Bereits HUYGHENS hat durch Probieren mit Linsen gleichen Glases gefunden, daß die Farbabweichung behoben ist, wenn $\delta = 1/2(f_1 + f_2)$. S. S. 23. Früher nahm man $f_1 = 3 f_2$, heute nimmt man $f_1 = 2 f_2$. Das Okular ist reflexfrei, frei von Verzeichnung und Differenz der farbigen Vergrößerung; das Auge nimmt die Verschiedenheit der farbigen Bildorte bei mittleren und kleinen Öffnungsverhältnissen nicht wahr. Das Bildfeld ist stark konvex zum Auge hin. Die nutzbare Gesichtsfeldgröße ist deshalb nur 25° bei 40° tatsächlicher Größe. Da das Objektivbild zwischen Feld- und Augenlinse zu liegen kommt, müßten dort auch Fadenkreuz und Mikrometerfäden angebracht werden und würden dann mit farbigen Rändern erscheinen. Das Okular läßt sich nicht als Lupe benutzen („*negatives*" *Okular*). Die Durchlässigkeit ist 93%. Man muß mit dem Auge sehr nahe an die Augenlinse herangehen und stößt leicht mit den Augenwimpern an. Für Beobachtung am Tage wenig geeignet. Leicht herstellbar (Abb. 19a).

Das Mittenzwey-Okular

Es ist ein verbessertes Huyghens-Okular. An Stelle der plankonvexen Feldlinse sitzt ein Meniskus, so daß ein großes Gesichtsfeld von 50° entsteht. Geeignet im normalen Refraktor (1:12 und kleiner) für Kometenbeobachtungen, große Sternhaufen.

Das Ramsden-Okular

Es kann als Lupe benutzt werden (*positives Okular*). Fadenkreuz und Mikrometerfaden werden also vor das Okular gelegt. Es ist frei von Verzeichnung, aber nicht frei von der Differenz der farbigen Vergrößerung (Bildgröße verschieden), weil die Brennweiten der verschiedenen Farben ungleich sind. Dieser Fehler macht sich bei großen Öffnungsverhältnissen nicht bemerkbar. Er ließe sich vermeiden, wenn die Feldlinse an die Stelle des Objektivbildes gerückt wird; aber dann werden Kratzer und Flecken auf der Feldlinse durch die Augenlinse betrachtet. Das Bildfeld ist schwach zum Auge hin konvex. Es umfaßt 25° nutzbar bei 40° tatsächlicher Größe. Durchlässigkeit 93%. Wegen des geringen Kugelgestaltfehlers für Mikrometer geeignet. Leicht herstellbar (Abb. 19b).

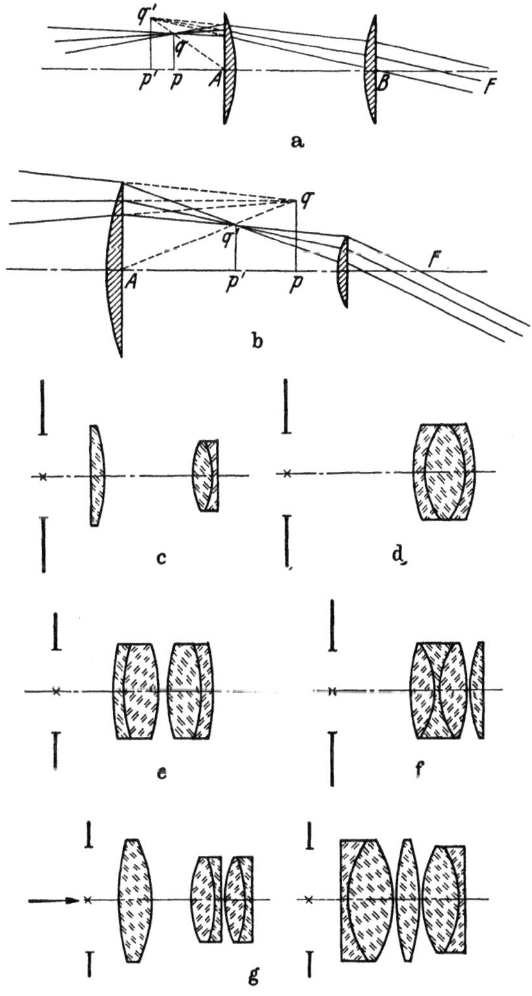

Abb. 19. a) Das Huyghens-Okular; b) das Ramsden-Okular; c) das Kellnersche Okular; d) das monozentrische Okular (STEINHEIL); e) das orthoskopische Okular (ABBE); f) das orthoskopische Okular (PLÖSSL); g) die Weitwinkelokulare von ERFLE mit 70° Gesichtsfeld. Aus Handbuch der Astrophysik. Bd. I, S. 151–153. Berlin: Springer 1931.

Das Kellner-Okular

Es ist ein verbessertes Ramsden-Okular, weil es mittels einer zweiteiligen (achromatischen) Augenlinse dessen Farbfehler behebt (Abb. 19c).

Die achromatischen Okulare

Die Okulare von STEINHEIL (monozentrisches O.), von ZEISS (orthoskopisches O.) und von SCHIECK und PLÖSSL (orthoskopisches O., aplanatisches O.) zeichnen sich durch große Farbreinheit, größeren Abstand der Austrittspupille von der Augenlinse und Reflexfreiheit aus. Sie sind notwendig für starke Vergrößerungen und für Planetenbeobachtungen (feine Details) (Abb. 19d, e, f).

Die massiven Okulare

Auf die von CH. S. HASTINGS empfohlenen massiven Okulare, die aus einer sehr dicken Kronglaslinse mit aufgekitteter dünner Flintglaslinse bestehen, sei hingewiesen. Sie gehören zu den positiven Okularen, haben ebenes Gesichtsfeld und sind reflex- und farbfrei[1].

Die terrestrischen Okulare

Die terrestrischen Okulare von DOLLOND und FRAUNHOFER bestehen aus 4 plankonvexen Linsen, die nur kaum merkliche Abbildungsfehler herbeiführen. Die modernen terrestrischen Okulare, die in den meisten Feldstechern zu finden sind, besitzen statt der beiden einfachen Vorderlinsen 2 zweiteilige, achromatische Linsen. In Feldstechern amerikanischer Herkunft finden sich 3-teilige Okulare. Die *Weitwinkelokulare* der Zeißfeldstecher vergrößern den Gesichtsfelddurchmesser gegenüber dem der üblichen Okulare um fast 40% (Abb. 19g).

Die Okulare im Galileischen Fernrohr

Es sind zwei- oder dreiteilige Zerstreuungslinsen, die zusammen mit dem zweiteiligen Objektiv einen teleskopischen Strahlengang erzeugen (s. S. 7).

Die Prüfung der Okulare

Der Astronom prüft seine Okulare durch Benutzung im Fernrohr bei der Beobachtung von Fixsternen. Beschädigungen, Dezentrierung usw. zeigen sich, wenn man das Okular dreht. Beim Okularwechsel lernt man die Güte und Leistungsfähigkeit eines Okulars zu beurteilen.

γ) *Die Sonnenokulare*

Sie haben die Aufgabe, das sehr intensive Sonnenlicht so abzuschwächen, daß es höchstens so intensiv wie das Vollmondlicht ist. Da die Sonne die scheinbare Helligkeit der Größenklasse -26.86 und der Mond diejenige der Größenklasse -12.7 hat, muß das Sonnenlicht um mindestens 14.2 Größenklassen abgeschwächt werden. Dazu macht man sich den Lichtverlust zunutze, den das Licht bei der Reflexion an durchsichtigen Körpern erleidet. Auch benutzt man zur Lichtschwächung die Polarisation des Lichtes bei der Reflexion, indem man die Polarisatoren zueinander kreuzt und eine kontinuierliche Lichtschwächung herbeiführt. Es ist zu beachten, daß jede Reflexion zu einem Umlenken des Bildes führt, d. h. die rechte und die linke Seite werden miteinander vertauscht. Das nicht zum Beobachten genutzte Sonnenlicht muß unschädlich gemacht werden.

Ist die Summe von Einfalls- und Brechungswinkel 90°, so ist der von Glas zurückgeworfene Bruchteil der Lichtstärke

$$\left(\frac{n^2 - 1}{n^2 + 1}\right)^2 = 0.15$$

für die Brechungszahl $n = 1.50$. Ist der Einfallswinkel 0° (senkrechter Einfall), so ist der zurückgeworfene Bruchteil der Lichtstärke

$$\left(\frac{n - 1}{n + 1}\right)^2 = 0.04\,.$$

Im ersten Fall werden 15% reflektiert, im zweiten gehen 96% durch die Glasoberfläche hindurch. Nur der erste Fall führt zu praktisch verwertbarem, größerem Lichtverlust. Nach 2maliger Reflexion erreicht man eine Schwächung von 4.1 Größenklassen, nach 4maliger Reflexion von 8.2 Größenklassen, wie aus

$$m = 2.5 \times \log(0.15^2) \quad \text{und} \quad m = 2.5 \times \log(0.15^4)$$

folgt. Diese Lichtschwächung wird verstärkt, wenn man das Objektiv abblendet. Abblenden auf $d/4$ schwächt das Licht um 3.0 Größenklassen, Abblenden auf $d/5$ um 3.5 Größenklassen.

---

[1] Amateur Telescope Making. Book one, S. 172. New York: Scientific American, Inc. 1953.

Besonders starke Schwächung des Lichtes erreicht man durch Aufbringen von reflexvermindernden Belagen hinter den reflektierenden Flächen.

Über die verschiedenen, gebräuchlichen Sonnenokulare siehe S. 123.

g) Das Rohr mit seinem Zubehör

α) *Das Rohr*

Es hat die Aufgabe, die optischen Teile einschließlich der Photokamera und der lichtelektrischen Zelle aufzunehmen und in ihrer Justierung zu halten. Es soll diese Teile vor schnellen Temperaturschwankungen, Feuchtigkeit, Luftbewegungen, Erschütterungen und unerwünschtem Licht schützen. Endlich muß es sich in Verbindung mit der Montierung so bewegen lassen, daß es nach jedem Punkte des Himmels ausgerichtet und jedem Himmelsobjekt nachgeführt werden kann. Zuweilen wird nur eine Ausrichtung nach jedem Punkt über 15° Höhe über dem Horizont verlangt. Die *Rohrlänge* und der *Rohrdurchmesser* werden durch die Brennweite des Objektivs oder des Hauptspiegels und durch die Größe des nutzbaren Gesichtsfeldes bestimmt. Das letztere ist gleichzusetzen der Größe der Photoplatten oder dem Gesichtsfeld des Okulars mit der schwächsten Vergrößerung. Für nichtweitwinkelige Okulare darf man das Gesichtsfeld gleich 1/2 der Brennweite setzen. Man zeichne am besten einen maßstabgetreuen Schnitt durch das Rohr (s. Abb. 20, 21). Die Größe des wahren Gesichtsfeldes in Grad ergibt sich aus der Größe des nutzbaren Gesichtsfeldes in mm und der Brennweite des Objektivs oder Spiegels in mm. Siehe Formel (21).

Als Rohrmaterial findet alles Verwendung: vom Blechmantel des Boilers bis zum Holzgerüst mit Pappverkleidung. Metallrohre sollen eine Verkleidung aus Leinen, Kork usw. erhalten; Rohrgerüste sollten mit gut verleimtem Holze viereckig verkleidet sein. Das schafft Platz für zusätzliche Montierung von Sucher, Visier und Handkameras. Das Rohr soll besser etwas schwerer als leichter sein, damit es bei Wind nicht leicht schwankt. Es wird vermutet, daß Luftströmungen an der Außen- und Innenwand des Rohres die Bildqualität von den äußeren Zonen des Objektivs oder Spiegels her ungünstig beeinflussen. Deshalb sollte der Rohrdurchmesser etwas größer sein als es der Strahlengang erfordert. Die Frage: offenes oder geschlossenes Rohr ? wird verschieden beantwortet.

Objektiv und Hauptspiegel müssen eine Fassung oder Lagerung erhalten, in der sie in jeder Rohrstellung ohne Verspannung und Verschiebung ruhen. Diese Fassung oder Lagerung soll justierbar im oder am Rohr angebracht werden. Kleine Spiegel werden an 3 Punkten unterstützt. Diese liegen auf einem Kreis mit dem Halbmesser $= \sqrt{\frac{(\text{Spiegeldurchmesser})^2}{2}}$. Die Spiegel werden in einer „Zelle“ gelagert, deren Boden durchbohrt ist (s. S. 36). Die seitliche Verschiebung des Spiegels kann durch Lederstückchen verhindert werden. Die Spiegelzelle sitzt auf einer durchbohrten Grundplatte, die am Rohr justierbar befestigt ist. Die Durchbohrung von Grundplatte und Spiegelzelle schafft in Verbindung mit der anpolierten Spiegelrückfläche und seiner nichtbelegten, zentralen Vorderfläche bei Schmidt-Spiegeln die Möglichkeit, schnell und sicher das Grobjustieren durchzuführen.

β) *Die Taukappe*

Sie soll das Beschlagen (Betauen) des Objektivs verhindern und Streulicht fernhalten. Welche Mittel werden vorgeschlagen, das Beschlagen der Optik zu verhindern oder das Kondenswasser wieder zu entfernen ?

1. Ein sauberes Objektiv. Staubkörnchen sind Kondensationskeime.
2. Eine möglichst lange, zylindrische oder konische Taukappe, mit Löschpapier ausgekleidet und mit Filz, Tuch usw. umhüllt.
3. Gleichmäßige, sehr geringe Erwärmung von Taukappe, Sekundär-, Fang- und Hauptspiegel durch eine elektrische Widerstandsheizung.
4. Beschlagene Objektive durch Einbringen eines warmen Tuches in die Taukappe zum Abtauen bringen.
5. Niemals auf nasser Optik wischen. Leichte Betauung nach Schluß der Beobachtung durch Fächeln, starke durch FÖHN oder mit Blasebalg entfernen.
6. Ein Rohr mit nasser Optik nicht verschließen, sondern mit einem mäßig dicken Tuch bedecken. Das Rohr wird am nächsten Tage bei offener Kuppel oder im Freien der Luftbewegung ausgesetzt und so getrocknet.

γ) Die Blenden und der Fangspiegel

Lage und Größe der Blenden und des Fangspiegels lassen sich am sichersten und leichtesten durch Zeichnung ermitteln. Dazu 2 Beispiele (Abb. 20 u. 21).

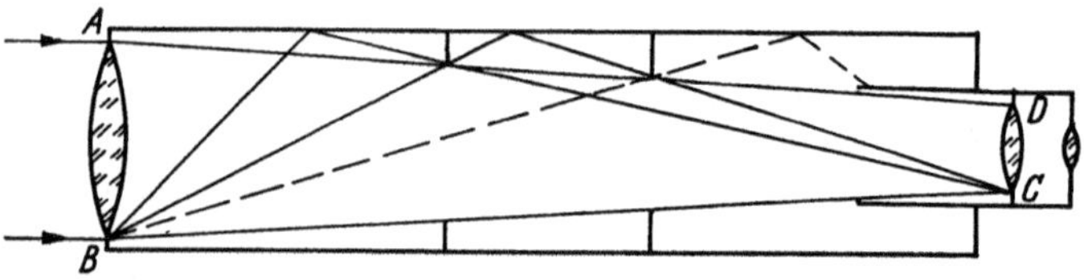

Abb. 20. Zeichnerische Ermittlung der Blenden in einem Refraktor nach KOLBOW (schematisch). Aus J. PLASSMANN: Hevelius-Handbuch für Freunde der Astronomie. S. 485. Berlin: Ferd. Dümmler 1922.

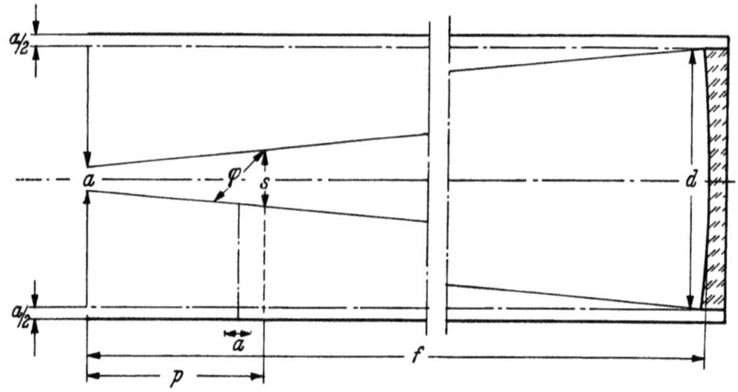

Abb. 21. Zeichnerische Ermittlung der Lage und Größe von Fangspiegel oder Prisma.

1. Man zeichne maßstabgerecht Objektivdurchmesser, Brennweite, Bildebene und Plattenformat bzw. Querschnitt des schwächsten Okulars, verbinde den oberen Objektivrand durch eine Gerade mit dem oberen Plattenrand bzw. oberen Rand der Feldlinse und erweitere den entstandenen Kegelstumpf an der oberen Fläche um 10%. Es entsteht *ABCD*. Rohrdurchmesser mindestens gleich Durchmesser der Objektivfassung. „Wir zeichnen nun den ersten störenden Strahl, der unter 45° bei *B* ins Objektiv einfällt und ziehen von dem Treffpunkt dieses Strahles mit der inneren Rohrwand eine Verbindungslinie nach *C*. Dort, wo diese Verbindungslinie die äußere Begrenzungslinie des Kegels *ABCD* schneidet, muß die erste Blende sitzen, deren lichter Durchmesser durch den Durchmesser des Kegels an dieser Stelle bestimmt ist. Der zweite störende Strahl streicht durch *B* am oberen Rande der Öffnung in der ersten Blende vorbei, und sein Treffpunkt wird gleichfalls mit *C* verbunden: der neue Schnittpunkt gibt uns Ort und Durchmesser für die zweite Blende, und so fort, bis eine Verbindungslinie oberhalb der Photoplatte oder des Okulars ankommt." (H. KOLBOW.)

2. Man zeichne Spiegeldurchmesser, Brennweite, Bildebene und Plattenformat bzw. Querschnitt des schwächsten Okulars, als ob im primären Fokus photographiert oder beobachtet

werden soll. Der Rohrdurchmesser muß so bemessen sein, daß das Licht vom gesamten Gesichtsfelddurchmesser ungehindert auf den Spiegelrand fallen kann. S. Formel (20). Der Fangspiegel muß eine solche Entfernung vom primären Fokus haben, daß die Bildfläche noch außerhalb des Rohres zu liegen kommt. S. auch Abb. 13. Dann ist die Länge der großen Achse des ovalen Fangspiegels oder die Seitenlänge der Hypothenusenfläche eines reflektierenden Prismas

$$\varphi = \frac{p \cdot d + a(f - p)}{f}$$

Dieser Wert ist um etwa 1 cm zu vergrößern, damit am Rande auftreffende Strahlen einwandfrei reflektiert werden.

Die *Blenden eines Refraktors* werden geprüft, indem man durch das Objektiv zum Okular gegen den freien Tageshimmel schaut. Die Okularpupille muß auch vom Objektivrand aus gesehen werden.

h) Der Sucher

Der Sucher (Suchfernrohr) soll ein Gesichtsfeld von mindestens 3° haben. Der Sucher soll ein bei jeder Himmelshelligkeit sichtbares Fadenkreuz besitzen. Deshalb eignen sich als „Fadenkreuz" 2 gekreuzte Drähte. Manche Beobachter haben in der Mitte dieses Kreuzes einen Ring angebracht, um die Gesichtsfeldmitte noch deutlicher zu machen. Auch einen sehr dünnen Belag aktiver Leuchtfarbe findet man zuweilen auf den „Fäden" angebracht. Es ist zweckmäßig, den Sucher möglichst so anzubringen, daß man beim Einblick in ihn zugleich in die Richtung zum Beobachtungsobjekt schaut. Das Sucherokular soll dicht beim Okular des Hauptrohres angebracht sein, damit der Beobachter ohne Umtreten nacheinander in beide hineinsehen kann.

An Stelle eines Suchfernrohrs kann auch ein Visier benutzt werden, das aus einem großen Ring mit Drahtkreuz und aus einem kleinen Ring als Einblick besteht. Je größer der Abstand zwischen beiden, desto besser. Eine Feldstecherhälfte eignet sich gut als Sucher. Ein Feldstecher hat allerdings kein Fadenkreuz und kehrt die Bilder nicht um. Man sieht dann die Sterne anders über- und nebeneinander als im Hauptrohr.

Ein Fadenkreuz mit regulierbarer Helligkeit kann man haben, wenn man nach K. Blattner[1] einen kleinen Kollimator (Rohr mit Sammellinse, in deren Brennpunkt eine punktförmige Lichtquelle strahlt) benutzt. Zwischen Linse und Lichtquelle befindet sich ein Fadenkreuz, das auf eine planparallele Glasplatte projiziert wird. Diese steht unter 45° geneigt zur Projektionsrichtung und zugleich zur Blickrichtung des Beobachters. Dann sieht der Beobachter das Fadenkreuz an den Himmel projiziert und kann mittels Schiebewiderstand die Helligkeit und durch Färben der Lichtquelle auch die Farbe (Dunkelrot) des Fadenkreuzes wählen.

i) Die Montierung mit ihrem Zubehör

α) *Die Montierungsarten*

Über dieses Thema läßt sich ein ganzes Buch schreiben.

Russell Williams Porter (1871—1949), Architekt, Polarforscher, Astronom, Topograph, Optiker, Maschinenbauer, Mitkonstrukteur des Mt. Palomar-Spiegels und Schriftsteller, hat in zahlreichen Abhandlungen die mannigfachen Fernrohrmontierungen geschildert und dabei ganz neue Wege gezeigt. Die „*Springfield-Montierung*"[2] und die „*split-ring-Montierung*" stammen von ihm. (Abb. 22 u. 23) Den Amateurastronomen hat er zahlreiche, bis ins Einzelne ausgearbeitete Anleitungen zum Selbstbau ausgearbeitet. Seine Vorliebe galt den originellen und unbedingt stand- und biegungsfesten Montierungen.

---

[1] K. Blattner: Reflexvisier für Amateurteleskope. Orion, Mitt. der Schweizerischen Astron. Gesellschaft **5**, 33 (1956).

[2] V. Dahlkamp: Das Hauptinstrument der Volkssternwarte Recklinghausen. Die Sterne **31**, 47 (1955).

Alle erfahrenen Fernrohrkonstrukteure und Beobachter stimmen darin überein: eine Montierung muß schwer sein. Das Fernrohr verhält sich zur Montierung wie der Zeiger zur Uhr. Besser eine feste Montierung mit mittelmäßiger Optik als ein sehr gutes Objektiv auf wackeliger Montierung. Das Fernrohr ist eines der empfindlichsten Instrumente zum Aufzeigen kleinster Erschütterungen.

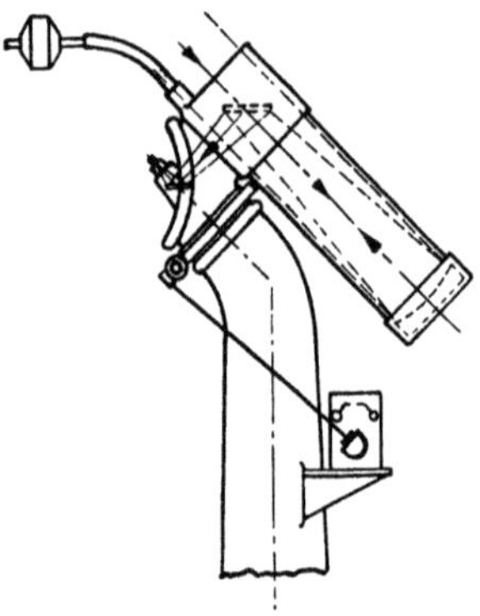

Abb. 22. Die Springfield-Montierung von R. W. PORTER. Der Beobachter befindet sich immer am gleichen Platz. Aus Handbuch der Astrophysik. Bd. I, S. 178, Abb. 97. Berlin: Springer 1931.

Jede Fernrohrmontierung besteht aus 2 zueinander rechtwinklig gestellten Achsen. Jede Achse ist für sich allein drehbar. Die erste ruht zumindest mit dem unteren Ende in einem festen Lager. Die zweite ist starr mit dem Fernrohr verbunden und bildet mit der Rohrachse einen rechten Winkel. Steht die erste Achse senkrecht, so spricht man von azimutaler Montierung. Steht die erste Achse schräg, so daß sie zum Himmelspol weist (die Polhöhe ist gleich der geographischen Breite des Beobachtungsortes) und befindet sich das Fernrohr nicht im Kreuzungspunkt beider Achsen, sondern ist es auf der 2. Achse verschoben, so spricht man von parallaktischer Montierung. Mit ihr läßt sich der scheinbare Lauf der Fixsterne am Himmel nur durch Drehung der ersten Achse verfolgen. Dazu wird sie meist durch ein Uhrwerk angetrieben; sie heißt *Stundenachse*. Durch Drehen der zweiten Achse richtet man das Fernrohr auf eine bestimmte Deklination (Abweichung vom Himmelsäquator). Sie heißt *Deklinationsachse*. In Abb. 23 ist gezeigt, wie verschieden die Stundenachse ausgebildet sein kann. Durch Verbindung der Deklinationsachse mit den verschiedenen Ausbildungen der Stundenachse entstehen die mannigfaltigen Montierungen.

Wer sich aus dem deutschen Schrifttum Anleitung zum Bau fachmännisch durchkonstruierter und verhältnismäßig leicht erstellbarer, zuverlässiger Montierungen holen will, greife zu der ausgezeichneten und wohlfeilen Schrift von A. STAUS[1]. Darin ist die *Flori-*, *Ronny-*, *Staku-* und *Siegfried-Montierung* geschildert und in Werkzeichnungen dargestellt. Außerdem sind die verschiedensten Schutzbauten durch Konstruktionszeichnungen erläutert.

Von den zahlreichen Montierungen, die sich Amateurastronomen besonders in USA unter Führung von R. W. PORTER geschaffen haben, seien einige originelle Beispiele erwähnt. Wohl die einfachste Montierung, die sich denken läßt, ist in Abb. 24 dargestellt. Auf PORTERS split-ring-Montierung, die auch am Mt. Palomar-Spiegel angewendet ist, sei hingewiesen. Ebenso sei auch PORTERS Lieblingsidee einer Beton-Montierung erwähnt (Abb. 23).

Die ebenfalls zahlreichen Lösungen der Frage, wie ein Beobachtungsinstrument im Freien aufzustellen und der Platz des Beobachters in einen geschlossenen Raum zu verlegen ist, findet man beschrieben und illustriert[2].

β) Der Antrieb

A. STAUS empfiehlt in seiner Schrift[1] mehrere Antriebsarten: Federantrieb, Gewichtsantrieb mit Grammophonregler, elektrischen Antrieb mit Gleichstrom- oder Wechselstrommotor. Große Fernrohre haben meist einen Antrieb mit Synchronmotor. Neuerdings werden stufenlos regelbare Getriebe empfohlen; z. B. von

---

[1] A. STAUS: Fernrohrmontierungen und ihre Schutzbauten. 2. Auflage. München: Uni-Druck 1959.

[2] Amateur Telescope Making. Book one, S. 50. New York: Scientific American, Inc. 1953.

W. Reimers in Bad Homburg und die bereits erprobten von H. Heynau in München. Im Schrifttum findet man von Bastlern angefertigte Getriebe beschrieben, in denen ein Gewichtsantrieb durch eine Weckeruhr kontrolliert wird. Selbst Wasseruhren werden von findigen Beobachtern (B. Schmidt, der Erfinder des Schmidt-Spiegels!) benutzt. Bei diesen wird ein Kolben von einem Gewicht durch einen wassergefüllten Zylinder gezogen, dessen Wasserausfluß durch eine Nadelröhre kontrolliert und gleichmäßig gehalten wird.

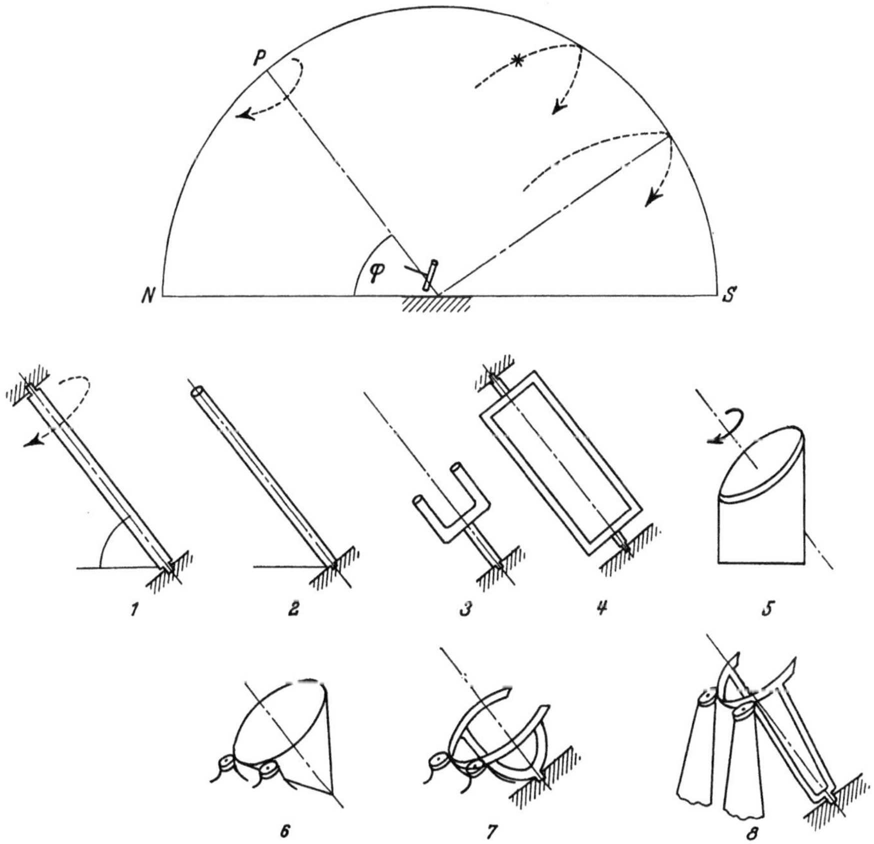

Abb. 23. Die verschiedenen Formen der Stundenachse (Polarachse). Nr. 5: Die Stundenachse ist zur Scheibe verkürzt (Springfield-Montierung). Nr. 6: Porters Beton-Montierung. Nr. 7 und 8: Die split-ring-Montierung.

Es ist bei der Beobachtung zu beachten, daß der Antrieb nicht in allen Fernrohrlagen gleich groß sein kann, weil sich das Fernrohr in den verschiedenen Lagen leichter oder schwerer bewegen läßt. Die Schnelligkeit des Antriebes sollte immer der der Fixsterne angepaßt sein. Zum Nachführen bei der Beobachtung von Sonne, Mond, Kometen, Planeten, zum Ausgleich der scheinbaren Höhenänderung der Gestirne zufolge der Strahlenbrechung (Refraktion) in der Luft und zur Korrektur des unregelmäßigen Antriebes braucht man eine *Feinbewegung.* Für photographische Aufnahmen mit langen Belichtungszeiten ist ein gleichmäßiger Antrieb und eine zuverlässige Feinbewegung eine Selbstverständlichkeit. Aber auch bei visuellen Beobachtungen nützt das beste Objektiv nichts, wenn Antrieb oder Feinbewegung im entscheidenden Augenblick, z. B. bei Sternbedeckungen, versagen oder zuviel Aufmerksamkeit beanspruchen.

Die Prüfung des Antriebs: Im Gesichtsfeld des Okulars seien 2 parallele Fäden in Deklinationsrichtung (Stundenfäden) symmetrisch zur Gesichtsfeldmitte zu sehen. Ein Äquatorstern (Stern mit der Deklination $\delta \approx 0°$) durchlaufe deren Abstand bei unbewegtem Fernrohr in 6,3 Zeitsekunden (Mittelwert aus so vielen Beobachtungen, daß sich dieser Wert bei weiteren

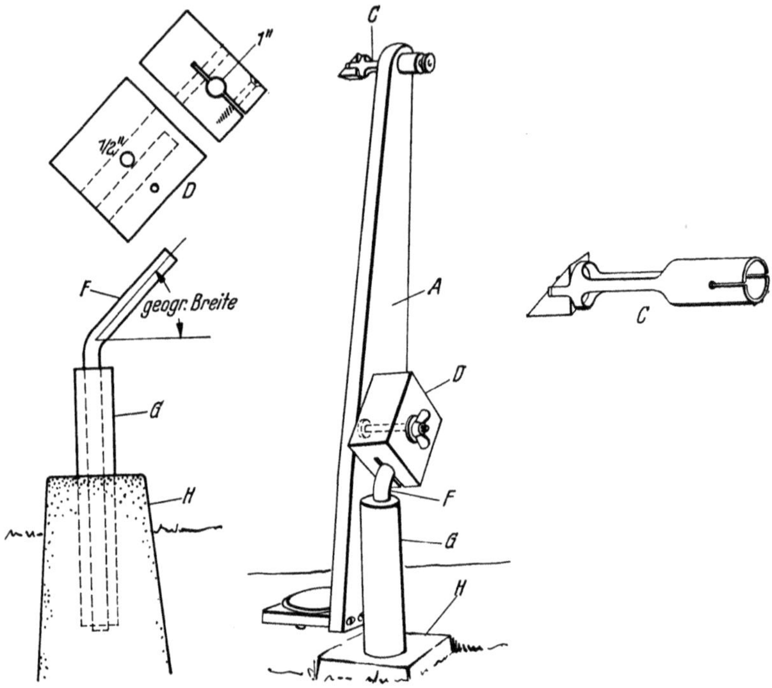

Abb. 24. Eine einfache Montierung für jedermann, ohne Rohr, ohne Antrieb, ohne Schutzhütte. Aus Amateur Telescope Making. Book one, S. 29. New York: Scientific American, Inc. 1953.

Beobachtungen nicht mehr um 0.1 ändert). Dann ist die Fadendistanz $6.3 \cdot 15'' = 94.5''$. Wird das Fernrohr vom Antrieb mitgeführt, so durchlaufe ein Äquatorstern die Fadendistanz von links nach rechts in 18.1 Zeitsekunden. Der Antrieb ist zu schnell. Das Fernrohr wird in dieser Zeit um $18.1 \cdot 15'' + 94.''5$ bewegt statt um $18.1 \cdot 15''$. Ein Zahnradgetriebe mit dem Übersetzungsverhältnis

$$\frac{18.1 \cdot 15''}{18.1 \cdot 15'' + 94.''5} = \frac{100}{135.33}$$

ist einzusetzen. Statt dessen werde ein Getriebe 100/135 benutzt. Dann ist der Antrieb noch um 0,33% zu schnell. In $1/0.0033 = 300$ Zeitsekunden weicht ein Äquatorstern immer noch um 15″ von der Fadenkreuzmitte ab. Bei einer angenommenen Objektivbrennweite von 1000 mm zeichnet der Stern einen Strich von 0.075 mm auf die Platte. In 2 Zeitminuten kann dann das Auflösungsvermögen einer Photoplatte überschritten sein; das Sternbildchen ist nicht mehr kreisrund. Ob ein solches Abweichen mit dem benutzten Führungsfernrohr erkannt werden kann, hängt von der Brennweite und Güte der Optik, der Helligkeit des Sternes und der Beleuchtung des Fadenkreuzes ab.

γ) Die Einstellkreise und ihre Justierung

Ältere Instrumente haben Einstellkreise mit sehr weitgehender Unterteilung. Der Stundenkreis ist z. B. bis auf 2 Zeitminuten unterteilt und mit Hilfe des Nonius bis auf 2 Zeitsekunden abzulesen. Der Deklinationskreis ist bis auf 20 Bogenminuten unterteilt und bis auf 0.5 Bogenminute abzulesen. Neuere Instrumente haben Einstellkreise, die höchstens bis auf 5 Zeitminuten bzw. 1 Grad unterteilt sind. Eine noch gröbere Unterteilung ist auf das Gesichtsfeld des Suchers abzustimmen. Hat der Sucher ein Gesichtsfeld von 4°, so muß der Stundenkreis mindestens von 15 zu 15 Zeitminuten, der Deklinationskreis mindestens von 4 zu 4° unterteilt sein. Diese neuen Kreisteilungen erfordern neue Justiermethoden der Einstellkreise. Man benutzt zweckmäßig die von KOLBOW[1] angegebene Methode, die A. STAUS[2] in folgender Weise schildert:

„Das Prinzip des Kolbow-Verfahrens ist folgendes: Setzen wir einmal für einen bestimmten Beobachtungsort, dessen Polhöhe bekannt sein muß, eine richtig justierte parallaktische Montierung voraus und stellen das Fernrohr genau senkrecht, dann wird seine Deklinationsachse horizontal liegen und der Deklinationskreis muß die Polhöhe anzeigen, während der Stundenkreis 0^h (in der Fernrohrlage Ost) oder 12^h (in der Fernrohrlage West) anzeigen muß, da ja das Fernrohr bei genau senkrechter Lage auch in der Meridianebene liegt.

Zur Senkrechtstellung legt man auf die Objektivfassung (der Schutzdeckel ist abzunehmen) eine ebene Glasscheibe und darauf eine Dosenlibelle, während man eine gewöhnliche Wasserwaage direkt auf die Fassung legen kann, und zwar abwechselnd in 2 zueinander senkrechten Richtungen, bis in beiden Richtungen kein Ausschlag mehr erfolgt. Auch das Suchfernrohr kann benutzt werden, wenn es nicht zu klein ist. Bei Spiegelrohren ist man sowieso auf den Sucher angewiesen. Selbstverständlich muß dieser vorher durch Anvisieren eines sehr fernen irdischen Punktes oder noch besser des Polarsterns genau parallel zur Visierlinie des Hauptrohres gebracht worden sein. Den weiteren Vorgang wollen wir an einem praktischen Beispiel erläutern.

An einem Ort, dessen Polhöhe $= 48° 4'$ ist, sollen die Einstellkreise justiert und die Stundenachse in die der Polhöhe entsprechende Neigung gebracht werden.

Das Rohr (Tubus) wird zunächst in der Ostlage senkrecht gestellt. Der Deklinationskreis gibt nun z. B. eine Ablesung von $46° 38'$. Sodann wird das Rohr in der Westlage ebenfalls senkrecht gestellt. Der Deklinationskreis gibt jetzt z. B. die Ablesung $46° 16'$. Auf das Mittel der beiden Ablesungen, ist nunmehr der Nonius zu korrigieren, damit sich bei Ost- und Westlage und in senkrechter Stellung des Rohres dieselbe Ablesung, in unserem Falle $46° 27'$ ergibt.

Für eine Polhöhe von $46° 27'$ wäre nun die Polachse in richtiger Neigung. Da jedoch die angenommene Polhöhe $48° 4'$ beträgt, muß mit der Feinbewegung in Deklination das Rohr so weit geneigt werden, bis der Nonius am Deklinationskreis auf diesen Betrag $48° 4'$ zeigt. Die Libelle, die natürlich bei dieser Neigung stark ausschlägt, wird nun durch langsame Änderung der Polhöhe wieder zum Einspielen gebracht. Jetzt ist nur noch erforderlich, auch den Stundenkreis bei senkrechter Stellung des Rohres auf 0^h oder 12^h einzustellen und damit ist die ganze Justierung beendet.“

Diese Arbeit kann in der Werkstatt vorgenommen werden. Eine Nachkontrolle am Beobachtungsstand ist um so mehr notwendig, je mehr der Fußboden der Werkstatt uneben oder nicht horizontal ist.

δ) *Die Aufstellung des Fernrohrs nach Azimut und Polhöhe*

Ein Fernrohr folgt nur dann der Bewegung eines Sternes am Himmel lediglich durch die Drehung seiner Stundenachse (Polarachse), wenn sich diese Achse genau über der Nord-Süd-Richtung des Erdbodens erhebt und eine solche Neigung hat, daß sie zum Himmelspol weist. Andernfalls hat das Instrument einen *Aufstellungsfehler* in Azimut bzw. Polhöhe. Man legt die Nord-Süd-Richtung nach dem Sonnenstand fest. Die Sonne steht genau in der Südrichtung, wenn unsere MEZ-Uhr anzeigt:

12 Uhr + Längendifferenz des Standortes gegen den 15. Längengrad in Zeitminuten
— Zeitgleichung.

Die richtige Neigung der Stundenachse (Polarachse) wird durch die Justierung der Einstellkreise mit guter Annäherung erhalten (s. S. 52).

---

[1] J. PLASSMANN: Hevelius-Handbuch für Freunde der Astronomie und der kosmischen Physik. S. 464. Berlin: Ferd. Dümmlers Verlagsbuchhandlung 1922.

[2] A. STAUS: Fernrohrmontierungen und ihre Schutzbauten. S. 62. 2. Auflage. München: Uni-Druck 1959.

ε) *Die Aufstellung der Montierung*

Zur genauen Ausrichtung der Stundenachse (Polarachse) braucht man ein Okular mittlerer oder kurzer Brennweite mit einem Fadenkreuz. Man dreht es in seinem Einschub so, daß ein Faden (Deklinationsfaden) in Richtung der Bewegung der Sterne bei nicht angetriebenem Fernrohr, also in der Rektaszensionsrichtung und der andere Faden (Stundenfaden) in die Deklinationsrichtung zeigt. Nunmehr kann man nach Scheiner[1] wie folgt verfahren:

„Nachdem das Instrument bereits bis auf etwa 10′ bis 20′ in jeder Koordinate richtig gestellt und das Uhrwerk reguliert ist, bringt man einen in der Nähe des Meridians und gleichzeitig in der Nähe des Zenits befindlichen Stern genau auf das Fadenkreuz. Nach einigen Minuten wird man bemerken, daß der Stern sich allmählich vom Deklinationsfaden entfernt; eine Drehung des Instruments im Azimut genügt dann, um den Stern auf den Faden zurückzubringen. Steht aber der Stern nicht genau im Zenith, so wird er sich durch diese Drehung auch vom Stundenfaden entfernen, muß also durch die Feinbewegung wieder auf diesen zurückgebracht werden. Nach einigen Minuten wird man erkennen, ob nun der Stern genau auf dem Deklinationsfaden geblieben ist, oder ob eine neue Drehung des Instruments erforderlich ist.

Wenn sich der Stern (im umkehrenden Fernrohr) vom Faden gehoben hat, ... so muß das Nordende der Stundenachse von Osten nach Westen verschoben werden. Man wird nun in derselben Weise mit einem Polstern (gemeint ist ein Circumpolarstern) verfahren, der sich im Stundenwinkel 6^h befindet, und die Korrektion wird man ausführen mit der Schraube, welche die Höhe des Instrumentenpoles ändert. Entfernt sich der Stern vom Deklinationsfaden scheinbar nach Westen, so muß das Nordende der Stundenachse gehoben werden. Hierbei erhält man die Orientierung des Instrumentes aber nicht auf den wahren Pol, sondern auf den scheinbaren, durch Refraktion veränderten. Das ist in unseren Breiten aber nur vorteilhaft, ...“

Es empfiehlt sich, nach Durchführung dieser Scheinerschen Methode die Justierung der Einstellkreise zu wiederholen (s. S. 52).

Ein schnell durchzuführendes Aufstellungsverfahren[2], das für nicht fest aufgestellte Fernrohre geeignet ist, besteht darin, daß man sich aus dem Sternatlas drei Sterne geringer, aber möglichst gleicher Deklination aussucht, deren Rektaszension sehr verschieden ist, die aber trotzdem zugleich über dem Horizont stehen, z. B. β Cygni 27° 48′, μ Herculis 27° 45′ und ε Bootis 27° 20′. Man stellt auf einen Stern ein, geht zum zweiten und dritten über und korrigiert durch Verändern des Instrumentenazimuts die Abweichung des letzten vom Deklinationsfaden insoweit, daß der Stern nur noch halb so große Abweichung zeigt. Dabei ist die Deklinationsdifferenz der Sterne untereinander zu berücksichtigen. Dann bringt man den Stern auf Fadenkreuzmitte zurück und wiederholt das Verfahren. Bleibt nach mehrmaliger Wiederholung ein nicht zu beseitigender Fehler, so muß die Polhöhe des Instrumentes ein wenig geändert werden. Der Änderungssinn hängt von der Deklination der Sterne und von der Abweichungsrichtung vom Stundenfaden ab.

k) Zusätzliche Instrumente

α) *Das Okularmikrometer*

Es dient dazu, die Abstände (Distanzen) und den Positionswinkel zweier Objekte im scheinbaren Gesichtsfeld zu messen.

Auch ohne Mikrometer kann man lediglich mit den beiden Einzelfäden eines Okulars grobe Messungen großer Abstände in der Rektaszensions- und Deklinationsrichtung vornehmen, wenn das Beobachtungsinstrument Einstellkreise besitzt und diese mittels Nonius, Schätzung der Intervalle und Mittelbildung aus mehreren Einstellungen voll ausgenutzt werden. Zur

[1] L. Scheiner: Die Photographie der Gestirne. Leipzig: Verlag von Wilh. Engelmann 1897.
[2] Amateur Telescope Making. Book two, S. 566. New York: Scientific American, Inc. (1954).

feineren Messung zweier Abstände in der Rektaszensionsrichtung kann man das nichtbewegte (arretierte) Fernrohr verwenden, wobei die Einzelfäden des Okulars genau in die Rektaszensions- und Deklinationsrichtung gebracht sein müssen.

Ein Äquatorstern bewegt sich in einer Sternzeitsekunde am Himmel um 15 Bogensekunden vorwärts. Ein Stern mit der Deklination δ benötigt für diesen Winkel $\frac{1 \text{ Sternzeitsekunde}}{\cos\delta}$. Braucht ein Stern mit der Deklination δ f Sternzeitsekunden (f^s_{Stz}), um von einem festen Faden zu einem anderen festen Faden im Okular des arretierten Fernrohres zu gelangen, so erhält man den Fadenabstand F in Sternzeitsekunden, sofern $\delta < 80°$

(40) $$F^s_{\text{Stz}} = f^s_{\text{Stz}} \times \cos\delta$$

und in Bogensekunden

(41) $$F'' = f^s_{\text{Stz}} \times \cos\delta \times 15$$

Diese Näherungsformel muß durch die strenge Formel ersetzt werden, wenn $\delta \geqq 80°$

(42) $$\sin F_{\text{Stz}} = \sin f_{\text{Stz}} \times \cos\delta$$

Der Amateurastronom wird Zeitintervalle meist in mittlerer Zeit messen. Für die vorstehenden Formeln braucht er aber Sternzeit. Diese erhält er aus der mittleren Zeit mittels

(43) $$\text{Zeitintervall in Sternzeit} = \frac{\text{Zeitintervall in mittlerer Zeit}}{0.997271}$$

Das Zeitintervall zwischen den Durchgängen zweier Objekte durch denselben senkrecht zur Rektaszensionsrichtung verlaufenden Faden oder auch das Zeitintervall zwischen den Durchgängen eines Objektes durch 2 solche Fäden wird mittels der *Auge-Ohr-Methode* gemessen: das Auge beobachtet den Fadendurchgang und gleichzeitig hört das Ohr auf die Schläge einer Uhr. Der Zeitpunkt des Fadendurchgangs wird geschätzt. Die Genauigkeit einer solchen Schätzung beträgt beim Fadendurchgang eines Zenitsternes nach einiger Übung mit einer Uhr mit Sekundenpendel $^1/_{10}$ Sekunde; d. h. der Fehler dieser Schätzung beträgt höchstens 0.1 Sekunde.

Eine Taschen- oder Armbanduhr läßt sich ebenfalls zur Messung von Zeitintervallen benutzen. Fast alle Uhren dieser Art machen in der Stunde 9000 Doppelschläge, d. i. $2^1/_2$ Doppelschläge in der Sekunde. Mittels Zeitzeichen prüfen!

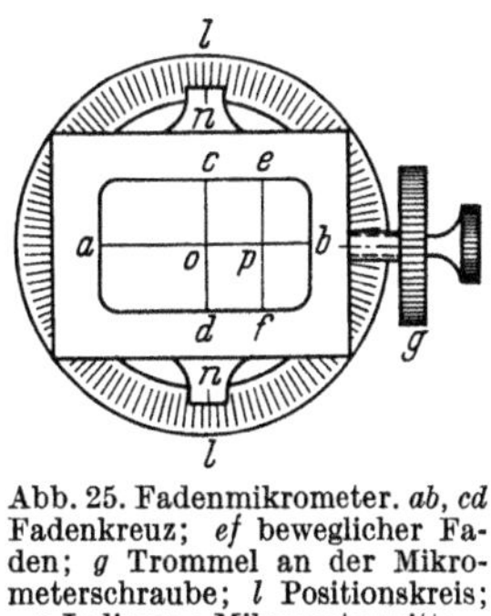

Abb. 25. Fadenmikrometer. *ab, cd* Fadenkreuz; *ef* beweglicher Faden; *g* Trommel an der Mikrometerschraube; *l* Positionskreis; *n* Indices; *o* Mikrometermitte. Aus E. u. B. STRÖMGREN: Lehrbuch der Astronomie. S. 52. Berlin: Springer 1933.

Es ist zweckmäßig, zur Schätzung und Messung von Abständen im scheinbaren Gesichtsfeld ein Okular mittlerer Vergrößerung zu besitzen, in dem sich nicht nur ein Fadenkreuz befindet, sondern in dem auch zu jedem Faden 2 weitere parallele Fäden halbwegs zwischen Gesichtsfeldmitte und Rand gezogen sind. Hierzu eignet sich ein Ramsden-Okuar, (s. S. 45).

Der Bau und die wichtigsten Teile eines Mikrometers sind aus der Abb. 25 zu ersehen. Zum Selbstbau benötigt man eine genau geschnittene *Meßschraube* (Spindel). Empfohlen wird eine solche mit der Ganghöhe 0,5 mm und mit 24 mm nutzbarer Länge aus den handelsüblichen Einbaumikrometern. Reicht diese Länge nicht aus, so muß das Mikrometer 2 feste Fäden in größerem Abstand zueinander und senkrecht zum bewegten Faden besitzen. Hat man den gegenseitigen Abstand dieser beiden festen Fäden nach Formel (40), (41) oder (42) bestimmt, so kann von jedem aus gemessen werden.

Der bewegliche Mikrometerfaden bewegt sich bei einer Umdrehung der Meßschraube um eine Strecke, die am Himmel einer bestimmten Entfernung in Grad, dem *Schraubenwert*, entspricht. Es ist

$$\text{Schraubenwert} = \frac{\text{Ganghöhe der Meßschraube in mm}}{\text{Brennweite des Objektivs in mm}} \times 57{,}^\circ 2958\,. \tag{44}$$

Zum Beispiel erhält man mit einer Ganghöhe 0.5 mm und der Objektivbrennweite 840 mm des Schulfernrohres 63/840 mm den

$$\text{Schraubenwert } 0{,}^\circ 034105 = 2{,}'0463 = 122{,}''778.$$

Ist die Trommel der Mikrometerschraube in 50 Teile geteilt, so mißt man noch 2.″46 und schätzt noch 0.″246. Das entspricht nach Formel (15) dem Auflösungsvermögen eines Objektivs mit $d = 46$ cm Öffnungsdurchmesser. Da unser Schulfernrohr mit $d = 63$ mm nur 1.″86 auflöst, so versetzt uns das Mikrometer in die Lage, jede vom Objektiv gezeigte Einzelheit auch ausmessen zu können.

Für das Einziehen der *Mikrometerfäden* empfiehlt Mechanikermeister KÖRNER, München: Als Fäden verwendet man Spinnen- oder Quarzfäden. Die ersten werden dem Kokon der Kreuzspinne entnommen. Ihre Enden werden mittels Paraffin an passend weiten Drahtgabeln befestigt und gespannt. In diesem Zustand werden sie einige Stunden in Wasser gelegt. Danach werden sie in die Rillen des Mikrometerrahmens oder -schlittens straff eingelegt und mit Schellack befestigt.

Quarzfäden dürfen nicht stark gebogen werden, weil sie leicht brechen. Ihre Enden werden mit Sigellack an leichten Metallplättchen befestigt und über einen Rahmen gelegt, der abgerundete Kanten hat. Dabei werden sie mit einer passend breiten Drahtgabel gehoben. In dem Rahmen befindet sich der Mikrometerrahmen oder -schlitten, der in seinen Rillen die Fäden aufnehmen soll. Liegt dieser Teil des Mikrometers in passender Höhe, so kann man ohne weiteres die Quarzfäden mit Schellack befestigen. Quarzfäden auf Rahmen mit großem Ausdehnungskoeffizienten werden bei großer Kälte leicht schlaff.

Die Beleuchtung der Fäden und des Gesichtsfeldes.

Für sehr genaue Messungen und Einstellungen mittels der Fäden müssen diese dunkel auf hellem Grunde gesehen werden. Dazu wird das Gesichtsfeld aufgehellt. Das kann dadurch geschehen, daß man ein Glühlämpchen geringer Helligkeit vor oder hinter Objektiv oder Spiegel hängt und es zugleich so abschirmt, daß sein Licht nicht direkt ins Okular fällt. Sollen nur die Fäden, nicht aber das Gesichtsfeld beleuchtet werden, so muß die Lichtquelle (oder die benutzten Spiegel) dicht bei den Fäden sitzen und gegen Okular und Objektiv bzw. Spiegel abgeschirmt sein. Eine Beleuchtungseinrichtung, die von „Fäden hell“ auf „Fäden dunkel“ umgeschaltet werden kann und sauber arbeitet, ist ein Bastelkunststück.

β) Das Photometer (Sternphotometer, Flächenphotometer)

Die Frage, wie eine Helligkeitsmessung (Photometrie) durchzuführen ist, wird auf S. 278 eingehend behandelt. Hier soll nur das visuelle *Punktphotometer* von GRAFF und das visuelle *Flächenphotometer* von GRAMATZKI durch die Abb. 26 u. 27 beschrieben werden. Die Helligkeit eines Himmelsobjektes im Fernrohr wird mit der Lichtstärke einer punktförmigen Lichtquelle („künstlicher Stern“) oder mit der Leuchtdichte einer flächenhaften Lichtquelle verglichen. Im ersten Fall wird das Licht des künstlichen Sterns durch einen kontinuierlichen Schwärzungskeil (Graukeil) oder durch ein Polarisationsfilter so abgeschwächt, daß es so hell empfunden wird wie das Licht des beobachteten Sterns. Im zweiten Fall wird die Leuchtdichte des extrafokalen Sternbildchens durch Verschieben des Okularauszuges verändert, bis Gleichheit mit einer phosphoreszierenden Leuchtfläche[1] empfunden wird. Graukeil, Polarisationsfilter und Okularauszug müssen also mit einer Skala versehen sein; die Skaleneinheit ist beliebig.

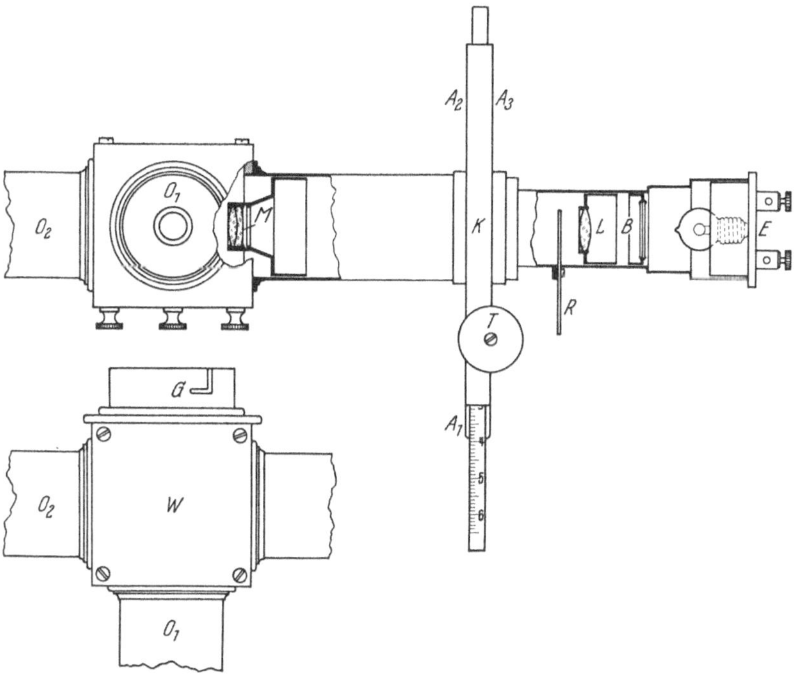

Abb. 20. Das Graffsche Photometer. Das Licht der Glühfadenlampe E wird durch das Farbglas B gefärbt, durch die Rotationsblende R ausgeblendet, durch den Keil geschwächt und durch die Optik L und M auf ein diagonales Planglas im Würfel W abgebildet. Beobachtet wird vom Okular O_1 aus (schwache Sterne) oder von O_2 aus (helle Sterne). Wird statt des Planglases ein Lummer-Brodhun-Würfel eingesetzt und M entfernt, so entsteht ein Flächenphotometer mit Beobachtung von O_2 aus.
Aus Zeitschrift für Instrumentenkunde. XXXV. Jhrg., 2 (1915).

Die Stelle des Keiles, durch die das Licht des künstlichen Sterns hindurchgeht, wird durch die zugehörige Skalenablesung bezeichnet. Durchsetzt das Licht den Keil dort, wo seine Dicke gleich der Skaleneinheit ist, und ist i_0 der auffallende, i der hindurchgegangene Lichtstrom, so ist $\tau = i/i_0$ der Durchlaßgrad an dieser Stelle. Reflexion kann hier vernachlässigt werden. Ist s die Entfernung in Skalenteilen von der Keilkante mit der Dicke Null, so durchläuft das Licht an der Stelle s die Strecke $s \times \operatorname{tg} \alpha$ (α Keilwinkel) und der Bruchteil B des hindurchgelangten Lichtes ist $B = \tau^{s \times \operatorname{tg} \alpha} = \tau_k^s$. Kennt man τ_k und s, so läßt sich B berechnen aus

$$\log B = s \times \log \tau_k$$

$2.5 \log \tau_k$ wird meist als *Keilkonstante* bezeichnet. Steigt die Keildicke gleichmäßig (linear) an, so ist das Verhältnis zweier auf den Keil auftreffender Lichtströme i_1 und i_2, die nach dem Keildurchgang gleich hell gesehen werden:

$$\frac{i_1}{i_2} = \tau_k{}^{\Delta s} \tag{45}$$

wo Δs die gegenseitige Entfernung der beiden Durchlaßstellen in Skalenteilen ist. Es ist also bequem, einen linearen Keil zu haben. Dann braucht man nur die Differenz der beiden Skalenablesungen in Formel (45) einzusetzen, um i_1/i_2 zu erhalten.

[1] N. Richter: Radioaktive Kristallphosphore als photometrische Standardlichtquellen. Die Sterne **29**, 196 (1953).

Die *Keilkonstante* $2.5 \log \tau_k$ bestimmt man so: Man mißt mit dem Keilphotometer die Helligkeit einer größeren Anzahl von Sternen bekannter, aber sehr verschiedener Helligkeit $m_1, m_2, m_3 \ldots$ und erhält die zugehörige Keilablesungen $s_1, s_2, s_3 \ldots$ Dann ist

$$(46)\qquad 2.5 \log \tau_k = \frac{\Delta m}{\Delta s} \qquad \text{oder} \qquad \frac{\Delta m}{\Delta s} = \text{const.}$$

wo Δm die Differenzen $m_1 - m_2, m_1 - m_3, m_1 - m_4, \ldots m_2 - m_3, m_3 - m_4, \ldots$ und Δs die Differenzen $s_1 - s_2, s_1 - s_3, s_1 - s_4, \ldots s_2 - s_3, s_3 - s_4, \ldots$ bezeichnet. Mißt man, z. B. die Helligkeit von 5 Sternen, so erhält man 10 Werte für $\log \tau_k$. Diese sollen nahezu gleichgroß sein. Hängt $\log \tau_k$ von der Helligkeit m der Sterne ab, so ist der Keil nicht linear. Dann kann man in einer hier nicht dargelegten, aber leicht zu findenden Weise eine Kurve zeichnen, aus der mittels zweier Ablesungen s die zugehörigen m folgen. Hängt die Keilkonstante von der Sternfarbe ab, so ist der Keil nicht neutral. Meist sind die Keile für einen genügend großen Farbbereich neutral und nur für Blau und Rot farbstichig. Dann muß man für diese Farben gesonderte Keilkonstanten bestimmen und verwenden.

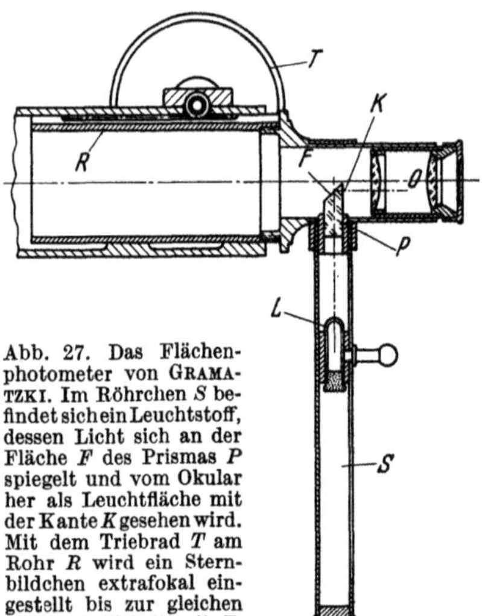

Abb. 27. Das Flächenphotometer von GRAMATZKI. Im Röhrchen S befindet sich ein Leuchtstoff, dessen Licht sich an der Fläche F des Prismas P spiegelt und vom Okular her als Leuchtfläche mit der Kante K gesehen wird. Mit dem Triebrad T am Rohr R wird ein Sternbildchen extrafokal eingestellt bis zur gleichen Flächenhelligkeit mit F.
Aus H. J. GRAMATZKI: Leitfaden der astronomischen Beobachtung, S. 100. Berlin und Bonn: Ferd. Dümmler 1928.

Die Linearität eines Graukeiles kann man auch so prüfen: der Keil wird auf dieselbe Stelle einer Photoplatte zweimal gleichstark unter diffusem Licht aufkopiert: dickes Keilende einmal links, einmal rechts. Aus der entwickelten Platte wird die Kopie herausgeschnitten und an Stelle des Originals ins Photometer gelegt. Dann sucht man einen Stern, der so hell ist wie der durch die Kopie abgeschwächte künstliche Stern. Diese Gleichheit muß über den ganzen Kopiebereich erhalten bleiben.

Ist die Keilkonstante des Punktphotometers gefunden und der Keil linear, so folgt die unbekannte Helligkeit m eines Sternes aus der bekannten Helligkeit m_1 eines Vergleichsternes zu

$$(47)\qquad m = m_1 + (s - s_1) \times 2.5 \log \tau_k\,.$$

Im *Flächenphotometer* von GRAMATZKI erhält man die gesuchte Helligkeit m eines Sterns aus der eines Vergleichssterns m_1 und den entsprechenden Ablesungen des Okularauszuges r bzw. r_1, die beide von der fokalen Einstellung aus zu messen sind

$$(48)\qquad m = m_1 - 5 \times \log r + 5 \times \log r_1\,.$$

γ) *Die Uhr*

Von einer Uhr muß man nur gleichmäßig schnelles Gehen (konstanten *Gang*) verlangen. Es spielt keine Rolle, wieviel sie in einem bestimmten Augenblick voraus oder hinterher ist *(Uhrstand)*. Man muß aber sehr wohl diesen Uhrstand täglich, zuweilen auch stündlich, ermitteln, um daraus die Änderung des Uhrstandes je Tag oder je Stunde (täglicher oder stündlicher *Uhrgang*) zu errechnen. Zur genauen Ermittlung des Uhrstandes wird ein *Uhrvergleich* vorgenommen.

Dazu dient weder eine Zeitansage oder ein Gongschlag in einem Rundfunksender, noch die telephonische Zeitansage der Post, sondern nur das *Zeitzeichen* eines Rundfunksenders oder einer Zeitsignal- und Normalfrequenzstation. Von mindestens einem der in Deutschland sendenden Sender kann man zu jeder vollen Stunde Zeitzeichen hören. Mit einem sehr leistungsfähigen Kurzwellenempfänger lassen sich in sekundlichem Abstand Tag und Nacht die Zeitsignale der in Tabelle 14 aufgeführten Stationen empfangen. Diese Signale können eine Uhr ersetzen, wenn der Empfang jederzeit gesichert ist. Ein zuverlässiger Kurzwellenempfänger in Verbindung mit Tonbandgerät, Mikrophon und Tonmischer gestattet jederzeit einen Uhrvergleich und Festlegen der Zeit einer erfolgten Beobachtung.

Tabelle 14. *Sekundliche Zeitsignale einiger Normalfrequenzstationen*

Groß-Britannien I MSF	2.5 MHz	0.5 kW	Ständig außer Minute 15 bis 20
	5.0	0.5	Ständig außer Minute 15 bis 20
	10.0	0.5	Ständig außer Minute 15 bis 20
	0.06	10.0	19.59 bis 21.00 Uhr Weltzeit
USA WWV	2.5	0.7	Ständig außer Minute 45 bis 49
	5.0	8.0	Ständig außer Minute 45 bis 49
	10.0	9.0	Ständig außer Minute 45 bis 49
	15.0	9.0	Ständig außer Minute 45 bis 49
	20.0	1.0	Ständig außer Minute 45 bis 49
	25.0	0.1	Ständig außer Minute 45 bis 49
Hawai Inseln WW			
WWVH	5.0	2.0	Ständig außer Minute 00 bis 04
	10.0	2.0	Ständig außer Minute 00 bis 04 u. 30 bis 34
	10.0	2.0	Ständig außer Minute 00 bis 04 u. 19.00 bis 19.34

Wenn eine Uhr (Pendeluhr, Chronometer) einen festen Platz hat, so sollte ein *Uhrenbuch* geführt werden. In ihm wird vermerkt: Zeit des Uhrvergleichs, Sender, Uhrstand, Uhrgang, Temperatur und möglichst Luftdruck zur Zeit des Uhrvergleichs und die vorgenommene Regulierung.

Es ist nicht nötig, eine Uhr nach *Sternzeit* zu haben. Die Umrechnung von mittlerer Zeit in Sternzeit kann an Hand eines Jahrbuches leicht und schnell vorgenommen werden (s. S. 97).

Wer für astronomische Beobachtungen eine Pendeluhr oder ein Schiffschronometer verwendet, muß diese erschütterungsfrei aufhängen bzw. aufstellen, vor Temperaturwechsel möglichst schützen und regelmäßig aufziehen. Für den Amateurastronomen genügt meist eine gut gehende Taschenuhr, die vor jeder Beobachtung aufgezogen und vor und nach jeder Beobachtung mit einem Zeitzeichen verglichen wird. Man darf aber im allgemeinen nicht erwarten, daß eine Taschenuhr auch nur über kurze Zeit einen gleichmäßigen Gang hat. Armbanduhren sind während der Beobachtung wie Taschenuhren zu tragen und zu behandeln.

Für Sternbedeckungen, Mondfinsternisse, Satellitenbeobachtungen, Sternschnuppen usw. braucht man, in Ermangelung eines Chronometers oder einer Pendeluhr mit Chronographen, eine *Stoppuhr*, die unmittelbar nach der Beobachtung mit einer gut gehenden Uhr oder mit dem Zeitzeichen verglichen wird.

Die *Auge-Ohr-Methode* läßt sich mit Sicherheit nur mit solchen Uhren durchführen, die einen Sekunden- oder Halbsekundenschlag haben (s. S. 55).

δ) *Das lichtelektrische Photometer*

Lichtelektrische Beobachtungen bestehen darin, daß man das vom Objektiv oder Spiegel eines Fernrohrs gesammelte Licht auf die lichtempfindliche Schicht einer Alkalizelle (Natrium, Kalium, Rubidium, Cäsium, Lithium) fallen läßt; dort löst das Licht die Träger der elektrischen Elementarladungen (Elektronen) aus. Diese werden durch ein angelegtes elektrisches Feld abgesaugt, fallen auf eine Anode und erzeugen einen „Photostrom", der mittels Elektrometer oder Galvanometer sofort gemessen oder zunächst noch einem Verstärker zugeführt wird. Alle benötigten Instrumente für diese Beobachtungsart können im Handel bezogen werden. Man kann aber auch vollständige Einrichtungen kaufen.

Die lichtelektrische Beobachtung liefert die Helligkeiten der Sterne mit einer Genauigkeit von 0.01 Größenklasse. Da die lichtelektrischen Zellen eine verschiedene Farbempfindlichkeit haben, kann man Farbmessungen damit vornehmen. Die Grenzgrößen für lichtelektrische Beobachtungen liegen 4 bis 5 Größenklassen niedriger als diejenigen für visuelle Beobachtungen.

Die AAVSO (American Association of Variable Star Observers = Amerikanische Vereinigung der Beobachter veränderlicher Sterne) hat auch ein Programm für lichtelektrische Beobachtungen aufgestellt. An sie sei verwiesen (s. S. 272).

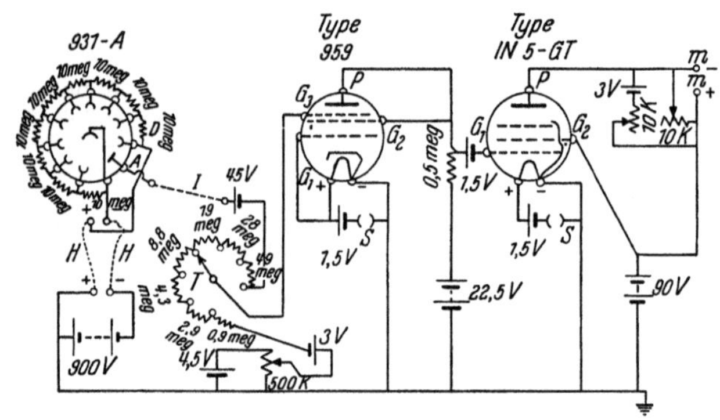

Abb. 28. Schaltskizze eines lichtelektrischen Photometers.
Aus Journal of the British Astronomical Association. Vol. 68, 264 (1958).

Die in Abb. 28 wiedergegebene Schaltskizze einer von S. Archer[1] angegebenen lichtelektrischen Anlage und die nachfolgende Aufstellung der von ihm verwendeten wichtigsten Bauteile sollen für eine erste Unterrichtung genügen. Archers lichtelektrisches Photometer wird an einem 8-Zoll-Refraktor zur Helligkeitsmessung veränderlicher Sterne verwendet. Für eine Messung (Vergleichsstern-Veränderlicher-Vergleichsstern) werden 2 Minuten benötigt. Man kann mit nichtangetriebenem Fernrohr arbeiten.

Die wichtigsten Bauteile für Archers lichtelektrische Einrichtung:

Elektronenvervielfacherzelle 931-A
Verstärkerröhre *RCA* 959
Verstärkerröhre *RCA* IN_4-GT
Mikroampèremeter
Potentiometer 0.5 Megaohm, 0.01 Megaohm
Widerstände (0.1 Watt) mit 10, 0.5, 0.9, 2.3, 4.3, 8.8, 19, 28, 49 Megaohm
Batterien für 300, 45, 22.5, 4.5, 30, 1.5 Volt.

ε) *Die Filter*

Filter sind entweder *Neutralfilter* (Graugläser), die das Licht in einem möglichst großen Wellenlängenbereich um den gleichen Bruchteil schwächen sollen, oder

[1] S. Archer: A Photoelectric Stellar Photometer. Journal of the British Astronomical Association **68**, 264 (1958).

Farbfilter, die das Licht verschiedener Wellenlänge nicht gleichmäßig schwächen. Zu den letzten können auch diejenigen Filter gezählt werden, die das Licht nur in einem Wellenlängenbereich von etwa 0.00000080 mm bis 0.000000005 mm (d. i. 80 Angströmeinheiten bis 0.5 Angströmeinheiten) durchlassen. Die Lichtschwächung erfolgt in den Filtern entweder durch Streuung und Absorption oder durch Polarisation oder durch Interferenz. Trifft das Licht auf das durchsichtige Filterglas auf, so wird es zum Teil reflektiert. Da der Reflexionsbetrag vom Einfallswinkel abhängt, so sollte jedes Filter nur in dem Strahlengang benutzt werden, in dem es geprüft und geeicht ist, also immer nur im parallelen Strahlengang oder immer mit dem Öffnungsverhältnis der vorgesehenen Optik. Das läßt sich erreichen, wenn man das Filter in der Lage eicht, in der es benutzt wird. Zur Verfügung stehen meist Filter in der Größe der Photoplatten. Größere Filter lassen sich schwer gleichmäßig dick und eben herstellen. Hauptsächlich deshalb setzt man Filter bei Himmelsaufnahmen unmittelbar vor die Photoplatte.

Ist i_0 der senkrecht auf ein Grauglas auffallende und i der hindurchgelassene Lichtstrom, so ist der *Durchlaßgrad* dieses Glases

$$\tau = i/i_0 \,. \tag{49}$$

Der Durchlaßgrad wird vom Hersteller des Glases meist angegeben. Zwei Graugläser mit den Durchlaßgraden τ_1 und τ_2 hintereinander gesetzt, besitzen zusammen den Durchlaßgrad $\tau_1 \times \tau_2$, wobei etwaige gegenseitige Lichtreflexion nicht beachtet ist. Die τ-Werte können wie die τ_k-Werte eines Photometerkeiles gemessen werden, falls sie in einem Photometer untergebracht werden können (s. S. 57). Für grobe Schätzungen genügt es, die Graugläser in der freien Hand zu halten und zu prüfen, um wieviel Größenklassen helle Sterne geschwächt erscheinen.

Farbfilter besitzen Durchlaßgrade, die sehr stark von der Wellenlänge des durchgehenden Lichtes abhängen und große Farbbereiche fast ganz auslöschen oder fast ganz durchlassen; weite Wellenlängenbereiche gehen nur zu einem mehr oder weniger großen Bruchteil hindurch. Die Hersteller der Farbfilter, auch derjenigen für Handkameras und Feldstecher, geben die Durchlaßgrade in Zahlentabellen oder in Kurven an. Es ist zu beachten, ob dabei Reflexionsverluste berücksichtigt sind oder nicht. Die Angaben müssen genau beachtet werden. Durch Kombination von Farbfilter und Photoplatte, deren Durchlaßgrade bzw. Farbempfindlichkeit genau bekannt ist, oder durch Benutzung von Farbfiltern bei visueller Beobachtung mit einem Refraktor, dessen Farbkorrektion bekannt ist, läßt sich das Licht praktisch in jedem größeren Wellenlängenbereich unterdrücken und nur in einem Bereich durchlassen (Abb. 12). Es empfiehlt sich, eine ganze Serie von Grau- und Farbfiltern anzulegen, die bereits in der Größe 4 × 4 cm vom Glaswerk Schott in Mainz oder Jena zu haben sind.

Die *Monochromator-Filter* (Quarz-Polaroid-Monochromatoren, Öhman-, Lyot-, Evans-, Pettit-Filter, birefringent filters) sind aus Schichten von doppeltbrechendem und polarisierendem Material zu Platten zusammengesetzt. Die polarisierenden Schichten sind gleich dick und wechseln mit den Quarzkristallplatten ab, von denen jede folgende doppelt so dick ist wie die vorhergehende. Je dicker die letzte Quarzplatte, desto enger der durchgelassene Wellenlängenbereich (Bandbreite). Ein 1 cm dicker Monochromator läßt nur einen Bereich von 40 Å, ein 4 cm dicker einen solchen von 4 Å hindurch. Diese Filter können für verschiedene Wellenlängen gebaut werden; gebräuchlich sind solche, die die H_α-Linie oder die K-Linie zeigen. Sollen sie während der Beobachtung sehr genau die gleiche Wellenlänge durchlassen, so müssen sie mittels Thermostaten auf konstanter Temperatur gehalten werden. Es gibt bereits sehr ausführliche Anleitungen zur Selbstherstellung solcher Filter, in denen die Quarzkristallplatten das Teuerste sind[1].

[1] Amateur Telescope Making. Book three, S. 640. New York: Scientific American, Inc. 1953.

Die *Interferenzfilter*, wesentlich leichter erschwinglich und zu handhaben, können ebenfalls von Amateurastronomen verwendet werden. Der Durchlaßbereich der handelsüblichen Arten liegt bei 40 bis 80 Å. Sie enthalten auf einer Glasfläche eine aufgedampfte, spiegelnde Fläche, darauf eine dünne, homogene Schicht mit aufgedampfter, spiegelnder Fläche. Eine Glasplatte deckt das Filter ab, so daß es denkbar unempfindlich ist. Mit zusätzlichen, gewöhnlichen Farbfiltern hält man unerwünschtes Licht ab.

l) Anmerkung über das Radio-Teleskop [1]

Mit dem Radio-Teleskop soll die elektromagnetische Strahlung im Bereich von etwa 10 MHz bis 30000 MHz (d. i. von der Wellenlänge $\lambda = 30$ m bis zu 1 cm) nach Stärke und Richtung registriert werden. Der Empfang dieser Frequenzen ist unabhängig von allen auftretenden Wetterbedingungen, weil die Erdatmosphäre dafür vollständig durchlässig ist. Die kurzwellige Grenze ist durch die Absorption des Wasserdampfes, die langwellige durch die Ionosphärengrenzfrequenz (1.5 bis 15 MHz) bestimmt. Die aufgefangene Energie liegt bei 10^{-25} Watt/m$^2 \times s \times$ Hz für schwächste Radiosterne und steigt über 10^{-15} Watt/m$^2 \times$ s $\times$ Hz an, wenn einzelne Strahlungsausbrüche der Sonne registriert werden. Die aufgefangene Energie wird oft durch die „Antennentemperatur" gemessen, d. i. diejenige Temperatur, die ein die Antenne umgebender „schwarzer Körper" hätte, wenn er die gleiche Strahlungsleistung an die Antenne abgibt wie das Beobachtungsobjekt. Die Temperatur des „schwarzen Körpers" wird errechnet aus der Raleigh-Jeansschen Strahlungsformel, die eine Näherungsformel der Planckschen Strahlungsformel ist und die Energie pro Bandbreite $\nu = 1$ angibt

$$E = \frac{2 \times \nu^2}{c^2} \times k \times T$$

(ν Frequenz; c Lichtgeschwindigkeit; k Boltzmannsche Konstante; T Temperatur in Kelvingraden K, absolute Temperatur). Die höchste gemessene Kelvintemperatur beträgt etwa 110° K; sie ist von der Empfängerbandbreite abhängig.

Die Richtung der aufgefangenen Strahlung wird auf Grund der Richtungscharakteristik der Antenne (Antennendiagramm) bestimmt, die die Empfindlichkeit der Antenne für verschiedene Empfangsrichtungen anzeigt. Sie hat in der Hauptsache eine glockenförmige Verteilung. Die Halbwertbreite ϱ dieser „Glocke" ist das Maß für die Genauigkeit der Richtungsbestimmung. Es gilt

$$\sin \varrho = 1.22 \times \frac{\lambda}{D} \quad \text{oder} \quad = 1.22 \times 57{,}^\circ 296 \times \frac{\lambda}{D} = 70^\circ \times \frac{\lambda}{D}\,.$$

(D Antennendurchmesser)

Daher wird die Richtung der einfallenden Strahlung nur bis auf höchstens einen Grad bestimmt. Lediglich bei Benutzung von Interferenzanordnungen wird diese Genauigkeit übertroffen.

Als Antennen werden benutzt: Einfache oder doppelte Dipole im Brennpunkt eines paraboloidförmigen Reflektors, Dipolreihen in der Brennlinie eines zylindrischen Paraboloides, Dipolwände mit Reflektor, Yagi-Antennen, Rhombus-Anten-

[1] Nach W. DIEMINGER: Radioastronomie I. Archiv der elektrischen Übertragung **7**, 421 (1953).
H. SIEDENTOPF: Methoden und Ergebnisse der Radioastronomie. Zeitschrift für angewandte Physik **6**, 376 und 422 (1954).
H. PRINGLER, u. F. FÜRSTENBERG: Empfänger und Antennen der Radioastronomie. Radio und Fernsehen **6**, 368 (1957).
C. A. MÜLLER: Ein Empfänger für Radiostrahlung des interstellaren Wasserstoffs. Phillips technische Rundschau **17**, 361 (1956).

nen, wendelförmige und Horn-Antennen. Die Antennen sollen eine scharfe Bündelung und hohen Leistungsgewinn gegenüber einer richtungsunabhängigen Anordnung, Freiheit des Antennendiagramms von störenden Seitenmaxima und meist auch Beweglichkeit aufweisen. Man kann aber auch auf die letztere verzichten, wenn man den „Durchgang" der einzelnen Strahlungsquellen durch das Antennenazimut abwarten will.

Statt einer einzelnen Antenne kann eine Interferenzanordnung gewählt werden. Sie besteht aus 2 Antennensystemen, die um das 100fache der Wellenlänge voneinander entfernt sind und von denen jede aus mehreren Dipolen besteht. Passiert eine Strahlungsquelle die Symmetrieebene dieses Systems, so werden charakteristische Intensitätsschwankungen registriert und das „Auflösungsvermögen" wird auf 1/2 Grad herabgedrückt.

Die aufgefangene Strahlung hat Rauschcharakter, d. h. sie schwankt statistisch mit der Zeit. Ihre Intensität ist sehr klein; siehe oben. Sie muß so verstärkt werden, daß gut ablesbare Ausschläge, z. B. eines Milliamperemeters, entstehen. Das eigentliche und zwar technische Problem der Radio-Astronomie besteht darin, den äußeren und inneren Störpegel der Empfangsanlage, der auch Rauschcharakter trägt, zu überwinden; die Amplitude der Radiostrahlung muß über diesen Störpegel hinaus vergrößert werden. Der außere Störpegel (Strahlung der Milchstraße) überwiegt bei längeren Wellenlängen ($\lambda > 2\ m$) den inneren Störpegel (Röhrenrauschen).

Die Empfindlichkeit des Empfängers muß über längere Zeit konstant gehalten werden. Das wird durch eine Art Vergleichsphotometrie erreicht, indem der Empfänger abwechselnd mit der Antenne und einem Rauschgenerator verbunden wird (Abb. 29).

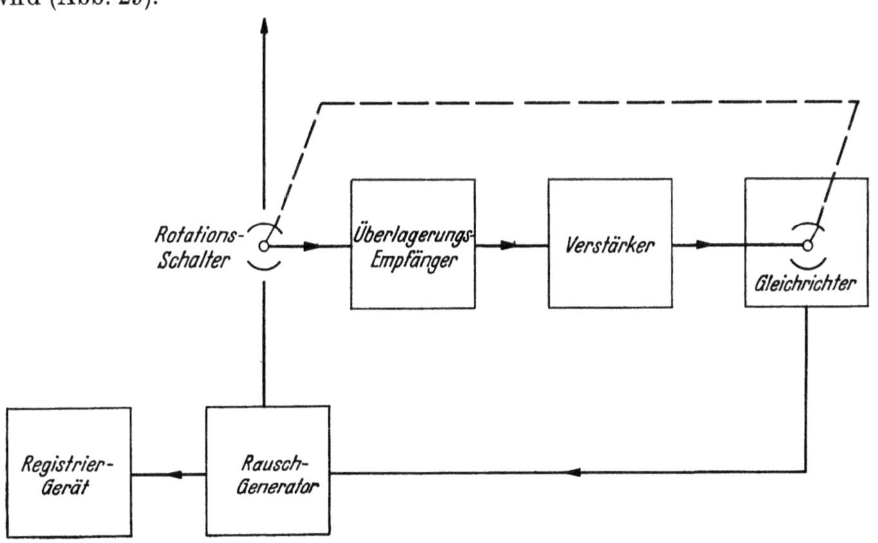

Abb. 29. Blockschema einer Empfangsanordnung zur Messung schwacher Radiointensitäten nach dem Vergleichsverfahren von RYLE und VONBERG.

Die am Empfängerausgang entstehende Wechselspannung wird verstärkt und in einem synchron mit dem Schalter gesteuerten Gleichrichter gleichgerichtet. Die entstehende Gleichspannung steuert den Heizstrom des Rauschgenerators, so daß die Differenz zwischen Antenne und Rauschgenerator verschwindet. Es braucht dann nur noch die Rauschleistung des Rauschgenerators gemessen werden; sie ist gleich der empfangenen Strahlungsleistung.

Quellennachweis für Instrumente und Material
(Zusatz des Herausgebers)

Es ist hier nicht der Platz, um eine Marktübersicht für astronomische Geräte und Hilfsmittel zu geben. In den meisten Fällen wird der Amateur auf den Selbstbau angewiesen sein, um preiswert in den Besitz eines Fernrohrs zu gelangen. Es soll nur soviel gesagt sein, daß heute eine Reihe von Firmen erstklassige Instrumente fertig *und* Bauteile für den Selbstbau liefert. Näheres darüber teilen gerne die auf Seite 355 aufgeführten astronomischen Vereinigungen und Volkssternwarten auf Anfrage mit.

Im übrigen kann auch auf den optischen, photographischen und elektrotechnischen Einzelhandel verwiesen werden, über den der Sternfreund in instrumentellen Fragen Beratung finden und Prospektmaterial anfordern kann. In den letzten Jahren ist eine umfangreiche Industrie entstanden, die im Rahmen des Programms „Do-It-Yourself" für die Freizeit Bastelwerkzeuge jeder Art herstellt. Der technische Stand dieser Geräte erfüllt zum Teil höchste Anforderungen. Dem Amateurastronomen bieten sie ein vortreffliches Rüstzeug für den Selbstbau von Fernrohren und Montierungen. Ausführliche Kataloge stellen gute Eisenwaren- und Haushaltbedarfsgeschäfte zur Verfügung. Auch gibt der Anzeigenteil von Zeitschriften, die sich der Freizeitgestaltung widmen (z. B. Frohe Freizeit, Hobby u. a.) interessante Hinweise.

III. Die Strahlungsempfänger des Amateurs

Von
R. Kühn
München

Mit 8 Textabbildungen

1. Einleitung

Die Astronomie unterscheidet sich von den anderen Disziplinen der exakten Naturwissenschaft in einigen Punkten sehr wesentlich. Während Physiker, Chemiker, Geologe u. a. nicht nur beobachtend am Naturgeschehen teilnehmen, sondern auch experimentierend eingreifen können, sind dem Astronomen solche Eingriffe verwehrt, wenn man davon absieht, daß es möglich ist, Radiosignale zum Mond auszusenden und deren Echo zu empfangen. Weiter stehen den Forschern der anderen Fachgebiete meist Erfahrungen aus allen Gebieten der Physik und Chemie zur Verfügung, also aus dem optischen, dem mechanischen, akustischen Bereich usw. Dagegen ist das einzige, was der Astronom von den Objekten seiner Forschung, wenn man von den Meteoriten absieht, sozusagen in den Händen halten kann, elektromagnetische Strahlung in irgendeiner Form. Alles was wir über die Eigenschaften der Himmelskörper wissen, verdanken wir der Untersuchung dieser Strahlung. Sie kann in sehr verschiedener Form zu uns gelangen. So kann es sich um Wärme, sichtbares oder unsichtbares Licht oder um elektromagnetische Strahlen im Bereich der Radiowellen handeln. Gemeinsam haben diese Strahlenarten, daß es sich um elektromagnetische Wellen handelt, die sich mit Lichtgeschwindigkeit ausbreiten. Sehr verschieden kann dagegen ihre Wellenlänge, ihre Intensität und die Zusammensetzung der verschiedenen Arten sein.

Die kurzwelligsten und somit energiereichsten Strahlen, die aus dem Weltraum zu uns kommen, sind die *kosmische Höhenstrahlung* und *Röntgenstrahlen*. Diese Strahlungen werden jedoch fast vollständig von der Erdatmosphäre verschluckt und nur sehr geringe Reste erreichen die Erdoberfläche. Aus dem Beobachtungsprogramm des Amateurs scheiden beide Strahlenarten praktisch aus.

Die Atmosphäre wird wieder durchlässig für *ultraviolettes Licht*, Strahlen, die dem sichtbaren Licht durchaus vergleichbar sind, aber von unserem Auge nicht wahrgenommen werden können, da sie außerhalb der Empfindlichkeitsgrenze des menschlichen Auges liegen. Dagegen können sie ohne weiteres von photographischen Schichten erfaßt werden, sofern man geeignete Platten verwendet (Abb. 1).

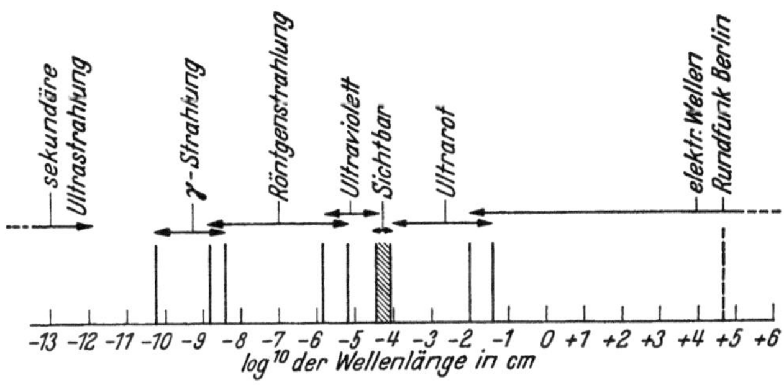

Abb. 1. Spektrum der elektromagnetischen Strahlung.
Nach Westphal, Lehrbuch der Physik, 12. Aufl. Berlin: Springer 1947

Das Spektrum des *sichtbaren Lichtes* reicht von Violett über Blau und Grün bis zu Gelb und Rot, oder in Wellenlängen von etwa 3700 Å bis 6700 Å umfaßt also ungefähr eine Oktave. Anschließend an das sichtbare Rot folgt das *Infrarot*, das wiederum von der Platte aber nicht vom Auge wahrgenommen werden kann. Mit dem Infrarot ist auch der photographisch erfaßbare Bereich zu Ende und wir kommen in das Gebiet der *Wärmestrahlung* und schließlich in den Bereich der *Radiowellen*.

Wie schon erwähnt, verdanken wir alle Erkenntnisse in der Astronomie der Untersuchung dieser Strahlung. Dabei sind im wesentlichen drei Arten von Untersuchungen zu unterscheiden.

a) Die Bestimmung der *Richtung* aus der uns die Strahlung erreicht.
b) Die Bestimmung der *Quantität* der Strahlung.
c) Die Bestimmung der *Qualität* der Strahlung.

Unter Quantität ist die gesamte Strahlungsenergie zu verstehen, die von einem bestimmten Gestirn auf unseren Empfänger fällt. (Im Bereich des sichtbaren Lichtes spricht man in diesem Fall von *Integralhelligkeit*.) Unter Qualität versteht man im wesentlichen die spektrale Energieverteilung der Strahlung, also die Zusammensetzung der Gesamtstrahlung aus Komponenten von verschiedener Wellenlänge. Im sichtbaren Bereich fallen z. B. die Farbe und überhaupt alle spektroskopischen Befunde unter den Begriff Qualität der Strahlung. Dazu kommen noch Untersuchungen über die Art und Stärke einer etwa vorhandenen Polarisation der Strahlung.

Die Strahlung, die uns von den Gestirnen erreicht, muß in einem Strahlungsempfänger aufgenommen und in eine wissenschaftlich verwertbare Information verwandelt werden, ein Prozeß, der auf sehr verschiedenen Wegen beschritten werden kann. Zwei solche Möglichkeiten seien als Beispiel aufgeführt.

Bei der Beobachtung von Oberflächendetails auf Planeten wird die von der Planetenoberfläche ausgehende Strahlung im Empfänger „Auge“ aufgenommen, im Gehirn als Bild zusammengesetzt und im Gedächtnis gespeichert. Dieses gespeicherte Bild kann reproduziert werden und z. B. als Zeichnung festgehalten werden. Bei der Beobachtung von Sternhelligkeiten mit einer lichtelektrischen Apparatur wird die Strahlung im Empfänger (einer Photozelle) aufgenommen und in elektrischen Strom verwandelt. Dieser wird in einem Meßinstrument gemessen, die dort erhaltene Zahl stellt ein Maß für die Helligkeit des Sternes dar und kann als Information gespeichert und weiter verwertet werden.

In diesem Kapitel wollen wir nun die wichtigsten Strahlungsempfänger, die durch den Amateur verwendet werden können, kennenlernen. So verschieden diese Empfänger auch geartet sein mögen, sie haben gemeinsam, daß sie die ankommende Strahlung in eine Information, eine *Zahl* oder ein *Bild* verwandeln.

2. Das menschliche Auge

Unter allen Strahlenempfängern, die für uns in Frage kommen, ist das menschliche Auge nach wie vor der wichtigste. Abgesehen davon, daß wir letzten Endes alle astronomischen Beobachtungen in irgendeinem Stadium mit Hilfe des menschlichen Auges weiterverarbeiten (z. B. Ablesen von Zeigerausschlägen, Betrachten von Himmelsaufnahmen) sind auch bei fast allen Beobachtungen am Fernrohr manche Arbeitsgänge, Einstellen, Nachführen, Aufsuchen von Objekten, nicht ohne das Auge durchführbar. Darüber hinaus hat aber auch heute noch das Auge in der Beobachtungspraxis des Amateurs den ersten Platz inne.

a) Sein Aufbau

Wir wollen uns kurz mit dem Aufbau und der Wirkungsweise des menschlichen Auges vertraut machen (Abb. 2). Das Auge ist kugelförmig aufgebaut. Der Augapfel wird von einer Sehnenhaut umschlossen, die an der Vorderseite als durchsichtige gewölbte Hornhaut ausgebildet ist. Hinter der Hornhaut befindet sich die vordere Augenkammer, die mit einer Flüssigkeit (Kammerwasser) ausgefüllt ist. Zum Augeninnern hin wird die vordere Augenkammer durch eine Linse abgeschlossen vor der sich die Iris befindet. Die Iris erfüllt im menschlichen Auge die Funktion einer Blende, die die Lichtmenge, die ins Augeninnere fällt, reguliert. Die Öffnung der Iris nennt man die Pupille. Das Augeninnere ist durch einen gallertartigen Glaskörper ausgefüllt. Die Rückwand des Augapfels ist auf ihrer Innenseite von der Netzhaut bedeckt, sie trägt die lichtempfindlichen Empfänger, von denen jeder durch den Sehnerv mit dem Sehzentrum im Gehirn verbunden ist.

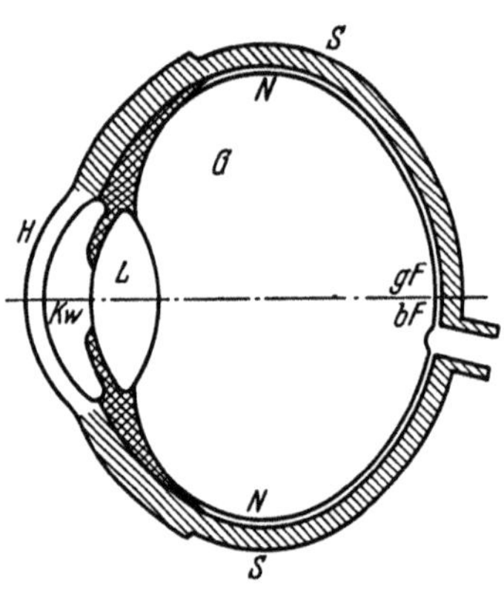

Abb. 2. Das menschliche Auge H = Hornhaut, Kw = Kammerwasser, L = Linse, G = Glaskörper, N = Netzhaut, gF = gelber Fleck, bF = blinder Fleck, S = Sehnenhaut. Nach Westphal, Lehrbuch der Physik, 12. Aufl. Berlin: Springer 1947.

Es gibt auf der Netzhaut zwei verschiedene Arten von Lichtempfängern. Stäbchen (etwa 120 Millionen) und Zäpfchen (etwa 7 Millionen). Mit den weniger lichtempfindlichen Zäpfchen sehen wir bei Tage und bei starker Beleuchtung, mit ihnen können wir Farben erkennen. In der zentralen Zone der Netzhaut kommen auf dem sogenannten *Gelben Fleck* nur Zäpfchen vor. Lichteindrücke, die auf diesen Fleck fallen, nehmen wir also nur wahr, wenn sie verhältnismäßig stark sind. Dieser Fleck ist nachts blind.

Die Stäbchen sind rund 10000mal so lichtempfindlich wie die Zäpfchen, aber es ist nicht möglich, mit ihnen verschiedene Farben zu unterscheiden. Bei schwacher Beleuchtung sind wir also sozusagen farbenblind („Bei Nacht sind alle Katzen grau“). Schließlich ist noch zu erwähnen, daß an der Stelle, wo der Sehnerv in die Netzhaut einmündet ein blinder Fleck entsteht, den wir im allgemeinen jedoch nicht bemerken, solange wir mit beiden Augen beobachten, da sich die blinden Flecke der beiden Augen nicht an der gleichen Stelle des Gesichtsfeldes befinden. Dieser Fleck befindet sich, vom Beobachter aus beurteilt, für das rechte Auge rechts der Sehachse, für das linke Auge links der Sehachse. Während das Vorhandensein des blinden Flecks keine allzugroße praktische Bedeutung für den Amateurastronomen hat, ist der Gelbe Fleck innerhalb dessen wir nur starke Lichteindrücke wahrnehmen können sehr wichtig. Sehr viele astronomische Objekte sind lichtschwach, wir können sie nur beobachten, wenn wir sie nicht direkt fixieren, sondern sozusagen an ihnen vorbeisehen. Dieses *indirekte* Sehen kann bei einiger Übung zu einer großen Vollkommenheit gesteigert werden, und ein guter Beobachter wendet es unbewußt ständig an. Es ist übrigens sehr nützlich, einmal ohne Instrument einige Versuche in dieser Richtung anzustellen. Ein heller Stern verschwindet auch dann nicht, wenn wir ihn direkt fixieren. Aber schon Sterne etwa der 3. oder 4. Größen, die wir mit freiem Auge gut sehen können, verschwinden in dem Moment, in dem wir sie in die Achse unseres Auges bringen.

In dem Augenblick in dem ein einfallendes Lichtquant auf ein Stäbchen oder ein Zäpfchen auftritt, beginnt ein komplizierter photochemischer Prozess, dessen letzte Feinheiten bis heute noch nicht geklärt sind, abzulaufen. Für uns ist wichtig zu wissen, daß die Stäbchen einen bestimmten Stoff, den Sehpurpur, enthalten. Dieser Sehpurpur wird durch Lichteinwirkung gebleicht und in Sehgelb und schließlich in Sehweiß verwandelt. Dadurch werden Farbstoff und Trägereiweiß des ursprünglichen Sehpurpurs getrennt und es findet eine Einwirkung auf die Ganglienzellen statt. Für uns von größter Wichtigkeit ist die Tatsache, daß der Sehpurpur auf dem entgegengesetzten Wege wieder *regeneriert* wird, wenn das Auge ins Dunkel sieht. Dieser Prozeß nimmt jedoch einige Zeit in Anspruch, so daß es einige Zeit dauert, bis wir aus dem Hellen kommend im Dunkeln wieder sehen können. Diese Anpassung des Auges an die Dunkelheit nennt man *Adaption*. Über die Zeit, die notwendig ist, um das Auge völlig an die Dunkelheit zu adaptieren, gehen die Ansichten sehr auseinander. Sie ist um so länger, je höher die Ansprüche an die Lichtempfindlichkeit sind. Die größte Blendung verschwindet im allgemeinen schon, wenn man aus dem Hellen kommend einige Minuten in völliger Dunkelheit verbracht hat. Wer jedoch über eine gewisse Praxis in visueller Beobachtung verfügt, weiß, daß man mindestens eine halbe Stunde warten muß, bis das Auge das Maximum seiner Empfindlichkeit erreicht hat. Auch nach dieser halben Stunde tritt noch eine kleine Steigerung der Empfindlichkeit auf, allerdings nicht mehr sehr stark. Auf jeden Fall vermeide man, während einer Beobachtungsepoche, in der man auf höchstempfindliche Augen angewiesen ist, auch tagsüber zu starke Blendung; verwende eine Sonnenbrille und vermeide es, direkt in die Sonne zu sehen.

Weiter ist darauf zu achten, daß man während einer längeren Beobachtungsperiode immer genügend Ruhe hat und vor allem auch frische vitaminreiche Kost zu sich nimmt. Mangel an Vitamin A führt zu schwerer Nachtblindheit. Wenn man beabsichtigt mehrere Stunden in der Nacht zu beobachten, empfiehlt es sich sehr, vor Beginn der Beobachtungen, wenn man mit den Vorbereitungsarbeiten am Instrument fertig ist, einige Zeit zu ruhen und in einem dunklen oder nur schwach beleuchteten Raum zu verbringen. Selbstverständlich ist weiterhin, daß man während der Beobachtungen in der Nacht nie helles Licht, also etwa eine normale Zimmerbeleuchtung einschaltet. Wenn das Auge erst einmal an das Dunkle gewöhnt ist, sieht man schon bei sehr geringer Beleuchtung genug, um sich Notizen usw. machen zu können. Sollte es trotzdem einmal notwendig sein, während der Nacht eine helle Beleuchtung einzuschalten, so kann man sich dadurch helfen, daß man während dieser Zeit wenigstens *ein* Auge schließt oder mit der Hand verdeckt und dadurch seine Adaption erhält.

Durch die Kristallinse im Auge wird auf der Netzhaut ein scharfes, verkleinertes Bild der Gegenstände erzeugt. Auch der Gallertkörper, die Flüssigkeit wirken bei der Bilderzeugung mit. Bei einem normalen Auge liegt der Brennpunkt, wenn das Auge entspannt ist, genau auf der Netzhaut. Dann werden Gegenstände, die im Unendlichen liegen, scharf abgebildet. Sollen auch Gegenstände im Nahbereich scharf abgebildet werden, so muß die Brennweite der Kristallinse verkleinert werden. Dies geschieht dadurch, daß durch einen die Linse umschließenden Ringmuskel die Linse zusammengezogen und dadurch ihre Krümmung verstärkt wird. Diese Tätigkeit, die im allgemeinen ohne unser Zutun erfolgt, nennt man *Akkommodation.* Die Fähigkeit zur Akkomodation nimmt mit zunehmendem Alter ab.

Wichtig für uns ist, daß man bei Beobachtungen am Instrument das Auge im Allgemeinen auf Unendlich einstellen sollte, die Linse also immer entspannt ist.

b) Augenfehler

Es ist nicht möglich in diesem Zusammenhang ausführlich auf die verschiedenen Augenfehler einzugehen, einige wenige Worte sollen jedoch nicht fehlen. Es gibt Augenfehler, die ihren Ursprung in einer Störung der Netzhaut oder der Sehnerven haben, z. B. *Nachtblindheit* und *Farbenblindheit.* Während Nachtblindheit bei Sonnen-, Mond- und Planetenbeobachtungen kaum, bei allen anderen Beobachtungen dagegen sehr stört, ist es mit Farbenblindheit gerade umgekehrt, sie stört eigentlich nur bei Planeten und bei manchen Sonnenbeobachtungen, außerdem bei der Verwendung von Farbfiltern für einen bestimmten Zweck. Beide Arten von Sehstörungen können im allgemeinen nur durch den Augenarzt behandelt werden.

Augenfehler, die ihre Entstehung im optischen Apparat des Auges haben sind für astronomische Beobachtungen nicht so hinderlich wie die zuerst erwähnten. Gewöhnliche *Kurz-* oder *Weitsichtigkeit* kann man durch eine entsprechende Einstellung des Okulars ausgleichen und sogar die Anwendung einer Brille am Instrument vermeiden. Weniger günstig liegen die Dinge bei *Astigmatismus,* also bei Augenfehlern, die eine unsymmetrische Verzeichnung der Bilder hervorrufen, bei denen also z. B. ein Punkt als kleiner Strich erscheint. Auch sie können durch Brillen ausgeglichen werden, doch dürfte es im allgemeinen nicht möglich sein den Ausgleich schon im Okular zu vollziehen, es sei denn man fertigt sich eine aufsteckbare und drehbare Augenmuschel an, die ein entsprechendes Brillenglas enthält. Dann ist das Instrument aber nur für den astigmatischen Beobachter zu verwenden.

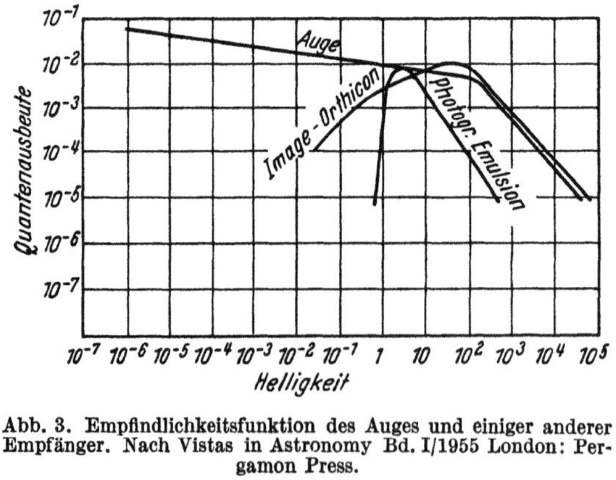

Abb. 3. Empfindlichkeitsfunktion des Auges und einiger anderer Empfänger. Nach Vistas in Astronomy Bd. I/1955 London: Pergamon Press.

Zum Schluß sei noch kurz auf die Möglichkeit, die Empfindlichkeit des Auges durch Drogen zu steigern, eingegangen. Immer wieder werden solche Mittel von verschiedenen Seiten angeboten. Vielfach handelt es sich dabei um Präparate, die

die Pupillenöffnung vergrößern sollen. Vor der Verwendung solcher Mittel sei *nachdrücklich gewarnt*. Die Wirkung ist praktisch gleich Null und die Möglichkeit bleibenden Schaden anzurichten ist vorhanden. Dagegen ist gegen die Verwendung von *Vitaminpräparaten* zur Beseitigung von Nachtblindheit nichts einzuwenden.

Unter allen Strahlungsempfängern die wir kennen, ist das menschliche Auge der empfindlichste, vielseitigste und anpassungsfähigste. Wenn wir seine Leistungsfähigkeit durch zielbewußtes und ausdauerndes Training steigern, es durch vernünftige Lebensweise schonen, wird es auch heute noch möglich sein, wertvollste wissenschaftliche Arbeit auf rein visuellem Gebiet zu leisten (Abb. 3).

3. Die photographische Emulsion

Wenige Wissensgebiete verdanken der Anwendung photographischer Methoden so viel wie die Astronomie. Man kann ohne Übertreibung sagen, daß die allermeisten astronomischen Erkenntnisse in unserem Jahrhundert auf photographischem Wege gewonnen wurden und die meisten von ihnen nur auf diesem Weg gewonnen werden konnten.

Trotzdem hat es verhältnismäßig lange gedauert bis die Photographie in größerem Umfange Eingang in die Liebhaberastronomie gefunden hat. Auch heute noch findet man in vielen Liebhaberkreisen eine gewisse Abneigung gegen die photographischen Arbeiten, manchmal sogar bei Leuten, die gewohnt sind die Photographie in anderen Zweigen des Lebens, z. B. zur Herstellung der beliebten Familien-Erinnerungsbilder, zu verwenden. Diese Abneigung ist völlig unbegründet. Der heutige Stand der Phototechnik erlaubt dem Amateurastronomen ohne weiteres die Beschaffung von brauchbarem Material und sinnreichen Hilfsmitteln. Mit den Photomaterialien, die heute in jeder guten Photohandlung für verhältnismäßig wenig Geld zu erhalten sind, lassen sich eine sehr große Zahl ernster und wertvoller astronomischer Arbeiten durchführen. In keinem Fall wird der Amateur gezwungen sein, wie vielleicht in vergangenen Jahren, sein Ausgangsmaterial erschwert zu beschaffen oder gar seine Platten selbst zu sensibilisieren.

Sicher wird dem erfahrenen Amateur hin und wieder die Anwendung ganz spezieller Verfahren Vorteile bringen und Freude machen. Für all diejenigen, die in das große Gebiet der astronomischen Photographie erst eindringen, und die nicht auf ganz ausgefallenen Gebieten arbeiten wollen, empfiehlt es sich dringend, die Materialien im wesentlichen so anzuwenden, wie sie uns von der *Photoindustrie* geliefert werden.

a) Die Theorie

α) Der photographische Prozeß

Die lichtempfindliche Schicht einer photographischen Emulsion besteht aus einer Gelatineschicht, in die in feinster Verteilung Silberbromid-Moleküle eingelagert sind und die auf eine feste Unterlage, z. B. Glas (Platte) oder Zelluloid (Film), aufgegossen wurde. Dazu kommen noch geringfügige Zusätze an anderen Substanzen, die jedoch für das Zustandekommen des Bildes von größter Bedeutung sein können und die z. B. auch strenggehütete Geheimnisse der photochemischen Werke sind. Das Bromsilber in der Schicht ist in Form von atomaren Gittern vorhanden. Die einzelnen Moleküle bestehen aus einem positiven Silberion und einem negativen Bromion. Trifft nun ein einfallendes Lichtquant auf ein negatives Bormion so wird dadurch das überzählige Elektron abgespalten. Es entsteht atomares, neutrales Brom und ein freies Elektron. In der Gelatine befinden sich nun sogenannte Reifekeime, die aus atomarem Silber, Schwefelsilber und Abbauprodukten der Gelatine bestehen und die das frei umherwandernde

Elektron einfangen. Durch die an den Reifekeimen festgelagerten Elektronen entstehen nun negativ geladene elektrostatische Kraftfeldzentren. Diese Keime ziehen nun ihrerseits wieder die positiven Silberionen an und entladen sie, wobei dann metallisches Silber entsteht. Auf diese Weise befindet sich auf der Schicht ein unsichtbares Bild, das latente Bild genannt, das jedoch entwickelt werden kann[1].

β) *Die Entwicklung*

Die Entwicklung hat den Sinn, das latente Bild soweit zu verstärken, daß es sichtbar in Erscheinung tritt. Auch heute noch sind die chemischen und physikalischen Vorgänge, die sich bei der Entwicklung des latenten Bildes abspielen nicht völlig geklärt und es gibt verschiedene Theorien über den Ablauf dieses Prozesses. Seinem Wesen nach ist dieser Vorgang eine chemische Reduktion. Die Silbersalze werden zu Silber reduziert. Dieses Silber tritt in Form schwarzer Körner in Erscheinung. Während aber beim latenten Bild nur ein winziger Bruchteil der in der Schicht vorhandenen Bromsilbermoleküle verbraucht wird, wird diese Anzahl durch den Entwicklungsprozeß etwa 10-millionenfach vergrößert. Dabei spielen die vorhandenen schon reduzierten Moleküle wieder die Rolle von Entwicklungskeimen. Wenn man die Entwicklung zu lange fortsetzt, werden alle vorhandenen Körner geschwärzt, während bei einer kürzeren Zeit die Anzahl der reduzierten Silberatome eine Funktion der Anzahl der in der Schicht aufgenommenen Lichtquanten ist.

γ) *Die Fixierung*

Beim Fixieren werden die bei der Entwicklung nicht verbrauchten Silbersalze aus der Schicht herausgelöst, dadurch wird die Schicht haltbar, d. h. fixiert. Zu diesem Zweck kann eine Reihe von Salzen verwendet werden wie z. B. Natrium- oder Kaliumthiosulfat. Erst nach dem Fixiervorgang verliert die Schicht ihre Lichtempfindlichkeit.

δ) *Schwärzung und Gradation*

Das einfallende Licht ruft in der Schicht, die nach der Belichtung entsprechend weiterbehandelt wurde, geschwärzte Silberkörner hervor. Je mehr Silberkörner auf einer bestimmten Fläche der Schicht vorhanden sind, desto stärker ist die Schwärzung dieser Stelle. Im allgemeinen entspricht eine starke Schwärzung auch einer starken Belichtung der Schicht, der Idealfall, daß die Schwärzung der Belichtung gerade proportional ist, ist jedoch kaum erfüllt. Den Zusammenhang zwischen Schwärzung und Belichtung liefert eine Funktion, die wir *Schwärzungskurve* nennen und die für die Anwendung der photographischen Schicht in der Astronomie von größter Bedeutung ist. Tragen wir als Ordinate die Schwärzung der Schicht (z. B. Silberkörner pro mm^2) auf und als Abszisse die Belichtung (Lichtintensität mal Belichtungszeit) in einer logarithmischen Skala, so erhalten wir die übliche Art, den Zusammenhang zwischen Schwärzung und Belichtung darzustellen. Die Schwärzungskurve verläuft bei sehr kleinen Belichtungswerten verhältnismäßig flach. Ihre Steigung nimmt rasch zu und im mittleren Teil der Kurve bleibt sie meist auf einem längeren Stück konstant. In diesem Teil der Schwärzungskurve (Abb. 4) ist tatsächlich die Proportionalität zwischen dem log der Belichtung und der Schwärzung vorhanden. Bei großen Werten für log It nimmt die Steigung wieder ab, und unter Umständen kann die Kurve sogar ein Maximum durchlaufen und nachher wieder fallen. Die Steigung der Schwärzungskurve nennt man die *Gradation der Schicht*. Sie wird durch den Steigungswinkel

[1] A. WINDISCH: Neue Fotoschule. Seebruck: Heering Verlag 1952.

der Kurve im mittleren linearen Teil gemessen, und zwar im allgemeinen so, daß man den Tangens des Steigungswinkels als Gamma bezeichnet. Dieses Gamma, das mit zunehmender Steilheit der Kurve zunimmt, hängt übrigens nicht nur von der Beschaffenheit der Schicht, sondern ebenso auch von der Entwicklung und vor allem auch von der Entwicklungsdauer ab.

Emulsionen mit einem flachen Verlauf der Schwärzungskurve, also mit einem kleinen Gamma bezeichnet man als weich. Sie geben einen bestimmten Unterschied in den einfallenden Lichtintensitäten als einen verhältnismäßig geringen Unterschied in den hervorgerufenen Schwärzungen wieder. Dafür überbrücken sie einen ziemlich großen Belichtungsspielraum, ohne daß Über- oder Unterbelichtung auftritt. Emulsionen mit einer steilen Schwärzungskurve, also einem großen Gamma, bezeichnet man als hart. Sie geben einen bestimmten Unterschied in den einfallenden Lichtintensitäten als einen verhältnismäßig großen Unterschied in den hervorgerufenen Schwärzungen wieder. Sie überbrücken aber nur einen kleinen Belichtungsspielraum. Übrigens gibt es auch Emulsionen bei denen der mittlere gerade Teil der Schwärzungskurve nicht sehr deutlich ausgeprägt ist. Bei ihnen gibt man meist eine mittlere Gradation an und bezeichnet den Tangens des mittleren Steigungswinkels als Beta.

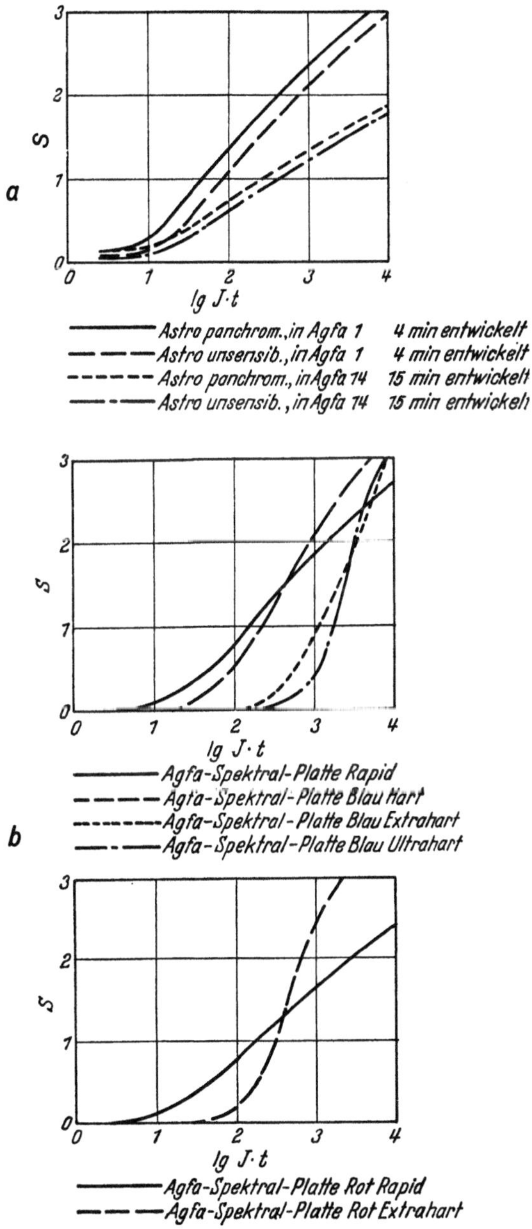

Abb. 4a und b. Einige Beispiele für Schwärzungskurven.

ε) *Die Empfindlichkeit*

Eine photographische Schicht ist um so empfindlicher, je weniger Licht notwendig ist, um eine bestimmte Schwärzung hervorzurufen. Für jede handelsübliche Emulsion wird die Empfindlichkeit von der Herstellerfirma angegeben. Leider hat man sich jedoch heute noch nicht auf ein einheitliches System einigen können. Aus diesem Grund sind in der Tabelle 1 die wichtigsten Systeme der

Empfindlichkeitsangaben wiedergegeben. Mit Hilfe dieser Tabelle ist es auch möglich, die verschiedenen Systeme ineinander überzuführen, dabei darf man allerdings nie außer acht lassen, daß die verschiedenen Systeme auf verschiedenen Methoden zur Bestimmung der Empfindlichkeit beruhen und eine ganz exakte Beziehung zwischen zwei solchen Systemen nicht immer existiert. Schließlich ist zu beachten, daß die Angaben über die Empfindlichkeit meist auf Messungen bei sehr kurzen Belichtungszeiten beruht, wir aber gerade in der Astronomie häufig mit sehr langen Belichtungszeiten arbeiten müssen. Auch aus diesem Grunde sind die Angaben mit einer gewissen Vorsicht zu verwenden. Trotzdem dürften diese Angaben für die allermeisten Fälle unserer Praxis einen sehr guten Anhalt über die Verwendungsmöglichkeit der entsprechenden Schicht geben.

Tabelle 1. *Maßsysteme für die Allgemeinempfindlichkeit*

Belichtungs-Faktor	DIN	ASA und BSA	General Electric	Weston	Europäische Scheiner	USA Scheiner	Weston Scheiner	Hurter and Driffield	Kodak Speed	Ilford Group
16	$^{9}/_{10}°$	6	8	5	19°	14°	15°	500	20°	B
8	$^{12}/_{10}°$	12	16	10	22°	17°	18°	1000	23°	C
4	$^{15}/_{10}°$	25	32	20	25°	20°	21°	2000	26°	D
2	$^{18}/_{10}°$	50	64	40	28°	23°	24°	4000	29°	E
1	$^{21}/_{10}°$	100	125	80	31°	26°	27°	8000	32°	F
0.5	$^{24}/_{10}°$	200	250	160	34°	29°	30°	16000	35°	G

Eng verknüpft mit der Empfindlichkeit einer Schicht ist die Körnigkeit derselben. Leider ist es so, daß empfindliche Schichten grob-, unempfindliche dagegen feinkörnig sind. Abweichungen von dieser Regel sind nur in ganz geringem Umfang möglich, denn sie ist durch grundsätzliche naturgesetzliche Zusammenhänge bedingt. Es hängt also von unserer eigenen Entscheidung ab, inwiefern wir uns bei der Durchführung einer bestimmten Aufgabe für eine empfindliche aber grobkörnige oder eine weniger empfindliche und dafür feinkörnigere Schicht entschließen[1].

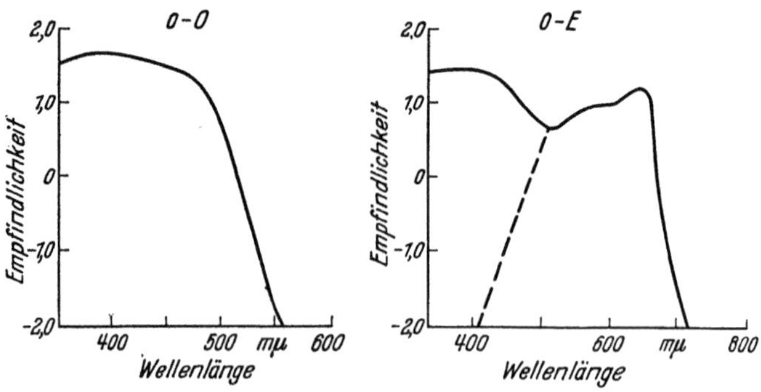

Abb. 5. Spektrale Empfindlichkeitsverteilung für die Kodakemulsionen O—O und o—E.

Für die Anwendung in der Astronomie von größter Bedeutung ist noch eine andere Eigenschaft der photographischen Schichten, ihre Farbempfindlichkeit oder besser gesagt ihre *spektrale Empfindlichkeitsverteilung*. Eine Schicht kann

[1] Über die Brauchbarkeit einiger handelsüblicher Emulsionen für astronomische Zwecke hat H. K. PAETZOLD sehr aufschlußreich berichtet in: Die Sterne **29**, 10 (1953).

unter Umständen die gleiche Farbempfindlichkeit haben wie das menschliche Auge, im allgemeinen wird sie mehr oder weniger davon abweichen.

Heute liefert die photochemische Industrie Emulsionen für jeden Spektralbereich vom Ultraviolett bis zum Infrarot. Damit haben wir die Möglichkeit, Aufnahmen zu machen, die nur durch das Licht einer ganz bestimmten Farbe hervorgerufen werden. Verwendet man im Zusammenhang mit Schichten, die nur für eine Farbe empfindlich sind auch noch *Farbfilter*, die den aufgenommenen Spektralbereich weiter einengen, so können wir im beinahe einfarbigen Licht arbeiten und bereits in das Gebiet zwischen Photographie und Spektralphotometrie eindringen.

In der Abb. 5 und 6 sind für einige der gebräuchlichsten Emulsionen die spektrale Empfindlichkeitsverteilung angegeben.

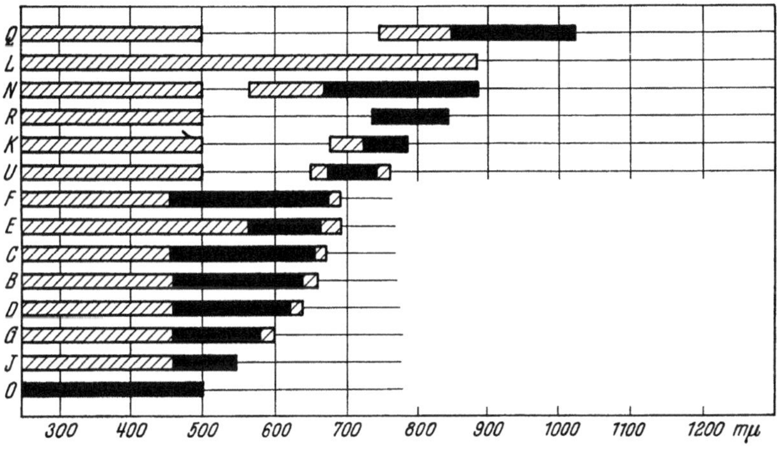

Abb. 6. Empfindlichkeitsbereiche der wichtigsten Kodakemulsionen. Schwarz ausgezogener Bereich = Gebiet höchster Empfindlichkeit.

b) Die Praxis

Die Anwendung photographischer Schichten beginnt in der Praxis mit der Auswahl des geeigneten Materials. Die verwendete Emulsion muß dem verfolgten Ziel und der vorhandenen instrumentellen Ausrüstung angepaßt sein. Es ist sehr schwer, allgemeingültige Regeln aufzustellen, nach denen das Material ausgesucht werden kann. Vielleicht kann jedoch ein Satz als guter Rat erteilt werden: *Man vermeide die Extreme*! Dies gilt ganz besonders für die Amateure, die erst beginnen, in die astronomische Photographie einzudringen, aber auch alle anderen werden sich nichts vergeben, wenn sie diesen Satz beherzigen. Was damit gesagt sein soll ist wohl klar. Sowohl die höchstempfindlichen Schichten, als auch die kräftigsten Entwickler führen im allgemeinen zu weniger befriedigenden Ergebnissen als Emulsionen, die nicht die äußerste Grenze, des heute Erreichbaren darstellen (Tab. 2).

Zunächst jedoch wird sich der Amateur darüber klar werden müssen, ob er für seine Arbeiten Filme oder Platten verwenden will. Früher wurden in der Astronomie fast ausschließlich Platten verwendet, heute finden jedoch auch Filme in großem Umfang Anwendung. Platten wird man immer dann bevorzugen, wenn die Aufnahme später in irgendeiner Weise weiterausgewertet werden soll, wenn sie als Dokument aufbewahrt werden soll und wenn das Aufnahmeformat größer als 6×9 cm ist. Filme verwendet man vor allem dann, wenn größere Reihen von Bildern gewonnen werden sollen, wenn es auf besonders schnelles Arbeiten ankommt und wenn das Aufnahmeformat kleiner als 6×6 cm ist.

Tabelle 2. *Emulsionen für Astrophotographie*

Firma	Bezeichnung	Spektralbereich (mμ)	Empfindlichkeit	
		I. Spezialemulsionen (Platten)		
AGFA	Astro, unsensibilisiert	400—500 (blau)	hoch	
AGFA	Astro, panchromatisch	550—670 (rot)	hoch	
ILFORD	Astra III, panchromatisch	400—700	höchst	
ILFORD	Astra VII	550—650 (rot)	hoch	
KODAK	OaO (103 aO)	300—500 (blau)	höchst	
KODAK	OaE (103 aE)	450—680 (rot)	hoch	
		II. Handelsübliche Emulsionen (Filme)		
AGFA	ISS	panchromatisch	23/10 DIN	hochempfindliche Emulsionen speziell für stellare Zwecke
AGFA	Ultra	panchromatisch	25/10 DIN	
ILFORD	HPS	panchromatisch	27/10 DIN	
PERUTZ	Peromnia 25	panchromatisch	25/10 DIN	
ADOX	KB 17	panchromatisch	17/10 DIN	mittelempfindliche Emulsionen, gut geeignet für Mond, Planeten, (universal)
ADOX	KB 14	ortho-panchromatisch	14/10 DIN	
AGFA	Isopan FF	ortho-panchromatisch	13/10 DIN	
ILFORD	FP 3	panchromatisch	19/10 DIN	

Die Liste stellt eine Auswahl dar. Die unter I aufgeführten Spezialemulsionen genügen für amateurastronomische Zwecke, unter II finden sich handelsübliche Filmemulsionen, die sich in der Praxis bewährt haben. Auch von anderen Herstellern (u. a. von Hauff, Kranz, Kodak) werden ähnliche Sorten geliefert.

Für Sonnenaufnahmen (s. S. 143) verwendet man sehr unempfindliche Platten, am besten solche Emulsionen, die unter der Bezeichnung Diapositivplatten im Handel zu haben sind. Ihre Empfindlichkeit ist in jedem Falle ausreichend. Lediglich wenn es sich um Aufnahmen mit Spektralapparaten handelt oder um sehr streng gefiltertes Licht sind normale Emulsionen, die die richtige Farbempfindlichkeit aufweisen, am Platze.

Welche Emulsionen für Mond und Planetenaufnahmen (s. S. 158 und 229) verwendet werden, richtet sich sehr nach dem Aufnahmeinstrument. Im allgemeinen wird man jedoch auch hier mit der Regel hoch-, doch nicht unbedingt höchstempfindlich am besten fahren.

Das gleiche gilt in gewissem Sinne auch für Sternaufnahmen aller Art. Hier ist jedoch zu beachten, daß grobes Korn, das ja leider die Folge der höchsten Empfindlichkeit zu sein pflegt, bei langbrennweitigen Aufnahmeobjektiven nicht so sehr stört wie bei Aufnahmen z. B. mit einer Kleinbildkamera.

Die beste photographische Emulsion nützt nichts, wenn die Platte oder der Film nicht exakt in der Brennebene des Objektivs liegt. Daher kommt der sauberen Fokussierung bei der Verwendung photographischer Schichten eine große Bedeutung zu. Eine Voraussetzung dafür ist eine gute Kassette im Falle von Platten und ein einwandfreies Kameragehäuse im Falle von Filmen. Verwendet man Kleinbild oder Rollfilm so wird man wohl immer gut daran tun ein gutes handelsübliches Kameragehäuse mit der entsprechenden Filmtransport- und Filmwechseleinrichtung zu verwenden. Für Platten braucht man möglichst stabil und solide gearbeitete Kassetten. Die Platte muß in ihnen fest und unverrückbar sitzen, darf jedoch nicht verspannt sein und am Rand nicht beschädigt werden. Ebenso muß die Kassettenhaltevorrichtung am Aufnahmeinstrument beschaffen sein.

Wichtig ist weiter, daß eine einwandfreie Einrichtung zur Fokussierung der Platte oder des Films existiert. Bei kleinen Instrumenten und handelsüblichen Kameras verwendet man im allgemeinen zu diesem Zweck eine Verstellung des Objektivs durch einen Schneckengang. Bei größeren Instrumenten ist es besser, die Kassette zu verschieben. Auf jeden Fall ist es, sofern man nicht eine sehr gute handelsübliche Kleinbildkamera verwendet, notwendig, auch eine Einrichtung zur Korrektion der Neigung der Schicht anzubringen. Die photographische Schicht soll im Idealfall genau senkrecht auf der optischen Achse des Objektivs stehen. Um dies erreichen zu können, ist es am besten, wenn man die Neigung der Kassette mit Hilfe von drei Justierschrauben gegenüber dem Instrumentenkörper verstellen kann.

Die richtige Lage der Kassette und den besten Fokus ermittelt man immer durch Versuchsaufnahmen. Dabei geht man am besten so vor, daß man auf die gleiche Schicht nach einander etwa zehn gleich lang belichtete Aufnahmen einiger heller Sterne macht (Belichtungszeit in der Größenordnung von einer Minute). Durch Verstellung des Leitrohres erreicht man, daß die einzelnen Sternbilder in gleichmäßigen Abständen nebeneinander zu liegen kommen. Zwischen den einzelnen Aufnahmen verstellt man wiederum die Fokussierung jeweils um einen bestimmten Betrag, den man sich natürlich sorgfältig notieren muß. Wenn man sich die fertig entwickelten Sternbildchen später unter der Lupe betrachtet, ist es nicht schwer die Einstellung für den günstigsten Fokus zu finden. Ebenso läßt sich auch die Neigung der Kassette korrigieren, nur daß man in diesem Falle nicht einen Stern im Plattenmittelpunkt nimmt, sondern nach Möglichkeit drei Sterne, die vom Plattenmittelpunkt aus gesehen in der gleichen Richtung liegen wie die drei vorhandenen Justierschrauben. Es kann vorkommen, daß sich die Plattenneigung erst in mehreren Schritten befriedigend einstellen läßt und daß man auch den günstigen Fokus erst durch mehrere Versuchsaufnahmen finden kann. Verwendet man keinen Spiegel sondern ein Linsenobjektiv, so hängt die Lage des besten Fokus selbstverständlich auch von dem Farbbereich ab, in dem man gerade arbeitet. Er ist für rotempfindliche Platten anders als im blauen Bereich. Auch zwischen Sommer und Winter können, bedingt durch die Temperaturunterschiede, Fokusdifferenzen auftreten, daher empfiehlt es sich, die Fokussierung der Apparatur von Zeit zu Zeit zu überprüfen. Dazu eignen sich übrigens auch helle Vollmondnächte, in denen man sonst nicht viel am Himmel ausrichten kann.

Ein wesentlicher Teil der photographischen Arbeit spielt sich erst nach der Belichtung in der Dunkelkammer ab. Für die Wahl der richtigen Chemikalien gilt ähnliches wie für die Wahl der richtigen Negativemulsion. Man halte sich auch hier möglichst an bewährte handelsübliche Entwickler, die heute in solcher Fülle angeboten werden, daß alle Ansprüche mit ihnen befriedigt werden können. Es ist auch besser, bei einigen wenigen Entwicklungstypen zu bleiben, ihre Wirkungsweise unter den verschiedenen Bedingungen genau kennenzulernen, als durch ständigen Wechsel und Versuche mit neuen Chemikalien eine Unstetigkeit in die Arbeit hineinzubringen.

Für die allermeisten astronomischen Arbeiten dürfte ein guter Ausgleichs- oder Feinkorn-Ausgleichsentwickler das beste sein. Vor der Anwendung von Entwicklern, die das letzte an Empfindlichkeit aus der Emulsion herausholen, sei gewarnt. Die mit der Steigerung der Empfindlichkeit verbundene Vergröberung des Plattenkorns macht meistens alle Vorteile wieder zunichte. Wichtig ist, daß die in der Gebrauchsanweisung für den Entwickler angegebene Entwicklungstemperatur und die Entwicklungszeit genauestens eingehalten wird.

Filme entwickelt man am besten in Tageslichtdosen, Platten in einfachen Entwicklerschalen oder, wenn es darauf ankommt, mehrere Platten unter genau den gleichen Bedingungen zu entwickeln, in größeren Tanks. Während der Entwicklung soll die Platte oder der Film in ständiger Bewegung sein, man vermeide aber unter allen Umständen, daß durch diese Bewegung die Schicht in irgendeiner Weise beschädigt wird. Nach dem Entwickeln muß die Schicht kurz in fließendem Wasser gewässert werden, bevor sie in das Fixierbad gelegt wird.

Zum Fixieren ist lediglich zu bemerken, daß man unter allen Umständen genügend lange fixieren muß. Ungenügend fixierte Schichten verderben schon nach kurzer Aufbewahrungszeit.

Während das Entwickeln im allgemeinen bei völliger Dunkelheit erfolgen kann, kann etwa nach der Hälfte Fixierzeit eine schwache Dunkelkammerbeleuchtung eingeschaltet werden. Besser ist es allerdings mit der Beleuchtung zu warten, bis auch der Fixiervorgang zu Ende ist. Nach dem Fixierbad erfolgt noch eine sehr gründliche Wässerung. Wird diese Wässerung unter fließendem Wasser durchgeführt, so empfiehlt es sich die Platte nachher noch in destilliertem Wasser zu baden (Tab. 3).

Tabelle 3

Wirkung	Agfa	Perutz	Hauff	Tetenal	Faber	Adox	May + Baker
sehr kräftig	Methol-Hydrochinon	MH	MH	MH			
Universal Entwickler	Rodinal	Perinal				Adox E 10	
Feinkorn	Final	Penilin	Atofin	Leicanol	Fabolin	Mikropreß	
Ultra Feinkorn	Atomal	W 665	Mikrolin	Ultrafin		Super Mikro	Promikrol
für höchste Empfindlichkeit				Neofin rot	Fa 19 Fa 29		Promikrol

Diese Zusammenstellung enthält keine Wertung der einzelnen Fabrikate, soll auch keine Gleichstellung sein, sondern nur die *ähnliche* Wirkungsweise hervorheben.

Nicht alle Amateure sind in der glücklichen Lage, sich einen eigenen Raum als Dunkelkammer einrichten zu können. Meist müssen Küche oder Bad für diesen Zweck herhalten. Aber auch dann gilt, daß das Arbeiten in der Dunkelkammer immer mit allergrößter Sauberkeit zu erfolgen hat und das man sich den Arbeitsplatz so bequem wie möglich und vor allem nicht zu eng einrichtet. Es ist wichtig, daß neben dem sogenannten nassen Tisch, auf dem das Arbeiten mit den Chemikalien erfolgt, noch ein sogenannter trockener Tisch vorhanden ist, auf dem Materialien und Geräte abgestellt werden können.

Schließlich soll noch erwähnt werden, daß man alle Aufnahmen die man macht, auch scheinbar unwichtige Justier- und Versuchsaufnahmen sorgfältig numeriert und die wichtigsten Daten in einem Buch oder einer Kartei festhält. Dazu gehört Aufnahmedatum und Zeit, Belichtungszeit, verwendetes Material, Filterbenutzung, aufgenommenes Objekt (Plattenmitte), Angaben über die Entwicklung und besondere Bemerkungen (s. S. 32).

Für die Begutachtung der gewonnenen Aufnahmen ist es sinnvoll, sich ein einfaches Betrachtungspult anzuschaffen. Ein solider Holzkasten, der durch eine nicht zu kleine Milchglasscheibe abgeschlossen ist und in dessen Inneren sich eine 40 Watt Lampe befindet, wird wohl für viele Zwecke ausreichen. Wenn man sich eine Lupe oder ein schwaches Mikroskop in geeigneter Weise an diesem Kasten anbringt, kann man mit diesem Gerät auch ohne weiteres die Bildqualität der

Aufnahme beurteilen und zum Beispiel bei einer Reihe von Fokusaufnahmen die günstigste heraussuchen. Auch das Absuchen der Platte nach kleinen Planeten oder Kometen wird durch eine solche Einrichtung wesentlich erleichtert (Abb. 7).

4. Die lichtelektrische Zelle

Für den ernsthaft arbeitenden Amateur kommt immer mehr die Anwendung lichtelektrischer Beobachtungsmethoden in den Bereich des Möglichen. Daher seien zum Schluß dieses Kapitels wenigstens einige wenige Angaben über diese Art von Strahlungsempfängern gemacht[1].

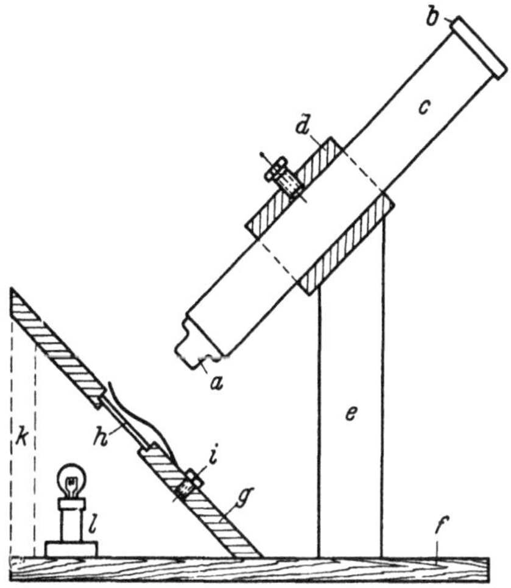

Abb. 7. Einfaches Auswertegerät. *a* = Objektiv, *b* = Okular, *c* = Mikroskop, *d* = Haltering, *e* = Säule, *f* = Grundbrett, *g* = Holzkasten, *h* = Mattscheibe, *i* = Halteklammer, *k* = Rückwand, *l* = Lampe. (Nach AHNERT, Kalender für Sternfreunde. Leipzig: VEB Barth 1958.)

Wie in einer photographischen Schicht, so werden auch auf der lichtelektrischen Schicht durch die ankommenden Lichtquanten Elektronen aus dem Verband ihrer Atome losgelöst, während die Weiterverarbeitung dieser Elektronen aber bei der photographischen Schicht auf chemischem Wege erfolgt, geschieht dies bei lichtelektrischen Schichten auf elektrischem Wege. In einfacher Form kennen wir diesen Vorgang bei den handelsüblichen elektrischen Belichtungsmessern. Geräte ähnlicher Art hat man früher auch in der Astronomie zu Helligkeitsmessungen verwendet. Da es sich aber in der Astronomie immer um sehr kleine Lichtintensitäten handelt, konnte man mit diesen Geräten selbst in Verbindung mit größeren Instrumenten nur ziemlich helle Sterne messen.

Abb. 8. Aufbau eines Elektronenvervielfachers. (Nach Vistas in Astronomy Bd. I: 1955. London: Pergamon Press.)

Seit dem zweiten Weltkrieg sind jedoch Sekundärelektronenvervielfacher, sogenannte Multiplier in immer größerem Umfang in Benutzung gekommen. Ihre Lichtempfindlichkeit ist so groß, daß es auch mit verhältnismäßig kleinen Instrumenten möglich ist, die Helligkeiten von schwächeren Sternen zu messen. Das Prinzip dieser Multiplier ist folgendes. Auf die lichtempfindliche Schicht trifft ein Lichtquant und löst ein Elektron los. Dieses tritt aus der Schicht aus und gerät in ein kräftiges elektrisches Feld, in dem es beschleunigt wird und an dessen Ende es auf eine neue Schicht trifft. Dort schlägt es infolge seiner hohen Geschwindigkeit bereits

[1] F. B. WOOD: The present and future of Telescope of moderate size. Philadelphia: University of Pensylvania Press 1958.

mehrere Elektronen los, die nun wieder in ein kräftiges Beschleunigungsfeld geraten. Dieser Vorgang wiederholt sich mehrere Male hintereinander, bis der entstandene Elektronenstrom so groß ist, daß er über einen Verstärker auf ein Meßinstrument gegeben werden kann. Dort läßt sich dann unmittelbar ein Wert für die Helligkeit des eingestellten Sternes ablesen. Dabei ist besonders günstig, daß die Ausschläge am Meßinstrument in einem sehr weiten Bereich den einfallenden Intensitäten proportional sind (Abb. 8). Dabei ist allerdings Voraussetzung, daß die Spannung zur Beschleunigung der Sekundärelektronen ausgezeichnet stabilisiert ist. So ist ein gutes Netzanschlußgerät einer der wichtigsten Teile der ganzen Anlage, deren Aufbau auf nebenstehender Zeichnung wiedergegeben ist. Mit einem Photometer, das einen Multiplier als Strahlungsempfänger verwendet, kann man auch mit einem mittleren Instrument von 15 bis 20 cm Öffnung heute noch sehr wertvolle Arbeit, z. B. auf dem Gebiet der Veränderlichenforschung, leisten. Allerdings erscheint es auch hier unbedingt notwendig, daß man sich bei der Planung und Durchführung eines solchen Beobachtungsprogrammes mit den Astronomen einer Sternwarte oder mit einer größeren Liebhabervereinigung in Verbindung setzt.

IV. Angewandte Mathematik für Amateurastronomen

Von

F. Schmeidler

Universitäts-Sternwarte, München

Mit 1 Textabbildung

1. Vorbemerkung

Wie sehr die Astronomie von numerischen Rechnungen und mathematischen Formeln abhängt, beweist die Tatsache, daß bis weit in das 19. Jahrhundert die Sternkunde als ein Teilgebiet der Mathematik gegolten hat. Auch heute ist die Behandlung astronomischer Probleme ohne Mathematik undenkbar. Selbst der Amateurastronom benötigt häufig ein gewisses Minimum an mathematischen Kenntnissen. Es werden in diesem Artikel durchweg keine Beweise oder Ableitungen der Formeln gegeben; diese muß der daran interessierte Leser in der Fachliteratur nachlesen. Ferner wird vorausgesetzt, daß der Benutzer des Buches weiß, was Logarithmen und trigonometrische Funktionen sind und daß er mit ihnen rechnen kann. An einigen Stellen wird die Kenntnis der Begriffe von Differentialquotienten und Integralen vorausgesetzt.

Über die Genauigkeit der numerischen Rechnung merkt man sich am besten die Faustregel, daß man bei 5stelliger Rechnung ungefähr 2—3 Bogensekunden im Endresultat garantieren kann; wenn also z. B. bei einer bestimmten Rechnung die Bogenminute mit Sicherheit richtig werden muß, ist 4stellige Rechnung angebracht.

2. Fehlertheorie

a) Ausgleichung direkter Beobachtungen

Jede Messung ist mit Fehlern behaftet, weil unsere Instrumente und unsere Sinnesorgane unvollkommen sind. Man unterscheidet systematische Fehler und zufällige Fehler. Systematische Fehler hängen in bekannter Weise von irgendwelchen äußeren Umständen ab und können, wenn auch oft nur nach mühsamen Untersuchungen, bestimmt werden. Zufällige Fehler wirken sich manchmal in der einen und manchmal in der anderen Richtung aus und sind prinzipiell nicht im voraus bestimmbar; nur mit ihnen befaßt sich die Fehlertheorie. Ihre Aufgabe ist es, die Gesetze der Fehlerhäufigkeit aufzustellen und die Genauigkeit des Resultats einer Messung oder einer Rechnung zu beurteilen.

Das grundlegende Prinzip der Fehlerrechnung wurde von GAUSS aufgestellt und drückt aus, daß der wahre Wert einer gesuchten Größe, für welche eine Reihe von Messungen vorhanden sind, einen solchen Betrag hat, daß die Summe der Fehlerquadrate ein Minimum ist. Dieser Satz ist nicht ein Naturgesetz, sondern eine, wenn auch sehr plausible Definition.

Der einfachste Fall liegt vor, wenn eine einzige Größe direkt gemessen werden kann. Es mögen n Meßwerte $l_1, l_2, \ldots, l_n$ vorliegen, die bei völliger Fehlerfreiheit der Messungen identisch sein müßten, es aber in der Praxis nie sind. Dann lehrt die mathematische Fehlertheorie unter Verwendung des Prinzips der kleinsten Fehlerquadratsumme, daß der „wahrscheinlichste Wert“ der gesuchten Größe gleich dem arithmetischen Mittel

$$L = \frac{1}{n}(l_1 + l_2 + \cdots + l_n)$$

ist. Den „mittleren Fehler“ kann man finden, wenn man die Differenzen $v_i = l_i - L$ der Einzelmessungen gegenüber dem Mittelwert L bildet; bezeichnet man unter Anwendung einer in der Fehlertheorie gebräuchlichen Symbolik die Summe der Fehlerquadrate mit $[vv]$, dann ist

der mittl. Fehler einer Einzelmessung $\mu = \sqrt{\frac{[vv]}{n-1}}$

der mittl. Fehler des Mittelwerts $\mu_L = \frac{\mu}{\sqrt{n}} = \sqrt{\frac{[vv]}{n(n-1)}}$.

Man kann also durch Mittelbildung aus n Einzelmessungen die Genauigkeit des Resultats um den Faktor $\sqrt{n}$ steigern.

Bei diesen Formeln ist aber vorausgesetzt, daß alle Messungen gleich zuverlässig sind. Das ist sehr oft nicht der Fall. Z. B. wird ein Beobachter mit einem kleinen Fernrohr und schwacher Vergrößerung die Distanz eines Doppelsterns weniger genau messen können als ein Beobachter mit einem großen Instrument. Man berücksichtigt das, indem man jeder Messung ein „Gewicht“ zuerteilt, welches um so größer ist, je mehr Zuverlässigkeit der Messung von Natur aus innewohnt. Die Bestimmung dieser Gewichtsfaktoren p_i hängt im Einzelfall von einer Beurteilung, oft sogar nur von einer Abschätzung der Qualität der Beobachtung ab. Wenn aber die Gewichtsfaktoren einmal bestimmt sind, lauten die Formeln für die mittleren Fehler

mittl. Fehler einer Einzelmessung $\mu = \sqrt{\frac{[vvp]}{n-1}}$

mittl. Fehler des Mittelwerts $\mu_L = \sqrt{\frac{[vvp]}{[p](n-1)}}$

und der Mittelwert selbst ist nun auch nicht mehr gleich dem arithmetischen Mittel der Einzelmessungen, sondern gleich dem Ausdruck

$$L = \frac{1}{[p]}(l_1 p_1 + l_2 p_2 + \cdots + l_n p_n) = \frac{[lp]}{[p]}.$$

Sehr oft ist die gesuchte Größe nicht unmittelbar meßbar, sondern eine bekannte Funktion von anderen Größen, die gemessen werden können. Z. B. kann man die absolute Helligkeit eines Fixsterns nicht unmittelbar messen, aber man kann sie berechnen, wenn man seine scheinbare Helligkeit und seine Entfernung kennt. Da aber beide Größen nur mit einem gewissen mittleren Fehler gemessen werden können, möchte man wissen, welche Unsicherheit die berechnete absolute Helligkeit hat. Die Antwort auf diese Frage gibt das „Gesetz der Fehlerfortpflanzung".

Eine gesuchte Größe x sei eine (bekannte) mathematische Funktion von n anderen Größen $x_1, x_2, \ldots x_n$, also

$$x = \varphi(x_1, x_2, \ldots, x_n).$$

Wenn jede der Größen x_i auf Grund der Messungen einen mittleren Fehler μ_i aufweist, dann ist der mittlere Fehler von x gegeben durch die Formel

$$\mu_x^2 = \left(\frac{\partial\varphi}{\partial x_1}\right)^2 \mu_1^2 + \left(\frac{\partial\varphi}{\partial x_2}\right)^2 \mu_2^2 + \cdots + \left(\frac{\partial\varphi}{\partial x_n}\right)^2 \mu_n^2.$$

Der mittlere Fehler ist ein Maß für die Genauigkeit von Beobachtungen. Man muß aber beachten, daß die wahre Unsicherheit größer ist als der mittlere Fehler angibt. Als Faustregel gilt, daß in ungünstigen Fällen eine Einzelmessung bis zum 2.5fachen, manchmal bis zum 3fachen Betrag des mittleren Fehlers vom Mittelwert abweichen kann. Wenn also ein schon vorher bekannter Zahlenwert durch neue Messungen nachgeprüft werden soll und sich ein abweichender Betrag ergibt, ist die Differenz nur dann verbürgbar, wenn sie den mittleren Fehler der Messung mindestens um den Faktor 2.5 übersteigt; andernfalls ist das Resultat der neuen Messung als Bestätigung des alten Wertes zu interpretieren.

b) Ausgleichung vermittelnder Beobachtungen

Wenn aus Messungen mehrere unbekannte Größen, deren mathematischer Zusammenhang mit den Meßwerten bekannt ist, bestimmt werden müssen, spricht man von Ausgleichung vermittelnder Beobachtungen. In den meisten Fällen ist die Abhängigkeit der gemessenen Größen von den Unbekannten ohnehin linear, wenn sie es nicht ist, kann man die Rechnung durch Einführung von Näherungswerten der Unbekannten linearisieren. Der Einfachheit halber soll angenommen werden, daß nur drei Unbekannte vorliegen; wenn es mehr Unbekannte sind, verläuft die Rechnung in prinzipiell gleicher Weise. Die gemessene Größe l sei eine Funktion $\varphi(x, y, z)$ von drei Unbekannten x, y, z. Führt man auf Grund irgend einer plausiblen Hypothese für die Unbekannten die Näherungswerte x_0, y_0, z_0 ein, dann seien die wahren Werte der Unbekannten gleich $x_0 + \xi$, $y_0 + \eta$, $z_0 + \zeta$ und man hat die „Verbesserungen" ξ, η, ζ zu bestimmen.

Nach dem Taylor'schen Lehrsatz kann man eine Entwicklung nach Potenzen ansetzen:

$$f = \varphi(x_0 + \xi, y_0 + \eta, z_0 + \zeta) = \varphi(x_0, y_0, z_0) + \xi \frac{\partial\varphi}{\partial x} + \eta \frac{\partial\varphi}{\partial y} + \zeta \frac{\partial\varphi}{\partial z} + \cdots.$$

Die numerischen Werte der Differentialquotienten sind dabei so zu berechnen, daß man für die (vorläufig noch unbekannten) Werte von x, y, z die Näherungswerte x_0, y_0, z_0 einsetzt. Mit den Abkürzungen

$$\frac{\partial\varphi}{\partial x} = a, \frac{\partial\varphi}{\partial y} = b, \frac{\partial\varphi}{\partial z} = c, f - \varphi(x_0, y, z_0) = l$$

erhält man dann eine lineare Beziehung zwischen den Meßgrößen und den Unbekannten:

$$a\xi + b\eta + c\zeta = l.$$

Natürlich muß man mindestens drei solche Gleichungen haben. In der Regel hat man aber mehr Gleichungen als Unbekannte und hat aus den mit zufälligen Meßfehlern behafteten l_i die wahrscheinlichsten Werte der Unbekannten ξ, η, ζ zu bestimmen.

Selbstverständlich müssen die verschiedenen Messungen so ausgeführt werden, daß die Werte der Funktion φ bzw. ihrer Differentialquotienten sich möglichst stark unterscheiden. Hat man n verschiedene Meßgrößen, dann liegen n „Bedingungsgleichungen" vor:

$$\begin{aligned} a_1\xi + b_1\eta + c_1\zeta &= l_1 \\ a_2\xi + b_2\eta + c_2\zeta &= l_2 \\ \ldots\ldots\ldots\ldots \\ a_n\xi + b_n\eta + c_n\zeta &= l_n \qquad n > 3. \end{aligned}$$

Aus diesen Bedingungsgleichungen gewinnt man durch Bildung der „Normalgleichungen" die wahrscheinlichsten Werte der Unbekannten. Die Normalgleichungen lauten

$$\begin{aligned} [aa]\xi + [ab]\eta + [ac]\zeta &= [al] \\ [ba]\xi + [bb]\eta + [bc]\zeta &= [bl] \\ [ca]\xi + [cb]\eta + [cc]\zeta &= [cl]. \end{aligned}$$

Aus diesen drei Gleichungen können durch algebraische Auflösung die im Sinne der Fehlertheorie wahrscheinlichsten Werte der Unbekannten gefunden werden.

Die Normalgleichungen haben die Eigenschaft, daß die Koeffizienten symmetrisch zur Hauptdiagonale ihrer Determinante sind, weil $[ab] = [ba]$ usw. ist. Diese Eigenschaft erleichtert den algebraischen Prozeß der Auflösung der Gleichungen. Man multipliziert die erste Gleichung erst mit $-[ab]:[aa]$ und addiert das Resultat zur zweiten Gleichung; danach multipliziert man die erste Gleichung mit $-[ac]:[aa]$ und addiert das Resultat zur dritten Gleichung. Durch beide Operationen erhält man je eine Gleichung, in der die erste Unbekannte ξ nicht mehr vorkommt. Mit den beiden erhaltenen Gleichungen für η und ζ verfährt man genau so und erhält schließlich eine Gleichung, aus der man ζ bestimmen kann. Mit Hilfe des bekannten Wertes von ζ können dann η und ξ aus den bereits vorher vorhandenen Gleichungen ermittelt werden.

Zur Bestimmung des mittleren Fehlers der drei Unbekannten benötigt man den „mittleren Fehler der Gewichtseinheit" und die „Gewichtskoeffizienten". Den mittleren Fehler der Gewichtseinheit erhält man nach der Formel

$$m^2 = \frac{[vv]}{n-\mu} \qquad (\mu = \text{Zahl der Unbekannten, hier also } \mu = 3),$$

in der $[vv]$ die Quadratsumme über die Restfehler ist. Man kann sie entweder bilden, indem man die rechten Seiten der Bedingungsgleichungen ausrechnet und die Differenzen gegen die beobachteten Werte l_i bildet oder aus der leicht verifizierbaren Formel

$$[vv] = [ll] - [al]\xi - [bl]\eta - [cl]\xi.$$

Die Gewichtskoeffizienten Q_{1i} erhält man aus den Normalgleichungen, indem man die rechten Seiten durch die Zahlen 1, 0, 0 ersetzt:

$$\begin{aligned} [aa]Q_{11} + [ab]Q_{12} + [ac]Q_{13} &= 1 \\ [ba]Q_{11} + [bb]Q_{12} + [bc]Q_{13} &= 0 \\ [ca]Q_{11} + [bc]Q_{12} + [cc]Q_{13} &= 0. \end{aligned}$$

In analoger Weise findet man die Koeffizienten Q_{2i}, indem man die Normalgleichungen mit den rechten Seiten 0, 1, 0 auflöst und schließlich die Q_{3i}, indem man die rechten Seiten der Normalgleichungen gleich 0, 0, 1 setzt. Daß man das System der Normalgleichungen dreimal (bei μ Unbekannten μ-mal) auflösen muß, ist meistens der größte Arbeitsaufwand, der bei einer vollständigen Ausgleichung erforderlich ist. Die mittleren Fehler μ_x, μ_y und μ_z der drei Unbekannten findet man aus den Formeln

$$\mu_x^2 = m^2 Q_{11}, \quad \mu_y^2 = m^2 Q_{22}, \quad \mu_z^2 = m^2 Q_{33}.$$

Damit ist die Aufgabe der Bestimmung der wahrscheinlichsten Werte der Unbekannten und ihrer mittleren Fehler vollständig gelöst.

Ein Beispiel einer Ausgleichung mit zwei Unbekannten soll das Verfahren erläutern. In der Zeit von November 1949 bis September 1950 wurde die Horizontalbiegung eines Meridianinstruments 11mal durch Reflexionsbeobachtungen gemessen. Es ergaben sich folgende Resultate (Biegungsbeträge sind in Bogensekunden angegeben):

Datum	Temp. (Cels.)	beob. Wert	Bedingungsgl.
1949 Nov. 18	$-\ 0.^\circ 6$	$0.''39$	$x - 0.6y = 0.''39$
Dez. 13	$-\ 5.4$	0.37	$x - 5.4y = 0.37$
1950 Feb. 6	$+\ 1.2$	0.21	$x + 1.2y = 0.21$
Mä. 27	$+\ 4.4$	0.60	$x + 4.4y = 0.60$
Apr. 30	$+\ 9.3$	0.70	$x + 9.3y = 0.70$
Mai 29	$+11.1$	0.71	$x + 11.1y = 0.71$
Jun. 12	$+16.3$	0.63	$x + 16.3y = 0.63$
Jun. 29	$+20.4$	1.12	$x + 20.4y = 1.12$
Aug. 15	$+15.5$	1.32	$x + 15.5y = 1.32$
Aug. 28	$+19.0$	1.13	$x + 19.0y = 1.13$
Spt. 13	$+14.^\circ 1$	$1.''41$	$x + 14.1y = 1.''41$

Schon ein oberflächlicher Vergleich mit den angegebenen Temperaturen, die bei der Messung geherrscht haben, zeigt eine starke Korrelation in dem Sinn, daß die Biegung bei hohen Temperaturen größer ist als bei niedrigen Temperaturen. Es wurde daher eine Formel mit zwei Unbekannten x und y angesetzt; der physikalischen Bedeutung nach ist x die bei der Temperatur 0° C herrschende Biegung und y die Änderung der Biegung pro 1° Temperaturänderung. Rechts neben den einzelnen Meßresultaten stehen die entsprechenden Bedingungsgleichungen.

Man erhält die zwei folgenden Normalgleichungen:

$$\begin{aligned} 11.00x + 105.30y &= +\ 8.59 \\ +\ 1741.93y &= +\ 109.98 \end{aligned}$$

in denen, unter Befolgung der üblichen Schreibweise, der erste Koeffizient der zweiten Gleichung nicht mehr angeschrieben ist, weil er dem rechts oben stehenden Koeffizienten (+ 105.30) numerisch gleich ist. Die Auflösung des Systems ergibt die Werte

$$\begin{aligned} m^2 &= 0.07 & x &= +0.''419 \pm 0.''123 \\ Q_{11} &= 0.22 & y &= +0.''038 \pm 0.''010 \\ Q_{22} &= 0.0014 \end{aligned}$$

Der Temperaturkoeffizient y ist beinahe 4mal so groß wie sein mittlerer Fehler, seine Realität ist also verbürgt. Die Biegung hat bei 0° C den Wert 0.''4 und wächst pro Grad um 0.''038 an.

Bei allen diesen Rechnungen wurde stillschweigend vorausgesetzt, daß alle Bedingungsgleichungen das gleiche Gewicht haben. Wenn die vorhandenen Meßgrößen einen verschiedenen Grad von Zuverlässigkeit besitzen, ist diese Annahme nicht mehr erfüllt und muß den einzelnen Bedingungsgleichungen verschiedenes Gewicht erteilt werden. In diesem Fall lauten die Koeffizienten der Normalgleichungen nicht mehr $[aa]$, $[ab]$ usw., sondern sind durch die Summen $[aap]$, $[abp]$ usw. zu ersetzen. In der Praxis kann man die Gewichte sehr einfach dadurch berücksichtigen, daß man jede Bedingunsgleichung mit dem Faktor $\sqrt{p}$, d. h. mit der Quadratwurzel des ihr erteilten Gewichts multipliziert; die dann entstehenden Bedingungsgleichungen werden wie Gleichungen mit gleichen Gewichten behandelt und die erläuterten Rechenvorschriften können ohne Änderung angewendet werden.

3. Interpolation und numerische Differentiation und Integration

Wenn eine mathematische Funktion numerisch tabuliert ist, wünscht man häufig ihren Wert für Zwischenargumente zu wissen. Z. B. sind die Koordinaten der Himmelskörper in den Jahrbüchern meist täglich für 0^h Weltzeit gegeben, so daß die Werte für eine beliebige Tageszeit nur durch Interpolation erhalten werden können. Wenn die Änderung des Funktionswertes pro Intervall mit genügender Genauigkeit als konstant angenommen werden kann, ist die Interpolationsrechnung trivial. Wenn die Funktion sich nicht genügend gleichförmig ändert, bildet man das sog. „Differenzenschema"

$$
\begin{array}{llll}
f(a-2w) & & & \\
 & f'\left(a-\frac{3}{2}w\right) & & \\
f(a-w) & & f''(a\quad w) & \\
 & f'\left(a-\frac{1}{2}w\right) & & f'''\left(a-\frac{1}{2}w\right) \\
f(a) & & f''(a) & \\
 & f'\left(a+\frac{1}{2}w\right) & & f'''\left(a+\frac{1}{2}w\right) \quad \text{usw.} \\
f(a+w) & & f''(a+w) & \\
 & f'\left(a+\frac{3}{2}w\right) & & f'''\left(a+\frac{3}{2}w\right) \\
f(a+2w) & & f''(a+2w) & \\
 & f'\left(a+\frac{5}{2}w\right) & & \\
f(a+3w) & & &
\end{array}
$$

Sämtliche Differenzen sind im Sinn „unterer minus oberer Wert" zu bilden. Wenn man den Wert der tabulierten Funktion f für irgend eine Stelle $a \pm nw (n < 1)$ wissen will, hat man die folgenden Formeln zu benutzen

$$
f(a \pm n w) = f(a) \pm n f'\left(a \pm \frac{1}{2} w\right) +
$$

$$
+ \frac{n(n-1)}{1 \cdot 2} f''(a \pm w) \pm \frac{n(n-1)(n-2)}{1 \cdot 2 \cdot 3} f'''\left(a \pm \frac{3}{2} w\right) + \cdots \qquad \text{(Newton)}
$$

$$
f(a \pm n w) = f(a) \pm n f'(a) + \frac{n^2}{1 \cdot 2} f''(a) \pm \frac{(n+1)\, n\, (n-1)}{1 \cdot 2 \cdot 3} f'''(a) + \cdots \quad \text{(Stirling)}
$$

Die Newton'sche Formel wendet man an, wenn der Ausgangswert am Beginn oder am Ende der Tabelle steht, in den anderen Fällen ist die Stirling'sche Formel bequemer. In ihr sind unter den Differenzen ungerader Ordnung an der Stelle a die Mittelwerte aus den benachbarten Werten zu verstehen, also z. B.

$$
f'(a) = \frac{1}{2}\left(f'\left(a - \frac{1}{2} w\right) + f'\left(a + \frac{1}{2} w\right)\right)
$$

$$
f'''(a) = \frac{1}{2}\left(f'''\left(a - \frac{1}{2} w\right) + f'''\left(a + \frac{1}{2} w\right)\right).
$$

Für die Interpolation in die Mitte (n genau gleich 0.5) gibt es die sehr einfache Formel

$$f\left(a+\frac{1}{2}w\right)=\frac{1}{2}\left(f(a)+f(a+w)\right)-\frac{1}{8}f''\left(a+\frac{1}{2}w\right)+\cdots,$$

nach welcher der Funktionswert an der Stelle $a+\frac{1}{2}w$ gleich dem arithmetischen Mittel der beiden benachbarten Werte minus dem achten Teil der auf gleicher Höhe stehenden mittleren zweiten Differenz ist; der begangene Fehler ist wesentlich kleiner als die (fast immer vernachlässigbare) vierte Differenz. Man kann diese Formel sehr vorteilhaft verwenden, wenn die Differenzen unbequem groß sind und durch Übergang auf das halbe Intervall verkleinert werden sollen.

Mit Hilfe des Differenzenschemas kann man auch Rechenfehler in berechneten Funktionswerten auffinden. Der durch Rechnung bestimmte Funktionswert $f(a)$ sei um den Betrag ε falsch, die benachbarten Werte seien richtig; dann ergeben sich folgende Fehler im Differenzenschema:

$$\begin{array}{cccccc}
0 & & & & & \\
 & 0 & & & & \\
0 & & +\varepsilon & & & \\
 & +\varepsilon & & -3\,\varepsilon & & \\
\varepsilon & & -2\,\varepsilon & & +6\,\varepsilon & \text{usw.} \\
 & -\varepsilon & & +3\,\varepsilon & & \\
0 & & +\varepsilon & & & \\
 & 0 & & & & \\
0 & & & & &
\end{array}$$

In den höheren Differenzen macht sich der begangene Fehler immer stärker bemerkbar und zwar am meisten in derjenigen Zeile, in welcher der fehlerhafte Ausgangswert vorliegt. Wenn also in einer bestimmten Zeile besonders starke Sprünge im Differenzenschema auftreten, ist eine Nachprüfung des Funktionswertes auf Rechenfehler ratsam.

Aus dem Differenzenschema kann man auch die Zahlenwerte der Differentialquotienten und des Integrals über die tabulierte Funktion ableiten. Für die numerische Differentiation gelten folgende Formeln

$$\frac{\mathrm{d}f(a)}{\mathrm{d}a}=\frac{1}{w}\left(f'\left(a+\frac{1}{2}w\right)-\frac{1}{2}f''(a+w)+\frac{1}{3}f'''\left(a+\frac{3}{2}w\right)+\cdots\right)$$

$$\frac{\mathrm{d}f(a)}{\mathrm{d}a}=\frac{1}{w}\left(f'(a)-\frac{1}{6}f'''(a)+\cdots\right),$$

aus denen man die (ohnehin naheliegende) Faustregel erkennt, daß die erste Differenz ungefähr gleich dem ersten Differentialquotienten, multipliziert mit der Intervallänge w ist. Entsprechende Formeln gelten natürlich für die höheren Differentialquotienten.

Das Integral über die tabulierte Funktion findet man aus den sog. „Summenreihen". Darunter versteht man diejenigen Werte, für welche die tabulierten Funktionswerte die Rolle der ersten Differenzen spielen. Es liegt in der Natur der Sache, daß diese summierten Werte bis auf eine willkürlich wählbare, additive Konstante unbestimmt sind; wenn die untere Grenze der Integration die Stelle a sein soll, berechnet man einen ersten Wert für die Summenreihe nach der Formel

$${}^{\mathrm{I}}f\left(a-\frac{1}{2}w\right)=-\frac{1}{2}f(a)+\frac{1}{12}f'(a)-\frac{11}{720}f'''(a)+\cdots.$$

Die weiteren Werte der ersten Summenreihe ergeben sich daraus durch einfache Addition der entsprechenden Funktionswerte. Der Wert des Integrals über die tabulierte Funktion für beliebige Argumente kann aus der Formel

$$\int\limits_a^{a+iw}f(x)\,\mathrm{d}x=w\left({}^{\mathrm{I}}f(a+iw)-\frac{1}{12}f'(a+iw)+\frac{11}{720}f'''(a+iw)+\cdots\right)$$

berechnet werden. Die Methoden der numerischen Integration sind von größtem Wert vor allem in denjenigen Fällen, wo ein analytischer Ausdruck für das Integral nicht bekannt ist, oft aber auch dann, wenn die analytische Formel für das Integral zwar bekannt, aber sehr umständlich ist.

Außer den hier wiedergegebenen Formeln gibt es noch viele andere Ausdrücke, die teilweise nur Umformungen, teilweise aber auch unabhängige Formeln sind. In großer Ausführlichkeit sind sie in dem von der Greenwicher Sternwarte herausgegebenen Heft ‚*Interpolation and allied tables*‘ referiert; allerdings ist dort eine andere, auf den Gebrauch von Rechenmaschinen zugeschnittene Bezeichungsweise verwendet. Die hier mitgeteilten Formeln sind für die Rechnung mit der Hand, welche für den Amateurastronomen die Regel sein dürfte, bequemer.

4. Photographische Astrometrie

Aus photographischen Aufnahmen einer bestimmten Himmelsgegend kann man durch Vermessung die Koordinaten der abgebildeten Sterne bestimmen. Voraussetzung ist, daß eine genügende Anzahl (mindestens drei) Sterne mit bekannten Koordinaten auf der Platte vorhanden sind, mit deren Hilfe die Orientierung des Systems festgelegt werden kann. Eine vollständige Ableitung der von Turner für diesen Zweck aufgestellten Methode findet der Leser in dem Lehrbuch von W. M. Smart: *Text-book on spherical astronomy*; hier sollen die wichtigsten Formeln referiert werden, die zur Anwendung benötigt werden. Vorausgesetzt wird bei dem Verfahren, daß alle Einflüsse, welche die Koordinaten der Sterne an verschiedenen Stellen des Himmels in verschiedenem Betrag verändern (z. B. Refraktion, Aberration etc.), im Bereich des erfaßten Himmelsgebietes linear variieren; diese Voraussetzung ist fast immer erfüllt, die seltenen abweichenden Fälle sind für Amateurastronomen ohne Bedeutung.

Auf einer photographischen Aufnahme wird ein Teil der Himmelskugel auf eine Ebene, nämlich die Ebene der photographischen Platte abgebildet. Wenn der Punkt in der Mitte der Platte die Rektaszension A und die Deklination D hat, dann sind die rechtwinkligen Koordinaten X, Y eines beliebigen Sterns der Rektaszension α und der Deklination δ gegeben durch die Formeln

$$X = \frac{tg(\alpha - A)\cos q}{\cos(q - D)}, \quad Y = \operatorname{tg}(q - D),$$

$$\text{wo } \operatorname{ctg} q = \operatorname{ctg}\delta\cos(\alpha - A) \text{ ist.}$$

Dabei ist angenommen, daß die positive Y-Achse zum Nordpol des Himmels zeigt. Diese Koordinaten werden als „Standardkoordinaten“ bezeichnet und können berechnet werden, wenn die sphärischen Koordinaten des Sterns bekannt sind.

Aus dem Vergleich der Standardkoordinaten der Anhaltsterne mit den in linearem Maß gemessenen Koordinaten der gleichen Sterne kann man die Plattenkonstanten ermitteln. Die Vermessung der Platte möge die rechtwinkligen Koordinaten x, y ergeben, wobei der Nullpunkt des Systems der x, y möglichst nahe der Plattenmitte, die Richtung der positiven y-Achse möglichst parallel zur Richtung nach Norden gewählt sei. Wenn man für eine gewisse Anzahl von Anhaltsternen sowohl die aus den sphärischen Koordinaten berechneten X, Y als auch die aus der direkten Messung resultierenden x, y kennt, folgen die Plattenkonstanten aus den Gleichungen

$$X - x = ax + by + c$$

$$Y - y = \mathrm{d}x + ey + f.$$

Da in jeder Koordinate drei Konstante auftreten, braucht man mindestens drei Anhaltsterne; wenn mehr Anhaltsterne vorhanden sind, werden die wahrscheinlichsten Werte der sechs Plattenkonstanten mit der Methode der kleinsten Quadrate bestimmt (s. S. 80).

Die sphärischen Koordinaten der übrigen Sterne können leicht bestimmt werden, wenn die Plattenkonstanten abgeleitet sind. Die Werte von x und y sind für diese Sterne aus der Vermessung der Platte bekannt und aus ihnen können die Standardkoordinaten aus den Formeln

$$X = x + ax + by + c\,, \quad Y = y + dx + ey + f$$

berechnet werden. Aus den X und Y findet man dann die sphärischen Koordinaten durch Umkehrung der oben gegebenen Formeln und erhält:

$$q = D + \operatorname{arc\,tg} Y$$
$$\operatorname{tg}(\alpha - A) = X \cos(q - D) \sec q$$
$$\operatorname{tg}\delta = \operatorname{tg} q \cos(\alpha - A)\,.$$

Selbstverständlich wird die Rechnung um so sicherer, je mehr Anhaltsterne man benutzt. Andererseits zeigt die Erfahrung, daß es nur selten Sinn hat, mehr als sechs Anhaltsterne zu benutzen, weil dem erheblich größeren Rechenaufwand nur ein geringer Gewinn an Genauigkeit gegenüber steht. Wesentlich ist allerdings, daß die Anhaltsterne gleichmäßig über die Platte verteilt sind.

5. Bestimmung des Ortes und der Helligkeit von Planeten und der planetographischen Koordinaten

Obgleich die Ephemeriden der Planeten in den Jahrbüchern veröffentlicht werden, kann es doch manchmal erwünscht sein, sie selbst zu berechnen, wenn etwa eine höhere Genauigkeit angestrebt wird oder die Rechnung für einen nicht in den Jahrbüchern enthaltenen kleinen Planeten notwendig ist. Gebraucht werden die sechs Bahnelemente:

T = Durchgangszeit durch das Perihel der Bahn,
μ = mittlere tägliche Bewegung,
e = Exzentrizität,
Ω = ekliptikale Länge des aufsteigenden Knotens,
ω = Abstand des Perihels vom Knoten in der Bahn,
i = Neigung der Bahn gegen die Ekliptik.

Wenn der sphärische Ort des Planeten für eine bestimmte Zeit gesucht wird, ermittelt man zunächst aus der „Kepler'schen Gleichung“

$$E - e \sin E = \mu(t - T) = M$$

die exzentrische Anomalie E. Da die Gleichung transzendent ist, kann man sie nur durch Näherungsverfahren auflösen. Mit Hilfe eines plausibel erscheinenden Ausgangswertes E_0 ermittelt man einen verbesserten Wert E_1 nach der Formel $E_1 = M + e \sin E_0$. Wenn E_1 mit E_0 übereinstimmt, ist die Rechnung fertig, andernfalls wird mit E_1 ein verbesserter Wert $E_2 = M + e \sin E_1$ ermittelt und das Verfahren solange fortgesetzt, bis Übereinstimmung eintritt. Solange die Exzentrizität nicht extrem groß ist, kann man immer $E_0 = M$ als brauchbare erste Näherung benutzen. Nach einiger Übung findet man meist die Lösung der Kepler'schen Gleichung mit wenigen Schritten.

Aus der exzentrischen Anomalie kann man den Radiusvektor und die wahre Anomalie mit den Formeln

$$r \cos v = a(\cos E - e)$$
$$r \sin v = a\sqrt{1 - e^2}\sin E$$
$$\mu a^{3/2} = k = 3548\overset{''}{.}18761$$
$$a \text{ in astronomischen Einheiten}$$

finden. Aus ihnen folgen sofort die rechtwinkligen heliozentrischen Koordinaten des Planeten, bezogen auf die Ekliptik:

$$x = r(\cos \Omega \cos(v + \omega) - \sin \Omega \sin(v + \omega) \cos i)$$
$$y = r(\sin \Omega \cos(v + \omega) + \cos \Omega \sin(v + \omega) \cos i)$$
$$z = r \sin(v + \omega) \sin i\,.$$

Zur Umwandlung der heliozentrischen Koordinaten in geozentrische benötigt man die heliozentrischen Koordinaten der Erde, welche den geozentrischen Koordinaten der Sonne entgegengesetzt gleich sind. Bezeichnet man mit λ, β die ekliptikalen Koordinaten des Planeten, mit L, B die ekliptikalen Koordinaten der Sonne für die Zeit t und schließlich mit R bzw. Δ die Abstände Erde—Sonne bzw. Erde—Planet, dann gelten folgende Beziehungen:

$$\Delta \cos \beta \cos \lambda = x + R \cos B \cos L$$
$$\Delta \cos \beta \sin \lambda = y + R \cos B \sin L$$
$$\Delta \sin \beta = z + R \sin B$$

Damit ist die Rechnung abgeschlossen. Beachtet werden muß, daß selbstverständlich die Bahnelemente, welche die Lage der Bahn im Raum kennzeichnen (Ω, ω und i), sich auf das gleiche Äquinoktium wie die Sonnenkoordinaten beziehen müssen.

Die Berechnung der Örter von Kometen mit parabolischen Bahnen verläuft im Prinzip in gleicher Weise, nur tritt an die Stelle der Kepler'schen Gleichung eine andere Gleichung, aus der sofort die wahre Anomalie als Funktion der Zeit bestimmt werden kann. Sie lautet

$$\operatorname{tg}\frac{v}{2} + \frac{1}{3}\operatorname{tg}^3\frac{v}{2} = \frac{k(t - T)}{\sqrt{2}\, q^{3/2}}\,.$$

In ihr ist unter q die „Periheldistanz" verstanden, d. h. die kleinste Entfernung, die der Komet von der Sonne im sonnennächsten Punkt der Parabel hat; sie ist eines der Bahnelemente und muß als bekannt vorausgesetzt werden, wenn eine Ephemeridenrechnung gemacht werden soll. Wenn die wahre Anomalie ermittelt ist, erhält man den Radiusvektor aus

$$r = q \sec^2 \frac{v}{2}$$

und die restliche Rechnung verläuft genau wie bei einer elliptischen Bahn.

Die scheinbare Helligkeit der Planeten ändert sich erheblich mit ihrer Entfernung sowohl von der Erde als auch von der Sonne; außerdem hat wegen der verschieden vollständigen Beleuchtung der Scheibe auch der Phasenwinkel einen Einfluß. Man versteht unter ihm den Winkel, den vom Planeten aus die Richtungen zur Sonne bzw. zur Erde bilden und er folgt aus der Formel

$$\operatorname{tg}\frac{p}{2} = \sqrt{\frac{(\sigma - r)(\sigma - \Delta)}{\sigma(\sigma - R)}} \text{ mit } \sigma = \frac{1}{2}(R + r + \Delta)\,.$$

Die Änderungen der Helligkeiten der Planeten infolge der Veränderungen der Abstände von Erde und Sonne folgen streng dem geometrischen Gesetz von der Abnahme der Helligkeit umgekehrt zum Quadrat der Entfernung und führen bei Übertragung auf die astronomische Größenklassenskala auf die Formel

$$m = m_0 + 5 \log r + 5 \log \Delta ,$$

in welcher die „Konstante" m_0 für jeden Planeten einen anderen Wert hat und außerdem noch vom Phasenwinkel abhängt. Nach photometrischen Messungen ist

$$\begin{aligned}
&\text{für Merkur } m_0 &&= +1\overset{m}{.}16 + 0\overset{m}{.}0284\,(p - 50^\circ) + 0\overset{m}{.}0001023\,(p - 50^\circ)^2\\
&\text{für Venus} &&= -4\overset{m}{.}00 + 0\overset{m}{.}0132\,p + 0\overset{m}{.}000000425\,p^3\\
&\text{für Mars} &&= -1\overset{m}{.}30 + 0\overset{m}{.}0149\,p\\
&\text{für Jupiter} &&= -8\overset{m}{.}93\\
&\text{für Uranus} &&= -6\overset{m}{.}85\\
&\text{für Neptun} &&= -7\overset{m}{.}05
\end{aligned}$$

Für Planeten, deren Entfernung größer als die des Mars ist, kann der Einfluß der Phase vernachlässigt werden. In der Liste fehlt Saturn, dessen scheinbare Helligkeit in komplizierter Weise von der Stellung des Rings relativ zur Erde abhängt.

Sehr oft steht der Beobachter vor der Aufgabe, die Koordinaten eines Punktes auf der beobachteten Scheibe eines Planeten relativ zu dessen Äquatorebene festzulegen. In den meisten Fällen läßt sich diese Aufgabe mit genügender Genauigkeit graphisch lösen. Dennoch geht es nicht ganz ohne Rechnung. Man benötigt die Rektaszension A und die Deklination D desjenigen Punktes an der Sphäre, nach welchem das Nordende der Rotationsachse des Planeten weist; für diese Größen gilt

$$\begin{aligned}
&\text{bei Mars} \quad A &&= 317\overset{\circ}{.}8 + 0\overset{\circ}{.}8\,T \quad & D &= +54\overset{\circ}{.}7 + 0\overset{\circ}{.}3\,T\\
&\text{bei Jupiter} &&= 268\overset{\circ}{.}0 + 0\overset{\circ}{.}1\,T & &= +64\overset{\circ}{.}6 - 0\overset{\circ}{.}0\,T\\
&\text{bei Saturn} &&= 38\overset{\circ}{.}2 + 4\overset{\circ}{.}0\,T & &= +83\overset{\circ}{.}3 + 0\overset{\circ}{.}4\,T;
\end{aligned}$$

die Angaben gelten für 1950, die Zeit T ist in Jahrhunderten ab 1950 zu rechnen. Die Änderungen rühren von der Präzession her.

Für die weitere Behandlung der Aufgabe benötigt man zwei Größen b_0 und β, die man aus den Formeln

$$\sin b_0 = -\cos\delta\cos D\cos(\alpha - A) - \sin\delta\sin D$$

$$\operatorname{tg}\beta = \frac{\sin(\alpha - A)}{\sin\delta\cos(\alpha - A) - \cos\delta\operatorname{tg} D}$$

erhält. Wenn man dann auf Papier die Planetenscheibe als Kreis vom Radius s aufzeichnet, befindet sich der sichtbare Pol des Planeten in einem Punkt P, der von der Kreismitte den Abstand $s \cos b_0$ hat und im Positionswinkel β liegt, letzterer Winkel von Nord über Ost, Süd und West positiv von 0° bis 360° gezählt. Im übrigen werden die Größen b_0 und β in den meisten Jahrbüchern tabuliert. Seiner geometrischen Bedeutung nach ist b_0 die planetographische Breite der Erde über dem Äquator des Planeten.

Wenn die Lage des sichtbaren Pols auf der Planetenscheibe festliegt, zeichnet man auf dieser am besten ein Gradnetz ein, das je nach den Genauigkeitsansprüchen in planetographischer Länge und Breite mehr oder weniger engmaschig ist. Der Scheibendurchmesser MP, der den Mittelpunkt mit dem sichtbaren Pol verbindet (Abb. 1), ist die Projektion des Zentralmeridians im Augenblick der Beobachtung; alle anderen Meridiane werden nicht als gerade Linien, sondern als Ellipsen projiziert, die durch den Punkt P gehen. Will man z. B. einen Meridian einzeichnen, dessen Länge sich vom Zentralmeridian um den Betrag $l - l_0$ unterscheidet (s. Figur), dann hat man durch den Mittelpunkt M einen Scheibendurchmesser zu ziehen, dessen Richtung mit MP den Winkel γ bildet, der aus

$$\operatorname{tg}\gamma = \sin b_0 \operatorname{tg}(l - l_0),$$

$$l_0 = \text{Länge des Zentralmeridians,}$$

folgt. Dieser Durchmesser ist die große Achse einer Ellipse, die im übrigen durch den sichtbaren Pol P geht und den gewünschten Meridian darstellt.

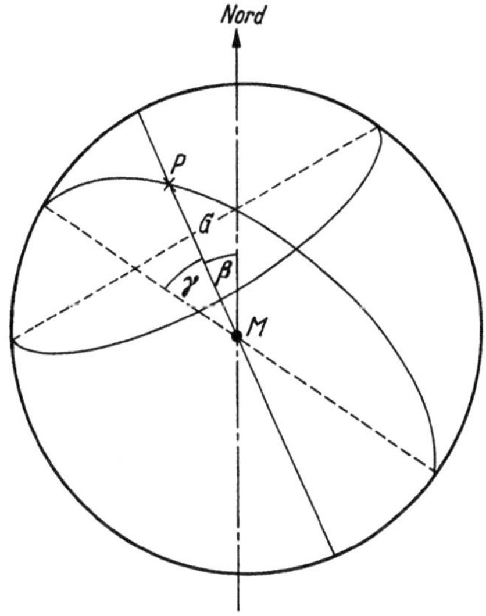

Abb. 1.

Auch die Breitenkreise projizieren sich auf die Planetenscheibe als Ellipsen. Will man einen Kreis der planetographischen Breite b einzeichnen, dann hat man zunächst auf der Geraden MP einen Punkt G aufzusuchen, den von M den Abstand $s \cos b_0 \sin b$ hat. Die große Achse derjenigen Ellipse, die den gewünschten Breitenkreis darstellt, steht auf MP senkrecht und hat die Länge $s \cos b$; die kleine Achse ist gleich $s \cos b \sin b_0$.

Hat man nach dieser Vorschrift ein genügend enges Netz von Längen- und Breitenkreisen gezogen, dann legt man es einfach auf die am Fernrohr angefertigte Zeichnung der Planetenoberfläche auf und liest für die einzelnen gezeichneten Gebilde die planetographischen Koordinaten ab. Notwendig ist dann nur noch die Kenntnis der planetographischen Länge l_0 des Zentralmeridians. Sie ist in den Jahrbüchern von Tag zu Tag angegeben, bezüglich der Formeln für ihre Berechnung vgl. *Handbuch der Astrophysik*[1].

[1] Handbuch der Astrophysik, Band 4, S. 363, Berlin: Springer 1929.

V. Grundbegriffe der sphärischen Astronomie

Von

K. Schütte

Universität, München

Mit 6 Textabbildungen

1. Einleitung

Im folgenden wird versucht, einen kurzen Überblick über die Grundbegriffe der sphärischen Astronomie zu geben. Dies heute meist sehr vernachlässigte Gebiet bildet eigentlich immer noch die Grundlage vieler astronomischen Forschungs- und Arbeitszweige, auch wenn es nicht immer mehr deutlich erkannt wird.

So wird auch der Liebhaberastronom Vorteile davon haben, wenn ihm die Grundlagen geläufig sind, sofern er sich nicht nur darauf beschränkt, den Himmel gelegentlich ohne weiteren Sinn und Zweck zu beobachten. Sobald er nur an irgend eine Reduktion und weitere Verwertung seiner Beobachtungen denkt, kann er ohne die Kenntnis der Grundlagen nicht auskommen.

Sehr schwierig ist die Entscheidung, wo man beginnen soll, und was noch zum Gebiet der sphärischen Astronomie gehört. In dem hier zur Verfügung stehenden Raum mußte auf manches verzichtet werden. Auch eine Ableitung der Formeln mußte unterbleiben; sie gehört in die ausführlichen Lehrbücher der sphärischen Astronomie. Somit wurde vorausgesetzt, daß der Benutzer dieses Kapitels mit dem folgenden vertraut ist:

a) Kenntnis des logarithmischen Rechnens,
b) Kenntnis der trigonometrischen Funktionen,
c) Kenntnis der Grundlagen der Fehlerrechnung und der Methode der kleinsten Quadrate (s. S. 78).

Hinweise auf weitere Literatur finden sich im Literaturverzeichnis Seite 347. Einige in der sphärischen Astronomie wichtige Tafeln sind in den Tafelanhang des Buches aufgenommen, so daß im Text nur ein Hinweis nötig war.

2. Die Koordinaten

a) Die Koordinaten auf der Erde; geographische und geozentrische Breite

Wir beginnen mit der Erläuterung der wichtigsten astronomischen Koordinatensysteme.

Solange man nicht mit dem Raumfahrzeug die Erde verläßt, beobachtet man im allgemeinen von der Erdoberfläche aus. Ein Punkt auf der Erdoberfläche ist durch die Angaben von 3 Daten bestimmt:

1. die *geographische Breite* $= \varphi$,
2. die *geographische Länge* $= \lambda$,
3. die *Seehöhe* über NN $= h$.

Die geographische Breite wird vom Erdäquator aus von 0° bis 90° bis zu den Polen gezählt, nach Norden positiv, nach Süden negativ. Alle Kreise parallel zum Erdäquator heißen *Breitenparallele*; diese sind kleiner als der Äquator.

Jede Ebene durch die gedachte Erdachse steht senkrecht auf dem Äquator und schneidet die Erdoberfläche in den *Meridianen* (Abb. 1). Mit ihrer Hilfe wird die geographische Länge gezählt, wobei der durch die Sternwarte Greenwich gehende Meridian international als *Nullmeridian* angenommen wird. Von hier aus zählen die Längen von 0° bis 180°, und zwar westlich Greenwich positiv, östlich negativ.

Die Bestimmung der geographischen Koordinaten, der Figur und Größe der Erde ist eine Aufgabe der Astronomie und Geodäsie. In Wirklichkeit ist die Erde aber keine genaue Kugel, sondern genähert ein etwas abgeplattetes Ellipsoid. Aus praktisch rechnerischen Gründen wählt man als Bezugsfläche ein sogenanntes *Referenzellipsoid,* das ist ein solches Ellipsoid, auf dem die Richtung der Senkrechten (Normalen) am besten mit der Lotrichtung auf der wirklichen Erdoberfläche übereinstimmt. Gemäß internationaler Übereinkunft wird heute allgemein mit den folgenden Dimensionen dieses Referenzellipsoides gerechnet (nach Hayford, 1927)

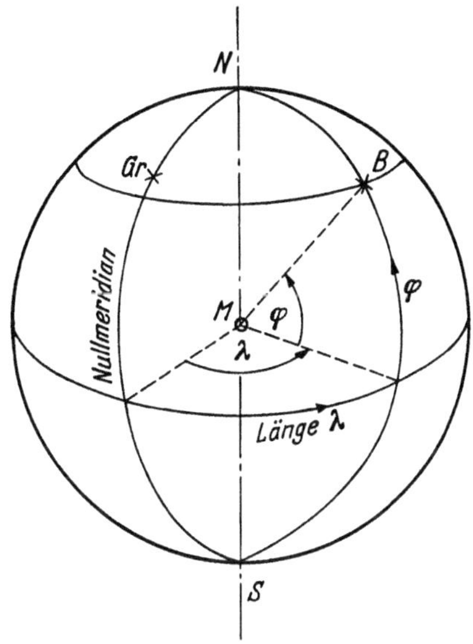

Abb. 1.

a = große Halbachse = Äquatorradius = 6378.388 km,

b = kleine Halbachse = Polarradius = 6356.912 km,

Hieraus folgt die *Abplattung* $\mathfrak{a} = \frac{a-b}{a} = 1/297.00$

Der Polarradius ist also um 21.5 km kleiner als der Äquatorradius. Die physische (wirkliche) Erdoberfläche weicht überall mehr oder weniger vom Referenzellipsoid ab[1].

Als Folge der ellipsoidischen Gestalt der Erde besteht ein Unterschied zwischen der durch das Lot bestimmten geographischen Breite φ und der durch die Richtung nach dem Erdmittelpunkt gegebenen geozentrischen Breite φ'. Er ist gegeben durch:

$$\varphi - \varphi' = 695.''65 \cdot \sin 2\varphi - 1.''17 \cdot \sin 4\varphi \cdots .$$

Entsprechend ist der Abstand r' eines Punktes der Erdoberfläche im Meeresniveau vom Erdmittelpunkt gegeben durch:

$$r' = a(0.998320 + 0.001684 \cos 2\varphi - 0.000004 \cos 4\varphi \cdots),$$

wo a den Äquatorradius bedeutet.

b) Das Koordinatensystem des Horizontes

Denkt man sich durch den Beobachtungsort eine Ebene senkrecht zur Lotrichtung gelegt, so schneidet diese das scheinbare Himmelsgewölbe in einem Kreise, dem *Horizonte* (genauer gesagt dem *scheinbaren Horizonte*). Senkrecht über dem Beobachter liegt das *Zenit*, die Richtung senkrecht nach unten weist nach dem *Nadir* (Abb. 2).

In jedem beliebigen Punkte des Horizontes kann man sich einen Kreis errichtet denken, der senkrecht auf dem Horizonte steht. Ein solcher Kreis heißt *Höhen-*

[1] Im Gegensatz hierzu bezeichnet man als „*Geoid*" eine Niveaufläche, die durch die Meeresoberfläche gegeben ist.

kreis, und alle Höhenkreise schneiden sich im Zenit (und unter dem Horizonte im Nadir). Auf dem Höhenkreis wird die *Höhe* eines Gestirnes über dem Horizonte von 0° bis 90° (Zenit) gezählt. Alle über dem scheinbaren Horizonte gemessenen Höhen sind sogenannte *scheinbare Höhen* (h). Sie sind durch die astronomische Strahlenbrechung gegenüber der wahren Höhe etwas vergrößert. Statt der Höhe h wird oft auch die *Zenitdistanz* $z = 90° - h$ verwendet.

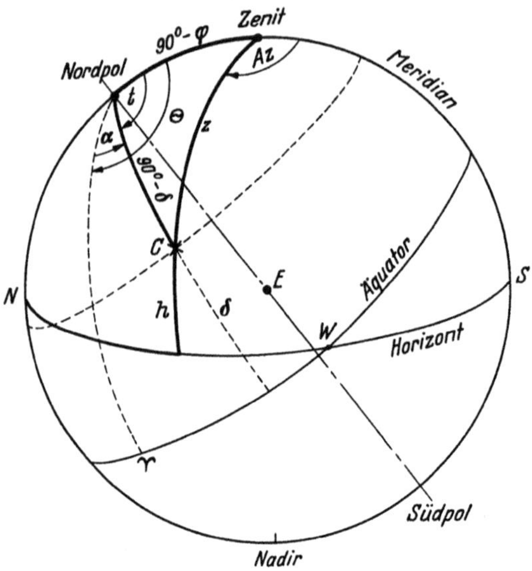

Abb. 2.

Eine Ebene, die parallel zum scheinbaren Horizont durch den Erdmittelpunkt gelegt wird, schneidet die Sphäre im *wahren Horizont*. Die auf ihn bezogenen Höhen heißen *wahre Höhen*. Ist die Entfernung eines Gestirnes endlich, so sind die wahre und die scheinbare Höhe verschieden; der Unterschied beider kann z. B. beim Monde beiläufig 1° erreichen. Die zweite Koordinate des Horizontsystems ist durch die Richtung des Gestirnes gegeben. Diese erhält man, wenn man die Richtung des Fußpunktes des Höhenkreises durch den Stern im Horizonte angibt. Diese Richtung heißt das *Azimut* (Az); es wird in der Astronomie von Süden nach Westen, Norden, Osten von 0°—360° gezählt. In der Geodäsie dagegen beginnt die Zählung im Norden und läuft im gleichen Sinne herum. Die 4 Punkte des Horizontes mit den Azimuten 0°, 90°, 180°, 270° heißen *Südpunkt*, *Westpunkt*, *Nordpunkt* und *Ostpunkt*. Der Höhenkreis, der durch Südpunkt — Zenit und Nordpunkt geht, ist der *Ortsmeridian*, der senkrecht darauf stehende Höhenkreis durch Westpunkt — Zenit und Ostpunkt heißt der 1. *Vertikal*.

Jedes Gestirn überquert infolge der Erdrotation den Meridian zweimal während eines Tages, einmal in höchster Stellung, in *oberer Kulmination* (O. C.), meistens im Süden, und einmal im Norden in tiefster Stellung, in *unterer Kulmination* (U. C.). Für einige Gestirne liegen beide Kulminationen über dem Horizonte; man nennt diese Gestirne *zirkumpolar*.

Die Bedingung dafür, daß ein Gestirn zirkumpolar bleibt, ist gegeben durch die Beziehung:

$$\delta \geqq 90° - \varphi,$$

wobei φ die geographische Breite und δ die Deklination des Gestirnes bedeuten.

Alle Gestirne, die diese Bedingung *nicht* erfüllen, gehen auf und unter. Die Lage ihrer Auf- und Untergangspunkte im Horizonte und die Art und Weise ihrer Bewegung über dem Horizonte hängen ab von der geographischen Breite und der Deklination des Gestirnes.

Für einen Punkt am Erdäquator gehen alle Gestirne senkrecht zum Horizont auf. Je mehr man sich vom Äquator entfernt, um so flacher wird der Winkel, den ihre Bewegung beim Auf- oder Untergange mit dem Horizonte bildet. An den Polen der Erde beschreiben alle Gestirne Kreise parallel zum Horizont; sie gehen infolgedessen niemals auf oder unter. Ausgenommen hiervon sind lediglich Sonne,

Mond, Planeten und Kometen, die infolge ihrer eigenen Bewegung auch an den Polen auf- und untergehen können. Den Abstand eines Gestirnes beim Auf- oder Untergang vom Ost- oder Westpunkt nennt man auch *Morgen-* oder *Abendweite.*

c) Das System des Äquators. Frühlingspunkt und Sternzeit

Der Hauptnachteil des Horizontsystems ist, daß die Koordinaten jedes Gestirnes sich im Laufe des Tages dauernd verändern und daß sie von Ort zu Ort verschieden sind. Dieser Nachteil fällt beim System des Äquators zum großen Teil fort. Denkt man sich die Ebene des Erdäquators verlängert, so schneidet sie die scheinbare Himmelskugel im *Himmelsäquator.* Die auf dieser Ebene senkrecht stehende gedachte Rotationsachse der Erde schneidet die Himmelskugel im Nord- und Südpol des Himmels. In dem so definierten System können wir ebenfalls die Koordinaten eines Sternes angeben, in direkter Analogie zu den geographischen Koordinaten eines Punktes auf der Erdoberfläche.

Zunächst zählt man den Abstand eines Sternes vom Himmelsäquator nach Norden und Süden bis zum Himmelspol von 0° bis 90° und nennt ihn *Deklination* (δ). Sie wird nach Norden positiv, nach Süden negativ gezählt. Jeder durch einen Stern senkrecht zum Äquator gehender Großkreis heißt *Deklinationskreis.*

Entsprechend der geographischen Länge erfolgt die Zählung der anderen Koordinate auf dem Äquator. Als Nullpunkt hierfür nimmt man den sogenannten *Frühlingspunkt,* auch *Widderpunkt* genannt (♈) an, als einen der beiden Schnittpunkte des Himmelsäquators mit der Sonnenbahnebene (Ekliptik). Wenn die Sonne in diesem Punkte steht, ist es Frühlingsanfang. Der diametral gegenüber gelegene andere Schnittpunkt der beiden Ebenen ist der *Herbstpunkt.* Vom Frühlingspunkt an zählt man nun — entsprechend der geographischen Länge — auf dem Himmelsäquator die zweite Koordinate eines Sternes bis zum Fußpunkte des durch ihn gehenden Deklinationskreises, und zwar von Westen über Süden nach Osten von 0° bis 360° (also im Sinne der jährlichen Bewegung der Sonne). Diese Koordinate heißt:

$$\text{Rektaszension} = (\text{gerade Aufsteigung}) = \text{AR} = \alpha.$$

Der Frühlingspunkt selbst hat somit die Koordinaten $\alpha = 0^h\,0^m\,0^s$ und $\delta = 0°\,0'$. Die Lage eines Sternes an der Sphäre ist durch die Angabe der beiden Koordinaten Deklination und Rektaszension eindeutig bestimmt.

Infolge der langsamen Verlagerungen des Frühlingspunktes, von denen später noch die Rede sein wird, sind die Koordinaten α, δ langsamen, teils periodischen, teils fortschreitenden Veränderungen unterworfen (s. S. 99—100).

Zwischen den beiden Koordinatensystemen des Horizontes und des Äquators kann man leicht eine Beziehung finden, wenn man noch den Begriff des *Stundenwinkels* (t) einführt. Darunter wird der jeweilige Abstand des Deklinationskreises durch den Stern vom oberen Meridian verstanden. Er wird von Süden über Westen, Norden, Osten von 0°—360° oder auch von 0^h—24^h gezählt. Bei der oberen Kulmination hat ein Stern den Stundenwinkel 0° (0^h), bei der unteren Kulmination ist dieser stets 180° (12^h). Da eine Umdrehung von 360° in 24^h erfolgt, kann man den Stundenwinkel in Zeit *oder* in Grad ausdrücken. Für diese Umrechnung gilt stets:

$$1^h = 15°$$
$$1^m = 15'$$
$$1^s = 15'' \text{ usf.}$$

Natürlich hat auch der Frühlingspunkt zu jeder Zeit — wie ein Stern — einen Stundenwinkel. Diesen nennt man *Sternzeit* (Θ). Jedesmal, wenn sich der Frühlingspunkt in O.C. befindet, ist die (Orts)-Sternzeit $\Theta = 0^h\, 0^m\, 0^s$. Zwischen Sternzeit, Rektaszension und Stundenwinkel t besteht die sehr einfache Beziehung:

$$\Theta = t + \alpha \quad \text{oder auch} \quad t = \Theta - \alpha.$$

Diese Beziehung ist von größter praktischer Bedeutung, z. B. wenn man ein Objekt am Himmel sucht oder am Refraktor einstellen will. Man merke sich dafür:

Ist $\Theta > \alpha$, so ist der Stundenwinkel *West*,
$\Theta < \alpha$, so ist der Stundenwinkel *Ost*.

d) Umwandlung der Horizontkoordinaten in Äquatorkoordinaten und umgekehrt

α) Umwandlung Horizont → Äquator

Gegeben sind: $z = 90° - h, \varphi$, Az.
Gesucht sind: t, δ.

Formeln:

$$\begin{aligned} \sin\delta &= \sin\varphi\cos z - \cos\varphi\sin z\cos \mathrm{Az},\\ \cos\delta\sin t &= \sin z\sin \mathrm{Az},\\ \cos\delta\cos t &= \cos\varphi\cos z + \sin\varphi\sin z\cos \mathrm{Az}.\end{aligned}$$

Oder, wenn man eine Hilfsgröße M einführt durch:

$$\mathrm{tg}\, M = \cos \mathrm{Az}\cdot \mathrm{tg}\, z$$

wird für die logarithmische Rechnung sehr bequem:

$$\mathrm{tg}\, t = \mathrm{tg}\, \mathrm{Az}\,\frac{\sin M}{\cos(\varphi - M)}$$

$$\mathrm{tg}\,\delta = \cos t\cdot \mathrm{tg}(\varphi - M).$$

β) Umwandlung Äquator → Horizont

Gegeben sind: $\varphi, t = \Theta - \alpha, \delta$.
Gesucht sind: Az, z.

Formeln:

$$\begin{aligned} \cos z &= \sin\varphi\sin\delta + \cos\varphi\cos\delta\cos t\\ \sin z\sin \mathrm{Az} &= \cos\delta\sin t\\ \sin z\cos \mathrm{Az} &= -\cos\varphi\sin\delta + \sin\varphi\cos\delta\cos t.\end{aligned}$$

Oder, wenn eine Hilfsgröße N eingeführt wird durch:

$$\mathrm{tg}\, N = \frac{\mathrm{tg}\,\delta}{\cos t}$$

wird für die logarithmische Rechnung sehr bequem:

$$\mathrm{tg}\, \mathrm{Az} = \mathrm{tg}\, t\,\frac{\cos N}{\sin(\varphi - N)} = \mathrm{tg}\, t\,\frac{\cos(\varphi - M)}{\sin M}$$

$$\mathrm{ctg}\, z = \cos \mathrm{Az}\, \mathrm{ctg}(\varphi - N) = \cos \mathrm{Az}\cdot \mathrm{ctg}\, M.$$

Beide Umwandlungen lassen sich also mit *einer* Hilfsgröße M ausführen.

e) Andere wichtige Koordinatensysteme und ihre Transformation

Es gibt noch 2 andere wichtige Koordinatensysteme, die oft gebraucht werden. Diese sind:

α) Das System der Ekliptik

In ihm ist die Ekliptik selbst die Grundebene. Senkrecht zu ihr werden nach Norden und Süden die (ekliptikalen) *Breiten* β von 0° bis 90° gezählt und vom Frühlingspunkt an, im gleichen Sinne wie die AR, die ekliptikalen *Längen* λ von 0° bis 360°.

Da die Neigung der Ekliptik, die sogenannte Schiefe ε bekannt ist, können auch die Koordinaten Äquator — Ekliptik und umgekehrt in einander verwandelt werden. Die Schiefe der Ekliptik ist ganz langsam veränderlich. Ihr Wert folgt aus:

$$\varepsilon = 23°27'8.''26 - 46.''84\,T - 0.''004\,T^2 + 0.''0018\,T^3$$

(T in julianischen Jahrhunderten ab 1900)

Umwandlungsformeln für die logarithmische Rechnung:

Übergang: Ekliptik → Äquator	*Übergang: Äquator → Ekliptik*
$\operatorname{tg}\alpha = \frac{\sin(P-\varepsilon)}{\sin P}\operatorname{tg}\lambda$	$\operatorname{tg}\lambda = \frac{\sin(Q+\varepsilon)}{\sin Q}\operatorname{tg}\alpha$
$\operatorname{tg}\delta = \operatorname{ctg}(P-\varepsilon)\sin\alpha$	$\operatorname{tg}\beta = \operatorname{ctg}(Q+\varepsilon)\sin\lambda$
wobei $\operatorname{tg}P = \operatorname{ctg}\beta\sin\lambda$	wobei $\operatorname{tg}Q = \operatorname{ctg}\delta\sin\alpha$.

β) Das System der Galaxis

Für stellarastronomische Untersuchungen aller Art bezieht man gerne auf die Milchstraße als Grundebene. Man spricht dann von *galaktischen Koordinaten* und zählt:

Die *galaktische Breite* b von 0° — 90° nördlich (positiv) und südlich (negativ) der galaktischen Ebene.

Die galaktische Länge l von 0° — 360°, beginnend im Schnittpunkt (aufsteigenden Knoten) der galaktischen Ebene auf dem Äquator. Dieser aufsteigende Knoten hat auf dem Äquator die Länge 280.°00.

Der galaktische Pol hat die Äquatorkoordinaten:

$$\alpha = 191.°3 \qquad \delta = +27.°7 \ (1900)$$

Gerechnet wird gewöhnlich mit den abgerundeten Werten

$$\alpha = 190°, \qquad \delta = +28° \ (1900)$$

Die Neigung der galaktischen Ebene gegen den Äquator wird zu 62.°00, die gegen die Ekliptik zu 60.°55 angenommen.

Da es bei den galaktischen Koordinaten meist nicht auf größte Genauigkeit ankommt, stehen für die Übertragung eine Reihe von Hilfstafeln zur Verfügung, die für fast alle Fälle eine ausreichende Genauigkeit geben.[1]

3. Die Zeit und die Erscheinungen der täglichen Bewegung

a) Die Zeitdefinition

α) Wahre Zeit, mittlere Sonnenzeit und Zeitgleichung

Die Grundlage für die Zeitrechnung bilden die Rotation der Erde und ihr Umlauf um die Sonne.

Ursprünglich gab die Sonne unsere Tageseinteilung. Wenn man aber die Zeiten zwischen zwei aufeinander folgenden oberen Kulminationen der Sonne an einem

[1] K. Schütte: Die Transformation beliebiger sphärischer Koordinatensysteme mit einer einzigen immerwährenden Hilfstafel. Astr. Nachr. **270**, 76 (1940).

festen Orte genauer beobachtet, so wird man bemerken, daß diese Zwischenzeiten nicht unbeträchtlichen Schwankungen unterworfen sind. Somit ist die durch den Stundenwinkel der wahren Sinne von der Natur gegebene *wahre Sonnenzeit* (w⊙Z) ungleichförmig und für eine genauere Zeiteinteilung im praktischen Leben ungeeignet. Die Gründe für diese Ungleichförmigkeit sind zweierlei:

1. Die Erdbahn um die Sonne ist kein Kreis, sondern eine Ellipse. Nach dem 2. Keplerschen Gesetz kann somit die Sonne in gleichen Zeitabschnitten nicht die gleichen Bahnbögen am Himmel zurücklegen.
2. Selbst wenn die Sonne in der Ekliptik in gleichen Zeitabschnitten gleich große Bahnbögen zurücklegte, so würde dennoch die Projektion derselben auf den Himmelsäquator, auf dem wir die Zeit messen, infolge der gegenseitigen Neigung Äquator-Ekliptik ungleichmäßige Abschnitte ergeben.

Man führt infolgedessen eine gedachte *(fingierte) mittlere Sonne* ein, die gleichzeitig mit der wahren Sonne durch den Frühlingspunkt geht, sich dabei aber mit gleichförmiger Geschwindigkeit auf dem Äquator bewegt. Die hierdurch definierte *mittlere Sonnenzeit* (m⊙Z) ist dann ein gleichförmiges Zeitmaß.

Der Stundenwinkel dieser mittleren Sonne heißt *mittlere Ortszeit* (mOZ) und ist von Ort zu Ort verschieden. Die mittlere Sonnenzeit und auch die wahre Sonnenzeit sind also Ortszeiten.

Die Differenz

$$m\text{ittlere} - w\text{ahre Sonnenzeit} = z$$

heißt *Zeitgleichung*. Bis zum Jahre 1930 wurde sie in dem eben gegebenen Sinne $m - w = z$ gebraucht. Ab 1930 wurde durch eine Festsetzung der Internationalen Astronomischen Union (IAU) das Vorzeichen umgekehrt in:

$$w - m = z \text{ (ab 1930)}$$

Beim Gebrauch der Jahrbücher vergewissere man sich stets, in welchem Sinne die Zeitgleichung gegeben ist, da nicht alle Jahrbücher den Vorzeichenwechsel mitgemacht haben.

Im *wahren Mittag* ist somit

$$w = 0$$

$$\text{also } m = -z.$$

Viermal im Jahre wird die Zeitgleichung Null, nämlich am 16. April, 14. Juni, 2. September und 25. Dezember. Die Extrema dagegen sind:

Extrema der Zeitgleichung

	$w - m$
11. Febr.	$-14^{m}3$
14. Mai	$+\ 3^{m}7$
26. Juli	$-\ 6^{m}4$
3. Nov.	$+16^{m}4$

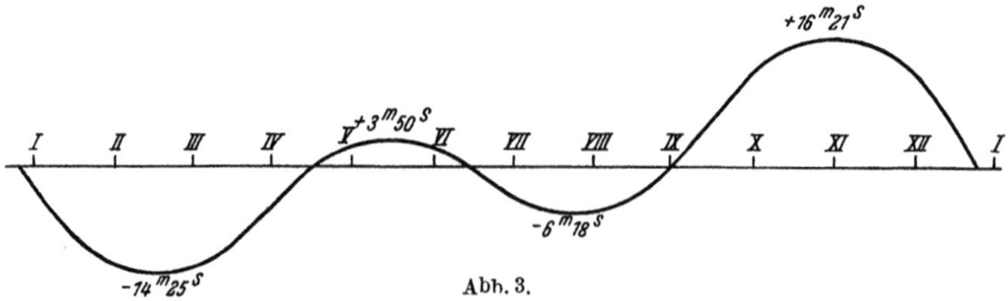

Abb. 3.

Den Verlauf der Zeitgleichung während des ganzen Jahres zeigt Abb. 3.

β) Die Sternzeit

Die Sternzeit wurde schon früher (S. 93) als der Stundenwinkel des Frühlingspunktes definiert. Ein Tag = 24 Stunden Sternzeit liegen also zwischen 2 oberen Kulminationen des Frühlingspunktes. Die Sternzeit ist ebenfalls eine Ortszeit. Es war:

$$\Theta = t + \alpha.$$

Für $t = 0^h$ wird $\Theta = \alpha$.

Im Meridian ist bei der oberen Kulmination eines Sternes seine AR somit gleich der Sternzeit. Man kann also auch sagen, die Sternzeit ist nichts anderes als die AR aller Sterne, die im gleichen gegebenen Moment gleichzeitig in oberer Kulmination sind. Natürlich hat auch die fingierte mittlere Sonne bei ihrer oberen Kulmination eine bestimmte AR; diese wird bezeichnet als die

Sternzeit im mittleren Mittag[1].

In den astronomischen Jahrbüchern findet man im allgemeinen die Sternzeit für 0^h *Weltzeit* von Tag zu Tag angegeben. Diese gilt nur für den Meridian von Greenwich, und da die Sternzeit eine Ortszeit ist, muß man, um die Sternzeit in mittlerer Mitternacht für einen anderen Erdort, mit der Längendifferenz $\Delta\lambda$ (in Stunden) gegen Greenwich, zu erhalten, die Korrektion:

$$\text{Korr. d. Sternzeit} = \pm\, 9^s\!.8565 \cdot \Delta\lambda \text{ für } \left\{\begin{matrix}\text{westl.}\\ \text{östl.}\end{matrix}\right\} \text{Länge}$$

anbringen.

b) Beziehung zwischen Sternzeit und mittlerer Zeit

Ein Sterntag ist etwas kürzer als ein mittlerer Tag, weil die Sonne täglich ein Stück nach Osten weiterwandert und so jeden Tag etwas *später* in O.C. gelangt als z. B. ein fester Stern, mit dem sie einen Tag vorher gleichzeitig in O.C. war. Wenn man zweckmäßig einen Sterntag ebenfalls in 24^h zu je 60^m zu je 60^s einteilt, so ergibt sich, daß jede Einheit der Sternzeit etwas kürzer sein wird, als die entsprechende Einheit mittlerer Zeit. Während eines tropischen Jahres[2] bewegt sich die Sonne von Frühlingspunkt zu Frühlingspunkt. Dies erfolgt in 365.2422 mittleren Sonnentagen. In dieser Zeit ist die Sonne einmal herum gewandert, ein Fixstern kommt also einmal mehr zur oberen Kulmination als die Sonne. Infolgedessen ist:

$$1 \text{ mittl. Sonnentag} = \frac{366.2422}{365.2422} \text{ Sterntage}$$

$$\text{oder } 1 \text{ Sterntag} = \frac{365.2422}{366.2422} \text{ mittl. Sonnentage.}$$

Daraus folgt:

$$24^h\,0^m\,0^s \text{ mittl. Zeit} = (24^h + 3^m\,56^s\!.555) \text{ Sternzeit}$$

$$24^h\,0^m\,0^s \text{ Sternzeit} = (24^h - 3^m\,55^s\!.909) \text{ mittl. Zeit.}$$

Oder auf eine Stunde umgerechnet:

$$1^h \text{ mittlere Sonnenzeit} = (1^h + 9^s\!.856) \text{ Sternzeit,}$$

$$1^h \text{ Sternzeit} = (1^h - 9^s\!.829) \text{ mittl. Sonnenzeit.}$$

---

[1] In Strenge ist die Sternzeit kein ganz gleichförmiges Zeitmaß, da sie durch den Frühlingspunkt definiert ist; dieser aber führt infolge der Nutation (s. S. 100) eine geringe periodische Schwankung mit einer Amplitude von $1^s\!.05$ in 18.7 Jahren aus. Für alle Beobachtungen ist die Sternzeit praktisch als gleichförmig anzusehen.

[2] Erklärung des Begriffes tropisches Jahr, s. S. 104.

Für die Umrechnung gibt es auch bequeme Tabellen (s. Tab. 5 und 6 im Anhang). Für sehr viele Zwecke wird eine einfache genäherte Regel genügen, die Börgen 1902 gegeben hat:

Auf je 1^h mittl. Zeit *gewinnt* die Sternzeit $(10 - 1/7)^s$.
Auf je 1^h Sternzeit *verliert* die mittl. Zeit $(10 - 1/6)^s$.

Der Fehler dieser Näherung ist im ersten Falle nur $0{,}^s00067$, im zweiten $0{,}^s00379$ pro Stunde.

c) Die Erscheinungen der täglichen Bewegung (Formelzusammenstellung)

Die wichtigsten Erscheinungen der täglichen Bewegung seien jetzt übersichtlich zusammengestellt und durch einige Formeln ergänzt.

Obere Kulmination: $z_s = (\varphi - \delta)$ Stern südlich Zenit,
$z_n = (\delta - \varphi)$ Stern nördlich Zenit.

Untere Kulmination: $z = 180° \mp (\varphi + \delta)$ für $\begin{matrix}\text{nördliche}\\ \text{südliche}\end{matrix}$ Breite,

Sterne zirkumpolar, wenn $\delta \geqq 90° - \varphi$.

Auf- und Untergang (ohne Refraktion):

Stundenwinkel: $\cos t_0 = -\operatorname{tg}\delta \operatorname{tg}\varphi$, t_0 heißt *halber Tagbogen* (s. Tab. S. 314).

Azimut (s. Tab. S. 313):

$$\cos Az_0 = -\frac{\sin\delta}{\cos\varphi} \quad (Az_0 \leqq 90°, \text{ wenn } \delta \leqq 0°).$$

Durchgang durch den 1. *Vertikal* (Az = 90°):

Zenitdistanz: $\cos z = \dfrac{\sin\delta}{\sin\varphi}$

Stundenwinkel: $\cos t = \operatorname{tg}\delta \operatorname{ctg}\varphi$ (oberhalb des Horizontes, nur wenn δ, φ gleiches Vorzeichen haben und wenn $|\delta| < |90° - \varphi|$.

Größte Digression (größtmöglichstes Azimut). Oberhalb des Horizontes nur, wenn δ, φ gleichnamig sind, und $|\varphi| < |\delta|$

Zenitdistanz $\cos z = \dfrac{\sin\varphi}{\sin\delta}$

Stundenwinkel $\cos t = \operatorname{ctg}\delta \cdot \operatorname{tg}\varphi$

Azimut $\sin Az = \dfrac{\cos\delta}{\cos\varphi}$

(wobei das Azimut hier von Norden zu zählen ist)

Größte Digression und Durchgang durch den 1. Vertikal schließen sich gegenseitig aus.

4. Die Veränderungen der Koordinaten

a) Eigenbewegung und Präzession

Während die Koordinaten eines Gestirnes im Horizontsystem meist sehr schnellen Veränderungen mit der Zeit unterworfen sind, erleiden die Koordinaten in den anderen Systemen ganz langsame Veränderungen, deren Kenntnis auch für den Sternfreund nützlich ist.

Diese Veränderungen sind:

α) *Die Eigenbewegung* (EB)

Seit Halley (1718) weiß man, daß die Fixsterne ihren Ort am Himmel relativ zueinander verändern. Sie führen nämlich — wie auch die Sonne — Bewegungen im Raume aus, deren Komponente senkrecht zur Blickrichtung uns als eine Ortsveränderung erscheint, die man *Eigenbewegung* (EB) nennt. Infolge der sehr großen Entfernung der Fixsterne ist diese EB sehr klein und wurde erst so spät entdeckt. Seit Halley, der nur die EB einiger weniger Sterne nachweisen konnte, kennt man heute mehr als 300000 EB. Die größte bekannte jährliche EB von 10.″27 besitzt ein schwaches Sternchen $9^{\mathrm{m}}7$. Nur wenige Sterne haben eine jährliche EB von mehr als 1.″0. So findet man z. B. im neuen Generalkatalog von L. Boss unter über 33000 Sternen nur etwa 100, deren jährliche EB $>$ 0.″10 ist. Die jährliche EB wird in die beiden Komponenten in Richtung der AR und der Deklination zerlegt; man nennt diese μ_α und μ_δ. Im allgemeinen wird der Sternfreund, von Ausnahmen abgesehen, auf die jährliche EB keine Rücksicht zu nehmen brauchen.

β) *Die Präzession*

Die Präzession ist von größter Bedeutung, da sie eine sehr bald merkliche Veränderung der Koordinaten α, δ zur Folge hat. Die Anziehung von Sonne und Mond auf den Äquatorwulst der rotierenden Erde bewirkt eine Bewegung der Polarachse derart, daß diese in rund 26000 Jahren einen Umlauf um den Pol der Ekliptik vollführt. Die Erde verhält sich also wie ein Kreisel. Diese Umlaufszeit von 25725 Jahren heißt auch das *platonische Jahr* und die Bewegung der Polachse des Äquators um den Pol der Ekliptik heißt *Präzession*. Sie wurde schon im 2. Jahrhundert v. Chr. von Hipparch erkannt und äußert sich in einem der Zeit proportionalen (säkularen) Rückwärtswandern des Frühlingspunktes. Der größte Teil der Präzession, die sogenannte *Lunisolarpräzession* hängt ab von der Ungleichheit der Trägheitsmomente der Erde und kann *nur* empirisch bestimmt werden. Sie ist gegeben durch (Werte nach Newcomb):

jährliche *Lunisolarpräzession*

$p_0 = 50.''3708 + 0.''0000495\, t$ (t in tropischen Jahren seit 1900).

Zu dieser kommt noch eine entsprechende Wirkung der Planeten:

jährliche *Planetenpräzession*

$p_{\mathrm{Pl}} = -\ 0.''1248 - 0.''0001887\, t.$

Die Gesamtwirkung ist die sogenannte *allgemeine Präzession*:

$$p = 50.''2564 + 0.''000225\, t.$$

Die Präzession hat zur Folge, daß die Länge eines Sternes dauernd zunimmt.

$p_0 \cdot \sec \varepsilon$ heißt nach Newcomb *Präzessionskonstante*

Um den Einfluß der Präzession auf die Koordinaten α, δ zu erhalten, führt man zweckmäßig die beiden Komponenten m, n der jährlichen Präzession in Richtung der Rektaszension und Deklination ein:

$$\left.\begin{aligned} m &= +46.''092 + 0.''0002797\, t \\ &= 3.^{\mathrm{s}}0728 + 0.^{\mathrm{s}}00001865\, t \\ n &= +20.''051 - 0.''0000834\, t \end{aligned}\right\} \text{wobei } t \text{ wieder in Jahren ab 1900 gerechnet ist.}$$

Für einen beliebigen Stern mit den Koordinaten α, δ sind die jährlichen Veränderungen derselben dann:

$$p_\alpha = m + n \sin\alpha \operatorname{tg}\delta$$
$$p_\delta = n \cos\alpha.$$

Man erkennt, daß p_α meistens positiv ist, während p_δ das gleiche Vorzeichen hat wie $\cos\alpha$. Die hiernach gerechneten Werte p_α und p_δ finden sich in Tab. 9 S. 320.

Zur Zeit steht dem Himmelspol der Stern α im Kleinen Bären ziemlich nahe; er wird ihm im Jahre 2115 am nächsten und dann nur noch 28′ von ihm entfernt sein. Um 14000 wird die helle Wega (Lyrae) „Polarstern" sein.

Um die Wirkung der Präzession auf die Sternörter auf einige Jahre, Jahrzehnte oder Jahrhunderte zu berechnen, benutzt man in der Regel eine Reihenentwicklung der Form:

$$\alpha, \delta = \alpha_0, \delta_0 + \tau\,\mathrm{I} + \frac{\tau^2}{200}\,\mathrm{II} + \left(\frac{\tau}{100}\right)^3 \mathrm{III}$$

Wobei als Zeiteinheit von τ ein Jahr ist. Die Glieder I, II, III sind gewöhnlich in den Sternkatalogen angegeben und werden meist wie folgt bezeichnet:

I = variatio annua (= jährl. Präzession + EB)
II = variatio saecularis
III = Drittes Glied

Für sehr große Zeiträume und für polnahe Sterne ist eine Übertragung *nur* nach den strengen Formeln der sphärischen Trigonometrie möglich.

b) Nutation und Aberration

α) Die Nutation

Der englische Astronom Bradley entdeckte 1747 eine kurzperiodische Schwankung der Polachse mit einer Periode von 18.6 Jahren, welche den Namen *Nutation* erhielt. Infolge der Nutation allein beschreibt der Himmelspol eine Ellipse an der Sphäre mit den Achsen 18″ und 14″ (Nutationsellipse). Die Nutation wird im wesentlichen dadurch verursacht, daß die Mondbahn nicht in der Ekliptik verläuft; sie hat daher die Periode des Umlaufs der Mondknoten (18.60 tropische Jahre). Die Konstante der Nutation ist 9″.207.

β) Die jährliche Aberration

Schon vorher wurde ebenfalls von Bradley 1728 eine Erscheinung entdeckt, welche dadurch entsteht, daß die Bahngeschwindigkeit der Erde in einem endlichen Verhältnis zur Lichtgeschwindigkeit steht. Das ist die *Aberration*. Die Sterne erscheinen infolge der Aberration ein wenig in Richtung der Erdbewegung verschoben. Infolge der elliptischen Erdbahn ändert sich also ein Sternort periodisch im Laufe eines Jahres und beschreibt eine *Aberrationsellipse*.

Die Konstante der Aberration gibt zugleich das Maximum der möglichen Ortsverschiebung an; sie ist:

$$k = 20''.49.$$

Der mit der Aberration behaftete Ort eines Sternes in der Ekliptik λ', β' ist gegeben durch:

$$\lambda' - \lambda = -20''.49 \cos(\lambda - \odot) \sec\beta,$$
$$\beta' - \beta = +20''.49 \sin(\lambda - \odot) \sin\beta,$$

wo λ, β der von der Aberration befreite Ort und $\odot$ die Länge der Sonne bedeuten.

Die Halbachsen der Aberrationsellipse sind:

$$a = 20''.49 \quad \text{und} \quad b = 20''.49 \sin\beta.$$

Am Pol der Ekliptik ($\beta = 90°$) geht also die Aberrationsellipse in einen Kreis über, in der Ekliptik selbst artet sie zu einer Geraden aus.

γ) *Die tägliche Aberration*

Da die Erde um ihre Achse rotiert, entsteht auch eine *tägliche Aberration*, deren Konstante — entsprechend der Äquatorgeschwindigkeit von 465 m/sec — sich zu 0''.320 ergibt. Der Einfluß der täglichen Aberration auf die Koordinaten α, δ wird berücksichtigt durch:

$$\alpha' - \alpha = 0''.320 \cos\varphi \cos t \sec\delta$$
$$\delta' - \delta = 0''.320 \cos\varphi \sin t \sin\delta$$

wo α', δ' die mit der täglichen Aberration behafteten Koordinaten bedeuten.

c) Parallaxe und Refraktion

α) *Die tägliche und jährliche Parallaxe*

Die tägliche Parallaxe entsteht dadurch, daß die Winkel zu einem Gestirn etwas verschieden sind, je nachdem ob es von einem Beobachtungsort auf der Erdoberfläche oder vom Erdmittelpunkt aus beobachtet wird. Ist in Abb. 4 z_0 die vom

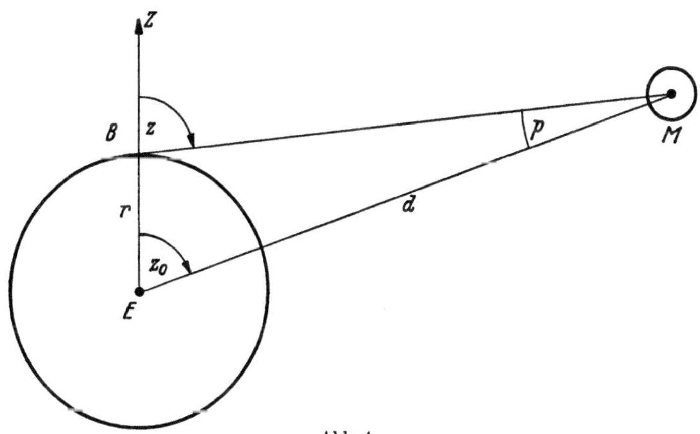

Abb. 4.

Erdmittelpunkt aus gesehene Zenitdistanz z. B. des Mondmittelpunktes, z dagegen die gleichzeitig von einem Punkt B auf der Erdoberfläche aus beobachtete Zenitdistanz, so entsteht ein kleiner Winkel p beim Mondmittelpunkt, den man Parallaxe nennt. Je größer der Abstand d der Mittelpunkte beider Gestirne ist, um so kleiner wird p sein. Für $z = 90°$ erhalten wir das Maximum von p, die *Äquatorial-Horizontal-Parallaxe* p_0''.

Diese ist $p_0'' = \frac{1}{\sin 1'' \cdot \Delta}$, wo Δ den Abstand der Gestirne bedeutet. Für eine beliebige Zenitdistanz z ist dann:

$$p'' = p_0'' \cdot \sin z.$$

Die Äquatorial-Horizontparallaxen von Sonne und Mond sind:

$$\pi_{☾} = 3422''.44 = 57'\,2''.44$$
$$\pi_{\odot} = 8''.794.$$

In Strenge ist noch darauf Rücksicht zu nehmen, daß die Erde abgeplattet ist. Der Unterschied zwischen der geographischen und der geozentrischen Breite $\varphi - \varphi'$ und der zugehörige Radius r' wurden schon auf Seite 91 gegeben. Für alle

Körper des Sonnensystems, mit Ausnahme des Mondes und naher Kometen gelten dann zur Berücksichtigung der täglichen Parallaxe in α, δ die Näherungsformeln:

$$\alpha' - \alpha = -\frac{r' \cdot \pi \cdot \cos\varphi'}{\varDelta \cos\delta} \sin t$$

$$\delta' - \delta = -\frac{r' \pi \sin\varphi'}{\varDelta} \cdot \frac{\sin(\gamma - \delta)}{\sin\gamma}$$

wobei $\operatorname{tg}\gamma = \operatorname{tg}\varphi' \cos t$ ist und π die Äquatorial-Horizontalparallaxe des Gestirnes bedeutet.

Hierbei sind ferner:

$\alpha, \delta, \varDelta$	die *geozentrischen* Koordinaten des *Himmelskörpers*,
$t = \Theta - \alpha, \varphi', r'$	die *geozentrischen* Koordinaten des *Beobachtungsortes*,
$\alpha', \delta', \varDelta'$	die Koordinaten des Himmelskörpers, bezogen auf den Beobachtungsort.

Für den Mond und andere nahe Himmelskörper müssen die strengen Formeln verwendet werden.

Ganz entsprechend ist die *jährliche Parallaxe* definiert. Nur ist die Basis jetzt der Erd*bahn*halbmesser. Die jährliche Parallaxe des nächsten Fixsternes ist 0.″765; der Amateurastronom wird kaum in die Lage kommen, sie berücksichtigen zu müssen.

β) Die astronomische Strahlenbrechung (Refraktion)

Beim Durchlaufen der Atmosphäre wird der Lichtstrahl eines Sternes gebrochen. Als Folge davon erscheint er uns in bezug auf den Horizont gehoben. Jede Beobachtung ist vor einer weiteren Verwendung stets von der Refraktion zu befreien. Die Refraktion selbst wird auf S. 115 eingehend behandelt.

d) Die Reduktion vom mittleren auf den scheinbaren Ort

Als *mittlerer* Ort eines Sternes bezeichnet man denjenigen Ort, den er bei Jahresanfang hat, aber behaftet mit dem konstanten Teil der Aberration. Unter *scheinbarem Ort* $\alpha_{\text{app.}}$, $\delta_{\text{app.}}$ versteht man dagegen denjenigen Ort, den der Stern in einem gegebenen Augenblick hat; der scheinbare Ort ist also mit der EB, der Präzession und Nutation behaftet. Bedeuten α_0, δ_0 den mittleren, $\alpha_{\text{app.}}$, $\delta_{\text{app.}}$, den scheinbaren Ort, so kann man die Reduktion vom mittleren auf den scheinbaren Ort in der folgenden Form darstellen:

$$\alpha_{\text{app.}} = \alpha_0 + t\,\mu_\alpha + \underbrace{f + 1/15\,g \sin(G + \alpha) \cdot \operatorname{tg}\delta}_{\text{Präzession + Nutation}} + \underbrace{1/15\,h \sin(H + \alpha) \sec\delta}_{\text{Aberration}}$$

$$\delta_{\text{app.}} = \delta_0 + t\,\mu_\delta + \underbrace{g \cos(G + \alpha)}_{\text{Präzession + Nutation}} + \underbrace{h \cos(H + \alpha) \sin\delta + i \cos\delta}_{\text{Aberration}}$$

t ist der Jahresbruch seit Anfang des Jahres.

Für sehr genaue Rechnung sind noch die sogenannten kurzperiodischen Nutationsglieder hinzuzufügen; diese sind:

$$\text{in}\,\alpha\colon + \left[f' + \frac{1}{15}\,g' \sin(G' + \alpha) \operatorname{tg}\delta\right]$$

$$\text{in}\,\delta\colon + [g' \cos(G' + \alpha)]\,.$$

Die oben besprochene Form der Reduktion nennt man auch die *trigonometrische Form*. Die hierin vorkommenden Konstanten

$$f, \log g, G, \log h, H, \log i, i, \text{ sowie } f', g', G'$$

findet man z. B. im Berliner Astronomischen Jahrbuch[1] von Tag zu Tag für 0^h Weltzeit tabuliert.

Für die Mehrzahl der hellen Fixsterne des sogenannten *Fundamentkataloges* findet man die scheinbaren Örter (ohne die kurzperiodischen Mondglieder) von 10 zu 10 Tagen in den Jahrbüchern gegeben, so daß sich für diese die Reduktion auf den scheinbaren Ort erübrigt.

Mitunter wählt man auch die sogenannte *algebraische Form* der Reduktion nach den folgenden Formeln:

$$\alpha_{\text{app.}} = \alpha_0 + t\mu_\alpha + Aa + Bb + Cc + Dd + E + [A'a + B'b]$$
$$\delta_{\text{app.}} = \delta_0 + t\mu_\delta + Aa' + Bb' + Cc' + Dd' + [Aa' + Bb']$$

Dabei sind:

$$a = m + 1/15\, n \sin\alpha \operatorname{tg}\delta \qquad a' = n\cos\alpha$$
$$b = 1/15 \cos\alpha \operatorname{tg}\delta \qquad b' = -\sin\alpha$$
$$c = 1/15 \cos\alpha \sec\delta \qquad c' = \operatorname{tg}\varepsilon \cos\delta - \sin\alpha \sin\delta$$
$$d = 1/15 \sin\alpha \sec\delta \qquad d' = \cos\alpha \sin\delta$$

Die Größen A, B, C, D, E und A', B' sind ebenfalls von Tag zu Tag für 12^h Greenwicher Sternzeit im Berliner Jahrbuch tabuliert. Die Glieder in [ ] sind wieder die kurzperiodischen Mondglieder.

5. Kalender, Jahr, Julianische Periode und Normalzeiten

a) Der Kalender und die Zählung der Jahre

Schon die alten Völker erkannten die Schwierigkeit bei der Schaffung eines zweckmäßigen Kalenders, weil das Jahr (d. h. der Sonnenumlauf) kein ganzzahliges Vielfaches der Tageslänge und des Monats ist.

Die Ägypter, bei denen die Anfänge der Zeitrechnung bis ins 4. Jahrtausend v. Chr. zurückgehen, hatten das reine *Sonnenjahr* von anfänglich 360 Tagen. Es begann mit der jährlichen Nilüberschwemmung; als sich aber eine merkliche Abweichung gegenüber dem Sonnenstand ergab, legte man 5 Tage zu. Aber auch jetzt zeigte sich bald eine langsame Verschiebung, die nach je 4 Jahren einen Tag ausmachte. So fanden die Ägypter als Jahreslänge 365.25 Tage.

Den willkürlichen Schaltungen durch die Priester im alten Rom bereitete Julius Cäsar im Jahre 46 v. Chr. ein Ende, durch die Einführung des nach ihm benannten *julianischen Kalenders*, in welchem auf 3 Jahre mit 365 Tagen eines mit 366 folgte. Dieser julianische Kalender war bis 1582 im Gebrauch, jedoch fielen dann Tag- und Nachtgleiche schon merklich vor den 21. März. Daraus folgte, daß die Zeit von einem Durchgang der Sonne durch den (mittleren) Frühlingspunkt bis zum nächsten, das sogenannte *tropische* Jahr, kürzer sein mußte als 365.25 Tage. Die somit abermals notwendige Reform wurde durch Papst *Gregor XIII* (1572—1585) durchgeführt, indem er durch eine Bulle vom 24. Februar 1581 verfügte, daß:

1. auf den 4. Oktober 1582 gleich der 15. Oktober 1582 folgen sollte, (damit fiel der Frühlingsanfang wieder auf den 21. März)
2. alle Jahre, die durch 4 teilbar sind, Schaltjahre mit 366 Tagen sind, ausgenommen die Jahrhunderte. Letztere sind nur dann Schaltjahre, wenn sie durch 400 teilbar sind. (So sind also 1700, 1800, 1900 *keine* Schaltjahre, 1600 und 2000 dagegen Schaltjahre.)

---

[1] Apparent places of Fundamental Stars, s. Literaturverzeichnis S. 354

Der nach Gregor XIII eingeführte und nach ihm benannte *gregorianische Kalender* hat also in einem 400jährigen Zyklus 3 Schalttage weniger als der julianische Kalender. Somit ist:

Die Länge des mittleren *gregorianischen* Jahres = 365.2425 Tage,
die Länge des *tropischen* Jahres (s. unten) = 365.2422 Tage.

Die Differenz von 0.0003 Tagen = 26^s wächst erst nach 3000 Jahren auf einen Tag an.

Die heute gebräuchliche Durchzählung der Jahre ab Christi Geburt wurde von dem römischen Abt Dyonisius Exiguus (um 525 n. Chr.) vorgeschlagen; er irrte sich bei der Festlegung des Anfangsjahres, Christus wurde wahrscheinlich 7 Jahre früher geboren als er annahm.

Später zählte man die Jahre *vor* Christi auch durch, übersah aber, daß zwischen 1 n. Chr. und 1 v. Chr. eigentlich die Zahl 0 hätte gezählt werden müssen. Daher sind die historische und die astronomische Zählung der Jahre teils verschieden. Es ist z. B.

1959 n. Chr. (historisch) = + 1959 (astronomisch)
aber 1 v. Chr. (historisch) = 0 (astronomisch)
also 300 v. Chr. (historisch) = — 299 (astronomisch)

b) Jahreslänge, Jahresanfang, julianisches Datum und der Beginn des mittleren Tages

α) Die verschiedenen Jahreslängen

Da die Präzession nicht ganz konstant ist (s. S. 99—100), sind auch die verschiedenen Jahreslängen langsam veränderlich. Man kann jetzt strenger definieren, wenn T die Zeit in Jahrhunderten ab 1900.0 bedeutet:

1. Das *tropische Jahr* als Zwischenzeit zwischen 2 Durchgängen der mittleren Sonne durch den mittleren Frühlingspunkt. Hierbei nimmt die mittlere Länge der mittleren Sonne um 360° zu. Infolge der Rückwärtsbewegung des Frühlingspunktes vollführt aber hierbei die mittlere Sonne keinen vollen Umlauf. Es ist:

   $$1 \text{ mittleres } \textit{tropisches Jahr} = 365\overset{d}{.}24219878 - 0\overset{d}{.}00000616\, T.$$

   Das Wandern des Frühlingspunktes erfolgt nicht ganz gleichmäßig, da die Präzession langsam zunimmt; infolgedessen nimmt die Länge des tropischen Jahres im Jahrtausend um 5.36 Sekunden ab.

2. Das *siderische Jahr* die Zwischenzeit bis zur Rückkehr zum gleichen Stern in der Ekliptik. Es muß also länger sein als das tropische Jahr:

   $$1 \textit{ siderisches Jahr} = 365\overset{d}{.}25636556 + 0\overset{d}{.}00000011\, T.$$

   Das siderische Jahr wird für die Zeitrechnung *nicht* benutzt.

3. Das *anomalistische Jahr* die Zeit von einem Durchgang der Erde durchs Perihel bis zum nächsten. Da das Perihel der Erdbahn vorrückt, ist es etwa $4^1/_2$ Minuten länger als das siderische Jahr:

   $$1 \textit{ anomalistisches Jahr} = 365\overset{d}{.}25964134 + 0\overset{d}{.}00000304\, T.$$

4. Das julianische Jahr wurde schon oben definiert:

   $$1 \textit{ julianisches Jahr} = 365\overset{d}{.}25.$$

   Es ist z. Zt. $11^m 14^s$ *länger* als das tropische Jahr.

5. Das *gregorianische Jahr* oder bürgerliche Jahr, siehe oben. Es enthält 365.2425 Tage und ist unser gebräuchliches Kalenderjahr.

β) Der Jahresanfang

Der Beginn des astronomischen Jahres wird nach Bessel auf den Augenblick gelegt, in welchem der Rektaszension der mittleren Sonne (behaftet mit dem konstanten Teil der Aberration)

$$AR = 18^h 40^m = 280°$$

ist. Dieser Augenblick fällt sehr nahe mit dem bürgerlichen Jahresanfang zusammen, und man nennt den Beginn dieses Besselschen fingierten Jahres auch *annus fictus*.

Die *Länge des annus fictus* beträgt $365\overset{d}{.}24219879 - 0\overset{d}{.}00000786\ T$ mittlere Tage; es weicht also nur ganz geringfügig vom tropischen Jahr ab. Das Besselsche Jahr ist unabhängig vom Beobachtungsort und beginnt daher für die ganze Erde im gleichen Augenblick. Es wird dezimal unterteilt; der Beginn des Besselschen Jahres 1959 wird also mit 1959.0 bezeichnet.

Die Differenz:

$$\text{bürgerlicher Jahresanfang} - \text{Anfang des annus fictus} = k$$

heißt der *dies reductus.*

γ) Das julianische Datum und der Beginn des mittleren Tages

Bei Überbrückung größerer Zwischenzeiten ist die Ausrechnung der in der Zwischenzeit verflossenen Anzahl von Tagen unbequem. Daher bedient man sich dann fast immer, besonders bei der Beobachtung von Veränderlichen, des sogenannten *Julianischen Datums.* Hierbei findet nach einem Vorschlag von Joseph Justus Scaliger (1540—1609) eine nach seinem Vater Julius Cäsar Scaliger benannte Periode von

$$19 \cdot 28 \cdot 15 \text{ Jahren} = 7980 \text{ Jahren}$$

Anwendung. Der Beginn dieser julianischen Periode wurde auf Januar 1.0 des Jahres — 4712 festgesetzt.

Bis Ende 1924 galt als Beginn des mittleren Tages der Moment der O. C. der mittleren Sonne, das ist der mittlere Mittag (Beginn des astronomischen mittleren Tages). Ab 1925 wird als Beginn des mittleren Tages nicht mehr die O. C. der mittleren Sonne, sondern die *vorangehende* U. C., also die mittlere Mitternacht gewählt. Die bürgerliche Zeit Greenwich heißt seit 1925 *Weltzeit* (Universal Time, Temps Universel).

Die Tage der julianischen Periode (julianisches Datum innerhalb der julianischen Periode) werden *stets* astronomisch gezählt und beginnen auch nach 1925 am mittleren Mittag, also um 12^h Weltzeit.

Es ist also:

$$1924, \text{ Dez } 31^d\ 12^h \text{ mittl. Zeit Greenwich} = 1925, \text{ Jan } 1,\ 0^h \text{ Weltzeit}$$

und

$$1947, \text{ Jan } 18,\ 3^h 5^m \text{ MEZ} = \text{Jul. Datum } 24\,32303\overset{d}{.}587.$$

Tabelle 7, S. 318 gibt die Tage der julianischen Periode von 1000—2000 und Tabelle 8, S. 319 die Verwandlung von Tagen, Stunden und Minuten in Dezimalteile des julianischen Jahres.

c) Normalzeiten (Zonenzeiten)

Die Ortszeit ist im praktischen Leben unzweckmäßig, weil sie von Ort zu Ort wechselt. Die Einführung einer *Eisenbahnzeit* z. B. innerhalb eines Landes konnte nur vorübergehend Abhilfe schaffen. In Nordamerika gab es bis 1882 z. B. mehr als 70 verschiedene Eisenbahnzeiten. An ihre Stelle traten 1883 fünf verschiedene

Zonenzeiten, die sich um volle Stunden von der MGZ unterschieden; es sind dies:

Pacific Standard Time = M.G.Z. $-$ 8^h,
Mountain Standard Time = M.G.Z. $-$ 7^h,
Central Standard Time = M.G.Z. $-$ 6^h,
Eastern Standard Time = M.G.Z. $-$ 5^h,
Colonial Standard Time = M.G.Z. $-$ 4^h.

Die Zonenzeiten haben die Ortszeit ihres mittleren Meridians.

In Europa folgten später:

Westeuropäische Zeit (W.E.Z.) = M.G.Z.,
Mitteleuropäische Zeit (M.E.Z.) = M.G.Z. + 1^h,
Osteuropäische Zeit (O.E.Z.) = M.G.Z. + 2^h.

Die MEZ wurde in Deutschland am 1. April 1893 als gesetzliche Zeit eingeführt. Fast alle Länder haben sich jetzt irgendeiner Zonenzeit angeschlossen.

Wandert man einmal in der Richtung von Ost nach West um die Erde, so wird man auf je 15° Längendifferenz eine Stunde an Zeit verlieren, bei einem ganzen Umlauf also einen Tag. Wandert man in entgegengesetzter Richtung, also von West nach Ost, so wird man einen Tag gewinnen. Bei 180° Längendifferenz gegen Greenwich wird also auf diese Weise das Datum um 1 Tag verschieden sein. Man nennt daher diese Linie die *Datumgrenze*. Aus Zweckmäßigkeitsgründen weicht die tatsächliche Datumgrenze von der idealen an einigen Stellen etwas ab. Für die Praxis ergibt sich: Überschreitet man die Datumgrenze von der Ostseite nach der Westseite, so ist ein Tag auszulassen. Beim Übergang von der Westseite auf die Ostseite ist ein Tag doppelt zu zählen.

6. Sphärische Trigonometrie

a) Die Grundformeln der sphärischen Trigonometrie

Im astronomischen Grunddreieck (Abb. 5) mit den 3 Seiten a, b, c und den zugehörigen 3 Winkeln α, β, γ gelten drei Grundformeln:

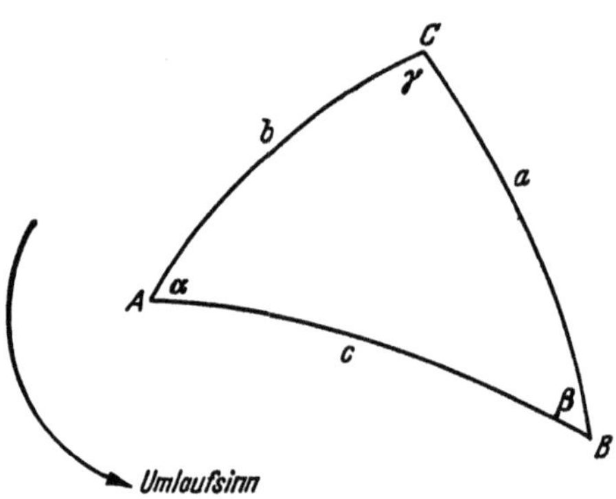

Abb. 5.

α) Der sinus-Satz

$$\sin a : \sin b = \sin\alpha : \sin\beta,$$

oder $$\sin a \cdot \sin\beta = \sin b \cdot \sin\alpha,$$

und $$\sin b \cdot \sin\gamma = \sin c \cdot \sin\beta,$$

$$\sin c \cdot \sin\alpha = \sin a \cdot \sin\gamma.$$

β) Der cosinus-Satz

$$\cos a = \cos b \cdot \cos c + \sin b \cdot \sin c \cos\alpha,$$

und

$$\cos b = \cos c \cdot \cos a + \sin c \cdot \sin a \cos\beta.$$

$$\cos c = \cos a \cdot \cos b + \sin a \cdot \sin b \cos\gamma.$$

Und für das Polardreieck:*

$$\cos\alpha = -\cos\beta\cos\gamma + \sin\beta\sin\gamma\cos a,$$
$$\cos\beta = -\cos\gamma\cos\alpha + \sin\gamma\sin\alpha\cos b,$$
$$\cos\gamma = -\cos\alpha\cos\beta + \sin\alpha\sin\beta\cos c.$$

* ein Polardreieck entsteht, wenn man jeden der 3 Eckpunkte des ursprünglichen Dreiecks zum Pol eines größten Kreises macht. Die Schnittpunkte dieser 3 größten Kreise bilden die Ecken des Polardreiecks.

γ) Der sinus-cosinus-Satz

$$\begin{aligned}
\sin a \cos\beta &= \cos b \cdot \sin c - \sin b \cdot \cos c \cdot \cos\alpha\,,\\
\sin b \cos\gamma &= \cos c \cdot \sin a - \sin c \cdot \cos a \cdot \cos\beta\,,\\
\sin c \cos\alpha &= \cos a \cdot \sin b - \sin a \cdot \cos b \cdot \cos\gamma
\end{aligned}$$

und für das Polardreieck:

$$\begin{aligned}
\sin\alpha \cos b &= \cos\beta \cdot \sin\gamma + \sin\beta \cdot \cos\gamma \cdot \cos a\,,\\
\sin\beta \cos c &= \cos\gamma \cdot \sin\alpha + \sin\gamma \cdot \cos\alpha \cdot \cos b\,,\\
\sin\gamma \cos a &= \cos\alpha \cdot \sin\beta + \sin\alpha \cdot \cos\beta \cdot \cos c\,.
\end{aligned}$$

Die jeweils 2. und 3. der Formeln sind durch zyklische Vertauschung der Buchstaben entstanden.

b) Abgeleitete Formeln

α) Die Cotangentenregel

anwendbar bei 4 aufeinander folgenden Stücken:

$$\begin{aligned}
\cos c \cdot \cos\alpha &= \sin c \cdot \operatorname{ctg} b - \sin\alpha \cdot \operatorname{ctg}\beta\,,\\
\cos a \cdot \cos\beta &= \sin a \cdot \operatorname{ctg} c - \sin\beta \cdot \operatorname{ctg}\gamma\,,\\
\cos b \cdot \cos\gamma &= \sin b \cdot \operatorname{ctg} a - \sin\gamma \cdot \operatorname{ctg}\alpha\,.
\end{aligned}$$

In Worten als *Napiersche Regel:*

Das Produkt der cos der inneren Stücke ist gleich dem sinus der inneren Seite × ctg der äußeren Seite minus den sinus des inneren Winkels × ctg des äußeren Winkels.

Für die logarithmische Rechnung sind bequemer:

β) Die Halbwinkelsätze

Man setzt $s = \frac{1}{2}(a + b + c)$.

Dann ist:

$$\begin{aligned}
\sin\frac{\alpha}{2} &= \sqrt{\frac{\sin(s-b)\sin(s-c)}{\sin b \cdot \sin c}}\,,\\
\sin\frac{\beta}{2} &= \sqrt{\frac{\sin(s-c)\sin(s-a)}{\sin c \cdot \sin a}}\,,\\
\sin\frac{\gamma}{2} &= \sqrt{\frac{\sin(s-a)\sin(s-b)}{\sin a \cdot \sin b}}\,.
\end{aligned}$$

γ) Die Halbseitensätze

Man setzt $\sigma = \frac{1}{2}(\alpha + \beta + \gamma)$.

Dann ist:

$$\begin{aligned}
\cos\frac{a}{2} &= \sqrt{\frac{\cos(\sigma-\beta)\cos(\sigma-\gamma)}{\sin\beta\sin\gamma}}\,,\\
\cos\frac{b}{2} &= \sqrt{\frac{\cos(\sigma-\gamma)\cos(\sigma-\alpha)}{\sin\gamma \cdot \sin\alpha}}\,,\\
\cos\frac{c}{2} &= \sqrt{\frac{\cos(\sigma-\alpha)\cos(\sigma-\beta)}{\sin\alpha \cdot \sin\beta}}\,.
\end{aligned}$$

δ) Die Gauß-Delambreschen Gleichungen

$$\begin{aligned}
\sin\frac{\alpha}{2} \cdot \sin\frac{1}{2}(b+c) &= \sin\frac{a}{2} \cdot \cos\frac{1}{2}(\beta-\gamma)\,,\\
\sin\frac{\alpha}{2} \cdot \cos\frac{1}{2}(b+c) &= \cos\frac{a}{2} \cdot \cos\frac{1}{2}(\beta+\gamma)\,,
\end{aligned}$$

$$\cos\frac{\alpha}{2}\cdot\sin\frac{1}{2}(b-c)=\sin\frac{a}{2}\cdot\sin\frac{1}{2}(\beta-\gamma),$$

$$\cos\frac{\alpha}{2}\cdot\cos\frac{1}{2}(b-c)=\cos\frac{a}{2}\cdot\sin\frac{1}{2}(\beta+\gamma).$$

ε) *Die Napierschen Gleichungen*

(sie folgen durch Division unmittelbar aus den vorigen):

$$\operatorname{tg}\frac{\beta+\gamma}{2}=\operatorname{ctg}\frac{\alpha}{2}\cdot\frac{\cos\frac{1}{2}(b-c)}{\cos\frac{1}{2}(b+c)},$$

$$\operatorname{tg}\frac{\beta-\gamma}{2}=\operatorname{ctg}\frac{\alpha}{2}\cdot\frac{\sin\frac{1}{2}(b-c)}{\sin\frac{1}{2}(b+c)},$$

$$\operatorname{tg}\frac{b+c}{2}=\operatorname{tg}\frac{a}{2}\cdot\frac{\cos\frac{1}{2}(\beta-\gamma)}{\cos\frac{1}{2}(\beta+\gamma)},$$

$$\operatorname{tg}\frac{b-c}{2}=\operatorname{tg}\frac{a}{2}\cdot\frac{\sin\frac{1}{2}(\beta-\gamma)}{\sin\frac{1}{2}(\beta+\gamma)}.$$

c) Schema zur Anwendung der Gleichungen zwecks Auflösung sphärischer Dreiecke

Es müssen stets 3 von den 6 Stücken des sphärischen Dreiecks gegeben sein. Es sind dann 6 verschiedene Fälle möglich, die wie folgt gelöst werden können.

Gegeben	Gesucht	anzuwendendes Formelsystem
a, b, c	α, β, γ	cos – Satz der Seiten oder Halbwinkelsätze
α, β, γ	a, b, c	cos – Satz der Winkel oder Halbseitensätze
a, b, γ	α, β, c	Grundgleichungen oder Gauß-Delambreschen Gleichungen oder Napierschen Gleichungen
α, β, c	a, b, γ	Grundgleichungen für Winkel oder Napiersche oder Gauß-Delambreschen Gleichungen
a, b, α	β, γ, c	β aus sinus – Satz; c und γ aus Napierschen Gl.
α, β, a	b, c, γ	b aus sinus – Satz; c und γ aus Napierschen Gl.

d) Das rechtwinklige sphärische Dreieck

Sei a die Hypothenuse, also $\alpha = 90°$.

Dann gilt die Napiersche Regel, wobei der rechte Winkel fortgelassen wird und statt der Katheten ihre Komplemente zu setzen sind, in der folgenden Form:

Der *cosinus* eines Stückes = Produkt der *sinus* der getrennt liegenden Stücke
oder = Produkt der ctg der *anliegenden* Stücke.

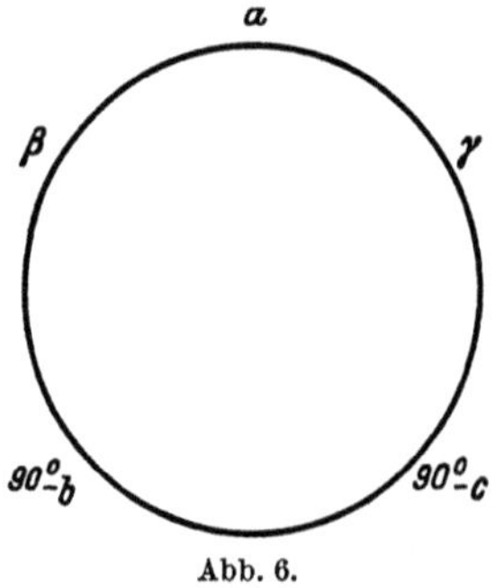

Abb. 6.

Man bedient sich dabei zweckmäßig des nebenstehenden Schemas (Abb. 6) (in welchem a die Hypothenuse ist) und erhält:

$$\cos a=\cos b\cdot\cos c=\operatorname{ctg}\beta\cdot\operatorname{ctg}\gamma,$$
$$\sin b=\sin a\cdot\sin\gamma=\operatorname{tg}c\cdot\operatorname{ctg}\beta,$$
$$\sin c=\sin a\cdot\sin\beta=\operatorname{tg}b\cdot\operatorname{ctg}\gamma,$$
$$\cos\beta=\cos c\cdot\sin\gamma=\operatorname{tg}b\cdot\operatorname{ctg}\alpha,$$
$$\cos\gamma=\cos b\cdot\sin\beta=\operatorname{ctg}a\cdot\operatorname{tg}c.$$

VI. Die irdische Atmosphäre und ihre Wirkung

Von

F. Schmeidler

Universitäts-Sternwarte, München

Mit 1 Textabbildung

1. Allgemeine Bemerkungen über die Erdatmosphäre[1]

Die Atmosphäre der Erde hat eine Reihe von ungünstigen Wirkungen auf die astronomischen Beobachtungsmöglichkeiten des Amateurs wie des Fachastronomen. In Einzelfällen erlaubt es die moderne Technik dem Fachmann, sich von diesen Einflüssen weitgehend frei zu machen (Bergobservatorien, Beobachtung aus Flugzeugen oder Raketen), aber für den Amateur kommen solche Hilfsmittel praktisch nie in Frage. Es müssen also alle Wirkungen der Atmosphäre auf die Beobachtungen berücksichtigt werden. Man kann zwei Arten von Einflüssen unterscheiden, nämlich solche, die von der Wetterlage abhängen und zeitlich veränderlich sind und solche, die stets vorhanden sind. Vielleicht wird dieses Einteilungsprinzip dem Gesichtspunkt wissenschaftlich exakter Systematik nicht ganz gerecht, für den Zweck einer der Praxis dienenden Darstellung erscheint es jedoch zweckmäßig.

2. Wetterabhängige Erscheinungen

Von überragender Wichtigkeit ist zunächst die Wetterlage selbst, da es von ihr abhängt, ob eine astronomische Beobachtungsmöglichkeit überhaupt besteht. Bei geschlossener Wolkendecke ist nur eine radioastronomische Beobachtung möglich, aber keine visuelle oder photographische. Aber auch bei heiterem Himmel wird manchmal durch besondere Erscheinungen die astronomische Beobachtung beeinträchtigt oder ganz unmöglich gemacht.

a) Die Beurteilung der Wetterlage

Die Frage, ob in einer bestimmten Nacht mit der Möglichkeit astronomischer Beobachtungen gerechnet werden kann, hängt in erster Linie von der Wetterlage ab. Leider besteht keine eindeutige Korrelation mit der aus der Wetterkarte ersichtlichen geographischen Verteilung von Hoch- und Tiefdruckgebieten, aber gewisse Anhaltspunkte lassen sich doch angeben, bei denen im Einzelfall allerdings Abweichungen möglich sind. Der Deutsche Wetterdienst unterscheidet 18 typische Großwetterlagen für Mitteleuropa; diese sind:

W	Westwetter
BM	Hochdruckbrücke über Mitteleuropa
HM	Zentralhoch über Mitteleuropa
SW	Südwestlage, Hoch im Südosten, Tief über dem Nordatlantik
NW	Nordwestlage, Hoch über Westeuropa
HN	Hoch über dem Nordmeer
HB	Hoch über den britischen Inseln
N	Nordlage, Hoch über der Nordsee, Tief über Osteuropa
TrM	Trog über Mitteleuropa
TM	abgeschlossenes Tief über Mitteleuropa
TB	abgeschlossenes Tief über den britischen Inseln
TrW	Trog über Westeuropa
S	Südlage, Hoch über Osteuropa, Tief über Westeuropa

[1] Siehe auch H. Siedentopf: Der Einfluß der Erdatmosphäre bei astronomischen Beobachtungen. Die Naturwissenschaften **35**, 289 (1948).

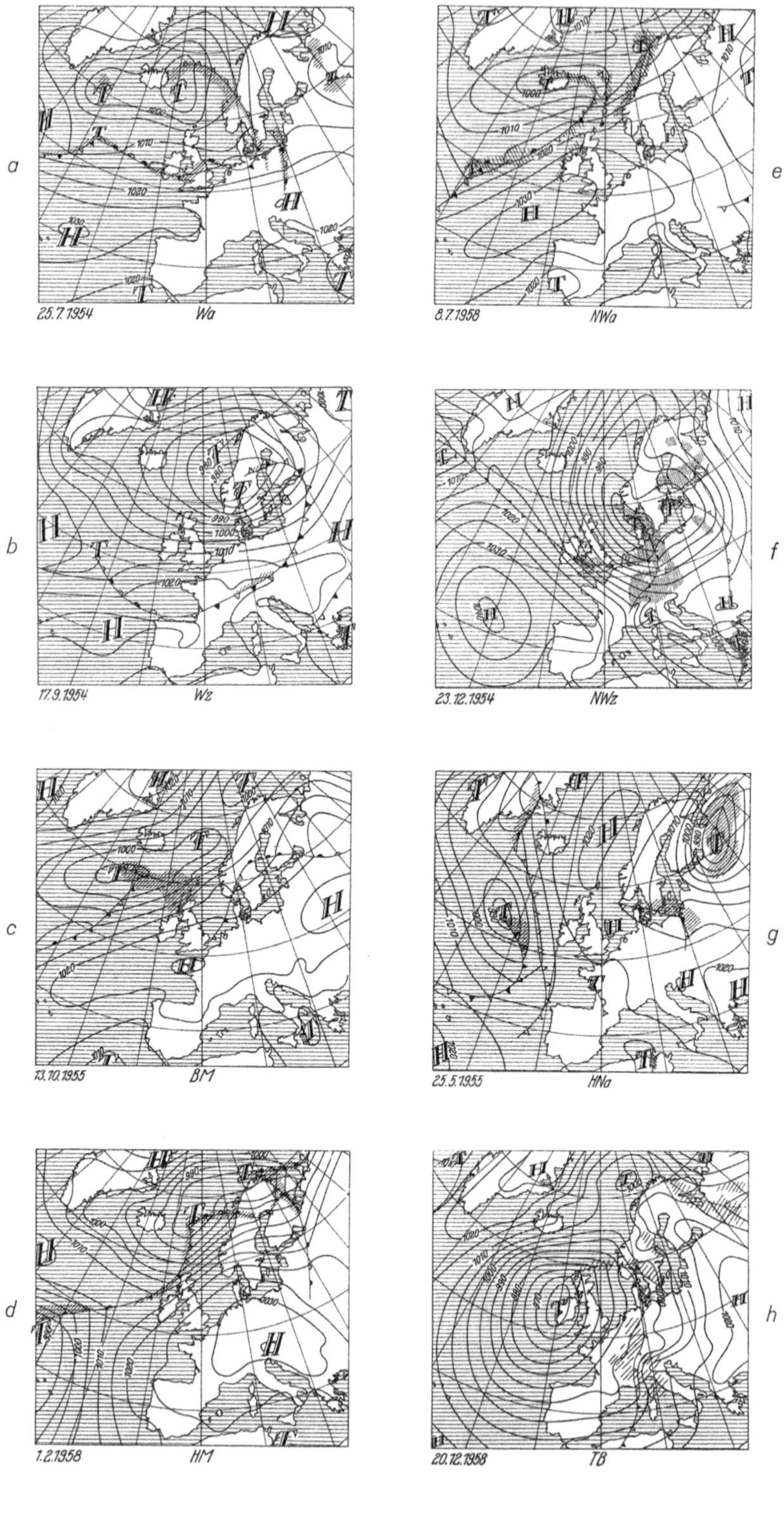
a
25.7.1954
Wa
e
8.7.1958
NWa
b
17.9.1954
Wz
f
23.12.1954
NWz
c
13.10.1955
BM
g
25.5.1955
HNa
d
1.2.1958
HM
h
20.12.1958
TB

i

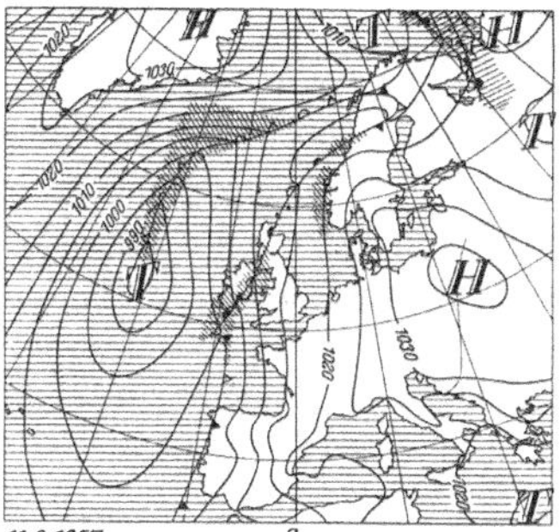

n

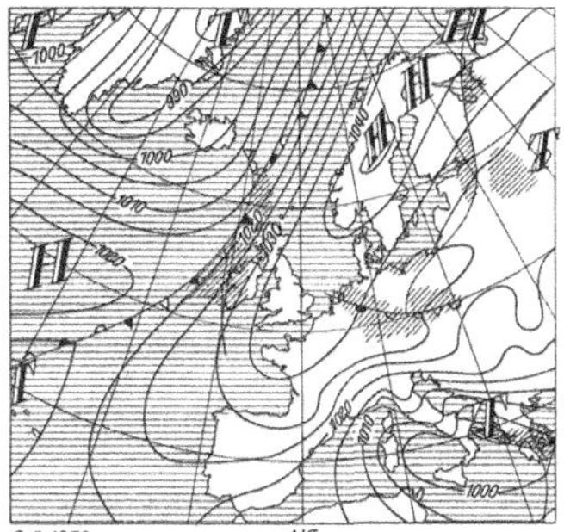

k

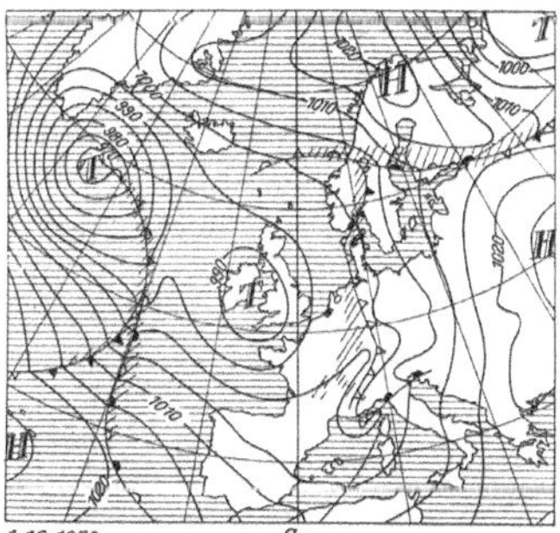

o

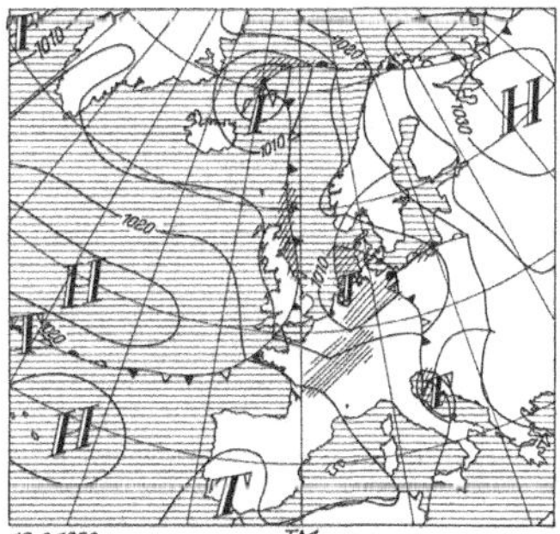

l

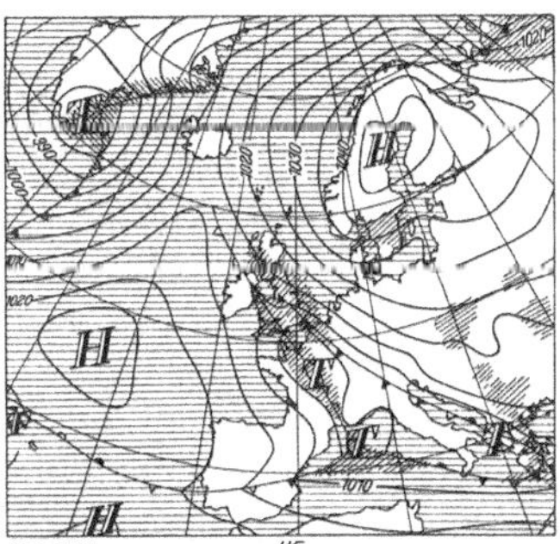

p

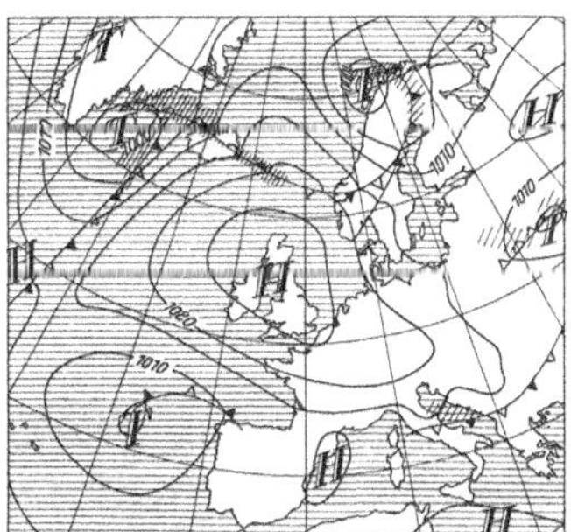

m

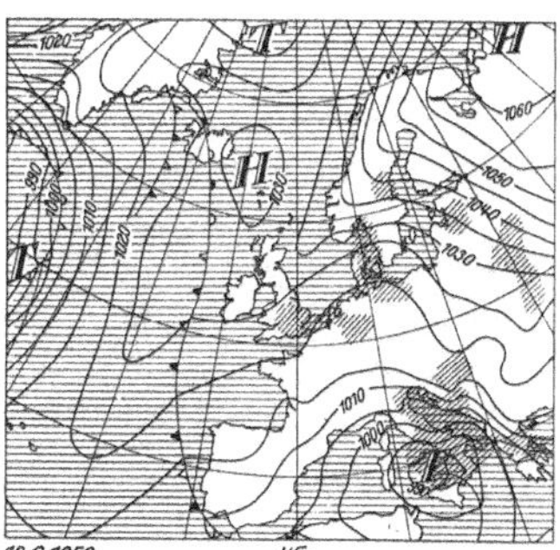

Abb. 1a–p. Wetterkarten von 15 typischen Großwetterlagen für Mitteleuropa. (Nach Hess-Brezowski, Berichte des deutschen Wetterdienstes in der US-Zone, Bad Kissingen 1952)

SE	Südostlage, Hoch über Osteuropa, Tief über dem Mittelmeer
HF	abgeschlossenes Hoch über Fennoskandien
HNF	abgeschlossenes Hoch über Fennoskandien und Nordmeer
NE	Nordostlage, Hochdruckbrücke von den Azoren bis Fennoskandien
Ww	Winkelwestlage

Die Lagen BM, HM und HB sind in Mitteleuropa stets antizyklonal, die Lagen TrM, TM, TB, TrW und Ww stets zyklonal, bei allen anderen Lagen kann die Isobarenführung über Mitteleuropa entweder zyklonal oder antizyklonal sein; die beiden Fälle werden durch die angehängten Buchstaben a bzw. z unterschieden, so daß man in Wirklichkeit 28 verschiedene Wetterlagen vor sich hat. Nähere Einzelheiten sind einer Veröffentlichung von P. Hess und H. Brezowsky in den *Berichten des Deutschen Wetterdienstes* in der US-Zone, Bad Kissingen 1952, zu entnehmen (Abb. 1a—p).

Eine statistische Betrachtung zeigt, daß bei keiner dieser Großwetterlagen eine Garantie für wolkenloses Wetter besteht, daß solches aber auch bei keiner dieser Lagen a priori ausgeschlossen ist. Am günstigsten sind, wie zu erwarten, die Lagen HM und BM, am ungünstigsten gewisse zyklonale Lagen wie NWz und SEz. Nach einer, allerdings nur für München repräsentativen Auszählung des Verfassers könnte man etwa wie folgt in drei Gruppen unterteilen:

Astronomisch günstig sind:	HM, BM, Wa, HNa, SWz, TB, HB, NEa
Astronomisch durchschnittlich:	SWa, Na, SEa, HFa, HNFa, TrW, HFz, Ww
Astronomisch ungünstig sind:	alle übrigen Großwetterlagen

Dabei sind lokale Unterschiede sehr zu berücksichtigen. Zum Beispiel ist die hohe Häufigkeit heiteren Wetters in München bei gewissen Westlagen (etwa Wa, SWz oder TB) zweifellos eine Folge des am Nordrand der Alpen auftretenden Föhns.

Die Verteilung heiterer Nächte auf die verschiedenen Jahreszeiten dürfte in ganz Deutschland der gleichen Regel folgen, daß im Spätsommer und Herbst die besten und im frühen Winter die schlechtesten Bedingungen herrschen. Die Gesamtzahl heiterer Nächte pro Jahr liegt erfahrungsgemäß zwischen 80 und 100, wenn Nächte mit kurzfristigen Wolkenlücken nicht mitgerechnet werden; dabei sind im allgemeinen die Bedingungen im norddeutschen Küstengebiet etwas schlechter und in Südwestdeutschland etwas besser

b) Die Luftunruhe bzw. Szintillation

Auch bei völlig heiterem Himmel herrscht ein gewisses Maß an Luftunruhe, welches ein Zittern der Bilder im Fernrohr bewirkt; die Unruhe kann so stark sein, daß sie bei hellen Sternen auch dem unbewaffneten Auge auffällt. Ihre Ursache sind kleine lokale Unterschiede der Dichte und Temperatur in der Atmosphäre, denen Unterschiede des Brechungsindex entsprechen; wenn noch dazu lebhafte Luftbewegung herrscht, ist die Erscheinung rasch veränderlich und gibt zu stark flimmernden Bildern Anlaß. Prinzipiell handelt es sich um den gleichen Vorgang, den man an heißen Sommertagen über dem Erdboden, besonders stark über erhitztem Asphalt beobachtet. In Einzelheiten sind die optischen Ursachen in dem Buch von G. Dietze[1] beschrieben.

Wie stark die Luftunruhe astronomische Beobachtungen behindert, hängt vom *Beobachtungszweck* ab. Am stärksten werden visuelle Ortsmessungen (astrometrische Beobachtungen) betroffen, z. B. Messungen von Positionswinkel und Distanz enger Doppelsterne; auch Beobachtungen von Details auf Planetenoberflächen sind gegen Luftunruhe sehr empfindlich. Es gibt Nächte, in denen Beobachtungen

[1] G. Dietze: Einführung in die Optik der Atmosphäre. Leipzig: Akadem. Verlagsgesellschaft 1957.

dieser Art völlig zwecklos sind. Etwas weniger kritisch ist die Sache bei photometrischen Beobachtungen, und bei photographischen Himmelsaufnahmen ist die Luftunruhe nur dann störend, wenn mit einigermaßen langer Brennweite (mindestens zwei Meter) gearbeitet wird. Wenn allerdings, wie es bei Aufnahmen von Sonne, Mond oder Planeten unbedingt notwendig ist, mit langer Brennweite oder zusätzlicher Vergrößerung gearbeitet werden muß, ist die Luftunruhe die gefährlichste Störungsquelle für die astronomische Photographie. Praktisch ohne jeden störenden Einfluß ist die Szintillation bei Beobachtungen ohne Fernrohr (z. B. Meteore, Zodiakallicht, u. a.).

Die Stärke der Luftunruhe hängt von den verschiedensten äußeren Umständen ab. Zunächst ist sie selbstverständlich in Horizontnähe größer als im Zenit, aber selbst diese an sich triviale Regel ist nicht immer erfüllt; es gibt Nächte, in denen die Luftunruhe vom Zenit zum Horizont nur wenig oder überhaupt nicht zunimmt und Nächte, in denen diese Zunahme erheblich ist. Eindeutige Kriterien, wann der eine und wann der andere Fall eintritt, sind bisher nicht bekannt.

Im statistischen Durchschnitt besteht eine starke Abhängigkeit der Luftunruhe von der Tageszeit. Daß sie in der Mittagstunde am größten ist, versteht sich von selbst, ebenso das beobachtete Minimum der Szintillation vor Sonnenaufgang und nach Sonnenuntergang. Weniger erwarten würde man aber die Tatsache, daß nach übereinstimmenden Erfahrungen zahlreicher Beobachter ein sekundäres Maximum der Luftunruhe *um Mitternacht*, manchmal etwas früher und manchmal etwas später eintritt. Es ist verursacht durch ein entsprechendes sekundäres Maximum der atmosphärischen Turbulenz um Mitternacht, das aus den physikalischen Gesetzen des Massenaustausches in der Atmosphäre folgt. So zeigt die regelmäßige Erfahrung des visuellen Beobachters, daß in den Stunden nach Sonnenuntergang zunächst die Bildqualität im Fernrohr langsam besser wird, dann aber ein bis zwei Stunden vor Mitternacht wieder nachläßt.

Von diesen mittleren Verhältnissen kann der Einzelfall erheblich abweichen. Wie immer bei meteorologischen Problemen dieser Art gibt es keine festen Regeln, sondern nur Anhaltspunkte, wann man mit günstigen und wann mit ungünstigen Verhältnissen zu rechnen hat. In der Regel verursacht Wind, selbst wenn er nur schwach ist, eine erhebliche Vergrößerung der Luftunruhe, aber selbst von dieser anschaulich unmittelbar einleuchtenden Korrelation gibt es häufig Ausnahmen. Hohe Luftfeuchtigkeit hat fast immer einen bildverbessernden Einfluß, der so weit geht, daß man bei Beobachtungen durch *Nebel* häufig sehr gute Bildruhe hat, sofern man den Stern überhaupt noch sieht.

Die Variation der Luftunruhe in den verschiedenen Jahreszeiten scheint lokal verschieden zu sein. Beobachtungen in Berlin haben ergeben, daß die besten Bildqualitäten im Frühjahr auftreten; demgegenüber ist in München die Erfahrung gemacht worden, daß die Monate August, September und Oktober die geringste Luftunruhe zeigen. Die Gründe dieser unterschiedlichen Erfahrungen sind noch ungeklärt, im übrigen sind die Unterschiede relativ gering.

Die auf S. 109 erwähnten Großwetterlagen zeigen eine, allerdings sehr schwache Korrelation mit der Szintillation. Sie besagt in Kürze, daß die antizyklonalen Wetterlagen günstiger sind als die zyklonalen. Statistisch gesehen, sind am günstigsten die Hochdrucklagen BM und HM, letztere allerdings mit bemerkenswerten Ausnahmen, die zu Beginn und gegen Ende einer längerdauernden Hochdrucklage eintreten. Im ganzen gilt die leicht verständliche Faustregel, daß die astronomische Bildbeschaffenheit um so günstiger ist, je stabiler der großräumige Zustand der Atmosphäre ist. Darüberhinaus können lokale Einflüsse mikroklimatischer Art (Stadtklima oder Waldnähe!) zusätzliche Einflüsse verursachen, die das Bild völlig verändern.

Im ganzen ist die Gesamtheit aller Umstände, von denen die Bildqualität eines bestimmten Abends abhängt, so komplex, daß man nur mit sehr großer *lokaler Erfahrung* in mehr als 50% aller Fälle eine leidlich richtige Prognose treffen kann.

c) Halos[1], Regenbögen und verwandte Erscheinungen

Die in diesem Abschnitt zusammengefaßten Erscheinungen sind nicht eigentlich astronomischer Natur, fallen aber aus verständlichen Gründen dem astronomischen Beobachter so oft auf, daß eine kurze Beschreibung der wesentlichen Tatsachen über sie angebracht erscheint. Ein Halo ist eine (meist) ringförmige Lichterscheinung um eine helle Lichtquelle, etwa um Sonne oder Mond; seine Entstehung verdankt er der Brechung oder Spiegelung des Lichts an atmosphärischen Eiskristallen. Nur wenn solche in irgendeiner Höhe in der Atmosphäre vorhanden sind, kann ein Halo zustandekommen; die Erscheinung ist also an bestimmte Wetterlagen gebunden.

Je nach Art, Verteilung und geometrischer Gestalt der Eiskristalle gibt es die verschiedensten Halos; außerdem muß auch ihre Anordnung eine Vorzugsrichtung aufweisen, weil bei gleicher Häufigkeit aller möglichen Achsenrichtungen das Licht nach allen Richtungen gleichmäßig verteilt wird und überhaupt keine spezifische Leuchterscheinung auftreten kann.

Relativ am häufigsten tritt als Halo ein schwach leuchtender Ring im Abstand von 22° um die Sonne (bzw. Mond) auf, dessen Innenrand deutlich rote Farbe hat. Stattdessen kann auch der sog. große Ring mit einem Radius von 46° auftreten. Der sog. Horizontalkreis geht parallel zum Horizont durch die Sonne; da wo er den eigentlichen Halo schneidet, treten manchmal besonders helle Lichtflecke, die sog. Nebensonnen auf.

Eine physikalische Erklärung der verschiedenen Erscheinungen kann selbstverständlich an dieser Stelle nicht gegeben werden. In dem schon genannten Buch von G. Dietze sind alle Einzelheiten ausführlich behandelt. Zu erwähnen ist noch, daß die für die Entstehung von Halos aller Art notwendige Existenz von Eiskristallen in der Atmosphäre sich meist durch Cirrus-Wolken anzeigt und man deshalb die Halos am häufigsten bei solcher Bewölkung sieht.

Im Gegensatz zu den Halos ist die Erscheinung des Regenbogens auch dem breiten Publikum bekannt. Er beruht auf ähnlichen optischen Ursachen wie die Halos, nur wird die Lichtbrechung durch Wassertropfen statt durch Eiskristalle verursacht. Da bei flüssigem Wasser nur eine einzige symmetrische Gestalt, nämlich die Kugelgestalt möglich ist, gibt es beim Regenbogen auch nicht die verwirrende Mannigfaltigkeit von äußeren Erscheinungen, sondern nur zwei Formen; der Hauptregenbogen umgibt den Gegenpunkt der Sonne in einem Winkelabstand von 42°, während bei dem sehr seltenen Nebenregenbogen dieser Winkelabstand gleich 51° ist. Am besten sind beide zu sehen, wenn die Sonne am Horizont steht, bei größerer Sonnenhöhe werden sie immer undeutlicher.

Die Farberscheinungen bei den Regenbögen sind auffällig und haben die sprichwörtliche Redewendung von den „sieben Regenbogenfarben" hervorgerufen. Beim Hauptbogen liegt Rot außen und Violett innen, beim Nebenbogen ist es umgekehrt. An beide Bögen schließen sich gelegentlich schwache sekundäre Bögen an.

Natürlich treten Regenbögen nur dann auf, wenn Wassertropfen in der Atmosphäre von Sonne oder Mond beschienen werden. Das ist z. B. dann der Fall, wenn bei Regen ein kleines Gebiet an der Himmelskugel, in dem die Sonne steht, zufällig wolkenfrei ist. Man kann aber auch Regenbögen sehen, wenn man bei völlig

[1] Beobachtungen gelangen zur Auswertung bei der „Arbeitsgemeinschaft für Halo-Beobachtungen" Hamburg-Langenhorn-Nord, Langenhorner Chaussee 302a.

wolkenlosem Himmel in der Nähe einer stark sprühenden Wasserfontäne (Springbrunnen!) steht. Die durch Mondlicht verursachten Regenbögen sind meist farblos, weil bei ihrer geringen Helligkeit das menschliche Auge nicht imstande ist, die an sich vorhandenen Farben zu erkennen.

Schließlich treten bei geeigneten Bedingungen hinsichtlich Art, Verteilung und Dichte der Wolken Lichthöfe (Kränze) und Glorien durch Sonne oder Mond auf; letztere sind farbige Ringe geringen Durchmessers um den Gegenpunkt der Sonne. Wegen näherer Beschreibung und Erklärung muß wiederum auf das Buch von Dietze verwiesen werden.

3. Stets vorhandene Erscheinungen

Im Gegensatz zu den bisher behandelten wetterabhängigen Erscheinungen gibt es eine Reihe von atmosphärischen Einflüssen, die bei jeder beliebigen Wetterlage und insbesondere bei völlig heiterem Himmel stets vorhanden sind. Ihre Wirksamkeit muß also bei astronomischen Beobachtungen in jedem Fall berücksichtigt werden, sofern es die Natur der Sache erfordert.

a) Die Refraktion (s. Tab. S. 313)

Wie jedes physikalische Medium hat auch die atmosphärische Luft einen Brechungsindex, so daß Lichtstrahlen in ihr eine gewisse, wenn auch kleine Richtungsänderung erleiden. Naturgemäß spielt diese Erscheinung nur da eine Rolle, wo die Richtung, aus der das Licht kommt, d. h. der Ort eines Himmelskörpers an der Sphäre wesentlich ist. Der Betrag der Refraktion, welche stets eine scheinbare Hebung der Lichtquelle nach sich zieht, hängt ab von der Höhe (bzw. Zenitdistanz) des Objekts und von der Farbe des Lichts. Die Tatsache, daß zwei am Himmel benachbarte Objekte infolge ihres geringen Unterschiedes an Zenitdistanz eine verschieden große Refraktion erleiden, bezeichnet man als *differentielle Refraktion*; die Tatsache, daß das Licht einer Lichtquelle in genügend großer Zenitdistanz infolge der Wellenlängenabhängigkeit des atmosphärischen Brechungskoeffizienten in ein Spektrum auseinandergezogen wird, bezeichnet man als *atmosphärische Dispersion*.

Die allgemeine Refraktion ist selbstverständlich bei Objekten im Zenit gleich Null und nimmt nach dem Horizont hin zu; über das Gesetz dieser Zunahme sind ausführliche Theorien aufgestellt worden. Bis zu 75° Zenitdistanz hängt der Betrag der Refraktion praktisch überhaupt nicht von der Schichtung der Atmosphäre, d. h. dem Gesetz der Abnahme von Dichte und Temperatur mit der Höhe ab (Satz von Oriani und Laplace). Einen für Zwecke des Amateurastronomen ausreichend guten Näherungsausdruck für die Refraktion kann man durch die (selbstverständlich unzutreffende) Annahme gewinnen, daß die irdische Atmosphäre mit konstanter Dichte bis zu einer gewissen oberen Grenze reicht und daß der aus dem Weltenraum kommende Lichtstrahl an dieser Stelle eine einmalige Brechung erleidet. Dann ist die Richtung des Lichtstrahls nach der Brechung gleich der am Boden beobachteten, scheinbaren Zenitdistanz z, während er vor der Brechung gleich $z + R$ war, unter R den Betrag der Refraktion verstanden. Nach dem Brechungsgesetz ist also, wenn μ den Brechungskoeffizienten der atmosphärischen Luft bedeutet

$$\sin(z + R) = \mu \sin z\,;$$

da R ein kleiner Winkel ist, kann man $\cos R = 1$ und $\sin R = R$ setzen und findet wegen $\sin(z + R) = \sin z \cos R + \cos z \sin R$

$$R = (\mu - 1)\operatorname{tg} z\,.$$

Das ist das bekannte Gesetz, daß die Refraktion proportional dem Tangens der Zenitdistanz ist; die Proportionalitätskonstante ist sehr nahe gleich 1′ und daraus folgt als Faustregel: Der Betrag der Refraktion in Bogenminuten ist gleich dem tg z.

Erst in großen Zenitdistanzen oder bei Anforderung äußerster Genauigkeit versagt dieses Gesetz. Die genaue Theorie beweist, daß die Refraktion als eine Reihe dargestellt werden kann, die nach ungeraden Potenzen von tg z fortschreitet. Die ausführlichen Tafeln für die genaue Berechnung der Refraktion berücksichtigen noch die 13. Potenz des tg z.

Der Betrag der Refraktion hängt außerdem noch von Luftdruck und Lufttemperatur ab, da der Brechungsindex eine Funktion der beiden Größen ist. Bezeichnet man die „mittlere", d. h. bei 0°C und bei 760 mm Hg = 1013 mb (= millibar) gültige Refraktion mit R_0, dann ist

$$R = \frac{b}{1013} \frac{1}{1 + \frac{T}{273}} R_0 ,$$

wenn b der Luftdruck in Millibar und T die Temperatur in Celsiusgraden ist.

Völlig unbrauchbar wird die erwähnte Entwicklung der Refraktion nach ungeraden Potenzen von tg z in der Nähe des Horizonts, weil dort tg $z \to \infty$ wird. Die Berechnung der Horizontalrefraktion ist daher ein besonderes Problem jeder Refraktionstheorie, bei dem dann auch die vertikale Schichtung der Atmosphäre eine Rolle spielt. Aus Beobachtungen folgt, daß die Refraktion am Horizont einen Betrag von etwa 34 Bogenminuten hat; ein Stern, der scheinbar gerade untergeht, steht also in Wirklichkeit bereits über einen halben Grad unter dem Horizont.

Eine Wirkung dieser Tatsache ist die Verlängerung des Tages. Anfang und Ende des Tages sind durch Auf- und Untergang des oberen Randes der Sonnenscheibe definiert. Da der scheinbare Radius der Sonne 16′ beträgt, steht also im Augenblick des Sonnenaufgangs der Mittelpunkt der Sonnenscheibe in Wirklichkeit noch 34′ + 16′ = 50′ unter dem Horizont. In Mitteleuropa macht die dadurch bedingte Verlängerung des Tages ungefähr zehn Minuten aus, in polaren Gegenden kann sie wesentlich größer sein.

Ebenfalls eine Folge der Refraktion (und zwar der differentiellen Refraktion) ist die *scheinbar* elliptische Gestalt von Sonne und Mond in Horizontnähe. Da der untere Rand der Scheibe tiefer steht als der obere Rand, erleidet er eine stärkere Hebung durch Refraktion, so daß der scheinbare vertikale Durchmesser der Sonne verkürzt wird. Natürlich tritt die Erscheinung auch bei beliebigem Sonnenstand auf, ist aber nur in Horizontnähe groß genug, um dem Auge aufzufallen. Daß bei speziellen atmosphärischen Verhältnissen noch zusätzliche Verzerrungen der Scheiben von Sonne und Mond auftreten können, sei nur am Rand vermerkt.

b) Die Extinktion (s. Tab. S. 313)

Die Schwächung (Extinktion) des Lichts der Sterne durch die Erdatmosphäre hat zwei physikalisch ganz verschiedene Ursachen; zum Teil wird das Licht durch die Luftmoleküle absorbiert, d. h. in Wärme verwandelt und zum Teil wird es aus seiner Richtung abgelenkt, d. h. gestreut. Der gesamte Lichtverlust setzt sich also aus den Anteilen der Absorption und der Streuung zusammen.

Ein Maß für den Betrag der Extinktion gibt der sog. *Extinktionskoeffizient*, an dessen Stelle manchmal auch der sog. *Transmissionskoeffizient* verwendet wird. Der Extinktionskoeffizient gibt an, welcher Prozentsatz einfallender Strahlung bei senkrechtem Einfall (Stern im Zenit!) absorbiert wird, der Transmissionskoeffizient gibt an, welcher Prozentsatz der Strahlung unten noch ankommt. Beide Größen sind abhängig vom Trübungszustand der Atmosphäre, außerdem in sehr starkem Maß von der Wellenlänge des Lichts. Streng genommen hat sogar die getroffene Definition physikalischen Sinn nur für monochromatisches Licht; man begeht aber nur einen sehr geringen Fehler, wenn man die Extinktion für polychromatisches Licht einfach durch einen über den betreffenden Spektralbereich gebildeten mittleren Extinktions- bzw. Transmissionskoeffizienten beschreibt. Der Transmissionskoeffizient der Atmosphäre ist unter durchschnittlichen atmosphärischen Verhältnissen und wolkenlosem Himmel etwa gleich 0.8, d. h. ein Stern im Zenit wird um etwa 20% seiner Helligkeit geschwächt. Dieser Wert gilt aber nur im visuellen Spektralbereich, im photographischen Bereich ist die Extinktion meist um 50 bis 100% größer und außerdem wesentlich stärker vom atmosphärischen Zustand abhängig. Außerdem hängt die Extinktion noch etwas von der Farbe des Sterns ab.

Selbstverständlich nimmt der Betrag der Extinktion nach dem Horizont hin zu. In sehr guter Näherung ist die Schwächung des Sternlichts proportional dem Secans der Zenitdistanz. Da man eine gemessene Sternhelligkeit meist nicht ganz vom Einfluß der Erdatmosphäre befreit, sondern aus naheliegenden Gründen die Helligkeit angibt, die der Stern im Zenit hätte, hat man für die „Reduktion auf Zenit" den Betrag

$$\Delta m = 2.5 \log \mathrm{p} (\sec z - 1) \qquad p = \text{Transmissionskoeffizient}$$

anzubringen; dabei ist der Faktor $-2.5 \log p$ bei visuellen Messungen etwa $0\overset{m}{.}25$ bis $0\overset{m}{.}30$, bei photographischen Messungen etwa $0\overset{m}{.}40$ bis $0\overset{m}{.}60$. Wegen der damit verbundenen, nur selten erfaßbaren Schwierigkeiten ist es dringend ratsam, photometrische Messungen nur in sehr geringen Zenitdistanzen (möglichst unter 30°) zu machen und außerdem die Messungen stets so anzulegen, daß zwei Sterne möglichst gleicher Zenitdistanz verglichen werden und nur die geringe Extinktionsdifferenz bestimmt werden muß.

Selbstverständlich ist die atmosphärische Extinktion auf hohen Bergen wesentlich geringer. Die gegebenen Zahlen gelten für normale Seehöhen von wenigen hundert Metern; auf Bergstationen kann der Extinktionsbetrag bis auf den zehnten Teil heruntergehen, muß aber selbstverständlich in jedem Einzelfall eigens bestimmt werden.

Die Abhängigkeit der Extinktion von der Wellenlänge des Lichts (selektive Extinktion) ist wichtig für eine Reihe von bekannten Erscheinungen. Ganz allgemein wird kurzwelliges Licht stärker geschwächt als langwelliges. Aus diesem Grund sehen Sonne, Mond und Sterne am Horizont viel röter aus als im Zenit. Eine weitere Folge dieser Tatsache ist die blaue Farbe des Tageshimmels. Sie kommt durch die Streuung des Sonnenlichts am atmosphärischen Staub zustande. Der rote Anteil des direkten Sonnenlichts wird nur wenig gestreut, der blaue hingegen stark; infolgedessen ist dasjenige Licht, welches Staubteilchen in großer Winkelentfernung von der Sonne zugestreut erhalten und ihrerseits wieder zum Beobachter streuen, ganz überwiegend von blauer Farbe. Wenn es keine Atmosphäre oder wenn es zwar eine Atmosphäre, aber in ihr keine Streuung gäbe, würde der Himmel auch am Tag tiefschwarz sein und nur da, wo die Sonne bzw. der Mond steht, das direkte Licht zu sehen sein.

Das mathematische Gesetz der Abhängigkeit der Extinktion von der Wellenlänge ist für die verschiedenen beteiligten physikalischen Vorgänge sehr verschieden. Am einfachsten ist das von RAYLEIGH aufgestellte Streuungsgesetz an Luftmolekülen, bei dem der Betrag des durch Streuung verloren gegangenen Lichts umgekehrt proportional zur vierten Potenz der Wellenlänge (also $\sim \lambda^{-4}$) ist. Da aber die Atmosphäre nicht nur aus Luftmolekülen, sondern auch aus Staubteilchen verschiedenster Größe und Beschaffenheit besteht, sind die wirklichen Verhältnisse viel komplizierter und außerdem zeitlich variabel. Im großen und ganzen kann man für die durch Staub verursachte Extinktion eine Proportionalität zu λ^{-1} bis $\lambda^{-1.5}$ annehmen. Die wirklichen Verhältnisse setzen sich dann aus den beiden Anteilen in einer Weise zusammen, die von Fall zu Fall verschieden ist.

c) Dämmerung und Nachthimmelshelligkeit

Das Phänomen der Dämmerung ist eine Folge der Streuung des Lichts in der Atmosphäre und kann daher sinnvollerweise im Anschluß an die Extinktion behandelt werden. Auch nach Ende der Dämmerung wird der Himmel nicht absolut dunkel, sondern behält eine geringe eigene Helligkeit.

α) Dämmerung und verwandte Erscheinungen

Wenn es keine atmosphärische Lichtstreuung gäbe, würde bei Sonnenuntergang der Tag sofort in völlig dunkle Nacht übergehen; tatsächlich erfolgt dieser Übergang in der Wüste bei (normalerweise) extrem staubreiner Luft sehr schnell. Der physikalische Vorgang besteht darin, daß nach Sonnenuntergang (natürlich ebenso vor Sonnenaufgang) zwar keine direkte Sonnenstrahlung mehr zum Beobachter gelangt, wohl aber in die höheren Schichten der Atmosphäre; an den dort befindlichen Luftmolekülen wird das Licht gestreut und ein entsprechender Anteil gelangt nach ein- oder mehrmaliger Streuung in das Auge des Beobachters am Erdboden.

Zwei begriffliche Definitionen der Dämmerung sind zu unterscheiden. Die *bürgerliche Dämmerung* ist die Zeit, in der man bei wolkenlosem Himmel im Freien noch ohne Schwierigkeiten lesen kann; sie endet (bzw. beginnt), wenn die Sonne 6° unter dem Horizont steht. Die *astronomische Dämmerung* endet, wenn die Sonnenhöhe —18° beträgt und bezeichnet den Zeitpunkt, von dem an keine Spur von gestreutem Sonnenlicht mehr zu sehen ist. Gelegentlich findet man auch den Begriff der *nautischen Dämmerung*, deren Ende bei einer Sonnenhöhe von —12° liegt. Selbstverständlich ist die wirkliche Dämmerung bei bewölktem Himmel wesentlich kürzer.

An sehr klaren Tagen kann man während der Abenddämmerung am Osthimmel den Erdschatten als relativ scharfe Grenze zwischen dunklem und noch etwas aufgehelltem Himmel sehen, entsprechend natürlich während der Morgendämmerung am Westhimmel.

Die Dauer der bürgerlichen Dämmerung beträgt in unseren Breiten (+50°) zwischen 30 und 40 Minuten, und zwar ist sie am längsten in Sommer und Winter und am kürzesten in den Übergangsjahreszeiten. Die Dauer der astronomischen Dämmerung beträgt im Herbst, Winter und Frühjahr in +50° Breite ziemlich gleichmäßig zwei Stunden, während im Sommer ganz unterschiedliche Verhältnisse herrschen. In der Breite von +49° beginnt die Zone der sog. „weißen Nächte", in welcher eine gewisse Zeit während des Sommersolstitiums in der ganzen Nacht astronomische Dämmerung herrscht, weil die Sonne niemals tiefer als —18° steht. Je nördlicher der Beobachtungsort liegt, um so länger ist dieser Zeitraum. Er dauert

in +49° Breite vom 11. 6. bis 3. 7.
in +52° Breite vom 21. 5. bis 23. 7.
in +55° Breite vom 9. 5. bis 5. 8.
in +58° Breite vom 29. 4. bis 15. 8.

Der Übergang in die Breitenzone der weißen Sommernächte ist so scharf, daß man schon in +48° Breite (München und Wien) so gut wie nichts mehr von einer Mitternachtsdämmerung bemerkt. In einzelnen Jahren bzw. Nächten können die

Verhältnisse je nach dem atmosphärischen Staubgehalt von den mittleren Bedingungen abweichen.

Eine Reihe von interessanten Farberscheinungen, die unter günstigen äußeren Umständen während der Dämmerung gesehen werden können, brauchen wegen ihrer ausschließlich meteorologischen Bedeutung hier nicht besprochen zu werden; außerdem ist für die meisten unter ihnen eine befriedigende Erklärung noch nicht gefunden. Wegen Einzelheiten sei auf das schon mehrfach genannte Buch von G. Dietze verwiesen.

Für den Astronomen ist die Dämmerung wichtig als die Zeit am Tag, in der die Sterne beginnen sichtbar zu werden und die Beobachtung begonnen werden kann. Bei welcher Himmelshelligkeit eine bestimmte Beobachtung schon möglich ist, hängt fast ausschließlich vom Beobachtungszweck ab; allgemein gesprochen sind photometrische Messungen nur bei völlig dunklem Himmel möglich, während astrometrische Messungen gemacht werden können, sobald der betreffende Stern überhaupt nur zu sehen ist.

Damit verwandt ist die Frage der Sichtbarkeit von Sternen am Tag. Mit unbewaffnetem Auge und genauer Kenntnis der Position kann man am Tageshimmel den Planeten Venus in größter Helligkeit ($-4\overset{m}{.}3$) noch sehen; schwächere Sterne sind am Tag ohne Fernrohr unsichtbar und die oft aufgestellte Behauptung, daß man am Boden eines tiefen Schachts tagsüber helle Sterne wie am Nachthimmel sehen könne, ist eine Sage. Im Fernrohr wird hingegen die Flächenhelligkeit des Himmels die Sichtbarkeit von Sternen um so weniger stören, je größer der Objektivdurchmesser ist und man kann daher Fixsterne nicht allzu geringer Helligkeit am Tag im Fernrohr sehen. Bei einwandfreien Bedingungen und voller Tageshelligkeit zeigt ein 2zölliges Fernrohr noch Sterne der Helligkeit 1^m, ein 4zölliges noch Sterne bis fast 3^m. Auf Bergstationen sind die Verhältnisse günstiger. Dagegen ist die Beobachtung von Planeten mit merklicher Scheibengröße (Mars, Jupiter, Saturn!) am Tag so gut wie hoffnungslos, weil die an sich beträchtliche Helligkeit sich auf eine gewisse Fläche verteilt; bei Venus und Merkur hängen die Beobachtungsbedingungen mit Fernrohr am Tageshimmel erheblich von der Phasengestalt ab, außerdem natürlich von der gewählten Vergrößerung. Erwähnt werden darf, daß sogar der Mond am Tag im Fernrohr nur mit größter Mühe zu beobachten ist.

β) Die Helligkeit des Nachthimmels

Die schwache Helligkeit, die der Nachthimmel nach Ende der astronomischen Dämmerung noch aufweist, setzt sich aus den verschiedensten Anteilen zusammen. Selbstverständlich soll von demjenigen Streulicht, das von terrestrischen Lichtquellen (etwa Straßenbeleuchtung!) herrührt, abgesehen bzw. vorausgesetzt werden, daß solches Licht nicht vorliegt. Auch unter dieser Voraussetzung ist die Intensität des Nachthimmelslichts noch zeitlichen und wetterabhängigen Schwankungen unterworfen.

Die mittlere Gesamthelligkeit des nächtlichen Himmels entspricht etwa der eines Sterns der Helligkeit 22^m pro Quadratbogensekunde. Damit ist der astronomischen Beobachtung schwacher Flächenhelligkeiten eine prinzipielle Grenze gesetzt, die selbstverständlich nur für große Teleskope eine praktische Bedeutung hat.

Im einzelnen läßt sich die Helligkeit des Nachthimmels auf die folgenden Ursachen zurückführen:

a) Reste der normalen Dämmerung
b) Rekombinationsleuchten von Luftmolekülen
c) Zodiakallicht

d) Schwache Sterne und extragalaktische Nebel
e) Streulicht der unter b) bis d) genannten Lichtquellen
f) Zeitweise Polarlichter oder leuchtende Nachtwolken

Die unter a), b), e) und f) genannten Ursachen liegen in der Atmosphäre selbst, die unter c) und d) genannten Ursachen sind extraterrestrischer Natur. Die Farbe des gesamten Nachthimmelslichts ist leicht rötlich, doch ist das Auge natürlich wegen der Schwäche des Lichteindrucks nicht in der Lage, die Farbe wahrzunehmen. Wirkliche Störungen für den Amateurbeobachter entstehen durch das Nachthimmelslicht nicht.

d) Polarisation des Himmelslichts

Das diffuse Streulicht des Himmels ist zu einem mehr oder minder erheblichen Prozentsatz polarisiert, d. h. die Schwingungsrichtung der elektromagnetischen Schwingungen liegt in der zum Lichtstrahl senkrechten Ebene nicht beliebig, sondern ist in einer bestimmten Richtung orientiert. Obgleich diese Tatsache für astronomische Beobachtungen so gut wie bedeutungslos ist, gehört sie zu einer vollständigen Diskussion aller mit der Erdatmosphäre verbundenen optischen Erscheinungen dazu.

Ursache der Polarisation des Himmelslichts ist die Streuung an den Luftmolekülen. Die Gesetze der Optik lehren, daß bei den Vorgängen der Reflexion, der Brechung und der Streuung ein gewisser Teil der Lichtwellen polarisiert wird. Der Prozentsatz polarisierten Lichts relativ zum Gesamtlicht, der sog. Polarisationsgrad, ist dabei von den äußeren Umständen wie dem Einfallswinkel oder der Teilchengröße abhängig.

Das menschliche Auge ist nicht imstande, zwischen polarisiertem und nichtpolarisiertem Licht zu unterscheiden. Manche Tiere (z. B. Bienen) haben diese Fähigkeit von der Natur mitbekommen. Der Mensch kann die Erscheinung der Polarisation in der Regel nur so beobachten, daß er das eintreffende Licht durch ein *Polarisationsfilter* betrachtet. Wenn dieses gedreht wird, hat man bei unpolarisiertem Licht in jeder Stellung die gleiche Helligkeit, bei polarisiertem Licht hat man die größte Helligkeit in derjenigen Stellung, bei der die Schwingungsrichtung des Filters identisch ist mit der Schwingungsrichtung des eintreffenden Lichts.

Der Polarisationsgrad des diffusen Himmelslichts ist verschieden und hängt von der Position des betrachteten Gebiets am Himmel relativ zur Sonne ab. Am wolkenlosen Himmel findet man einige (meist drei) Stellen, an denen überhaupt keine Polarisation auftritt; alle drei Punkte liegen im Vertikal der Sonne und sind

der Arago-Punkt: 20° über dem Gegenpunkt der Sonne
der Babinet-Punkt: 10° über der Sonne
der Brewster-Punkt: 15° unter der Sonne.

Der Arago-Punkt liegt nur dann über dem Horizont, wenn die Sonne ziemlich tief steht. Die Höhenangaben der drei Punkte sind mittlere Werte und können je nach der Trübung der Atmosphäre und der Beschaffenheit der Erdoberfläche variieren.

Ihren größten Wert (meist 60 bis 80%) erreicht der Polarisationsgrad an derjenigen Stelle des Sonnenvertikals, die 90° von der Sonne entfernt ist. Auch hier ist der Grad der Polarisation und in geringem Ausmaß auch der Ort stärkster Polarisation abhängig von der Trübung der Atmosphäre. Ganz allgemein kann die Variation des Polarisationsgrades am Himmel durch das Zusammenwirken von zwei Gesetzen beschrieben werden: Der Polarisationsgrad nimmt mit wachsendem Sonnenabstand bis 90° zu und dann wieder ab und zweitens nimmt der Polarisationsgrad nach dem Horizont hin ab.

Wer nähere Einzelheiten über das Thema wissen will, sei wiederum auf das Buch von DIETZE verwiesen.

e) Die scheinbare Form des Himmelsgewölbes

Die Tatsache, daß das Himmelsgewölbe dem menschlichen Auge nicht wie eine Halbkugel, sondern abgeplattet erscheint, hat zwar an sich mit der Atmosphäre nichts zu tun; dennoch dürfte es sinnvoll sein, diese Erscheinung an dieser Stelle kurz zu besprechen. Der Beobachter hat den Eindruck, daß der Horizont von ihm weiter entfernt ist als der Zenitpunkt des Himmels. Natürlich handelt es sich um kein echtes Phänomen, denn der Himmel als solcher hat an keiner Stelle eine „Entfernung" vom Beobachter; der Blick reicht an jeder Stelle im Prinzip bis in unendliche Entfernung. Die Erscheinung ist physiologischer Natur und hängt mit der Struktur des menschlichen Auges zusammen. Man erkennt das daraus, daß dem auf dem Boden liegenden Beobachter der Zenitpunkt des Himmels viel weiter entfernt erscheint als einem stehenden Beobachter.

Eine wichtige Konsequenz dieser Eigenart des menschlichen Auges besteht darin, daß Höhenwinkel meist erheblich falsch geschätzt werden; die Größe des Fehlers ist individuell sehr verschieden. Folgende Zahlen können als durchschnittliche Werte gelten:

wahre Höhe:	0°	15°	30°	45°	60°	75°	90°
geschätzte Höhe:	0°	30°	50°	65°	75°	84°	90°

Die Höhe eines Objektes wird also in Horizontnähe bis zu 20° zu groß geschätzt. In der Nacht ist der Effekt kleiner als am Tag.

Infolge dieser Überschätzung von Höhenwinkeln in Horizontnähe erscheinen Sonne und Mond beim Aufgang (bzw. Untergang) scheinbar größer als im Zenit. Das gleiche gilt für Sternbilder. Ebenfalls eine Folge der besprochenen Eigentümlichkeit des menschlichen Auges ist es, daß Sterne fast im Zenit zu stehen scheinen, auch wenn ihre wahre Zenitdistanz 10° oder 20° ist. Bei jeder Schätzung von Sternhöhen muß der besprochene Effekt berücksichtigt werden.

B. Beobachtung und Praxis

I. Die Sonne

Von

R. Müller

Sonnenobservatorium Wendelstein

Mit 10 Textabbildungen

1. Einleitung

Die Sonne erscheint uns bei der Betrachtung mit bloßem, nur durch ein Blendglas geschütztem Auge als scharf begrenzte kreisrunde Scheibe, deren Helligkeit von der Mitte zum Rande zu abnimmt. Nur in seltenen Fällen, zu Zeiten hoher Sonnenfleckentätigkeit, sind bei der Beobachtung mit bloßem Auge Sonnenflecken auf der Scheibe zu erkennen. Es lohnt sich also kaum derartige Beobachtungen, bei denen überdies die Geduld des Beobachters auf eine harte Probe gestellt wird, systematisch zu betreiben. Erst bei der Benutzung optischer Hilfsmittel bietet das Studium der Sonnenscheibe dem Liebhaberastronomen ein überaus reizvolles Tätigkeitsfeld.

Wenn dennoch, wie es mir scheint, die größte Anzahl der Sternfreunde das so interessante Beobachtungsobjekt Sonne etwas stiefmütterlich behandeln, so hat dies wohl zwei Gründe: Einem nächtlichen Hobby kann man einfach aus Berufsgründen leichter nachgehen, als einem solchen, das sich naturgemäß nur in den Tagesstunden anbietet. Aber das allein ist es nicht, viele Sonnenbeobachter haben einfach Mühe, mit den Schwierigkeiten fertig zu werden, die sich bei der Einordnung ihrer Beobachtungen ergeben. Es ist daher der Zweck dieses Abschnittes des vorliegenden Handbuches die Beobachtungsmethoden, Hilfsmittel und Reduktionsarbeiten für den Sonnenbeobachter so *anschaulich wie nur möglich* zu beschreiben. Wenn mein Beitrag willkommene und vor allen Dingen anregende Aufnahme findet, so würde ich darin den schönsten Lohn für meine Arbeit sehen.

2. Wie man die Sonne beobachtet

a) Abblenden der Sonne

Die gewaltige Lichtfülle der Sonne macht es nötig, bei ihrer Beobachtung sich irgendwelcher Abblendvorrichtungen zu bedienen, denn selbst bei einem „Augenblick" durch das Okular des Feldstechers oder Fernrohres läuft man Gefahr, sich böse Augenschädigungen zuzuziehen. Als einfachste Blendgläser bieten sich rußgeschwärzte Glasscheiben an, die man durch eine mit Tesafilm überklebte Glasscheibe vor dem Verwischen schützen sollte. Auch eine Schweißerbrille vermag gute Dienste zu leisten. Bessere Dämpfungsgläser — sogenannte Rauch- oder Neutralfilter — sind handelsüblich zu haben, so z. B. die auf ihre Durchlässigkeit geeichten und planparallelen NG-Filter der Fa. Schott, über deren Durchlässigkeit uns Tabelle 1 unterrichtet.

Tabelle 1. *Durchlässigkeit D der Schott-Neutralfilter* (1 mm Dicke)

Nr.	D in %	Nr.	D in %
NG 1	0.011	NG 9	3.59
NG 2	0.36*	NG 3	9.48
NG 10	0.52	NG 7	26.6

* große Wärmefestigkeit

Bei Anwendung aller Blendgläser ist stets Vorsicht geboten, weil sich derartige Gläser unter der Einwirkung des Sonnenlichtes stark erwärmen und daher leicht springen können. Man sollte daher ihre Verwendung auf Ferngläser und kleinere Fernrohre (mit Objektivdurchmessern bis zu etwa 50 mm) beschränken. Gute Erfahrungen haben wir hinsichtlich des Zerspringens mit Filtergläsern auf dem Sonnenobservatorium Wendelstein gemacht, die völlig mit einer die Wärme gut aufnehmenden Bleifassung eingefaßt waren. Den Bleirahmen kann man sich gut selbst in einer Holzform gießen und dann mit dem Messer ausarbeiten. Es sei *dringend* davor gewarnt Blendgläser im Brennpunkt oder in Brennpunktsnähe zu verwenden, am besten werden sie zwischen Auge und Okular angebracht. Von der Verwendung gefärbter Gläser ist abzuraten, vor allen Dingen sollte man keine Rotgläser wegen ihrer verhältnismäßig hohen Wärmedurchlässigkeit, die zu Bindehautentzündung führen kann, nehmen. Für die Beobachtung der Sonne mit Dämpfungsgläsern seien noch folgende Punkte zur Beachtung empfohlen:

1. Man benutze, um ein Optimum an Bildqualität zu erreichen, möglichst planparallele Gläser.
2. Da die Intensität der Sonne von der Höhe, in der man sie beobachtet und damit zugleich auch von der Jahreszeit abhängt, halte man mehrere Blendgläser in Bereitschaft, um so das dem Auge erträgliche Abschwächungsmaß zu erreichen. Die Empfehlung gilt auch bei der Beobachtung durch mehr oder weniger dichte Wolkenschichten.
3. Dämpfungsgläser, die zwischen dem Objektiv und dem Okular (aber nicht in Brennpunktsnähe) angebracht sind, bieten den Vorteil geringerer Erwärmung, weil der Strahlenkegel des Sonnenbildes hier größeren Durchmesser hat. Ihre Wärmeaufnahme genügt aber, um im Tubus des Fernrohres eine nicht abzuleitende Luftunruhe hervorzubringen, die natürlich die Bildqualität beeinträchtigt. Bewährt hat sich auch die Anbringung von runden Dämpfungsgläsern vor dem Objektiv.
4. Eine weitere Abschwächung erreicht man durch Verkleinerung des Objektivdurchmessers (Abblendung). Man kann sich die mit mattem Schultafellack geschwärzten Blenden ganz leicht aus Pappe mit jeder erwünschten Öffnung herstellen. Das Abblenden ist nur bei Fernrohren mit Objektivdurchmessern von mehr als 70 mm anzuraten.
5. Die Wärmeeinwirkung der Sonne auf alle Teile des Sonnenrohres bewirkt eine Verschlechterung der Bildqualität und kann auch auf zweiteilig gekittete Okulare schädigend einwirken. Es wird daher empfohlen, von Zeit zu Zeit die Beobachtung zu unterbrechen, damit sich alle Teile einschließlich des Blendglases abkühlen können.

b) Das Helioskop zur Abschwächung der Sonne

Helioskop oder Sonnenokular nennt man die Vorrichtungen, bei denen mit Hilfe von Reflexion an Prismen oder Glasflächen oder auch durch Polarisation das Sonnenlicht soweit geschwächt wird, daß man zumeist nur noch mit einem schwachen Neutralglas auskommt.

Bei dem in Abb. 1a gezeigten einfachen Sonnenokular wird durch die Reflexionsprismen P_1 und P_2 (durchsichtige Glasprismen) etwa $1.6 \cdot 10^{-3} = 0.0016$ des einfallendes Lichtes durchgelassen, wodurch also eine recht beträchtliche Abschwächung erreicht wird. Man kann sich ein solches Sonnenokular leicht herstellen und benötigt zur endgültigen Abschwächung nur noch ein schwaches Neutralglas. Es brauchen auch keine Prismen zu sein, da unter 45° gestellte planparallele Glasscheiben ähnliche Dienste leisten.

Eine andere Anordnung besteht in der Verwendung eines Pentagonprismas (Abb. 1b). Bei der Abschwächung muß man die beiden reflektierenden Schichten des 5seitigen Prismas von ihren Metallbelegungen befreien und erhält dann durch zweimalige Glasreflexion von je 4% den Abschwächungsfaktor $1.6 \cdot 10^{-6}$. Der Vor-

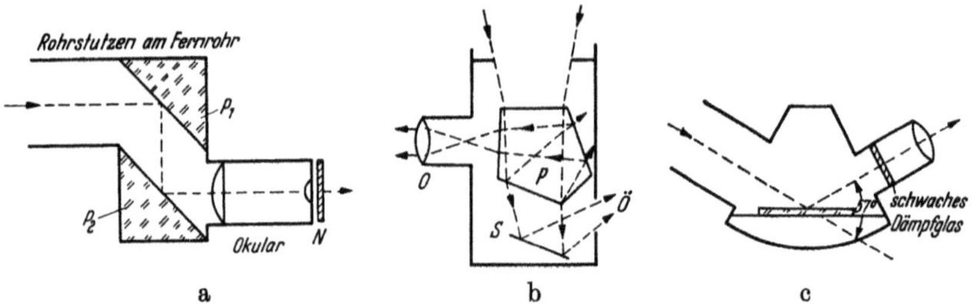

Abb. 1a—c. a Sonnenokular, bei dem durch Reflexionsprismen ein hoher Prozentsatz der einfallenden Strahlung vernichtet wird. N = schwaches Neutralglas (nach R. BRANDT). b Sonnenokular mit Pentagonprisma. P = Prisma, S = Spiegel, O = Okular, $Ö$ = Öffnung (nach S. MAGUN). c Sonnenokular mit Reflexions- und Polarisationswirkung (nach R. BRANDT).

teil dieses Sonnenokulars besteht darin, daß man damit zugleich einen für jede Beobachtungslage einzurichtenden geknickten Okulareinblick erhält. Um die bei der ersten Reflexion aus dem Prisma austretende Wärmestrahlung weitgehend zu vernichten, schlägt S. MAGUN vor[1], einen massiven, roh polierten Metallspiegel S in das Sonnenokulargehäuse einzubauen, der die unnütze und schädliche Strahlung (etwa 96%!) durch eine Öffnung $Ö$ ableitet. Die dann bei der zweiten Reflexion ins Okulargehäuse tretende Strahlung ist derartig gering, daß sie durch Schwärzung der Außenwände praktisch beseitigt wird. Die Abschwächung wird noch wesentlich verstärkt, wenn man die reflektierenden Flächen mit einer reflexvermindernden Schicht belegen lassen kann.

Eine andere Art der Lichtminderung beruht auf dem Prinzip der Polarisation. Wenn man nämlich Sonnenlicht von einer Glasplatte unter einem Winkel von 57° reflektieren läßt (Abb. 1c), so wird es vollständig polarisiert. Bei dieser Anordnung wird dann der größte Teil an Licht und Wärme durch Reflexion und Polarisation beseitigt. Auf dem Prinzip der Polarisation beruht auch das sogenannte Colzi-Helioskop, das handelsüblich hergestellt auf den Sonnenobservatorien große Verbreitung gefunden hat. Wir wollen auf eine nähere Beschreibung dieses Polarisationshelioskops, das der Amateurbeobachter sich schwerlich beschaffen kann, verzichten und verweisen auf die Fachliteratur.

c) Das projizierte Sonnenbild

Wir kommen nun auf die zweifellos einfachste Methode der Sonnenbeobachtung zu sprechen, bei der das vom Fernrohr entworfene Sonnenbild auf einen hinter dem Okular des Instrumentes befindlichen Schirm projiziert wird. Zunächst müssen wir uns darüber klar sein, daß wir im Brennpunkt unserer Fernrohrlinse ein viel zu kleines und viel zu helles Sonnenbild erhalten. Für die Berechnung der Bildgröße der Sonne gilt mit sehr großer Genauigkeit die Faustregel: Die Bildgröße der Sonne ist gleich 1/100 der Brennweite unseres Fernrohres; es ist also bei einem Fernrohr von 100 cm Brennweite das Bild der Sonne im Brennpunkt nur 1 cm groß. Bei einer der üblichen Kleinbildkameras von 50 mm Brennweite ist zur Überraschung der Photographen die Sonne auf dem Film nur ½ mm groß!

[1] S. MAGUN: Die Sterne **31**, 228 (1955).

Bei der Projektion durch ein Fernrohr kommt es uns im wesentlichen auf die Größe des Sonnenbildes, das wir auf den Schirm entwerfen wollen — wir nennen es S — und den Abstand a, den der Schirm vom Okular hat, an. Diese uns angehenden Maße hängen von der Brennweite f_0 des gewählten Okulares und dem Durchmesser d des von unserer Fernrohrlinse entworfenen Bildes sowie sehr stark von der Okularfokussierung, die wir als veränderliche Größe x nennen wollen, ab. Wir nennen $x = 0$, wenn der Fokus des Okulars in die Brennebene des primär vom Objektiv entworfenen Sonnenbildes fällt; ist dies nicht der Fall, d. h. gehen wir durch Verschieben des Okulars aus dem Primärfokus heraus, so verändert sich die Größe des Schirmbildes S und der Abstand a des Schirmes recht beträchtlich. Es bestehen nämlich zwischen unseren aufgeführten Größen folgende Beziehungen:

$$S = \frac{f_0 \cdot d}{x}, \quad a = \frac{f_0 \cdot (f_0 + x)}{x}$$

Ein Beispiel: Wir haben ein Fernrohr von 70 cm Brennweite, dann hat unser primäres Sonnenbild nach unserer erwähnten Faustregel einen Durchmesser $d = 0.7$ cm; wenn wir nun ein etwa 50fach vergrößerndes Okular mit der Brennweite $f_0 = 1.4$ cm in Gebrauch haben und uns 0.1 cm außerhalb des Primärfokus befinden, so wird

$$S = \frac{1.4 \cdot 0.7}{0.1} = 9.8 \text{ cm und } a = \frac{1.4 \cdot (1.4 + 0.1)}{0.1} = 21 \text{ cm.}$$

Durch eine geringe Veränderung unseres Okularfokus, sagen wir auf $x = 0.2$, würde, wie sich leicht aus den Formeln berechnen läßt, die Bildgröße der Sonne auf dem Schirm $S = 4.9$ cm also halb so groß werden, während der Abstand des Schirmes $a = 11.2$ cm beträgt. Benützen wir, um noch ein Beispiel zu geben, ein Okular mit $f_0 = 28$ mm, das nach der Beziehung $V = f/f_0 = 70/2.8$ eine 25fache Vergrößerung V hat, so wird bei $x = 0.1$ die Schirmbildgröße $S = 19.6$ cm und der Schirmabstand $a = 81.2$ cm.

Die Beispiele genügen, damit sich der Sternfreund selbst zunächst einmal mit den einfachen Formeln das berechnet, was seinem Fernrohr und Hilfsmitteln entspricht und dann durch Okularfokussierung die rechten Maße erprobt. Sehr wichtig ist es, sich Gedanken über die zu wählende Größe des Sonnenbildes auf den Schirm zu machen. Wir empfehlen das Bild nicht zu groß zu wählen, Durchmesser von 10—12 cm genügen; selbstverständlich kann man beliebig große Sonnenbilder projizieren, man bedenke aber, daß die Lichtstärke bei größeren Bildern sehr schnell nachläßt. Man sollte daher selbst bei größeren Fernrohren nicht auf Sonnenbildgrößen über 20 cm gehen, während bei kleineren Instrumenten Bilder von 7—9 cm das richtige sind. Man halte die Okularvergrößerung klein, auch bei lichtstarken größeren Fernrohren gehe man nicht über 60—70fache Vergrößerung.

Die Lichtfülle der Sonne blende man durch eine nicht zu kleine geschwärzte Pappblende ab, die man beim Okularende um den Tubus herumlegt. Selbstverständlich ist die Aufstellung des Fernrohres in einem dunklen Raum sehr günstig, man läßt dabei das Okularende durch einen Vorhang herausschauen. Mit ein wenig Phantasie und Erfahrung wird man bald lernen, wie man zu der besten Abdunkelung kommt.

Beim Bau des Projektionsschirms wird man von folgenden Überlegungen ausgehen: Er soll möglichst eine *Einheit* mit dem Fernrohr bilden, wobei der sogenannte Schirm senkrecht zum Strahleneinfall stehen muß. Da man auf dem Schirm z. B. zur Skizzierung von Sonnenflecken Papierblätter anbringt oder anheftet muß er eine feste Unterlage bieten. Wir raten sehr, den Schirm kreisrund auszuführen, wobei er einen etwas größeren Durchmesser haben sollte, als das endgültig gewählte Sonnenbild. Wenn man bedenkt, — wir kommen später noch darauf zu sprechen — daß die Sonnenachse, also der vom Nordpol zum Südpol der Sonne gehende Zentralmeridian, im Laufe des Jahres sich um insgesamt rund 53° scheinbar verschiebt, so ist es vorteilhaft, die Einrichtung so zu bauen, daß man das kreisförmige Zeichenblatt gegen den eigentlichen Projektionsschirm drehen kann.

Zur Bauanleitung mögen folgende Angaben dienen (Abb. 2): Es sei angenommen, daß wir uns auf ein Projektionsbild von 10 cm Durchmesser festgelegt haben. Wir schneiden uns zunächst eine Scheibe I von 11 cm Durchmesser aus etwa 2—3 mm starkem Sperrholz. Eine zweite aus etwas dickerem Sperrholz gesägte Platte II, in der die erste gedreht werden soll, erhält einen Durchmesser von 11.8 bis 12 cm. Auf ihrem äußeren Rand wird rundherum oder auch an 8—10 Stellen eine etwas hochstehende Kante geklebt, so daß die Scheibe I darin laufen kann. Mit einem zum Fassen aufgebogenen Runddraht läßt sich dann sehr einfach das Zeichenpapier mittels der hochstehenden Kante festlegen und bequem wechseln. Unsere Abb. 2 erläutert die Konstruktion.

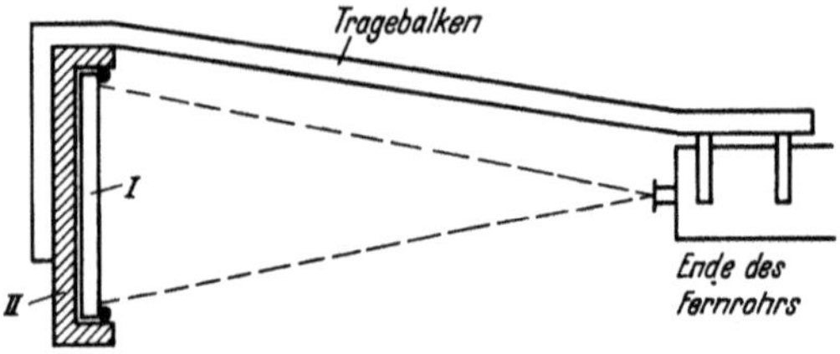

Abb. 2. Zum Bau eines Projektionsschirmes (schematisch). I = Scheibe von 11 cm ⌀, II = etwas größere Scheibe mit aufragender Kante. ● = federnder Runddraht zum Festhalten des Zeichenblattes.

Der Schirm wird natürlich stabiler, wenn man etwa zwei Tragarme wählt, es wird dann allerdings das Zeichnen der Oberflächenerscheinungen auf der Sonne beeinträchtigt, was von großem Nachteil sein kann. Am Sonnenobservatorium Wendelstein, wo wir die Sonne in Projektion mit einem Scheibendurchmesser von 15 cm beobachten, haben wir an dem allerdings gut montierten Sonnenrefraktor einen einarmigen stabilen Tragebalken, der ebenso wie die auf Kugeln gegeneinander laufenden Scheiben aus Aluminium besteht. Um bei wechselnder Sonnenentfernung stets gleichgroße Sonnenbilder zu erhalten, ist der Tragbalken mit Schraubentrieb in Länge verstellbar. Das sind allerdings Feinheiten, denn der Unterschied bei Sonne im Perihel beziehungsweise Aphel beträgt gegen eine mittlere Sonne von 10 cm Durchmesser auf dem Schirm nur 10.17 bzw. 9.83 cm.

Wir raten sehr dazu, sich zur Beobachtung auf dem Projektionsschirm einen „Wedel" anzufertigen, mit dem man leicht wedelnd die Sonnenscheibe überstreichen kann. Wir haben auf dem Sonnenobservatorium Wendelstein solche Wedel mit bestem Erfolg in Gebrauch. Der Wedel besteht einfach aus einem dünnen Holz oder auch stärkeren Papp-Spachtel, dessen eine Teilfläche mit halbglänzendem (ausfixiertem) Photopapier faltenlos beklebt ist, während die andere Hälfte als Griff dient. Man wird erstaunt sein, was für Kontraste sich beim leichten Hin- und Herwedeln mit diesem einfachen Hilfsgerät ergeben.

Erwähnen möchten wir noch die Abbildung der Sonne mit Hilfe einer Lochblende. Bei einer Lochgröße von 2.5—3 mm erhält man in 4—5 Meter Entfernung ein Sonnenbild, auf dem man die größeren Sonnenflecken allerdings unscharf erkennen kann. Für auch nur einigermaßen brauchbare Beobachtungen ist das Lochblendeverfahren also nicht geeignet. Reizvoll ist es dagegen mit einer Lochkamera Aufnahmen der Sonne zu machen. Die günstigsten Daten für einen solchen an und für sich einfachen Versuch sind: Man baue sich einen lichtdichten innen geschwärzten Kamerakasten mit Deckel von den Außmaßen 10×10×10 cm, die Photoplatte befestige man in 10 cm Entfernung dem Loch gegenüber, der Lochdurchmesser soll (recht genau) 0.4 mm betragen. Belichtungszeit je nach Plattenmaterial oder Film ausprobieren.

3. Was wir auf der Sonnenscheibe beobachten

a) Die Sonnenflecken

α) *Aussehen und Klassifizierung*

Wenn wir uns nun der Beobachtung der Sonnenscheibe zuwenden, so gilt unsere Aufmerksamkeit zunächst einmal den Sonnenflecken. Die Größenverhältnisse der Sonnenflecken sind überaus unterschiedlich, zuweilen handelt es sich um so kleine

„Poren", daß man sie nur mit größeren Instrumenten wahrnehmen kann, während demgegenüber große Sonnenflecken bequem im Feldstecher und besonders große sogar mit bloßem Auge sichtbar sind. Die größeren Flecken — wir meinen dabei ihren Kern, die Umbra — sind stets von einem Hof umgeben, den man die Penumbra nennt. Wer bei etwa 70—100facher Vergrößerung oder bei lichtstarker Projektionsbeobachtung die Möglichkeit hat, die Struktur der den Fleckenkern umgebenden Höfe eingehender zu studieren — es ist dies eine *lohnende* Aufgabe — wird über die Mannigfaltigkeit der Erscheinungen erstaunt sein.

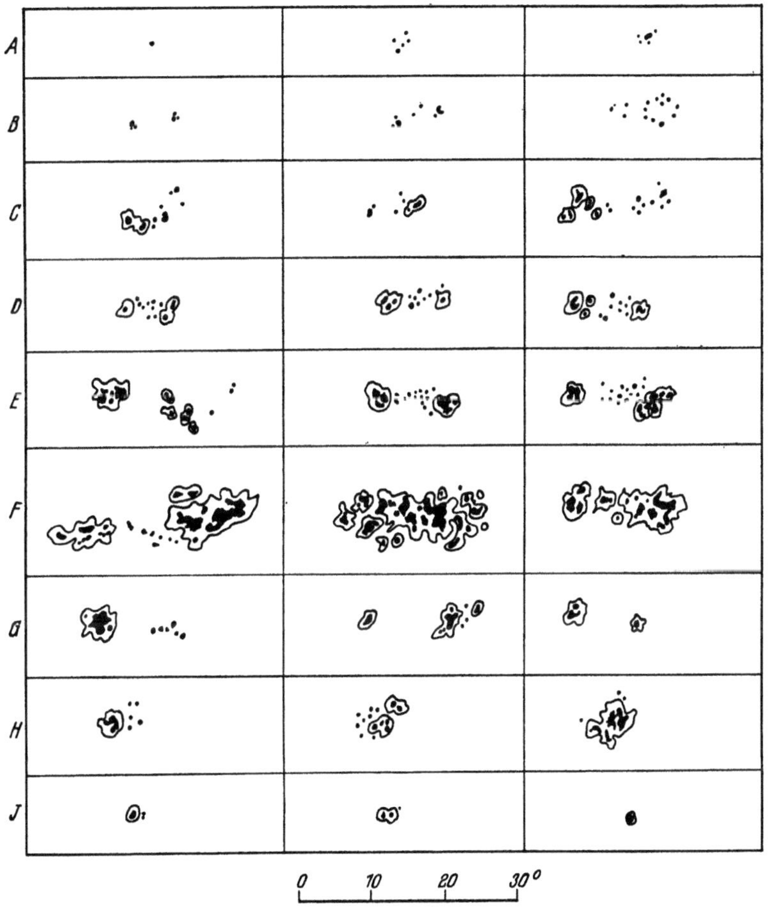

Abb. 3. Auswahlbeispiele zur Klassifizierung der Sonnenfleckengruppen.

Wichtig ist es, darauf hinzuweisen, daß die Sonnenflecken in Gruppen auftreten, wobei eine solche Gruppe ihrer physikalischen Natur gemäß tatsächlich ein eigenes Gebilde darstellt. In dieser Gruppenanordnung weisen die Sonnenflecken verschiedene Entwicklungsstufen und Veränderungen auf, über die wir uns nun an Hand der Abb. 3 unterrichten wollen. Mit fortschreitender Entwicklung einer Sonnenfleckengruppe, die sich ungefähr in Ost-Westrichtung anordnet, tritt als wesentliches Merkmal die Bildung von zwei sogenannten Hauptflecken auf. Die heute international gebräuchliche Klassifizierung der Sonnenfleckengruppen umfaßt 9 Gruppen (mit der Bezeichnung A bis J), von denen die Abbildung jeweils

3 Beispiele gibt. Die charakteristischen Merkmale der Klassifizierung sind in der nachfolgenden Übersicht beschrieben.

Klasse	*Merkmal*
A	Kleiner Einzelfleck oder Gruppe von Einzelflecken ohne Hofstruktur.
B	Sonnenfleckengruppe mit mehr oder weniger ausgeprägter Hauptfleckenbildung (bipolare Bildung); Flecken ohne Höfe.
C	Bipolare Gruppe, bei denen einer der Hauptflecken Hofbildung aufweist.
D	Bipolare Gruppe mit größeren Hauptflecken, die von Höfen umgeben sind.
E	Größere bipolare Gruppe, deren Hauptflecken Höfe oft verwickelter Struktur haben. Zwischen den Hauptflecken viele einfache oder mit kleinen Höfen versehene Einzelflecke. Ausdehnung zumeist größer als 10°.
F	Sehr große bipolare oder durch Hoffelder umrandete Sonnenfleckengruppe von mindestens 15° Längsausdehnung.
G	Große bipolare Gruppe, bei der die Zwischenflecke vergangen sind. Noch größer als 10°.
H	Aus einem größeren Hauptfleck mit Hof bestehende Gruppe, oft von kleinen Einzelflecken umgeben. Ausmaße größer als 2.5°.
I	Einpoliger kleiner Hoffleck. Ausmaße kleiner als 2.5°.

Mit Hilfe dieses Klassifizierungsschemas versuche man zunächst durch mehrmalige Übung die auf der Sonnenscheibe auftretenden Fleckengruppen zu erkennen und einzuordnen. Es ist verständlich, daß dies zum Sonnenrand hin wegen der perspektivischen Verkürzung oft schwierig ist. Auch am Ostrand auftauchende Sonnenflecken zeigen sozusagen ihr wahres Gesicht erst, wenn sie sich ein bis zwei Tage später mehr auf die Sonnenscheibe hin bewegt haben. Die Schwierigkeit der Klassifizierung ist bei kleineren Fernrohren natürlich größer und besonders zu Zeiten großer Sonnenfleckentätigkeit bereitet auch die Gruppenbeurteilung — wir meinen hier das richtige Auftrennen in Fleckengruppen, die nicht unwichtig ist — manchmal Kopfzerbrechen. Man tröste sich damit, daß auch erfahrene Sonnenbeobachter hinsichtlich der Klassifizierung oder Auftrennung in Einzelgruppen manchmal zu verschiedener Auffassung kommen. Die Sonnenfleckenbildung ist eben so mannigfaltig, daß sie sich in aller Strenge oft nicht in das nun einmal nötige Schema einordnen läßt (Abb. 4).

β) Über das Maß der Sonnenfleckentätigkeit (Relativzahl)

Es scheint zunächst naheliegend, die Sonnenfleckentätigkeit eines Beobachtungstages einfach durch die Anzahl der auf der Sonne gezählten Sonnenflecken zu beurteilen. Wir haben aber im vorhergehenden Abschnitt erfahren, daß das Auftreten der Flecken in Gruppenanordnung als wesentliches Merkmal bei ihrer Bildung zu betrachten ist. Um nun diese Bildung von Sonnenfleckenaktivitätsherden gebührend zu berücksichtigen, hat man nach einem Vorschlag von R. Wolf (1816 bis 1893) nicht nur die täglich beobachteten Einzelflecken f sondern auch die Anzahl der täglich vorhandenen Sonnenfleckengruppen g so kombiniert, daß man den letzteren sogar 10faches Gewicht gab. Diese Maßzahl, also diese Kombination zwischen Einzelflecken und Gruppen, mit der man die tägliche Sonnenfleckentätigkeit ausdrückt, nennt man die Sonnenfleckenrelativzahl R, so daß man schreiben kann:

$$R = 10 \cdot g + f\,.$$

Hat man z. B. 3 Sonnenfleckengruppen auf der Scheibe beobachtet, etwa eine als B klassifizierte Gruppe bestehend aus 9 Einzelflecken, eine C-Gruppe mit insgesamt 15 Flecken und einen H-Fleck mit 3 Flecken, so wird $R = 10 \cdot 3 + 9 + 15 + 3 = 57$. Ist dagegen auf der Sonnenscheibe nur ein einzelner Fleck (als A klassifiziert) sichtbar, so ist die Relativzahl des Tages $R = 10 + 1 = 11$. Man leite sich mit Hilfe des hier geschilderten Verfahrens durch viele Beobachtungsübungen die tägliche Sonnenfleckenrelativzahl R ab.

Es leuchtet sofort ein, daß die so von einem Beobachter X ermittelten R-Werte natürlich nicht mit denjenigen übereinstimmen können, die eine andere Beobachtungsstation Y zur gleichen Zeit abgeleitet hat, die etwa nach einem anderen Verfahren oder mit einem anderen Fernrohr beobachtet hat. Um nun diese unter so

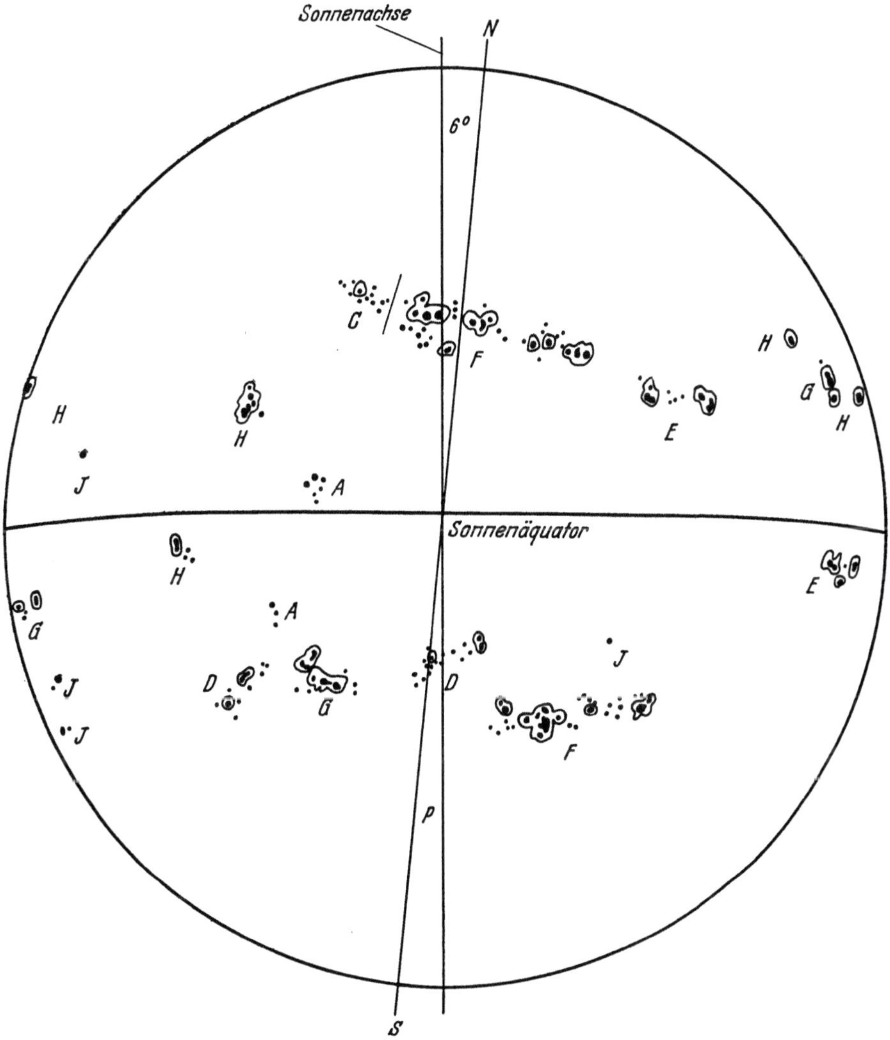

Abb. 4. Das Fleckenbild der Sonne gezeichnet auf dem Projektionsschirm am 25. 12. 1957. Die Zusammenfassung in Gruppen und ihre Klassifizierung ist eingetragen. Die Breite des Sonnenmittelpunktes B_0 betrug $= -2°$, der Positionswinkel der Sonnenachse war $P = +6°$.

verschiedenen Bedingungen mit verschiedenen Instrumenten der Observatorien oder Liebhaberastronomen erhaltenen täglichen Sonnenfleckenrelativzahlen sozusagen auf einen Nenner zu bringen, muß man sie auf eine Standardskala reduzieren. Als Standardbeobachtungen gelten diejenigen, die mit dem auf der Züricher Sternwarte seit über 100 Jahren im Dienste der Sonnenforschung stehenden Fraunhofer-Normalrefraktor von 8 cm Öffnung und 110 cm Brennweite gemacht werden (Internationale Züricher Skala). Der Reduktionsfaktor k muß aus längeren Parallelbeobachtungen für jeden Beobachter oder jede Station bestimmt werden.

Es ist dann $R_{\text{int}} = k(10 \cdot g + f) = k \cdot R$ und $k = \frac{R_{\text{int}}}{R}$.

Ein Beispiel: An fünf verschiedenen Tagen des Jahres 1956 wurden auf dem Sonnenobservatorium Wendelstein die in der Tabelle 2 aufgeführten R_{Wdst} beobachtet; ihnen gegenübergestellt sind die endgültigen Sonnenfleckenrelativzahlen R_{int} der gleichen Tage nach der Züricher Skala; aus der obigen Formel für k ergeben sich die Reduktionsfaktoren k. Es sei *ausdrücklich* darauf hingewiesen, daß

Tabelle 2. *Zur Reduktion von R in* R_{int}

R_{Wdst}	R_{int}	k
134	110	0.82
147	111	0.76
172	150	0.87
211	158	0.75
106	90	0.85

diese kleine Beispielsauswahl niemals genügt, um den Korrektionsfaktor k zu bestimmen, dazu sind schon weit umfangreichere Beobachtungsreihen nötig! Der Reduktionsfaktor k hängt nicht nur von der Beobachtungsart und dem Instrument, sondern auch von den jeweiligen Beobachtungsbedingungen (Luftunruhe, Durchsicht) ab, so daß man sich nicht zu wundern braucht, wenn die Einzelwerte stärkere Streuungen aufweisen. Die Veröffentlichungen der endgültigen Werte der internationalen Skala in den wissenschaftlichen Zeitschriften sind dem Liebhaberbeobachter schwer zugänglich. In den Monatszeitschriften *Die Sterne* und *Sky and Telescope* kommen sie zum Abdruck. In den in der Zeitschrift *Die Sterne* erscheinenden Folgen über die halbjährliche Sonnentätigkeit findet man Kurvenbilder, die zum Vergleich mit eigenen Beobachtungsreihen dienen können. Es ist aber zunächst auch gar nicht so wichtig, die Beobachtungen in die internationale Skala zu verwandeln und es sei geraten, für eigene Beobachtungen den Faktor k erst einmal stets $= 1$ zu setzen.

γ) *Über den scheinbaren Lauf der Sonnenflecken*

Die Sonne dreht sich von uns aus gesehen in rund 27 Tagen um ihre Achse, da nun die Sonnenflecken an dieser Rotation teilnehmen, wandern sie von Ost nach West täglich um $360° : 27 = 13.3°$ weiter. Das ist ein recht beachtlicher und leicht wahrnehmbarer Betrag; wenn nämlich ein Fleck eines Tages am Ostrand auftaucht, dann wandert er in $13\frac{1}{2}$ Tagen über die Sonnenscheibe, um dann am Westrand der Sonne verschwindend, auf die unserer Beobachtung nicht zugängliche Seite der Sonne zu treten. Diese Wanderung der Sonnenflecken laufend zu beobachten, ist eine lohnende Aufgabe für jeden Sonnenbeobachter, weil er sich so das Gesetz der Sonnenrotation selbst ableiten kann. Die Sonne rotiert ja keineswegs starr, sondern es ergeben sich am Sonnenäquator andere Umlaufszeiten als zu den Polen hin. Wenn wir z. B. im Zentralmeridian der Sonne am Tage x eine Anzahl Flecken starten lassen könnten (Abb. 5), dann treffen sie keineswegs eine Sonnenumdrehung später zur gleichen Zeit an der Ziellinie Zentralmeridian wieder ein, sondern die äquatornahen Flecken haben, wie es die Abbildung zeigt, das Rennen gewonnen.

δ) *Sonnenfleckenperiode und Zonenwanderung der Flecken*

Wer langjährige Sonnenfleckenbeobachtungen durchgeführt hat oder durchführt, findet aus seinen Beobachtungen bald zwei Gesetze, die die veränderliche Bildung und die veränderliche Position der Sonnenflecken auf der Sonnenscheibe betreffen. Die Bildung der Sonnenflecken, die Sonnenfleckenaktivität, ist einem ständigen Wechsel unterworfen, der sich in rund 11 Jahren abspielt. Dabei verläuft der Anstieg von einem Sonnenfleckenminimum zum Maximum steiler als der Aufstieg zum folgenden Minimum. Als Rundzahlen nennen wir für die Anstiegszeit

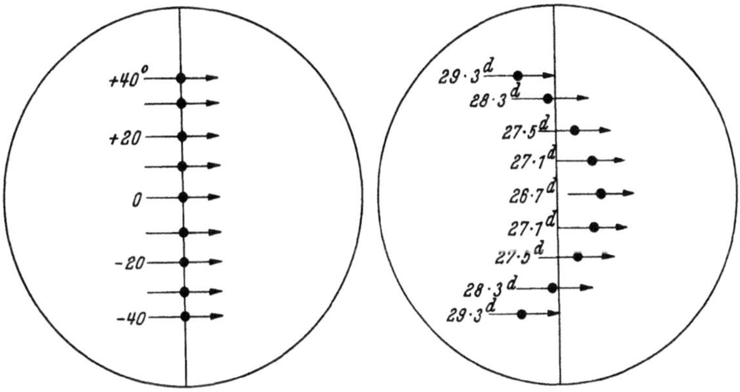

Abb. 5. Wettrennen der Sonnenflecken, links der Start am Tage x, rechts das Ziel am Tage $x+1$ Rotation. Die Sonnenrotation zeigt eine ausgeprägte Breitenabhängigkeit.

etwa 4.5 Jahre und für die Abstiegszeit rund 6.5 Jahre. Aber das sind ebenso wie die Dauer der sogenannten 11jährigen Sonnenfleckenperiode Rundzahlen! Zur Zeit geringer Sonnenfleckentätigkeit (um das Minimum) sind zuweilen wochenlang keine Flecken auf der Sonnenscheibe sichtbar, während um die Maximumszeiten oft mehr als 20 Sonnenfleckengruppen und darunter Riesengruppen auftreten.

Ein zweites Gesetz, das man ebenfalls erst nach mehrjährigen Beobachtungen feststellen wird, betrifft die sogenannte Zonenwanderung der Sonnenflecken. Wenn man nämlich die Positionen der beobachteten Sonnenfleckengruppen lange Zeit hintereinander etwa in einem Diagramm aufträgt (Abb. 6), so erkennt man, daß im Laufe eines Sonnenfleckenzyklus (man rechnet einen solchen Zyklus von einem Minimum zum folgenden) die Sonnenflecken von höheren heliographischen Breiten auf den Sonnenäquator zu wandern. Dabei erscheinen, noch ehe die Flecken des einen Zyklus um die Minimumszeit äquatornah vergehen, die Flecken des neuen Zyklus in hohen Breiten.

ε) *Beobachtungshinweise*

Fassen wir die Beschreibung der Abschnitte α—δ zusammen so ergeben sich für die Beobachtung der Sonnenflecken folgende Möglichkeiten:

Zeichnen von Sonnenblättern. Die Koordinatenbestimmung wird später behandelt.

Einteilung der Sonnenflecken und Sonnenfackeln mit folgenden Einzelangaben: Typus der Fleckengruppe, Anzahl der Einzelflecken in der Gruppe, Stärke des die Fleckengruppe umgebenden Fackelfeldes, Stärke der fleckenfreien Fackeln. (Siehe hierzu den folgenden Abschnitt über Sonnenfackeln).

Notieren der Güte der Beobachtung, man beurteilt sie nach zwei meist von einander unabhängigen Faktoren, nämlich der Ruhe R und der Schärfe der Bilder S. Beide schätze man in einer Skala 1—5 ein.

$R = 1$: Sonnenrand völlig unbewegt
$R = 2$: Sonnenrand ganz leicht bewegt
$R = 3$: Sonnenrand mäßig bewegt

$S = 1$: Sonnenrand gestochen scharf, Granulation gut sichtbar
$S = 2$: Sonnenrand leicht unscharf, Granulation verwaschen

$R = 4$: Sonnenrand stärker bewegt, wallend
$R = 5$: Sonnenrand heftig wallend

$S = 3$: Sonnenrand zeigt „Zerplatzen", Höfe der Flecken verwaschen, Granulation nicht mehr erkennbar
$S = 5$: Völlig unscharfer Rand, ausgesprochen unscharfe Fleckenbilder

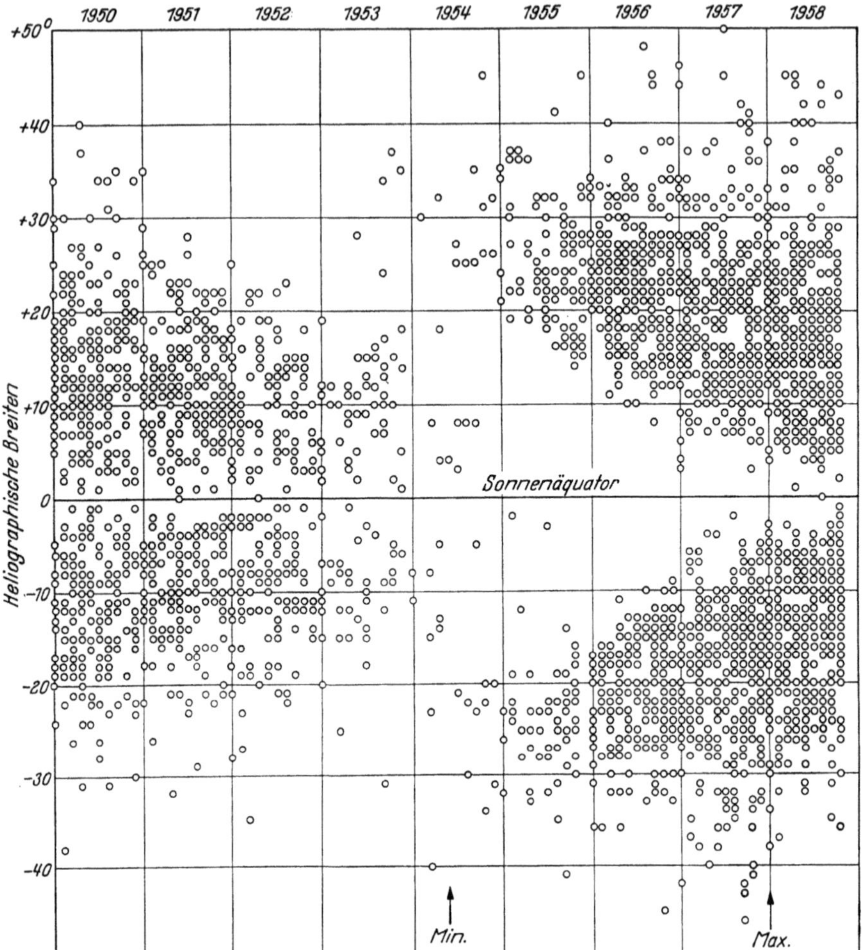

Abb. 6. Die Zonenwanderung der Sonnenflecken von 1950—1958. Wenn um die Zeit des Fleckenminimums die letzten Fleckengruppen äquatornah vergehen, erscheinen bereits die ersten Flecken des neuen Sonnenfleckenzyklus in hohen heliographischen Breiten.

Ableitung der täglichen Sonnenfleckenrelativzahl R (man setze zunächst den Faktor $k = 1$).

Einzelstudium der Sonnenflecken, ihrer Höfe ihrer Struktur und Veränderung.

Beobachtung der scheinbaren Wanderung der Sonnenflecken im Zusammenhang mit der Sonnenrotation (Breiteneffekt).

Verlauf der Sonnenfleckenaktivität (11jährige Periode).

Zonenwanderung der Sonnenflecken.

Zur Bestimmung der Längenausdehnung von Flecken oder Fleckengruppen — es ist dies eine sehr reizvolle Aufgabe — kann man sich folgender einfacher Methode bedienen: Bei abgeschaltetem Uhrwerk also fest stehenden Fernrohr läßt man einen Fleck durch den Faden (bei Okularbeobachtung) oder über einen Mittelstrich auf dem Projektionsschirm laufen. Dabei drehe man das Mikrometer oder das Zeichenblatt so, daß der Faden N—S orientiert ist; der Fleck muß dann genau auf dem senkrecht dazu stehenden Kreuzfaden bleiben. Man beginnt nun, wenn der vordere Teil des Fleckes die „Markierungslinie“ berührt, die Sekunden zu zählen, abzulesen oder abzustoppen bis das Ende des Fleckens den Faden verlassen hat. Da die Durchlaufzeit von der Deklination der Sonne abhängt, die man aus einer Ephemeride entnehmen kann, besteht zwischen der Längsausdehnung La, der gezählten Zeit T in Sekunden und der Deklination δ die Beziehung:

$$\mathrm{La} = 15 \cdot T \cdot \cos\delta \quad \text{(Bogensekunden).}$$

Will man die Längenausdehnung in Kilometern errechnen, so geht in die Formel noch die Horizontalparallaxe der Sonne $p = 8.8''$ und der Erddurchmesser $D = 12736$ km ein; man bekommt dann folgenden Ausdruck:

$$\mathrm{La} = \frac{15 \cdot D}{2p} \cdot T \cdot \cos\delta = 10855 \cdot T \cdot \cos\delta \,(\mathrm{km}).$$

b) Die Sonnenfackeln

Bei den Sonnenfackeln handelt es sich um die zumeist aus hellen Lichtadern- oder -wolken zusammengesetzten Gebiete, die allerdings nur in Sonnenrandnähe sichtbar sind. Man darf sagen, daß alle Sonnenflecken von derartigen Fackeln umgeben sind, besonders die großen Fleckengruppen sind oft bis in die weite Umgebung des Fleckenkomplexes von hellen Sonnenfackeln sozusagen umrandet. Es lohnt sich der Fackelbeobachtung Aufmerksamkeit zu schenken, zumal die Fackeln oft als Vorboten einer Sonnenfleckenbildung betrachtet werden können; d. h. es kommt nicht selten vor, daß in einem hellen Fackelgebiet (immer nur in Sonnenrandnähe zu beobachten) am nächsten Tag ein Fleck oder eine Fleckengruppe auftaucht.

Anleitung zur Beobachtung von Sonnenfackeln: Man zeichne die Struktur der Fackeln in das Sonnenblatt ein, wobei angeraten wird, sich eines *Grünstiftes* zu bedienen. Darüber hinaus ist es wertvoll, auch die Intensität der Lichtadern und vor allen Dingen die Größe der Fackelfelder einzuschätzen. Das gilt nicht nur für isoliert (fleckenfreie) auftretende Fackeln sondern besonders auch für die die Sonnenfleckengruppen umgebenden Fackeln. In Randnähe verhelfen einem oft die Flecken-Fackeln bei der Beurteilung der Fleckengruppenabgrenzung; besteht z. B. bei zwei dicht aufeinander folgenden Fleckenkomplexen zwischen ihnen eine klare Fackelgrenze, so sind die Fleckengruppen zu teilen.

Nach einem Vorschlag des Fraunhofer Instituts schätze man die Größe der Fackelfelder in einer Skala 0—9 ein, wobei die Stufen der Skala folgenden in Quadratgrad gemessenen Größen entsprechen sollen:

Tabelle 3. *Die Stärke der photosphärischen Fackelgebiete*

Stufe	0	1	2	3	4	5	6	7	8	9
Fläche Qu. Grad	0—1	2—3	4—6	7—12	13—20	21—30	31—45	46—60	61—75	> 75

In einem Koordinatennetz der Sonnenscheibe, zu dessen Anfertigung ausführliche Anweisung S. 139 gegeben ist, zeichne man sich in Randnähe schraffierte Felder, die den Quadratgrad-Größen der 10 Stufen entsprechen. Durch Vergleich der Beobachtungen mit den auf einem Sonderblatt gezeichneten Flächen kommt man bei genügender Übung bald zu einer zuverlässigen Einschätzung der Fackelstärken. Hat man z. B. in einer Fleckengruppe (vom Typus *D*) 15 Einzelflecken gezählt und das die Gruppe umgebende Fackelfeld mit Stufe 4 eingeschätzt, so notiere man im Beobachtungsbuch (keine Zettelbeobachtungen anstellen!) *D* 15, 4. Bei kleineren Fernrohrbildern arbeite man besser mit einer weniger engmaschigen Skala (etwa 0—5 Stufen).

Um die Intensität der Fackeln zu berücksichtigen, verfahre man so, daß man auffallend hellen Fackeln eine Stufe mehr gibt, als ihnen nach der Größe des Fackelfeldes zukommt; bei schwachen Fackeln ziehe man eine Stufe ab. Es kommt selten vor, daß man bei fleckenfreier Sonne keine Fackeln auffindet.

Auch in Polnähe hat man besonders um die Zeit des Sonnenfleckenminimums Fackeln beobachtet, es handelt sich hier allerdings um kurzlebige kleinere „punktförmige“ Gebilde, deren Wahrnehmung und Aufzeichnung nur bei besten Luftverhältnissen möglich ist. Ihre wie gesagt, schwierige Beobachtung ist insofern wertvoll, weil man sie zur Bestimmung der Sonnenrotation in Polnähe heranziehen kann.

c) Die Granulation

Die mosaikartige Struktur der leuchtenden Sonnenoberfläche, die man wegen ihres körnigen Aussehens Granulation nennt, ist nur unter günstigen Beobachtungsbedingungen für den Besitzer kleinerer Fernrohre sichtbar. Immerhin spricht bereits Chr. SCHEINER bei der Beschreibung des Aussehens der Sonnenscheibe von einer „leicht gekräuselten Oberfläche“, so daß es sich durchaus lohnt, der Beobachtung der Granulation Aufmerksamkeit zu schenken. Erfolg kann man allerdings nur bei ausgezeichneten Luftverhältnissen haben, wobei weniger die Himmelsklarheit als weit mehr die Durchsicht und Ruhe der Luft eine Rolle spielen. Man benutze bei Projektionsbeobachtung fleißig den auf S. 126 erwähnten Wedel.

Die wesentlichste Feststellung bei der Beobachtung der Granulation ist die Tatsache, daß sich die Granulationselemente, die man sich als brodelnde „Wolkengebilde“ von der Größe ganzer Länder vorzustellen hat, im Laufe einiger Minuten völlig ändern. (Die Lebensdauer kleinerer Granulen beträgt um 3 Minuten.) Dieser Veränderung der Granulation besondere (und auf der Scheibe lokale) Beachtung zu schenken, können wir als besonderes Ziel bei ihrer Beobachtung bezeichnen. Man notiere im Beobachtungsbuch sorgfältig alle Vorgänge mit genauer Uhrzeit. Man versuche auch die Granulation mit aufeinander folgenden *Reihenaufnahmen* photographisch zu verfolgen. Abgesehen von der verhältnismäßig raschen Änderung der Struktur bleibt das Gesamtbild der Granulation — wir meinen hier die Größe der einzelnen Granulen und den Helligkeitskontrast zwischen den Granulen und dem Untergrund — im wesentlichen unverändert. Es besteht anscheinend auch kein Unterschied zwischen den Phasen des rund 11jährigen Sonnenfleckenzyklus. Die Granulation kommt bei direkter Okularbeobachtung noch etwas besser heraus als bei der Beobachtung auf dem Projektionsschirm. Auch bei Okularbeobachtung sollte man — diesmal mit dem Fernrohr — wedeln, d. h. fortwährend dem Instrument kleinste Erschütterungen geben.

d) Protuberanzenbeobachtungen

Bis vor kurzer Zeit gehörte die Beobachtung der Protuberanzenerscheinungen mehr oder weniger zu den Arbeitsaufgaben der Berufsastronomen. Das ist anders geworden, nachdem sich zeigte, daß der von dem französischen Sonnenforscher LYOT erfundene Koronograph sich auch ganz besonders im Dienste der Protuberanzenforschung bewährte. Die Wirkungsweise dieses Instrumentes beruht ja kurz gesagt darauf, daß die helle Photosphäre, also die leuchtende Sonnenscheibe, von einem Spiegel oder einer Kegelblende, die die Rolle eines künstlichen Mondes spielen, auf- und abgefangen wird. So wird der Blick in die weite Atmosphäre der Sonne frei, in der die Sonnenprotuberanzen sich erheben.

Das klingt sehr einfach, es ist aber allein damit noch nicht getan. Protuberanzen leuchten vornehmlich im Licht von Wasserstoff, und unter den im Sonnenspektrum visuell sichtbaren Wasserstofflinien bietet sich besonders die im roten Teil des Spektrums liegende helle Wasserstofflinie $H\alpha$ (Wellenlänge $= 6563$ Å) zur Betrachtung an. Man muß also, um die nicht interessierende und störende Nachbarstrahlung besonders nach dem gelb-grün-blauen Teil des Spektrums hin zu beseitigen, möglichst eng um $H\alpha$ herum filtern. Die Sonnenforscher bedienen sich dazu recht komplizierter und teurer Interferenzfilter, die nur etwa 10—20 Angströmeinheiten beiderseits der Wasserstofflinie $H\alpha$ durchlassen. Es zeigte sich aber, daß man schon mit guten Rotgläsern (so z. B. dem Schott RG2-Filter), das das visuell sichtbare Licht von der Wellenlänge ~ 6300 Å nach dem Gelben hin nahezu völlig abfiltert, zu Erfolg bei Protuberanzenbeobachtungen kommen kann. Noch günstiger wirken die jetzt verhältnismäßig preiswert (um 50 DM) von der Fa. Schott in Mainz handelsüblich zu beziehenden Interferenzfilter nach Dr. GEFFCKEN.

Von solchen Überlegungen ausgehend hat O. NÖGEL als erster ein Fernrohr zur Beobachtung der Protuberanzen für den Amateur gebaut und damit sehr gute Erfolge erzielt. Dieses mit verhältnismäßig einfachen Mitteln zu bauende Gerät ist von O. NÖGEL in zwei ausführlichen Arbeiten beschrieben worden[1]. Wir verweisen besonders hinsichtlich der Bauanweisungen auf diese Veröffentlichungen und geben nun einen Überblick über die Arbeitsweise des Protuberanzenfernrohres für den Sternfreund, das nach dem Prinzip des Lyotschen Koronographen gebaut ist.

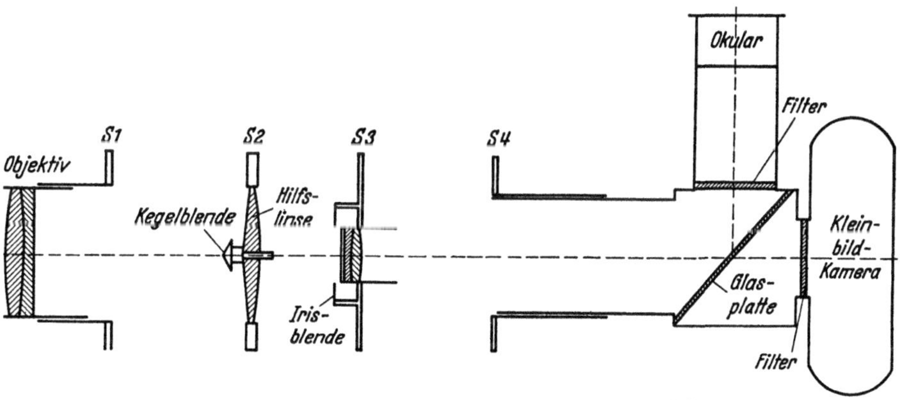

Abb. 7. Das Protuberanzenfernrohr des Sternfreundes nach O. NÖGEL.

Dazu Abb. 7. Das vom Objektiv entworfene Sonnenbild wird von der Kegelblende, die die Größe der Sonnenscheibe hat, abgefangen. Die Kegelblende sitzt auf einer Hilfslinse, der die Aufgabe zufällt, das Bild des Objektivs auf eine Irisblende abzubilden und zwar so, daß alle von den Randzonen des Objektivs gestreuten Lichtstrahlen dabei von dieser Blende abgefangen werden. Die Beobachtung der durch die Kegelblende „verfinsterten" Sonne wird durch das unter S 3 liegende Objektiv bewirkt, das das Bild des primären Objektivs also nochmals abbildet, so daß man es wie bei jedem Fernrohr durch ein Okular betrachten kann. Über die Daten der Optik macht O. NÖGEL folgende Angaben: Ein Objektiv von 54 cm Brennweite entwirft ein etwa 5 mm großes Bild auf der ebenfalls rund 5 mm großen Kegelblende. Um in der Kleinbildkamera ein 1 cm großes Sonnenbild zu erhalten, muß der Abstand S 2 — S 3 gleich der $1\frac{1}{2}$ fachen Brennweite des hinter der Irisblende liegenden Objektivs sein. Die Entfernung S 3 — S 4 muß so gewählt werden, daß die Strecke S 3 bis zum Film gleich der dreifachen Brennweite des Okulares bei S 3 wird.

[1] O. NÖGEL: Die Sterne **28**, 135 (1952) und **31**, 1 (1955).

Es geht über den Rahmen dieses Abschnittes auf Einzelheiten über den Bau des Protuberanzenfernrohres für den Sternfreund näher einzugehen und wir verweisen besonders auf NÖGELs 2. Arbeit in *Die Sterne* 1955. In Hinblick auf die Tatsache, daß die Protuberanzenbeobachtung, wie NÖGEL bewiesen hat, keineswegs eine Domäne der Sonnenobservatorien ist, wollen wir den Abschnitt mit NÖGELs aufmunternden Worten beschließen: „Es gibt in unserem Sonnensystem kaum eine andere so reizvolle Erscheinung wie Sonnenprotuberanzen, und daher wäre es wünschenswert, wenn mehr Liebhaber diese verhältnismäßig einfache Apparatur sich bauen würden. Soweit mir bekannt ist, wird diese Art der Sonnenbeobachtung inzwischen auch in Sonneberg und Stuttgart mit Erfolg betrieben, und ich möchte erneut alle interessierten Sternfreunde aufmuntern zu einem Versuch in dieser Richtung, der sich bestimmt lohnen wird".

4. Zur Ortsbestimmung solarer Erscheinungen

a) Von den Sonnenkoordinaten

Nachdem wir uns in den vorhergehenden Abschnitten mit den Beobachtungsmethoden und den auf der Sonne auftretenden Erscheinungen vertraut gemacht haben, wollen wir nun mit der Bestimmung der Positionen der von uns beobachteten Sonnenflecken und anderen Einzelheiten beschäftigen.

Genau so wie bei der Erde sind die Sonnenpole die Punkte, wo die Sonnenachse die Sonnenkugel „durchstößt"; dabei nennt man den Nordpol jenen Punkt, der von der Erde aus gesehen zum Nordhimmel weist. Jede durch die Sonnenpole gelegte Ebene bezeichnet — wie wir dies von der geographischen Ortsbestimmung her kennen — auf der Oberfläche der Sonne einen Meridiankreis. Analog zu den geographischen Koordinaten, bei denen jeder Punkt der Erde durch die geographischen Breiten und Längen bestimmt ist, spricht man auf der Sonne von *heliographischen Breitne* (b) und *heliographischen Längen* (l). Da es auf der Sonne keinen Festpunkt gibt, — etwa im Sinne von Greenwich — der einen festen Meridian abgeben könnte, muß man für jede Beobachtungsreihe sich einen Meridian wählen, von dem man die Längen nach Ost (E) oder West (W) rechnet. Für diese Wahl bieten sich an:

1. Der Mittel- oder Zentralmeridian im Moment der Beobachtung.
2. Der Zentralmeridian um 12^h Weltzeit $= 13^h$ MEZ, der bei den die ganze Erde umspannenden Sonnenbeobachtungen heute sehr gebräuchlich ist. Die Vor- oder Nachmittag erhaltenen Beobachtungen, sind dann mit geringfügigen Korrektionen zu versehen. (Wir kommen noch darauf zu sprechen.)
3. Ein international festgelegter Nullmeridian, es ist dies jener Zentralmeridian, der am 1. Januar 1854 um 12^h Weltzeit durch den scheinbaren Mittelpunkt der Sonnenscheibe ging. Von diesem sogenannten Carringtonschen Zentralmeridian aus wird die heliographische Länge nach Westen hin von 0—360° gezählt. Dieser Nullmeridian wird also jeweils nach Ablauf einer scheinbar von der Erde aus beobachteten (synodischen) Sonnenrotationsperiode, deren mittlere Dauer zu 27.2753 Tagen angenommen wurde, zum Nullmeridian $Lo = 0°$. Seit dem Nulldatum sind bis Anfang des Jahres 1960 insgesamt 1423 Sonnenrotationen (Durchgänge des Zentralmeridians) vergangen. Wir haben in der Tabelle 4 den Beginn der Carringtonschen Sonnenrotationen für die Jahre 1960 und 1961 tabelliert. (s. nächste Seite)

Mit Hilfe der angegebenen Differenzen kann man sich leicht die Länge Lo für jeden Tag des Jahres berechnen. So betrug z. B. nach Tabelle 4 am Jan. 19.40 $Lo = 0°$; da sie sich durchschnittlich zwischen Jan. 19.40 und Febr. 15.75 um 360°: 27.35 = 13.16° ändert, beträgt diese Änderung für $6/10^d = 7.9°$, so daß wir am 20. Jan. 1960 (0^h Weltzeit) die Länge $Lo = 0° - 7.9° = 352°1$ haben. Einen Tag später ist $Lo = 338.9°$. Die Hundertstel sind dabei reine Rechengrößen und das Ergebnis kann nur auf 1 Zehntel Grad genau sein, was vollauf genügt. Die Zeiten des Beginns der synodischen Sonnenrotationen und die Länge Lo findet man in den größeren astronomischen Jahrbüchern tabelliert.

Tabelle 4. *Beginn der Sonnenrotationen*[1]

1960 Rotation Nr.	Beginn		Diff.	1961 Rotation Nr.	Beginn		Diff.
1423	Januar	19.40	27.35^d	1436	Januar	7.97	27.35^d
1424	Februar	15.75	27.32	1437	Februar	4.32	27.32
1425	März	14.07	27.30	1438	März	3.64	27.29
1426	April	10.37	27.25	1439	März	30.93	27.26
1427	Mai	7.62	27.21	1440	April	27.19	27.22
1428	Juni	3.83	27.20	1441	Mai	24.41	27.20
1429	Juli	1.03	27.20	1442	Juni	20.61	27.20
1430	Juli	28.23	27.23	1443	Juli	17.81	27.23
1431	August	24.46	27.26	1444	August	14.04	27.26
1432	September	20.72	27.29	1445	September	10.30	27.29
1433	Oktober	18.01	27.30	1446	Oktober	7.59	27.30
1434	November	14.31	27.32	1447	November	3.89	27.32
1435	Dezember	11.63	27.34	1448	Dezember	1.21	27.34
				1449	Dezember	28.55	

Alle Ebenen, die rechtwinklig zur Sonnenachse gelegt werden, schneiden als Breitenkreise die Sonnensphäre. Der größte dieser Breitenkreise, der zugleich den Sonnenmittelpunkt schneidet, ist der Sonnenäquator. Der Sonnenäquator ist um 7°15′ gegen die Ekliptik geneigt. (Wir erinnern daran, daß die Neigung des Erdäquators gegen die Ekliptik 23°26′ beträgt.)

b) Die scheinbare Bewegung der Sonnenflecken

Die Sonnenflecken bewegen sich infolge der Neigung des Sonnenäquators zur Ekliptik (meist) nicht in geraden Bahnen über die Sonnenscheibe, sondern beschreiben von der Erde aus gesehen Ellipsen. Sie ziehen nur dann gerade über die Sonnenscheibe, wenn die Erde in den Punkten ihrer Bahn steht, die die Ebene des Sonnenäquators schneiden. Außerhalb dieser Punkte oder Zeiten weist die Sonnenachse stets eine Neigung zur Ekliptik auf, die in den Grenzen von + 7.3° bis —7.3° schwankt. Die Lage der Sonnenachse ist weiterhin in bezug auf die Nord-Süd-richtung, d. h. gegen den größten Kreis, der durch die Himmelspole und den Sonnenmittelpunkt geht, veränderlich. Diese Lageänderung der Sonnenachse schwankt um den verhältnismäßig großen Betrag von ± 26°22′.

Um nun nach dem bisher Besprochenen zu einer Vorstellung zu kommen, wie sich die Neigung und Lageänderung der Sonnenachse bei der Beobachtung der Sonnenflecken und ihren scheinbaren Bahnen über die Sonnenscheibe für den Erdbeobachter auswirkt, haben wir in Abb. 8 für sechs verschiedene Jahreszeiten Übersichtsbilder gezeichnet. Wir bedienen uns bei der Beschreibung folgender heute allgemein gebräuchlicher Bezeichnungen: *Bo* = Heliographische Breite des Sonnenscheibenmittelpunktes, *Bo* schwankt zwischen rund + 7° bis — 7°. *P* = Positionswinkel der Sonnenrotationsachse gegen Nord-Süd. *P* schwankt zwischen rund ± 26° (— = östlich Nord-Süd; + westlich Nord-Süd).

Zur Abb. 8: *Bild I* (alle Bilder sind schematisiert) zeigt die Verhältnisse um den 6. Januar, der Positionswinkel *P* ist = 0°, es fällt also die Rotationsachse mit Nord-Süd zusammen. *Bo* ist um diese Zeit = —3.6°, die Flecken ziehen also im Zentralmeridian rund 4° über dem Mittelpunkt *M* der Sonnenscheibe ihre Bahn; der Südpol der Sonne zeigt zur Erde hin. *Bild II:* Um April 7, *P* hat mit dem Wert *P* = —26.4° seine größte östliche Abweichung erreicht. Der Sonnenmittelpunkt hat die heliographische Breite von *Bo* = —6°. *Bild III:* Um Juni 6, *P* ist auf —14° zurückgegangen; da um diese Zeit *Bo* = 0° ist, ziehen die Flecken in

[1] Zu den Tabellen muß bemerkt werden, daß infolge der wechselnden Geschwindigkeit der Erde in ihrer elliptischen Bahn die Länge der im Mittel zu 27.27 Tagen angenommenen synodischen Sonnenrotation zwischen ~ 27.35^d (im Januar) und ~ 27.20^d (im Juli) schwankt.

geraden Linien über die Sonne; der Sonnenäquator teilt symmetrisch die Nord- und Südhalbkugel. Die *Bilder IV—VI* zeigen das Verhalten des Fleckenlaufes bei positiven P und Bo-Werten, in Bild IV ist $P = 0°$, in Bild VI ist $Bo = 0°$. Die Werte von P und Bo sind von Tag zu Tag in den größeren Jahrbüchern tabelliert. Da sie (bis auf geringfügige Änderungen) von Jahr zu Jahr gleich bleiben, haben wir in Tabelle 17 des Anhanges die Werte von P und Bo von 5 zu 5 Tagen tabelliert. (Man beachte die Fußnote der Tabelle 17.)

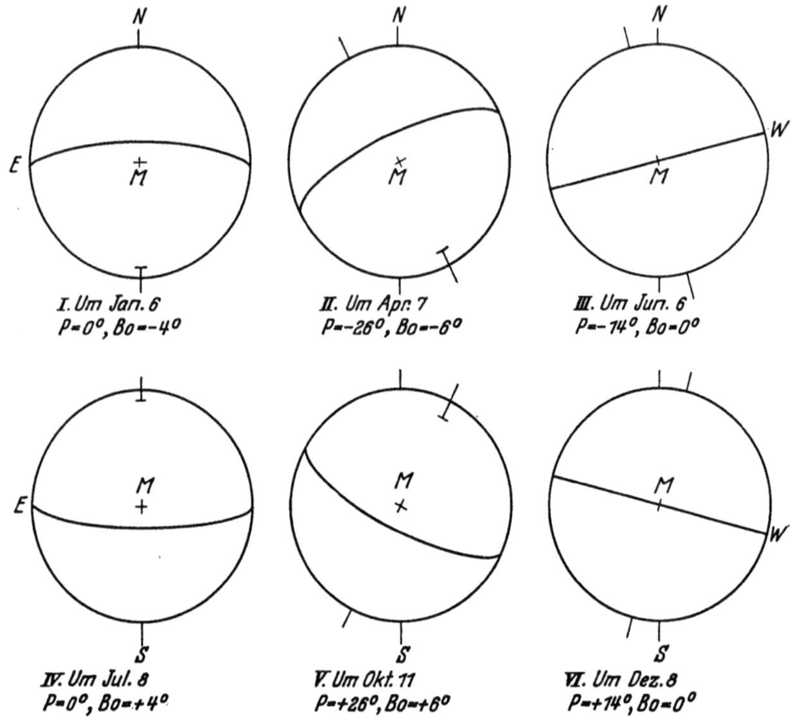

Abb. 8. Stellung der Sonnenachse und Fleckenlauf zu verschiedenen Jahreszeiten. (Ost wird üblicherweise mit E = East bezeichnet.)

Ehe wir auf den zweiten Abschnitt unserer Betrachtung zur Positionsbestimmung der Sonnenflecken zu sprechen kommen, wollen wir in Stichwörtern das zusammenfassen, was wir noch benötigen: Die heliographischen Breiten, wir bezeichnen sie mit b, werden beiderseits des Sonnenäquators als nördliche (+) und südliche (—) gerechnet. Die heliographische Länge l zählt man als westliche oder östliche vom Zentralmeridian aus oder zählt sie nach West vom (willkürlich) definierten Nullmeridian $Lo = 0°$ aus von 0—360°. Die Bilder des jahreszeitlichen Verlaufs der Sonnenflecken (Abb. 8) zeigen die Bedeutung der beiden Größen P (Neigung der Sonnenachse) und Bo (Breite des Sonnenmittelpunktes) auf. Beide Werte sind in Tabelle 17 (Anhang) zu finden.

c) Die Verfahren bei der Bestimmung der Sonnenkoordinaten

α) *Vorbereitende Maßnahmen bei der Beobachtung*

Wir verlassen nun für kurze Zeit unser Studierzimmer und begeben uns zum Fernrohr, um zunächst die Sonne auf den Projektionsschirm zu bringen. (Die Projektionsmethode ist und bleibt doch die empfehlenswerteste.) Auf den Projektionsschirm legen wir unser vorbereitetes Zeichenpapier, das lediglich einen Kreis, der der täglichen Größe des vom Fernrohr entworfenen Sonnenbildes entspricht und ein durch den Mittelpunkt gelegtes senkrechtes Kreuz enthält. (Letzteres soll uns zur Markierung der Nord-Süd und Ost-West-Richtung dienen.) Man benutze gutes aber leicht durchsichtiges oder auch Transparent-Papier. Ehe wir mit dem Zeichnen, Klassifizieren oder Zählen der Flecken beginnen, ist es sehr wichtig, sich zunächst Klarheit über die Nord-Südorientierung zu verschaffen.

Man läßt dazu bei stehendem Uhrwerk die von Ost nach West wandernde Sonne einfach über das Blatt laufen und erhält damit zugleich eine *Markierung der Ost-Westrichtung*. Weit genauer gelingt dies, wenn man die Bahn eines markanten Sonnenfleckes verfolgt; man dreht das Sonnenblatt dann solange bis der wandernde Fleck genau auf dem Strich bleibt. Dies gilt für azimutal oder parallaktisch aufgestellte Fernrohre. Mit einem azimutal aufgestellten Fernrohr kann man sich zwar einen Überblick vom Fleckenbild des Tages verschaffen, doch ist es wegen des Fehlens genauer Führung und der sich während des Tages schnell ändernden Himmelsorientierung nahezu unmöglich, zu einigermaßen zuverlässigen Positionsbestimmungen zu kommen. Wir sprechen daher nur von Beobachtungen, die mit parallaktisch ausgerichteten Fernrohren ausgeführt sind. Dabei sei noch zwischen Fernrohren unterschieden, die ein für alle Mal feststehen und solchen, die von Fall zu Fall etwa auf den „Beobachtungsbalkon" geschoben werden. Bei letzteren muß man natürlich dafür Sorge tragen, daß das Instrument Tag für Tag in die gleiche sorgfältig erprobte Aufstellung kommt. Obwohl die erst einmal gefundene Nord-Süd- oder Ost-West-Orientierung die gleiche beim parallaktisch aufgestellten Instrument bleibt, lasse man zur Kontrolle doch täglich erst noch einmal einen Fleck „laufen", denn Dejustierungen treten schnell mal auf.

Nun sind wir soweit, unsere Fleckenskizzierung usw. auszuführen und können nach getaner Arbeit unsere Zeichnung zur weiteren Bearbeitung ins Zimmer bringen.

β) Das Koordinatennetz

Auf den größeren Sonnenobservatorien hat man nach dem auf der Züricher Sternwarte geübten Verfahren Glasplatten oder Planfilmbilder zur Hand, die für die verschiedenen Werte von *Bo* mit Koordinatennetzen versehen sind. Man legt diese durchsichtigen Netze, die natürlich den gleichen Durchmesser wie das entwortene Sonnenbild haben müssen, einfach (richtig orientiert) auf die Zeichnung und liest mühelos die Positionen ab. Man benötigt dazu allerdings mindestens 8 derartiger Netze, nämlich je ein Netz für $Bo = 0°-7°$[1]. Die Konstruktion solcher Netze ist recht umständlich und das hier geschilderte Verfahren kommt für den Amateursonnenbeobachter kaum in Frage. Man kommt aber auch mit einem Netz und tabellierten Korrekturen aus. Wir wollen daher zunächst davon sprechen, wie man sich ein solches Koordinatennetz herstellen kann.

γ) Die Konstruktion des Grundnetzes zur Positionsbestimmung

Als Koordinatennetz, das uns zur Bestimmung von Positionen von Fleckengruppen usw. mit genügender Genauigkeit dienen kann, wählen wir jenes, das $Bo = 0°$ entspricht. (Siehe Bild III und VI in Abb. 8.)

In Abb. 9 ist ein derartiges Netz ($Bo = 0°$) von 10° zu 10° gezeichnet, es wurde, da Flecken in höheren heliographischen Breiten nicht vorkommen, nur bis zu $b = \pm 50°$ ausgeführt. Zur Konstruktion eines solchen Netzes für jede beliebige Größe mögen folgende Anweisungen dienen: Jeder Breitenkreis liegt vom Äquator aus ($b = 0°$) im Abstand von $r \cdot \sin b$, wobei r der Halbmesser unseres Sonnen-

[1] Für negative *Bo*-Werte (−1° bis −7°) braucht man die positiven Netze nur um 180° zu drehen.

Tabelle 5. *Koordinaten des Bo-Netzes (mm) für einen Sonnenscheibendurchmesser von 100 mm*

b / l	0°	10°	20°	30°	40°	50°	60°	70°	80°
50°	38.30°	5.58°	10.99°	16.07°	20.66°	24.62°	27.83°	30.20°	31.65°
40	32.14	6.65	13.10	19.15	24.62	29.34	33.17	35.99	37.72
30	25.00	7.52	14.81	21.65	27.83	33.17	37.50	40.68	42.64
20	17.10	8.16	16.07	23.49	30.20	35.99	40.69	44.15	46.27
10	8.68	8.55	16.84	24.62	31.65	37.72	42.64	46.27	48.49
0	0.00	8.68	17.10	25.00	32.14	38.30	43.30	46.98	49.24

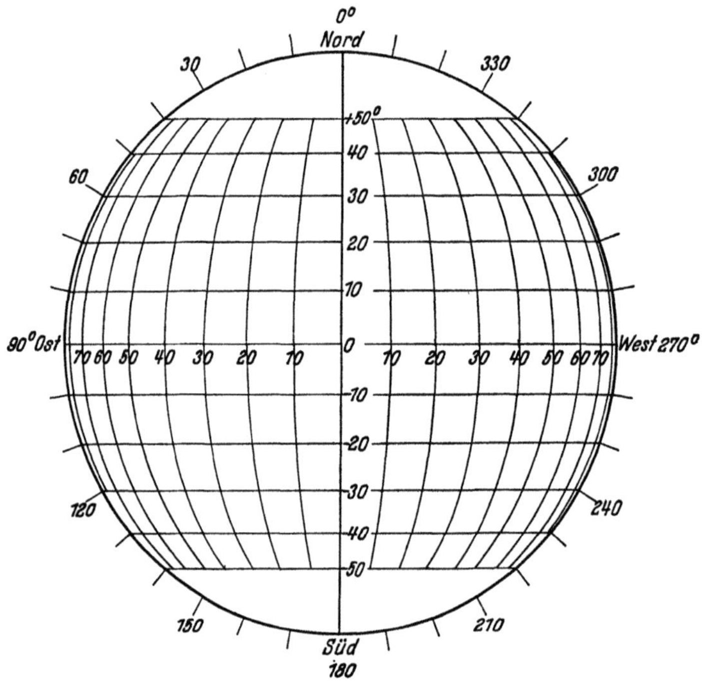

Abb. 9. Heliographisches Koordinatennetz $B_0 = 0°$. Man rechnet am Sonnenrand häufig mit Positionswinkeln, die — wie eingezeichnet — vom Nordpunkt der Sonne über Ost von 0°—360° gezählt werden.

bildes ist. Mit $r = 50$ mm und $b = 20°$ erhält man also für den Abstand des Breitenkreises $b_{20} = 17.10$ mm. Die Längenkreise l folgen vom Zentralmeridian aus gerechnet in Abständen von $r \cdot \cos b \cdot \sin l$. Die Koordinate $b = 40°$, $l = 20°$ liegt also auf 32.14/13.10[1]. Die Erfahrung wird zeigen, ob man mit Zehnerwerten auskommt oder das Netz noch engmaschiger gestalten muß. Für den weniger geübten Rechner geben wir in Tabelle 5 für $r = 50$ die Zehner-Koordinatenwerte, mit denen man schnell auf jede Sonnenscheibengröße übergehen kann.

δ) *Die erste Methode*

Wir legen nun unser *Bo*-Blatt auf unsere Sonnenfleckenzeichnung, wobei wir es so drehen müssen, daß Nord-Süd der Zeichnung mit der Sonnenachse zusammenfällt. Der Positionswinkel der Sonnenachse P kann aus der Tabelle 17 des Anhanges entnommen werden. Wir erinnern daran, daß bei negativen P-Werten (Anfang Januar bis Anfang Juli) die Verdrehung nach Osten hin auszuführen ist, während für die andere Jahreszeit die Sonnenachse (mit positiven P-Werten) im NW-Quadranten liegt (siehe Abb. 8).

[1] Rechnung: $\cos 40° = 0{,}7660 \cdot 50 = 38.30$
$\sin 20° = 0.3420 \cdot 38.3 = 13.10$

Nun pausen wir unsere Fleckenzeichnung auf das Koordinatennetz oder lesen direkt die Koordinaten ab. Das Pausen oder Ablesen der Koordinaten läßt sich gegen die Fensterscheibe oder besser gegen einen Betrachtungskasten, den man sich leicht selbst mit Lampe und schräg stehender Glasplatte bauen kann, erfolgen. Auf diese Weise erhalten wir natürlich nur für $Bo = 0°$ gültige heliographische Korrdinaten.

Aus diesen so ermittelten Breiten und Längen, wir nennen sie b' und l' kann man sich mit folgenden Formeln für jeden Wert von Bo die wirklichen Breiten b und l genau genug berechnen; es ist nämlich:

$$\begin{aligned} &\qquad\quad \text{I} \qquad\qquad\qquad \text{II} \\ \sin b &= \cos Bo \sin b' + \sin Bo \cos b' \cos l' \qquad (1) \\ \operatorname{ctg} l &= \cos Bo \operatorname{ctg} l' - \sin Bo \operatorname{tg} b' \, 1/\sin l' \qquad (2) \end{aligned}$$

Die logarithmische Durchrechnung, wobei man die Rechnung durch Gebrauch von Additionslogarithmen oder Einsatz der direkten Werte der trigonometrischen Funktionen vereinfachen kann, ergibt für $Bo = +6°$, $b' = +40°$, $l' = 60$ W:

Formel (1)		Formel (2)	
lg cos 6°	: 9.9976	lg cos 6°	: 9.9976
lg sin 40	: 9.8081	lg ctg 60	: 9.7614
lg I	: 9.8057	lg I	: 9.7590
I	: 0.6393	I	: 0.5741
lg sin 6°	: 9.0192	lg sin 6°	: 9.0192
lg cos 40	: 9.8843	lg tg 40	: 9.9238
lg cos 60	: 9.6990	lg 1/sin 60	: 0.0625
lg II	: 8.6025	lg II	: 9.0055
II	: 0.0400	II	: 0.1013
I + II	: 0.6793	I − II	: 0.4728
lg I + II	: 9.8321	lg I − II	: 9.6747
= lg sin b		= lg ctg l	
b	: 42.8°	l	: 64.7°
$b - b'$	: 2.8	$l - l'$	: 4.7

M. Waldmeier hat in einem Tabellenwerk[1] die Werte $b - b'$ und $l - l'$ für $Bo = 0.5° - 7.5°$ tabelliert. Wir geben im Anhang, Tabellen 10—16, für die Bo-Werte von 1°—7° einen Auszug aus diesen Tabellen, die dazu dienen mögen, mit genügender Genauigkeit die Korrekturgrößen ohne Rechnung zu ermitteln. Bei negativen Bo-Werten sind die Werte der Tabellen mit umgekehrten Vorzeichen zu nehmen. Die Breitenwerte b' sind auf der Südhalbkugel negativ. Die folgenden 4 Beispiele zeigen den Gebrauch der Tafeln (s. Anhang Tabellen 10—16, S. 321):

			$Bo = +6°$		$Bo = -6°$		$Bo = +6°$		$Bo = -6°$	
Quadrant	b'	l'	$b - b'$	$l - l'$	$b - b'$	$l - l'$	b	l	b	l
NE	30° N	50° E	3.7°	2.9°	−3.7°	−2.9°	33.7° N	52.9° E	26.3° N	47.1° E
SE	30 S	50 E	−4.0	−2.4	4.0	2.4	26.0 S	47.6 E	34.0 S	52.4 E
SW	40 S	60 W	−3.2	−4.0	3.2	4.0	36.8 S	56.0 W	43.2 S	64.0 W
NW	40 N	60 W	2.8	4.7	−2.8	−4.7	42.8 N	64.7 W	37.2 N	55.3 W

Die ermittelten Längen östlich und westlich des Meridians gerechnet gelten natürlich für die jeweilige Beobachtungszeit. Wir empfehlen sie auf 12^h Weltzeit $= 13^h$ MEZ zu reduzieren. Da sich die Sonne in rund 27^d einmal um ihre Achse dreht, wandern die Flecken täglich um 13.3° und stündlich um 0.56° von Ost nach West. Vormittags um 9^h MEZ ermittelte Längen sind z. B. bei dieser Reduktion auf 13^h MEZ auf der Ostseite um 2.2° zu verringern und auf der Westseite zu vermehren; umgekehrt ist dies bei Beobachtungen nachmittags. Will man von den Längen, die wir bisher benutzt haben zu der vom Nullmeridian Lo ausgehenden Länge L übergehen, so gilt: $L = Lo \begin{smallmatrix} + lW \\ - lE \end{smallmatrix}$.

ε) *Über die Genauigkeit des Verfahrens*

Im allgemeinen wird man sich ja damit begnügen die Koordinaten der Fleckengruppen (wir meinen hier den „Schwerpunkt" der Gruppe) zu bestimmen. Da die Festlegung des Schwerpunktes einer Sonnenfleckengruppe, die oft größere Längen-

[1] M. Waldmeier: Tabellen zur heliographischen Ortsbestimmung. Basel: Birkhäuser 1950.

ausdehnung und auch einige Grad Breite aufweisen, höchstens auf 1°—2° genau sein kann, genügt es in jedem Fall nicht mehr als 1° Genauigkeit zu erwarten. Die Zehntel Grade, die wir bei unseren Rechnungen und Tabellen mitgenommen haben, sind also nur als Aufrundungsgrößen zu betrachten. Geht es darum, genauere Positionen etwa von Einzelflecken zu erhalten, was allerdings ohne Mikrometerausmessung schwerlich möglich ist, so kann man sich folgender Rechenmethode bedienen:

ξ) Zweite Methode zur Positionsbestimmung

Bei dieser Methode kommt es darauf an, den Abstand r des Fleckes F vom Mittelpunkt M der Sonnenscheibe zu messen und den Positionswinkel zu bestimmen, den die Verbindungslinie MF mit der Sonnenachse bildet (Polarkoordinaten). Nennt man ϱ und ϱ' die Winkelabstände des Fleckes vom Mittelpunkt der scheinbaren Sonnenscheibe, wie man sie von der Sonne bzw. der Erde aus sieht, so gilt zunächst die Beziehung:

$$\varrho' = \frac{r}{R} \cdot R' \ (1) \text{ und } \sin(\varrho + \varrho') = \frac{r}{R} \ (2),$$

wo R der Radius des vom Fernrohr abgebildeten Sonnenbildes und R' der jeweils scheinbare Halbmesser der Sonne ist. (Der mittlere Wert von R' ist $= 16.0$ Bogenminuten.) Hat man z. B. für r einen Abstand von 70 mm bei einem Sonnenbild-Halbmesser $R = 75.5$ mm gefunden, so wird mit $R' = 16' = 0.267°$ das gesuchte $\varrho' = 0.25°$ und ϱ aus (2) $= 67.75°$. Zur Berechnung von b und l dienen dann die Formeln:

$$\sin b = \cos\varrho \sin Bo + \sin\varrho \cos Bo \cos p \qquad (3)$$

$$\sin l = \sin p \sin\varrho \, 1/\cos b \qquad (4)$$

Hier bedeutet p den oben genannten Positionswinkel zwischen der Sonnenachse und der Verbindungslinie Sonnenmittelpunkt M und Fleck F.

Da man mit genügender Genauigkeit (etwa 1/10°) ϱ aus der Beziehung $\sin\varrho = r/R$ berechnen kann, vereinfacht sich die Rechnung und die Methode ist vielfach zur Bestimmung von Fleckenpositionen aus Fleckenzeichnungen benutzt worden, denn man benötigt bei der Ausmessung der Polarkoordinaten kein Netz. Wir bringen zur rechnerischen Übung ein Beispiel: Es sei auf unserem Sonnenblatt vom Radius $R = 75.5$ mm gemessen: $r = 70$ mm, $p = 46°$, dann wird $\sin\varrho = \frac{70}{75.5} = 0.9272$ und damit $\varrho = 68.0°$. Die weitere Rechnung gestaltet sich mit $Bo = +6°$ wie folgt:

Formel (3)	
lg cos 68.0°	9.5736
lg sin 6.0	9.0192
lg I	8.5928
lg sin 68.0°	9.9672
lg cos 6.0	9.9976
lg cos 46.0	9.8418
lg II	9.8066
I	0.0392
II	0.6405
I + II	0.6797
lg I + II = lg sin b	9.8323
b	42.8°

Formel (4)	
lg sin 46.0	9.8569
lg sin 68.0	9.9672
lg 1/cos 42.8	0.1345
lg sin l	9.9586
l	65.4°

η) Eine graphische Methode zur Positionsbestimmung

Schließlich sei noch eine von M. WALDMEIER angeführte graphische Methode der Koordinatenbestimmung erwähnt[1]. Zunächst soll das Bild auf dem Sonnenschirm orientiert werden, d. h. durch Laufen eines Fleckes bei stehendem Uhrwerk die E—W-Richtung ermittelt werden. In unserer Abb. 10 ist diese Richtung durch die punktierte Pfeillinie angegeben. Um die Richtung der Sonnenachse zu

[1] M. WALDMEIER: Ergebnisse und Probleme der Sonnenforschung, 2. Auflage, S. 47. Leipzig: Akadem. Verlagsgesellschaft 1955.

erhalten, tragen wir mit dem P-Wert des Tages diese zunächst ein. Dann legen wir durch den Ort des Fleckes F eine parallel zur Sonnenachse verlaufende Linie, die den Sonnenäquator in A schneidet. Mit A als Mittelpunkt schlagen wir einen Kreis über der Sehne BC; eine durch F parallel zum Sonnenäquator gelegte Linie trifft diesen Kreis in F_1. Wir verbinden F_1 mit A und tragen dagegen den Winkel Bo ab (z. B. $Bo = +6°$). Wir erhalten damit auf unserem Kreis den Punkt F_2. Eine von F_2 gelegte Parallele zum Sonnenäquator ergibt beim Schnitt mit der Sehne BC den Punkt F_3. Diese Linie ist zugleich der Breitenkreis des Fleckes, so daß man b unmittelbar ablesen kann[1].

Zur Bestimmung der Länge l bleibt noch übrig über der durch D gehenden Kreissehne mit D als Mittelpunkt noch einen Kreis zu schlagen, der von der Linie BC in E getroffen wird. Der Winkel zwischen der Sonnenachse und der Verbindungslinie ED ist dann gleich l.

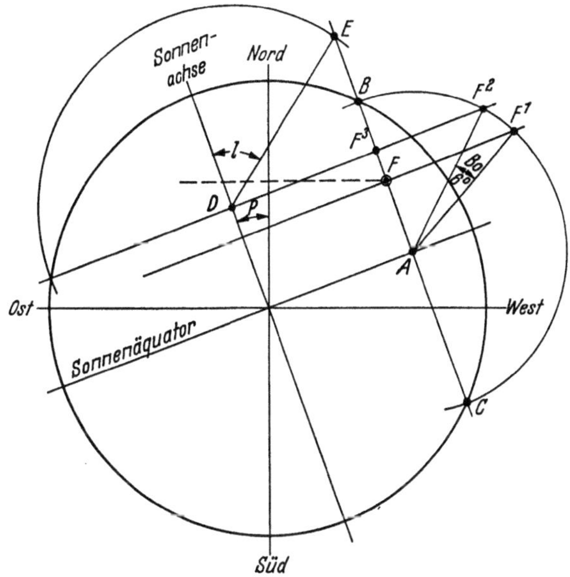

Abb. 10. Zur graphischen Bestimmung von Sonnenkoordinaten. Das Bild, bei dem es um die Positionsfestlegung des Fleckes F geht, sieht verwirrend aus, man arbeitet sich aber schnell ein und benötigt außer Zirkel und Lineal bei dieser Methode keine weiteren Hilfsmittel. (Nach M. Waldmeier, Ergebnisse und Probleme der Sonnenforschung, Leipzig 1955.)

5. Photographie der Sonne

a) Von der Kamera und der Bildgröße

Die Photographie der Sonnenscheibe oder einzelner Sonnenfleckengruppen sei sozusagen als letztes Ziel der Beobachtungstätigkeit dem Sternfreunde besonders nahegelegt. An die Stelle des Projektionsschirms muß nun eine Kamera (ohne Kameraoptik) gesetzt werden. Befindet sich der Projektionsschirm soweit vom Okular des Fernrohres entfernt, daß zwischen diesem und dem Schirm die Kamera Platz hat, dann sollte man die Kamera so setzen, daß sie mit dem Projektionsschirm eine Einheit bildet. Solche Anordnung bietet den Vorteil schnell von visueller Beobachtung auf Photographie übergehen zu können. (Bei T-Stellung des Verschlusses und Abnahme der Kassette ist der Lichtweg zum Schirm frei.) Natürlich ist es auch möglich, eine Kamera mit Optik, die auf unendlich gestellt ist, in Projektion, das heißt hinter dem Okular einzuschalten.

Zunächst wollen wir uns Gedanken darüber machen, mit welchen Bildgrößen wir arbeiten sollen. Die gängige Kleinbildkamera ist zur Photographie der Sonnenscheibe — so bestechend auch die schnelle Bildfolge-Möglichkeit ist — wenig geeignet, weil wir einmal nur ein Sonnenbild von höchstens 2 cm Durchmesser auf dem 35 mm-Film unterbringen und bei der Lichtstärke dieses Bildes in Belich-

[1] Man mißt den Abstand d des Breitenkreises vom Äquator (in Abb. 10 ist $d = F_3A$) und findet aus der Beziehung $\sin b = d/r$ die Breite b (r = Halbmesser des Sonnenblattes). In Abb. 10 ist $r = 29.5$ mm, $d = 14$ mm, daraus $\sin b = 14 : 295 = 0.4746$ und $b = 28.3°$.

tungsschwierigkeiten geraten. Bei Ausschnitt-Photographie mit Sonnenbildern ab 4 cm Durchmesser im Fokus der Filmebene läßt sich die Kleinbildkamera schon eher verwenden. Schon in Hinblick auf die handelsüblichen Plattengrößen 6 × 9 oder 9 × 12 cm sollte man Sonnenbilder mit Durchmessern von 5—7 cm wählen.

b) Vom Abblenden und Emulsionen

Wir sprachen schon von der großen Lichtfülle der Sonne, es ist daher nötig stark abzublenden und unempfindliche photographische Emulsionen zu verwenden. Zur Abblendung nehme man entweder Neutralgläser oder besser Farbgläser, so z. B. 2—4 hintereinandergeschaltete (stets planparallele) Rotgläser (Schott RG1 oder RG2) oder noch besser ein Gelbglas (etwa GG11). Dabei kann man auch Neutralgläser mit Farbgläsern kombinieren, aber es ist natürlich sinnlos Rot- und Gelbfilter gleichzeitig zu verwenden. Obwohl man durch Abblenden des Objektivs Tiefenschärfenkontrast erhält, sind dieser Art von Abblendung doch Grenzen gesetzt. Man arbeite daher mit Fernrohren von 5—7 cm Öffnung ohne Objektivblende; bei größeren Fernrohren bringt dann allerdings die Abblendung Gewinn.

An Photoemulsionen seien alle hart arbeitenden Sorten empfohlen, so Diapositivmaterial hart oder die für technische Zwecke auf dem Markt befindlichen Spezialplatten für Strichrasterarbeiten, sie sind unempfindlich und feinkörnig (z. B. Perutz P1-Platte).

c) Von der Belichtung und dem Öffnungsverhältnis

Die Belichtungszeiten sollten $^1/_{100}{}^s$ und *kürzer* sein; die Sonne schenkt uns soviel Licht, daß man selbst Belichtungszeiten von $^1/_{50}{}^s$ meiden sollte, um so den sehr kurzlebigen Luftschlieren bestimmt auszuweichen. Bei der Belichtung spielt, wie jeder Photograph weiß, das Öffnungsverhältnis $F = \frac{\text{Brennweite}}{\text{Objektivdurchmesser}} = \frac{f}{d}$ eine Rolle. Hat man erst einmal die richtige Belichtungszeit für eine Kameraanordnung ermittelt, so bieten folgende Anweisungen einen guten Anhalt zur Berechnung der Öffnungsverhältnisse und der Belichtungszeiten:

1. Fall, man photographiert im primären Fokus, dann ist $F = \frac{f}{d}$.
2. Fall, man photographiert in Projektion durch das Okular des Fernrohres, das eine Brennweite von f' hat, so wird $F = \frac{L \cdot f}{d \cdot f'}$, wo L die Entfernung des Okulars von Film oder Platte ist.
3. Fall, man benutzt eine Kamera mit einem Objektiv von der Brennweite f'', die auf unendlich fokussiert ist, und die man hinter das Okular setzt, dann wird $F = \frac{f'' \cdot f}{d \cdot f'}$.

Man beachte, daß die Belichtungszeit proportional dem Quadrat von F ist; hat man z. B. gefunden, daß bei $F/16$ die Belichtungszeit $^1/_{100}{}^s$ beträgt, so ist sie $^1/_{25}{}^s$ bei $F/32$.

Noch ein Wort zur Ermittlung des richtigen Fokus: Die Sonne ist so hell, daß man sie und größere Flecken ohne große Schwierigkeiten auf der Mattscheibe sieht. Das Scharfstellen des Objektes auf der Mattscheibe ist aber nicht immer genau genug. Man sollte also durch Verschieben des Okularauszuges zu beiden Seiten des Mattscheibenfokus Probeaufnahmen machen, bei denen man durch Lupenbetrachtung bald das beste Bild und somit den richtigen Fokus ermitteln wird. Als Anhalt für diese Verschiebung sei ein Betrag von jeweils 1 mm angeraten, doch muß man den angemessenen Betrag des „Aus-Dem-Fokus-Gehen“ ausprobieren.

Auf einer guten Sonnenaufnahme muß man deutlich den Abfall der Helligkeit zum Rand hin, scharfe Bilder der Flecken und Höfe sowie die Konturen der Fackeln erkennen können.

6. Schlußwort

Der vorliegende Beitrag ist für den Liebhaberastronomen geschrieben und behandelt daher nur Beobachtungsaufgaben, die dem *Sternfreund* im allgemeinen zugänglich sind. Dem Berufsastronomen stehen bei der Erforschung solarer Vorgänge weit mehr Beobachtungsmöglichkeiten zur Verfügung, die aber zumeist ein großes und kostspieliges Instrumentarium erfordern. Um diesen Beitrag nicht zu überlasten, ist von ihrer Beschreibung daher verständlicherweise Abstand genommen. Wir wollen aber als Abschluß in Stichworten einen kurzen Überblick über die Hilfsmittel des Sonnenforschers geben:

Heliometer: Instrument zur Messung kleinster Winkel, es führt seinen Namen, weil es vielfach zur Bestimmung des Sonnendurchmessers benutzt wird.

Heliostat: Planspiegel mit Uhrwerk, der das Bild der Sonne in eine feststehende Richtung wirft.

Koronograph: Sein Aufbau ist auf Seite 135 beschrieben. In Verbindung mit einem Spektrographen oder einem Spektroskop dient das Instrument zur Erforschung der inneren Emissionskorona. Seine Anwendung ist zumeist auf höher gelegene Bergstationen beschränkt.

Lyot-Filter: In Verbindung mit Sonnenrefraktoren ist dieses kostspielige und komplizierte Gerät bei der Erforschung chromosphärischer Vorgänge in Gebrauch. Es vermag das Licht einer einzigen Spektrallinie von 0.5—1.0 Angströmbreite zu filtern.

Magnetograph: Ein Spezialinstrument zur Erforschung der magnetischen Verhältnisse auf der Sonne. Untersuchungen über die Magnetfelder der Sonnenflecken werden darüber hinaus mit langbrennweitigen Fernrohren (Turmteleskop) in Verbindung mit Spektrographen durchgeführt.

Radioteleskop: Dieses als riesiges Antennenteleskop ausgeführte Instrument dient zur Registrierung und Beobachtung der ruhigen und gestörten solaren Radiostrahlung im Bereich der Zentimeter-, Dezimeter- und Meterwellen.

Spektroheliograph: Das Instrument wird in Verbindung mit Turmteleskopen und einem Spektrographen größerer Dispersion zur Aufnahme monochromatischer Sonnenbilder im Lichte verschiedener Elemente verwendet. Auch zur visuellen Beobachtung der chromosphärischen Vorgänge als Spektrohelioskop in Gebrauch.

II. Beobachtung totaler Sonnenfinsternisse

Von

W. Petri

Universitäts-Sternwarte, München

Mit 1 Textabbildung

1. Photographie der Sonnenkorona

a) Das Korona-Kontinuum

Das Schönste und Wertvollste, was eine totale Sonnenfinsternis dem Beobachter zu bieten hat, ist der Anblick der Sonnenkorona. Auch wissenschaftlich ist die Korona immer noch das wichtigste Finsternisobjekt. Wenn der Mond den Beobachter und die ihn umgebende Erdatmosphäre gegen die Lichtfülle der Photosphäre abschirmt, tritt die Strahlenkrone unseres Tagesgestirns in ihrer ganzen Ausdehnung und Feinheit hervor — viel reicher, als der beste Koronograph je zeigen kann, solange seine Aufstellung an die Erdoberfläche gebunden ist. Die lichtstarken, von Heliostaten gespeisten Spektrographen großer Expeditionen erfassen Dutzende von Linien, deren Analyse viele Monate erfordert und über die Zusammensetzung und die Zustandsgrößen der äußeren Sonnenatmosphäre wertvolle Auskunft gibt.

Der Sternfreund kann mit seiner viel einfacheren Apparatur nur die „weiße" Korona aufnehmen. Das ist der durch photosphärisches Streulicht erzeugte kontinuierliche Anteil des Koronaspektrums. Die Streuung erfolgt an den freien Elektronen des koronalen Plasmas (hochionisierten Gases). Hinzu kommt noch ein Lichtanteil infolge Beugung des Photosphärenlichts an den Partikeln der interplanetaren Materie. Das sind im Grunde die gleichen Teilchen, die in größerem Winkelabstande von der Sonne durch Reflexion das Zodiakallicht hervorrufen. Das Übergangsgebiet zwischen den Bereichen der Beugung und der Reflexion ist noch unerforscht. Hier können Finsternisaufnahmen in großer Sonnenentfernung, wie sie bei sehr klarem Himmel mit Weitwinkeloptik möglich sind, weiterhelfen.

b) Die Korona-Struktur

Die auf den Aufnahmen erkennbare Gestalt der Korona hängt im großen von der Phase im Zyklus der Sonnenaktivität ab, zu der die Finsternis stattfindet. Die Grenzfälle sind: eine längs des Sonnenäquators lang, schnurrbartartig ausgezogene Minimums- und eine mit ausgeprägten Strahlen allseitig in den Raum greifende, mehr rundliche Maximumskorona. Im kleinen hat die Korona eine zarte Struktur, die durch die jeweiligen Aktivitätsgebiete (Flecken, Protuberanzen, Fackeln usw.) in Randnähe und die damit verknüpften elektromagnetischen Felder bestimmt ist. Daher trägt die Korona bei jeder Finsternis andere individuelle Züge, die es jedesmal im Bilde festzuhalten gilt. Das Koronakontinuum ist wesentlich radial polarisiert. Bei Aufnahmen durch Polarisationsfilter tritt die strahlige Struktur besonders deutlich hervor, wenn das Filter entsprechend orientiert ist. Man macht daher Aufnahmen mit verschiedenen, im Positionswinkel gedrehten Filterrichtungen. Eine weitere Steigerung des Informationsgehaltes bewirken Farbfilter in Verbindung mit dazu passenden Emulsionen. Da der Polarisationsgrad der Korona in verschiedenen Spektralbereichen etwas verschieden ist, empfehlen sich besonders kombinierte Aufnahmen mit Polarisations- *und* Farbfiltern.

c) Auswertung

Die gründliche photometrische Auswertung der Korona-Aufnahmen erfordert nicht nur viel Geschick und Erfahrung, sondern auch die Hilfsmittel eines Instituts. Wer wissenschaftlich nützliches Material gewinnen will, sollte sich daher von vornherein mit einem erfahrenen Fachmann in Verbindung setzen. Es kann leicht geschehen (und ist auch wirklich vorgekommen), daß eine große Expedition durch Bewölkung um den Lohn ihrer Mühen gebracht wurde und deren Leiter dann froh war, wenn ein Sternfreund anderswo bescheidenere, aber auswertbare Aufnahmen gemacht hatte. Für die Auswertbarkeit ist wichtig, daß die Negative kalibriert sind. Hierfür gibt es verschiedene Möglichkeiten. Am einfachsten dient die unverfinsterte Sonne (bei bekannter Zenitdistanz — wegen der Extinktion) als Normallichtquelle, um einen Stufenkeil an einer nicht bildwichtigen Stelle auf das Originalnegativ aufzukopieren.

d) Fernrohraufnahmen

Für die Aufnahme kann jedes für Himmelsaufnahmen eingerichtete Instrument dienen. Da es hier mehr auf lange Brennweite als auf Lichtstärke ankommt, verdient ein astrographischer Refraktor im allgemeinen den Vorzug vor dem Spiegelteleskop. Um ein möglichst großes Gesichtsfeld zu haben, verzichtet man auf die bei Planetenaufnahmen beliebte Okularvergrößerung und arbeitet im Primärfokus. Sehr angenehm sind Spiegelreflexkameras vom „einäugigen" Typ, die nach Entfernung ihres Objektivs mit einem Flansch am Okularstutzen befestigt werden. Aber Vorsicht bei Versuchen wegen der Hitze des Sonnenbildes! Starke Filter beim Fokussieren verwenden!

Die Nachführung kann außerhalb der eigentlichen Totalität durch einen einfachen Projektionssucher kontrolliert werden. Das ist eine Sammellinse von etwa 1 m Brennweite (Brillenglas), die in der Nähe des Objektivs dem Rohr außen aufgesetzt ist und neben dem Okularende ein Sonnenbild entwirft, welches sich mit einem vorgezeichneten Kreis auf der Auffangfläche decken muß.

Große Instrumente pflegt man nicht parallaktisch aufzustellen, sondern fest horizontal zu lagern und mit einem Heliostaten zu versorgen. Für Finsterniszwecke genügt als solcher ein einziger Planspiegel, der von einem Uhrwerk in 48 Stunden einmal um seine Stundenachse gedreht wird. Bei der Aufstellung muß man sich genau überlegen, in welches Azimut die Kamera zu bringen ist, damit das Sonnenbild bei der Finsternis in Bildmitte zu liegen kommt. Der Heliostat ist auf die geographische Breite des Beobachtungsortes einzustellen. Da der verhältnismäßig schwere Spiegel das Uhrwerk je nach seiner wechselnden Stellung ungleich beansprucht, reguliere man den Gang für „Finsternisstellung" ein.

e) Belichtungszeiten

Die Belichtungszeit kann innerhalb weiter Grenzen variieren; sie soll es sogar! Erfahrungsgemäß werden Koronaaufnahmen oft überbelichtet. Wegen des sehr starken radialen Helligkeitsabfalls mache man eine ganze Reihe von Aufnahmen, deren Belichtungszeiten sich laufend um den Faktor 3 bis 5 unterscheiden. Auch bei einem Refraktor vom Öffnungsverhältnis 1:10 kann man durchaus schon bei 1/5 sec anfangen. Das gäbe dann etwa die Reihe: 0,2; 1; 5; 25; 125 sec. Die langen Zeiten werden nach den Schlägen eines Metronoms oder mit einer Stoppuhr gemessen. Verlängerungsfaktoren für Filter sind bereits im voraus zu ermitteln und werden in Rechnung gestellt.

f) Amateuraufnahmen

Neben astrographischem Gerät kommen mit Vorteil auch gewöhnliche Amateurkameras vom Leica- oder Rollei-Typ zum Einsatz. Wegen ihrer hohen Lichtstärke und des großen Gesichtsfeldes erfassen sie noch die äußerste Korona. Auf Nachführung kann man meist verzichten, sofern nicht gerade extreme Rotaufnahmen vorgesehen sind. Besonders angenehm ist der leichte und schnelle Filmtransport. Auch diese Aufnahmen sollte man kalibrieren, indem ein Stück des unbelichteten und unzerschnittenen Filmes mit Schwärzungsmarken versehen wird.

Aufnahmen mit Kinokameras haben dagegen nur Demonstrations- und Unterhaltungswert. Wichtig ist hierbei das Aufblenden beim 2. Kontakt. Durch Zeitraffertechnik (8ergang oder Einzelbildauslösung) wird Filmmaterial gespart. Teleoptik ist nötig; sie sollte aber den Bildwinkel nicht so einengen, daß die Sonne während der Totalität aus dem Gesichtsfeld wandert.

2. Astronomische Rahmenprogramme

a) Die Chromosphäre

Während der Totalität ragen Protuberanzen am Sonnenrande über die Mondscheibe hinaus und können als (wegen der H_α-Emission) rosige Gebilde mit bloßem Auge oder besser im Feldstecher beobachtet werden. Sie erscheinen auch auf Koronaaufnahmen, die so kurz belichtet sind, daß selbst am Sonnenrande nur eine mäßige Schwärzung erreicht wurde. Hingegen ist die Erfassung der eigentlichen Chromosphäre schwierig, weil dafür nur wenige Sekunden um den 2. und 3. Kontakt zur Verfügung stehen. Spektrographische Einrichtungen zur lohnenden Aufnahme des Flashspektrums überschreiten die Mittel des Sternfreundes. Allenfalls mag er versuchen, die Flash-Phase mit ihrer dramatischen Linienumkehr spektroskopisch, also visuell, mit Prisma oder Replica-Gitter zu verfolgen.

b) Kontaktzeiten

Wenn die geographische Position des Beobachtungsplatzes genau bekannt ist, hat die Festlegung der Kontaktzeiten ähnlichen Wert wie die Registrierung von Sternbedeckungen. Freilich lassen sich der 1. und 4. Kontakt, wenn die Scheiben von Mond und Sonne sich eben außen berühren, nicht sehr scharf erfassen — auch wenn die Positionswinkel dafür aus dem Jahrbuch wohlbekannt sind. Beim 2. und 3. Kontakt macht sich das Mondprofil bemerkbar in Form des „Perlschnurphänomens", im Englischen auch „Bailey's beads" genannt. Wenn nämlich die Gebirge am Mondrande bereits über die Sonnenscheibe hinausragen, löst sich die schmale Sonnensichel in einzelne Lichtpunkte auf. Das Ganze erscheint wie ein Diamantring; der Ring ist die nun schon deutlich hervortretende Korona, und die Diamanten sind das durch die Mondtäler fallende Photosphärenlicht.

c) Die partielle Phase

Photographische Reihenaufnahmen der partiellen Phase sehen recht hübsch aus, haben aber keinen wissenschaftlichen Wert. Nur bei großem Abbildungsmaßstab kann man sie benutzen, um das Gesetz der Randverdunklung der Sonne nachzuprüfen. Denn erstens ist das erdatmosphärische Streulicht infolge Abdeckung eines Teils der Sonnenscheibe ohnehin stark vermindert, und zweitens läßt es sich photometrisch bei der Finsternis dadurch besonders günstig erfassen, daß die Mondscheibe eigentlich (von der hier völlig vernachlässigbaren Aufhellung durch Erdlicht abgesehen) ganz schwarz erscheinen müßte. An ihr kann man also das

Streulicht unmittelbar erkennen. Da die Randverdunklung stark von der Wellenlänge des Lichts abhängt, nehme man bei solchen Aufnahmen unterschiedliche Filter.

d) Das Sternfeld

Ereignet sich die totale Sonnenfinsternis bei heiterem Himmel, so werden auch die helleren Sterne sichtbar. Deshalb sollte man sich stets vorher klarmachen, was wo zu sehen sein wird. Das gilt besonders für die inneren Planeten Merkur und Venus. Hat man Glück, kommt als besondere Überraschung noch ein Komet dazu. Solche Fälle sind gar nicht selten und werden durch den Umstand begünstigt, daß die Kometen in Sonnennähe besonders ansehnliche Schweife zu entwickeln pflegen. Früher suchten die Astronomen auch den Himmel in Sonnennähe nach einem Planeten „Vulkan" ab, der innerhalb der Merkurbahn vermutet wurde. Heute besteht die Möglichkeit, einen künstlichen Erdsatelliten außerhalb des Kernschattens dahinhuschen zu sehen.

Ein besonderes Kapitel moderner Finsternis-Astrometrie ist der Nachweis der von Einstein vorausgesagten relativistischen Lichtablenkung durch das Schwerefeld der Sonne. Wegen des sehr hohen instrumentellen Aufwandes kann sich der Sternfreund dabei leider nicht aktiv beteiligen. Wohl aber mag er sich gern der auf seinen Koronaaufnahmen mit festgehaltenen Sterne bedienen, um die Positionswinkel der Protuberanzen und Koronastrahlen abzuleiten.

3. Terrestrische Rahmenprogramme

a) Helligkeit und Farbe des Himmels

Ein allgemein sehr starker Eindruck ist bei einer totalen Sonnenfinsternis der ungewohnte Charakter der kurz vor dem 2. Kontakt rasch hereinbrechenden Dämmerung. Die Sonne geht gewissermaßen mitten am Firmament unter, während der Horizont ringsum durch partielles Photosphärenlicht aufgehellt ist. Bei starker Protuberanzentätigkeit kommt noch eine rötliche Verfärbung hinzu. Farbaufnahmen können daher sehr wirkungsvoll sein — und zwar sowohl vom Himmel als von der Landschaft.

Die Änderung der Himmelshelligkeit wird mit einer Photozelle (notfalls einem guten Belichtungsmesser) bestimmt, die auf einem mehr als mannshohen Pfahl gegen den Zenit gerichtet ist. Bei mehreren Empfindlichkeitsbereichen vergesse man nicht, rechtzeitig umzuschalten! Subjektiv hat man nach dem 3. Kontakt schon bald den Eindruck, daß es wieder vollkommen „Tag" sei. Bei Amateuraufnahmen ziehe man daher den Belichtungsmesser zu Rate und verlasse sich nicht auf das Gefühl!

b) Fliegende Schatten

Während der Minuten, wo die Sonnensichel sehr schmal ist, besteht Aussicht, „fliegende Schatten" zu beobachten, die als schmale dunkle Streifen mit mäßiger Automobilgeschwindigkeit über den Boden eilen. Sie kommen durch Luftschlieren bei spaltförmiger Lichtquelle zustande. Am besten erkennt man sie aus einigem Abstande auf einer ebenen Fläche gleichmäßiger, etwa hellgrauer, Farbtönung.

Nicht zu verwechseln mit den „fliegenden Schatten" ist der Kernschatten selbst. Er läuft mit größenordnungsmäßig 1 km/sec über die Erde. Sein Herannahen ist, besonders bei leichter Bewölkung und von erhöhtem Standpunkt aus, ein unheimliches und erregendes Schauspiel.

c) Meteorologische Beobachtungen

Wohl keine richtige Finsternisexpedition verzichtet darauf, auch meteorologische Daten zu sammeln, da man aus ihnen, besonders in Verbindung mit den Aufzeichnungen für die benachbarten Tage, Unterlagen für die Beurteilung der Wetteraussichten künftiger Expeditionen in ähnlichem Klima gewinnt. Die starke Verminderung der Sonnenstrahlung hat nicht nur auf die Temperatur, sondern auch auf Wind, Bewölkung und Luftfeuchtigkeit erheblichen Einfluß. Berühmt ist der „Finsterniswind", der mitunter buchstäblich im letzten Augenblick die Wolkenschleier vor der Sonne zerrissen hat. Er erhöht aber auch die Abkühlung und stellt an die Standfestigkeit der Instrumente nicht zu unterschätzende Anforderungen. Jedes Blatt Papier muß bei einer Finsternis gegen Davonfliegen gesichert sein! Um sowohl Luft- als Strahlungstemperatur zu verfolgen, vergleiche man ein gewöhnliches Thermometer im Schatten mit einem anderen, dessen Kugel schwarz mattiert und der direkten Sonnenstrahlung ausgesetzt ist.

d) Biologische Beobachtungen

Während Pflanzen bei der Abnahme des Tageslichts nur auf „Dämmerung" und „Nacht" reagieren, schwanken Tiere zwischen Schlaf und Furcht. Nähere Anweisungen für biologische Beobachtungen erübrigen sich an dieser Stelle. Nur sei darauf hingewiesen, daß sich im Verhalten höherer Haustiere, besonders von Hunden, unter Umständen eher die Erregung des Beobachters ausprägt als die eigene.

e) Die Ionosphäre

Schließlich ist noch zu erwähnen, daß sich die enge Abhängigkeit des Zustandes der Ionosphäre von der Sonne bei Finsternissen durch mannigfache Effekte bemerkbar macht. Hier finden Funkamateure ein reiches Tätigkeitsfeld, auch wenn sie außerhalb der Totalitätszone sitzen; denn es genügt schon die Abdeckung einzelner aktiver Gebiete auf der Sonne durch den Mond, um Wirkungen hervorzurufen, die mitunter den weltweiten Kurzwellenempfang spürbar verändern.

4. Stationspraxis[1]

a) Programmplanung

Allein schon wegen der damit meist verbundenen weiten Reise ist die Beobachtung einer Sonnenfinsternis recht kostspielig. Um die Sekunden der Totalität möglichst auszunutzen, wird vorher ein Programm aufgestellt, worin alle Funktionen jedes Teilnehmers in ihrem zeitlichen Ablauf genau festgelegt sind. Nach diesem Plan wird dann geübt, bis alle Griffe „sitzen". Zeitstudien mit der Stoppuhr helfen nach, damit alles optimal abgestimmt wird. Auch die räumliche Anordnung der Geräte ist wichtig, besonders wenn der gleiche Beobachter mehrere Instrumente durcheinander bedient: zum Beispiel kurzzeitige Aufnahmen mit Handkameras, während am Refraktor lange Expositionen laufen.

Will man nach und nach einen Stapel Kassetten einsetzen, so lege man an der Stelle, wo eine andersartige Operation fällig wird (Filterwechsel etwa), einen Pappdeckel als Merkzeichen dazwischen. Größte Vorsicht bei Doppelkassetten, um nicht „außer Tritt" zu kommen! Man kann sich gar nicht narrensicher genug einrichten!

---

[1] Berichte über Finsternisbeobachtungen finden sich in den betreffenden Jahrgängen der astronomischen Fach- wie Amateurzeitschriften und in den Veröffentlichungen der an Expeditionen beteiligten Sternwarten. Für Sternfreunde nützlich und lehrreich sind vor allem die zahlreichen Expeditionsberichte von M. WALDMEIER in den *Astron. Mitteilungen der Eidgenössischen Sternwarte Zürich.*

Aufnahmen, die besonders dunklen Himmel erfordern, werden in die Mitte der Totalität verlegt. Will man keine Zeitreserve für unvorhergesehene Vorkommnisse (Schieber klemmt; Verschluß war nicht gespannt!) einplanen, so kommen an den Schluß der Totalität nur weniger wichtige oder Wiederholungsaufnahmen, deren Ausfall am ehesten zu verschmerzen ist.

Selbstverständlich wird auch ein Expeditionstagebuch geführt, nach Wunsch und Bedarf durch Lichtbilder ergänzt.

b) Platzwahl

Im großen ist die Wahl des Platzes durch den Verlauf der Zentralitätslinie vorgeschrieben, über den die astronomischen Jahrbücher Auskunft geben (Abb. 1). Außerdem erscheinen jahrelang vor jeder Finsternis besondere Veröffentlichungen, die man

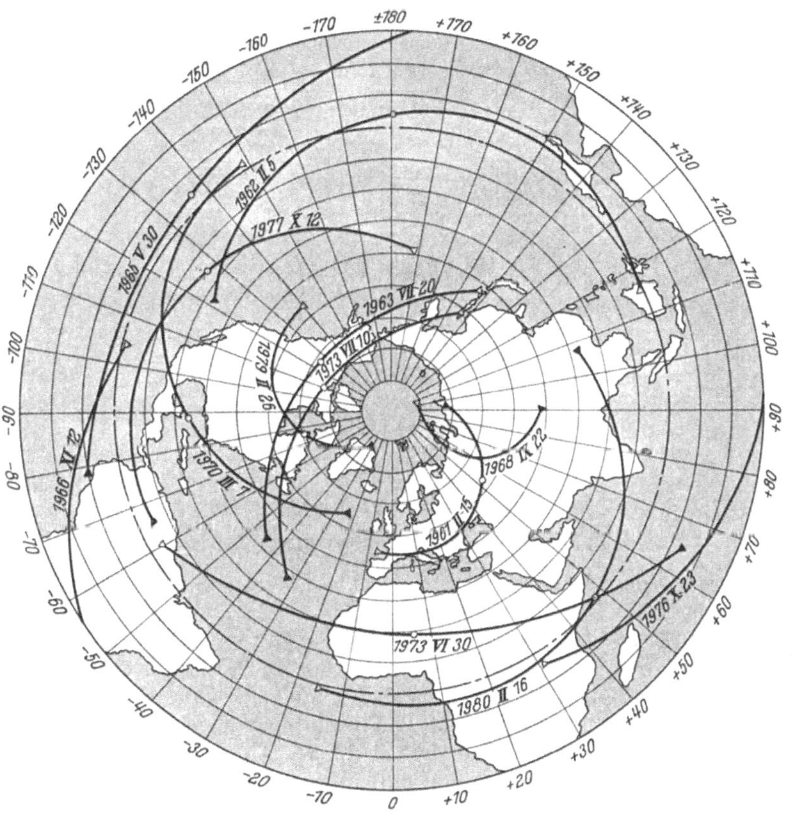

Abb. 1. Die totalen Sonnenfinsternisse von 1961 bis 1980. Verlauf der Zentralitätslinien nach TH VON OPPOLZER, Canon der Finsternisse, Wien 1887.

in Sternwarten einsehen oder nach Erfragung des Verfassers auch selbst beziehen kann. Zugänglichkeit und allgemeine Wetteraussichten schränken die Wahl weiter ein. Es wäre aber grundfalsch, wenn sich alles auf dem theoretisch besten Ort zusammendrängen würde. Nur durch gleichmäßige Verteilung wird das Wetterrisiko ernsthaft vermindert.

Im einzelnen sind viele Umstände bei der Platzwahl zu bedenken: Windschatten, Zugänglichkeit nach Landregen, Mückenplage, Bewachungsmöglichkeit — alles spielt mit herein. Vom Stromnetz mache man sich möglichst unabhängig. Sehr angenehm ist eine Dunkelkammer, die man selbst einrichtet. Mitbenutzung professioneller Photolabors geht selten gut. Wohl aber läßt sich oft in der Nachbarschaft in einem Kühlschrank ein Plätzchen für Infrarotmaterial finden. Die Filme und Platten werden in der Nacht vor der Finsternis eingelegt.

c) Zubehör

Das Zubehör einer Expedition richtet sich nach den Umständen. Auf jeden Fall sind Taschenlampen bereitzuhalten, obwohl es im Freien selten so dunkel wird, daß man nicht die meisten Instrumente ohne künstliche Beleuchtung bedienen kann. Auf die zu erwartende Abkühlung richte man sich durch passende Kleidung ein. Für die Instrumente sind wasserdichte, gegen Wind festzuzurrende Überzüge, eventuell auch Windschirme und Strahlungsabweiser ratsam. Über Blendgläser braucht hier nichts gesagt zu werden.

Will man während der Totalität Sterne zählen oder die äußersten Koronaausläufer visuell verfolgen, sind Adaptionsbrillen, wie sie in den Röntgenlabors getragen werden, rechtzeitig aufzusetzen. Ob eine Zeitanlage mitgeführt wird und ein Theodolit, sei dahingestellt. Ein Kofferempfänger ist immer angenehm. Unentbehrlich aber ist die Reiseapotheke.

III. Der Mond

Von

G. D. Roth

München

Mit 6 Textabbildungen

1. Aufgabe und Sinn der Mondbeobachtung

a) Übungsobjekt für das teleskopische Sehen

Als nächster Himmelskörper ist der Mond mit Recht ein beliebtes Ziel für den Amateurbeobachter. Der Mond ist ein flächiges Objekt, dessen Oberfläche reich gegliedert ist. Bereits der *Feldstecher* läßt die Vielfalt der sichtbaren Einzelheiten ahnen, die das größere Fernrohr zeigt. Der Mond ist ein nahezu unerschöpfliches *Prüffeld* für die Fähigkeiten eines Beobachters und die Güte seines Instruments. Er ist allerdings ein Prüffeld, dessen große Formationen nicht zur Nachsicht gegenüber Fernrohr und Beobachter Anlaß geben dürfen. Auch schlechte Objektive und kritiklose Augen sehen auf dem Mond immer etwas! Daher auch beim Test stets das Streben nach dem feinen und kleinen Detail.

b) Spezialstudien der Oberfläche

Wer länger beobachtet, wendet sich mit systematischen Fragen an das Objekt, um durch die Beobachtung Auskünfte zu bekommen[1]. Im Zeichen der Weltraumfahrt ist der Mond das nächste Einzugsgebiet bemannter Raumschiffe. Sie werden die Probleme der physischen Selenologie rascher lösen als der irdische Beobachter. Die Frage über das Wie der Entstehung der Mondformationen ist bis auf den Tag nicht eindeutig beantwortet. Von dieser Seite wird der Sternfreund selten Grund-

---

[1] J. Hopmann: Probleme der Mondforschung. Die Sternenwelt **4**, 157 (1952).

legendes beitragen können, soviel es auch in der Vergangenheit versucht worden ist. Wer über ein gediegenes geologisches Wissen verfügt, kann allerdings mit originellen Diskussionsbeiträgen aufwarten, wie Beispiele gezeigt haben[1].

Unbeschadet davon bleiben dem Amateur Beobachtungsaufgaben, die bei exakter Durchführung wissenschaftlich brauchbare Ergebnisse bringen *können*. Es ist nicht das Fragen nach dem unmittelbaren wissenschaftlichen Nutzen, das den Sternfreund zum Beobachten ermuntern soll, vielmehr muß für ihn der *Wert der persönlichen Erfahrung*, der durch systematische Beobachtungsreihen vermittelt wird, der wesentliche Ansporn sein. Dazu sind nachfolgend einige Anregungen gegeben.

α) *Kritische Mondtopographie*

Es gibt auf dem Mond eine Reihe von Formationen, die in ihrer tatsächlichen Gestalt ungenügend erkannt sind bzw. deren Gestalt scheinbare und echte Veränderungen erkennen läßt. Ein Vergleich der Beobachtungsergebnisse namhafter Mondforscher (MÄDLER, LOHRMANN, NEISON, KRIEGER, FAUTH, WILKINS u. a.) gibt interessante Aufschlüsse über die vorliegende Problematik.

Die Entdeckungen echter Veränderungen auf der Mondoberfläche sind niemals dem Durchschnittsbeobachter zugänglich, sie verlangen eine *langjährige* Vertrautheit des Beobachters mit der lunaren Topographie. Das Spiel von Licht und Schatten ist bereits für Viele zur Fata Morgana geworden, wie jüngst die sensationelle „Mondbrücke" am Ostrand des Mare Crisium zwischen Kap Lavinium und Kap Olivium wieder bewiesen hat.

Da es sich bei der kritischen Mondtopographie fast ausnahmslos um Feinstudien kleiner bis kleinster Einzelheiten handelt, ist ein Instrument von 6″ Öffnung die untere Grenze für eine sinnvolle Arbeit.

β) *Kartenmäßige Darstellung*

Die höchste Vollendung der topographischen Studien findet sich in der Ausarbeitung von *Spezialkarten* bestimmter Mondlandschaften und in *Gesamtdarstellungen* der ganzen sichtbaren Oberfläche. Letztere haben in den Werken von PHILLIP FAUTH und H. P. WILKINS[2] eine Güteklasse erreicht, die wohl kein zukünftiger Beobachter wird überbieten können. Unbeschadet davon kann der Sternfreund mit einem 3″- und 4″-Fernrohr *seine* Mondkarte zeichnen, wenn das unbeeinflußt und sorgfältig geschieht. Unter den Spezialkarten verdienen jene der Randzonen die Aufmerksamkeit geübter Beobachter und Zeichner.

Bei der kartenmäßigen Darstellung wird die Zuhilfenahme von guten Photographien eine Ergänzung für die visuellen Ergebnisse sein. Jede Karte muß ihren Maßstab und die Einordnung in ein Gradnetz aufweisen. Jede ernst zu nehmende Mondarbeit sollte ihr topographisches Ergebnis in einer Karte finden. Zeichnungen mit den Wechselwirkungen von Licht und Schatten sind nur Diskussionsbeiträge auf dem Weg zu diesem Ergebnis.

γ) *Beobachtungen zur physikalischen Beschaffenheit*

Hierunter fallen Arbeiten, die sich mit dem photometrischen Verhalten bestimmter Mondgebiete und Einzelobjekte befassen. Die Tönungen einzelner Mondlandschaften sind unterschiedlich und eigenwillig. Ganz besondere Aufmerksam-

---

[1] H. KRAUSE: Die Sterne **28**, 199 (1952).

[2] H. FAUTH: Philipp Fauth and the Moon, Sky and Telescope Vol. XIX, 20 (1959); G. D. ROTH: Die Mondkarte von H. P. Wilkins, Die Sterne **31**, 180 (1955), mit einem Verzeichnis bekannter Mondkarten.

keit verdienen die *hellen Strahlen* auf der Mondoberfläche, deren markantestes System von Tycho seinen Ausgang nimmt.

Neben der visuellen Beobachtung gewinnt hierbei die Photographie entscheidende Bedeutung. Sie ist in vielen Fällen erst in der Lage, die Intensität schwieriger Schattierungen aufzunehmen. Aufnahmen mit *Farb-* und *Polarisationsfiltern* erweitern die Möglichkeiten. H. J. GRAMATZKI wies schon vor 2 Jahrzehnten darauf hin, daß es lohnend wäre, in vier Spektralbereichen (Infrarot-Gelbgrün-Blau-Ultraviolett) topographisch wenig interessante Mondgebiete bei verschiedenen Phasen zu photographieren; ein Vorhaben, das im Bereich vierzölliger Spiegelteleskope steht[1].

c) Sonderaufgaben

Es ist u. a. darauf zu verweisen, daß Helligkeitsschätzungen des *aschgrauen Lichts* Interesse verdienen. Nach W. M. TSCHERNOW lassen sich Helligkeitsschwankungen mit einer Amplitude von etwa 0.6^m (Maximum: März—Mai; Minimum: Juni—August) nachweisen. Auch die mittlere jährliche Helligkeit soll um etwa 0.8^m variieren, was man u. a. auf atmosphärische Trübungen zurückführt.

Auch frühe Beobachtungen der Mondsichel nach Neumond, sogenannte *Neulichtbeobachtungen*, haben unter meteorologischen Gesichtspunkten ebenso Sinn wie unter astronomisch-historischen, worauf G. SCHINDLER hingewiesen hat[2].

Die Suche nach *Mondmeteoren* ist in den letzten Jahren in England und Amerika ein aktuelles Tätigkeitsfeld. Es verbinden sich damit Spekulationen um eine mögliche, sehr dünne Mondatmosphäre. Am 4. Juli 1957 wurde von der Volkssternwarte Recklinghausen die Beobachtung eines Phänomens gemeldet, das man als einen Meteoreinschlag auf dem Mond deuten kann.

2. Sichtbarkeitsbedingungen

a) Die Mondphasen

Die Sichtbarkeit der Mondformationen ist eine Funktion ihrer Sonnenbeleuchtung. Die Lichtgestalten (Phasen) sind unter den Bezeichnungen Neumond, Erstes Viertel, Vollmond und Letztes Viertel populär geworden. Die Phase ist der beleuchtete Bogen der sichtbaren Mondhalbkugel. Ein genäherter Winkelwert g für die Phase ergibt sich aus:

$$g = \lambda - \odot$$

wobei die Länge in der Ekliptik für den Mond λ und für die Sonne $\odot$ ist.

b) Die Lichtgrenze

Besonders wichtig für den Beobachter ist die Lage der Lichtgrenze (Terminator). Im zu- und abnehmenden Mond wandert die Lichtgrenze über jedes Objekt der Oberfläche 25mal im Jahr, das entspricht mindestens 25 verschiedenen Beleuchtungswinkeln. Zahlreiche Formationen können nur am Terminator beobachtet werden. Die Angabe über die Lage der Lichtgrenze ist *wesentlicher* Bestandteil jeder Mondbeobachtung. Sie ist definiert durch den selenographischen Längengrad, auf dem die Sonne im Augenblick der Beobachtung aufgeht (zunehmender Mond) bzw. untergeht (abnehmender Mond). Der Beobachter findet ihn in Jahrbüchern und Kalendern (z. B. P. AHNERT, *Kalender für Sternfreunde*) täglich angegeben.

---

[1] in: Das Weltall **39**, 145 (1939).
[2] in: Die Himmelswelt **46**, 204 (1936).

Für die Definition der Lichtgrenze bedient man sich auch der *Colongitude* der Sonne am Mondzentrum. Sie ist das Kompliment der selenographischen Länge der Lichtgrenze am Mondäquator. Sie ist in den englischsprachigen Jahrbüchern (z. B. *The American Ephemeris and Nautical Almanac* oder *The Handbook of the B.A.A.*) unter der Rubrik *Sun's Selenographic Colongitude* zu finden. Ihr Wert beträgt genähert bei Neumond 270°, beim Ersten Viertel 0°, bei Vollmond 90° und beim Letzten Viertel 180°.

Zwei Beispiele für die Praxis: 1. ein Beobachter zeichnete Plato am 20. Februar 1959 um $20^h 20^m$ MEZ, Ort Frankfurt. Gesucht ist der Betrag für die Colongitude. Zuerst Umrechnung auf Weltzeit: $19^h 20^m$, dann Entnahme des Wertes aus dem Jahrbuch für 1959. Februar 20^d $0^h 00^m$ WZ: 53°5. Die mittlere *stündliche* Bewegung der Lichtgrenze beträgt genähert 0°51; demnach für $19^h 20^m$ = 9°8. Der gesuchte Wert zum Beobachtungszeitpunkt heißt 63°3.

2. ein Beobachter in Hamburg wollte bei 191° Colongitude Ende Mai 1959 einen bestimmten Mondkrater beobachten. Zu welcher Zeit mußte er beobachten? Colongitude laut Jahrbuch für 1959, Mai 30^d $0^h 00^m$ WZ = 180°5. Die Differenz zur gegebenen Colongitude beträgt + 10°5; umgerechnet in Stunden bei der bekannten stündlichen Bewegung der Lichtgrenze von 0°51 ergibt das aufgerundet 20.6 Stunden, die von $0^h 00^m$ zu addieren sind. Beobachtungszeit = 1959, Mai 30^d, $20^h 36^m$ WZ.

Die Beziehung zwischen der selenographischen Länge L der Lichtgrenze und der Colongitude S lautet:

Neumond bis 1. Viertel:	westl. $L = 360° - S$	(Morgenterminator)
1. Viertel bis Vollmond:	östl. $L = S$	(Morgenterminator)
Vollmond bis Letztes Viertel:	westl. $L = 180° - S$	(Abendterminator)
Letztes Viertel bis Neumond:	östl. $L = S - 180°$	(Abendterminator)

Die westliche bzw. östliche Länge bei der Morgen- oder Abendlichtgrenze ist deutlich zu unterscheiden. Vorzeichen plus bzw. minus.

c) Die Libration

Der Mond kehrt der Erde stets die gleiche Seite zu. Trotzdem kann man bis zu 60% der gesamten Mondoberfläche beobachten. Das hat seine Ursache in der Libration, die es in drei Arten gibt: 1. die *Libration in Länge* (maximal ± 7°9), bedingt durch die elliptische Mondbahn. 2. die *Libration in Breite* (maximal + 6°9), dadurch bedingt, daß die Rotationsachse des Mondes nicht exakt auf der Mondbahnebene senkrecht steht. Man kann einmal über den Nordpol, dann wieder über den Südpol des Mondes hinwegschauen. 3. die *parallaktische Libration* (maximal ± 1°), bedingt dadurch, daß der Beobachter auf der rotierenden Erde aus wechselnden Richtungen auf den Mond blickt. Insgesamt entstehen durch diese drei Librationseffekte Randverschiebungen bis zu 10°, die besonders in den Positionswinkeln 45°, 135°, 225° und 315° für den Beobachter deutlich werden.

Die *perspektivische Verkürzung* macht das Beobachten in den Rand- und Librationszonen schwierig.

Die Berechnung der Libration erfolgt an Hand der in astronomischen Jahrbüchern gegebenen Hilfstafeln. Dort finden sich auch die für die Benutzung der Tafeln notwendigen Formeln.

3. Die optische Beobachtung

a) die visuelle Beobachtung

Hier haben sich langbrennweitige Refraktoren und Reflektoren (f = 1:15 bis 1:20) für eine optimale Bilddefinition als am günstigsten erwiesen. Dabei können verhältnismäßig langbrennweitigere Okulare (monozentrische oder orthoskopische!) Verwendung finden, ohne Nachteil für die Vergrößerung. Die Lichtfülle des Mondes führt gelegentlich zur Blendung des Beobachters. Die Verwendung *neu-*

traler Dämpfgläser (Graugläser) oder die Wahl der Beobachtung in der *Dämmerung* schaffen für empfindliche Augen Abhilfe. Als weitere Hilfsmittel für die Beobachtung sind zu erwähnen: Farbfilter, Polarisationsfilter und für Instrumente ab 6″ ein Fadenmikrometer, sofern ein Uhrwerk vorhanden ist.

α) *Zeichnungen am Fernrohr*

Die Voraussetzung für jede topographische Arbeit ist das Vertrautsein mit den Grundzügen der Oberfläche. *Skelettkarten* zur Orientierung und *Umrißskizzen* als Zeichenvorlage sind notwendige Ausgangspunkte. Beides bekommt man mittels Pause von zuverlässigen Mondkarten, besser Photographien. Blaß kopierte bzw. vergrößerte Photos eignen sich als Zeichenschablonen. Jede Umrißzeichnung soll *Positionsmarken* enthalten, damit die Einzelheiten winkelgetreu eingezeichnet werden können.

Die Wahl eines zu kleinen Maßstabes für Zeichnungen ist nicht ratsam. Ph. Fauth zeichnete seine Karte im Maßstab 1 : 1 Million (Monddurchmesser 3477 mm). Das ist eine Größenordnung, die im Interesse einer übersichtlichen Darstellung ohne weiteres angestrebt werden soll.

Die Zeichentechnik ist von der Begabung des Beobachters abhängig. Es ist zwischen einfachen *Strichzeichnungen* und *Volltonzeichnungen* zu unterscheiden. Letztere versuchen helle und dunkle Intensitäten (nicht den Schattenwurf!) in das Bild einzuarbeiten. Ph. Fauth zeichnete in *Schichtlinien* (Abb. 1) und im plastisch wirksamen Schraffen.

Als Beispiel für den Plan einer systematischen Beobachtung sind nachfolgend die Punkte genannt, die F. Billerbeck-Gentz[1] für die Beobachtung heller Strahlensysteme auf dem Mond empfohlen hat. Der Beobachter versuche folgende Fragen zu klären:

a) wo setzt der Strahl an? — b) wie ist sein Verlauf? — c) wo endet er? — d) wie breit ist er? — e) wie hell ist er? — f) variiert die Helligkeit des Strahls in der Länge und Breite und an welchen Stellen und zu welchen Zeiten? — g) wie ist die allgemeine Bodenbeschaffenheit im Strahl? Wird er vielleicht durch „Isophoten", einander folgende helle Punkte, oder „weiße" Krater oder Bodenschwellen vorgetäuscht? — h) Form des Strahls. Wieweit folgt er einer Geraden, wo biegt er ab? Wo ist er unterbrochen? Wie groß ist die Unterbrechung? — i) zeigen irgendwelche Formen im Strahl bei Beleuchtungsverhältnissen, während denen der Strahl selbst nicht sichtbar ist, Bodenverfärbung? — k) wann erscheinen die Strahlen und wann verschwinden sie?

β) *Messungen am Fernrohr* *

In diesen Bereich fallen Mikrometermessungen, um Dimensionen (Berghöhen und Kraterdurchmesser) und Positionen zu reduzieren. Für die Ableitung von relativen Höhen auf dem Mond sind für den Amateur Messungen der Schattenlängen von Erhebungen lehrreiche Versuche. Schattenmessungen erfolgen immer *senkrecht* auf die Hörnerlinie. Die festen horizontalen Fäden des Mikrometers (s. S. 55) weisen die Richtung des Schattens. Damit ist gleichzeitig die jeweilige Bergspitze genau definiert. Der Genauigkeitsgrad der Höhenwerte hängt ab von der Länge des Schattens. Die Messung *zu kurzer* Schatten führt zu unsicheren Ergebnissen. Die Sonnenhöhe soll bei Messungen unter 15° liegen, aber auch nicht kleiner als 5° sein. Liegt sie

[1] Die Sterne **27**, 156 (1951).

* Bezüglich des Randprofils des Mondes, wichtig u. a. für Höhenmessungen, ist zu verweisen auf folgende Arbeiten: F. Hayn: Selenographische Koordinaten, III. u. IV. Abhandlung. Abh. d. math.-phys. Klasse der Kgl. Sächsischen Gesellschaft der Wissenschaft, Band **30** u. **33** (1907 u. 1914), T. Weimer: Atlas du profiles lunaires, Paris 1952. 12 Tafeln 51 × 74 cm, Mondprofile 1 mm: 0.″5 für Librationen in Länge und Breite von 2 zu 2 Grad.

unter 5°, ergibt sich die Gefahr, daß der nun extrem lange Schatten in den Schatten anderer Formationen eingeht bzw. in den unbeleuchteten Teil des Mondes ausläuft.

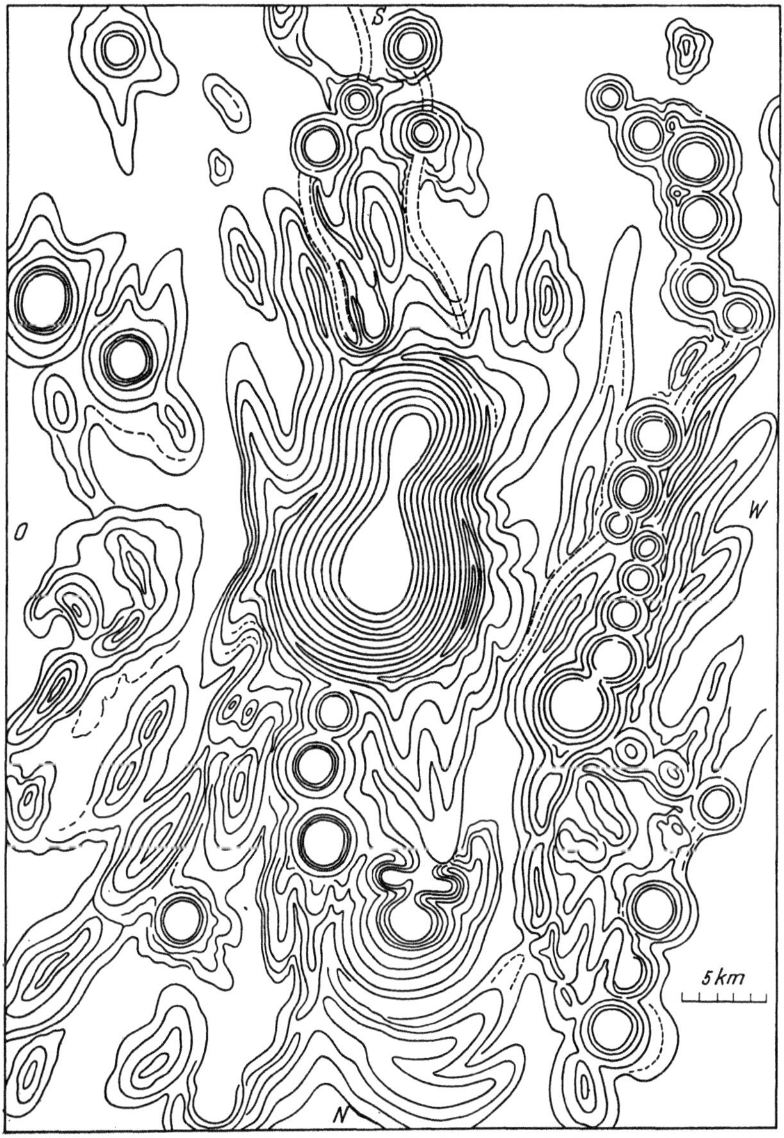

Abb. 1. Beispiel für die topographische Darstellung einer Mondlandschaft. Das Bild stammt von PH. FAUTH und stellt das nach ihm benannte Ringgebirge auf dem Mond dar. Aus: Die Sterne, **33**, 158 (1957).

Für den theoretischen Teil und die Reduktion muß hier auf die Arbeiten von K. GRAFF[1] und G. SCHRUTKA-RECHTENSTAMM[2] verwiesen werden. Über die Bestimmung absoluter Mondgebirgshöhen berichtet letztgenannter Verfasser in einer weiteren Publikation[3]. Eine praktische Methode für den Amateur empfiehlt P. AHNERT[4].

[1] Formeln zur Reduktion von Mondbeobachtungen und Mondphotographieen, Veröffentlichungen des Astronomischen Recheninstituts zu Berlin Nr. 14, Berlin 1901.

[2] Relative Höhenbestimmungen auf dem Monde mittels des Pariser Mondatlasses und visuelle Messungen am Fernrohr, Mitteilungen der Univ.-Sternwarte Wien, Bd. **7**, Nr. 11, Wien 1955.

[3] Mitteilungen der Universitäts-Sternwarte Wien, Bd. **9**, Nr. 17, Wien 1958.

[4] in: Kalender für Sternfreunde 1952, S. 133. Leipzig: J. A. Barth Verlag 1952.

γ) *Visuelle Photometrie*

Hierzu sind keine großen instrumentellen Hilfsmittel notwendig. Für den Anfänger stehen die relativen Helligkeiten während Vollmond auf dem Programm. Liegt genügend Erfahrung vor, wendet man sich der visuellen Photometrie im *Verlauf der Phasen* zu. Es interessiert z. B. der Helligkeitsverlauf der Innenfläche eines Kraters in Verbindung zur Lage der Lichtgrenze.

Alle Schätzungen werden in eine Skala relativer Helligkeiten eingeordnet. Die Schätzung selbst erfolgt im Prinzip der Stufenschätzung veränderlicher Sterne (s. S. 274). Die Eichobjekte der Skala dürfen im Verlauf einer Lunation keinen Intensitätsveränderungen unterliegen.

Eine Skala wird von H. J. KLEIN und H. K. KAISER empfohlen. Die Schwärze des Schattens entspricht in ihr 0°, während 10° dem hellsten Punkt auf der sichtbaren Mondoberfläche zukommen: 0° = Schatten auf dem Mond; 1.0° = der dunkelste Teil des Inneren der Ringgebirge Grimaldi und Riccioli; 1.5° = innere Fläche von De Billy; 2.0° = innere Fläche von Endymion und J. Caesar; 2.5° = innere Fläche von Pitatus und Vitruvius; 3.0° = Sinus Iridum; 3.5° = innere Fläche von Archimedes und Mersinius; 4.0° = innere Fläche von Ptolemäus und Guericke; 4.5° = Sinus Medii, Oberfläche um Aristyllus; 5.0° = Oberfläche um Archimedes, Wälle des Landsberg und Bullialdus; 5.5° = Wall des Timocharis, Strahlen des Kopernikus; 6.0° = Wälle des Macrobius und Kant; 6.5° = Wälle des Langrenus und Theaetetus; 7.0° = Kepler; 7.5° = Ukert und Euklides; 8.0° = Wall des Kopernikus; 8.5° = Wall des Proclus; 9.0° = Censorinus; 9.5° = Inneres von Aristarch; 10.0° = Zentralberg des Aristarch.

Als weitere Markierung für visuelle Schätzung kann der Anschluß an photographisch photometrierte Objekte dienen. Man vergleiche hierzu eine Arbeit von K. GRAFF *Zur photographischen Photometrie der Vollmondformationen*[1].

b) Die photographische Beobachtung (vgl. S. 74)

Ideal dafür geeignet ist das Spiegelfernrohr. Visuell korrigierte Refraktorobjektive weisen einen eigenen photographischen Brennpunkt auf, der auf dem Weg der Erfahrung gefunden werden muß, sofern das Objektiv keine Streuung als Folge einer chromatischen Abweichung für die photographisch wirksamen Strahlen aufweist. Am sichersten sind unter den Refraktoren die Apochromate für photographische Zwecke. Es darf gelten, daß 1 Meter Brennweite im Brennpunkt ein Luftbild des Vollmondes von etwa 10 mm Durchmesser erzeugt.

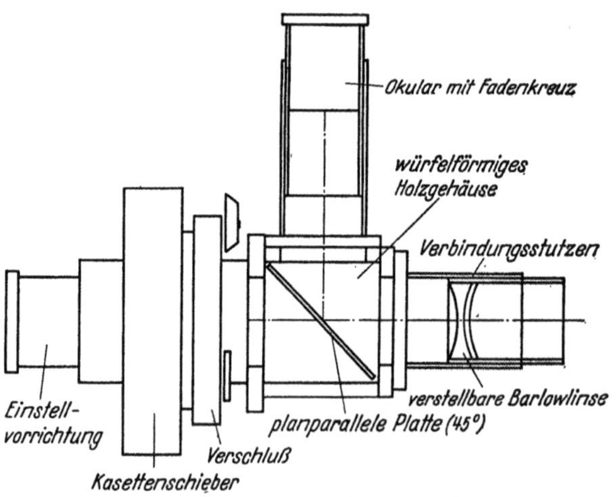

Abb. 2. Mond- und Planetenkamera mit Compurverschluß und Kontrollokular nach einer Konstruktion von HANS OBERNDORFER, München.

An der Stelle des Beobachterauges befindet sich am Okularstutzen (ohne Okular) ein *Kameragehäuse* mit Einstellokular (z. B. sog. Mond- und Planeten kamera (Abb. 2) oder Spiegelreflexkamera *ohne* Optik). Will man sich nicht auf die Aufnahme des Brennpunktsbildes beschränken, sondern ein vergrößertes Luftbild

[1] Mitteilungen der Univ.-Sternwarte Wien, Bd. 4, Nr. 6.

photographieren, wird mit Hilfe eines Okulars ein Mondbild auf die Emulsion projiziert (Abb. 3). Die Alternative zwischen beiden Verfahren lautet: *Brennpunkt* = helles Bild, aber relativ klein, also kurze Belichtung und nachträgliche Vergrößerung; *Projektion* = dunkleres Bild, aber größere Dimension (Berechnung s. Formeln S. 125), also längere Belichtung und geringere nachträgliche Vergrößerung.

Die Unterschiede in der scheinbaren Helligkeit des Mondes während der einzelnen Phasen, stellen den Photographen vor ein spürbares Problem. Die Helligkeit nimmt *nicht* proportional der beleuchteten Fläche zu bzw. ab. Gegenüber Vollmondaufnahmen ist die Belichtungszeit für Aufnahmen während des Ersten und Letzten Viertels etwa um den Faktor 4 zu verlängern, für die 3 bzw. 24 Tage alte Mondsichel gar um einen Faktor 12. Dabei ist Rücksicht darauf zu nehmen, daß die *richtige* Belichtung immer nur in der Nähe des Terminators erfolgt, die Gegenden mit steilerem Lichteinfall aber erheblich *überbelichtet* sind.

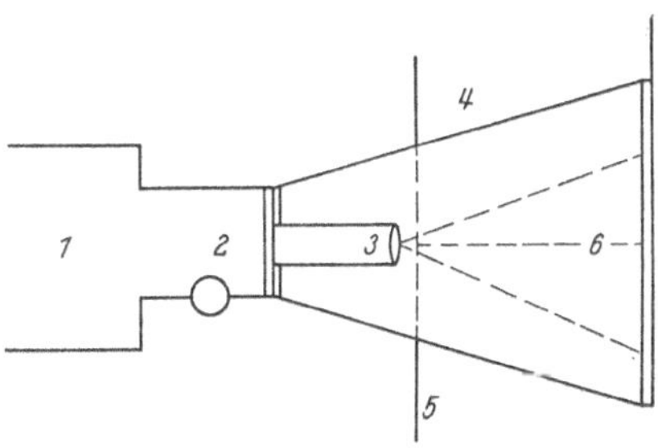

Abb. 3. Schemabild zur Methode der Photographie projizierter Luftbilder: 1 = Fernrohr, 2 = Okularstutzen, 3 = Okular, 4 = Kameragehäuse, 5 = Filterebene für den möglichen Einsatz von Farbfiltern, 6 = Plattenebene.

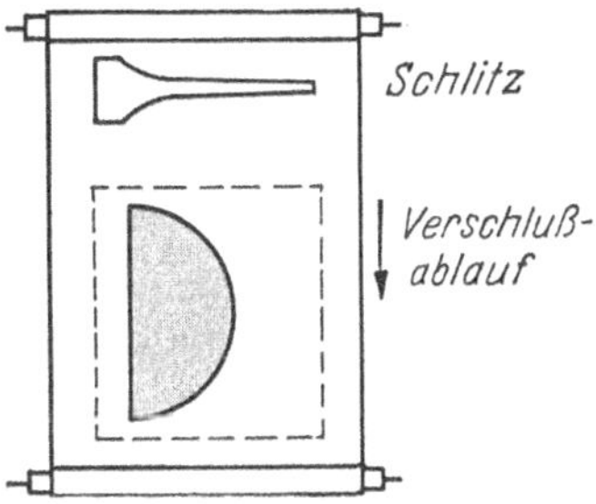

Abb. 4. Schlitzverschluß mit logarithmisch geformtem Schlitz. (Nach E. A. Whitaker.)

Während wir beim Vollmond Intensitätsunterschiede etwa in der Größenordnung 1 bis 50 haben, steigern sich diese Unterschiede während anderer Phasen von 1 bis 1000. Um diese Unterschiede zu überwinden, bedarf es für die *Zonen der Lichtgrenze* anderer Belichtungszeiten als für die gut ausgeleuchteten Gebiete des Mondes.

Beim Ersten und Letzten Viertel z. B. kann das mit einem Schlitzverschluß erfolgen, dessen Schlitz eine bestimmte Form erhält (Abb. 4). Die Form des Schlitzes kann z. B. so gestaltet sein, daß sie am Mondrand 1/4 Sekunde gibt, und zum Terminator logarithmisch bis auf 2 Sekunden ansteigt. Das Verfahren erfordert selbstverständlich *höchste* Genauigkeit im Einstellen und Nachführen.

Für die *Belichtungszeiten* gibt es keine strenge Regel, zu stark hängen sie ab vom Instrument, der Phase, von der Höhe des Mondes über dem Horizont und von der Art und Empfindlichkeit der Emulsion.

Als grobe *Näherung* gilt Folgendes: Vollmondaufnahmen im Brennpunkt (*ohne* Filter etc.) bei $f = 1:15$ und 17/10 DIN Emulsion zwischen 1/50 bis 1/10 Sekunde; bei der Aufnahme eines mäßig groß projizierten Bildes (10—15 cm) zwischen 1/2 bis 3 Sekunden. Bei der Verwendung von Farbfiltern sind die entsprechenden Verlängerungsfaktoren anzuwenden. Jede Aufnahme mit einer Belichtung länger als 1 Sekunde verlangt eine *einwandfreie* Nachführung (Uhrwerk, Motor) des Fernrohrs.

Das A und O gelungener Mondaufnahmen ist die sorgfältige *Scharfeinstellung*. Die Verwendung einer 10- bis 15fach vergrößernden Lupe zur Scharfeinstellung auf die Mattscheibe ist eine bewährte Hilfe. Die Mattscheibe selbst soll nahezu kornlos sein. H. J. Gramatzki empfiehlt die Selbstanfertigung in der Form, daß man auf einer klaren Glasscheibe einen Tropfen verdünntes Syndetikon verreibt. Es bleibt eine sehr feine trübe Schicht zurück, auf der man bei seitlicher Schau, das Mondbild recht zuverlässig scharf fixieren kann.

Während der Belichtung ist jede Art von Erschütterung und Eigenschwingung des Fernrohrs zu vermeiden. Die *indirekte* Auslösung des Verschlußes (z. B. mit Drahtauslöser) bzw. die Belichtung mit einem rhythmisch bewegten Pappkarton *vor* dem Objektiv (Doppelschlag der Taschenuhr gibt $^2/_5$ Sekunden an) sind deshalb vorteilhaft.

Über die zu verwendenden *Emulsionen* kann soviel gesagt werden, daß sie eine gute Feinkörnigkeit (steile Gradation) mit einer höchstmöglichen Empfindlichkeit aufweisen sollen. Bei der Entwicklung können Schärfe und Tönung mit der Wahl des Entwicklers (z. B. Feinkornentwicklung) beeinflußt werden. Spezialentwickler (z. B. Neofin) wirken günstig auf eine „nachträgliche" Empfindlichkeitssteigerung feinkörniger aber geringempfindlicher Emulsionen ein. Gut ausgeleuchtete Negative von 20 mm Durchmesser (Brennpunktsbilder) kann man auf einen Vollmonddurchmesser bis zu $^1/_2$ Meter treiben. Es kommt immer auf den *Versuch* an, und dabei erst kommen die wertvollsten Erfahrungen.

4. Das Gradnetz für Mondkarten

Der Anblick des Mondes entspricht für den Beobachter weitgehend der *orthographischen Projektion*. Sie ist eine Parallelprojektion, der Blickpunkt liegt in der Schnittkante zwischen der Äquatorebene des Mondes und der Ebene des Nullmeridians. Die orthographische Projektion bildet alle Parallelkreise als *parallel* zum Äquator verlaufende Linien ab, die den als Kreis erscheinenden Randmeridian in gleiche Abschnitte teilen. Der Nullmeridian ist dargestellt, wenn ein Durchmesser des Randmeridians *senkrecht* zu den Parallelkreisen verläuft. Die übrigen Längenkreise stellen sich als *Ellipsen* vor, deren gemeinsame große Achse die Projektion des Nullmeridians ist.

Ausgangspunkt für das Gradnetz ist der Randmeridian, dargestellt durch den zu wählenden Mondradius R. Der so entstandene Kreis bekommt einen waagrechten und senkrechten Durchmesser, entsprechend dem *Äquator* und dem *Nullmeridian*. Werden die Breitenkreise beispielsweise von 10 zu 10° gezeichnet, teilt man den Kreisrand in 36 gleiche Teile, beginnend vom Äquator, und zieht die parallelen Linien zum Äquator.

Dann konstruiert man ein gleichseitiges Dreieck, dessen Seiten dem Mondradius R entsprechen. Damit werden die selenographischen Längen auf geometrischem Weg ermittelt. Der Abstand eines l_n-ten Längenkreises in einer selenographischen Breite b_n, gemessen von der Projektion des Nullmeridians aus, stellt sich dar in der Formel:

$$R \cos b_n \cos (90° - l_n)$$

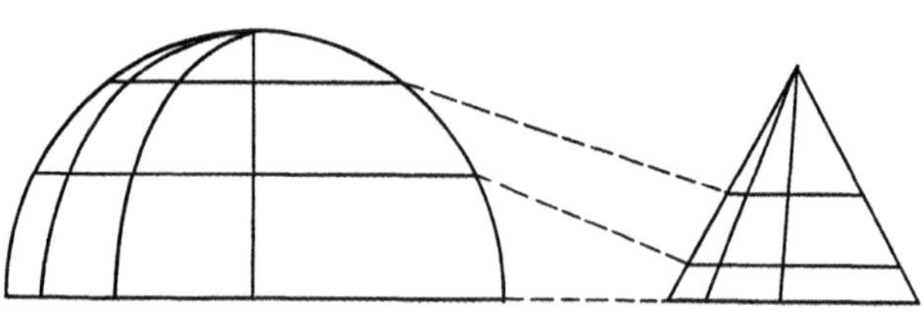

Abb. 5. Konstruktionsskizze für die Anfertigung eines Gradnetzes.

Angenommen, die selenographischen Längen sollen ebenfalls von 10 zu 10° bestimmt werden, trägt man von der *Spitze* des konstruierten Dreiecks aus die *Parallelkreishalbmesser* $R \cos 80° \ldots$ 70° bis 10° nacheinander ab. Aus Gründen der Übersichtlichkeit ist die Unterteilung in der Abbildung 5 von 30 zu 30° gezeichnet, das Prinzipielle wird aus ihr aber sichtbar. Die Schnittpunkte werden durch Linien verbunden, die parallel zur Grundlinie verlaufen. Das gleiche Teilverfahren wendet man für die *Dreiecksbasis* an, beginnend von der rechten oder linken

Ecke. Die Teilpunkte der Basis werden anschließend von der Spitze des Dreiecks aus durch Linien verbunden, die alle Parallelen zur Basis im gleichen Verhältnis teilen, wie diese auch: im Verhältnis von cos 10° : cos 20° ... : cos 80°. Ohne Schwierigkeit kann man jetzt die Grundlinie mit den Teilpunkten auf der Projektion des Mondäquators vom Nullmeridian aus nach rechts und links abtragen: die erste Parallele im Dreieck auf der Projektion des Parallelkreises 10° usw.

Neben den sphärischen Koordinaten der orthographischen Projektion, die sich besonders für Gesamtdarstellungen der Oberfläche eignen, stehen die *rechtwinkligen Koordinaten* eines ebenso konstruierten Kartennetzes (Abb. 6). Für die praktische Beobachtung hat sich das rechtwinklige Netz, mit ξ- und η-Koordinaten, sehr gut bewährt. Man muß es sich in Form zahlreicher Quadrate über das orthographische Mondbild ausgebreitet vorstellen, wobei es eine eindeutige Nord-Süd-Ausrichtung kennzeichnet. Die Form behält es nur unter Annahme der mittleren Libration und exakten Parallelprojektion. Es sind heute genügend zuverlässige Positionen von Mondpunkten vorhanden, daß man auch randnähere Zonen, z. B. auf Photographien, ohne die Fehler der Verzerrung benutzen kann.

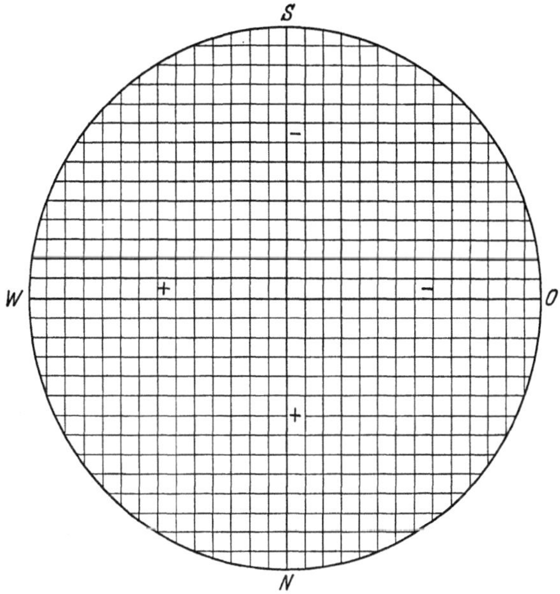

Abb. 6. Rechtwinkliges Kartennetz für eine Mondkarte
Westlicher Randpunkt: $\xi = +1.000$, $\eta = 0.000$;
östlicher Randpunkt: $\xi = -1.000$, $\eta = 0.000$;
nördlicher Randpunkt: $\xi = 0.000$, $\eta = +1.000$;
südlicher Randpunkt: $\xi = 0.000$, $\eta = -1.000$.

Zwischen den rechtwinkligen Koordinaten ξ und η und der selenographischen Länge l und Breite b eines Punktes auf der orthographischen Mondkarte besteht folgende Beziehung (Mondradius = 1):

$$\xi = \sin l \cos b\,; \quad \eta = \sin b\,.$$

Die dritte Raumkoordinate, die den senkrechten Abstand ζ eines Punktes von der Projektionsebene angibt und beispielsweise für Positionsbestimmungen von Formationen der Mondoberfläche notwendig ist, wird durch die Beziehung

$$\zeta = \cos l \cos b$$

gegenüber den sphärischen Koordinaten charakterisiert.

Im Tabellenanhang (S. 325) findet der Leser ein Verzeichnis von 15 Fundamentalkratern, deren sphärische und rechtwinklige Koordinaten ein Ausgangspunkt für Kartenkonstruktionen und Positionsmessungen sein können[1].

[1] vgl. hierzu auch H. Roth: Ortsbestimmung von 433 Punkten hoher Albedo auf einer Vollmondaufnahme, Mitteilungen der Univ.-Sternwarte Wien, Band 4, Nr. 7.

IV. Mondfinsternisse

Von

A. Güttler

Universitäts-Sternwarte, München

Mit 5 Textabbildungen

1. Einführung

Dem bloßen Auge bietet sich eine Mondfinsternis als eindrucksvolle Erscheinung dar, deren Farbenspiel recht mannigfach sein kann und zu interessanten Diskussionen führt. Besitzt der Beobachter ein kleines Fernrohr oder auch nur einen Feldstecher, so kann er bereits mit einer gut gehenden Gebrauchsuhr mit Sekundenzeiger den zeitlichen Verlauf der Finsternis auch messend verfolgen. Ebenso gibt es auf photometrischem Gebiet schon mit bescheidensten Mitteln viel zu tun, und bei einiger Vorbereitung kann ein geschickter Amateur Beobachtungen durchführen, die für die Forschung verwendbar sind.

Um das hierbei im Mittelpunkt stehende Problem zu erkennen, stelle man sich die geometrische Bedingung für das Eintreten einer Mondfinsternis vor (Abb. 1).

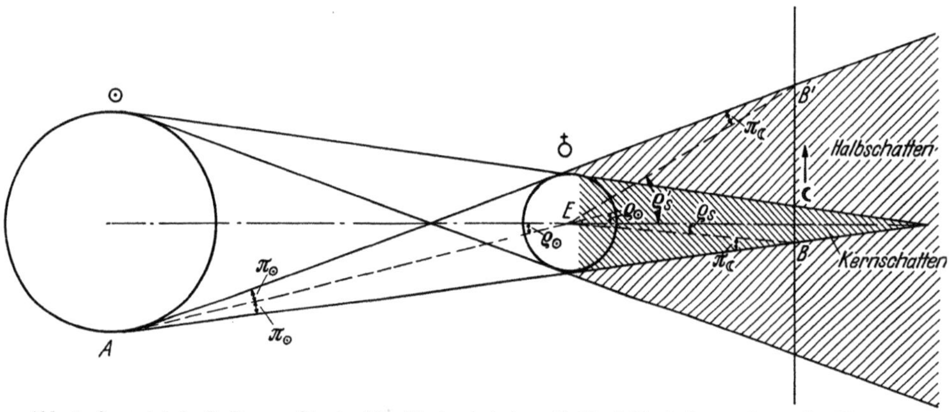

Abb. 1. Geometrische Bedingung für eine Mondfinsternis (schematisch). BB': ein kurzer Bogen der Mondbahn.

Es bedeute $\pi_{☾}$ die Horizontaläquatorialparallaxe des Mondes, $\pi_{\odot}$ die der Sonne und $\varrho_{\odot}$ deren scheinbaren Radius (Sehwinkel). Dann ergibt sich der scheinbare Radius ϱ_s des *geometrischen Kernschattens* der Erde in der Mondentfernung aus den Innen- und Außenwinkeln des ΔAEB gemäß

$$\varrho_s = \pi_{☾} + \pi_{\odot} - \varrho_{\odot} \qquad (1)$$

und ähnlich aus $\Delta AEB'$ der scheinbare Radius ϱ'_s des *geometrischen Halbschattens*

$$\varrho'_s = \pi_{☾} + \pi_{\odot} + \varrho_{\odot} \qquad (2)$$

Der immer noch durch direktes Sonnenlicht aufgehellte Halbschatten ist zwar durch eine deutliche Verdunkelung und chromgelbe Verfärbung des Vollmonds unverkennbar, seine äußere Begrenzung jedoch kaum wahrnehmbar. Von Helligkeits- und Farbuntersuchungen abgesehen beschränkt man sich daher auf die Beobachtung des Kernschattens.

Der scheinbare Radius des *beobachteten* Kernschattens ist nun um einen Faktor $\sigma \approx 1.02$ größer als ϱ_S, wobei diese *Erdschatten-Vergrößerung* σ jedoch nicht immer symmetrisch ist und außerdem von einer Finsternis zur anderen etwas schwankt.

Dies beruht auf der Mitwirkung der Erdatmosphäre bei der Schattenbildung. Je tiefer die an der Erde vorbeigehenden Sonnenstrahlen in deren Atmosphäre eindringen, um so mehr werden sie zur Schattenachse hin gebrochen. Die innersten dieser Strahlen sichtbaren Lichtes umschließen einen dunklen Schattenkegel, dessen Spitze von der Erde einen Abstand von etwa $^2/_3$ Mondentfernung hat. Daher ist der innere Teil des beobachteten Kernschattens stets durch in der Troposphäre gebrochenes Sonnenlicht je nach den dort herrschenden meteorologischen Bedingungen mehr oder minder stark aufgehellt. Mit Annäherung an die geometrische Schattengrenze durchsetzt das dort beobachtete Licht immer höhere Atmosphärenschichten, unter denen die *Ozonschicht* durch die Absorption der CHAPPUIS-Banden des O_3 den Verlauf der Schattendichte quer über den Rand des Kernschattens besonders stark beeinflußt. Zur Erklärung den Durchschnitt wesentlich übersteigender Schattenvergrößerungen, die man gelegentlich beobachtet, werden außerdem *Vulkanasche* und *Meteorstaub* in der hohen Erdatmosphäre in Betracht gezogen. Der Kernschatten hat demnach in Wirklichkeit niemals eine scharfe Grenze. Diese wird vielmehr vom Auge dorthin verlegt, wo der Randabfall der Schattendichte am steilsten erfolgt.

Näheres über die Schattenbildung findet man in mehreren Veröffentlichungen von K. H. PAETZOLD[1] und einer auch für das Folgende wichtigen Monographie von F. LINK (s. Literaturverzeichnis S. 349).

Um zu kennzeichnen, wie weit bei einer Mondfinsternis die scheinbare Bahn des Mondes vom zentralen Durchgang durch den Erdschatten abweicht, benutzt man die *Größe* der Finsternis. Man versteht hierunter die in scheinbaren Monddurchmessern gemessene Differenz zwischen der Summe der scheinbaren Radien des Mondes und des beobachteten Kernschattens und der kleinsten Winkeldistanz ϱ_0 zwischen beider Mitten, also

$$g = \frac{\varrho_☾ + \sigma \cdot \varrho_S - \varrho_0}{2\varrho_☾} \tag{3}$$

Für eine totale Mondfinsternis ist $g = 1$, für eine partielle $0 < g < 1$.

Da es keinen Spiegel gibt, in dem der Bewohner der Erde ihr Äußeres studieren könnte, begnügt er sich mit dem Erdschatten auf dem Monde. Die Ergebnisse der Mondfinsternisbeobachtungen kommen also vornehmlich der Geophysik zugute. Dies gilt im besonderen auch für die bei einer Mondfinsternis beobachteten *Farben*. Die rostrote Farbe des inneren Kernschattens kommt teils durch die Farbabhängigkeit der Brechung, teils aber auch ähnlich wie die Rotfärbung der auf- oder untergehenden Sonne durch die schwächende Streuung in der Erdatmosphäre zustande, welche das blaue Licht stark bevorzugt. Ein grünlicher Rand des Kernschattens dagegen wird auf die im Blauen verschwindende Ozonabsorption zurückgeführt und beansprucht daher das besondere Interesse der geophysikalischen Forschung. Für diese „erschließt der Halbschattenbereich bis 4′ außerhalb der Schattengrenze die Atmosphäre oberhalb von 40 km Höhe, der Kernschattenbereich bis 14′ innerhalb der Schattengrenze die Atmosphäre zwischen 10 und 40 km Höhe (Ozonschicht), während der anschließende Bereich bis zum Schattenmittelpunkt die Troposphäre unterhalb von 10 km Höhe erfaßt“. In Verbindung mit dieser Beschreibung des Erdschattens empfiehlt H. K. PAETZOLD[2] noch, nach einer zweiten, inneren visuellen Schattengrenze zu suchen, die sich bei einer wolkenfreien Atmosphäre durch die „*planetare*“ Dunstschicht in deren unterstem Teil in etwa 12′ Abstand vom Schattenzentrum ausbilden müßte.

---

[1] H. K. PAETZOLD: Mondfinsternisse und das Studium der Erdatmosphäre. Die Sterne **28**, 13 (1952). — Über die grüne Zone des Erdschattens bei Mondfinsternissen. Die Sterne **30**, 13 (1954). — Dort auch weitere Literatur sowie bei F. LINK (s. S. 349).

[2] H. K. PAETZOLD in den Mitteilungen für Planetenbeobachter **5**, H. 7, S. 4 (1952).

Infolge der ausgeprägten Farbabhängigkeit der genannten Absorptionen kann aus einem Vergleich der bei verschiedenen Farben beobachteten Schattengrenzen auf die Ursache der Schattenvergrößerung geschlossen werden. Es ist daher sehr wichtig, wo immer möglich, mit verschiedenen *Farbfiltern* zu beobachten, die man am einfachsten zwischen Auge und Okular einschaltet. Dabei wählte man vor allem ein Filter für das Maximum der Chappuis-Banden bei 600 mμ (z. B. Schott OG3) und dazu noch mindestens eines für den violetten Teil des Spektrums weit davon entfernt um 450 mμ. Nach Möglichkeit nehme man noch ein weiteres Filter für einen mittleren Bereich dazu, um sicherere Aussagen über die Farbabhängigkeit der atmosphärischen Absorption zu ermöglichen.

In der folgenden Tabelle 1 sind für 2 mm dicke unvergütete Filter aus einigen der Schottschen Farbgläser (s. S. 61) die hier interessierenden Kennwerte zusammengestellt, nach denen der Beobachter je nach seiner Sehtüchtigkeit und der Lichtstärke seines Instruments auswählen kann. Dabei bedeutet λ_{max} die Wellenlänge der größten Empfindlichkeit des durch das angegebene Filter blickenden Auges, $\Delta\lambda$ die Halbwertbreite des entsprechenden spektralen Empfindlichkeitsprofils, d. h. den Wellenlängenbereich um λ_{max}, innerhalb dessen die Empfindlichkeit noch nicht die Hälfte ihres Maximalwertes unterschreitet, sowie D die Totaldurchlässigkeit bei gleichmäßiger spektraler Lichtverteilung. Bei starker Abnahme der beobachteten Helligkeit geht die Reizempfindung zunehmend vom Zäpfchen- auf den Stäbchenapparat des Auges über, was sich durch verschwindenden Farbeindruck bemerkbar macht (s. S. 66). Damit ändern sich auch die genannten Kennwerte: An die Stelle der mit h gekennzeichneten Werte für Helladaptation treten die für Dunkeladaptation (d). Wegen der geringeren Sehschärfe und vergrößerten Anstrengung sollte dieser Bereich hier jedoch stets vermieden werden.

Tabelle 1. *Kennwerte Schottscher Farbgläser für visuelle Beobachtung bei Hell- und Dunkeladaptation (h bzw. d)*

Filter 2 mm Schott	λ_{max}		$\Delta\lambda$		D	
	h mμ	d mμ	h mμ	d mμ	h	d
BG 3	452	443	38	50	0.003	0.04
BG 26	465	462	52	52	0.017	0.13
BG 28	515	482	82	72	0.07	0.24
BG 7	525	500	68	70	0.20	0.43
BG 23	535	510	66	78	0.40	0.68
VG 9	535	520	62	57	0.24	0.31
OG 2	577	563	65	33	0.43	0.09
OG 3	602	588	52	45	0.23	0.023

Diese nach den Herstellerangaben für ein durchschnittliches Auge berechnete Tabelle kann natürlich nur repräsentative Werte geben. Rechtzeitige Beschaffung und Erprobung der Farbfilter am Instrument sind unerläßliche Voraussetzungen eines Erfolges.

Schon an dieser Stelle muß bemerkt werden, daß entsprechend dem Stande der Forschung zur Zeit der Abfassung dieses Beitrags manche der hier gegebenen Anregungen noch eingehender Erprobung bedürfen. Der Leser möge hierin keinen Nachteil erblicken, sondern den Anreiz, durch eigene Erfahrungen diese Lücken schließen zu helfen.

2. Vorausberechnungen

Wer an den Beobachtungen einer Mondfinsternis erfolgreich mitarbeiten will, findet alle dafür notwendigen Angaben bereits fertig berechnet in den Jahrbüchern vor. Trotzdem wird im Folgenden das dazu führende Rechenverfahren beschrieben, teils weil es besonders einfach und dabei doch sehr instruktiv ist, teils aber auch, um darauf aufbauend dem Beobachter die Möglichkeit zu geben, auch noch die in den Jahrbüchern nicht enthaltenen Vorausberechnungen für die Schattenantritte ausgewählter Mondformationen selbst durchzuführen.

a) Angaben der Jahrbücher

Als Grundlagen für die Berechnungen enthalten die Jahrbücher wie die *Astronomical* und die *American Ephemeris* für jede Mondfinsternis eine Zusammenstellung ihrer *Elemente*, d. s. t_0, die Zeit der Opposition von Sonne und Mond in Rektaszension, sowie dafür $\alpha_\odot$, $\delta_\odot$, $\alpha_☾$, $\delta_☾$, die äquatorialen Koordinaten von Sonne und Mond, sowie jeweils $\varDelta\alpha$, $\varDelta\delta$, ihre stündlichen Änderungen, $\varrho_\odot$, $\varrho_☾$, ihre scheinbaren Radien und $\pi_\odot$, $\pi_☾$, ihre Horizontaläquatorialparallaxen.

Daran anschließend werden die nach einem im *Nautical Almanac 1940* beschriebenen Verfahren mit der Schattenvergrößerung $\sigma = 1.02$ durchgeführten Vorausberechnungen mitgeteilt, nämlich die folgenden *Zeiten:*

t_1' Eintritt des Mondes in den Halbschatten der Erde,
t_1 Eintritt in den Kernschatten (*1. Kontakt*),
t_2 Beginn der Totalität (*2. Kontakt*) — bei totalen Mondfinsternissen
$\bar{t}$ Mitte der Finsternis oder Totalität — bei totalen Mondfinsternissen
t_3 Ende der Totalität (*3. Kontakt*) — bei totalen Mondfinsternissen
t_4 Austritt aus dem Kernschatten (*4. Kontakt*),
t_4' Austritt aus dem Halbschatten,

die *Positionswinkel* p_1 und p_4 der Kernschattenberührung relativ zur Mondmitte im 1. und 4. Kontakt sowie die Finsternisgröße g nach Gleichung (3) auf S. 163.

b) Berechnung der Jahrbuchangaben

Auf sehr einfachem Wege gelangt man zu den Gleichungen der meist völlig ausreichenden 1. Näherung für die Jahrbuchangaben, wenn man den kurzen Weg des Mondes durch den Erdschatten wie eine geradlinige Bewegung behandelt:

In Abb. 2 stellen k und h die Grenzkreise des Kern- und des Halbschattens in Mondentfernung dar. Ihr Zentrum S dient als Ursprung eines cartesischen Koordinatensystems mit der x-Achse nach Osten, der y-Achse nach Norden, also in umgekehrter Bezeichnung wie sonst in der Elementarmathematik. Die beiden Achsen stellen dann den Parallel- und den Stundenkreis durch S dar. $M_1M'_4$ sei die scheinbare Bahn des Mondmittelpunktes relativ zu S. Die darauf liegenden Punkte M_1, M'_1 usw. sind die Mondörter zu den Zeiten t_1, t_1' usw. Der Schnittpunkt M_0 der Bahn mit der y-Achse ist der Mondort zur Zeit t_0 der Opposition in Rektaszension. Seine y-Koordinate ist

$$y_0 = \delta_☾ + \delta_\odot\,. \tag{4}$$

Eine Stunde danach befindet sich der Mond in dem nicht eingezeichneten Punkt mit den Koordinaten ($\varDelta x$, $y_0 + \varDelta y$), wobei

$$\varDelta x = (\varDelta\alpha_☾ - \varDelta\alpha_\odot)\cdot\cos\delta_☾\,, \tag{5}$$

$$\varDelta y = \varDelta\delta_☾ + \varDelta\delta_\odot\,. \tag{6}$$

Dabei sollen alle Winkel, auch die $\varDelta\alpha$, soweit sie nicht im Argument trigonometrischer Funktionen erscheinen, in Bogenminuten eingesetzt werden.

Damit erhält man für den Positionswinkel θ der relativen Mondbewegung

$$\operatorname{tg}\theta = \frac{\varDelta x}{\varDelta y} \qquad 0 < \theta < 180° \tag{7}$$

und die stündliche relative Mondbewegung

$$\varDelta s = \frac{\varDelta x}{\sin\theta} = \frac{\varDelta y}{\cos\theta}\,. \tag{8}$$

Weiterhin ist zur Zeit $\bar{t}$ der Mitte der Finsternis die kleinste Winkeldistanz zwischen Mondbahn und Schattenzentrum $\bar{M}S$

$$\varrho_0 = y_0 \cdot \sin \theta, \tag{9}$$

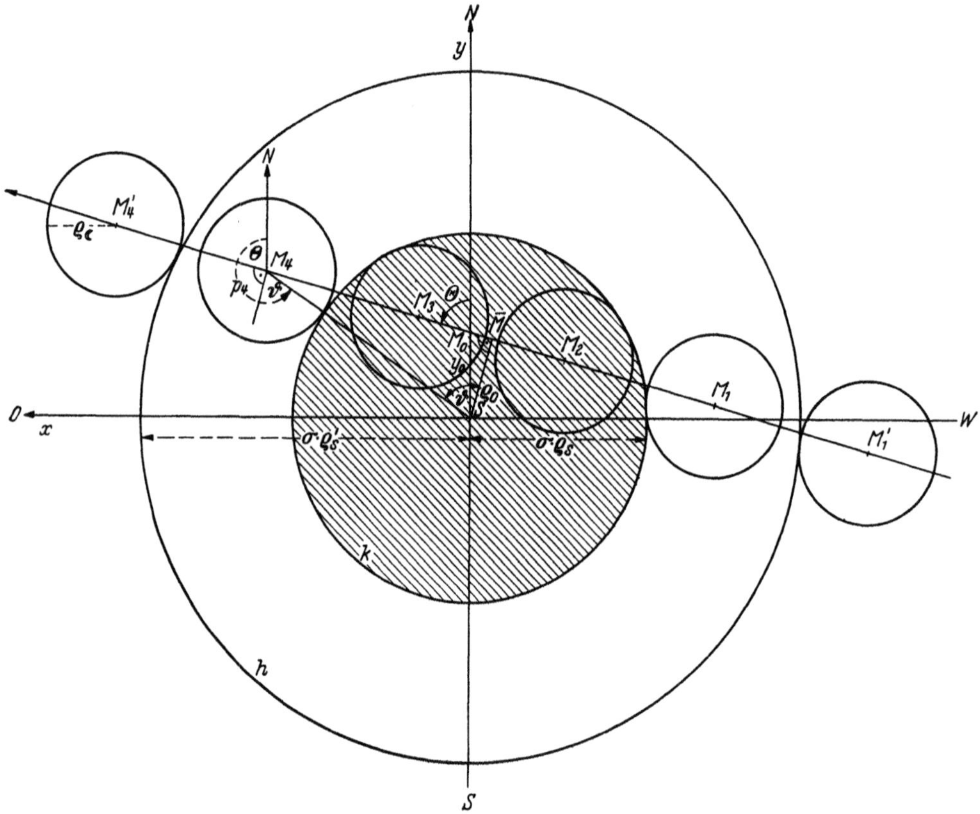

Abb. 2. Scheinbarer Weg des Mondes durch den Kernschatten k und den Halbschatten h der Erde. M'_1, M'_4: Mitte des Mondes bei seinem 1. bzw. 4. Kontakt mit dem Halbschatten; M_1 bis M_4: Mondmitte beim 1. bis 4. Kontakt mit dem Kernschatten.

woraus sich nach (3) die Finsternisgröße g ergibt. Die gesuchten Zeiten sind, wie bei $\bar{M}$ und M_4 aus Abb. 2 sofort zu entnehmen,

$$\bar{t} = t_0 + \frac{60^m}{\Delta s} y_0 \cdot \cos \theta, \tag{10}$$

sowie mit ϱ_s und ϱ'_s nach (1) und (2)

$$t'_{1,4} = \bar{t} \mp \frac{60^m}{\Delta s} \cdot \sqrt{(\sigma \varrho'_s + \varrho_☾)^2 - \varrho_0^2}, \tag{11}$$

$$t_{1,4} = \bar{t} \mp \frac{60^m}{\Delta s} \cdot \sqrt{(\sigma \varrho_s + \varrho_☾)^2 - \varrho_0^2}, \tag{12}$$

$$t_{2,3} = \bar{t} \mp \frac{60^m}{\Delta s} \cdot \sqrt{(\sigma \varrho_s - \varrho_☾)^2 - \varrho_0^2}. \tag{13}$$

Schließlich gilt noch für die Positionswinkel des Erdschattens im 1. und 4. Kontakt mit

$$\cos \vartheta = \frac{\varrho_0}{\sigma \varrho_s + \varrho_☾} \qquad 0 < \vartheta < 180° \qquad p_{1,4} = 90° + \theta \mp \vartheta. \tag{14}$$

Ersetzt man hierin $+\varrho_☾$ durch $-\varrho_☾$, so erhält man ebenso die Positionswinkel p_2, p_3 der inneren Kernschatten-Kontakte.

Bei den Vorausberechnungen der Jahrbücher wird für die Schattenvergrößerung σ der Mittelwert 1.02 eingesetzt. Da ferner wegen der Abplattung der Erde bereits der geometrische Schattenquerschnitt etwas von der Kreisform abweicht, wird bei der Horizontaläquatorialparallaxe des Mondes nicht der Äquatorradius der Erde zugrunde gelegt (s. S. 91), sondern als hinreichender Mittelwert ihr Radius in 45° Breite. Auf diese Weise tritt in (1) und (2) anstelle von $\pi_☾$

(15) $$\pi'_☾ = 0.9983\,\pi_☾ .$$

c) Berechnung der Schattenantritte von Mondformationen

Abb. 3 zeigt wieder die scheinbare Bahn des Mondes relativ zum Erdschatten mit dem Zentrum S. F bedeute eine Mondformation mit der selenographischen Länge l (vom mittleren Zentralmeridian positiv nach W) und Breite b (vom Mondäquator positiv nach N). Man entnimmt diese Werte dem Katalog von Blagg und Müller, wo $\sin l$ und $\sin b$ als rechtwinklige Koordinaten verzeichnet sind, oder einfacher und genauer, soweit möglich, dem Katalog von G. Schrutka-Rechtenstamm (s. S. 157). Für die Auswahl des *Berliner Systems* sind die selenographischen Koordinaten in Tab. 19 auf S. 325 zusammengestellt. Dagegen sind die bekannten Mondkarten (s. S. 349) i. a. weit weniger zuverlässig.

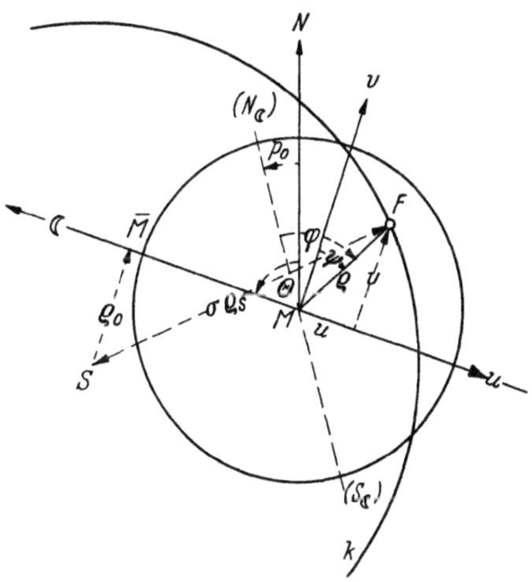

Abb. 3. Scheinbarer Weg der Mondscheibe mit einer Formation F durch den Kernschatten k der Erde.

Weiter entnimmt man der Tafel *Moon: Ephemeris for Physical Observations* der *Astronomical* oder *American Ephemeris* für die Oppositionszeit t_0 die Werte p_0: Positionswinkel der Mondachse (*Position Angle of the Moon's Axis*) sowie l_0, b_0: selenographische Länge und Breite des Erdmittelpunktes (*The Earth's Selenographic Longitude* bzw. *Latitude*).

Damit erhält man als *momentane* selenographische Koordinaten von F zur Oppositionszeit

(16) $$l' = l - l_0 , \qquad b' = b - b_0 ,$$

womit nun die Librationen berücksichtigt sind.

Bedeutet M_0 den Mittelpunkt und N den Nordpol des Mondes zur Antrittszeit, so gilt für den Winkel $\varphi = \sphericalangle N_☾ M F$

(17) $$\operatorname{tg}\varphi = \sin l' \cdot \operatorname{ctg} b' \quad \text{mit} \quad l' \cdot \sin\varphi \geqq 0 , \quad b' \cdot \cos\varphi \geqq 0$$

zur richtigen Wahl von φ. Damit findet man für die Winkeldistanz MF (wie $\varrho_☾$ in Bogenminuten)

(18) $$\varrho = \varrho_☾ \cdot \frac{\sin l' \cdot \cos b'}{\sin\varphi} = \varrho_☾ \cdot \frac{\sin b'}{\cos\varphi} .$$

Nun wird ein neues Cartesisches Koordinatensystem (u, v) eingeführt mit dem Ursprung in M, der rückwärtigen Mondbahn als u-Achse und der v-Achse senkrecht dazu S abgewandt. Gegen diese sei MF im gleichen Sinne wie φ um den Winkel ψ gedreht, so daß mit θ nach (7)

$$\psi = \varphi - p_0 + \theta - 90^\circ . \tag{19}$$

Dabei ist p_0 der Positionswinkel der Mondachse zur Antrittszeit. Für die Vorausberechnung kann jedoch die geringe Drehung der Mondachse während der Finsternis vernachlässigt und für p_0 einfach der oben erwähnte Wert zur Oppositionszeit eingesetzt werden. In diesem System hat F die Koordinaten

$$u = \varrho \cdot \sin \psi , \tag{20}$$

$$v = \varrho \cdot \cos \psi . \tag{21}$$

Die Zeiten t_e und t_a für den Kernschatten-Ein- bzw. Austritt sind jetzt mit Δs nach (8) und $\bar t$ nach (10)

$$t_{e,a} = \bar t + \frac{60^m}{\Delta s} \cdot \left((u \mp \sqrt{(\sigma \varrho_s)^2 - (\varrho_0 + v)^2}\right) . \tag{22}$$

Hinweise für die Rechnung: Alle Winkeldistanzen auf 0ʹ.01, die übrigen Winkel auf 0ʹ.1. Zeiten auf $0^m.01$, erst im Ergebnis die p und t auf 0°.1 bzw. $0^m.1$ runden. Vierstellige Logarithmen, bei (6a) zweistellige. Bei den Radikanden in (11), (12), (13) und (22) jedesmal $a^2 - b^2 = (a + b) \cdot (a - b)$ setzen.

d) Geometrisch-graphische Bestimmungen

Solche Verfahren wurden mehrfach angegeben[1]. Ihre Ergebnisse sind aber wegen der beschränkten Zeichengenauigkeit sowie bei den Kraterantrittszeiten dazu wegen der Ungenauigkeit der dabei verwendeten Mondkarten weniger zuverlässig als die berechneten. Für Freunde derartiger Verfahren wird gleichwohl eine solche Konstruktion nachfolgend beschrieben.

Der Maßstab der Zeichnung wird durch den der gewählten Mondkarte festgelegt. Ist $r_☾$ deren Radius, so sind für die Darstellung durch Strecken in der Zeichnung alle Winkeldistanzen mit $r_☾/\varrho_☾$ zu multiplizieren. Man konstruiert hier am besten die Schattenbahn relativ zum Mond (Abb. 4). Dieser wird mit allen ausgewählten Formationen, Umfang, Zentrum und Zentral-

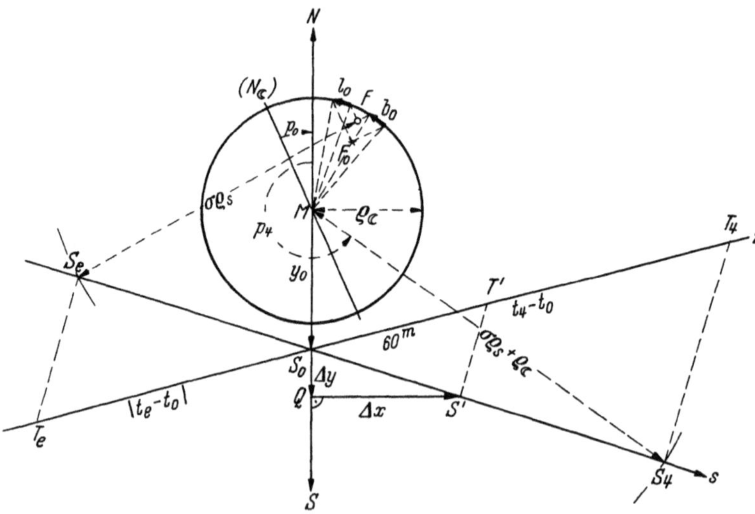

Abb. 4. Graphische Vorausbestimmung der Kraterantrittszeiten durch geometrische Konstruktion. Die Formation F_0 erscheint, vom Erdmittelpunkt gesehen, auf der Mondscheibe durch die Librationen nach F verschoben. l_0, b_0: selenographische Länge und Breite des Erdmittelpunktes, deutlichkeitshalber hier beide $-10°$. (Der Pfeil bei l_0 ist umzudrehen.) Bei positiven Werten wäre l_0 auf dem Umfang der unterlegten Mondkarte zu dessen Ostpunkt, b_0 zu seinem Südpunkt hin abzutragen. Unten der scheinbare Weg s des Erdschattenzentrums $S_0 \ldots S_4$ und die Zeitgerade z.

[1] W. MALSCH: Graphische Bestimmung des Verlaufs einer Mondfinsternis. Die Sterne **3**, 13 (1923). — Weitere Verfahren bei W. F. RIGGE (s. S. 347).

meridian von der Karte auf ein darübergelegtes Pauspapier übertragen. Dabei werden die Librationen entweder durch Verschiebungen der Objekte im orthographischen Koordinatennetz der Karte gemäß Gleichung (16) auf Seite 167 berücksichtigt oder auch, wie Abb. 4 zeigt, durch Konstruktion der veränderten Lage F aus der Kartenlage F_0 mittels einer vereinfachten Zweitafelprojektion.

Die weitere Konstruktion ist aus der Abbildung leicht ersichtlich. Man konstruiert mit y_0 nach (4), Δx nach (5) und Δy nach (6) der Reihe nach den Stundenkreis durch das Mondzentrum SMN, den Ort S_0 des Schattenzentrums zur Oppositionszeit t_0, den Punkt Q auf SN und den Schattenort S' nach einer Stunde. Damit ist als Schattenbahn die Gerade $s = S_0S'$ festgelegt. Die Örter S_1', S_1 usw. des Schattenzentrums zu den Zeiten t_1', t_1 usw. gewinnt man als deren Schnitte mit den um M geschlagenen Kreisen mit den Radien $\sigma\varrho_s' + \varrho_☾$ (S_1', S_4'), $\sigma\varrho_s + \varrho_☾$ (S_1, S_4) und $\sigma\varrho_s - \varrho_☾$ (S_2, S_3), die nach (1) und (2) mit $\sigma = 1.02$ zu berechnen sind. Damit erhält man auch sofort die Positionswinkel $p_{1,4} = \sphericalangle NMS_{1,4}$. Die Örter S_e und S_a des Schattenzentrums für den Kernschatten-Ein- bzw. Austritt eines Mondobjektes F erhält man ähnlich mittels des Kreises mit $\sigma\varrho_s$ um F.

Um die Zeiten t_1', t_1 usw. sowie die t_e und t_a leicht ablesen zu können, zeichne man durch S_0 eine Hilfsgerade z, die man etwa so gewinnen kann: In S' wird eine Senkrechte auf s errichtet und zum Schnitt T' mit dem Kreise mit dem Radius 60 oder 120 mm um S_0 gebracht. Dann entspricht die Strecke S_0T' einer Stunde der Schattenbewegung längs s, also 1 mm auf z 1 bzw. 0.5 min längs s. Nachdem man alle interessierenden Schattenörter S parallel zu $S'T'$ auf z projiziert hat, kann man dort die entsprechenden Zeiten $t - t_0$ mit einem mm-Maßstab sofort ablesen. Für die Mitte der Finsternis findet man schließlich $\bar{t} = (t_2 + t_3)/2$.

3. Antrittsbeobachtungen

Für die Bestimmung der Schattenfigur ist die Beobachtung der Schattenantritte des Mondrandes allein zu wenig, so daß man sie durch die Antritte ausgewählter Mondformationen ergänzt. Eine solche nach Lage, Erkennbarkeit und Aussehen getroffene Auswahl ist das von Berliner Amateurastronomen erprobte *Berliner System* (s. S. 167 und Abb. 5).

a) Beobachtungsverfahren

Man wähle für die Beobachtung eine 25- bis 50-fache Vergrößerung. Die Zeit des Durchgangs durch die Grenze des Kernschattens wird auf 1^s abgelesen, bei der Niederlegung des Ergebnisses jedoch auf volle 0^m1 gerundet. Ein Helfer, der die Zeiten auf Zuruf abliest und zugleich protokolliert, erleichtert die Aufgabe des Beobachters bedeutend, ist aber nicht unbedingt erforderlich. Ein einzelner Beobachter kann sich der Auge-Ohr-Methode bedienen (s. S. 186). Auch ein Metronom, auf MM60 gestellt und geprüft, kann ihm nützlich sein. C. HOFFMEISTER[1] empfiehlt, jeweils drei Augenblicke festzuhalten:

t_{I} : Antritt möglicherweise erfolgt,
t_{II} : wahrscheinlichste Zeit des Antritts,
t_{III}: Antritt sicher soeben erfolgt.

Daraus bilde man das Mittel in folgender Weise:

$$t = \frac{t_{\mathrm{I}} + 2\,t_{\mathrm{II}} + t_{\mathrm{III}}}{4}. \tag{23}$$

Wenigstens bei den schwer beobachtbaren Randantritten sollte man in dieser Weise verfahren. Die zwischen den genannten Augenblicken verstreichende Zeit wird an hörbaren Sekundenschlägen abgezählt (von t_{I} an leise mitzählen, die Zahlen für t_{II} und t_{III} zur Einprägung laut betonen, danach Anschluß an die Uhr).

[1] C. HOFFMEISTER: Zur Beobachtung der Mondfinsternisse. Die Sterne **29**, 166 (1953).

Sehr zu empfehlen sind Gruppenbeobachtungen und Gemeinschaftsprogramme, dabei Benutzung der auf S. 164 vorgeschlagenen Farbfilter vor dem Okular.

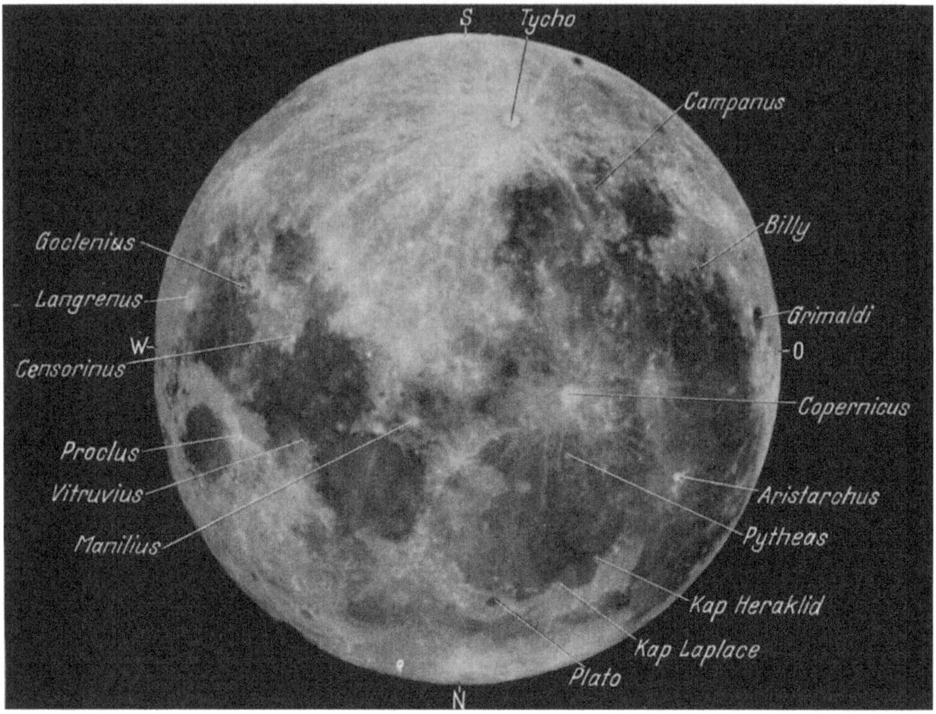

Abb. 5. Das Berliner System. Vollmondaufnahme: E. KLEE mit dem 30 cm – Refraktor des Deutschen Museums in München ($f = 4.96$ m, abgeblendet auf 1:2.1; Platte: Kranz, orthochromatisch (12/10° DIN), belichtet $0^s.05$ mit Agfa-Gelbfilter) 1953 Feb. 28.93 UT (Selenographische Länge und Breite des Beobachtungsorts: $-0°.6$, $+3°.9$).

b) Verwertung

Die Veröffentlichung der Beobachtungsergebnisse soll außer dem Datum sowie dem Namen und der Anschrift des Beobachters folgende Angaben enthalten:

1. Beobachtungsverfahren (Zeitmessung).
2. Kurze Beschreibung des Instruments (Öffnung, Brennweite, Vergrößerung, gegebenenfalls Farbfilter).
3. Meteorologische Bedingungen.
4. Kontakt- und Kraterantrittszeiten in Weltzeit (UT) auf $0^m.1$ in zeitlicher Folge, bei den letzten jeweils genaue Bezeichnung des beobachteten Mondobjektes und seines Teiles (z. B. Zentralberg, O-Rand usw.),
5. Auffallende Wahrnehmungen über die Verdunkelung und Verfärbung.

Nachdem die in den Gleichungen (12), (13) und (22) erscheinenden Zeiten t beobachtet wurden, kann man daraus die *Erdschatten-Vergrößerung* σ bestimmen. Dazu löse man die Gleichungen nach der kleinen Zahl $\sigma - 1$ auf, kann dabei $\frac{(\sigma-1)^2}{2}$ vernachlässigen und erhält so für $t = t_1, t_4$ bzw. t_2, t_3

$$\sigma - 1 = \left(\left(\frac{\Delta s}{60^m}\right)^2 \cdot (t - \bar{t})^2 + \varrho_0^2 - (\varrho_s \pm \varrho_☾)^2\right) : \left(2\varrho_s\,(\varrho_s \pm \varrho_☾)\right) \tag{24}$$

sowie für die Kraterantrittszeiten $t = t_e, t_a$

$$\sigma - 1 = \left(\left(\frac{\Delta s}{60^m} \cdot (t - \bar{t}) - u\right)^2 + (\varrho_0 + v)^2 - \varrho_s^2\right) : (2\,\varrho_s^2) \tag{25}$$

Dabei ist ϱ_s nach (1) zu berechnen, Δs nach (9), u nach (20) und v nach (21), die letzten beiden jetzt aber mit den wieder aus den Mondephemeriden zu entnehmenden Werten p_0, l_0, b_0 zur beobachteten Antrittszeit (Interpolation s. S. 83). Für die wie bei der Vorausberechnung durchzuführende logarithmische Berechnung (s. S. 168) werden (24) und (25) besser in folgender Weise umgeformt:

(24a) $$\sigma - 1 = -(t - \bar{t} - W_\pm)\cdot(t - \bar{t} + W_\pm) : \left(2\cdot\left(\frac{60^m}{\Delta s}\right)^2 \varrho_s(\varrho_s \pm \varrho_{\text{☾}})\right)$$

$$\approx -(t - \bar{t} - W_\pm)\cdot W_\pm : \left(\left(\frac{60^m}{\Delta s}\right)^2 \varrho_s(\varrho_s \pm \varrho_{\text{☾}})\right)$$

mit

$$W_\pm = \frac{60^m}{\Delta s}\cdot\sqrt{(\varrho_s \pm \varrho_{\text{☾}} + \varrho_0)\,(\varrho_s \pm \varrho_{\text{☾}} - \varrho_0)}$$

mit den Kontaktzeiten wie bei (24) sowie für die Kraterantrittszeiten

(25a) $$\sigma - 1 = -\left(t - \bar{t} - \frac{60^m}{\Delta s}\cdot u \quad W_v\right)\left(t - \bar{t} - \frac{60^m}{\Delta s}\cdot u + W_v\right) : \left(2\cdot\left(\frac{60^m}{\Delta s}\right)^2 \varrho_s^2\right)$$

$$\approx -\left(t - \bar{t} - \frac{60^m}{\Delta s}\cdot u - W_v\right)\cdot W_v : \left(\frac{60^m}{\Delta s}\cdot\varrho_s\right)^2$$

mit

$$W_v = \frac{60^m}{\Delta s}\cdot\sqrt{(\varrho_s + \varrho_0 + v)\,(\varrho_s - \varrho_0 - v)}$$

Die Eintritte ergeben meist etwas größere σ als die Austritte, was vielleicht auf einem Unterschied der Erdatmosphäre an der Abend- und Morgenlichtgrenze beruht.

Die Werte σ werden für die Ein- und Austritte getrennt sowie auch insgesamt gemittelt.

Dabei sollte die irreführende Bezeichnung „*Vergrößerungsfaktor*" für $\sigma - 1$ vermieden werden. Auch ist es nicht zweckmäßig, anstelle von σ die vielfach als *Kernschattenvergrößerung* bezeichnete Größe $(\sigma - 1)\cdot\varrho_s$ anzugeben, da diese zusätzlich von den veränderlichen Größen $\pi_{\text{☾}}$ und $\pi_\odot$ abhängt.

4. Totalphotometrie

Die Lichtkurve des Mondes während einer Mondfinsternis ermöglicht nicht nur die Beurteilung der maximalen Schattendichte, sondern zeigt oft auch aufschlußreiche Symmetrieabweichungen. Für ihre Bestimmung mit einfachsten Mitteln eignet sich vorzüglich das *Silberkugelphotometer*. Während der damit durchgeführten Messungen muß gleichzeitig die *atmosphärische Extinktion* (s. S. 116) beobachtet werden.

a) Silberkugelphotometer

Im Mondlicht wirkt eine spiegelnde Kugel wie ein Konvexspiegel: Man sieht in ihrem Inneren ein virtuelles Bild des Mondes, das aus größerer Entfernung wegen der starken Verkleinerung sternähnlich erscheint. Nach N. Richter[1] wird dieses Bild aus einer solchen Entfernung r beobachtet, daß es die gleiche Helligkeit zeigt wie ein Vergleichsstern. Bedeutet k eine vom Reflexionsvermögen der Kugeloberfläche abhängige Konstante, R deren Radius sowie m_* die scheinbare visuelle (oder photovisuelle) Helligkeit des Vergleichssterns und sind $\varepsilon_{\text{☾}}$ und ε_* die in Größenklassen ausgedrückten Werte der visuellen atmosphärischen Extinktion für den Mond und den Vergleichsstern, so ist die scheinbare visuelle Helligkeit des Mondes

(28) $$m_{\text{☾}} = m_* + \varepsilon_* - \varepsilon_{\text{☾}} + 5\cdot\lg\frac{R}{r} + k$$

[1] N. Richter: Photometrische Beobachtungen der Gesamthelligkeit des Mondes im Verlaufe der totalen Verfinsterung vom 2. zum 3. März 1942. Zeitschrift für Astrophysik **21**, 249 (1942). — Das Silberkugelphotometer, ein wichtiges Hilfsmittel für den Liebhaberastronomen. Die Sterne **22**, 113 mit Ergänzung auf S. 142 (1942). — Photometrische Beobachtungen der Gesamthelligkeit des Mondes während der totalen Verfinsterung vom 8. Dezember 1946. Astronomische Nachrichten **276**, 93 (1948).

k bestimmt man durch ähnliche Beobachtungen des unverfinsterten Mondes am besten unmittelbar vor oder nach der Finsternis. Dieser hat auf mindestens $0^{m}\!.1$ genau die scheinbare visuelle Helligkeit

$$m_{☾}^{0} = -12.74 - 5 \cdot \lg \frac{\pi_{\odot}}{8''\!.90} - 5 \cdot \lg \frac{\pi_{☾}}{3422''} + \Delta m_{☾}, \tag{29}$$

wobei die Phasenvariation $\Delta m_{☾}$ der Tabelle 2 zu entnehmen ist. Dabei benutze man möglichst nicht den darin angegebenen mittleren Mondalter-Unterschied, sondern gehe von dem *beleuchteten Anteil* f der Mondscheibe aus, welcher der *Astronomical* oder *American Ephemeris* entnommen werden kann *(Fraction Illuminated* in der Tafel: *Moon: Ephemeris for Physical Observations)*. Auch $\pi_{☾}$ und $\pi_{\odot}$ findet man in diesen Jahrbüchern jeweils unter der Bezeichnung „*Horizontal Parallax*“.

Tabelle 2. *Änderung der visuellen Mondhelligkeit* $\Delta m_{☾} = m_{☾} - m_{○}$ mit der Phase. f: Beleuchteter Anteil der Mondscheibe, $\overline{\Delta t}$: Mittlerer Mondalter-Unterschied, $\Delta m_{☾}$ ohne Librationen nach H. N. Russell[1]

f	$\lvert\overline{\Delta t}\rvert$	$\Delta m_{☾}$ ☽	$\Delta m_{☾}$ ☾
1.00	$0^{d}\!.00$	$0^{m}\!.00$	$0^{m}\!.00$
0.99	0.94	0.26	0.24
0.98	1.34	0.40	0.36
0.97	1.64	0.49	0.44
0.96	1.89	0.58	0.52
0.95	2.42	0.65	0.58
0.90	3.02	0.96	0.84
0.80	4.36	1.40	1.24
0.70	5.45	1.78	1.59
0.60	6.44	2.15	1.96
0.50	7.38	2.55	2.38
0.40	8.33	3.01	2.87
0.30	9.32	3.48	3.43
0.20	10.41	4.07	4.12
0.10	11.74	5.20	5.42
0.00	14.77	(11.1)[2]	(11.1)[2]

Die *Vergleichssterne*, i. a. nicht schwächer als 4^{m}, werden möglichst so ausgewählt, daß ihre Farbe der augenblicklichen des Mondes ähnelt. Man beginnt daher von der Totalität entfernt mit G-Sternen und geht mit zunehmender Annäherung an $\bar{t}$ zu späteren Spektraltypen über.

Die Vergleichssterne können höchstens 5^{m} überdecken, der Kugelabstand r läßt sich praktisch nur im Bereich 1:10 verändern, was wieder 5^{m} entspricht. Um die oft bis zu 12^{m} reichende Verfinsterung ganz durchbeobachten zu können, muß man daher noch verschieden große Kugeln bei genau gleichartiger Oberflächenart verwenden. Mit drei Kugeln von etwa 10, 25 und 60 mm Durchmesser kommt man jedenfalls aus.

N. Richter[3] schlug innen versilberte Christbaumkugeln aus Glas vor, die den Vorteil einer sehr beständigen Oberfläche haben. Bei ihrer Auswahl muß auf möglichst

[1] H. N. Russell: The Stellar Magnitude of the Sun, Moon and Planets. The Astrophysical Journal **43**, 103 (1916).

[2] unter Berücksichtigung des Erdlichtes nach E. S. King: Photographic Measures of Earth Light. Harvard College Observatory Circular Nr. 267 (1924).

[3] N. Richter: Photometrische Beobachtungen der Gesamthelligkeit des Mondes im Verlaufe der totalen Verfinsterung vom 2. zum 3. März 1942. Zeitschrift für Astrophysik **21**, 249 (1942). — Das Silberkugelphotometer, ein wichtiges Hilfsmittel für den Liebhaberastronomen. Die Sterne **22**, 113 mit Ergänzung auf S. 142 (1942).

gute Kugelform wenigstens im benutzten Teil geachtet werden. Kugellager-Kugeln sind nicht nur haltbarer, sondern auch an Präzision der Form unvergleichlich besser, dagegen weniger günstig in der Gleichmäßigkeit und Beständigkeit des Reflexionsvermögens. Man läßt sie am besten vor der Finsternis neu verchromen und polieren. Beim Drehen der Kugeln darf ein darin beobachteter heller Reflex keine aufblitzenden Sternchen zeigen. Zur Säuberung dieser Kugeln verwende man ein ganz schwach öliges Tuch, das nicht fasert, und in dem man sie auch aufbewahrt. Ein solches Tuch benutze man auch bei ihrer Handhabung, um jede Berührung mit den bloßen Fingern zu vermeiden.

Nach dem Vorschlag von N. RICHTER[1] befestigt man die Christbaumkugeln am Ende einer 3 bis 4 m langen, am besten mit einer Längenteilung versehenen Bambusstange, auf der eine Pappscheibe mit einem etwa 2 cm weiten Durchblickloch (*Diopter*) verschoben werden kann. Bei der Beobachtung richtet man die Kugel gegen den Vergleichsstern und holt sie so weit heran, bis Mondreflex und Stern durch den Diopter gesehen gleich hell erscheinen. Dieselbe Abgleichung wird mit zu kleinem r beginnend wiederholt. Die Entfernungen r zwischen Diopter und Kugel werden jedesmal gemessen und gemittelt.

Leichter zu handhaben ist eine von MARLENE SCHUBERT[2] beschriebene Form des Photometers. Dabei ist die Kugel auf einem Pfosten etwa 30 cm über der Augenhöhe angebracht und der Diopter an der Kapsel eines Rollbandmaßes. Das ausgezogene Ende desselben wird dicht unterhalb der Kugel am Pfosten befestigt oder kann auch, wenn die Länge des Bandes die erforderlichen 3 bis 4 m nicht erreicht, im Bedarfsfall in ein ebenfalls dort angebrachtes Verlängerungsstück eingehängt werden.

Bei jeder Beobachtung mit dem Silberkugelphotometer muß streng darauf geachtet werden, daß keine unabgeschirmten Lichtquellen in der Nähe sind, die auf der Silberkugel ein zusätzliches Reflexbild von merklicher Helligkeit erzeugen. (Erkennbarkeit falscher Reflexe durch ihre tiefere Lage[3].)

Sehr störend ist bei der Beobachtung besonders in feuchten Nächten das *Beschlagen* der Kugeln. Die Christbaumkugeln sollen daher nach N. RICHTER[4] unmittelbar vor jeder Beobachtung einige Zeit mit einem angewärmten Tuch bedeckt werden. Das bei Metallkugeln empfohlene Vorwärmen in warmem Wasser hat den Nachteil, bei der beständig wiederholten Handhabung und Abtrocknung der Kugeln ihre Oberfläche zu gefährden. Besser dürfte eine aus kurzen Aluminiumrohrstücken gefertigte Halterung sein, die mit einer elektrischen Heizeinrichtung versehen ist. Eine Lötkolbenpatrone oder ein Widerstandsstreifen mit Speisung aus einem Akkumulator oder Netztransformator reicht dafür aus, da die Temperatur der Kugel nur wenig über der Lufttemperatur gehalten werden soll.

b) Extinktionsbeobachtungen

Während der Photometeranschlüsse stellt zur gleichen Zeit ein in Helligkeitsschätzungen geübter zweiter Beobachter, nur im Notfall der Mondbeobachter selbst, für die Ermittlung der atmosphärischen Extinktion ε Helligkeitsvergleiche an passend ausgewählten Sternen mit verschiedenen Zenitdistanzen an. Dabei wird jedesmal für ein Sternpaar mit verschiedenen Zenitdistanzen z_1, z_2 der scheinbare visuelle Helligkeitsunterschied $m_1 - m_2$ geschätzt (s. S. 274). Man findet dabei

[1] s. Anm. 3, S. 172.

[2] M. SCHUBERT: Die Silberkugel-Photometrie und ihre Anwendung auf die Mondfinsternis vom 2./3. April 1950. Die Sterne **27**, 40 (1951).

[3] H. EICHHORN u. H. HAUPT bei J. HOPMANN: Beobachtungen der totalen Mondfinsternis vom 30. Jänner 1953 auf der Universitäts-Sternwarte Wien. Mitteilungen der Wiener Sternwarte **6**, 177 (1954).

[4] N. RICHTER: Photometrische Beobachtungen der Gesamthelligkeit des Mondes im Verlaufe der totalen Verfinsterung vom 2. zum 3. März 1942. Zeitschrift für Astrophysik **21**, 249 (1942).

eine Abweichung $\Delta(m_1 - m_2) = \varepsilon(z_1) - \varepsilon(z_2)$ von der Differenz der visuellen (oder photovisuellen) Kataloghelligkeiten. In ein rechtwinkliges Koordinatensystem (x, m bzw. ε) mit $x = \frac{1}{\cos z}$ eingetragen legt daher jedes beobachtete Sternpaar eine Strecke fest, die eine parallel zur Ordinate verschobene Sehne der gesuchten Kurve $\varepsilon(x)$ darstellt. Durch passendes Auf- und Abschieben aller dieser Sehnen kann man dann bis auf eine für die Entnahme der Differenzen $\varepsilon_* - \varepsilon_☾$ unwesentliche additive Konstante die Kurve $\varepsilon(x)$ für die Beobachtungszeit hinreichend genau bestimmen. Bei diesem Verfahren werden die Zenitdistanzen nachträglich aus den äquatorialen Koordinaten α, δ der beobachteten Sterne und des Mondes (Jahrbücher!) sowie den notierten Beobachtungszeiten nach Umrechnung in Sternzeit berechnet (s. S. 97). Die atmosphärische Refraktion kann dabei vernachlässigt werden.

Die atmosphärische Extinktion kann sich während der Beobachtungen ändern. Man versuche daher stets, das z-Intervall zwischen Mond und Vergleichsstern durch ungefähr zur gleichen Zeit beobachtete Sternpaare zu überdecken.

5. Detailphotometrie

Weit schwieriger als die obige Totalphotometrie des verfinsterten Mondes, aber auch für die Forschung erheblich ergiebiger ist die Detailphotometrie verschiedener Stellen im Erdschatten. Man führt sie am besten durch Vergleich der Helligkeiten zweier fest ausgewählter Stellen der Mondoberfläche durch, die nacheinander vom Erdschatten überstrichen werden. Man gewinnt dabei den großen Vorteil, daß die Meßergebnisse nicht durch die atmosphärische Extinktion beeinflußt werden.

Mit dem *Graffschen Photometer* (s. S. 56) an einem mit parallaktischer Montierung und automatischer Stundenbewegung versehenen Fernrohr lassen sich derartige Beobachtungen ausführen, wenn man eine so weite Lochblende benutzt, daß das Vergleichsfeld etwa ein Zehntel des Gesichtsfelddurchmessers überdeckt. Den Lummer-Brodhun-Würfel kann eine hinter die Glasplatte des Photometers einschiebbare oder eindrehbare Doppellochblende ersetzen, welche nach erfolgter Pointierung des Fernrohrs das Objekt bis auf die beiden links und rechts neben dem Vergleichsfeld liegenden Meßfelder abblendet.

Man beobachtet unter Verwendung der vorgeschlagenen Farbfilter (s. S. 164) bei ungefähr 50facher Vergrößerung im Wechsel zwei ungefähr in der Richtung der Schattenbewegung einander gegenüberliegende randnahe Stellen der Mondoberfläche, die bei unverfinstertem Vollmond annähernd gleich hell erscheinen. Bei ihrer Auswahl ist die Veränderung des Mondbildes durch die Librationen zu bedenken (über die Hilfen der Jahrbücher s. S. 167). Der Helligkeitsunterschied dieser hier mit E und W bezeichneten Stellen am Ost- und Westrand wird bei unverfinstertem Vollmond (!) sorgfältig gemessen, indem für jedes der Farbfilter die Helligkeit des Vergleichsfeldes den im Wechsel links bzw. rechts daneben gebrachten Stellen E und W wiederholt angeglichen wird. Dabei verschiebt man am besten den Graukeil jedesmal vorsichtig nur in einer Richtung, beginnt dabei aber abwechselnd von größeren und kleineren Helligkeiten des Vergleichsfeldes. Aus den Mittelwerten p_E und p_W der so gefundenen Keilverschiebungen erhält man mit der Keilkonstanten k in [mag/cm] als Helligkeitsunterschied bei unverfinstertem Vollmond

$$\Delta m_0 = m_E^0 - m_W^0 = k \cdot (p_E - p_W). \tag{30}$$

Nachdem an dieser Vorbereitung bereits das nachfolgende Beobachtungsverfahren eingeübt wurde, wird in ähnlicher Weise während der Finsternis vorgegangen.

Man beobachtet etwa in folgender Reihenfolge:

1. Stelle E 6mal, Helligkeit abwechselnd von oben und unten angeglichen, dazu jedesmal Keilverschiebung und Zeit notiert; deren Mittelwerte: p_0, t_0.
2. Ds. für die übrigen Farbfilter.
3. Wie 1. für die Stelle W; Mittelwerte: p_1, t_1.
4. Ds. für die übrigen Farbfilter.
5. Wie 1.; Mittelwerte: p_2, t_2 usw.

Für ein brauchbares Ergebnis kommt es sehr darauf an, daß dieses Programm sehr schnell abgewickelt wird. Die obigen fünf Teile sollten zusammen keinesfalls mehr als sieben Minuten beanspruchen, wozu bei drei Farbfiltern etwa jeder Filterwechsel und jede Keileinstellung mit Ablesung in höchstens 10^s, jeder Übergang zwischen E und W in höchstens 30^s beendet sein muß. Wird dies beim Einüben nicht erreicht, so bleibt nichts übrig, als die Zahl der Farbfilter einzuschränken. Da die Beobachtungen sehr anstrengen, können sich im Wechsel mehrere Beobachter daran beteiligen, die sich gegenseitig bei der Zeitmessung und Protokollierung unterstützen, von denen aber jeder eine Farbe allein durchphotometrieren sollte.

Aus den Beobachtungsergebnissen berechne man für jedes Farbfilter getrennt

$$(31)\qquad \begin{aligned} \varDelta m_1 &= \varDelta m_0 + k\cdot\left(p_1 - p_0\frac{t_1-t_0}{t_2-t_0}\cdot\left(p_2-p_0\right)\right) && \text{für } t_1\\ \varDelta m_2 &= \varDelta m_0 - k\cdot\left(p_2 - p_1\frac{t_2-t_1}{t_3-t_1}\cdot\left(p_3-p_1\right)\right) && \text{für } t_2 \end{aligned}$$

usw. mit wechselndem Vorzeichen $\pm$. Weiter berechne man mittels der Gleichungen (16) bis (20) aus den selenographischen Koordination der beiden verglichenen Mondstellen deren u-Differenz $\varDelta u$. Dann bilde man mit $\varDelta s$ nach (8) für jedes t_n

$$(32)\qquad \mu_n = \frac{\varDelta s}{\varDelta u}\cdot\left(\varDelta m_1\frac{t_1-t_0}{60^m} + \varDelta m_2\cdot\frac{t_2-t_1}{60^m} + \cdots + \varDelta m_n\cdot\frac{t_n-t_{n-1}}{60^m}\right)$$

und gewinnt damit die *Schattendichte* in Größenklassen — vorausgesetzt, daß die Meßreihe vor dem Beginn der Finsternis (t_1') begonnen wurde. Reicht statt dessen die Beobachtungsreihe über das Ende der Finsternis (t_4') hinaus, so summiere man ähnlich wie in (32) in umgekehrter Reihenfolge vom Ende beginnend. Ist dagegen beides nicht der Fall, so bleibt in der Schattendichte eine additive Konstante unbestimmt.

Um nun noch die zu den gefundenen Schattendichten gehörenden Stellen im Erdschatten zu finden, hat man die obigen Beobachtungszeiten t_1, t_2 usw. umzurechnen in die auf dem Wege des Mondes durch den Erdschatten von der Finsternismitte aus gemessenen Winkeldistanzen s. Dafür ist jedesmal

$$(33)\qquad s = \frac{\varDelta s}{60^m}\cdot(t - \bar{t}).$$

Hieraus gewinnt man als Winkeldistanz vom Schattenzentrum die *Zentraldistanz*

$$(34)\qquad \varrho = \sqrt{\varrho_0^2 + s^2}$$

mit ϱ_0 nach (9).

Schließlich wird die Schattendichte μ in einem Diagramm über der Zentraldistanz ϱ aufgetragen.

6. Farbbeobachtungen

Man kann die bei einer Mondfinsternis auftretenden sehr mannigfachen und reizvollen Farberscheinungen mit bloßen Augen wie auch mit einem Fernrohr geringer Vergrößerung, etwa einem Feldstecher, beobachten, kommt dabei aber oft zu verschiedenen Beschreibungen, was in erster Linie auf physiologischen

Kontrasteffekten beruht. Bei jedem Bericht über die Farben des verfinsterten Mondes muß daher auch das Beobachtungsverfahren beschrieben werden. Neben den auf mindestens 1^m angegebenen Zeiten dürfen auch Angaben über die meteorologischen Bedingungen nicht fehlen, da schon ein leichter Dunst die Farben merklich verändern kann.

Auf welche Farbphänomene besonders zu achten ist, zeigt die von DANJON[1] vorgeschlagene *Mondfinsternis-Klassifikation:*

Stufe *L*	Beschreibung
0	Sehr dunkle Finsternis, der Mond fast unsichtbar, besonders in der Mitte der Totalität.
1	Dunkle Finsternis, graue oder bräunliche Verfärbung, Einzelheiten sind schwer zu unterscheiden.
2	Dunkelrote oder rostfarbene Finsternis mit einem sehr dunklen Fleck im Schattenzentrum, Randpartien des Schattens sind ziemlich hell.
3	Ziegelrote Finsternis, der Schatten ist oft mit einem hellen oder einem gelblichen Rande eingesäumt.
4	Kupferrote oder orangerote sehr helle Finsternis mit einer bläulichen, sehr hellen Randzone.

Diese bläuliche Randzone dürfte mit dem bereits genannten grünlichen Rand (s. S. 163) zu identifizieren sein, der auf die Ozonabsorption zurückgeführt wird.

Die bei LINK beschriebenen bisherigen Erfahrungen mit dieser Klassifikation lassen einen Zusammenhang zwischen der Farbe des Erdschattens und der Sonnenaktivität vermuten, der vielleicht auf den wechselnden Ozongehalt der hohen Atmosphäre zurückgeführt werden kann, wenn auch andere Beobachtungen dieser Erklärung im Wege stehen.

Einem Vorschlag von H. K. PAETZOLD folgend sollte man versuchen, den äußerst wechselhaften Bezeichnungen der Farben, wie sie auch in der DANJONschen Klassifikation auftreten, die Symbole einer der aus Untersuchungen von E. HERING und W. OSTWALD hervorgegangenen *Farbklassifikationen* beizufügen. Für eine solche Einstufung der beobachteten Farben benutze man eines der im Buchhandel erhältlichen Tafelwerke mit genormten Handaufstrichen, Farbfolien oder Mehrfarbendrucken[2], die man am besten mit dem nicht zu hellen Licht einer mit voller Spannung brennenden Tageslicht-Glühlampe beleuchtet. Da bekanntlich der Farbeindruck der Pigmente von der spektralen Zusammensetzung des Lichtes abhängt, ist die Art der Beleuchtung sehr wichtig und darf daher bei der Beschreibung nicht unerwähnt bleiben.

Über einen interessanten Versuch, den Farbwechsel des verfinsterten Mondes zahlenmäßig zu verfolgen, berichtet R. TLALKA[3]. Dabei wird die mittlere Farbe des Mondes ausgedrückt durch die *effektive Wellenlänge*, worunter hier die mittlere Wellenlänge des auf eine panchromatische photographische Schicht wirksamen Mondlichtes verstanden wird. Vor das Objektiv eines auf eine entfernte „Silberkugel" (s. S. 171) im Mondlicht gerichteten und fokussierten Fernrohrs wird ein Paralleldrahtgitter (Objektivgitter) gesetzt. Das sternähnliche Spiegelbild des Mondes in der Bildebene des Fernrohrs wird dadurch zu einer Folge von Beugungsspektren

---

[1] A. DANJON: Sur une relation entre l'éclairement de la Lune éclipsée et l'activité solaire. Comptes rendus hebdomadaires des séances de l'académie des sciences (Paris) **171**, 1127 (1920). — Die hier wiedergegebene Übertragung der Danjonschen Klassifikation wurde S. 96 in F. LINKS Monographie (s. S. 349) entnommen.

[2] Anstelle der Handaufstriche wurden jetzt nach DIN 6164 genormte Farbfolien eingeführt (Musterschmidt-Verlag Göttingen). Sehr viel billiger und für den hier beschriebenen Zweck ausreichend ist die allerdings nach einem anderen System angelegte „Farbenordnung HICKETHIER" (Polygraph-Verlag, Frankfurt a. M. 1951), deren 10 Farbtafeln in Farbenbuchdruck auch ohne Text geliefert werden. In Kürze sind auch noch kleinere Ausgaben dieser Farbenordnung zu erwarten.

[3] R. TLALKA: Die Messung der effektiven Wellenlänge der Mondfarbe während der Mondfinsternis am 13.—14. V. 1957. Die Sterne **34**, 190 (1958).

auseinandergezogen, die mittels einer dort angebrachten objektivlosen Kleinbildkamera in Reihenaufnahmen festgehalten wird. Hat das Objektivgitter die *Gitterkonstante* d (= Abstand der Drahtmitten) und das Fernrohr die Brennweite f, so ergibt sich aus dem Abstand s der stärksten Schwärzungen innerhalb der zu beiden Seiten des primären Bildes gelegenen Beugungsspektra 1. Ordnung die effektive Wellenlänge

(35) $$\lambda_e = \frac{s \cdot d}{2f}$$

Wegen weiterer Einzelheiten dieses Verfahrens, das jedenfalls sorgfältige Vorversuche erfordert, muß auf die Mitteilung des genannten Verfassers verwiesen werden.

7. Photographie

Unter den zahlreichen Möglichkeiten photographischer Beobachtungen einer Mondfinsternis scheidet hier ein großer Teil aus, weil die dafür erforderlichen instrumentellen Hilfsmittel einem Amateurbeobachter kaum jemals zur Verfügung stehen. So müssen auch die von H. K. PAETZOLD[1] angeregten photometrischen und spektrographischen Aufnahmen übergangen werden, obwohl gerade diese den größten Gewinn für die Forschung einbrächten. Trotzdem bleibt genug übrig, was dem photographisch interessierten Amateurbeobachter reizvoll erscheinen wird.

Die photographischen Materialien und Hilfsmittel werden beständig verbessert. Es ist hier daher nicht möglich, ein für allemal gültige Anweisungen aufzustellen. Dagegen soll versucht werden, bewährte oder aussichtsvolle Auswahlen anzugeben, von denen der photographisch bewanderte Beobachter ausgehen kann, um selbst die günstigste Kombination zu finden (s. auch S. 147).

a) Integralaufnahmen

Ein Versuch, anhand photographischer Aufnahmen ohne Farbfilter den Weg des Erdschattens über den Mond messend zu verfolgen, wird wegen des zu geringen Kontrastes der Schattengrenze stets enttäuschen. Dagegen ergeben *Reihenbelichtungen* der partiellen Phasen des über die Sphäre wandernden Mondes auf *einer* Aufnahme mit fest aufgestellter Kamera eindrucksvolle Bilder. Man belichte dabei etwa alle fünf Minuten, und zwar bei guter Durchsicht, einer feinkörnigen Reproduktionsplatte und einem Öffnungsverhältnis von 1:10 jedesmal etwa $0\overset{s}{.}2$ (W. PETRI)[2]. Die günstigste Belichtung sollte man vorher bei unverfinstertem Monde ausprobieren.

b) Monochromatische Aufnahmen

Gleichzeitige Aufnahmen in verschiedenen Farben ermöglichen einen Vergleich der Größe des Erdschattens bei verschiedenen Wellenlängen. Wegen des begrenzten Trennvermögens genügend empfindlicher photographischer Schichten kommen dabei aber nur Fernrohre mit mindestens 1 m Brennweite in Betracht. Über die Anbringung der Farbfilter wurde bereits auf Seite 61 berichtet.

Die folgende Tabelle 3 zeigt geeignete Kombinationen photographischer Platten und Farbglasfilter. Dabei ist jedesmal, nach den Angaben der Hersteller bzw. für die Agfa-Platten von K. GÜSSOW[3] errechnet, beigefügt unter λ_{max} die Wellenlänge der größten Empfindlichkeit der Kombination, unter $\Delta\lambda$ die Halbwertbreite ihres Empfindlichkeitsprofils bzw. bei starker Unsymmetrie desselben der Wellenlängenbereich, in dem die Empfindlichkeit der Kombination noch nicht unter die Hälfte ihres Maximalwerts gesunken ist, sowie schließlich unter E die

---

[1] H. K. PAETZOLD in den Mitteilungen für Planetenbeobachter **5**, H. 7, S. 4 (1952).

[2] Wertvolle Anregungen in: Amateur Photographs of the March Lunar Eclipse, Sky and Telescope **19**, 402 (1960).

[3] K. GÜSSOW: Bestimmung der relativen spektralen Empfindlichkeit photographischer Schichten. Vortrag auf der Heidelberger Tagung der Astronomischen Gesellschaft 1950 (vgl. Mitteilungen der Astronomischen Gesellschaft 1950, S. 17).

Totalempfindlichkeit der Kombination bei gleichmäßiger spektraler Lichtverteilung; da die hier benutzten willkürlichen Einheiten für die beiden Plattenhersteller verschieden sind, dürfen diese Werte nur innerhalb derselben Spalte verglichen werden.

Tabelle 3

Filter 2 mm Schott	Platte Agfa	λ_{max} mμ	$\Delta\lambda$ mμ	E Agfa	Platte Kodak SP	λ_{max} mμ	$\Delta\lambda$ mμ	E Kodak
BG 1	Astro blau	380	107	74	O-J	400	104	8.1
VG 9	Isopan F	515	94	25	O-J	528	540–495	1.2
VG 9					O-C	520	97	0.8
OG 2	Astro pan.	650	670–570	6	O-D	600	80	1.6
OG 2	Isopan F	560	620–550	2				
OG 3	Isopan F	605	41	1	O-D	610	50	1.0

Bei den Agfa-Platten beruht die große Variation der E-Werte zu einem beträchtlichen Teil auf der sehr verschiedenen Korngröße. Bei den Kodak-SP-Platten wählt man bei Belichtungszeiten wesentlich über 1 min anstelle der O-(103-) Emulsionen besser die Oa-(103a-) Emulsionen mit größerem Schwarzschild-Exponenten, bei lichtschwacher Optik dagegen besser die I-Emulsionen mit etwas geröberem Korn. Auch anstelle der unsensibilisierten Astro-„Blauplatte" benutze man bei langen Belichtungen die *Astro-Spezial*-Platte *(unsensibilisiert)*.

Von den hier genannten und auch in der Tabelle 3 hervorgehobenen drei Farbbereichen sind die beiden äußeren die wichtigsten, weil der eine das Maximum der CHAPPUIS-Banden bei 600 mμ enthält, der andere dagegen ganz außerhalb derselben liegt. Der mittlere Bereich soll nach dem Vorschlag von H. K. PAETZOLD[1] die Unterscheidung zwischen Ozon- und Staub- oder Dunstabsorption mittels der verschiedenen λ-Abhängigkeit ermöglichen.

Der gleiche Verfasser empfiehlt die Verwendung von Breitband-Interferenzfiltern (vgl. S. 60). Jedoch dürfte davon in dem hier gegebenen Rahmen kaum ein wesentlicher Vorteil gegenüber den Vorschlägen der Tabelle 3 zu erwarten sein. Für ein solches Filter für 600 mμ ($\Delta\lambda = 100$ mμ) und panchromatisches Material von 17/10° DIN ($E_{Agfa} = 2$) liegen bei einem Öffnungsverhältnis von 1 : 5 nach PAETZOLDs Angaben die erforderlichen Belichtungszeiten zwischen 10 sec und 10 min je nach der Phase und Klasse der Finsternis.

Bei den hier notwendigen langen Belichtungszeiten muß das Aufnahmeinstrument dem Erdschatten (nicht dem Mond!) nachgeführt werden, wozu man sich mit hinreichender Genauigkeit einfach der automatischen Stundenbewegung bediene. Eine Handnachführung empfiehlt sich wegen der unsicher aufgefaßten Schattengrenze nicht.

Am wichtigsten sind Aufnahmen kurz nach dem zweiten und vor dem dritten Kontakt, die gerade das interessante Gebiet dicht innerhalb der Kernschattengrenze erkennen lassen.

c) Farbaufnahmen

Die ersten Erfolge mit Mondfinsternisaufnahmen auf Farbfilm wurden 1942 durch M. WALDMEIER[2] und H. J. GRAMATZKI[3] bekannt. Damals stieß man auch sofort auf die Unmöglichkeit, bei partiellen Phasen auf derselben Aufnahme eine farbgetreue Wiedergabe so verschiedener Helligkeiten zu erreichen, wie sie im Kern- und im Halbschatten auftreten. Man muß sich daher damit zufrieden geben, wenn der interessanteste Teil der Aufnahme, i. a. also der Kernschatten, die richtigen Farben zeigt.

---

[1] H. K. PAETZOLD in den Mitteilungen für Planetenbeobachter 5, H. 7, S. 4 (1952).

[2] M. WALDMEIER: Die Farben des verfinsterten Mondes. Die Himmelswelt 52, 89 (1942) mit 8 Abbildungen in Vierfarbendruck.

[3] H. J. GRAMATZKI: Farbige Aufnahmen der Mondfinsternis 2./3. März 1942. Die Himmelswelt 52, 90 (1942) mit 3 Abbildungen in Vierfarbendruck.

Als rohe Anhaltswerte für derartige Versuche mögen die von W. JASCHEK[1] bei der totalen Mondfinsternis 1952 Januar 30 gesammelten Erfahrungen mit Agfacolor-Negativfilm dienen, der später auf Agfa-Farbpapier umkopiert wurde. Bei einer gelungenen Aufnahme mit einem Öffnungsverhältnis von 1:6 nicht weit von der Mitte dieser sehr hellen Finsternis ($L = 4$) betrug die Belichtungszeit 8 Minuten, für den unverfinsterten Vollmond dagegen 0ˢ02, während hier eine hochempfindliche panchromatische Schicht (Kodak Plus X) nur 0ˢ0008 belichtet zu werden brauchte.

Neben der verhältnismäßig geringen Empfindlichkeit der Farbfilme ist die den dokumentarischen Wert solcher Aufnahmen außerordentlich einschränkende Abhängigkeit des Farbtons von der Belichtungszeit — und Entwicklung — zu beachten. Soweit es die beschränkte Dauer der Finsternis zuläßt, spare man daher nicht mit Reihenaufnahmen bei verschiedener Belichtungszeit.

Die Auswahl des Filmmaterials richtet sich nach dem Zweck der Aufnahmen: Finsternisbilder auf einem Material, das leuchtende Farben ergibt, holen die Farbunterschiede deutlicher heraus, entsprechen jedoch den überwiegend gedeckten Farben der Wirklichkeit weniger. Es ist daher jedenfalls interessant, nebeneinander verschiedene Filmsorten zu benutzen.

Auch bei den Farbaufnahmen konzentriere man seine Bemühungen besonders auf die auf Seite 178 genannten Phasen der Finsternis.

V. Die Beobachtung der Sternbedeckungen

Von

A. Güttler

Universitäts-Sternwarte, München

1. Allgemeine Vorbemerkungen

Die visuelle Beobachtung der Sternbedeckungen durch den Mond durch Bestimmung der Ein- und Austrittszeiten erfordert nur einen geringen Aufwand von Hilfsmitteln und Mühe, der allein schon durch das eindrucksvolle anschauliche Erlebnis der Bewegung des Erdbegleiters reich belohnt wird. Außerdem aber hat jeder Beobachter hier die Möglichkeit, an einem für die Positionsastronomie wichtigen Programm mitzuarbeiten. Es handelt sich dabei um die Festlegung der *Ephemeridenzeit*, d. h. einer verbesserten Sternzeit, bei der kleine unregelmäßige Gangschwankungen der als Uhr dienenden Erdrotation durch Vergleich mit dem Umlauf des Mondes eliminiert werden. Wegen weiterer Einzelheiten über dieses Zeitproblem sei auf die speziellen Veröffentlichungen[2] verwiesen, unter denen die Monographie von F. GONDOLATSCH auch zu den folgenden Abschnitten sehr viel beiträgt.

---

[1] W. JASCHEK auf S. 196ff. bei J. HOPMANN: Beobachtungen der totalen Mondfinsternis vom 30. Jänner 1953 auf der Universitäts-Sternwarte Wien. Mitteilungen der Wiener Sternwarte **6**, 177 (1954).

[2] F. GONDOLATSCH: Erdrotation, Mondbewegung und das Zeitproblem der Astronomie. Veröffentlichungen des Astronomischen Rechen-Instituts zu Heidelberg. Nr. 5. Karlsruhe: Kommissionsverlag G. Braun 1953. — D. H. SADLER: Ephemeris Time. Occasional Notes (Royal Astronomical Society) **3**, 103 (1954) = Temps des éphémerides. Annales Françaises de Chronométrie (2) **25**, 141 (1955). — J. HERRMANN: Die Beobachtung von Sternbedeckungen und ihre Bedeutung für die theoretische Astronomie I. Nachrichtenblatt der Vereinigung der Sternfreunde **7**, 47 (1958). — ds. II. ebd. **8**, 6 (1959, Nr. 1/2). — G. M. CLEMENCE: The Practical Use of Ephemeris Time. Sky and Telescope **19**, 148 (1960).

Der Anschluß des Mondortes an die Fixsterne ist auch auf *photographischem* Wege möglich, wozu Markowitz[1] eine Spezialkamera konstruiert hat. Während dieses Verfahren eine willkommene Ergänzung der visuellen Beobachtung der Sternbedeckungen zu ergeben verspricht, wird deren *photoelektrische* Registrierung vorerst sicher auf spezielle Probleme beschränkt bleiben.

2. Vorausberechnungen

Um die Vorausberechnung der Zeit zu ermöglichen, zu der an einem gegebenen Ort der Ein- oder Austritt eines Sterns beobachtbar wird, wurden wiederholt Verfahren auf vorwiegend *graphischer* Basis angegeben[2]. *Rechnerisch* wird man auf die Auflösung eines Systems transzendenter Gleichungen geführt, die auf ein systematisches Probieren hinausläuft. In dieser Weise werden unter Mitwirkung des Nautical Almanac Office am U.S.Naval Observatory in Washington vom Nautical Almanac Office am Royal Greenwich Observatory Vorausberechnungen durchgeführt, wobei die erste Näherung auf optisch-mechanischem Wege mittels der „*occultation machine*"[3] gewonnen wird. Durch die Veröffentlichung dieser Rechenergebnisse soll einem möglichst großen Kreise von Beobachtern die Beteiligung am Ephemeridenzeit-Programm erleichtert werden (vgl. Literatur S. 349).

Die genannten Vorausberechnungen werden vom Royal Greenwich Observatory für ein weites Netz von *Bezugsorten* geliefert. Es handelt sich dabei im allgemeinen um große Städte. In Deutschland sind es — mit geographischer Länge λ_0 und Breite φ_0 —

Berlin-Babelsberg	$\lambda_0 = -13\overset{\circ}{.}11$	$\varphi_0 = +52\overset{\circ}{.}41$
Frankfurt am Main	$-\ \ 8\overset{\circ}{.}65$	$+50\overset{\circ}{.}12$
München	$-11\overset{\circ}{.}61$	$+48\overset{\circ}{.}15$

Für diese Bezugsorte werden die zu erwartenden Bedeckungen angegeben für alle Sterne bis zu einer von der Mondphase und der Himmelshelligkeit abhängigen visuellen Grenzhelligkeit, die bis zu $7\overset{m}{.}5$ geht. Die Berechnungsgrundlagen für die ausgewählten Sterne wurden zuletzt in J. Robertsons *Catalog of 3539 Zodiacal Stars for the Equinox 1950.0* — abgekürzt ZC oder NZC (= *new zodiacal catalog*) — zusammengestellt (s. S. 353). Außer der Nummer des Sterns in diesem Katalog wird in den Verzeichnissen der Vorausberechnungen auch seine gebräuchliche Bezeichnung angegeben (s. S. 2).

Den auf 0.1 min angegebenen vorausberechneten *Kontaktzeiten t* werden weiterhin noch die scheinbare visuelle Helligkeit des Sterns, das Mondalter in Tagen nach Neumond und der *Positionswinkel P* beigefügt, unter dem — bezogen auf die Mondmitte — der Stern hinter dem Mond verschwindet oder erscheint. P wird wie immer gegen den Uhrzeigerumlauf von N über O gezählt. Ein- und Austritt werden i. a. noch besonders gekennzeichnet (z. B. E bzw. A).

Nun ändern sich aber P und t von Ort zu Ort recht erheblich, wie der Vergleich der Vorausberechnungen für verschiedene Bezugsorte sofort zeigt.

Um nun auf die einfachste Weise auch den außerhalb der Bezugsorte wohnenden Beobachtern die Benutzung der für jene berechneten Verzeichnisse wenigstens für die Entnahme der in der Praxis fast immer ausreichenden hinreichend genauen

---

[1] W. Markowitz: Photographic Determination of the Moon's Position, and Application to the Measure of Time, Rotation of the Earth, and Geodesy. The Astronomical Journal **59**, 69 (1954).

[2] W. F. Rigge (s. S. 347), L. J. Comrie sowie E. Schoenberg (s. S. 349/50).

[3] Beschreibung und Abbildung bei A. Kopff: Neue Hilfsmittel zur Vorausberechnung und Reduktion von Sternbedeckungen. Die Sterne **17**, 241 (1937). — F. McBain Sadler: Preducting and Observing Lunar Occultations. Sky and Telescope **19**, 84 (1959).

Kontaktzeiten t zu ermöglichen, werden darin den Rechenergebnissen jeweils noch zwei Koeffizienten a und b beigegeben, mit deren Hilfe der Beobachter die für den Bezugsort (λ_0, φ_0) angegebenen Kontaktzeiten t_0 sehr leicht auf seinen Beobachtungsort mit der geographischen Länge λ und Breite φ umrechnen kann. Er erhält die für ihn zu erwartende Kontaktzeit t, indem er zu t_0 die Korrektion

$$t - t_0 = a(\lambda - \lambda_0) + b(\varphi - \varphi_0) \tag{1}$$

hinzufügt. λ und φ sind dabei wieder in Graden einzusetzen, östliche Längen negativ. Die Korrektion ergibt sich dann in Minuten. Die so erreichbare Genauigkeit von t ist für Entfernungen unter 300 km vom Bezugsort im allgemeinen besser als ± 1 min, bis zu 450 km immer noch besser als ± 2 min.

Während man für die Verwertung der Beobachtungsergebnisse (s. S. 186) eine sehr viel größere Genauigkeit von λ und φ braucht, genügt es hier, ihre Werte auf Hundertstel Grade, zumeist sogar schon ein Zehntel Grad genau einzusetzen, wie man sie einer guten topographischen Karte auch schon bei kleinerem Maßstab leicht entnehmen kann. Bei großen Städten genügen jedoch ihre mittleren Koordinaten im allgemeinen nicht. Höhenunterschiede brauchen andererseits bei der hier anzustrebenden Genauigkeit nicht berücksichtigt zu werden.

Wenn in den Verzeichnissen die Koeffizienten a und b fehlen, so handelt es sich um *streifende* Bedeckungen, deren Beobachtung zu stark vom Beobachtungsort abhängt, um die beschriebene Umrechnung noch zu ermöglichen.

3. Optische Erfordernisse

Die Beobachtung mondnaher Sterne bis zur visuellen Helligkeit $7^{\text{m}}5$ bereitet bei klarem Himmel keine Schwierigkeit, so daß man schon mit einem *Feldstecher* auskommt, sofern man nur durch eine geeignete Halterung, eine Armlehne oder einen Stützpfosten für eine ausreichende Ruhe des Instruments sorgt. Das ändert sich aber sehr erheblich, wenn der Himmel durch Nebel, Dunst oder eine schwache Bewölkung getrübt erscheint. Dann können sogar die hellsten Sterne im Mondstreulicht versinken.

Wie sich in der hierfür geltenden Grenzhelligkeit die Instrumente je nach ihrer Lateralvergrößerung, Öffnung und optischen Qualität unterscheiden, entnimmt man der für beidäugiges Sehen geltenden Gleichung (auf Seite 20). Wie dort gezeigt wurde, wächst die Grenzhelligkeit und damit auch die Möglichkeit, einen Stern im Mondstreulicht zu finden, bedeutend mit wachsender Öffnung, aber auch schon merklich mit zunehmender Vergrößerung. Der Feldstecher erscheint dabei wegen seiner geringen Vergrößerung und kleinen Öffnung sehr unvorteilhaft, was aber nichts gegen seine Verwendung bei guter Durchsicht besagt. Jede damit gelungene Beobachtung kann durchaus mit den an größeren Instrumenten gewonnenen Ergebnissen konkurrieren.

Obwohl man der Störung durch das atmosphärische Streulicht oft durch die Wahl einer stärkeren *Vergrößerung* wirksam begegnen kann, sollte man damit nicht zu weit gehen. Mit wachsender Vergrößerung wird nämlich die *Szintillation* infolge der Luftunruhe immer auffälliger und kann dann die Genauigkeit der Beobachtung psychologisch beeinträchtigen.

Bei der Beobachtung von Austritten kommt noch eine andere Einschränkung hinzu. Die hier erforderliche Schätzung des Positionswinkels verlangt, daß der Beobachter nach Möglichkeit den ganzen Mond im überblickbaren Gesichtsfeld sieht. Beträgt dessen Durchmesser etwa 45° im Sehwinkel, so ergibt sich hieraus als Höchstwert eine 45fache Vergrößerung.

Noch günstiger wäre es, die Vergrößerung so weit herabzusetzen, daß man den ganzen Bereich des Mondrandes, in dem der erwartete Stern möglicherweise erscheinen wird, ohne

Blicken, d. h. ohne Bewegung des Augapfels, im Gesichtsfeld innerhalb des etwa 4° betragenden Sehwinkels größter Sehschärfe hätte. Beträgt die Unsicherheit des erwarteten Positionswinkels etwa $\pm$ 15°, so ergibt sich daraus ein viel niedrigerer Höchstwert, nämlich eine nur 15fache Vergrößerung. Nach den Erfahrungen des Verfassers erhält man aber auch mit stärkeren Vergrößerungen bis zur oben genannten höheren Grenze gute Ergebnisse.

Da dem Beobachter zur Auffindung des zu erwartenden *Positionswinkels* eines Austritts wohl in den seltensten Fällen ein Positionsfadenmikrometer zur Verfügung steht und dieser Aufwand sich im allgemeinen auch gar nicht lohnen würde, begnügt man sich mit einer einfachen Schätzung. Dabei leistet ein *Fadenkreuz* im Gesichtsfeld des Okulars oder nach einem Vorschlag von H. N. D. WRIGHT[1] auch ein einfacher *Querfaden* darin gute Dienste. (Über die Herstellung s. S. 56.) Durch Drehen des Okulars bringt man den Faden in einer solche Lage, daß bei ruhendem Fernrohr ein Stern oder ein Detail der Mondoberfläche parallel zum Faden durch das Gesichtsfeld läuft. Der Faden gibt dann die OW-Richtung ($P = \pm 90°$) an. A. MAK[2] empfiehlt, das frei drehbar eingesetzte Fadenkreuz- oder Einfadenokular mit einer Positionswinkelteilung zu versehen, mit deren Hilfe der Faden schnell in die erwartete Richtung gebracht werden kann. Eine einfache, auf eine Pappscheibe gezeichnete Teilung von 10 zu 10° reicht dafür schon aus. Die richtige Befestigung der Scheibe am Okular findet man wieder wie oben bei ruhendem Fernrohr mittels der täglichen Bewegung, welche die OW-Richtung angibt. Der Ableseindex muß dann auf 90° zeigen. Nachdem man die zu erwartende Austrittstelle gefunden und sich gemerkt hat, verdrehe man das Okular aber wieder, damit der Faden die Beobachtung nicht stört! Der gleiche Verfasser weist auch auf die bei manchen Okularen gegebene Möglichkeit hin, im Gesichtsfeld selbst eine selbstangefertigte Kreisteilung anzubringen, was aber wohl viel Geschicklichkeit erfordern dürfte. Man kommt indessen auch recht gut ohne alle diese Hilfsmittel aus.

Eine parallaktische Montierung mit einwandfrei arbeitender automatischer Nachführung ist bei der Beobachtung der Sternbedeckungen eine große Erleichterung, aber keineswegs unentbehrlich. Besitzt das Fernrohr diese Einrichtungen nicht, so kann man auch bei ruhendem Instrument beobachten. Dabei umgeht man ein Nachstellen während der Wartezeit und damit auch die Gefahr, dabei gerade den richtigen Augenblick zu verfehlen, wenn man nach einem Hinweis von W. JAHN[3] zunächst die Laufzeit des beobachteten Sterns oder eines benachbarten oder auch eines Details der Mondoberfläche quer durch das Gesichtsfeld feststellt und dann um die halbe gefundene Laufzeit vor der berechneten Kontaktzeit das Fernrohr so einstellt, daß der seiner Bedeckung entgegengehende Stern oder der bedeckende Mondrand gerade am Ostrande des Gesichtsfelds, beim astronomischen Fernrohr auf der Nordhalbkugel, also rechts, in dieses eintritt. Dann erfolgt die Bedeckung ungefähr in der Mitte des Gesichtsfeldes. Kennt man den Gesichtsfelddurchmesser d in Graden an der Sphäre, so kann man die Laufzeit t auch aus der Deklination δ des Sterns oder des Mondes berechnen, da

$$t = \frac{d}{\cos\delta} \cdot 4\,\text{min}\,. \tag{2}$$

Sie hängt von der Vergrößerung V ab, da mit σ als Sehwinkel des Gesichtsfeldes (meist um 60° oder etwas mehr) $d = \sigma/V$.

[1] H. N. D. WRIGHT: Lunar Occultations — A Method of Observing Reappearences. Journal of the British Astronomical Association **66**, 265 (1956).

[2] A. MAK: De bedekking van de Pleiaden op 30 September 1950. Hemel en Dampkring **48**, 156 (1950).

[3] W. JAHN: Wir beobachten Sternbedeckungen. Sternenwelt **2**, 46 (1950).

4. Zeitmessung

Für die Bestimmung der Kontaktzeit t sind drei Methoden in Gebrauch: das *Stoppuhr-* und das *Chronographenverfahren* sowie die *Auge-Ohr-Methode.* Eine zuverlässige, sorgfältig gepflegte und kontrollierte Uhr mit gut sichtbarem Sekundenzeiger (s. S. 58) ist bei den beiden letzten Methoden unentbehrlich, aber auch beim Stoppuhrverfahren sehr wünschenswert. Dabei verlangt aber nur der Chronograph eine Spezialuhr für astronomische Zwecke, die mit einem Sekundenkontakt am Steigrad ausgerüstet sein muß.

a) Stoppuhr

Das Stoppuhrverfahren ist bei weitem am einfachsten zu handhaben. Es soll daher hier an erster Stelle beschrieben und zur Einführung in weitere Einzelheiten der Beobachtung benutzt werden.

Bei den handelsüblichen $^1/_5$- und $^1/_{10}$-sec-Stoppuhren liegt der im wesentlichen durch den Schnitt der Zahnräder bedingte mittlere zufällige Stoppfehler im allgemeinen etwas unter 0.2 bzw. 0.1 sec. Die $^1/_{10}$-sec-Stoppuhr verdient also unbedingt den Vorzug. Durch Abstoppen eines längeren Zeitintervalls von 10 bis 60 Minuten, das an einer normalen Uhr mit Sekundenzeiger leicht abgelesen werden kann, bestimmt man den *Gang* der Stoppuhr in sec/min oder in %. Da sich der Gang infolge Ölverharzung allmählich ändert, muß diese Prozedur etwa in monatlichen Abständen wiederholt werden. Man verwende die Stoppuhr stets in voll aufgezogenem Zustande, lasse sie aber nach der Benutzung ganz ablaufen, um die Feder zu entspannen und die Verharzung des Öls hintanzuhalten.

Bei allen visuellen Beobachtungen plötzlicher Ereignisse ist die *persönliche Gleichung* des Beobachters mit seinem Instrument zu berücksichtigen, das ist die Zeit, die zwischen dem Eintritt des Ereignisses und der darauf vom Beobachter ausgelösten Wirkung verstreicht. Sie hängt ab von der Art des physiologischen *Reizes*, z. B. Wahrnehmung des Auges oder des Ohres oder hier auch Ein- oder Austritt, von der *Disposition* des Beobachters, z. B. seiner Erregung oder Ermüdung, sowie auch von der verlangten *Reaktion* und dem benutzten *Zeitmeßinstrument*, z. B. Betätigung einer Stoppuhr oder der Handtaste eines Chronographen. So definiert ist die persönliche Gleichung

p. Gl. = Reaktionszeit des Beobachters + systematische Verzögerung des Zeitmeßinstruments.

Die p. Gl. muß daher stets mit der gleichen Stoppuhr bestimmt werden, die für die Beobachtung benutzt wird, und zwar mindestens unmittelbar nach derselben. Auch die *Art* des Stoppens muß stets beibehalten werden: Man kann dabei seine Aufmerksamkeit ganz auf das beobachtete Ereignis konzentrieren und bei dessen Eintritt zusammenfahrend die Stoppuhr betätigen. Oder man erwartet das Ereignis mit bereits gespanntem Daumen und konzentriert sich bewußt auf ein möglichst schnelles Stoppen. Diese Methode liefert eine kürzere p. Gl. und wird vom Verfasser bevorzugt.

Zur *Bestimmung* der p. Gl. kann man auf folgende einfache Weise verfahren: Man deckt das gut beleuchtete Zifferblatt der Stoppuhr zur Hälfte so mit einem Papierblatt zu, daß eine Kante des Blatts genau über einem ausgewählten Strich der Teilung liegt, von dem in Gang gesetzten Zeiger aber nichts zu sehen ist. Sobald man den Zeiger unter dem Blatt hervorkommen sieht, stoppt man ab. Das vom Zeiger noch weiter zurückgelegte Zeitintervall kann dann unmittelbar abgelesen werden und gibt die p. Gl. an. Zweckmäßig wiederholt man den einfachen Versuch etwa dreimal mit verschiedenen Teilstrichen und nimmt das Mittel. Bei der zweiten Stoppart erhält man so meist Werte von 0.2 bis 0.3 sec.

Bei SIDGWICK[1] findet man allerdings sehr viel kleinere Angaben. Dort wird weiterhin eingehend die Abhängigkeit der p. Gl. von den Besonderheiten der Bedeckung, Ein- oder Austritt, Stern- und Mondrand-Helligkeit, beschrieben. Die dabei gefundenen Unterschiede liegen jedoch weit unter 0ˢ1 und verlangen daher keine Berücksichtigung.

Im Gegensatz zu SIDGWICKs kleinen Werten der p. Gl. fand RUIZ[2] bei Laboratoriumsversuchen mit photoelektrisch kontrollierten Modellbedeckungen für die p. Gl. Werte bis 0ˢ9, im Mittel aber um 0ˢ4. Dagegen darf man das von HALBACH[3] mitgeteilte Ergebnis einer aus Anfängern bestehenden Beobachtergruppe an vier Fernrohren der Volkssternwarte Milwaukee, wobei die bei einer Plejadenbedeckung gefundenen Werte der p. Gl. sogar über 1ˢ2 streuten, wohl nicht als alarmierend betrachten.

Die *Wartezeit* am Okular vor Eintritt oder Ende der Bedeckung muß genügend groß sein, um dem Beobachter eine hinreichende Konzentration zu ermöglichen und ein Versäumen des Ereignisses durch eine Abweichung von der Vorausberechnung auszuschließen. Sie darf aber auch nicht zu lang sein, da die Genauigkeit der Beobachtung sonst durch die eintretende Ermüdung des Beobachters beeinträchtigt wird. Der Verfasser pflegt etwa 1,5 min vor dem vorausberechneten Zeitpunkt ans Okular des natürlich bereits vorher eingestellten Fernrohrs zu gehen.

Steht eine den oben umrissenen Anforderungen genügende *Uhr* zur Verfügung, so setzt man bei Beobachtung des Ein- oder Austritts die Stoppuhr in Gang, geht dann zur Uhr, nimmt durch leichte rhythmische Bewegungen der Uhrhand deren Sekundenschlag auf und stoppt die Uhr in dem Augenblick, in dem der Sekundenzeiger etwa eine ganze oder halbe Minute erreicht. Die in diesem Augenblick angezeigte Zeit werde als *Signalzeit* t_s bezeichnet. Man notiert sie sowie die an der Stoppuhr abgelesene Zeit Δt. Darauf erfolgt sofort die oben beschriebene Bestimmung der p. Gl.. t_s muß noch um den Stand der Uhr korrigiert werden, den man mittels des *täglichen Ganges* zwischen zwei Uhrvergleichen interpoliert (s. S. 58). Ebenso muß auch an Δt unter Benutzung des bekannten Stoppuhrganges eine *Gangkorrektion* angebracht werden.

Das folgende Beispiel einer Eintrittsbeobachtung möge die Zeitberechnung erläutern. Dabei lief die Stoppuhr etwas zu langsam, was in der Minute + 0ˢ2 ausmachte (Vorzeichen + bei „nachgehender“ Uhr!). 1954 Okt. 9 wurde der Eintritt der Bedeckung von 6 G. Psc an der Universitäts-Sternwarte München beobachtet

vor der Uhrablesung t_s	22ʰ48ᵐ 0ˢ0 MEZ
mit dem Uhrstand	+ 0.4
um die gestoppte Zeit Δt	− 52.6
mit der Gangkorrektion	− 0.2
und der p. Gl.	− 0.3
also um	22ʰ47ᵐ 7ˢ3 MEZ

Zum mittleren Fehler dieses keineswegs als besonders günstig ausgewählten Ergebnisses trugen bei der Uhrstand ± 0ˢ08, Δt ± 0ˢ11 und die p. Gl. ± 0ˢ04, woraus sich als Wurzel aus der Quadratsumme ein mittlerer Gesamtfehler von ± 0ˢ14 ergibt.

Schließt man die Bedeckung mit der Stoppuhr unmittelbar an das nächste vorausgehende oder nachfolgende *Zeitzeichen* eines Senders an, wobei man natürlich im ersten Falle die Bedeckung mit bereits in Gang gesetzter Stoppuhr erwartet, so wird keine weitere Uhr gebraucht. Wo eines der *ständigen* Zeitzeichen (s. Tab. 14

[1] J. B. SIDGWICK: Amateur Astronomer's Handbook, S. 80. London: Faber and Faber Ltd. 1957.

[2] J. J. RUIZ: An Artifical Occultation Experiment. Sky and Telescope **12**, 275 (1953) — J. MEURERS: Astronomische Experimente, S. 29. Berlin: Akademie-Verlag 1956. — J. HERRMANN: Die Beobachtung von Sternbedeckungen und ihre Bedeutung für die theoretische Astronomie I. Nachrichtenblatt der Vereinigung der Sternfreunde **7**, 47 (1958).

[3] E. A. HALBACH: The Pleiades Occultations. Sky and Telescope **12**, 140 (1953). — J. HERRMANN: Die Beobachtung von Sternbedeckungen und ihre Bedeutung für die theoretische Astronomie I. Nachrichtenblatt der Vereinigung der Sternfreunde **7**, 47 (1958).

auf S. 59) deutlich empfangen wird, ist dieses Verfahren von Vorteil. Schon bei stündlichen Zeitzeichen erhält man dagegen im allgemeinen keine kleineren Fehler, da an die Stelle des Uhrstandfehlers ein größerer Fehler der Gangkorrektion tritt.

Auch der Vorschlag von J. HERRMANN[1], die Bedeckung mit der Stoppuhr unmittelbar an das erste Zeichen des nächstfolgenden Zeitsignals anzuschließen, hat den gleichen Nachteil — wegen der hier oft unvermeidbaren längeren Stoppuhr-Laufzeiten sogar noch in stärkerem Maße. Auch ist während dieser Zeit eine Änderung der p. Gl. infolge veränderter Disposition des Beobachters nicht ausgeschlossen. Der Fehlerbeitrag der hier zweimal mit dem vollen Betrag eingehenden p. Gl. erhöht sich um den Faktor $\sqrt{2}$. Dies macht allerdings nicht viel aus und wird außerdem durch den großen Vorteil aufgewogen, daß mit der Eliminierung der p. Gl. auch die instrumentelle Verzögerung korrekt ausgeschlossen wird, die bei den beiden vorgenannten Methoden beim Anschluß an die Uhr oder das Zeitzeichen vernachlässigt wird.

Schließlich sei noch von der Benutzung des Minutenzeichens der telephonischen Zeitansage oder des Gongschlags der Rundfunk-Zeitansage abgeraten. Beide genügen den hier gestellten Anforderungen an Genauigkeit bei weitem nicht.

b) Chronograph

Der Betrieb eines Chronographen erfordert eine Präzisionsuhr mit Steigradkontakt, zwei polarisierte Zwischenrelais und dazu außer der Handtaste noch eine geeignete Stromversorgung (etwa 12 V, 12 W =), wofür man heute meistens einen aus dem Wechselstromnetz gespeisten Selen-Zweiweg-Gleichrichter benutzt.

Das Beobachtungsverfahren ähnelt dem Stoppuhranschluß an eine Uhr. Dabei kann die p. Gl. einfach durch Tasten der Sekundenschläge der Signaluhr selbst ermittelt werden. Durch die Selbstinduktion der Spulen und die mechanische Trägheit der Schaltorgane und des Chronographen ist sie merklich größer als beim vorigen Verfahren (Werte bei SIDGWICK[2]). Man beachte dabei, daß die beiden Federn des Chronographen im allgemeinen nicht gleich schnell reagieren, so daß ihre Aufgaben nicht vertauscht werden dürfen. Weiterhin ist auf mögliche Fehler des Steigrades zu achten, wodurch die geschriebenen Sekundenintervalle ungleichmäßig werden können. Pendelkontakte arbeiten übrigens niemals gleichmäßig genug, um den Steigradkontakt zu ersetzen.

An die Stelle des Stoppfehlers tritt hier der viel kleinere Schreib- und Ablesefehler der stets unter 1 sec liegenden Anschlußzeit Δt (etwa $\pm 0\overset{s}{.}02$), wodurch der nunmehr im wesentlichen durch den Uhrstand bedingte mittlere Gesamtfehler etwas unter $\pm 0\overset{s}{.}1$ sinkt.

Die höhere Genauigkeit und das mit dem Schreibstreifen gelieferte Dokument sind unbestreitbare Vorteile dieses Verfahrens. Dem stehen aber erhebliche Anforderungen an Aufwand und Wartung gegenüber, welche durch die genannten Vorteile nur wenig gerechtfertigt werden. Man wird daher wohl den Chronographen nur dort bei der Beobachtung der Sternbedeckungen verwenden, wo er für andere Zwecke bereits vorhanden ist.

Ähnliches gilt erst recht für die von J. HERRMANN[3] beschriebene Benutzung des *Tonbandgeräts*, dessen Leistungsfähigkeit ungefähr der des Chronographen gleichkommt.

---

[1] J. HERRMANN: Die Beobachtung von Sternbedeckungen und ihre Bedeutung für die theoretische Astronomie I. Nachrichtenblatt der Vereinigung der Sternfreunde 7, 47 (1958).

[2] J. B. SIDGWICK: Amateur Astronomer's Handbook, S. 81. London: Faber and Faber Ltd. 1957.

[3] J. HERRMANN: Tonbandgeräte bei astronomischen Beobachtungen. Nachrichtenblatt der Vereinigung der Sternfreunde 8, 9 (1956).

c) Auge — Ohr — Methode

Bei der *Auge-Ohr-Methode* ist nur ein Chronometer oder auch eine andere zuverlässige und sorgfältig gepflegte Uhr erforderlich, die einen gut erkennbaren Sekundenzeiger besitzt und deren nicht „hinkender" Halbsekundenschlag deutlich hörbar ist. Notfalls kann man das Ticken verstärken, indem man die Uhr auf einen als Resonanzboden geeigneten Holzkasten stellt. Bei der Beobachtung kommt es darauf an, den Kontaktaugenblick zwischen die halbsekundlich folgenden Schläge einzuschätzen, worauf man die vollen Sekunden bis zu einer an der Uhr abgelesenen Signalzeit t_s einfach abzählt. Man kann dabei etwa in folgender Weise vorgehen: Man nimmt zunächst rechtzeitig den Uhrschlag auf, indem man in Gedanken mitzählt: 0 und 0 und 0 usw., um dann, sobald der Ein- oder Austritt erfolgt ist, weiterzuzählen: und 1 und 2 und 3 usw.. Dabei wendet man sich zugleich der Uhr zu, bricht das Zählen etwa bei Ankunft des Sekundenzeigers bei vollen zehn Sekunden ab und notiert außer der letzten Zahl die in diesem Augenblick abgelesene Zeit. Außerdem erinnert man sich, an welcher Stelle der ersten, mit „0 und 1" gezählten Sekunde die Beobachtung erfolgte. Trat sie zum Beispiel dicht, d. h. etwa $0\overset{s}{.}2$, vor dem $0\overset{s}{.}5$ entsprechenden „und"-Schlag ein und wurde danach bei der Zahl 8 an der Uhr $4^h25^m40^s$ abgelesen, so zeigte diese im Augenblick der Beobachtung die Zeit $4^h25^m40 + 0\overset{s}{.}3 - 8^s = 4^h25^m32\overset{s}{.}3$. Geübte Beobachter schätzen auf $\pm 0\overset{s}{.}1$. Der Δt-Fehler entfällt und von der p. Gl. bleibt nur der sehr geringe Unterschied in der Auffassungszeit des Auges und des Ohres. SIDGWICK[1] gibt dafür allerdings im Mittel immer noch $0\overset{s}{.}08$ an. Auf diese Weise sollte die Genauigkeit dieser Methode die des Stoppuhrverfahrens übertreffen und dem Chronographen nahe kommen. Bei den Ergebnissen dreier geübter Beobachter des Cape-Observatoriums[2] zeigte sich aber immer noch ein mittlerer Fehler von $\pm 0\overset{s}{.}15$. Es darf dabei nicht verschwiegen werden, daß die Auge-Ohr-Methode hohe Ansprüche an die Konzentrationsfähigkeit und Geistesgegenwart des Beobachters stellt.

Die Genauigkeitsunterschiede der hier beschriebenen Methoden können für das Ephemeridenzeitproblem allerdings erst dann eine Bedeutung erhalten, wenn bei der Auswertung eine Berücksichtigung des Mondprofils möglich wird. Man vergegenwärtige sich dabei, daß der Mond in 1 sec ca. 1 km auf seiner Bahn zurücklegt. Eine Erhöhung des Mondrandes um 100 m, parallel zur Mondbahn gemessen, verschiebt die beobachtete Kontaktzeit einer Sternbedeckung also um $0\overset{s}{.}1$. Die photographisch gewonnenen Mondprofile erreichen eine solche Genauigkeit aber nur in seltenen Fällen annäherungsweise.

5. Verwertung der Beobachtungsergebnisse

Die Beobachtungsergebnisse für das Ephemeridenzeitprogramm werden vierteljährlich oder jährlich gemeldet an das *H. M. Nautical Almanac Office, Royal Greenwich Observatory, Herstmonceux Castle, Hailsham, Sussex, England,* und zwar jeweils spätestens bis zum Ablauf des dem Beobachtungsjahr folgenden Halbjahres. Hier erfolgt die zentrale Auswertung aller gemeldeten Beobachtungsergebnisse.

Früher war es erwünscht, daß der Beobachter den ersten Teil der Reduktionen seiner Ergebnisse selbst vornahm, um das N. A. Office zu entlasten. Die Art dieser Reduktion wird bei GONDOLATSCH[3] beschrieben und an einem Beispiel erläutert. Nachdem man aber am N. A. Office die Auswertung durch die Einführung moderner Rechenmethoden rationalisiert hat, genügt es, die unreduzierten Beobachtungsergebnisse einzusenden.

---

[1] Siehe Anm. 2, 185.
[2] D. S. EVANS: Timing of Occultations. The Observatory **71**, 155 (1951).
[3] F. GONDOLATSCH: Erdrotation s. Anm. 2, S. 179.

Die Meldung muß außer den Beobachtungsergebnissen und dem Namen und der Anschrift des Beobachters auch die geographischen Koordinaten und die Höhe des Beobachtungsortes enthalten. Dabei darf, wenn der Fehler der Angaben die gefundenen Kontaktzeiten in keinem Falle um mehr als $0^{s}\!.1$ beeinträchtigen soll, der wahre Beobachtungsort von dem angegebenen in horizontaler Richtung nicht weiter abweichen als um 33 m. In den seltensten Fällen wird nun der Amateurbeobachter auf eine astronomische Ortsbestimmung zurückgreifen können. Daher muß er versuchen, die genannten Werte auf einem anderen Wege hinreichend genau zu erhalten.

Befindet sich sehr nahe ein *trigonometrischer Punkt* der Landesvermessung, dessen geographische Koordinaten bei den staatlichen Vermessungsämtern vorliegen, so kann sich der Beobachter daran anschließen, wenn er feststellt, wie weit nördlich oder südlich und östlich oder westlich davon sein Beobachtungsort liegt. Einer Bogensekunde in der geographischen Breite entspricht in der Richtung des Meridians eine Strecke von 31 m, einer Bogensekunde in der geographischen Länge bei der geographischen Breite φ eine solche von 31 m/cos φ in der OW-Richtung. Mit einem Bandmaß lassen sich Entfernungen, die nicht zu weit über diese Längen hinausgehen, noch hinreichend genau messen. Kilometerzähler an Fahrzeugen reichen dafür jedoch nicht mehr aus.

In sehr vielen Fällen wird man den sehr preiswerten, im Buchhandel erhältlichen amtlichen *Gradabteilungsblättern* der topographischen Karte 1:25000 die geographischen Koordinaten entnehmen können. Der geforderten Genauigkeit auf ± 33 m in der Natur entspricht auf dieser Karte ± 1.3 mm, was bei sorgfältigem Verfahren leicht einzuhalten ist, auch wenn man durch das nachträgliche Eindrucken des Koordinatenrahmens von vornherein mit einem Fehler rechnen muß, der nicht weit unter ± 1 mm liegen kann. Man muß jedoch darauf achten, daß die Karte am Beobachtungsort nicht durch das wegen der geforderten Lesbarkeit unumgängliche *Generalisieren* merklich verzerrt wurde. So werden z. B. die Straßen mit ihrer Mitte in der richtigen Lage, jedoch stark verbreitert eingezeichnet, so daß alle Details unmittelbar an ihrem Rande etwas verschoben werden müssen. Während in einem solchen Falle die Generalisierung vom Benutzer der Karte leicht erkannt und eliminiert werden kann, ist ein solches Verfahren innerhalb geschlossener Ortschaften, wo die Generalisierung die angegebene Toleranz schon überschreiten kann, vielfach nicht mehr möglich. Da die genaueren Karten wie die nicht generalisierte *Flurkarte* 1:5000 keine geographischen Koordinaten enthalten, sondern nur die auf eine komplizierte Weise in diese umzurechnenden Soldnerschen Koordinaten, bleibt in solchen Fällen nichts übrig, als die geographischen Koordinaten von den zuständigen staatlichen Vermessungsämtern einzuholen.

Weniger schwierig ist die Feststellung der *Höhe* des Beobachtungsortes, deren Angabe schon auf ± 50 m genau genügt. Hierzu reichen die Höhenschichtlinien der Gradabteilungsblätter leicht aus.

Zusammengefaßt soll die Meldung also die folgenden Angaben enthalten:

1. Bedeckter Stern.
2. Datum und beobachtete Kontaktzeit in Weltzeit (UT) oder auch Mitteleuropäischer Zeit (MEZ) unter Hinzufügung der genannten Abkürzungen auf $\pm 0^{s}\!.1$ genau. Die Beifügung des meist schwer bestimmbaren mittleren Fehlers ist nicht erforderlich.
3. Beobachtungsort mit geographischer Länge und Breite auf $\pm 1''$ genau sowie der Höhe über NN auf ± 50 m genau mit Angabe der Quellen für diese Werte.
4. Kurze Kennzeichnung des Beobachtungsinstruments (z. B. $2''$-Refraktor $f = 75$ cm mit 45facher Vergrößerung).
5. Kurze Kennzeichnung des Beobachtungsverfahrens (z. B. Anschluß mit $0^{s}\!.1$-Stoppuhr an das AFN-Zeitsignal $20^{h}\!.0$ MEZ).
6. Angaben über die Beobachtungsbedingungen wie auch eventuell eine eigene Beurteilung der Beobachtung (z. B. sehr gute Durchsicht, starke Luftunruhe).
7. Eventuell Angaben über beobachtete Besonderheiten (z. B. flackerndes Erlöschen).
8. Name und Anschrift des Beobachters.

6. Bedeckungen der Planeten (s. S. 228)

Für die Forschung zwar nicht von gleicher Bedeutung wie die Bedeckungen der Fixsterne, dafür aber als Himmelsschauspiel noch eindrucksvoller sind die der Planeten. Wegen deren sichtbarer Größe kann sich der Ein- oder Austritt hier über mehrere Minuten erstrecken. So kann der Beginn oder das Ende einer fast streifenden Bedeckung durch den Mond zwischen dem ersten und zweiten bzw. dritten und vierten Kontakt bei Jupiter 10, bei Mars 21 und bei Venus sogar 35 Minuten dauern. Jedoch können diese Werte allein schon wegen des dabei nicht berücksichtigten Mondprofils nur zur Veranschaulichung dienen. Man ersieht daraus, daß dem Beobachter die in den Vorausberechnungen angegebene Zeit für den Ein- oder Austritt der Planetenmitte nicht genügen wird, sondern dazu die Kenntnis der Ein- oder Austritts*dauer* sehr wünschenswert ist.

Zu ihrer Bestimmung entnimmt man den Vorausberechnungen des Nautical Almanac Office außer der Kontaktzeit noch

p, den Positionswinkel der Bedeckung,
dazu aus der *Astronomical* oder *American Ephemeris* für die Kontaktzeit
$\Delta\alpha_☾$, $\Delta\delta_☾$, die *stündlichen* Änderungen des scheinbaren Mondortes in Zeit- bzw. Bogensekunden (in der Tafel „*Moon for Each Hour of Ephemeris Time*“ jeweils rechts unter „*Apparent Right Ascension* bzw. *Declination*“),
$\Delta\alpha$, $\Delta\delta$, die *täglichen* Änderungen des scheinbaren Planetenortes in Zeit- bzw. Bogensekunden (rechts in den entsprechenden Spalten der Planetentafeln „*for* 0^h *Ephemeris Time*“),
$\delta_☾ \approx \delta$, die ebenda verzeichnete scheinbare Deklination des Mondes bzw. des Planeten, sowie
ϱ, den scheinbaren Planetenradius in Bogensekunden (in den genannten Planetentafeln unter „*Semidiameter*“ oder „*Polar S. D.*“).

Die Berücksichtigung der *Abplattung* der Planeten und der besonderen Form der *Saturnringe* ist zwar, wie unten am Beispiel des Saturn angedeutet wird, mittels einer guten Zeichnung oder Abbildung leicht möglich, aber im Verhältnis zum Zeitaufwand wenig lohnend. Man wird lieber eine erträgliche Vergrößerung der berechneten Dauer in Kauf nehmen und bei den beiden stark abgeplatteten größten Planeten anstelle des der Tafel entnommenen, hier sicher zu kleinen Wertes für den *Polarradius* den daraus durch Multiplikation mit 1.066 bzw. 2.542 zu gewinnenden *Maximalradius* des Jupiter bzw. Saturn mit Ringsystem einsetzen.

Hiermit berechnet man zunächst die *scheinbaren Relativbewegungen* der beiden Himmelskörper in Bogensekunden pro Minute

$$\mu_\alpha = \left(\frac{\Delta\alpha_☾}{4} - \frac{\Delta\alpha}{96}\right)\cdot\cos\delta \qquad \mu_\delta = \frac{\Delta\delta_☾}{60} - \frac{\Delta\delta}{1440} \tag{3}$$

und damit das gesuchte Zeitintervall in Minuten

$$\Delta t = \frac{2\varrho}{|\mu_\alpha\cdot\sin p - \mu_\delta\cdot\cos p|}. \tag{4}$$

Es wird hiernach genügen, mit der eigentlichen Beobachtung wenig früher als um die halbe nach (4) berechnete Zeit vor der auf den Beobachtungsort reduzierten Vorausberechnung zu beginnen. Der dabei nicht berücksichtigte Einfluß der *Mondparallaxe* kann vernachlässigt werden.

Nützlich, aber nicht notwendig ist es dabei, eine maßstäbliche Zeichnung der Begegnung der Himmelskörper zu besitzen, wie man sie häufig in den für den Amateurbeobachter bestimmten Jahrbüchern[1] findet, wo diese Ereignisse regelmäßig angekündigt und beschrieben

[1] s. z. B. so in: The Handbook of the British Astronomical Association und A. NAEFS Jahrbuch „Der Sternenhimmel“ (s. S. 354).

werden. Man kann sie sich auch — sogleich richtig für den Beobachtungsort — in folgender Weise selbst anfertigen: Für mehrere volle Stunden vor und nach der vorausberechneten oder vermuteten Kontaktzeit entnimmt man der *Astronomical* oder der *American Ephemeris* den scheinbaren Ort ($\alpha_☾$, $\delta_☾$) des Mondes (*Moon for each hour of Ephemeris Time*) sowie den (interpolierten) scheinbaren Planetenort (α, δ) (Ephemeridentafeln „*for* 0^h *Ephemeris Time*"). Ferner entnimmt man einer Tafel der *Mondparallaxen*[2] die zur Reduktion auf den Beobachtungsort erforderlichen Korrektionen $\Delta'\alpha_☾$ und $\Delta'\delta_☾$. Damit bildet man

(3) $$x = -(\alpha - \alpha_☾ - \Delta'\alpha_☾) \cdot \cos\delta_☾$$

(4) $$y = \delta - \delta_☾ - \Delta'\delta_☾$$

und trägt diese Werte (beide in Bogenminuten) in ein Cartesisches Koordinatensystem (x-Achse nach rechts, y-Achse nach oben) auf Millimeterpapier ein. Die erhaltene Kurve $y(x)$, nahezu eine Gerade, stellt die scheinbare Bahn des Planeten relativ zum Monde in dessen Nähe dar. Der Planetenort wird unter Vernachlässigung seiner Parallaxe darauf in gleichen Zeitintervallen angemerkt. Um den Ursprung O des Koordinatensystems, den Mondort, wird ein Kreis mit dem scheinbaren Mondradius $\varrho_☾$ in Bogenminuten (Tafel „*Moon for* 0^h *and* 12^h *Ephemeris Time*" der genannten Jahrbücher) geschlagen, welcher den Mondrand darstellt. Nun kann man sofort die Positionswinkel p_1 und p_2 für den Eintritt und den Austritt (gegen die $+y$-Achse) ablesen sowie auch deren Zeiten t_1 und t_2.

Zur Einzeichnung des *Terminators* entnimmt man der Tafel „*Moon: Ephemeris for Physical Observations*" der genannten Jahrbücher den Positionswinkel des hellen Randes (*Position Angle of Bright Limb*), den man von der $+y$-Achse gegen den Uhrzeigerumlauf abträgt. Senkrecht zu dem in dieser Richtung gezeichneten Durchmesser liegen dann die Endpunkte der Lichtgrenze auf dem Mondrande. Schließlich entnimmt man derselben Tafel die Größe $f =$ *Fraction illuminated* und trägt auf dem gezeichneten Durchmesser zum hellen Rand von diesem beginnend die Strecke $2f \cdot \varrho_☾$ ab. Der durch ihren Endpunkt und die beiden Terminatorendpunkte gezeichnete Ellipsenbogen stellt dann die Lichtgrenze dar.

Weiter ist es besonders bei Planeten wie Saturn, deren Figur stark von der Kugelform abweicht, nützlich, diese an einer Stelle der Zeichnung in richtiger Orientierung einzuzeichnen, wenn man dabei auch den Maßstab vergrößern muß. Auch dafür findet man in den Jahrbüchern die erforderlichen Angaben, für das Ringsystem des Saturn z. B. in der Tafel *Rings of Saturn* die große und die kleine (ganze) Achse der Ringellipse (*Major* bzw. *Minor Axis of outer edge of outer ring*) sowie den Positionswinkel P der kleinen Achse. Ferner sind dort auch die Verkleinerungsfaktoren angegeben, mit deren Hilfe man aus der obigen Ringellipse die übrigen Begrenzungen des Ringsystems findet.

Bei der Beobachtung (Vergrößerung etwa 150fach) hält man alle bemerkenswerten Zeiten zunächst auf volle Sekunden fest, die man später auf Zehntel Minuten rundet. Auch hier kann das von C. Hoffmeister vorgeschlagene Verfahren der Zeitbestimmung angewendet werden (s. S. 169). Für eine solche Beobachtung bietet sich z. B. bei einem Saturn-Eintritt die erste Berührung des Ringsystems mit dem Mondrand dar, dann die des Planetenkörpers und später die beiden Zeiten, wo die genannten Teile hinter dem Mond verschwinden.

Die *Verwertung* der Beobachtung erfolgt in gleicher Weise wie bei den Fixsternen (s. S. 186), wobei man den für die beobachteten Kontaktpaare gefundenen Zeiten noch jeweils den Mittelwert hinzufügt.

---

[1] Tafeln der Mondparallaxen in: The Handbook of the British Astronomical Association 1929. — J. Dick: Tafeln zur Berechnung der Mondparallaxe. Die Sterne **11**, 131 (1931). — Mitteilungen für Planetenbeobachter **13**, H. 4 (1960).

VI. Künstliche Erdsatelliten

Von

W. Petri

Universitäts-Sternwarte, München

Mit 6 Textabbildungen

1. Wesen und Zweck der Satelliten

Im Jahre 1955 kündigten sowohl die USA wie die UdSSR an, sie würden im Laufe des Internationalen Geophysikalischen Jahres 1957/58 künstliche Erdsatelliten mit Meßgerät in den Weltraum entsenden. Die meisten der damals in Dublin auf einem Kongreß versammelten Astronomen gingen über diese Meldung zur Tagesordnung über. Inzwischen ist das Internationale Geophysikalische Jahr zu Ende gegangen, und beide Partner haben ihr Versprechen eingelöst. Bereits ein Jahr nach dem historischen 4. Oktober 1957, wo der erste „Sputnik" den Erdball zu umkreisen begann, war die Nachricht vom Start eines neuen Satelliten keine erstrangige Sensation mehr. Nicht nur die Weltöffentlichkeit — auch die Astronomen haben sich mit der Existenz dieser seltsamen Gebilde abgefunden. Während sich aber nur wenige der großen Sternwarten näher auf Satellitenbeobachtungen spezialisieren konnten, haben die Amateure hier ein reiches und fruchtbares Betätigungsfeld gefunden und in kurzer Zeit durch planvolle Zusammenarbeit mit bescheidenen Mitteln wertvolle Arbeit geleistet und dabei selbst Freude, Anregung und Bereicherung ihres Wissens empfangen. So darf auch in einem modernen Handbuch für Sternfreunde ein eigenes Kapitel über künstliche Erdsatelliten nicht fehlen.

Die wissenschaftlichen Erstveröffentlichungen über künstliche Erdsatelliten erscheinen in den großen Zeitschriften: *Nature*, *Природа*, *Science* und Fachorganen für Astronautik, Geophysik, Astrophysik und Funktechnik, deren Aufzählung hier zu weit führen würde. Referate bringen in deutscher Sprache Monatszeitschriften wie *Naturwissenschaftliche Rundschau* und *Umschau*. Für Sternfreunde von speziellem Interesse sind Veröffentlichungen des Smithsonian Astrophysical Observatory, namentlich seit Sommer 1956 in unregelmäßigen Abständen: *Bulletin for Visual Observers of Satellites* (Beilage zu Sky and Telescope) und ein besonderes *Phototrack Bulletin*. An russischen Publikationen sind für den Beobachter lohnend *Астрономический Циркуляр* (viele Beitr. ab Nr. 186 [1957]) und *Астрономический Журнал* (ausführlichere Darstellungen ab Band 35 [1958]). Grundlegende Arbeiten über Technik und Beobachtung von Satelliten bringen die Kongreßbände der *Internationalen Astronautischen Föderation* (IAF), besonders Nr. VIII (Barcelona 1958) und IX (Amsterdam 1959), welche bei Springer in Wien erscheinen, sowie die *Astronautica* Acta (Springer, Wien) und die astronautischen Länderorgane. Siehe auch S. 350.

a) Der Satellit als Himmelskörper

Unzweifelhaft ist ein gravitierender Körper, der die Erde auf einer im wesentlichen den Gesetzen der Himmelsmechanik gehorchenden Bahn umläuft, als Himmelskörper anzusprechen. Die Bezeichnung „künstlicher Mond" ist etwas üppig, aber nicht falsch, zumal der Beginn des Jahres 1959 der Welt auch schon einen „künstlichen Planeten" beschert hat. Auf die Größe kommt es dabei nicht an.

Immerhin bestehen gegenüber der klassischen Mondtheorie in der Bewegung eines Satelliten bedeutsame praktische Unterschiede. Einerseits kann man die Einflüsse anderer Himmelskörper und die Eigengravitation des Satelliten außer acht lassen, andererseits machen sich die Abweichung der Erde von der Kugelgestalt und die ungleichmäßige Zusammensetzung ihres Inneren, die gebietsweise Schwereanomalien hervorruft, im Laufe der Zeit stark bemerkbar. Hinzu kommt oft noch die bremsende Wirkung der Erdatmosphäre und sogar des erdmagnetischen Feldes und interplanetaren Plasmas — von gewissen relativistischen Effekten, für deren Nachweis die Zeit noch nicht reif ist, zu schweigen.

Ein künstlicher Satellit kann an sich jede Umlaufsrichtung und Bahnneigung haben. Wenn die Exzentrizitäten zunächst durchweg klein waren, so lediglich deshalb, weil die Bahnen ja um die Erde herumführen müssen, ohne sich aber (aus Gründen der Energieersparnis beim Start und der besseren Beobachtungsmöglichkeit) weit von ihr zu entfernen. Auch im folgenden wird nur von erdnahen Satelliten die Rede sein.

b) Der Satellit als Sonde

Fast alle Satelliten sind mit Meßinstrumenten ausgerüstet und mit kleinen Funkanlagen, welche die Meßwerte (zum Teil nach Zwischenspeicherung auf Abruf) den Bodenstationen zustrahlen. Eine Ausnahme machen die „unfreiwilligen" Satelliten, wie mit umlaufende Raketenstufen und abgesprengte Schutzkappen, sowie die aufgeblasenen verspiegelten Plastikkugeln, deren erster Start am 23. Oktober 1958 freilich mißglückt ist. Mit ihrer Hilfe will man die Dichte der Hochatmosphäre besonders wirksam bestimmen, da sie bei geringer Masse eine große Widerstandsfläche bieten.

Ein Minimum an Ausrüstung trägt der am 17. März 1958 gestartete Vanguard Baby-Satellit. Er hat nur einen von Sonnenbatterien gespeisten Subminiatursender, aber keine Meßinstrumente. Demgegenüber ist Sputnik 3 mit seinen vielen Geräten zur Registrierung verschiedenartiger Höhenstrahlungsteilchen, unsichtbarer Sonnenstrahlung, von Ionen, elektrischen und magnetischen Feldern ein wahres Laboratorium. Andere Satelliten beschränken sich auf Spezialaufgaben wie die Sondierung des Strahlungsgürtels der Erde (der überhaupt erst durch Satellitenmessungen entdeckt wurde!) oder der Möglichkeit weltweiter Nachrichtenübertragung auf Ultrakurzwellen. Bemannte Satelliten werden folgen.

c) Der Satellit als Raumschiff

Die künstlichen Erdsatelliten haben eine eigentümliche Zwitterstellung zwischen Wissenschaft und Technik inne. Sie sind zugleich Forschungsinstrument und Verkehrsmittel — freilich ein Verkehrsmittel ungewöhnlicher Art, das eine neue Epoche der menschlichen Zivilisation einleitet: die Epoche der Weltraumfahrt. Sobald das Rückkehrproblem gelöst ist, sobald es also gelungen sein wird, einen Satelliten größeren Ausmaßes wohlbehalten wieder auf die Erde zurückzuholen, werden sich auch Menschen diesem Verkehrsmittel anvertrauen und daran gehen, eine ständige Außenstation der Erde im Weltraum zu errichten, die mannigfachen wissenschaftlichen und praktischen Zwecken dienen wird. Bevor der Mensch aber die schützende Hülle der Atmosphäre aufgibt und sich den Geheimnissen und Gefahren des Weltraumes aussetzt, muß er diese Geheimnisse und Gefahren gründlich studieren. Dazu dienen vor allem die kleinen unbemannten Erdsatelliten der Pionierzeit, in der wir heute leben. So ist jeder, der an einem Satellitenprogramm mitwirkt, ein Wegbereiter der Weltraumfahrt. Er selbst wird dabei einen Schatz an Kenntnissen und Erfahrungen gewinnen, der seinen idealen Lohn in sich trägt, unter Umständen aber für ihn auch einmal von praktischem Wert sein kann; denn Kenner und Könner sind überall vonnöten, nicht zuletzt auf dem so zukunftsträchtigen Gebiete der Astronautik.

2. Sichtbarkeitsbedingungen

Wie jeder Himmelskörper muß sich der Satellit zunächst einmal über dem Horizont des Beobachters befinden, um gesehen zu werden. Sodann muß er im Auge oder auf der photographischen Schicht einen merklichen und verwertbaren Eindruck hervorrufen. Zu diesem Zweck muß er eine gewisse Helligkeit haben und sich genügend vom Himmelsuntergrund abheben. Es kommt also nicht nur auf die (scheinbare) Helligkeit des Satelliten, sondern auch die des Himmels an. Für die Auffindung ist außerdem erwünscht, im voraus einigermaßen Zeit und Richtung zu kennen, in der das Objekt zu erwarten ist. Ehe wir uns der eigentlichen Beobachtungstechnik zuwenden, seien daher einige allgemeine Fragen der Sichtbarkeit von Satelliten erörtert.

a) Der Satellit als beleuchtete Kugel

Der Einfachheit halber nehmen wir an, der Satellit sei eine Kugel, die ihr Licht von der Sonne erhält. Selbstleuchtende Satelliten sind vorerst noch nicht aufgetaucht. Die Stärke der Beleuchtung durch die Sonne sei E, der Halbmesser der Kugel r (in Metern) und ihr Reflexionsvermögen R. Dann sind zwei Grenzfälle zu unterscheiden. Bei spiegelnder Reflexion ist die Helligkeit des Satelliten $I_{\text{sp}} = \frac{E R r^2}{4}$. Sie ist also richtungsunabhängig. Anders bei diffuser Reflexion. Hier kommt es noch auf den Phasenwinkel α an. Das ist der am Satellitenort gemessene Winkel zwischen Sonne und Beobachter. Es gilt: $I_{\text{diff}} = E R r^2 \cdot \frac{8}{3} \varphi(\alpha)$. Dabei ist $\varphi(\alpha) = \frac{\sin\alpha + (\pi - \alpha) \cdot \cos\alpha}{\pi}$ das Phasengesetz; α ist in Bogenmaß zu nehmen. Bei Neumondstellung ist $\alpha = \pi$ und $\varphi = 0$, bei Vollmond $\alpha = 0$ und $\varphi = 1$, in der Quadratur $\alpha = \pi/2$ und $\varphi = 1/\pi = 0.3183$.

Bis in die Nähe der Quadratur ist also die diffuse Kugel der spiegelnden an Helligkeit überlegen — unter Vollmondbedingungen um das $\frac{8}{3}$fache. In Zahlen ergibt sich für $E = 150000$ lx, $R = 1$ und $r = 0.30$: $I_{\text{sp}} = 3375$ cd und $I_{\text{diff}\,(\alpha=0)} = 9000$ cd. Um die Helligkeit eines rein weißen, diffus reflektierenden Satelliten noch zu überbieten, müßte man auf die gleichmäßige Verteilung des von der Sonne empfangenen Lichtes im Raum verzichten und die Oberfläche mit Planspiegeln bedecken, die dann von Zeit zu Zeit kurz aber kräftig aufblinken. Besonders ausgeprägt wird die ungleichmäßige Reflexion, wenn der Umriß des Satelliten stark von der Kugelgestalt abweicht.

b) Berechnung des Phasenwinkels

Um den Phasenwinkel α zu berechnen, müssen wir die sphärischen Koordinaten von Sonne und Satellit im Horizontalsystem des Beobachters kennen, dann ist $\alpha = 90° + h - \zeta$. . Hier bezeichnet h den Höhenwinkel der Sonne (negativ, wenn die Sonne unter dem Horizont steht) und ζ einen Hilfswinkel nach der Formel $\operatorname{tg}\zeta = \operatorname{tg} z \cdot \cos d$. Dabei ist z die (allseitig positive) Zenitdistanz des Satelliten und d die Azimutdifferenz von Sonne und Satellit (stets positiv genommen, also zwischen 0° und 180° liegend). ζ sei positiv, wenn $d > 90°$, sonst negativ. Seine Bedeutung ist die folgende: Denken wir uns im Beobachtungsort eine Ebene, die die Erdoberfläche senkrecht zur Richtung auf die Sonne hin schneidet und durch den Satellitenort geht, so bildet diese mit der Zenitlinie des Beobachters den Winkel ζ.

Wir unterscheiden zwei elementare Fälle: 1. Der Satellit läuft quer zur Richtung auf die Sonne: $d = 90°$, $\cos d = 0$, $\zeta = 0$, $\alpha = 90° + h$; der Phasenwinkel hängt nur von der Sonnenhöhe ab, ist also während des Durchgangs ziemlich konstant.

2. Der Satellit bewegt sich genau in Richtung des Sonnenazimuts und geht durch den Zenit des Beobachters: $d = 0°$ oder $180°$, $\cos d = \pm 1$, $\zeta = \pm z$, $\alpha = 90° + h \pm z$; in den Phasenwinkel geht die Zenitdistanz des Satelliten voll ein und zwar mit unterschiedlichem Vorzeichen, je nachdem, ob der Satellit sich auf der der Sonne zu- oder abgewandten Seite vom Zenit befindet.

c) Lage des Erdschattens

Da bei diffuser Reflexion der Phasenwinkel möglichst klein sein soll, ist es günstig, wenn die Sonne bei der Beobachtung recht tief steht (h stark negativ) und der Satellit sich weit auf der von ihr abgewandten Seite des Himmels befindet ($d > 90°$, z groß). Tiefer Sonnenstand hat außerdem noch den großen Vorteil, daß die Dämmerung weit vorgeschritten und der Himmelsuntergrund schon recht dunkel ist (Abb. 1). Das nützt aber nur, solange der Satellit selbst noch von den Sonnenstrahlen getroffen wird. Man muß also den Verlauf des Erdschattens kennen; dann kann man bei im voraus bekannter Flugbahn die Sichtbarkeit des Satelliten abschätzen oder auch umgekehrt die Flughöhe berechnen, falls man zufällig beobachtet hat, wie der Satellit im Erdschatten verschwindet.

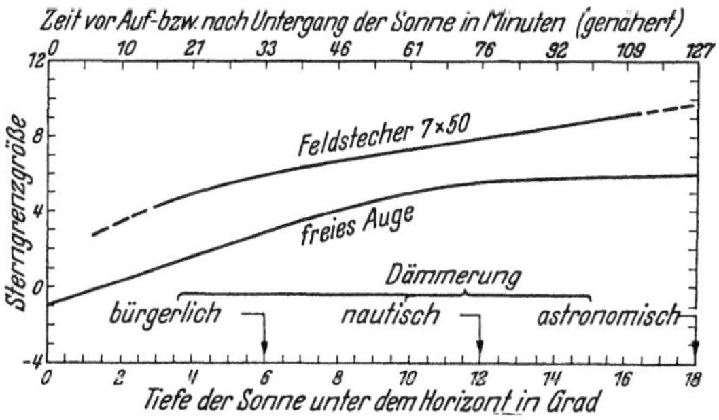

Abb. 1. Sichtbarkeitsgrenzen für ein schwaches, sternartiges Objekt in der Dämmerung. Nach R. H. EMMONS; Sky and Telescope **16**, 171 (1957).

Die Grenze des Erdschattens ist in Wirklichkeit konisch und infolge der endlichen Winkelgröße der Sonne unscharf. Wir begnügen uns hier mit der Annäherung, daß sie eine Ebene sei, und bestimmen zunächst die Höhe H, in der diese Ebene die Zenitlinie des Beobachters schneidet: $H = R(\sec h - 1)$. Dabei ist R jetzt der Erdradius und h wie vorhin der Höhenwinkel der Sonne. Da es sich in der Praxis stets um Höhen über 100 km handelt, können wir das wahre Erdprofil und die Meereshöhe des Beobachters vernachlässigen. Denken wir uns nun im Beobachtungsort eine lotrechte Ebene in Richtung des Sonnenazimuts, so wird diese vom Erdschatten unter dem Winkel h zur Horizontalen geschnitten. Uns interessiert aber der Winkel, unter dem die Schattengrenze im Azimut des Satelliten verläuft. Wir nennen ihn β und bedienen uns wieder der vorhin definierten Azimutdifferenz d. Dann ist $\operatorname{tg} \beta = \operatorname{tg} |h|. \cos d \cdot \beta$ ist also kleiner als h und wird zu Null, wenn der Satellit quer zur Sonnenrichtung steht.

Jetzt berechnen wir noch die Flughöhe H', die der Satellit mindestens haben muß, um noch von den Sonnenstrahlen getroffen zu werden:

$$H' = H \cdot \frac{1}{2} (1 + \cos(\beta + z) \cdot \sec(\beta - z)\,.$$

Diese Formel gilt nur in der Nähe des Beobachtungsortes; in Wirklichkeit darf H' noch etwas größer sein, da die Linie, in der die Schattengrenze die lotrechte Ebene durch Beobachtungsort und Satellitenazimut schneidet, meist schwächer gekrümmt ist als die Erdoberfläche. Nur für $d = 90°$ sind die Krümmungen gleich.

d) Zenitdistanz und Entfernung

Für die Beurteilung der Sichtbarkeit eines Satelliten ist auch seine Zenitdistanz z und seine Entfernung vom Beobachter, E, wichtig. Bei großen Zenitdistanzen

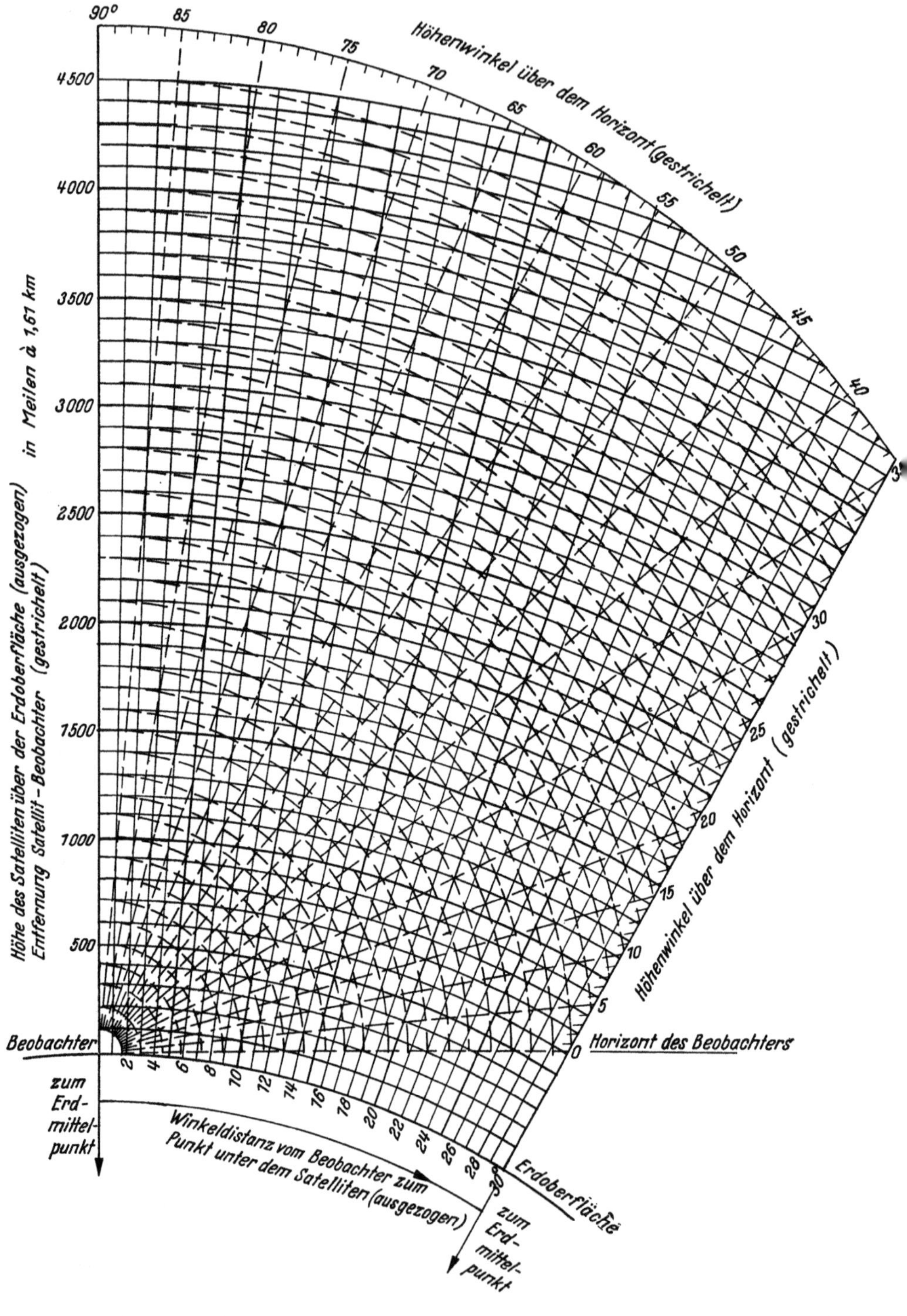

Abb. 2. Höhenwinkel und Entfernung des Satelliten für einen Beobachter auf der Erdoberfläche. Nach L. N. CORMIER, N. GOODWIN und R. K. SQUIRES, Simplified Satellite Prediction from Modified Orbital Elements, Washington, National Academy of Sciences, 1958, S. 46.

macht sich bekanntlich die atmosphärische Extinktion (s. S. 116) bemerkbar. Deshalb erscheint der Satellit bei klarer Luft in $z = 45°$ um 0.1^m und in $z = 65°$ um 0.3^m schwächer als unter sonst gleichen Verhältnissen im Zenit.

Bei der Entfernung vom Beobachter wirkt sich das Gesetz der quadratischen Ausbreitung des Lichtes aus. So sinkt die scheinbare Helligkeit bei Verdopplung von E auf 1/4 des Ausgangswertes; das entspricht 1.5^m. Kennt man m_E, die scheinbare Helligkeit in der Entfernung E, so kann man sie leicht auf andere Entfernungen umrechnen: $m_{E'} = m_E + 5 \log E'/E$.

Wir fragen weiter: Wie groß sind Zenitdistanz und Entfernung eines Satelliten, von dem wir wissen, daß er sich zu einem bestimmten Zeitpunkt in H km Höhe über einem Orte befindet, der vom Beobachter D km entfernt sei? Zunächst verwandeln wir D in den geographischen Zentriwinkel γ: $\gamma = \frac{D}{111.2}$. Dann berechnen wir eine Zwischengröße $F = H - R(\sec\gamma - 1)$. Dabei ist R wieder der Erdradius. Es ergeben sich die Schlußformeln:

$$\operatorname{tg} z = \frac{R \operatorname{tg}\gamma + F \sin\gamma}{F \cos\gamma} \quad \text{und} \quad E = F \cdot \cos\gamma \cdot \sec z\,.$$

Man kann diese Beziehungen auch durch ein Diagramm ausdrücken (Abb. 2). Am einfachsten geschieht das durch Zeichnung der zugrundeliegenden geometrischen Verhältnisse in einem passend gewählten Maßstabe. Dabei wird man sich aus Platzgründen in der Reinschrift auf einen Ausschnitt beschränken.

e) Scheinbare Winkelgeschwindigkeit

Zuletzt interessiert uns hier noch, wie schnell sich der Satellit am Himmel des Beobachters bewegt. Das Maß dafür ist die scheinbare Winkelgeschwindigkeit (Abb. 3). Sie heiße W und ergibt sich (in Grad pro Sekunde) aus: $W = V/E \cdot 57.3$. Dabei ist V die lineare Relativgeschwindigkeit des Satelliten in km/sec und E wieder seine Entfernung vom Beobachter in km. Der Faktor 57.3 dient der Verwandlung von Bogen- in Gradmaß.

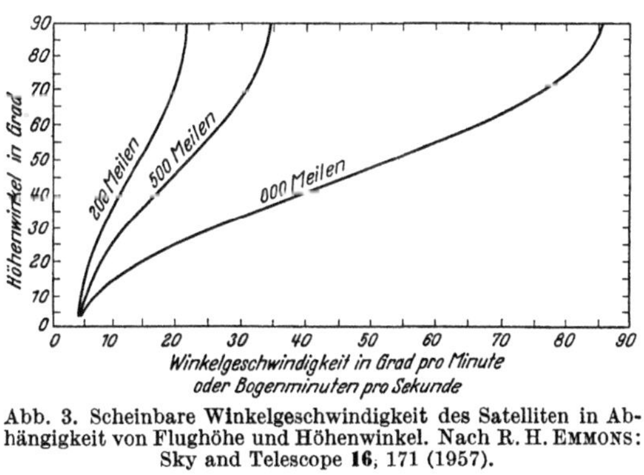

Abb. 3. Scheinbare Winkelgeschwindigkeit des Satelliten in Abhängigkeit von Flughöhe und Höhenwinkel. Nach R. H. Emmons: Sky and Telescope **16**, 171 (1957).

Da der Satellit nicht unbegrenzt schnell und tief fliegen kann, bleibt W praktisch immer unter 2°/sec und beträgt meist nur einige Zehntel Grad pro Sekunde. Immerhin sind das Werte, die nur von Meteoren übertroffen werden und an die Wachsamkeit des Beobachters und die Empfindlichkeit des photographischen Materials besondere Anforderungen stellen.

3. Optische Beobachtungen

a) Überwachungsinstrumente

Die Erfahrung der Meteorbeobachter lehrt, daß ein bewegtes Objekt um etwa 2^m heller sein muß als die schwächsten noch erkennbaren Sterne, wenn man es zuverlässig ausmachen will. Da der Satellit sich ohnehin meist schwächer als 5^m zeigt, kommt in der Regel nur die Fernrohrbeobachtung in Betracht. Dabei sind

Lichtstärke und großes Gesichtsfeld entscheidend. Als Grundausrüstung der Überwachungsstationen verwenden Amerikaner wie Russen kleine monokulare Instrumente von 50—60 mm Objektivöffnung, 6—7facher Vergrößerung und 10—12° Gesichtsfelddurchmesser. Das Okular muß Weitwinkelcharakter haben, und seine Austrittspupille soll nicht größer sein als die Pupillenöffnung des auf Dämmerung adaptierten Auges, da sonst Licht verlorengeht.

Im allgemeinen sind weder Zeit noch Zenitdistanz des Satellitendurchgangs im voraus genau bekannt. Deshalb pflegen die Beobachter gruppenweise so zusammenzuarbeiten, daß ein oder zwei Großkreisbogen am Himmel durch eine entsprechende Anzahl Instrumente mit übergreifendem Gesichtsfelde besetzt werden. Diese „optischen Zäune" werden vorzugsweise in Richtung des Meridians, des Ersten Vertikals oder quer zur erwarteten Satellitenbahn gelegt. Unter Verzicht auf Zenitdistanzen über 70° erfordert jeder Zaun ein gutes Dutzend Beobachter.

Die Instrumente werden in das gewünschte Azimut gebracht und dann durch Schwenken um einen (vorzugsweise in der Nähe des Okularendes gelegenen) Drehpunkt auf die betreffende Zenitdistanz eingestellt (Abb. 4). Man beobachtet mit un-

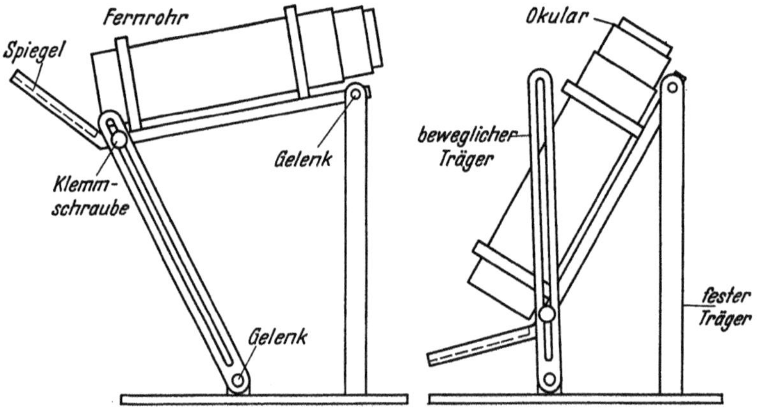

Abb. 4. Montierung eines Moonwatch-Teleskops. Nach G. Van Biesbroeck: Bulletin for Visual Observers of Satellites Nr. 5, Cambridge (Mass.) 1957.

bewegtem Rohr. Zur Erleichterung der Kopfhaltung sitzt vor dem Objektiv ein ebener, hinreichend großer Oberflächenspiegel, der auch schwenkbar sein kann, gewöhnlich aber einen festen Winkel von 45° mit der optischen Achse des Rohres bildet. Auf die Seitenverkehrtheit der Bilder ist bei Benutzung von Sternkarten besonders zu achten. Das Gesichtsfeld wird am besten durch Sternpaare bekannter Distanz geprüft: $\alpha - \beta$ UMa 5.4°; $\alpha - \delta$ UMa 10.1°.

b) Visuelle Spezialinstrumente

Gelegentlich taucht ein Satellit auch in größeren Instrumenten auf. So erschien die Trägerrakete von Sputnik 1 im Dreizöller bei 80facher Vergrößerung deutlich als heller Strich von 5′ Länge. Vanguard Baby wurde im 10zölligen Spiegelteleskop auf etwa 4000 km gesehen, bei einer scheinbaren Helligkeit nahe 14^{m}. Das sind aber Zufallstreffer. Indessen erwies es sich als notwendig, zur Verfolgung schwächerer Satelliten im Apogäum besondere Instrumente einzusetzen. Zu diesem Zweck wurde in den USA das 50 mm-Objektiv eines gebrochenen („Ellbogen"-)Fernrohrs aus Militärbeständen durch ein solches von 120 mm Öffnung ersetzt. Die Vergrößerung beträgt 21.5 und der Gesichtsfelddurchmesser 2.3°. Das ist ziemlich wenig, scheint aber tragbar, da die Satelliten im Apogäum langsam sind und ihre scheinbare Winkelgeschwindigkeit zudem noch mit der Entfernung abnimmt. Die Instrumente haben azimutale Montierung, Höhenkreise und Schnellklemmung. Das Objektiv ist gegen Beschlagen mit einer isolierten Heizdrahtwicklung versehen.

Originell ist die gelegentlich angewandte starre achsenparallele Verbindung eines mäßig vergrößernden Zielfernrohrs mit dem Rohr eines Theodoliten. Diese Anordnung vereinigt die Vorteile der genauen Teilkreise mit denen des großen, hellen Gesichtsfeldes.

Um den Durchgangsmoment mit bloßem Auge genau zu beobachten, wurde ein Prisma empfohlen, das aus zwei einander in stumpfem Winkel zugewandten Planspiegeln und einer darüber befestigten unverspiegelten Planglasscheibe gebildet ist. Bei richtiger Haltung erscheinen darin zwei Bilder des Satelliten, die aufeinander zulaufen. Ihr Zusammentreffen ist sehr auffällig.

c) Festlegung der scheinbaren Bahn

Das wichtigste Ergebnis einer Satellitenbeobachtung ist das Werte-Tripel: Rektaszension, Deklination, Zeitpunkt. Von der Zeitbestimmung wird noch die Rede sein. Die äquatorialen Koordinaten sind topozentrisch, gelten also für den Beobachtungsort. Zu ihrer Umrechnung auf geozentrische Werte muß man die geographischen Koordinaten der Station kennen. Erwünscht sind außerdem folgende Daten: Scheinbare Helligkeit, Positionswinkel der Satellitenbahn an der Sphäre, scheinbare Winkelgeschwindigkeit und meteorologische Angaben oder eine Gütezahl für die Beobachtung.

Für ein astrometrisches Problem, wie die Satellitenbeobachtung es in erster Linie darstellt, gibt es grundsätzlich zwei Verfahren: Direkten Anschluß an das System des Beobachtungsortes oder relativen Anschluß mit Hilfe von Anhaltsternen. In der Praxis werden beide Verfahren oft zusammen angewandt. Der Relativanschluß empfiehlt sich bei Beobachtungen mit dem freien Auge. Bei photographischen Beobachtungen ist er allein üblich. Der visuelle Beobachter am Fernrohr tut gut, sich vorher die auffallenden Sterne im Gesichtsfeld zu merken. Dabei leisten (gegebenenfalls spiegelbildliche) Kopien des bis 7.75^m reichenden Himmelsatlas' von A. Bečvář[1] gute Dienste. In diese Blätter wird auch alsbald nach dem Durchgang die Satellitenbahn unter Angabe der zeitlich markierten Punkte eingetragen.

Der Direktanschluß erfordert die Realisierung eines Scheitelkreises (im allgemeinen des Meridians) im Gesichtsfeld. Hierfür wurden in den USA ursprünglich Querbalken vorgeschlagen, die auf einem etwa 10 m hohen, gut verspannten Mast befestigt sind und zur bequemeren Einstellung an den Enden noch Glühlämpchen tragen können, die vor der eigentlichen Beobachtung gelöscht werden. Die Beobachter müssen alle in einer Reihe sitzen. Wegen der endlichen Entfernung des Balkens sind aber Unschärfe und Gesichtsfeldparallaxe zu befürchten. Universeller und freizügiger ist die Verwendung von Okularfäden.

Für die Darstellung des Bezugskreises im Gesichtsfeld genügt schon ein dünner Draht, der an geeigneter Stelle im Fernrohr befestigt ist und mit dem Okular oder durch eine besondere Einstellvorrichtung gedreht werden kann. Zur Kontrolle der Fadenstellung sind Sterndurchgänge ein vorzügliches Mittel.

Besonders gut sind die vorhin beschriebenen Apogäumsfernrohre ausgerüstet. Ihr Okular trägt eine Strichplatte, deren Mitte durch einen kleinen Kreis bezeichnet ist (Abb. 5). Der Meßstrich ist durch kurze Querstriche in Abschnitte von

---

[1] A. Bečvář: Atlas coeli. 1950·0. 2. Aufl. Prag 1956.

0.25° unterteilt und sitzt um 0.4° exzentrisch, da schwache Objekte erfahrungsgemäß oft erst bemerkt werden, wenn sie der Gesichtsfeldmitte schon so nahe sind, daß eine zuverlässige Messung in Zentralstellung nicht immer gelingt. Die Strichplatte erhält eine schwache regelbare Beleuchtung, die infolge ihrer roten Farbe die Dunkeladaption des Auges nicht stört.

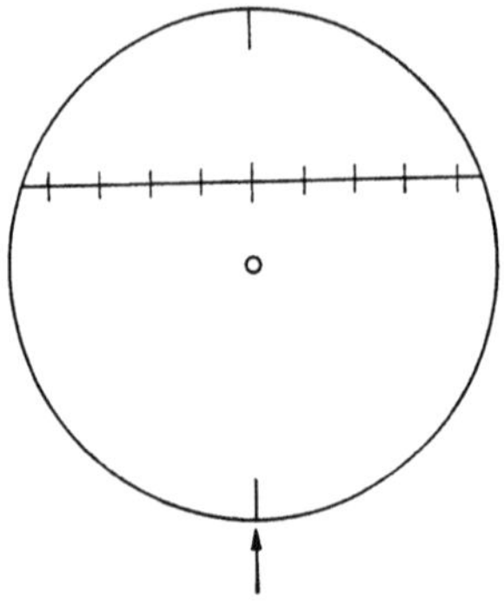

Abb. 5. Strichplatte eines Teleskops für Apogäumsbeobachtungen von Satelliten. Nach A. Boggess III, I. S. Gulledge, M. J. Koomen und R. Tousey: (Naval Research Laboratory), Bulletin for Visual Observers of Satellites Nr. 9, Cambridge (Mass.) 1958.

d) Photographische Aufnahmen

Mit etwas Glück läßt sich ein heller Satellit durch jede Amateurkamera einfangen — offene Blende und höchstempfindlichen Film vorausgesetzt. Schwieriger ist die Aufnahme schwächerer Objekte mit größerem Gerät, das eine ernsthafte astrometrische Auswertung zuläßt. Da der Satellit sich rasch bewegt, kann man nicht nachführen, um durch längere Belichtung die Grenzgröße heraufzusetzen (eine Ausnahme bildet die amerikanische Spezialkamera für 70000 Dollar), sondern erhält nur dann eine Satellitenspur, wenn die Bedingung erfüllt ist:

$$\frac{I}{W E^2} \cdot \frac{L^2}{f \cdot d} \geqq C .$$

Hierbei sind I, W und E wieder je Helligkeit, scheinbare Winkelgeschwindigkeit und lineare Entfernung des Satelliten; L ist der Durchmesser der Eintrittspupille, f die Brennweite und d der Durchmesser eines scharfen Sternbildchens auf der Schicht. In der durch Versuche zu ermittelnden Größe C stecken noch die Lichtdurchlässigkeit der Apparatur und die Empfindlichkeit des Aufnahmematerials.

Die Formel lehrt, daß eine möglichst lichtstarke und scharf zeichnende Optik bei mäßiger Brennweite das Richtige ist. In der Praxis haben sich allenthalben Luftbildkameras mit $L = 10$ cm und $f = 25$ cm bewährt. Sie reichen bei $W = 1°$/sec leicht bis 3^{m}. Beliebt sind auch Objektive bis $f = 50$ cm und $L = 12.5$ cm. Von noch größeren Brennweiten ist abzuraten, da dann Gesichtsfeld und Öffnungsverhältnis zu klein werden.

Einwandfreie Justierung und Fokussierung der Optik müssen durch Probeaufnahmen erreicht und streng überwacht werden. Balgenkameras mit Laufboden scheiden von vornherein aus. Am besten ist die Kastenbauweise mit Einstellschrauben am Objektivbrett. Ein Rahmensucher ist unerläßlich. Man belichtet bei feststehender Kamera 10—20 Sekunden. Durch kurzzeitiges Abdecken des Objektivs werden Zeitmarken in die Satellitenspur eingeblendet. Die Montierung sei azimutal und so stabil wie nur möglich. Rechtzeitige Anpassung an die Außentemperatur und Verwendung einer Taukappe, die das Gesichtsfeld aber nicht beeinträchtigen darf, sind für den erfahrenen Sternfreund selbstverständlich.

Die Einwirkung des Nachthimmellichts kann auch nach Ende der astronomischen Dämmerung die Grenzgröße merklich beeinflussen. Bei einem Reihenversuch betrug der Verlust 0.1^{m} bei kurzzeitiger Einwirkung und wuchs über 0.2^{m} bei 15 Minuten auf 0.5^{m} bei 30 Minuten an.

e) Rotationslichtwechsel

Manche Satellitenobjekte zeigen die vom Kleinplanet Eros her bekannte Erscheinung des Rotationslichtwechsels in sehr ausgeprägter Weise. Zwar ist es üblich, die Nutzlastspitzen unbemannter Satellitenraketen beim Start in rasche

Rotation um die Längsachse zu versetzen. Durch diese Drallstabilisierung bleibt die Lage derselben im Raum für einige Zeit erhalten. Der Satellitenkörper zeigt sich dann bei einem vollen Umlauf der Erde einmal von jeder Seite. Wenn er längliche Gestalt hat, erscheint er dabei (unter sonst gleichen Verhältnissen) verschieden hell. Am eindrucksvollsten ist aber der Rotationslichtwechsel, wenn sich große unstabilisierte Raketenstufen rasch überschlagen. Dabei entsteht meist eine Doppelwelle der Helligkeitsschwankung, indem die Amplituden alternierend etwas von einander abweichen.

Wissenschaftlich besonders interessant sind verbürgte Änderungen der Periode, da sie Rückschlüsse auf den Zustand der Hochatmosphäre und Magnetfelder im Raum gestatten. So stieg die Periode von 1957 β von 150 sec im Dezember 1957 auf 240 sec im Januar 1958 an; bei 1958 δ_1 wuchs sie monatlich im Durchschnitt um 1 sec: von 15.0 sec am 2. Juni auf 18.4 sec am 2. Oktober 1958. In diesem Falle glückte auch der Nachweis, daß die Trägerrakete des Sputniks 3 ihre Purzelbäume im umgekehrten Drehsinn der Umlaufsbahn schlägt.

Die Auswertung dieser Effekte steht noch in den Anfängen. Es sind auch noch Überraschungen zu erwarten. So ist bei langlebigen Satelliten vielleicht mit einer säkularen Helligkeitsänderung zu rechnen, indem etwa eine ursprünglich spiegelnde Oberfläche durch Mikrometeoriten allmählich verkratzt und damit mattiert wird oder indem sich die Reflexionseigenschaften der Hülle durch Adsorption interplanetarer Materie verändern.

Technisch ist bei einigem Aufwand eine photographische Photometrie der Satellitenspur möglich. Sogar lichtelektrische Messungen sind schon gelungen, wobei ein Nachthimmelphotometer auf das Rohr eines Kinotheodoliten aufgesetzt war. Für den Liebhaber am nächstliegenden und dabei erstaunlich genau ist die Methode visueller Helligkeitsschätzungen (s. S. 273). Die Helligkeit des Satelliten wird in einer relativen, etwa zehnstufigen Gedächtnisskala mit der je eines etwas helleren und eines etwas schwächeren Sterns verglichen. Freilich muß der Beobachter sehr flink sein und sollte für Zeitnahme und Aufschreiben eine Hilfe oder wenigstens ein Tonbandgerät zur Verfügung haben.

Satellitenphotometrie ist heute bereits ein Spezialgebiet eifriger Liebhabergruppen, die sehr eng zusammenarbeiten, da Simultanbeobachtungen — auf Sekundenbruchteile genau an verschiedenen Orten ausgeführt — der gemeinsamen Auswertung besonders wertvolle Unterlagen liefern. So wurde etwa verabredet, jedes zweite Aufblitzen des Satelliten in jeder geradzahligen Minute an Tagen mit geradzahligem Kalenderdatum besonders zu beachten. Bei diesen Beobachtungen werden auch große Zenitdistanzen in Kauf genommen; denn „des Einen Horizont ist des Anderen Zenit".

f) Farbänderungen

Wenn der Satellit in den Erdschatten eintaucht, so ist das für ihn eigentlich nicht „Sonnenuntergang", sondern „Sonnenfinsternis", also für den irdischen Beobachter „Mondfinsternis". Dementsprechend treten dabei auch Farberscheinungen auf, die ihre Analogie in den Farbsäumen des Erdschattens bei Mondfinsternissen haben (s. S. 175). Gewöhnlich schlägt die Satellitenfarbe von gelblichweiß in rötlich um. Davor liegt noch eine kurze grüne Phase, die durch die Ozonschicht an der Obergrenze der Stratosphäre entsteht. Wenn schweres Gewölk die Schattengrenze am Erdrande durchsetzt, kommt es gelegentlich nicht bis zur rötlichen Phase; oder der Satellit flackert, bevor er vollends verschwindet.

Diese Erscheinungen sind meteorologisch hochinteressant und bisher nur wenig beachtet worden, obwohl sie bei hellen Satelliten mit einem Feldstecher wahrzunehmen sind. Der ganze Vorgang dauert etwa eine halbe Minute. Beim Auftauchen des Satelliten aus dem Erdschatten spielt er sich in umgekehrter Reihenfolge ab. Hier ist die Beobachtung infolge der Ungewißheit des Ortes am Himmel sehr schwierig.

4. Zeitdienst

a) Zeitsignale

Jede auswertbare Satellitenbeobachtung muß eine Zeitangabe tragen, an deren Genauigkeit Ansprüche gestellt werden, wie sie sonst höchstens bei Sternbedekkungen durch den Mond üblich sind. Wie wichtig der Zeitdienst ist, zeigt die Tatsache, daß man in der UdSSR eine Anzahl Beobachtungsstationen zunächst sogar telephonisch mit Normalzeit während der Sichtbarkeitsperioden versorgt hat — ungeachtet der sehr hohen Kosten. In Europa ist wohl das stündliche Kurzzeitzeichen der US-Militärsender (AFN) am leichtesten zu erhalten. Nach ihm kann man eine Synchronuhr kontrollieren oder eine Stoppuhr stellen. Sehr viel bequemer und sicherer ist es aber, ständig Sekundenimpulse frisch zur Verfügung zu haben.

Für kontinuierlichen Zeitempfang fast ideal sind die Sender des National Bureau of Standards: WWV bei Washington (unter anderem auf 10, 15, 20 und 25 MHz) und WWVH auf Hawaii (u. a. auf 10 und 15 MHz). Sie geben laufend Sekundenschläge und alle fünf Minuten dazu durch Sprache (EST) und Morsezeichen (UT) die Stunde und volle Minute. Nur zwischen Minute 45 und 49 sind sie abgeschaltet. Hier muß dann doch die Stoppuhr oder ein anderer Sender (etwa CHU in Kanada auf 7.34 und 14.67 MHz) (s. S. 59) einspringen.

b) Zeitregistrierung

Auf den Chronographen brauchen wir hier nicht einzugehen. Erwähnt sei nur, daß man mit bastlerischem Geschick die von Hand einzutastenden Beobachtungsimpulse verschieden charakterisieren kann, indem etwa jedem Beobachter eine eigene Zackenhöhe zugeteilt wird oder Nord- und Süddurchgänge durch entgegengesetzte Richtung der Federauslenkung getrennt werden. Noch mehr Möglichkeiten solcher Art bietet der Oszillograph. Wer seine Handhabung kennt, wird um Ideen nicht verlegen sein. Mit Recht am beliebtesten sind aber gerade in Liebhaberkreisen Tonbandgeräte, da sie meist keine besondere Anschaffung erfordern und gleichzeitig Zeitmarkierung und Protokollierung gestatten.

Bei der Aufnahme empfiehlt sich recht hohe Bandgeschwindigkeit. Bei der Wiedergabe schaltet man auf geringste Geschwindigkeit um und hat so eine akustische Zeitlupe. Durch mehrfaches Ausmessen des Bandes mit der Stoppuhr wird die Genauigkeit noch erhöht. Einzelne, etwa ausgebliebene Impulse können leicht überbrückt werden.

Wer sich darauf versteht, kann das Band auch in Wiedergabestellung ganz langsam mit der Hand durchdrehen und die im Lautsprecher vernehmbaren Impulse mit feinem Fettstift direkt auf dem Magnetbande markieren. Natürlich muß die Markierung stets an der gleichen relativen Stelle geschehen. Das Band kann dann wie ein Chronographenstreifen ausgemessen und später wieder gesäubert werden.

Um gleichzeitig die Zeitsignale (WWV, Sekundenpendel oder Metronom), Tastimpulse der Beobachter und mündlichen Bemerkungen auf das Band zu bekommen, braucht man einen Mischeingang. Besondere Möglichkeiten bietet ein stereophonisches Gerät. Auf jeden Fall sollten die Beobachter mit Tastschaltern versehen werden, da gesprochene Zeitmarken zu unscharf sind. Das Tonbandgerät soll gleichmäßig temperiert sein und rechtzeitig anlaufen, um besten Gleichlauf zu gewährleisten.

Wer eine zuverlässige Uhr mit schnell laufendem Sekundenzeiger hat, kann sich ein Zeitprotokoll schaffen, indem er mit einer Hilfskamera, die mit offenem Verschluß in einem dunklen Raum aufgebaut ist, das Zifferblatt (und etwaige Zusatzangaben über Datum, Station etc.) beim Aufleuchten eines elektrisch fernausgelösten Elektronenblitzes photographiert. Jedes Negativ sollte nicht mehr als zwei Beobachtungs- und eine Kontrollaufnahme (volle Minute) enthalten. Übrigens müßte auch die Aufnahme eines schwingenden Sekundenpendels eine recht feine Unterteilung der Sekunde zulassen, wenn die Amplitude ausgewertet wird.

c) Zeitliche Markierung der photographischen Spur

Um die vom Satelliten auf der photographischen Schicht erzeugte Spur zeitlich zu markieren, kann man diese Spur zu bestimmten Zeitpunkten entweder unterbrechen oder ablenken. Das Ablenken geschieht entweder grob mechanisch durch Anstoßen des Stativs oder optisch, indem etwa eine Planglasscheibe vor der Eintrittsöffnung durch ein synchronisiertes Relais hin und her geschwenkt wird. Als Nachteil der Ablenkmethode hat sich oft die Unschärfe der Marken herausgestellt. Unterbrechungen der Spur lassen sich im Mikroskop besser ausmessen und sind daher im allgemeinen günstiger.

Erfolgt die Unterbrechung mit Hilfe eines Verschlusses, so ist dessen Trägheit zu berücksichtigen. Sicherer ist es, einen photographisch unwirksamen infraroten Lichtstrahl außerhalb des Gesichtsfeldes auf den Verschluß zu richten derart, daß er bei geöffnetem Zustand eine im Inneren der Kamera angebrachte Photozelle anregt, deren Strom verstärkt und durch Schreiber oder Oszillograph registriert wird. Solchen Aufwand wird aber nicht jeder treiben.

Am einfachsten wird das Objektiv durch den frei davorgehaltenen Kassettendeckel abgedeckt. Die Abdeckzeiten können zwecks besserer Unterscheidung ungleich lang gemacht werden. Eine besonders große Zahl von Meßpunkten verschafft man sich durch gleichmäßiges Zerhacken der Spur, wie es auch bei Meteoraufnahmen oft dienlich ist.

Bei der im folgenden beschriebenen Technik des Zerhackens der Spur soll bei einiger Übung leicht die Zehntelsekunde gewährleistet werden: Der Beobachter schwingt den Kassettendeckel im Sekundenrhythmus des WWV-Senders oder eines anderen akustischen Signals vor dem Objektiv auf und ab. Zwecks besserer Unterscheidung erfolgt die kürzere Abwärts-Unterbrechung bei jeder ungeraden und die etwas längere Aufwärts-Unterbrechung bei jeder geraden Sekunde. Jede zehnte Sekunde wird die Aufwärts-Bewegung außerhalb des Gesichtsfeldes geführt, so daß ein Spurstück doppelter Länge entsteht. Das Schwingen muß vorzeitig begonnen werden, damit die Synchronisation während der kritischen Durchgangsmomente vollkommen ist. Um jede Schreibarbeit während der Operation zu sparen, lege man — bei 1 Aufnahme pro Minute — der Kassette beim Ablegen jedesmal eine Kontrollkarte bei, auf der die betreffende Minute vermerkt ist. Ein Satz von 60 Karten ist leicht angefertigt.

5. Funkbeobachtungen

a) Satellitensender und Ionosphäre

Die Aufnahme der im Bereich der Meter- und Dezimeterwellen arbeitenden Satellitensender ist für die Wissenschaft von außerordentlichem Werte, da wir durch sie erstmalig Informationen über den elektrischen Zustand der Hochatmosphäre erhalten, wie sie mit den Mitteln der Grenzfrequenzüberwachung vom Boden aus, der Radioastronomie und der kurzlebigen Raketensonden nie zu beschaffen gewesen wären. Dies gilt bereits für den Empfang der reinen Trägerwelle. Auf die Entschlüsselung der vom Satelliten übermittelten Meßwerte können wir hier nicht eingehen, sondern beschränken uns auf einige für das Verständnis der astrometrischen Auswertung von Funkbeobachtungen notwendige Bemerkungen.

Während die lichtoptische Strahlenbrechung bei Satellitenbeobachtungen fast immer außer Betracht bleiben kann, macht sich die Brechung der Radiowellen stark bemerkbar: zunächst durch Verlängerung des scheinbaren Tagbogens (also Überreichweite) und sodann durch besondere Anomalien in Form unregelmäßiger Strahlenbrechung, Doppelbrechung und Polarisation, die sich bei einfachem Empfangsgerät in Schwankungen der ankommenden Feldstärke äußern. Deshalb ist der Zustand der Ionosphäre für die Auswertung des Satellitenempfangs von großer Bedeutung — und umgekehrt!

Zahlreiche ionosphärische Überwachungsstationen ermitteln laufend sogenannte Grenzfrequenzen, die ein Maß für die Elektronendichte der Hochatmosphäre sind. Sie sind auch Grundlage für die Berechnung des Brechungskoeffizienten:

$$n = \sqrt{1 - \left(\frac{\nu_0}{\nu}\right)^2}\,.$$

Dabei ist ν_0 die Grenzfrequenz und ν die interessierende Sendefrequenz. Die Phasengeschwindigkeit ist dann: $c' = c/n$ mit c als Vakuumlichtgeschwindigkeit. Die lichtoptischen und die Radiosignale kommen also nicht genau gleichzeitig an. Dazu trägt noch die Verlängerung des Funkstrahlweges infolge der ionosphärischen Refraktion bei. Die tatsächliche Weglänge ist:

$$E' = E \cdot \frac{H}{\int \frac{dH}{n(H)}}\,.$$

Hierbei ist E wieder die geometrische Entfernung des Satelliten. Das Integral wird in der Praxis durch Summierung über einige Ionosphärenschichten ersetzt.

b) Empfangsgerät

Bei Funkbeobachtungen ist man nicht auf die kurzen Dämmerungsabschnitte angewiesen und vom Wetter unabhängig. Daher fällt alsbald ein sehr umfangreiches Material an. So kamen in der UdSSR während der ersten Sputnik-Monate weit mehr als zehnmal soviel Funkmessungen zusammen als optische, obwohl die Objekte sehr hell waren und ihre Sender zum Teil nur kurze Zeit arbeiteten. Diese Beschränkung auf selbststrahlende Satelliten muß der Liebhaber allerdings hinnehmen. Der aktive Reflexempfang „stummer" Satelliten nach dem *Radar*-Prinzip ist das Privileg weniger Großstationen, weil er technische Anforderungen stellt, die noch weit über die des Sendens und Empfangens von Mondechos hinausgehen. Auch großräumige Interferometer, wie sie in der professionellen Radioastronomie gebräuchlich sind, kann sich der Liebhaber nicht leisten.

Erfolgreicher Empfang der Satellitensender verlangt funktechnische Erfahrung und hochwertiges Gerät. Deshalb ist er vornehmlich ein Arbeitsgebiet der in der ganzen Welt wohlorganisierten Amateurfunker geworden. Auch der interessierte Sternfreund tut gut daran, sich mit seinem örtlichen Radio-Amateur-Club in Verbindung zu setzen. Dort wird er bereitwillig Auskunft über Bau und Betrieb von Spezialempfängern oder Konvertern, Frequenzmessern und Leistungsantennen erhalten. Wer zum Selbstbau nicht Zeit oder Geschick hat, kann auch fertige Empfänger kaufen, die in der erforderlichen Güteklasse freilich nicht billig und nur im Spezialhandel erhältlich sind. In der Praxis haben aber Hochfrequenzlaboratorien der Industrie die Bestrebungen der Liebhaber oft mit Rat und Tat unterstützt.

c) Allgemeine Messungen

Nachdem man sich überzeugt hat, daß der Satellitensender hereinkommt und seine Zeichen auch auf Tonband genommen sind, ergibt sich als erste meßtechnische Aufgabe die Registrierung der Empfangsfeldstärke. Hierfür dient meist ein Millivoltmeter an einer Zwischenfrequenzstufe. Dessen Ausschläge werden in relativen S-Einheiten oder (bei nicht unbedingt erforderlicher Absoluteichung) Mikrovolt unter Beifügung der Zeit laufend notiert. Das Hauptmaximum der sich ergebenden Kurve bezeichnet den Moment größter „elektrischer" Nähe des Satelliten. Die lästigen Nebenmaxima lassen sich durch Abänderung der Antennencharakteristik zurückdrängen.

Der nächste Schritt wäre die laufende Peilung des Satellitenazimuts. Dafür stehen dem Privatmann indessen wohl nur selten Einrichtungen zu Gebote. Eher wird es ihm gelingen, die Frequenzverschiebungen des Doppler-Effektes zu verfolgen, von denen im nächsten Abschnitt die Rede sein wird. Es gibt aber noch andere Möglichkeiten. Zum Beispiel erzeugt der Satellit gegen Ende seiner Lebenszeit, wenn er bereits etwas dichtere Luftschichten durcheilt, einen Schweif ionisierten Gases. Diese Erscheinung ist von Meteoren her wohlbekannt. Unter Umständen verraten sich solche Ionisationsgebiete durch Reflexion kurzer Radiowellen, die dann irgendwo mit Überreichweite empfangen werden. Auf diese Weise ist es gelungen, den Zerfall der ersten Sputnik-Kugel in mehrere Stücke während einiger aufeinander folgender Tage deutlich wahrzunehmen.

d) Der Doppler-Effekt

Dem Sternfreund ist der Doppler-Effekt aus der Bestimmung der Radialgeschwindigkeit von Sternen und Spiralnebeln durch die Verschiebung von Spektrallinien bekannt. Er äußert sich in einer Frequenzverschiebung $d\nu = \nu \cdot v/c'$. Dabei ist ν die ausgestrahlte Frequenz, v die (mit ihrem Vorzeichen eingehende) radiale Relativgeschwindigkeit zwischen Strahlungsquelle und Beobachter und c' die Phasengeschwindigkeit.

Geht die Flugbahn des Satelliten direkt über den Beobachtungsort, so ist der Effekt stärker, als wenn sie in einiger Entfernung daran vorbeiführt, da immer nur die radiale Geschwindigkeitskomponente wirksam ist. Der gesamte Frequenzhub ist $\Delta\nu = 2\nu \cdot \frac{v_{\max}}{c'}$ und kann bei 8 km/sec Fluggeschwindigkeit und der Sputnik-Frequenz von 20 MHz etwa 1 kHz ausmachen. Deshalb muß ein trennscharfer Empfänger während des Durchgangs laufend nachgestimmt werden. Verfolgt man die Frequenzverschiebung zeitlich genau, etwa durch Überlagerung mit einem Frequenznormal und Registrierung der Mischfrequenz, so erhält man Wertepaare (ν, t) — t sei die Zeit —, die eine S-förmige Kurve abgeben. Diese Kurve ist symmetrisch; daher kann man jeden Meßwert zweimal verwenden: einmal vor und einmal nach dem Moment größter Annäherung des Satelliten.

In diesem Moment größter Annäherung kehrt die Relativgeschwindigkeit ihr Vorzeichen um. Hier hat die Kurve ihren Wendepunkt. Die hindurchgelegte Wendetangente ist um so steiler, je rascher sich die Empfangsfrequenz maximal geändert hat. Dies hängt von der Bahngeschwindigkeit und der größten Nähe des Satelliten ab. Durch Zusammenarbeit mehrerer Stationen kann man allein auf die Informationen: „Zeitpunkt größter Annäherung" und „Steigung der Wendetangente" eine eigene Methode der Bahnbestimmung gründen.

6. Elementare Bahnrechnung

a) Kreisbahngeschwindigkeit

So wie für einen neu entdeckten Kometen die Parabel, ist für einen erdnahen Satelliten der Kreis eine gute erste Näherung der Bahngestalt. Sehen wir vom Luftwiderstand ab und betrachten die Erde als Kugel, dann gilt für die Bahngeschwindigkeit K eines Kreisbahnsatelliten: $K = K_0 \sqrt{\frac{R}{R+H}}$. Dabei ist R der Erdradius (ca. 6370 km), H wieder die Flughöhe und K_0 die theoretische Kreisbahngeschwindigkeit für $H = 0$, nämlich 7,9 km/sec. Die Umlaufszeit U (in Sekunden) ist dann: $U = 2\pi \cdot \frac{R+H}{K}$. In der Form $U = \frac{2\pi}{K_0} \cdot \frac{(R+H)^{3/2}}{\sqrt{R}}$ verrät sich das dahinterstehende 3. Keplersche Gesetz. Durch Einsetzen der Zahlenwerte ergibt sich recht genau: $U = 0.01 \cdot (R+H)^{3/2}$. Die Umformung $H = (100\,U)^{2/3} - R$ liefert aus der Umlaufszeit einen Anhaltswert für die mittlere Flughöhe. Unter „Umlaufszeit“ ist hier stets die Zeit zwischen zwei unmittelbar auf einander folgenden Durchgängen des Satelliten über den gleichen Breitenkreis in der gleichen Richtung verstanden. Hierbei spielt die Erdrotation keine Rolle.

b) Bahnneigung

Die Bahnneigung eines künstlichen Erdsatelliten, i, ist der Winkel, unter dem der Satellit beim Übertritt von der südlichen in die nördliche Hemisphäre den Äquator schneidet (Abb. 6). Fliegt der Satellit genau von West nach Ost, so ist $i = 0$. In diesem Falle muß die Bahn stets über dem Äquator verlaufen. Sonst führt sie immer gleich weit nach Norden wie nach Süden; denn die Bahnebene muß durch den Erdmittelpunkt gehen.

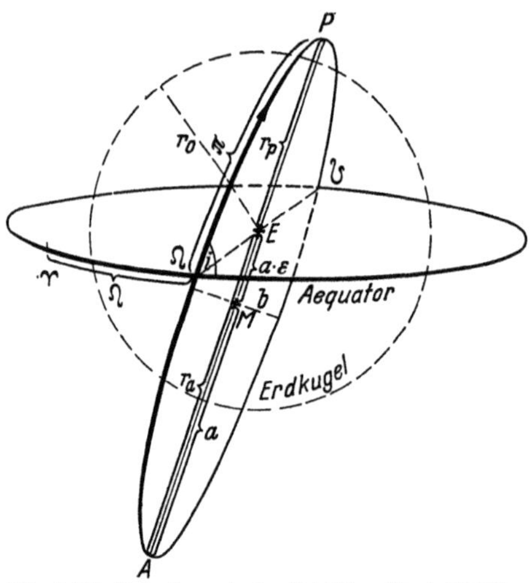

Abb. 6. Die Bahnelemente des Satelliten. Nach H. Wörner: Die Sterne **34**, 59 (1958). Die Bezeichnungen sind die in der Bahnbestimmungslehre üblichen, hier aber bezogen auf den Erdäquator statt auf die Ekliptik.

Wenn an einem bestimmten Ort mit den geographischen Koordinaten φ (Breite) und λ (Länge, hier stets östlich Greenwich gezählt) die Flugbahn unter einem Winkel i' zum Breitenparallel verläuft, so erhält man die Bahnneigung aus der Beziehung:

$$\cos i = \cos i' \cdot \cos \varphi.$$

Umgekehrt ergibt sich aus: $\cos i' = \cos i \cdot \sec \varphi$ bei bekannter Bahnneigung das Azimut A der Satellitenbahn. Es ist (in astronomisch üblicher Weise von Süd über Ost gezählt) $A = 90° + i'$.

c) Knotenlänge

Der Punkt, wo die nordwärts führende Satellitenbahn den Äquator schneidet, ist der aufsteigende Knoten, im folgenden kurz „Knoten“ genannt. Nehmen wir an, seine Lage im Raum wäre fest (wieweit sie es nicht ist, werden wir gleich sehen), so ändert sich seine geographische Länge ständig infolge der Erdrotation. Wir berechnen die Knotenlänge beim letzten Äquator-Übertritt eines Satelliten, der zu einem bestimmten Zeitpunkt nordwärts fliegend unter $\varphi°$ nördlicher Breite beobachtet wurde.

Zunächst erhalten wir den vom Satelliten zurückgelegten Weg W in geographischem Winkelmaß aus: $\sin W = \sin \varphi \cdot \operatorname{cosec} i$. Dann folgt für die Längendifferenz L zwischen Beobachtungsort und Knoten: $L = L' - \frac{Z}{240}$. Darin ist L' die Längendifferenz bei stillstehender Erde und folgt aus: $\operatorname{tg} L' = \cos i \cdot \operatorname{tg} W$. Das zweite Glied auf der rechten Seite berücksichtigt die Erdrotation, wenn seit dem Äquatorübertritt die Zeit $Z = \frac{W \cdot U}{360}$ Sekunden verstrichen ist. U ist auch in Sekunden einzusetzen.

d) Knotenwanderung

Der Äquatorwulst der Erde bewirkt eine Präzession der Bahnebene, die beim Satelliten viel rascher ist als beim weit entfernten Mond. Ihr Betrag hängt von Flughöhe und Bahnneigung ab und ist näherungsweise $p = 10 \cdot \cos i \cdot \left(\frac{R}{R+H}\right)^{7/2}$ Grad pro Tag. Um soviel also bewegt sich der Bahnknoten täglich auf dem Äquator westwärts. Die tatsächlichen Werte von p sind von hohem wissenschaftlichem Interesse, da aus ihnen die Abplattung des Erdkörpers mit bisher nicht erreichter Genauigkeit hervorgeht.

Um die geographische Länge des Knotens über längere Zeit zu verfolgen, muß man auch berücksichtigen, daß die Erde während eines Jahres von 365.25 Tagen einen vollen Umlauf von 360° um die Sonne macht. Dadurch bewegt sich der Knoten um weitere $\frac{360}{365{,}25} = 0.986$ Grad täglich nach Westen.

e) Geographische Ephemeriden

Nun haben wir alles beisammen, um für einen beliebigen Zeitpunkt T zu berechnen, an welchem Orte mit den geographischen Koordinaten φ und λ sich der Satellit befinden wird, wenn Zeitpunkt T_0 und geographische Länge λ_0 eines Knotendurchgangs, Bahnneigung i und Umlaufszeit U bekannt sind. Allerdings vernachlässigen wir noch den Umstand, daß der Satellit wegen seiner in Wirklichkeit elliptischen Bahn ungleich schnell läuft. Nicht berücksichtigen können wir ferner ohne zusätzliche Angaben die Änderung der Bahnelemente infolge des Luftwiderstandes und anderer äußerer Einflüsse. Gerade die Herausarbeitung dieser Einflüsse macht ja die Auswertung von Präzisionsbeobachtungen so fruchtbar. Uns kommt es hier indessen nur darauf an, durch eine geographische Ephemeride ein Bild der zu erwartenden Beobachtungsgelegenheiten zu gewinnen.

Wenn wir für die Zwischenzeit $T - T_0 = Z$ schreiben, erhalten wir die geographische Breite aus: $\sin \varphi = \sin i \cdot \sin \frac{360}{U} \cdot Z$. Hierbei müssen U und Z in gleichen Zeiteinheiten eingesetzt werden. Die geographische Länge des Satellitenortes ermitteln wir in zwei Schritten: $\operatorname{tg} L' = \cos i \cdot \operatorname{tg} \frac{360}{U} \cdot Z$ und:

$$\lambda = \lambda_0 + L' - 0.25\, Z_{\mathrm{m}} - (p + 0.986)\, Z_{\mathrm{d}}.$$

Hierbei ist Z als Z_{m} in Minuten und als Z_{d} in Tagen einzusetzen.

Ist Z erheblich größer als eine Umlaufsperiode U, so rechnet man am bequemsten erst die letzte Knotenlänge aus. Dazu bildet man Z/U und setzt erst denjenigen Teil von Z in die Formel für λ ein, der noch eine ganze Anzahl Vielfacher von U darstellt. Dabei ist $L' = 0$. Danach geht man mit dem Restbetrage von Z in das volle Formelsystem ein, wobei das soeben berechnete λ an die Stelle des ursprünglichen λ_0 tritt.

Sehr praktisch ist eine Schablone, die eine Bahnhälfte darstellt, welche mit dem Äquator abschneidet und deren Kurventeil die Zeiten nach dem Knotendurchgang als Skala trägt, jede Zeitmarke unter der zugehörigen geographischen Breite. Diese Schablone kann man aus i und U berechnen oder nach einem der Presse zu entnehmenden Zeitplan der überflogenen Orte anfertigen und dann umgekehrt zur graphischen Ermittlung von Bahnneigung und Knotenlänge, sowie Knotendurchgangszeit und Umlaufszeit benutzen. Wegen der hemisphärischen Symmetrie der Bahn wird man auch auf Werte der anderen Bahnhälfte zurückgreifen. Die Schablone läßt sich auf der dazu passenden Weltkarte durch Verschieben entlang dem Äquator auf jedes T_0 einstellen.

7. Elliptische Bahnen

a) Exzentrizität und Flughöhe

Bei jedem auf elliptischer Bahn umlaufenden Satelliten ändert sich seine Entfernung vom Erdmittelpunkt und damit auch die Flughöhe ständig zwischen einem kleinsten und einem größten Werte, die den Apsidenpunkten Perigäum und Apogäum zugeordnet sind. Diese Grenzwerte von H sind um so unterschiedlicher, je stärker die Bahnexzentrizität e ist. Sehen wir davon ab, daß die Erde keine vollkommene Kugel ist und der Beobachter sich im allgemeinen nicht gerade auf Meereshöhe befindet, so können wir schreiben: $e = \frac{H_A + H_P}{R + H_A + H_P}$. Hierbei sind H_A und H_P je die Apogäums- und Perigäumshöhen und R ist wieder der Erdradius.

b) Perigäumsdrehung

Die Lage des Perigäums in der Bahn wird ausgedrückt durch dessen im Gravitationszentrum gemessenen Winkelabstand vom Knoten, das „Argument des Perigäums". Ist dieser Winkel bekannt, so läßt sich mit Hilfe einiger anderer Größen und einigem mathematischen Aufwand für jeden Punkt der Bahn die Flughöhe berechnen. Deren Werte wären für jede geographische Breite jeweils konstant, wenn die Lage des Perigäums sich nicht ändern würde. Tatsächlich aber dreht sich das Perigäum um $D = 5\left(\frac{R}{R+H}\right)^{7/2} \cdot (5\cos^2 i - 1)$ Grad pro Tag. In dieser Formel ist für H der Mittelwert $H = 1/2(H_A + H_P)$ einzusetzen.

Das cos-Glied hat eine eigentümliche Folge. Bei $i = 63°26'$ wird $D = 0$. Bei noch größerer Bahnneigung wird die Perigäumsdrehung rückläufig. Bei den Sputniki mit i um 65° war D bereits sehr klein. Ähnlich wie in der Knotenpräzession stecken auch in der Perigäumsdrehung wichtige Daten über die Gestalt des Erdkörpers.

c) Große Halbachse

Die Größe einer Ellipsenbahn wird durch die Große Halbachse a bestimmt. Das zeigen die Formeln für Apogäums- und Perigäumsdistanz: $R_A = a(1 + e)$ und $R_P = a(1 - e)$. Wir bedienen uns ihrer, um mit Hilfe der Beziehungen

$$R_A = R + H_A \quad \text{und} \quad R_P = R + H_P$$

(R = Erdradius) die Grenzwerte für die Flughöhe als Funktion von a und e auszudrücken.

Hinzu kommt noch das 3. KEPLERsche Gesetz über das Verhältnis zwischen Umlaufszeit und Großer Halbachse. Für unsere Zwecke schreiben wir es:

$$a^3 = 333.3 \cdot U^2 .$$

Hierbei ist U in Minuten und a in Kilometern auszudrücken.

d) Einfluß des Luftwiderstandes

Himmelsmechanisch ist die Große Halbachse ein Maß für die Bahnenergie. Nimmt diese Energie durch den Einfluß des Luftwiderstandes ab, so schrumpfen auch Große Halbachse und Umlaufszeit. Der Satellit kommt der Erde näher und wird dabei schneller. Diese paradox anmutende Erscheinung, daß ein Körper durch Bremsung schneller wird, gilt so lange, bis die Bahn in den ballistischen Absturz übergeht. Weiterhin lehrt die Theorie des widerstehenden Mittels — und die Erfahrung bestätigt es —, daß mit der Schrumpfung der Großen Halbachse auch die Exzentrizität abnimmt. Die Bahn nähert sich immer mehr der Kreisform. Dabei bleibt die Perigäumsdistanz längere Zeit ziemlich erhalten, während die Apogäumsdistanz rasch kleiner wird.

Die genaue Durchrechnung dieser Vorgänge auf Grund der bisher vorliegenden Daten hat schon wichtige Aufschlüsse über die Dichte der Hochatmosphäre gegeben. Es stellte sich heraus, daß diese überraschend groß ist. Darüber hinaus treten ungleichmäßige Änderungen von Flughöhe und Umlaufszeit auf. Sie verraten, daß es auch in den höchsten Schichten unserer Lufthülle noch eine Art Wetter gibt. All diese Erscheinungen verlangen laufende Überwachung der erdnahen Satelliten. Damit rückt die *wissenschaftliche Bedeutung* zuverlässiger Liebhaberbeobachtungen in ein helles Licht.

VII. Die Beobachtung der Planeten

Von

W. Sandner

Grafing (Obb.)

Mit 10 Textabbildungen

1. Die Beobachtung der Planetenoberflächen

ist seit langem ein von Liebhabern besonders gepflegtes Gebiet und einzelne Amateure haben es hier zu beachtlichen Leistungen gebracht; Namen wie SCHRÖTER (1745—1816), FAUTH (1867—1941) oder DU MARTHERAY (1892—1955) sind aus der Geschichte der Planetenforschung nicht mehr wegzudenken. Trotzdem hat man mit Recht die Frage aufgeworfen, ob in der heutigen Zeit in Anbetracht der großen optischen Hilfsmittel und der vielseitigen physikalischen Beobachtungs- und Meßmethoden, die von Seiten der wissenschaftlichen Institute eingesetzt werden, der Planetenbeobachtung durch Amateure überhaupt noch ein Erfolg beschieden sein kann. Abgesehen von dem rein persönlichen Wert jeder Beobachtung (gleich welcher Art) muß man aber der Amateurarbeit auf diesem Gebiet doch einen — wenn auch beschränkten — wissenschaftlichen Wert zuerkennen, sofern sich der Beobachter auf die ihm angemessenen Gebiete (z. B. regelmäßige Überwachungsaufgaben) beschränkt und sofern er die nötigen Voraussetzungen persönlicher und instrumenteller Art mitbringt.

Hier ist die Mondbeobachtung eine ausgezeichnete *Übung*, denn, da das Detail der Mondoberfläche vollkommen unveränderlich ist und nur je nach dem Sonnenstand verschiedene Beleuchtung zeigt, läßt sich sofort an Hand der Karte oder guter Photos nachprüfen, ob der Beobachter richtig gesehen und gezeichnet hat. Auch Parallelbeobachtungen zweier Amateure mit dem gleichen Instrument, aber sonst völlig unabhängig voneinander, sind von Wert und erziehen zur Genauigkeit. Darüber hinaus sind sie geeignet, sich selbst ein Urteil über die eigenen Beobachtungen zu verschaffen.

Man bemühe sich von Anfang an, das Gesehene nicht nur zu beschreiben, sondern in einer Zeichnung festzuhalten, denn es ist eine alte Erfahrungstatsache, daß die Absicht zu zeichnen entschieden auch das Sehen fördert, ist doch der Zeichner gezwungen, das Bild genauer zu betrachten und genauer aufzufassen, um es auch zu Papier bringen zu können; er sieht daher mehr, genauer und besser als der bloße Betrachter. Besonderes Zeichentalent ist nicht erforderlich, da es sich lediglich um das Festhalten von Konturen handelt; das Übrige tut die Übung, die sich mit der Zeit von selbst ergibt.

Es hat keinen Zweck Alles und Jedes „beobachten" zu wollen, vielmehr beschränke man sich nach dem anfänglichen Herumprobieren auf einige wenige spezielle Objekte, diese verfolge man aber bei jeder Gelegenheit. Wenn unsere Beobachtungen einen Wert haben sollen, müssen sie mit Beharrlichkeit über Jahre und Jahrzehnte hinweg fortgesetzt werden! Dies gilt gerade für Überwachungsaufgaben. Hierin liegt eine der wichtigsten persönlichen Voraussetzungen für unsere Tätigkeit.

Es ist eine bedauerliche Tatsache, daß die Mehrzahl der Amateure (abgesehen vom Eintritt außergewöhnlicher Ereignisse) nur die erste Hälfte der Nacht zur Beobachtung benützt. Gewiß ist dies mit Rücksicht auf die beruflichen Verpflichtungen verständlich, man sollte aber doch die Beobachtung auch auf die Zeit nach Mitternacht ausdehnen. Erstens pflegt dann im allgemeinen die Luft besser zu sein und zweitens ist der Beobachter, wenn er sich am Abend einige Stunden zur Ruhe gelegt hat, dann frischer als nach getaner Tagesarbeit. Insbesondere bei den Planeten Merkur und Venus kann auf Morgenbeobachtung aus sachlichen Gründen nicht verzichtet werden.

a) Instrumentarium

Nächst den persönlichen Voraussetzungen ist das Instrument von Wichtigkeit. Ob man sich eines Refraktors oder eines Spiegels bedient, ist Geschmackssache und eine Frage des Geldbeutels, sowie der Aufstellungsmöglichkeit. Eine lange Brennweite ist unbedingt anzuraten. Aus diesem Grunde ist bei Spiegelfernrohren für die Planetenbeobachtung das Cassegrainsystem der Newtonschen Konstruktion vorzuziehen, obwohl damit nicht dem Newton-Spiegel seine Brauchbarkeit für unsere Zwecke abgestritten werden soll. Auch bei Refraktoren ist ein kleines Öffnungsverhältnis günstig, es soll keinesfalls größer sein als 1:15, möglichst 1:18 oder noch kleiner.

Was das Okular anbetrifft, so haben sich für die Planetenbeobachtung die monozentrischen Okulare nach Steinheil (s. S. 45) als die weitaus geeignetsten erwiesen. Ihr kleines Gesichtsfeld spielt hier keine Rolle.

Hinsichtlich der Vergrößerung kann gelten, daß man bei einem Instrument normaler Brennweite (Refraktor 1:15, Reflektor 1:10) als Normalvergrößerung eine solche wählen sollte, deren numerischer Wert gleich dem in mm ausgedrückten Objektivdurchmesser ist; bei langbrennweitigen Instrumenten kann man getrost bis zum Anderthalbfachen dessen gehen, darüber hinaus aber nur in Ausnahmefällen. Der erfolgreiche Genfer Planetenbeobachter M. du Martheray, der das Wort geprägt hat „L'observation des planètes est un art délicat", faßt seine Erfahrungen in einem Schaubild zusammen[1], aus dem sich folgende Tabelle ergibt:

[1] Orion, Mitteilungen der Schweizerischen Astronomischen Gesellschaft Nr. 28, S. 109 (1950).

Instrument Objektiv-Öffnung	Vergrößerung für die Beobachtung von Einzelheiten auf							
	Merkur	Venus	Mars	Jupiter	Jup.-Monde	Saturn	Uranus	Neptun
75 mm	150	150	175	150	150	175	175	—
135 mm	200	225	275	200	375	250	300	300
250 mm	300	300	325	275	400	350	350	350
300 mm	350	350	350	300	500	375	450	500

Größere Nebenapparate — Mikrometer, Photometer, Spektroskope — scheiden unter den Bedingungen des Liebhabers für die Planetenbeobachtung weitgehend aus. Dagegen haben sich Beobachtungen mit Farbfiltern als sehr nützlich erwiesen. An diese sind jedoch hohe Anforderungen zu stellen: Sie müssen genau plan sein, in der Glasmasse gefärbt und man muß ihre genaue Absorptionskurve kennen. Als sehr geeignet und preisgünstig haben sich die Filter der Firma Schott & Gen. erwiesen. G. D. Roth empfiehlt die Anwendung folgender Filter: RG 2 strenges Rot, OG 5 Orange, VG 6 Grün, BG 12 Blau, während sich der Autor der folgenden bedient: RG 5 Rot, GG 11 Gelb, VG 8 Grün, BG 23 Blau. Für Venus kann, ihrer überragenden Lichtfülle wegen, ein Neutralglas von Vorteil sein.

b) Voraussetzungen zur Beobachtung

Für den Amateur kommen wohl nur physische Beobachtungen in Frage, sei es visuell, sei es photographisch. Die Verfolgung von Sternbedeckungen durch Planeten liegen noch im Bereich seiner Mittel.

Es ist wesentlich, sich über den scheinbaren Durchmesser der betreffenden Objekte im Klaren zu sein. Daraus ergeben sich die Vergrößerungen, die erforderlich sind, um dem Scheibchen des Planeten im Fernrohr die gleiche scheinbare Größe zu geben wie dem mit bloßem Auge betrachteten *Vollmond*. Dies ist aus der folgenden Tabelle ersichtlich.

Planet	scheinbarer Durchmesser	Vergrößerung
Merkur	4,″8 — 13,″3	280 × in Elongation (6,″5)
Venus	10″ — 64″	70 × in Elongation (25″)
Mars	4″ — 25″	70 × in Opposition
Jupiter	31″ — 48″	40 × in Opposition
Saturn	15″ — 21″	100 × in Opposition
Uranus	3″ — 4″	500 × in Opposition
Neptun	2,″5	750 × in Opposition

Man bedenke, daß diese Zahlen nur einen Anhalt geben, denn das Bild wird im Fernrohr wesentlich verschlechtert durch die Lichtschwäche der Objekte; es ist relativ am besten bei Jupiter, in zweiter Linie bei Mars und Saturn, es ist wegen der atmosphärischen Bedingungen schlechter bei Venus und noch schlechter bei Merkur, ganz zu schweigen von den sonnenfernen, lichtschwachen Wandlern Uranus und Neptun. Die Beobachtung wird weiterhin ungünstig beeinflußt durch Luftbeschaffenheit und äußere Bedingungen (z. B. unbequeme Körperhaltung, kalte Winternacht). Hieraus ergibt sich, daß auf Mars ein Objekt wenigstens Provinzgröße (ca. 60 km ⌀) haben muß, um im Fernrohr eines besser ausgerüsteten Liebhabers eben noch als undefinierbarer Punkt erkennbar zu sein, bei Jupiter muß er schon die Größe Australiens und bei Saturn etwa diejenige Afrikas besitzen! Es ist gut, sich über diese Bedingungen im Klaren zu sein!

Nächst dem ist es wichtig, sich über die *Himmelsrichtungen* auf den betrachteten Planeten eine zutreffende Vorstellung zu machen. Die Lage von Nord und Süd im umkehrenden Fernrohr ist klar. Hinsichtlich der Bezeichnungen „Ost“ und „West“ auf einer Planetenscheibe gehen die Anshchaungen auseinander; und doch wäre es geboten, hier zu einer *einheitlichen* Bezeichnungsweise zu gelangen. Überträgt man die irdischen Himmelsrichtungen einfach auf das Fernrohrbild, so liegt O rechts, W links. Man sollte aber richtiger bei den Bezeichnungen „O-Rand“, bzw. „W-Rand“ der Planetenscheibe von den auf dem Planeten bestehenden Verhältnissen ausgehen und dem Sonnenaufgangsrand der Scheibe (im Fernrohr rechts) als den W-Rand bezeichnen, denn ein an dieser Stelle auf der Planetenoberfläche stehender Beobachter hat die Sonne im Osten am gegenüberliegenden Horizont vor sich, steht also selbst im Westen; dem entsprechend ist der im Fernrohr links sichtbare Planetenrand (Sonnenuntergangs-Rand), der nun im Dunkel der Nacht verschwindet, der O-Rand der Scheibe. Diese Regelung entspricht auch der Angabe „Oriens“ (Osten) und „Occidens“ (Westen) beispielsweise auf den Mars-Karten von SCHIAPARELLI, ANTONIADI u. a. und dem Umstand, daß man beim Blick nach Süden Osten links, Westen rechts hat. In diesem Punkt können Unklarheiten in der Bezeichnungsweise (z. B. bei Angaben über Verschleierungen am Mars-Rand) leicht zu Irrtümern führen.

Für die physische Beobachtung der Planeten von Wichtigkeit ist der aus den Ephemeriden zu entnehmende *Phasenwinkel*, der ein Maß für den unbeleuchteten Teil der Planetenscheibe abgibt. Wir bezeichnen als Phasenwinkel α den Winkel Sonne-Planet-Erde oder, anders ausgedrückt, den Winkel, den vom Planeten aus gesehen, die Sehstrahlen zu Sonne und Erde einschließen (Abb. 1). Er berechnet sich aus den Entfernungen Sonne-Erde (R), Sonne-Planet (r) und Erde-Planet (Δ) nach der Formel

$$\cos\alpha = \frac{\Delta^2 + r^2 - R^2}{2r\Delta}.$$

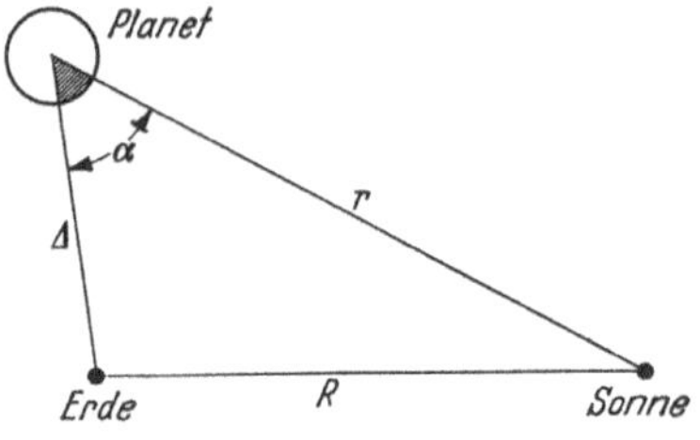

Abb. 1. Phasenwinkel α. Nach MÜLLER 1938.

Dem Phasenwinkel 0° entspricht demnach volle Beleuchtung (Vollmond), dem Phasenwinkel 180° Unsichtbarkeit (Neumond). Bei den innerhalb der Erdbahn umlaufenden Planeten Merkur und Venus kann er alle Werte zwischen 0° und 180° annehmen, bei den außerhalb umlaufenden bleibt er außer bei Mars immer so klein, daß er unberücksichtigt bleiben kann; nur bei Mars erreicht er maximal 46°, dann ist knapp ein Achtel der Scheibe unsichtbar.

Zum Einzeichnen der auf den Planetenoberflächen gesehenen Details bedient man sich vorgedruckter *Schablonen*, zweckmäßig mit außen angezeigtem Achsenkreuz (wodurch die sichere lagegetreue Eintragung wesentlich erleichtert wird). Für Jupiter sind wegen seiner starken Abplattung und für Saturn ebenfalls wegen Abplattung und wegen des wechselnden Anblicks seiner Ringe eigene Vordrucke erforderlich, für alle übrigen Planeten können die gleichen (mit verschiedenen Durchmessern) Verwendung finden. Schablonen sind z. B. durch die *Sektion für Mond- und Planetenbeobachtung* in der VdS erhältlich (s. S. 351).

Grundsätzlich sollte, soweit als möglich, jeder Amateur die *Auswertung* seiner Beobachtungen selbst vornehmen. Im Einzelnen wird hierauf noch einzugehen sein. Die erforderlichen Ephemeriden entnimmt man den Jahrbüchern (s. S. 354).

Zweckmäßig ist es, sich einer speziellen Planetenbeobachtergruppe anzuschließen, um über unerwartete Ereignisse und die neuesten Ergebnisse der Forschung stets auf dem Laufenden gehalten zu werden und um seine Beobachtungen, soweit man sie nicht selbst auswerten kann, der Verwertung zuzuführen (s. S. 351).

2. Die Beobachtung der einzelnen Planeten

a) Merkur

Der sonnennächste unter den großen Planeten, *Merkur*, gilt mit Recht als der am schwierigsten zu beobachtende. Die alte Fabel von KOPERNIKUS, der angeblich auf dem Totenbett bedauert haben soll, nie den Merkur gesehen zu haben, trägt zwar alle Zeichen der Unwahrscheinlichkeit an sich, ist aber offenbar nicht auszurotten und wird stets als Beweis für die schwere Sichtbarkeit dieses Objektes herangezogen. Trotzdem möchte ich der Beobachtung dieses Planeten das Wort reden. Als Ermunterung möge hierbei dienen, daß ein so anspruchsvoller Beobachter wie FAUTH einmal schrieb, daß an Merkur schon 4zöllige Fernrohre Beachtliches geleistet hätten.

Als *innerhalb der Erdbahn* umlaufender Planet kann Merkur nie in Opposition zur Sonne kommen, sondern sich bestenfalls knapp 28° von ihr entfernen. In der Tropenzone, wo die Ekliptik steil unter den Horizont hinabsinkt, sind die Beobachtungsbedingungen relativ am günstigsten, sie werden aber rasch schlechter, je weiter wir uns nach N oder S vom Äquator entfernen und in mittleren Breiten sehen wir ihn stets nur in der Dämmerung abends bald nach Sonnenuntergang im W (östliche Elongation) oder morgens kurz vor Sonnenaufgang im Osten (westliche Elongation), aber immer in den Dünsten des Horizontes (über Beobachtungen am Tag s. u.). Infolge der Lage zum Horizont tritt für den Beobachter auf der Nordhalbkugel der Erde die günstigste Abendsichtbarkeit im Frühjahr, die beste Morgensichtbarkeit in den Herbstmonaten ein. Dabei zeigt Merkur Phasen wie der Mond, abends (östliche Elongation) mit schmäler werdender Sichel, morgens (westliche Elongation) dicker werdend.

In niederen Breiten ist Merkur zu Zeiten ein leicht sichtbares Objekt, da er im Maximum die *Helligkeit* des Sirius erreicht, trotzdem wird er in unseren Gegenden nie ein auffälliges Gestirn infolge seiner Nähe zum Horizont. Seine scheinbare Helligkeit schwankt je nach seiner Stellung zur Erde zwischen $-1^{m}.6$ und $+1^{m}.7$. Seine *Farbe* ist ausgesprochen gelblich; dies ist am deutlichsten zu erkennen, wenn er einmal so nahe bei Venus steht, daß beide Planeten gleichzeitig im Gesichtsfeld des Fernrohres zu finden sind. Nach Messungen der russischen Astronomin L. N. RADLOWA 1949 mittels eines visuellen Kolorimeters ist seine Farbe rötlicher als erwartet.

Einzelheiten auf dem kleinen Scheibchen zu erkennen, ist außerordentlich schwierig, doch ist dies nicht so sehr in der Kleinheit des Bildes begründet, sondern viel mehr in den ungünstigen Sichtbarkeitsbedingungen. Daher ist es seit SCHIAPARELLI vielfach üblich geworden, ihn am Taghimmel einzustellen, und ANTONIADI hat seine große Beobachtungsreihe auf diese Weise gewonnen. Aber das Scheibchen ist dann so matt, daß mit Amateurmitteln wohl keine Details zu erkennen sind; hierfür ist wieder starke Optik erforderlich. Wesentlich ist es bei Dämmerungsbeobachtungen den richtigen Moment zu bekommen; da dieser nicht vorauszusehen ist, wird man oft relativ lange am Fernrohr warten müssen und meist vergeblich ausharren. Der amerikanische Planetenbeobachter W. H. HAAS schreibt: „Der wichtigste, den Erfolg sichernde Faktor ist der, den Planeten dann zu beobachten, wenn die Kontraste am stärksten sind; das Oberflächendetail ist am auffälligsten, wenn das Bild weder zu blaß am Taghimmel, noch zu hell in der Abend- oder Morgendämmerung auftritt" (Analoges gilt für Venus). Kommt einer der seltenen und kurzen Momente ruhiger Luft (oft nur Sekunden!) hinzu, erscheint das Merkur-Detail deutlich und hart, ähnlich wie das auf Mars; aber diese Momente sind äußerst selten. Immerhin versichert der englische Planetenbeobachter P. A. MOORE, schon mit einem 3″-Refraktor Solitudo Criofori gesehen zu haben — eine beachtliche Leistung!

Die Erfahrung lehrt, daß *Farbfilter* mittlerer Dichte bei Dämmerungsbeobachtungen wesentlich zur Beruhigung des Bildes und auch zur Hebung der Kontraste beitragen. Nach Erfahrungen des Autors sind besonders Blaufilter vorteilhaft.

Trotz dieser Schwierigkeiten konnten aus langjährigen Beobachtungsreihen *Karten* der Merkuroberfläche zusammengestellt werden (da dieser Planet eine gebundene Rotation besitzt, umfassen diese nur die eine Hälfte der Merkurkugel). Für die Bezeichnung der Merkurlandschaften sind die von ANTONIADI eingeführten Namen gebräuchlich[1]. Da Merkurkarten nicht so bekannt sind wie die zahlreichen der Marsoberfläche möge hier ein Verzeichnis der bisher veröffentlichten folgen.

Jahr	Autor	Quelle
1889	G. V. SCHIAPARELLI	„Sulla rotazione di Mercurio", Astronomische Nachrichten 2944 (Bd. 123), Kiel
1896	P. LOWELL	„New Observations of the Planet Mercury", Memoirs of the American Academy of Arts and Sciences, Vol. XII
1920	R. JARRY-DESLOGES	„Observations des surfaces planétaires"
1934	E. M. ANTONIADI	„La planète Mercure et la rotation des satellites" Paris, Gauthier-Villars
1936	H. McEWEN	„The Markings of Mercury", Journal of the British Astronomical Association **46**, 10
1947	W. H. HAAS	„Ein zehnjähriges Studium des Planeten Merkur und seiner Atmosphäre", Popular Astronomy, Bd. LV, Nr. 3 (deutsch von E. PFANNENSCHMIDT)
1948	L. RUDAUX	„L'Astronomie, les Astres, l'Univers", Paris
1953	PIC DU MIDI	„L'Astronomie", (Bulletin de la Société Astronomique de France) Februar 1953, S. 65
1953	W. SANDNER	„Über die Beobachtung des Planeten Merkur", Orion, Mitteilungen der Schweiz. Astron. Ges. Nr. 39 (1953).

Zwar wollen einzelne Beobachter — u. a. ANTONIADI mit dem 80-cm-Refraktor in Meudon — *Veränderungen* im Merkurdetail, teils periodischer Natur, teils dauernde, festgestellt haben, doch liegen solche Wahrnehmungen, wenn es sich nicht überhaupt um Täuschungen handelt, außerhalb der Möglichkeiten auch des gut ausgerüsteten Amateurs. Dagegen sind ihm die durch die starke Libration des Merkur erzeugten Unterschiede in seinem Aussehen zugänglich.

Im Gegensatz zu Venus kommt bei Merkur der Ermittlung des Zeitpunktes der beobachteten Dichotomie kaum ein Wert zu. Erfolg haben hier nur Messungen mit Hilfe eines Fadenmikrometers[2], während die bei Venus so wichtige Ableitung aus Phasenzeichnungen auf graphischem Wege bei Merkur der ungünstigen Beobachtungsbedingungen halber meist versagen wird. Im Einzelnen muß auf das bei Venus Gesagte verwiesen werden. Es ist zu beachten, daß wegen der Bahnexzentrizität die Dichotomie (Phasenwinkel 90°) nicht mit der größten Elongation zusammenfällt.

Das Kapitel Merkur darf nicht geschlossen werden, ohne auf die Vorübergänge dieses Planeten vor der Sonnenscheibe einzugehen. Zwar ist der wissenschaftliche Wert der Beobachtung der *Merkur-Durchgänge* gering, aber allein schon wegen ihrer Seltenheit wird sich ein ernsthafter Beobachter diese nicht entgehen lassen. Sie können nur eintreten, wenn die Untere Konjunktion Merkur-Sonne nahe bei den Knotenpunkten erfolgt, also gegenwärtig um den 7. Mai und den 9. November; da sich zur Zeit der Novemberdurchgänge Merkur näher bei der Sonne befindet und auch der scheinbare Sonnendurchmesser größer ist als im Mai, liegen gegenwärtig die Grenzen für das Zustandekommen eines Merkurduchganges zwischen dem 4. und 10. Mai, bzw. dem 4. und 14. November, so daß Novemberdurch-

[1] E.-M. ANTONIADI: La Planète Mercure et la rotation des satellites. Paris: Gauthier-Villars 1934.

[2] H. R. WIELEN: Phasenmessungen am Merkur, Mitt. für Planetenbeobachter **10**, 22 (1957).

gänge häufiger sind als Maidurchgänge. Durchschnittlich ereignen sich im Jahrhundert 13 Durchgänge, sie folgen einander in einem zeitlichen Abstand von wenigstens 3 und höchstens 13 Jahren. Ein Verzeichnis der in diesem Jahrhundert noch zu erwartenden folgt hier:

Merkur-Durchgänge 1960—2000

1960. XI. 7^d
1970. V. 9^d
1973. XI. 10^d
1986. XI. 13^d
1993. XI. 6^d
1999. XI. 15^d

Die Dauer eines Merkur-Durchganges ist sehr verschieden je nach der Länge der Sehne, auf der Merkur vor der Sonnenscheibe vorbeizieht; sie kann bis zu $8^1/_2$ Stunden betragen, wenn Merkur über die Mitte der Sonnenscheibe hinweggeht, und sie kann zu minimalen Werten herabsinken, wenn der Durchgang nahezu tangential erfolgt. Beide Extreme werden wir im 20. Jahrhundert noch erleben: 1973 wird der Vorübergang 8 Stunden dauern, 1999 aber beinahe streifend sein. Die Dauer des Ein- und Austrittes ist ebenfalls von der Lage der Sehne abhängig und beträgt etwa 3 bis 5 Minuten.

Der Beobachter ist enttäuscht über die Winzigkeit des Merkurscheibchens vor der hellen Sonnenscheibe, obwohl der Planet seinen größtmöglichen scheinbaren Durchmesser hat (bei Maidurchgängen etwas größer als im November). Die Beobachtung kann sowohl im Projektionsverfahren wie direkt erfolgen, man achte auf folgende Punkte:

1. Festlegung der Kontaktzeiten (1. und 2. Kontakt: äußere, bzw. innere Berührung beim Eintritt — 3. und 4. Kontakt: Innere, bzw. äußere Berührung beim Austritt aus der Sonnenscheibe),
2. Eventuelle Sichtbarkeit einer Aureole um das tiefschwarze Planetenscheibchen,
3. Optische Phänomene, unter denen der „Schwarze Tropfen“ von Wichtigkeit ist, weil er die genaue Erfassung des 2. und 3. Kontaktes sehr erschwert.

b) Venus

Der nächste Planet, die Venus, weist günstigere Sichtbarkeitsbedingungen auf als Merkur. Zwar umläuft auch sie die Sonne innerhalb der Erdbahn, kann also nie in Opposition kommen und ist stets nur als Morgen- oder Abendstern sichtbar, aber sie kann sich bis zu 47° von der Sonne entfernen und mithin lange nach Sonnenuntergang, bzw. vor Sonnenaufgang beobachtbar sein.

Von einer Oberen Konjunktion bis zur nächsten verstreicht ein Zeitraum von 584 Tagen *(Synodische Umlaufzeit)*. Sie durchläuft dabei die gleichen Phasen wie Merkur: Von der Unteren Konjunktion über die westliche Elongation (am Morgenhimmel, zunehmende Phase), die Obere Konjunktion (Vollvenus) und die östliche Elongation (am Abendhimmel, abnehmende Phase) zurück zur Unteren Konjunktion (Neuvenus). Von der größten östlichen bis zur größten westlichen Abweichung (über die untere Konjunktion) vergehen durchschnittlich 144, von der größten westlichen bis zur größten östlichen Elongation (über die Obere Konjunktion) durchschnittlich 440 Tage.

Venus ist (abgesehen von Sonne und Mond) das *lichtmächtigste Gestirn*, sie erreicht zur Zeit ihres „größten Glanzes“, d. i. etwa 35 Tage vor und nach der Unteren Konjunktion, die Helligkeit $-4^{m}\!.3$. In jeder Elongation ist sie rund 220 Tage lang photometrisch beobachtbar (von 60 Tagen nach der Oberen Konjunktion bis 12 Tage vor der Unteren, resp. 12 Tage nach der Unteren bis 60 Tage vor der Oberen Konjunktion); ihr Helligkeitsverlauf während dieser Epoche ist der folgende:

Tage vor oder nach der oberen	unteren Konjunktion	Abstand von der Sonne	Phasenwinkel	Helligkeit
60	232	15°4	21°6	-3^m06
100	192	25.3	36.3	-3.15
140	152	34.6	51.7	-3.29
180	112	42.3	68.6	-3.48
220	72	46.3	89.3	-3.76
240	52	44.0	103.2	-3.95
250	42	42.1	112.0	-4.07
260	32	37.4	122.9	-4.09
270	22	29.7	136.7	-3.92
280	12	18.2	154.4	-3.56

Die große Helligkeit der Venus hat zur Folge, daß sie auch mit bloßem Auge in jeder Elongation während mehrerer Wochen bequem am Tageshimmel zu finden ist, wenn man nur ihren augenblicklichen Ort am Himmel genau kennt, im Schatten eines Hauses steht und das Auge wirklich auf „unendlich" eingestellt hat.

Infolge der großen Helligkeit der Venus ist es auch bei Fernrohrbeobachtungen oft von Vorteil, sie *am Tage* einzustellen. Mit Hilfe eines parallaktischen Fernrohres ist dies nicht schwierig, es gelingt nach Gramatzki auch mit einem azimutal montierten Instrument, wenn die Achse genau senkrecht steht, der Tubus mit einem einfachen Pendelquadranten verbunden wird und man die Höhe der Venus über dem Horizont aus ihren Koordinaten bestimmt (letzteres ist mit hinreichender Genauigkeit auch ohne Rechnung auf graphischem Wege möglich bei Benutzung der von Gramatzki berechneten Fluchtentafel, Abb. 2). Voraussetzung ist in allen Fällen, daß der Okularauszug des Fernrohres in der Nacht zuvor mit Hilfe eines Sternes scharf eingestellt wurde.

Eine andere einfache Methode, um mit einem azimutal aufgestellten Fernrohr Venus oder einen anderen hellen Stern bei Tage zu finden, ist die folgende. Man wählt mit Hilfe eines Sternkataloges oder eines Sternatlasses einen Fixstern aus, der die gleiche Deklination wie der gesuchte (Venus usw.) hat, aber in Rektaszension so weit entfernt ist, daß er in der vorhergehenden Nacht bequem eingestellt werden kann. Der Unterschied in Deklination soll möglichst gering sein, auf alle Fälle muß er kleiner sein als der halbe Durchmesser des Gesichtsfeldes. Man richtet also in der vorhergehenden Nacht das Fernrohr auf den „Einstellstern", dessen Rektaszension gleich α_1 sei, notiert die Zeit t_1 und klemmt beide Achsen fest an. Ist die Rektaszension des gesuchten Sternes gleich α, so wird er um die Zeit

$$t = t_1 + (\alpha_1 - \alpha)$$

(in Sternzeit!) durch das Gesichtsfeld gehen. Unerläßlich ist auch hier die genaue Einstellung des Okularauszuges, da sonst das lichtschwache Sternbildchen am hellen Taghimmel nicht zu erkennen ist.

Bei Dämmerungsbeobachtungen ist wegen der störenden Helligkeit die Verwendung eines schwachen Neutralglases vorteilhaft, sofern man nicht überhaupt zur Beobachtung mit farbigen Filtern übergeht, die gerade an Venus bei Oberflächenbeobachtungen Erstaunliches leisten. Allerdings sind die von den einzelnen Beobachtern gemachten Erfahrungen unterschiedlich.

Dies führt zu der Frage, was an Venus zu beobachten ist. Es ergeben sich die folgenden Gesichtspunkte:

Helle und dunkle Tönungen der Oberfläche. Venus-Detail ist, wenn überhaupt reell, außerordentlich zart und auf alle Fälle sehr unbestimmt und daher zeichnerisch schwer wiederzugeben, erblicken wir doch im Fernrohr sicher nicht die feste

Planetenoberfläche, sondern nur eine den ganzen Planeten einhüllende Wolkendecke. Am ehesten kann man die Schattierungen auf Venus mit dem Anblick vergleichen, den eine sonnenbeschienene geschlossene Wolkendecke (Stratus) dem Beschauer in einem hoch darüber wegfliegenden Flugzeug bietet.

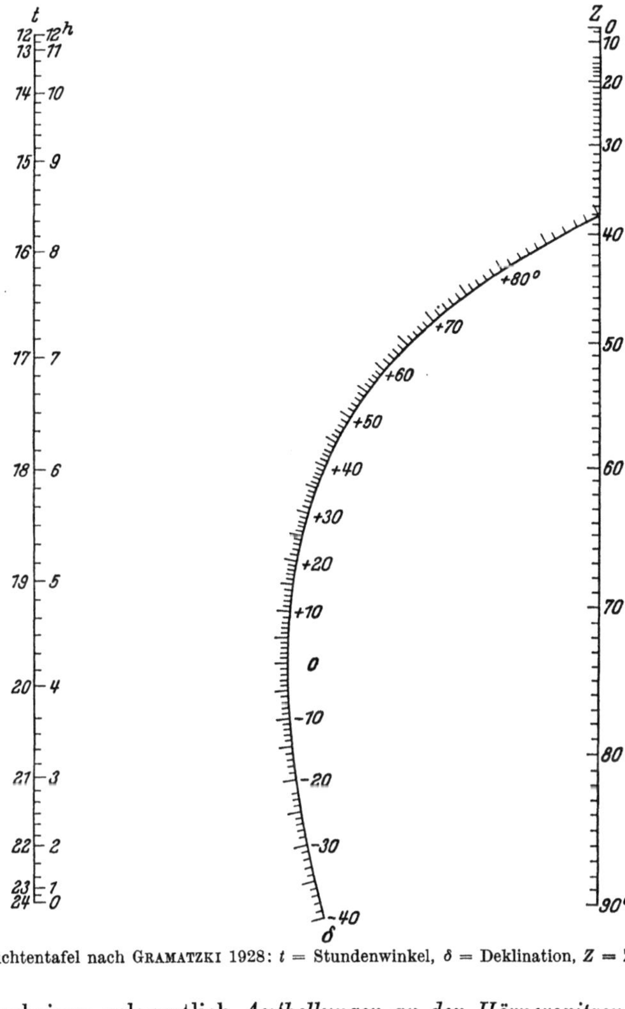

Abb. 2. Fluchtentafel nach GRAMATZKI 1928: t = Stundenwinkel, δ = Deklination, Z = Zenitdistanz.

Dagegen scheinen gelegentlich *Aufhellungen an den Hörnerspitzen* verbürgt zu sein, häufig voreilig als „Polkappen" bezeichnet. Sie gleichen aber in keiner Weise den bekannten Polkappen auf Mars. Ob ein manchmal erwähnter dunkler Saum um diese Aufhellungen wirklich reell ist oder als Kontrastwirkung aufgefaßt werden muß, muß dahingestellt bleiben.

Dicht am Terminator gelegene, diesem parallel laufende dunkle *Bänder*, die öfter erwähnt werden, sind in das Gebiet der optischen Täuschungen zu verweisen. Dagegen können graue streifenförmige Schattierungen, die etwa senkrecht zur Hörnerlinie sich über die Scheibe hinziehen und von manchen Beobachtern genannt werden, reell sein; sie passen gut zu neuen photographischen Aufnahmen von KUIPER.

Weitere Beobachtungen sind auf diesem Gebiet dringend erforderlich. Dabei ist die Verwendung farbiger Filter sehr zu empfehlen. In erster Linie muß darauf hingewiesen werden, daß hier strengste Selbstkritik dringend erforderlich ist! Auch die Frage des Instrumentes spielt eine entscheidende Rolle, denn es ist eine alte Erfahrungstatsache, daß „Detail", welches in kleinen Fernrohren deutlich zu sein scheint, in mittleren und größeren verschwindet. Es ist wünschenswert, die Beobachtung über viele Stunden hinweg auszudehnen, etwa bei westlicher Elongation vom Aufgang der Venus bis in die Mittags- oder gar in die frühen Nachmittagsstunden hinein; versprechen solche Reihen auch keine neuen Resultate, so führen sie doch dazu, sich ein Bild darüber zu machen, inwieweit das „Gesehene" als tatsächlich vorhanden angesprochen werden darf oder nur als Effekt der Beleuchtungsverhältnisse.

Unter diesen Umständen ist es nicht verwunderlich, daß *Rotationszeit und Achsenlage* der Venus noch immer umstritten sind; die in der Literatur verzeichneten Werte für erstere schwanken zwischen 20 Stunden und 225 Tagen.

Auch die Angaben über den *Durchmesser* der Venus sind uneinheitlich. Drei Bestimmungsmethoden hierfür sind zu nennen: 1. direkte Mikrometermessungen am Fernrohr[1], 2. aus Venus-Durchgängen, 3. aus Sternbedeckungen (s. S. 228).

Die sich ergebenden Unterschiede sind sicher durch die Wirkung der Venus-Atmosphäre verursacht.

Deformation des Terminators. Wenn auch gelegentlich solche Deformationen durch Kontrastwirkungen vorgetäuscht sind, so sind sie in der Mehrzahl doch als reell zu betrachten; jeder langjährige Venus-Beobachter weiß von solchen zu berichten. Wer sie sieht, achte auf genaue Form und Lage (Zeichnung!), Dauer der Sichtbarkeit und eventuelle Veränderungen.

Hierher zu zählen sind auch die relativ häufig feststellbaren *Ungleichheiten der Hörner*, die sich darin ausdrücken, daß das eine Horn spitz, das andere stumpf erscheint, vielleicht auch ein Horn „übergreift". Man hüte sich vor Täuschungen durch das Luftspektrum!

Phase und Dichotomie. Die genaue Erfassung der Phase wird erschwert durch Kontrastwirkungen (flaues Bild am Taghimmel, zu helles in der Dämmerung). Auch Dämmerungserscheinungen in der Venus-Atmosphäre spielen eine Rolle (Terminator leicht verwaschen im Gegensatz zu dem scharf gezeichneten Planetenrand). Die genaue zeitliche Festlegung der Dichotomie (halbvolle Scheibe) ist von Interesse, weil sich systematische Unterschiede zwischen berechnetem und beobachtetem Zeitpunkt ergeben[2]; die Differenz beträgt mehrere Tage und ergibt sich bei allen Beobachtern im gleichen Sinne, ist aber vielleicht verschieden groß bei Verwendung verschiedener Farbfilter. Es ist nicht wahrscheinlich, daß es sich um einen physiologischen Effekt handelt, sondern es ist eher die Wirkung einer Venus-Atmosphäre anzunehmen.

Da es praktisch nicht möglich ist, den genauen Zeitpunkt der Dichotomie am Okular sicher einzuschätzen (Schätzung, ob die Dichotomie noch nicht eingetreten, eben erreicht oder bereits überschritten ist), wählt man zweckmäßig ein graphisches Verfahren. Man beginnt mit der Beobachtung möglichst frühzeitig (mehrere Wochen vor der zu erwartenden Dichotomie) und setzt sie so lange als möglich fort; dabei zeichnet man an jedem klaren Abend oder Morgen die Phase mit größtmöglicher Genauigkeit in Schablonen ein. Nach Abschluß der ganzen Reihe mißt man sämtliche so erhaltenen Zeichnungen aus, trägt die Dicke der Sichel (ausgedrückt in Bruchteilen des von Horn zu Horn gemessenen Venus-Durchmessers als Einheit) in einem Cartesischen Koordinatensystem graphisch auf (Abszisse: Beobachtungs-Datum, am zweckmäßigsten in julian. Tagen; Ordinate: Sichel-Durchmesser) und verbindet die Punkte durch eine Kurve (es ist keine Gerade!); dort, wo diese den Wert 0.5 schneidet, liegt der Zeitpunkt der Dichotomie.

[1] H. PAUSCHER: Drei Messreihen zur Bestimmung des Venusdurchmessers, Astronomische Nachrichten **285**, 174 (1960).

[2] E. SCHOENBERG und W. SANDNER: Die Dichotomie der Venusscheibe, Annales d'Astrophysique **22**, 839 (1960).

Bestimmungen der Dichotomie durch Messung mittels Fadenmikrometers oder auf photographischem Wege sind ebenfalls anzustellen (s. S. 229).

Übergreifen der Hörner und aschfarbenes Licht. Bei schmaler Sichel (nahe der Unteren Konjunktion) wird nicht selten ein Übergreifen der Hörner über den halben Kreisumfang (s. S. 231) festgestellt. Werte bis zu je 25° sind sicher gemessen, größere wahrscheinlich. Auch hier liegt die Wirkung der Venus-Atmosphäre vor.

Viele Beobachter wollen bei sehr schmaler Sichel wiederholt den unbeleuchteten Teil der Venus in einem matten Licht gesehen haben, ähnlich dem Erdlicht auf dem Monde. Die Ursache dieser Erscheinung ist noch nicht restlos geklärt, ja es wurde sogar der Verdacht einer optischen Täuschung geäußert. Es läßt sich auch nicht sicher sagen, ob der unbeleuchtete Teil heller oder dunkler als der Himmelshintergrund erscheint. Die Farbe wird verschieden angegeben, meist als bräunlich bis bräunlichrot, gelegentlich als purpurgrau, schwach-grau oder auch als dunkelviolett. Beobachtungen dieses Phänomens sind immer von Interesse.

Der verstorbene Berliner Astronom H. J. GRAMATZKI nennt folgende Aufgaben für eine Beobachtung der Venus (Abb. 3):

1. Schätzung der Breite d im Verhältnis zum Planetendurchmesser D.
2. Liegen die Hörnerspitzen a und g mit dem Mittelpunkt M des Planeten in *einer* Linie oder greifen sie über? Bestimmung der Übergriffswinkel φ_N und φ_S durch Vermessung der Zeichnung oder nur des totalen Übergriffswinkels φ.
3. Welcher der Hörnerzipfel abc und gef erscheint heller?
4. Besteht ein Farbunterschied zwischen abc und gef?

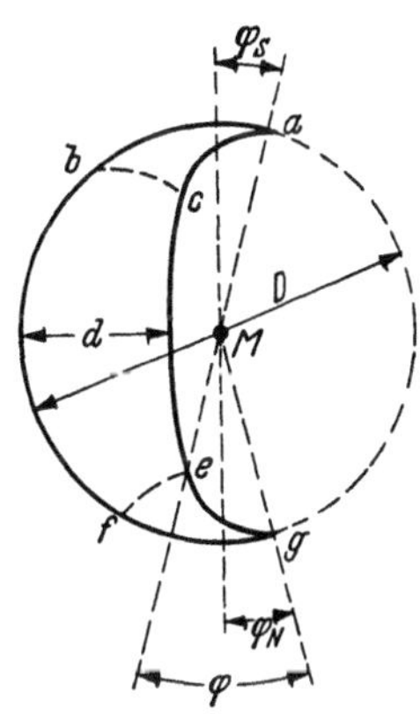

Abb. 3. Zur Beobachtung des Planeten Venus. Nach GRAMATZKI 1928.

Die als *Venus-Durchgänge* bezeichneten sehr seltenen Vorübergänge der Venus vor der Sonnenscheibe sind gewiß sehr interessante Ereignisse, es erübrigt sich aber, hier darauf einzugehen, da unser Jahrhundert keinen einzigen Venus-Durchgang erlebt. Die beiden letzten fanden am 9. Dezember 1874 und am 6. Dezember 1882 statt, die beiden nächsten werden erst am 8. Juni 2004 und am 6. Juni 2012 folgen.

c) Mars

Mars ist der erste Planet, der außerhalb der Erdbahn umläuft, also in *Opposition* zur Sonne kommen kann. Diese Oppositionen folgen einander in einem zeitlichen Abstand von durchschnittlich 2 Jahren und 50 Tagen (synodische Umlaufzeit 780 Tage). Die einzelnen Oppositionen sind aber infolge der großen Exzentrizität der Marsbahn für den irdischen Beobachter sehr ungleichwertig, da Mars bei den im Januar/Februar stattfindenden Aphel-Oppositionen nur einen scheinbaren Durchmesser von 13″8 erreicht, bei den im Spätsommer eintretenden Perihel-Oppositionen dagegen 25″5. Die Beobachtungsbedingungen werden dadurch noch etwas modifiziert, daß Mars bei den Perihel-Oppositionen im südlichsten Teil des Tierkreises steht, also für den europäischen Beobachter nur eine geringe Höhe erreicht und kaum aus den Dünsten des Horizontes heraustritt.

Die *Neigung der Umdrehungsachse* des Mars gegen seine Bahnebene hat zur Folge, daß uns bei den Frühjahrs-Oppositionen mehr der N-Pol, bei den spätsommerlichen Perihel-Oppositionen aber mehr der S-Pol des Mars zugewendet ist. Da es leider vielfach zur Gewohnheit geworden ist, nur die „günstigen“ Perihel-Oppositionen zu beobachten, ist die S-Halbkugel des Mars wesentlich besser bekannt als seine N-Hemisphäre. Es sei daher ernsthaften Amateuren, sofern sie über die nötige instrumentelle Ausrüstung verfügen, empfohlen, gerade den „ungünstigen“ Aphel-Oppositionen ihr Augenmerk zu widmen.

Im allgemeinen kann als Faustregel gelten, daß man mit der Beobachtung beginnen soll, wenn der scheinbare Mars-Durchmesser den Wert von 10″ überschreitet, und sie bis zum Unterschreiten dieser Grenze fortsetzen soll. Bei der Perihel-Opposition 1956 reichte dieser Zeitraum vom V. 16^d bis zum XII. 18^d (rund 7 Monate), bei der Aphel-Opposition 1948 aber nur vom 1947. XII. 27^d bis zum 1948. IV. 10^d ($3^1/_2$ Monate).

Im Gegensatz zu den weiter entfernten äußeren Planeten darf bei Mars der *Phasenwinkel* nicht außer acht gelassen werden. Er steigt bis zu 46° an und der Planet zeigt dann im Fernrohr deutlich eine „dicke Backe". Zeichnungen, die hierauf nicht Rücksicht nehmen, tragen von vornherein das Merkmal mangelnder Sorgfalt an sich oder beweisen, daß dem Beobachter der Blick für Wesentliches fehlt.

Tagesbeobachtungen des Mars wurden zwar gelegentlich ausgeführt und ließen auch einiges an Oberflächendetail erkennen, haben aber für die Marsforschung keine Bedeutung.

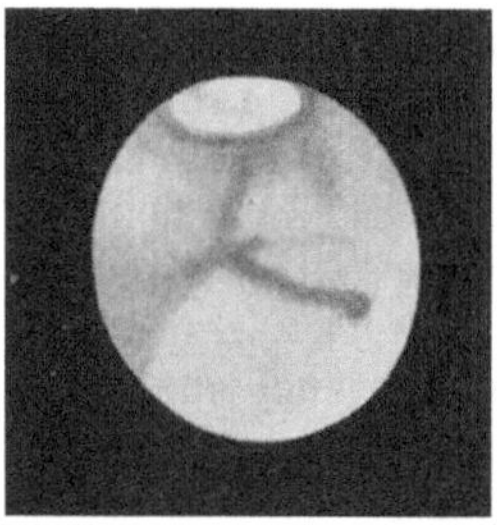

1956. VI. 27^d ZM = 318°

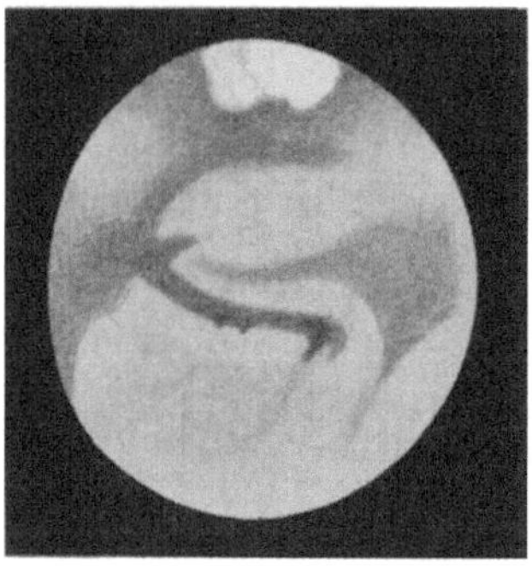

1956. VIII. 1^d ZM = 338°

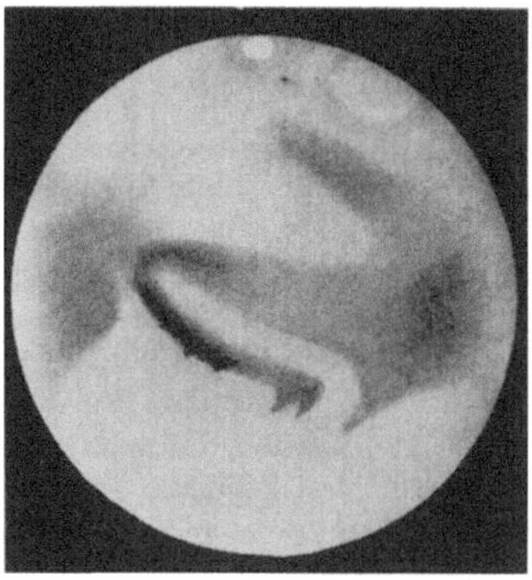

1956. IX. 5^d ZM = 343°

Abb. 4a—c. Zeichnungen von E. Antonini 1956. Instrument: 6″-Refraktor (Aus Mitt.f. Planetenbeobachter **9**, 50 (1956).

Für die Erfassung von Oberflächendetail ist die Verwendung von *farbigen Gläsern* manchmal von Vorteil. Im allgemeinen wird man mit einem Orange-Filter auskommen, gelegentlich liefern aber Rotfilter bessere Resultate; Blaufilter geben im allgemeinen den geringsten Durchblick auf die Oberfläche. Der russische Astronom Barabaschew bemerkt, daß Wolkenbildungen, die ein wesentliches Beobachtungs-Objekt für den Amateur darstellen, am besten im langwelligen Licht (Rot) wahrnehmbar, im Grünfilter nur schwach sichtbar und im Blaufilter nicht zu erkennen sind, und W. D. Heintz empfiehlt für Blau ein starkes Cobalt-Glas, für Rot (zur Verminderung des Streulichts) ein Filter RG 1 von 2 mm Dicke; Gelb- und Grüngläser geben keinen Vorteil.

Dringend anzuraten ist für die Zeichnung die Benutzung von vorgedruckten *Schablonen*. Die Marssektion der BAA empfiehlt solche von 2″ (5 cm) Durchmesser, der Verfasser benützt — je nach dem augenblicklichen Mars-Durchmesser — Vordrucke von 21, 27 und 39 mm.

Bei der zeichnerischen Wiedergabe des *Oberflächendetails* geht man in der Weise vor, daß man in eine nicht zu kleine Schablone zunächst das markanteste Gebilde einträgt; dies wird im allgemeinen der Polfleck sein (Abb. 4a - c). Ihn als erstes einzuzeichnen, hat den weiteren Vorteil, daß man gleich eine ungefähre Orientierung gewinnt; es empfiehlt sich aber, wenigstens bei stärkerer Vergrößerung, einen Mikrometerfaden zur Festlegung der N-S-Richtung zu verwenden, da eine exzentrische Lage der Polkappe und die Phase mitunter den Eindruck stark verfälschen. Dann trägt man mit einem spitzen weichen Bleistift zunächst die Umrißlinien der dunklen Einzelheiten ein und legt diesen Zeitpunkt der Berechnung des Zentralmeridians zugrunde. Es ist üblich, stark aufgehellte Gebiete (Wolken usw.) durch gerissene Linien zu umranden. Am Schluß werden dann unter Verwendung eines Wischers die Schattierungen vorgenommen. Im allgemeinen ist Mars-Detail „hart" und bestimmt, man achte aber auch auf Schattierungen in den Dunkelgebieten, die z. T. jahreszeitliche, manchmal tageszeitliche Änderungen aufweisen.

Um solche *Helligkeitsänderungen* sicher festzulegen und kurvenmäßig verfolgen zu können, schätzt man zweckmäßig die Farbtiefe (Intensität) der verschiedenen Gebiete nach einer empirischen Skala ein; man sollte sich dabei der von G. de Vaucouleurs verwendeten bedienen. Nach dieser erhalten

die hellen Polkappen	den Wert 0,
der dunkle Himmelsgrund	den Wert 10,

dann werden ausgedehnte helle Flächen („Wüstengebiete") nahe der Scheibenmitte = 2 und für die dunkelsten Stellen der Marsoberfläche ergibt sich 6 (eventuell 7). Die Erfahrung lehrt, daß die Einschätzung nach dieser Skala nicht schwieriger und nicht weniger genau ist als die bekannte Helligkeitsschätzung eines Sternes nach der Argelander-Methode.

Zur Lagebestimmung von Mars-Detail in areographischer Länge und zugleich zur Kontrolle der Rotation dienen *Durchgangsbeobachtungen*, d. h. die Festlegung des Momentes des Durchgangs durch den ZM. W. D. Heintz hat hierzu 1954 eine Liste ausgewählter äquatornaher Objekte aufgestellt und veröffentlicht:

1. Aryn, die helle Zunge zwischen den Zinken der Gabelbai (Sinus Meridiani), nach Definition der Null-Meridian,
2. Aurorae Sinus, Westspitze,
3. Solis Lacus, Mitte,
4. Titanum Sinus, das N-Ende von Mare Sirenum,
5. Trivium Charontis, Mitte,
6. Cyclopum Sinus, NW-Ende von Mare Cimmerium,
7. Große Syrte, N-Spitze
8. Portus Sigeus, auf der N-Seite von Sinus Sabaeus.

Er bemerkt dazu: „Häufige Beobachtung weniger Stationen ist viel mehr wert als vereinzelte unsichere Angaben über viele Punkte. Transitbeobachtungen sollten sich auf die Zeit etwa 10 Tage vor und nach der Opposition (die nicht mit dem Tag der größten Annäherung identisch ist) beschränken, da sonst die Phase nebst ungleicher Helligkeit der beiden Ränder merklich stört und unkontrollierbare Fehler in die Beobachtung trägt."

Die Farbe der hellen Gebiete ist hellrot bis ockergelb. Beobachter mit farbtüchtigen Augen betonen immer wieder die deutliche Wahrnehmbarkeit von Farben in den Dunkelgebieten. Die Beurteilung ist unterschiedlich, doch scheinen neben einem allgemeinen Grau grünliche bis bläuliche Töne gesichert. Darauf jedoch eine ganze Theorie aufzubauen, wie es gelegentlich geschehen ist (Astrobotanik), ist sehr gewagt. Für derartige Beobachtungen ist ein Spiegel oder ein guter Apochromat einem gewöhnlichen Refraktor vorzuziehen.

Gelegentliche Unregelmäßigkeiten (Aus- und Einbuchtungen), sowie Lichterscheinungen am Marsrand wahrzunehmen, erfordert sehr große Optik und starke Vergrößerung, wie sie einem Amateur selten zu Gebote stehen dürften.

Die Beobachtung von *Wolkengebilden* in der Marsatmosphäre ist ein wichtiges Aufgabengebiet für den besser ausgerüsteten Amateur. Gelegentlich heben sie sich weiß und strahlend von ihrer Umgebung ab, so daß sie eine gewisse Ähnlichkeit mit dem Polfleck erreichen können (z. B. ein langlebiges Wolkengebilde, welches 1952 über der Landschaft Chryse auftrat), oft erscheinen sie nur gelblich und heben sich nur schwach von dem allgemeinen Untergrund ab, oft werden sie auch nur als Verschleierungen oder als schwache Aufhellungen erkennbar, mitunter nur indirekt durch Verdeckung irgendeines markanten Oberflächengebildes. Solche Verschleierungen bilden sich manchmal über lange Zeiträume hinweg täglich in den Nachmittagsstunden über bestimmten Marsgegenden neu. Die Verfolgung kompakter Wolkengebilde, die relativ selten sind, gestattet die Festlegung der vorherrschenden Windrichtung und -Geschwindigkeit, und die vergleichende Auswertung aller erreichbaren Beobachtungen vermag (wie HEINTZ gezeigt hat) ein Bild von der Großwetterlage auf Mars zu geben. Erinnert sei auch an die große Verschleierung (Staubsturm?), die von Ende August bis Mitte September 1956 fast die ganze S-Halbkugel des Mars erfaßt und zeitweise sogar den Polfleck verdeckt hat[1].

Die sog. „Violett-Schicht" der Mars-Atmosphäre verhindert im blauen Licht den Durchblick zur Oberfläche. Gelegentlich reißt sie aber auf (z. B. im August 1956 kurz vor dem großen „Staubsturm") und läßt dann auch im Blaufilter das Detail der Oberfläche erkennen. All dies liegt im Bereich des mit Amateurmitteln Erreichbaren und, da es sich hier um Überwachungsaufgaben handelt, für die dem Berufsastronomen meist die Zeit fehlt, haben wir hier ein wertvolles Betätigungsfeld.

Schließlich hat es sich in den letzten Sichtbarkeitsperioden erwiesen, daß auch die *Photographie* der Marsoberfläche mit Amateurmitteln durchaus erfolgversprechend ist (s. S. 229).

Einen interessanten *photometrischen Versuch*, den jeder Liebhaber, der die Argelander-Methode beherrscht, unschwer mit Hilfe eines gewöhnlichen Feldstechers visuell ausführen kann, regt E. PFANNENSCHMIDT in „*MfP*" Nr. 14 (Oktober 1948) an. Er schreibt dort: „Ein Vergleich der Lichtkurve des Mars mit einer Karte des Planeten zeigt, daß der Lichtwechsel (dessen Amplitude ca. 18% beträgt) durch die Fleckengebilde der Oberfläche hervorgerufen wird. Die größte Helligkeit fällt also genau mit dem Zeitpunkt zusammen, zu dem das an hellen Flecken reichste Gebiet der Oberfläche auf der Scheibe sichtbar ist, während das Helligkeitsminimum mit der Sichtbarkeit der dunklen Flecken zusammentrifft. Die Lichtwechselkurve ergibt sich im Koordinatennetz Rotationsphase/Helligkeiten. Das Maximum liegt nach GUTHNICK und LAU zwischen areogr. Länge 117 bis 120°, das Minimum zwischen 300 und 6°. Als Vergleichssterne eignen sich besonders rote Fixsterne."

Bei der Bearbeitung unserer Beobachtungen gehen wir so vor, daß zunächst für jede Zeichnung der ZM berechnet wird; die Grundlagen hierfür sind aus den Jahrbüchern zu entnehmen, eine Tafel der stündlichen Änderung des ZM findet sich im Anhang S. 327. Die Konstruktion des Gradnetzes muß leider wegen der Neigung der Marsachse jedesmal eigens vorgenommen werden; hierfür hat GRAFF die nötigen Formeln entwickelt[2]. Hat man so die Positionen möglichst vieler markanter Punkte der Mars-Oberfläche festgelegt, kann man sie zu einer Gesamtkarte in Merkator-Projektion zusammenstellen und die weniger markanten Details nach ihrer Lage zu diesen Fixpunkten eintragen.

Durch Vermessen der Zeichnungen kann auch die Begrenzung des *Polflecks* konstruiert werden; dabei wird man feststellen können, daß sein Mittelpunkt nicht immer mit dem Rotationspol zusammenfällt. Dies ist zu berücksichtigen, wenn man, wie dies vielfach geschehen ist, das Kleinerwerden („Abschmelzen") des Polflecks graphisch aufträgt (Abb. 5) und daraus die Geschwindigkeit abliest, mit der der Polfleck im Frühjahr und Sommer zurückweicht. Derartige Messungen, über viele Oppositionen in einheitlicher Weise fortgeführt, können Aufschluß geben, ob die Geschwindigkeit des „Abschmelzens" etwa vom Stand der Sonnentätigkeit abhängt.

[1] W. D. HEINTZ: Die Marsannäherung 1956, Die Sterne **35**, 129 (1959). Ausführlicher Bericht, auch über Amateurarbeiten.

[2] K. GRAFF in Publikationen der Sternwarte Bergedorf, Band **II**, Nr. 7 (1924).

Für diese Untersuchungen ist es nötig zu wissen, wann auf Mars die Jahreszeiten beginnen. Dies zeigt uns die folgende kleine Tabelle.

N-Halbkugel	heliographische Länge	S-Halbkugel
Frühjahrs-Anfang	88°	Herbst-Anfang
Sommer-Anfang	178°	Winter-Anfang
Herbst-Anfang	268°	Frühjahrs-Anfang
Winter-Anfang	358°	Sommer-Anfang

Die heliozentrischen Längen sind aus den Ephemeriden zu entnehmen.

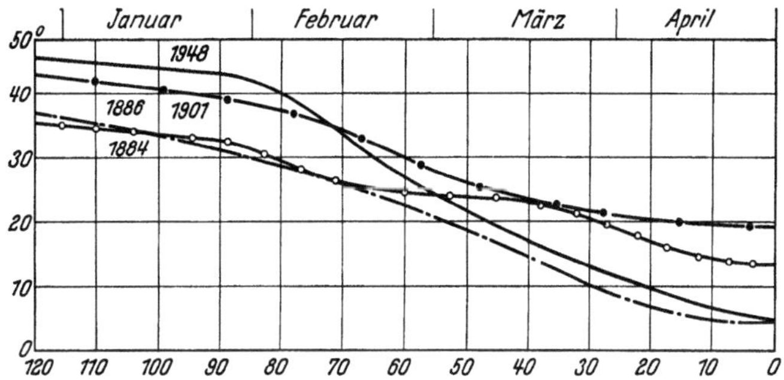

Abb. 5. Abschmelzen der N-Polarkalotte des Mars in verschiedenen Oppositionen. Ordinate: areographische Breite; Abszisse: Tage vor dem Solstitium. (Nach De Mottoni 1949).

Die Zahl der Mars-Karten ist Legion. Leider ist dadurch auch eine gewisse Verwirrung in der Namensgebung für einzelne Landschaften und Kanäle eingetreten. Eine neue, international anerkannte Liste ist, nebst Positionsangabe, im Tafel-Anhang abgedruckt (s. S. 326).

Mars besitzt zwei *Monde*, die aber zu den kleinsten Körpern im Sonnenbereich gehören. Ihre Helligkeit liegt bei der 12. Sterngröße. Sie stehen aber nahe dem hellen Mars, so daß sie erst mit starker Optik wahrnehmbar werden. Der innere der beiden gehört zu den schwierigsten Objekten im Sonnensystem überhaupt, der äußere dagegen kann unter günstigen Beobachtungsbedingungen beim Abdecken des Mars durch ein im Brennpunkt angebrachtes Scheibchen schon in Fernrohren von 300 mm Öffnung sichtbar werden.

d) Jupiter

Der Riese Jupiter ist der am meisten Erfolg verheißende Planet. Sein großer Durchmesser, die zahlreichen Einzelheiten seiner Oberfläche, deren rasche Veränderlichkeit (Fauth nennt Jupiter mit Recht einen „lebensvollen“ Planeten) und die schnelle Rotation, die schon in einer einzigen Beobachtungsnacht viele Positionen abzuleiten gestattet, machen ihn zu einem mit Recht bevorzugten Objekt. Erinnert sei an die Arbeiten von W. Löbering und der von R. Sommer begründeten Treptower Beobachtergruppe in Berlin. Ein großer Teil unserer Kenntnis dieses Planeten wurde tatsächlich von Amateuren erzielt[1].

Die visuelle Helligkeit in Opposition ist $-2\overset{m}{.}39$, er ist also nach Venus das hellste Gestirn. Die von der Phase abhängigen Helligkeitsschwankungen sind unmerklich und die von der wechselnden Entfernung verursachten gering. Die Oppositionen folgen einander in einem Abstand von 13 Monaten.

Die Beobachtung wird, abgesehen vom großen Durchmesser und dem Detailreichtum, durch zwei Umstände erleichtert: 1. beträgt der Phasenwinkel im Maximum nur 12° und ent-

[1] E. Mädlow: Strömungs- und Rotationsverhältnisse auf Jupiter 1950, Astronomische Nachrichten **280**, 161. Ausführliche Diskussion und Ableitung des Rotationsgesetzes des Planeten Jupiter für die Epoche 1950 auf Grundlage von Amateurbeobachtungen.

zieht dann nur eine ganz schmale Sichel der Beobachtung, deren Dicke höchstens 1/100 des Jupiterdurchmessers erreicht, so daß er vernachlässigt werden kann, und 2. wirkt sich die Achsenlage sehr günstig aus, denn da die größtmögliche Kippung nur 3°5 beträgt, sind die Parallelkreise für alle Beobachtungen an mittleren, selbst an großen Instrumenten praktisch Gerade.

Dagegen darf die *Abplattung*, die 1:16.3 beträgt, unter keinen Umständen unbeachtet bleiben. Die Verwendung vorgedruckter Schablonen ist nicht zu vermeiden; solche mit einem Durchmesser von 67:62.5 mm haben sich als vorteilhaft erwiesen und wurden auch von FAUTH und GRAFF verwendet . Für die Auswertung der Zeichnungen benützt man ein durchsichtiges Deckblatt mit Gradnetz, das auf die Zeichnung aufgelegt wird.

Für jede Zeichnung muß der *Zentralmeridian* gesondert berechnet werden. Es ist bekannt, daß die Äquatorzone des Jupiter schneller rotiert ($9^h 50^m$) als die mittleren Breiten ($9^h 55^m$), in denen die meisten Flecken auftreten. Man unterscheidet daher bei der Berechnung der Zentralmeridiane System I (Äquatorzone, stündl. Rotationswinkel 36°6) und System II (mittlere Breiten, stündliche Änderung des ZM 36°3). Die Zentralmeridiane für 0^h WZ jeden Tages sind in den Jahrbüchern gegeben, zur einfacheren Rechnung dienen Tafeln der Änderung des ZM, die im Anhang S. 327 enthalten sind.

Schon kleine Fernrohre zeigen zwei oder mehr dem Äquator parallele *Streifen* auf der Jupiterscheibe. Die dunklen Streifen bezeichnet man als *Bänder*, die hellen Zwischengebiete als *Zonen*. International gebräuchlich ist die Nomenklatur, die aus Abb. 6 ersichtlich ist. Am hellsten ist im allgemeinen die EZ.

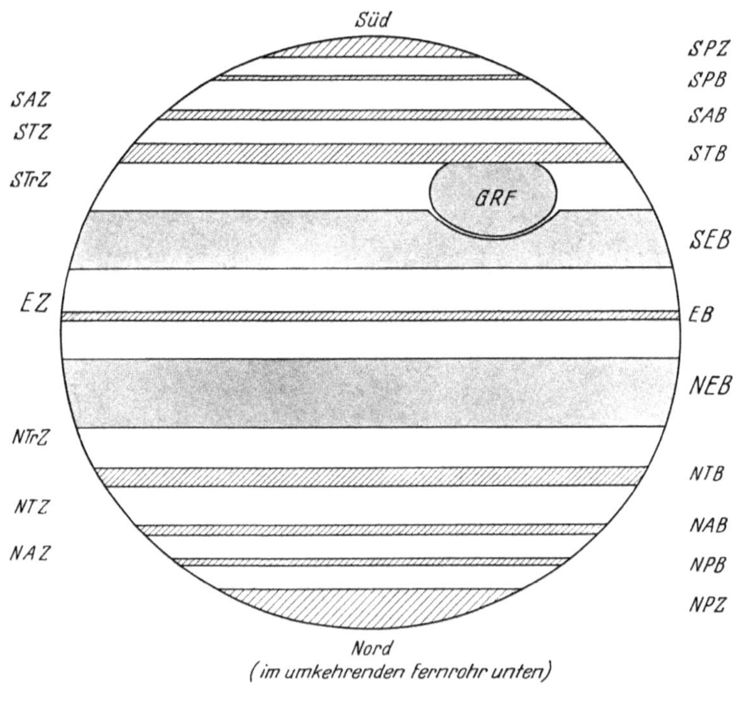

Abb. 6. Nomenklatur der Bänder und Zonen auf Jupiter. *Abkürzungen*: N = Nord; S = Süd; B = Band (dunkel); Z = Zone (hell); E = Äquatorial-; Tr = tropisch; T = gemäßigt (temperiert); A = arktisch; P = Polar-; GRF = Großer Roter Fleck. Nach BÜDELER 1948.

Unter den Flecken auf der Jupiterscheibe ist am bemerkenswertesten der GRF, der auf alten Zeichnungen mindestens bis in die dreißiger Jahre des vorigen Jahrhunderts zurückzuverfolgen ist. Zu Zeiten war er sehr auffällig und von ausgesprochen roter Farbe, zu anderen Zeiten dagegen nur matt und ohne ausgesprochene Färbung. Über seine Lageänderung (Eigenbewegung) in jovigr. Länge wird weiter unten zu sprechen sein.

Nicht so einheitlich wie für die Bänder und Zonen ist die Nomenklatur der sonstigen Flecken; man sollte aber auch hier zu einer einheitlichen Regelung schreiten und es empfiehlt sich, die von E. MÄDLOW[1] ausführlich dargestellte und durch Zeichnungen erläuterte Klassifikation zu gebrauchen. MÄDLOW unterscheidet (abgesehen vom GRF und dem klassischen *Schleier*):

1. *Graue Flecken:* In der Regel kurzlebige Objekte in den Zonen, teils scharf und regelmäßig begrenzt, teils matt verschwommen,
2. *Weiße Flecke:* Runde oder ovale weiße Gebilde, die in der Regel scharf begrenzt sind, sowohl als Einschlüsse in den dunklen Bändern als auch auf dem meist doch etwas matt getönten Untergrund der hellen Zonen,
3. *Rifts:* 1 bis 3 Grad breite weiße Linien, die meist scharf begrenzt und sehr hell ein Band von einer Zone zur anderen durchschneiden, in der Regel unter einem Winkel von 45 bis 60 Grad,
4. *Aus- und Einbuchtungen:* Dunkle Auszackungen, bzw. helle Einkerbungen der Bänder,
5. *Kerben:* Scharfe, halbkreisförmige Buchten am schnurglatten Rand eines Bandes,
6. *Brücken und Stege:* Breite, bzw. schmale dunkle Bänder, die quer über die hellen Zonen hinweg von einem Band zum anderen reichen und dort meist in deutlichen Ausbuchtungen einmünden,
7. *Girlanden:* Dunkle Linien, die von der Ausbuchtung eines Bandes ausgehend, sich zunächst einige Breitengrade in eine Zone hinein erstrecken, dann aber längs in die Zone einbiegen und entweder dort enden oder sich wieder zum Band zurückkrümmen, dabei eine helle Partie der Zone wie eine Insel umschließend,
8. *Stäbchen:* Längliche, schmale Dunkelobjekte von meist grauer oder roter Farbe, die meist innerhalb eines Bandes liegen und deren kennzeichnende Eigenschaft ganz geringe Breitenausdehnung ist,
9. *Granatflecken:* Ganz kleine, runde, leuchtend-rote Flecke, nicht größer als ein Trabantenschatten,
10. *Barren:* Deutlich begrenzte Dunkelflecke von ausgeprägter Form in den Bändern, erheblich größer als Stäbchen oder Granatflecke,
11. *Dunkelballungen* in den Bändern: Größere Dunkelkonzentrationen mit mehr oder weniger verschwommenen Umrissen,
12. *Knoten:* Knotenartige Verdickungen der schmalen Dunkelbänder.

Grundsätzlich ist zur Beobachtung zu sagen, daß es mehr Wert hat, ein bis zwei Nächte hintereinander je 10 Stunden durchzubeobachten (und dabei alle 50 Minuten eine Zeichnung anzufertigen und möglichst viele Positionen durch Meridian passagen zu ermitteln), als in 20 Nächten je eine Zeichnung zu machen. Die verwendete Vergrößerung sollte nicht unter 150fach liegen. Für die Beobachtung ergeben sich folgende Aufgabengebiete:

Gesamtzeichnungen der Jupiterscheibe. Zur Technik der Zeichnung muß bemerkt werden, daß wegen der schnellen Rotation die Zeit, die für eine Zeichnung benötigt wird, höchstens 10, möglichst aber nur 5 Minuten betragen soll. Man tut gut, sich die Bänder in ihren groben Umrissen vorzuzeichnen, dabei können (um eine möglichst große Genauigkeit der Positionen in Breite zu erzielen) überdimensional vergrößerte Photos als Grundlage verwendet oder mikrometrische Vermessungen der Streifen zugrundegelegt werden. Dann trägt man die auffälligsten Objekte nach Länge und Breitenlage ein, wobei man der schnellen Rotation wegen von links nach rechts fortschreitet, und füllt schließlich die Zeichnung mit dem feineren Detail aus. Man achte auf alle Fälle auf genaue Positionen! Als Moment der Zeichnung, der der Berechnung des ZM zugrundegelegt wird, gilt (auf eine Minute genau) die Zeit des Eintragens des groben Details. — Farbtüchtige Beobachter vermögen deutlich Farben zu unterscheiden.

Großer Wert ist auf genaue *Positionsbestimmungen* in Länge zu legen. In grober Weise geschieht dies durch Vermessen der Zeichnung mittels eines aufgelegten

[1] E. MÄDLOW: Himmelswelt **55**, Heft 7/8 (1948).

Deckblattes. Wesentlich genauer gelingt es (nach LÖBERING), wenn man von einem zu bestimmenden Objekt in eine Schablone mehrere mit genauer Zeitangabe versehene Positionen vor und nach dem Meridiandurchgang einträgt, diese dann ausmißt und mittelt. Am genauesten ist es, den Moment einzuschätzen, in dem der Fleck den ZM passiert; man wird überrascht sein, wie genau dies möglich ist! Ein geübter Beobachter vermag den Moment der Meridianpassage auf die Minute genau anzugeben, dies entspricht einer Genauigkeit von 0°,6 in jovigr. Länge. Bei sehr ausgedehnten Objekten, wie dem GRF, ist letztere Methode allerdings nur für die Mitte desselben brauchbar, da andernfalls (vorangehender oder nachfolgender Rand) wegen der Asymmetrie des Bildes unkontrollierbare Fehler in die Schätzung eingehen. Es lassen sich in einer Beobachtungsnacht leicht 2 bis 3 Dutzend Positionen ableiten.

Geübte Beobachter mit ausreichender Optik (15 cm und mehr) werden sich schließlich besonders interessante Gebilde herausgreifen und deren Veränderungen verfolgen. Als Beispiel sei (Abb. 7) eine Gruppe von Detailzeichnungen der Umgebung des GRF aus dem Jahre 1950 (gewonnen an einem Refraktor von 20 cm Öffnung) wiedergegeben, die die Umströmung desselben durch Wolkenmassen deutlich erkennen lassen.

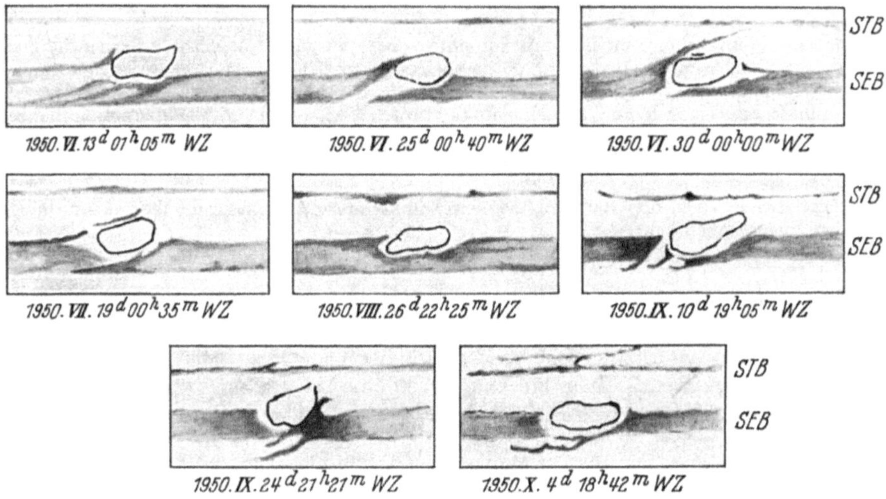

Abb. 7. (Beobachtet von W. SANDNER)

Wenig bearbeitet, aber ein erfolgversprechendes Aufgabengebiet sind *Intensitätsschätzungen* von Einzelheiten der Jupiter-Oberfläche. Ein lichtelektrisches Verfahren, das W. VOIGT auf FAUTHS Sternwarte in Grünwald angewandt hat, überschreitet die technischen Möglichkeiten der meisten Amateure. GRAMATZKI erreichte Ähnliches durch Photometrierung von Photos. Am aussichtsreichsten, weil keine Apparatur erfordernd und hinreichend genau, ist die Intensitäts-Schätzung nach einer im Gedächtnis haftenden Skala, eine Methode, die FAUTH entwickelt und mehrere Jahrzehnte hindurch angewandt hat[1]. Er unterscheidet je 5 Stufen für Hell- und Dunkel-Intensitäten; blendendes Weiß erhält die Stufe 5 H, fast schattenhaftes Schwarz den Wert 5 D, im Wert 0 berühren sich beide Reihen. Diese Schätzungen, die keine Mühe bereiten und keinen zusätzlichen Zeitaufwand bedeuten, können leicht neben der anderen Jupiterbeobachtung ausgeführt werden.

[1] G. D. ROTH: Die Sterne 28, 123 (1952).

Diesen Aufgaben gemäß erfolgt die *Auswertung*. Die Zeichnungen des Gesamtbildes lassen sich zu Gesamtkarten der Jupiteroberfläche in Merkatorprojektion zusammenfügen, wie dies vielfach geschehen ist, doch sollten wegen der Verschiebung der Rotationssysteme I und II gegeneinander nie mehr als die Zeichnungen aus zwei (allerhöchstens drei) aufeinanderfolgenden Nächten zusammengefaßt werden (Abb. 8). Die Längenbestimmungen von Einzelflecken ergeben, zu Kurven vereinigt, einen Einblick in die Strömungsverhältnisse und deren zeitliche Änderung (vielleicht auch bedingt durch Niveauänderungen der betr. Flecke); besonders die Längenbestimmungen des GRF, die kürzlich Löbering[1] neu bearbeitet hat, zeitigten interessante Ergebnisse (Abb. 9). Schließlich liefern Intensitäts-Schätzungen, jahrweise zusammengestellt und gemittelt (nach Fauths Methode) „Relativzahlen", die beispielsweise mit der Sonnentätigkeit verglichen werden können[2].

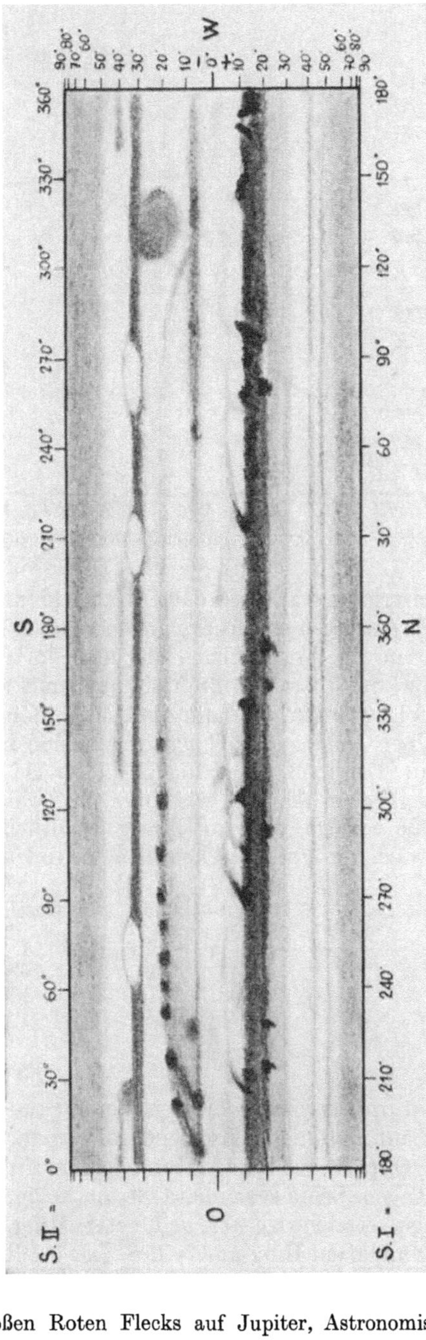

Abb. 8. Gesamtkarte des Jupiter 1958 IV. 30^d – V. 3^d. Nach S. Cortesi. Aus Mitt. für Planetenbeobachter **11**, 27 (1958).

Während die *Jupiter-Monde* V bis XII nur Riesenfernrohren und z. T. nur photographisch zugänglich sind, verdienen die vier „alten" Monde eine gesonderte Behandlung. Ihre gegenseitige Stellung mit einem kleinen Mikrometer messend zu verfolgen, hat zwar keinen Forschungswert, ist aber eine gute Übung und sollte von jedem jungen Beobachter einige Zeit hindurch ausgeführt werden.

Das wechselnde Spiel der Monde ergibt im Jupitersystem eine Fülle von Erscheinungen, deren Vorausbestimmung aus den Jahrbüchern entnommen werden kann. Hierher gehören:

a) Vorübergänge der Monde vor der Scheibe (Ein- und Austritt),
b) Hinwegziehen der Mondschatten über die Planetenscheibe (Ein- und Austritt),
c) Bedeckung (Verschwinden der Monde hinter der Planetenscheibe und Wiederauftauchen)
d) Verfinsterung (Eintauchen der Monde in den Schatten der Jupiterkugel und Wiedererscheinen aus demselben).

[1] W. Löbering: Die Bewegung des Großen Roten Flecks auf Jupiter, Astronomische Nachrichten **284**, Heft 2.

[2] E. Mädlow: Periodizität der Oberflächengebilde auf Jupiter. Sternenwelt **3**, Heft 5/6 (1951).

Bei den unter c) genannten Bedeckungen geben, sich die Monde bereits mittleren Instrumenten als kleine Scheibchen zu erkennen.

Selten sind *gegenseitige Bedeckungen* von Jupitermonden oder auch Verfinsterungen eines Mondes durch den Schatten eines anderen[1]. Zweimal im Laufe eines

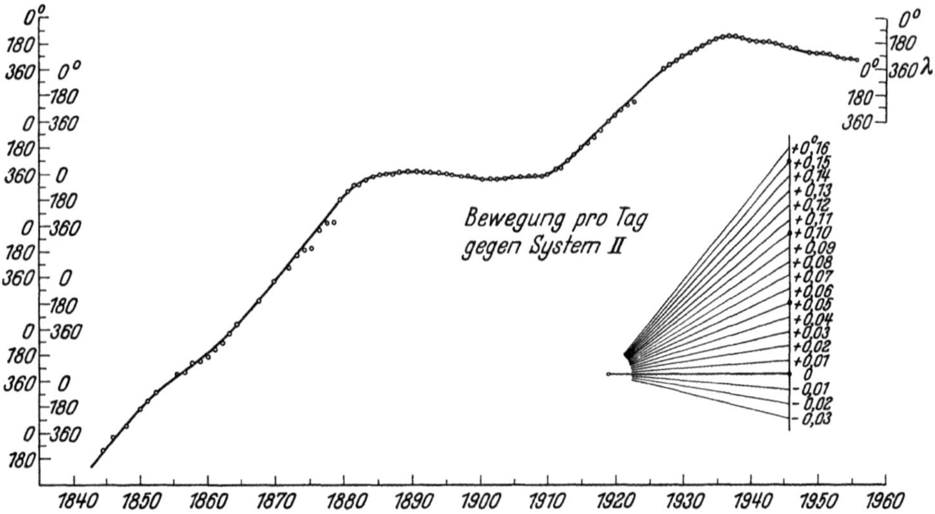

Abb. 9. Bewegung des GRF auf Jupiter 1840–1950. Nach W. Löbering.

Jupiterjahres, also etwa alle 6 Jahre (dann nämlich wenn Jupiters AR nahe 8 oder 20 ist), müssen solche Ereignisse gehäuft auftreten und sie sollten nicht versäumt werden, da ihre Beobachtung eine vortreffliche Übung im Feinsehen darstellt. Außer mit starker sollten sie auch mit schwacher Vergrößerung photometrisch verfolgt werden, da dann die beiden Monde wie ein Algol-Veränderlicher wirken.

Über *Größe und Helligkeit* der Monde I bis IV gibt die folgende Übersicht Auskunft. Der größte von ihnen, Jupiter III (Ganymed), bietet im 30-cm-Rohr etwa den gleichen Anblick wie Mars im Zweizöller. Wer über ein Instrument dieser Größe verfügt, wird auf ihm gelegentlich Schattierungen erkennen können; mit schwächerer Optik solche sehen zu wollen, ist aussichtslos[2].

Mond	Durchmesser	Helligkeit
I	1''05	5^m43
II	0''87	5^m57
III	1''52	5^m07
IV	1''43	6^m12

e) Saturn

Saturn weist mit seinem größeren Bruder Jupiter in so vieler Hinsicht Ähnlichkeit auf, daß hier weitgehend auf das dort Gesagte zurückgegriffen werden kann. Die Oppositionen folgen aufeinander in einem Abstand von einem Jahr und 13 Tagen. Seine scheinbare Gesamthelligkeit ist sehr stark von der Ringlage abhängig, erreicht bei weit geöffnetem Ring 0. Größe, im ungünstigsten Fall bei verschwundenem Ring nur $+1^m5$. Der größtmögliche Phasenwinkel beträgt 6°.

[1] Einzelheiten hierzu siehe Ph. Fauth: Jupiterbeobachtungen zwischen 1910 und 1938/39, zweiter Teil: Berlin, G. Schönfeld's Verlagsbuchhandlung, 1940.

[2] Zeichnungen und Karten der Jupitermonde siehe B. Lyot: L'aspect des planétes au Pic du Midi. L'Astronomie, **67**, Heft 1 (1953).

Die *Oberfläche* der Kugel zeigt Streifen ähnlich dem Jupiter, jedoch sehr viel matter und schwächer. Ihre Nomenklatur ist die gleiche wie dort. Wohldefinierte Flecke sind selten, daher ist die Rotationszeit des Saturn auch nur angenähert bekannt (für EZ und mittlere Breiten $10^h14^m-10^h16^m$). Aus diesem Grunde werden für Saturn keine physischen Ephemeriden gerechnet wie für Jupiter und Mars.

Sehr selten treten auf Saturn wohldefinierte helle *Flecke* auf, die einige Wochen sichtbar bleiben, bis sie allmählich verblassen und zerfließen. Das letzte Mal war dies im August 1933 der Fall; ähnliche Flecke wurden 1876 und 1903 gesehen; es ist auffallend, daß diese in einem zeitlichen Abstand aufeinander folgten, der ungefähr der Umlaufzeit des Saturn um die Sonne gleich ist. Vielleicht darf man also in der ersten Hälfte der 60-er Jahre wieder mit einem solchen Objekt rechnen. Da die Rotationszeiten dieser ungewöhnlichen hellen Flecke merklich von derjenigen der übrigen Saturnoberfläche abwichen, sind Durchgangsbestimmungen durch den ZM immer von Wert. Auch dunkle Objekte (Flecke) scheinen auf Saturn gelegentlich eigenwilligen Rotationsgesetzen zu folgen, wie eine 1949/50 beobachtete Dunkelzone im NEB bewiesen hat[1].

Für die Schätzung der Helligkeitsstufen *(Intensitäten)* auf Saturnkugel und -Ringen bediente sich FAUTH der gleichen Skala wie bei Jupiter.

Wegen der starken Abplattung der Saturnkugel (1:10,4) und wegen des wechselnden Aussehens der Ringe ist für Saturnzeichnungen die Verwendung vorgedruckter *Schablonen* unerläßlich.

Das Aussehen der *Saturnringe* wechselt entsprechend der gegenseitigen Stellung der Erde und des Saturn; zweimal im Laufe eines Saturnjahres sehen wir sie weitgeöffnet, zweimal von der Kante. Die Kantenlage tritt ein, wenn Saturn bei den Längen 172° (im Löwen) und 352° (in den Fischen), die weiteste Ringöffnung, wenn er bei 82°, bzw. 262° Länge steht.

Zur Zeit weiter Ringöffnung vermag bereits ein 3zölliges Fernrohr die als *Cassini-Trennung* bekannte dunkle Trennungslinie zu zeigen, die den Außenring A von dem inneren Ring B trennt. Außer der Cassini-Trennung ist noch die *Encke-Linie* (im Ring A) sicher vorhanden, alle anderen Trennungslinien, die von verschiedenen Beobachtern genannt werden, sind unsicher.

Innerhalb an Ring B schließt sich ein matter, an seinem inneren Rand unscharf begrenzter Ring C an. Ob außerhalb von A noch ein zeitweise sichtbarer, sehr zarter Ring D gelegen ist, ist ungewiß. — Über die Dimensionen der Ringe gibt folgende Tabelle Auskunft:

Ring A	Außen-Durchmesser	39.″97
Ring A	Innen-Durchmesser	34.″60
Ring B	Außen-Durchmesser	33.″67
Ring B	Innen-Durchmesser	25.″93
Ring C	Innen-Durchmesser	20.″43
Saturn-Kugel, Äquator-Durchm.		17.″24
Saturn-Kugel, Polar-Durchm.		15.″49

Die einzelnen Ringe unterscheiden sich merklich durch ihre Helligkeit. Intensitätsschätzungen derselben sollten von Zeit zu Zeit vorgenommen werden. Bei der Anfertigung von Zeichnungen achte man auch auf die Form des Kugelschattens auf den Ringen, bzw. des Ringschattens auf der Kugel. Auftretende Anomalien sind wohl in der Hauptsache physiologisch zu erklären.

[1] G. D. ROTH: Außergewöhnliche Rotation eines Dunkelobjekts im NEB auf Saturn, Astronomische Nachrichten **281**, 89 (1953).

Von den 10 *Saturnmonden* erzeugt nur der hellste, Titan, sichtbare Vorübergänge seines Schattens vor der Saturnscheibe. Sein Scheibchen hat einen Durchmesser von 0.″63.

Wichtig sind Helligkeitsschätzungen der Saturnmonde. Am bemerkenswertesten ist in dieser Hinsicht Japetus, dessen Lichtwechsel zwei Größenklassen übersteigt; das Helligkeits-Maximum fällt in die westliche, das Minimum in die östliche Elongation, was auf eine gebundene Rotation hinweist. Für kleine und mittlere Fernrohre sind nur die 6 hellsten Monde erreichbar, deren Helligkeiten die folgenden sind:

Mond	Helligkeit
II Enceladus	$11\overset{m}{.}7$
III Thetys	$10\overset{m}{.}3$
IV Dione	$10\overset{m}{.}5$
V Rhea	$9\overset{m}{.}7$
VI Titan	$8\overset{m}{.}3$
VIII Japetus	veränderlich 10^m-12^m

f) Uranus, Neptun, Pluto

Die sonnenfernen Planeten Uranus und Neptun bieten dem Amateur lediglich die Möglichkeit zu Helligkeitsschätzungen, bei Pluto wird er schon zufrieden sein, wenn er mit sehr starker Optik ihn überhaupt einmal als feines Lichtpünktchen erkennen kann.

Planet	Helligkeit	Durchmesser
Uranus	$5\overset{m}{.}58$	3″—4″
Neptun	$7\overset{m}{.}75$	2.″5
Pluto	$14\overset{m}{.}75$	kleiner als 0.″3

Uranus unterscheidet sich im Fernrohr von den Fixsternen seiner Umgebung sofort durch seine ausgesprochen grünliche Färbung. Auf seinem matten Scheibchen ist allenfalls mit Fernrohren von 10″ an aufwärts gelegentlich die Andeutung eines Streifens erkennbar, auf Neptun höchstens mit Riesenfernrohren. Letzterer ist wegen seiner Lichtschwäche und unscharfen Begrenzung nicht von einem Fixstern zu unterscheiden; der Durchmesser seines Scheibchens müßte bei 100facher Vergrößerung etwa gleich dem des Jupiter im Opernglas sein.

Helligkeitsschätzungen des Gesamtlichtes von Uranus und Neptun nach der Argelander-Methode (s. S. 274) sind nicht ohne Wert; es scheint eine Beziehung zur Sonnentätigkeit zu bestehen, die bei allen äußeren Planeten gleichmäßig verläuft. Bei Uranus vermögen Helligkeitsschwankungen vielleicht Aufschluß über Achsenlage und Rotationszeit zu geben.

3. Sternbedeckungen durch Planeten (s. S. 188)

Die Seltenheit von Sternbedeckungen durch Planeten ist begründet durch den geringen scheinbaren Durchmesser der Planetenscheiben, so daß, wenn eine Bedeckung zustandekommen soll, der Unterschied bedeckender Planet — bedeckter Stern in Breite (geozentrisch) entweder gleich Null sein muß oder höchstens einige Sekunden betragen darf.

Von Sternen 1. Größe stehen nur 3 nahe genug an der Ekliptik, um bedeckt werden zu können: Regulus, Spika und Aldebaran. Am 1959. VII. 7^d trat der ganz außergewöhnliche Fall ein, daß Venus vor Regulus vorbeizog, ein Ereignis, das anscheinend seit Erfindung des Fernrohres überhaupt noch nie beobachtet wurde (Bode berichtet von zwei angeblichen Beobachtungen aus der Vor-Fernrohr-Zeit am 1574. IX. 16^d und am 1598. IX. 25^d).

Bedeckungen schwacher Sterne sind naturgemäß häufiger, aber trotzdem auch sehr selten. So bedeckte Mars 1958 die Sterne

$$\text{BD} + 15^\circ\ 450\ (7\overset{m}{.}3)\ \text{am VIII.}25^d \quad \text{und} \quad \text{BD} + 19^\circ\ 624\ (8\overset{m}{.}9)\ \text{am X.}26^d.$$

Die Dauer einer Bedeckung ist abhängig:

a) vom scheinbaren Durchmesser des Planeten,
b) von der momentanen scheinbaren Bewegung des Planeten,
c) von der Sehne, auf der die Bedeckung erfolgt.

Bei der Beobachtung achte man auf folgende Punkte:

α) Kontaktzeiten (Eintritt und Austritt),
β) Positionswinkel des Ein- und Austritts,
γ) Wirkung einer eventuellen Planetenatmosphäre.

Ist eine merkliche Planetenatmosphäre genügender Höhe und Dichte vorhanden, so könnte statt eines plötzlichen Verschwindens und Wiederauftauchens des bedeckten Sterns ein allmählicher Helligkeitsab-, bzw. -anstieg erfolgen. Hierauf ist besonders bei Venus zu achten. Tatsächlich wurde bei einer Bedeckung des Sternes Eta Geminorum durch Venus am 1910. VII. 26^d ein allmählicher Wiederanstieg seiner Helligkeit im Verlauf von ca. 1.5 Sekunden festgestellt. Ebenso ergab eine vorläufige Auswertung der Beobachtungen der Regulus-Bedeckung am 1959. VII. 7^d durch A. Güttler[1] eine Eintrittsdauer von $1\overset{s}{.}8 \pm 0\overset{s}{.}5$. Er bemerkt dazu: „Bei Durchsicht der Meldungen gewinnt man den Eindruck, als ob manche Beobachter auf eine so kurze Eintrittsdauer nicht gefaßt gewesen wären, was die Zuverlässigkeit der angegebenen Werte sicher beeinträchtigen könnte. Für zukünftige Ereignisse ähnlicher Art wäre daher anzuraten, vorher die Bestimmung so kurzer Zeiten mittels passender Signale einzuüben. Auch wäre es für die Verarbeitung der Ergebnisse sehr wertvoll, leider aber auch nicht ganz einfach, die Grenzhelligkeit zur Zeit der Beobachtung und am gleichen Teil der Sphäre zu ermitteln. Der künstliche Stern des Graffschen Photometers könnte dabei gute Dienste leisten.[2]"

4. Die Photographie der Planetenoberflächen

mit Amateurmitteln ist verhältnismäßig jung. Noch vor drei Jahrzehnten galt sie nur mit Rieseninstrumenten als lohnend. Erst die bahnbrechenden Arbeiten von Gramatzki haben Wandel geschaffen und auch von seiten der Kleinbildphotographie sind wertvolle Anregungen ergangen. Inzwischen haben Amateure diesseits und jenseits des Ozeans bewiesen, daß schon mit verhältnismäßig bescheidener Optik, wie sie dem besser ausgerüsteten Amateur zu Gebote steht, Resultate zu erzielen sind, die manchmal sogar den mit großen Instrumenten erreichten *relativ* überlegen sind.

Im großen und ganzen gelten für die Planetenphotographie die gleichen Grundsätze wie für die des Mondes, so daß weitgehend auf das dort Gesagte verwiesen werden kann. Lediglich der geringe Durchmesser der Objekte und ihre relative Lichtschwäche bedingen einige Änderungen. Beispielsweise beträgt in einem

[1] A. Güttler: Die Beobachtungen der Regulus-Bedeckung durch Venus 1959, Juli 7, Mitteilungen für Planetenbeobachter **12**, 37 (1959).

[2] Weitere wichtige Hinweise über Sternbedeckungen durch Planeten siehe: Die Sterne **36**, Heft 1/2 (1960).

Fernrohr von 4000 mm Brennweite der lineare Durchmesser des Jupiter-Scheibchens in Opposition (Winkeldurchmesser 48″) 0.93 mm, der des Mars-Scheibchens im günstigsten Fall (24″ Durchmesser) 0.47 mm, in mittlerer Opposition (17″) nur 0.33 mm. Es ist daher große Brennweite besonders empfehlenswert (weshalb bei Spiegelfernrohren der Cassegrain-Typ am geeignetsten ist) und der Besitz eines gut gehenden Uhrwerkes ist notwendig (nur bei der lichtmächtigen Venus kommt man mit Momentaufnahmen aus).

Grundsätzlich gibt es — wie beim Mond s. S. 158 — zwei Verfahren: 1. Aufnahmen im Brennpunkt des Fernrohres und 2. das Projektionsverfahren. Mit beiden Methoden sind sehr gute Erfahrungen gemacht worden.

a) Aufnahmen im Brennpunkt des Fernrohres

Der Kleinheit des Bildes wegen soll die effektive Brennweite mindestens 5 m (besser mehr) betragen, eine Barlow-Linse tut daher gute Dienste. Genaueste Scharfeinstellung mit Hilfe einer Einstellupe (12×) ist unbedingt erforderlich, da ja nachträglich stark vergrößert werden muß.

Hervorragende Resultate wurden auch schon mit frei aufgestellten Horizontal-Spiegeln langer Brennweite ohne Rohrabschluß gewonnen. Das Licht des Planeten fällt dabei über einen mit Uhrwerk bewegten Planspiegel auf den fest aufgestellten Parabol-Spiegel und wird von diesem in die Beobachtungshütte reflektiert. H. STREBEL (Privat-Sternwarte Herrsching am Ammersee) verwendete drei verschiedene Spiegelsysteme mit Parabolspiegeln von 33 cm zu 940 cm, 35 cm zu 3100 cm und 60 cm zu 1400 cm; das Fokalbild des Jupiter hat im 33-cm-Spiegel einen Durchmesser von 2 mm, im 35-cm-Spiegel einen solchen von 6 mm, die Aufnahmen erlauben nachträglich eine starke Vergrößerung des Negativs. Allerdings werden an das Uhrwerk höchste Anforderungen gestellt, doch beweisen die von STREBEL in *Die Sterne* 1928, Heft 5/6 (Tafel 5) wiedergegebenen Aufnahmen die Leistungsfähigkeit dieser Methode. SCHMIDT in Mittweida erzielte ebenfalls sehr gute Ergebnisse mit einem Spiegel von 33 cm Öffnung und 31 m Brennweite.

b) Projektionsmethode

Die Anordnung ist aus der Abb. 3, S. 159 ersichtlich. Auch hier ist lange Objektivbrennweite von Vorteil, wenn auch nicht in so extremem Maße erforderlich wie bei Brennpunktaufnahmen. Durch Veränderung der Entfernung Okular-Film kann die Vergrößerung des Bildes variiert werden, man darf damit aber nicht zu weit gehen, denn was an Größe gewonnen wird, geht an Bildschärfe verloren; auch wird dann die Belichtungszeit länger. Diese beträgt immerhin einige Sekunden und muß im Einzelfall ausprobiert werden. Daher ist hier ein wirklich gut gehendes Triebwerk unerläßlich, dazu Scharfeinstellung mit Lupe, denn wenn hier der Durchmesser des Planetenbildchens auch einige Millimeter betragen kann, ist doch nachträglich Vergrößerung erwünscht.

Das Aufnahmeformat beträgt entweder 24×36 mm bei Film oder 6×9 cm bei Platten. Stets werden Reihenaufnahmen gemacht (bei dem kleinen Durchmesser des Bildchens lassen sich eine große Anzahl Einzelaufnahmen auf den gleichen Film bzw. die gleiche Platte machen) und nachträglich wird das beste Bildchen unter der Lupe ausgesucht und vergrößert. Als Negativmaterial empfehlen sich panchromatische Emulsionen von $^{17}/_{10}$ DIN und weniger; empfindlicheres Material ergibt gröberes Korn, was unerwünscht ist. Superfeinkornentwickler ist daher geboten. Grundsätzlich soll der Planetenphotograph seine Aufnahmen selbst entwickeln und vergrößern (hartes Papier, weiß, glänzend).

Ein von Amateuren noch gänzlich unbearbeitetes Gebiet ist die Farbenphotographie von Planeten. Bekannt sind die farbigen Aufnahmen des Mars, die erstmals 1954 von der amerikanischen Station in Südafrika gewonnen wurden. Es ist nicht einzusehen, warum solche Aufnahmen nicht auch entsprechend ausgerüsteten Liebhaberastronomen gelingen sollen. Die Aufnahmeapparatur ist grundsätzlich die gleiche wie bei Schwarz-Weiß-Photos. Als Aufnahme-Objekt kommt wohl nur Mars in Frage, allenfalls vielleicht Jupiter, doch sind die Farben vermutlich nicht ausgeprägt genug. Hier liegt noch völliges Neuland vor.

5. Mikrometermessungen und Photometrie der Planetenoberflächen

Nur wenige Amateure werden über die instrumentellen Voraussetzungen verfügen, um mit Erfolg mikrometrische oder gar photometrische Messungen an Planeten durchzuführen. Da es aber in unserer technisch durchgebildeten Zeit eine nicht geringe Zahl handwerklich geschulter Liebhaberastronomen im Bau und der Anwendung komplizierter physikalischer Hilfsmittel zu beachtlichen Leistungen gebracht hat, sei kurz auf einige sich bietende Möglichkeiten hingewiesen.

Wenden wir uns zunächst den Mikrometermessungen zu. Die einfachste Form eines Mikrometers, die auch am azimutalen Fernrohr Verwendung finden kann, ist das Ringmikrometer. Für Messungen an Planeten ist es jedoch nicht geeignet. Junge Beobachter mögen zur Übung damit die gegenseitige Lage der Jupitermonde vermessen; bei gegenseitigen Bedeckungen von Jupitermonden kann es allenfalls verwendet werden um die Annäherung zu verfolgen.

Die vollkommenste, aber auch teuerste für unsere Zwecke in Frage kommende Form ist das Fadenmikrometer, das ein gut gehendes Uhrwerk verlangt, s. S. 55.

Was gibt es für den Planetenbeobachter an seinen Objekten zu messen? Beginnen wir mit *Venus*, so bieten sich zwei Aufgaben an:

a) Die Bestimmung des Zeitpunktes der Dichotomie durch Messung des Sicheldurchmessers von Tag zu Tag und
b) in der Nähe der Unteren Konjunktion Messung des Übergreifens der Hörner (Übergriffswinkel) und Änderung desselben bei Annäherung an die Sonne.

Die Messung des Übergriffswinkels φ erfolgt zweckmäßig nach dem von N. Richter angegebenen Schema (Die Sterne **17**, 151, 1937). Bei kleinem Übergriffswinkel mißt man nach Abb. 10a, bei großem gemäß Abb. 10b die Strecken 2a und b, bzw. 2a und 2d. Daraus ergibt sich dann (da $c = b - a$) der Übergriffwinkel φ nach

$$\sin\varphi = \frac{b-a}{a} \quad \text{bzw.} \quad \cos\varphi = \frac{d}{a}$$

Analoges gilt auch für *Merkur.*

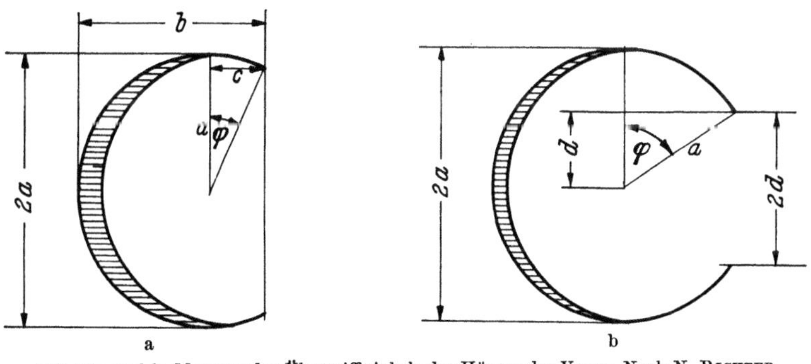

Abb. 10a und b. Messung des Übergriffwinkels der Hörner der Venus. Nach N. Richter.

Bei *Mars* ergeben sich etwa folgende Möglichkeiten:

a) Vermessung der Lage markanter Gebilde auf der Planetenscheibe.
b) Bestimmung der (α) Lage und (β) Ausdehnung kompakter Wolkengebilde und vor allem
c) Vermessung des Polflecks nach folgenden Gesichtspunkten:
   α) Festlegung der Lage seines Mittelpunktes (fällt nicht immer mit dem Rotationspol zusammen),
   β) Messung des Durchmessers der Polkappe und
   γ) der Breite eines etwa vorhandenen dunklen Saumes („Schmelzwassersaum").

Jupiter: Wichtig ist die Messung der jovigraphischen Breite der einzelnen Zonen und Bänder als Grundlage für genaue Zeichnungen (sollte in regelmäßigen zeitlichen Abständen wiederholt werden); dazu kommt die Messung der jovigraphischen Breite einzelner markanter Flecke.

Sollte sich auf *Saturn* wieder einmal ein auffälliger Fleck zeigen (wie zuletzt 1933), so ist dieser genauestens zu vermessen (Durchmesser in Länge und Breite, Lage in chronographischer Breite, Bewegung zwecks Bestimmung der Rotationsdauer).

Weit größer sind die Schwierigkeiten für die Photometrie der Planetenoberflächen. Daß sie aber nicht unüberwindlich sind, hat bereits vor 3 Jahrzehnten GRAMATZKI gezeigt. Er hat ein Flächenphotometer konstruiert, dessen Photometerspiegelchen einen Durchmesser von 0,03 mm aufwies, dessen Fläche also rund ein Hundertstel der Fläche des Mars-Scheibchens in mittlerer Opposition an seinem Instrument ausmachte. Als Lichtquelle diente eine kleine Glühlampe mit Mattscheibe und die Änderung der Spiegelhelligkeit erfolgte nach dem Prinzip des Katzenaugenphotometers. Natürlich muß die Spiegelhelligkeit geeicht werden, was mit Hilfe heller Sterne gelang. Das Instrument ist in *Die Sterne*[1] beschrieben. Dort sind auch einige Ergebnisse mitgeteilt, die bei der photometrischen Vermessung der Jupiter- und Mars-Scheibe (Messungsreihen mit jeweils 10 bis 16 Meßstellen auf der Planetenscheibe) erzielt wurden.

Derartige Meßreihen haben ernste wissenschaftliche Bedeutung und sollten sich schon mit Spiegeln von 30 cm Durchmesser an ausführen lassen, setzen aber ein einwandfrei aufgestelltes Teleskop und ein tadellos funktionierendes Uhrwerk voraus.

6. Die kleinen Planeten[2]

Planetoiden sind größtenteils lichtschwache Objekte. Nur zwei von ihnen (Vesta, Ceres) werden zur Oppositionszeit heller als 7. Größe, etwa 70 heller als 10. Größe. Die Oppositionen wiederholen sich durchschnittlich in 1.2 bis 1.4 Jahren. Da die Planetoidenbahnen teilweise merklich exzentrisch und gegen die Erdbahn geneigt sind, können die Oppositionsabstände, also auch die scheinbaren Helligkeiten stark variieren, und manche Kleinplaneten können sich weit außerhalb des Tierkreises bewegen[3].

Planetoiden tragen eine Nummer und einen Namen, z. B. (6) Hebe. Solange sie zu einer brauchbaren Bahnbestimmung noch nicht ausreichend beobachtet sind, behalten sie eine vorläufige Bezeichnung nach dem Entdeckungsdatum, z. B. 1939 EA.

Selbst für die größten unter ihnen, mit ein paar hundert km Dicke, bleibt der Durchmesser unter 1″; die meisten sind noch zehn- und hundertmal kleiner. Man sieht also nichts auf der Oberfläche; das Beobachtungsinteresse beschränkt sich auf genaue photographische Ortsbestimmungen, welche indes für die Himmelsmechanik sehr wichtig sind.

Vergleichssterne von geeigneter Helligkeit, gegen deren Örter die Planetoidenörter auf der Platte ausgemessen werden, weist man meist in den Bänden des AGK2 oder der Photographischen Himmelskarte nach (s. S. 353).

Für die vier erstentdeckten Planetoiden Ceres, Pallas, Juno, Vesta gibt es genaue Bahntheorien; die Ephemeriden zur Beobachtung stehen in den Jahrbüchern (s. S. 354). Für die übrigen Objekte findet man Elemente und genäherte Ephemeriden in der jährlichen Veröffentlichung *Efemeridy malych planet* des Theoretisch-Astronomischen Instituts Leningrad.

Die Helligkeiten der Planetoiden und Daten über eventuellen Lichtwechsel sind großenteils noch unzuverlässig. Hier kann aber nur photometrische Präzisionsarbeit helfen (S. 286).

---

[1] GRAMATZKI: Die Sterne 28, 95 (1952)

[2] Verfaßt von W. D. HEINTZ.

[3] Eine nähere Beschreibung und Beobachtungshinweise finden sich in G. D. ROTH: Die Planetoiden. München: R. Oldenbourg Verlag 1960.

VIII. Die Beobachtung der Kometen

Von

A. Güttler

Universitäts-Sternwarte, München

Mit 5 Textabbildungen

1. Vorbemerkungen

Wenn Kometen auch häufige Himmelskörper in der Umgebung unseres Planeten sind, so kommt es doch recht selten vor, daß einer davon der Sonne genügend nahe kommt, um zu einer eindrucksvollen Entfaltung zu gelangen. Dann aber bietet sich sehr schnell eine Fülle interessanter Erscheinungen, so daß der Amateur gut daran tut, sich beizeiten auf die Beobachtung eines solchen seltenen und flüchtigen Besuchers unseres Himmels einzurichten.

Meldungen über Beobachtungen der Kometen, insbesondere auch über ihre Entdeckung oder die Wiederauffindung periodischer Kometen erscheinen vor allem in den bedarfsweise versandten *Circulaires* der *Union Astronomique Internationale* sowie in besonders dringenden Fällen in deren Telegrammdienst (s. S. 354). In den *Circulaires* findet man auch die schon nach den ersten Beobachtungen bestimmten und später verbesserten *Bahnelemente* (s. S. 86) sowie die daraus berechneten *Ephemeriden*. Diese geben meist zehntägige Werte für die äquatorialen Koordinaten α, δ, die Entfernungen r und Δ des Kometen von Sonne und Erde in astronomischen Einheiten und vielfach auch für die voraussichtliche scheinbare visuelle Helligkeit des Kometenkopfes, mit einem angegebenen Exponenten n berechnet nach der halbempirischen Formel

$$m = m_0 + 5 \cdot \log \Delta + 2{,}5 \cdot n \cdot \log r \,. \qquad (1)$$

Durch die leider sehr unsichere Wahl von n versucht man den Einfluß der Sonnenstrahlung auf den Kometen zu erfassen; die (auf $r = \Delta = 1$ AE) *reduzierte Helligkeit* m_0 wird danach den vorliegenden Beobachtungen angepaßt.

Soweit die genannten Informationen den Amateurbeobachter interessieren, werden sie u. a. auch durch das *Nachrichtenblatt* und die *Schnellmitteilungen* der *Vereinigung der Sternfreunde* verbreitet (s. S. 354).

Jährliche *Berichte* über die Kometenerscheinungen findet man in zahlreichen Zeitschriften und astronomischen Kalendern, mit besonderer Regelmäßigkeit in den *Monthly Notices*, *The Observatory* und den *Publications of the Astronomical Society of the Pacific*. Einen vollständigen Nachweis aller bekannt gewordenen Beobachtungen und Untersuchungen für jeden einzelnen Kometen liefert Jahr für Jahr der *Astronomische Jahresbericht*. Dagegen sind Vorausblicke auf die im nächsten Jahre zu erwartenden periodischen Kometen seltener. Man findet sie am ausführlichsten mit Ephemeriden in *The Handbook of the British Astronomical Association*, unter Beschränkung auf die Ephemeriden der mittleren und kleinen Instrumenten erreichbaren Kometen auch in A. Naef's Jahrbuch *Der Sternenhimmel* (s. S. 354).

Wie man für den Fall, daß man nur die parabolischen, elliptischen oder Kreisbahnelemente eines Kometen kennt, die Ephemeride aber noch fehlt oder nicht weit genug reicht, diese sich selbst berechnen kann, wird auf S. 86 gezeigt.

Schließlich noch eine Bemerkung über die *Benennungen* der Kometen: Neue Kometen erhalten die Namen ihrer Entdecker, die ihnen auch bei einer späteren Wiederkehr bleiben. Außerdem aber erhält jede einzelne Kometenerscheinung als *provisorische* Bezeichnung die Jahreszahl der ersten Beobachtung unter Zusatz eines laufenden Buchstaben a, b, c usw. Nach der Berechnung der definitiven Bahn wird diese Bezeichnung durch das Jahr ersetzt, in dem der Komet die größte Sonnennähe, das *Perihel*, durchlaufen hat, wobei jetzt zur Durchnumerierung dieser Jahreszahl eine römische Zahl I, II, III usw. angefügt wird. Diese *definitiven* Benennungen findet man gleichfalls im *Astronomischen Jahresbericht*.

2. Visuelle Beobachtung

Den nachfolgenden Abschnitten über die astrometrischen und photometrischen Kometenbeobachtungen werden hier die Fragen des visuellen Beobachtungsinstruments und der visuellen Auffindung und Entdeckung vorangestellt.

a) Instrument

Wenn der Komet noch weiter als 1.5 bis 2 AE von der Sonne entfernt ist, besitzt er noch keinen Schweif und erscheint im Fernrohr bereits bei mäßig starker Vergrößerung als diffuser Lichtfleck. Die Größe dieses Flecks liegt fast immer schon im Gültigkeitsbereich des *Weber-Fechnerschen Gesetzes* (s. S. 268), in dem die Wahrnehmbarkeit an die Bedingung geknüpft ist, daß mit $B_{☄}$ und B_0 als den im Fernrohr beobachteten Flächenhelligkeiten des Kometen und des Himmelsgrundes der *Kontrast* $(B_{☄} - B_0):B_0$ einen Grenzwert überschreiten muß, die *Kontrastschwelle*, welche mit wachsendem B_0 stark zurückgeht[1]. Für die Wahrnehmbarkeit eines bestimmten Kometen kommt es hiernach nur auf die *Flächenhelligkeit* des Bildes an. Man wählt für die visuelle Auffindung eines Kometen daher am besten ein Instrument mit großem *Öffnungsverhältnis* und gewinnt dabei zugleich den weiteren Vorteil eines großen Gesichtsfeldes. Die für den speziellen Zweck der Kometenauffindung gebauten *Kometensucher*, kurze, leicht bewegliche Refraktoren, sind unter besonderer Berücksichtigung dieser Bedingung konstruiert.

An der tschechoslowakischen Sternwarte Skalnaté Pleso, wo eine Beobachtergruppe systematisch nach neuen Kometen sucht, werden Doppelfernrohre von 10 cm Öffnung und 25facher Vergrößerung benutzt, sehr lichtstarke Instrumente mit großem Gesichtsfeld. Wenn man von den schwächsten mit solchen Instrumenten noch erfaßbaren Kometen absieht, ist aber auch jedes nicht zu lichtschwache Fernrohr des Amateurs, Refraktor oder Spiegel, für die Auffindung eines Kometen geeignet, wenn man mit geringer Okularvergrößerung beobachtet. Dabei empfiehlt es sich, um das ganze Gesichtsfeld gut ausnützen zu können, ein entsprechend korrigiertes *Okular* zu verwenden, etwa eines nach MITTENZWEY (s. S. 45). Aber auch ein größerer *Feldstecher* kann bei der Auffindung eines Kometen gute Dienste leisten, wenn man durch eine improvisierte Stütze oder Lehne für eine ausreichende Ruhe des Instruments während der Beobachtung sorgt.

Erst wenn der Komet in größerer Sonnennähe eine weitere Entfaltung zeigt, lohnt es sich sehr, nun auch zu starken Vergrößerungen überzugehen. Um ihn nach dem Okularwechsel wiederzufinden, ist dabei die Einstellung im Sucher genauestens zu kontrollieren.

b) Auffindung

Bei großen Kometen bereitet diese natürlich keine Schwierigkeit. Bei vorliegender Ephemeride eines kleineren Kometen zeichne man sich danach seine Bahn in

[1] H. SIEDENTOPF: Grundriß der Astrophysik, Abb. 19 auf S. 33. Stuttgart: Wissenschaftliche Verlagsgesellschaft 1950.

eine Sternkarte, die mindestens bis 6^m reicht (s. S. 352) ein. Dazu sind die angegebenen Kometenörter auf das Äquinoktium der Karte durch Anbringung der *Präzession* zu reduzieren (s. S. 99). Dann interpoliert man leicht den Kometenort zur Beobachtungszeit zwischen den eingezeichneten Örtern für 0^h Weltzeit und orientiert sich, wenn man keine parallaktische Montierung mit zuverlässigen Einstellkreisen besitzt, nach benachbarten Sternen, die man sich mittels einprägsamer geometrischer Konfigurationen merkt. Bei der Betrachtung der Sternkarte unmittelbar vor der Beobachtung vermeide man eine helle Beleuchtung, um die Dunkeladaption des Auges nicht zu sehr zu erschweren (Glimmlampe!). Bei weit extrapolierter Ephemeride muß man oft mit erheblichen Abweichungen bis zu etwa einem Grad rechnen. Aber auch sonst wird man meistens gezwungen sein, ein beschränktes Himmelsfeld sorgfältig und systematisch abzusuchen, wozu man das Fernrohr zweckmäßig auf einer Serpentinenlinie führt. Dabei bedeutet es eine große Erleichterung, wenn wenigstens die Deklination mittels eines Kreises eingestellt werden kann. Die Kometensuche scheitert leicht, wenn man dabei zu schnell und nicht mit der nötigen Geduld verfährt. Auch muß man auf Verwechslungen mit ähnlich aussehenden beständigen Himmelsobjekten gefaßt sein (s. u.).

c) Entdeckung

Wer sich in der Entdeckung neuer Kometen versuchen will, muß immer wieder mit größtem Aufwand an Zeit und Geduld mit einem lichtstarken Instrument von geringer Vergrößerung, wie oben beschrieben, sorgfältig den Himmel absuchen. Die größte Aussicht auf einen Erfolg bietet hierfür der Westhimmel nach Sonnenuntergang und der Osthimmel vor Tagesanbruch, weil dort die Kometen erscheinen, die sich der Sonne von der Rückseite her bereits genügend genähert haben. Dabei wurden bis 1910 am Osthimmel doppelt so viele Kometen entdeckt wie am Westhimmel, was mit der Verteilung der Bahnlagen zusammenhängen dürfte. Eine weitere Tatsache, die sich der Kometenjäger zunutze machen kann, ist eine merkliche Häufung der Kometen in der Nähe der Ekliptik. Außerdem findet man sie leichter in sternarmen Himmelsgegenden. Dort sind auch die Himmelsobjekte weniger zahlreich, die allzu leicht mit einem Kometen verwechselt werden: Sternhaufen und galaktische Nebel. Andererseits gibt es dort — besonders in den Sternbildern Coma Berenices und Virgo — Ansammlungen außergalaktischer Nebel, die zuweilen auch kometenartig aussehen und so die Suche sehr erschweren. Überdies gibt es noch andere Verwechslungsmöglichkeiten, vor denen man sich hüten muß: So beobachtet man nicht selten durch Reflexion an den Linsen entstandene Sekundärbilder heller Sterne (*Geister*), die man aber sofort bei einer kleinen Bewegung des Fernrohrs als nicht zur Sphäre gehörend erkennt. Und eine weitere Ursache falscher Kometenbeobachtungen sind die im Wetterdienst besonders auf Flugplätzen gebräuchlichen Wolkenscheinwerfer zur Messung der Wolkenhöhe. Bei geeigneter Wolkenverteilung täuschen diese dem unbewaffneten Auge oft die schönsten Kometen vor, die aber an der täglichen Bewegung der Sphäre nicht teilnehmen. Ist man sich sicher, keiner solchen simplen Täuschung aufgesessen zu sein, so überzeuge man sich zunächst durch Feststellung einer Bahnbewegung des verdächtigen Himmelskörpers, die meist schon im Laufe einer halben Stunde unverkennbar wird, daß man es nicht mit einem der oben genannten beständigen Himmelsobjekte zu tun hat. Von einem hiernach noch möglichen kleinen Planeten unterscheidet sich ein Komet allein schon durch sein diffuses Aussehen.

Bei der Entdeckung eines Kometen, die übrigens heute weit überwiegend durch photographische Aufnahmen geschieht, versuche man, mittels der weiter unten beschriebenen Methoden sofort festzustellen:

1. das *Aussehen* des Objektes (s. S. 239),
2. seine geschätzte *Helligkeit* (s. S. 244),
3. seinen *genauen* oder *genäherten Ort* (s. unten),
4. die zugehörige *Beobachtungszeit* (Weltzeit) auf $0^m_.1$ und
5. die meteorologischen Beobachtungsbedingungen.

Nach der Endeckung eines Kometen setze sich der Beobachter sofort telephonisch oder telegraphisch mit einer großen Sternwarte in Verbindung, um sich zu überzeugen, daß sein Fund nicht bereits bekannt ist. Er wird dort die erforderliche Beratung finden, und gegebenenfalls wird seine Entdeckung von dort weitergemeldet.

3. Visuelle Ortsbestimmung

Auf dem Wege der *Schätzung* gewinnt man Näherungswerte für die äquatorialen Koordinaten eines Kometen wie bei jedem anderen Himmelsobjekt mit Hilfe von *Anhaltssternen*, wobei man sich die gegenseitige Lage mittels einprägsamer geometrischer Konfigurationen merkt, die man auf einer guten Sternkarte dann wieder aufsucht (Glimmlampe!). Man fertigt am besten dazu eine Skizze an, wobei man wegen der Bahnbewegung des beobachteten Himmelskörpers diesen zuletzt einzeichnet und sofort die Zeit — auf $0^m_.5$ — vermerkt. Bei Beobachtung mit dem Fernrohr (schwache Vergrößerung!) oder Sucher zeichne man dazu den Rand des Gesichtsfeldes und die Himmelsrichtungen ein, die man bei einer parallaktischen Montierung durch Betätigen der Feinbewegungen in α und δ sofort findet. Man kann danach den Kometenort auf die Sternkarte übertragen und dort die Koordinaten für deren Äquinoktium ablesen. Bei günstiger Verteilung der Anhaltssterne ist das Ergebnis dieses Verfahrens oft überraschend gut. Der Fehler wird jedenfalls nur sehr wenige Bogenminuten betragen.

Ein nach der täglichen Bewegung der Sphäre orientiertes, zwecks guter Sichtbarkeit nicht zu feines Fadenkreuz in der Fokalebene ermöglicht die Schätzung auch dann, wenn sich außer dem Kometen nur *ein* bekannter Stern im Gesichtsfeld befindet (s. dazu S. 353). Man kann sich dieses Fadenkreuz leicht aus dünnen Drähten selbst anfertigen, die man auf ein schmales, in das *positive* (also z. B. nicht HUYGENSsche) Okular passendes Pappscheibchen heftet[1] (s. dazu S. 44). Bei der Beobachtung schätzt man die Abstände x, y der beiden Objekte vom Meridional- bzw. Querfaden (beim astronomischen Fernrohr in nördlichen Breiten positiv nach rechts bzw. unten) in Bruchteilen des Gesichtsfelddurchmessers d und findet daraus mit d in Bogenminuten

$$\alpha_{☄} = \alpha_* + \frac{d}{15'} \cdot \frac{x_{☄} - x_*}{\cos\delta_*}\,[\mathrm{min}], \tag{2}$$

$$\delta_{☄} = \delta_* + d \cdot (y_{☄} - y_*). \tag{3}$$

Vereinfachungen, die man erhält, wenn man das eine der Objekte in den Mittelpunkt des Fadenkreuzes bringt, ergeben sich hiernach von selbst.

Die visuelle *Messung* des Kometenorts wird meist mit einem Positionsfadenmikrometer vorgenommen. Da dies dem Amateur wohl selten verfügbar sein wird, bediene er sich einer anderen, sehr einfachen und doch leistungsfähigen Einrichtung, des *Kreuzstabmikrometers*[2]. Dieses Hilfsmittel ist sehr leicht herzustellen, da hier die ganze für eine solche Messung erforderliche Präzision von der täglichen

---

[1] K. RAPP: Anleitung für Sternfreunde zum Selbstaufzeichnen der Bahn des Kometen Cunningham 1940 C. Die Sterne **21**, 112 (1941). In den dort angegebenen Beispielen ist versehentlich der Nenner $\cos\delta_*$ der nachfolgenden Gleichung (2) unberücksichtigt geblieben.

[2] Beschreibung aller Abarten dieses Mikrometers bei E. BECKER: Mikrometer und Mikrometermessungen in Valentiners Handwörterbuch der Astronomie, Band 3, Teil 1, S. 64ff. Breslau: Verlag Eduard Trewendt 1899.

Bewegung der Sphäre geliefert wird. Der Komet oder auch jedes beliebige andere Himmelsobjekt wird dabei mit ruhendem Fernrohr an einen kurz vorher oder nachher das Gesichtsfeld durchlaufenden Stern mit bekanntem Ort angeschlossen. Diesen findet man — später — in den astrometrischen Katalogen mit Sicherheit für jeden Stern bis 9^m.

Zum Verständnis des Verfahrens dient die Abb. 1, die das Gesichtsfeld eines ruhenden Fernrohrs mit Fadenkreuzokular darstellt. Es seien α und δ die äquatorialen Koordinaten eines zunächst unbeweglichen Objektes an der Sphäre, α^* und δ^* die des Anschlußsterns. Das Fadenkreuz sei so gedreht, daß der 1. Faden von NO nach SW, der 2. von NW nach SO verläuft. Werden nun die hier vorkommenden Rektaszensionsdifferenzen in Zeitminuten, die Deklinationsdifferenzen in Bogenminuten gemessen, so findet man für die Zeiten t_1, t_2 und t_1^*, t_2^* der an den beiden Fäden beobachteten Durchgänge des Objektes und des Anschlußsterns in Minuten

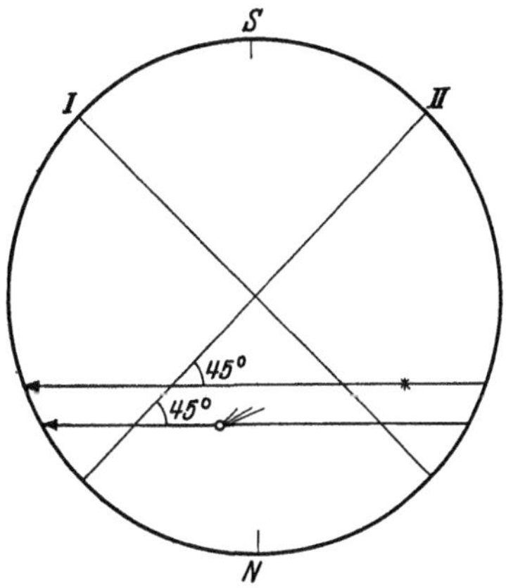

Abb. 1. Gesichtsfeld eines Fernrohrs mit Fadenkreuz-Okular zur Erläuterung des Kreuzstab-Mikrometers.

$$\varDelta t_{1.2} = t_{1.2} - t_{1.2}^* = \alpha - \alpha^* \pm \frac{\delta - \delta^*}{15 \cos \frac{\delta + \delta^*}{2}},$$

woraus

$$\varDelta\alpha = \alpha - \alpha^* = \frac{\varDelta t_1 + \varDelta t_2}{2} \tag{4}$$

und mit + oder — für Durchgänge nördlich bzw. südlich der Fadenkreuzmitte sowie

$$\varDelta\delta = \delta - \delta^*, \quad \bar{\delta} = \frac{\delta + \delta^*}{2}, \quad \gamma = 15 \cdot \frac{\varDelta t_1 - \varDelta t_2}{2} \quad \varDelta\delta = \pm\gamma \cdot \cos\bar{\delta}. \tag{5}$$

Da man δ^* und den Gesichtsfelddurchmesser (s. S. 9) kennt, läßt sich in den meisten Fällen $\bar{\delta}$ genügend genau abschätzen, so daß sich hiermit der Ort (α, δ) des ruhenden Objekts berechnen läßt.

Man kann aber auch die folgende ähnlich herzuleitende Gleichung benutzen, in der rechts die ersten beiden Glieder einer Taylorreihe stehen:

$$\varDelta\delta = \gamma \cos\delta^* \cdot (\pm\, 1 - 0.0022\ (t_2 - t_1) \cdot \sin\delta^*) \tag{5a}$$

Das zweite Glied wird selten 1%wesentlich überschreiten und daher meist zu vernachlässigen sein. Dasselbe gilt von der Refraktion (s.S.115), wenn man nicht gerade einen weit vom Objekt entfernten Anschlußstern in Horizontnähe beobachtet.

Bei beweglichen Himmelskörpern wie Kometen und Planeten sind deren *tägliche Bewegungen*[1] μ_α, μ_δ an der Sphäre zu berücksichtigen. Besitzt man eine Ephemeride, so kann man sie für diesen Zweck hinreichend genau dort entnehmen. Hat man aus den beschriebenen Beobachtungen mittels der obigen Gleichungen die Werte α', δ' berechnet, so sind die wegen der täglichen Bewegung korrigierten Koordinaten (in Zeit- bzw. Bogenminuten) mit — oder + für nördliche bzw. südliche Durchgänge

$$\alpha = \alpha' \mp \frac{\mu_\delta}{15} \cdot \frac{t_2 - t_1}{2 \cos\bar{\delta}}, \quad \delta = \delta' \mp 15\,\mu_\alpha \cdot \frac{t_2 - t_1}{2 \cos\bar{\delta}}. \tag{6}$$

[1] Man verwechsle diese gebräuchlichen Bezeichnungen für die *täglichen Änderungen* der Rektaszension und Deklination nicht mit der *täglichen Bewegung der Sphäre!*

Sie gehören zur Zeit $t = \frac{t_1 + t_2}{2}$ und sind wegen der Präzession vor der Weiterverwendung vom Äquinoktium der Werte α^*, δ^* (Katalog!) auf das für den Beginn des Beobachtungsjahres zu reduzieren (s. S. 100).

Nach Möglichkeit wiederholt man das Verfahren mit weiteren Anschlußsternen und bildet, wenn die Zeiten t nicht zu verschieden sind, aus den Ergebnissen jeweils das Mittel.

Andererseits gewinnt man aus zwei zeitlich genügend weit auseinanderliegenden Beobachtungen dieser Art, die man zuweilen noch in einer Nacht einbringen kann, die *täglichen Bewegungen*

$$(7) \qquad \mu_\alpha = \frac{\alpha_{II} - \alpha_I}{t_{II} - t_I}, \quad \mu_\delta = \frac{\delta_{II} - \delta_I}{t_{II} - t_I},$$

wobei die Zeitdifferenzen in Tagen auszudrücken sind.

Liegt keine Ephemeride vor, so ermittelt man in derselben Weise aus zwei solchen Beobachtungen, indem man in (5) für die α, δ die α', δ' einsetzt. Näherungswerte für μ_α, μ_δ, mit denen man nach (6) die korrigierten Koordinaten und dann nach (7) die verbesserten täglichen Bewegungen berechnet.

Da das unbeleuchtete Fadenkreuz auf dem dunklen Himmelsgrund nicht erkennbar ist, andererseits aber bei Benutzung einer Beleuchtungseinrichtung lichtschwache Objekte wie ferne Kometen nicht mehr wahrnehmbar sind, benutzt man an seiner Stelle ein Paar senkrecht gekreuzter dicker Drähte oder schmaler Streifen, wobei man, um das verwendbare Gesichtsfeld zu vergrößern, den Kreuzungspunkt zweckmäßig gegen dessen nördlichen oder südlichen Rand hin verschiebt. Das Verschwinden oder Wiedererscheinen der Objekte hinter diesen „*Kreuzstäben*" läßt sich dann sehr gut beobachten.

Die 45°-Stellung dieses Kreuzes läßt sich sehr leicht erreichen, wenn man das Kreuzokular mit einer Strichmarke versieht und den Rand des Okulartubus mit einem Streifen Millimeterpapier umklebt. Man stellt dann zunächst durch Beobachtung der täglichen Bewegung der Sphäre an einem Fixstern einen der beiden Kreuzstäbe in die OW-Richtung und dreht danach das Okular, bis sich die Marke um ein Viertel des Tubusumfanges verschoben hat. Man kann diese Einstellung dann durch einen zweiten Strich am Okulartubus ein für allemal markieren.

Es lohnt sich, das Verfahren an Sternen einzuüben.

4. Photographische Ortsbestimmung

Für die heute am häufigsten durchgeführte Bestimmung der Örter von Kometen und kleinen Planeten mit Hilfe von *Positionsaufnahmen* braucht man möglichst kleine und wenig durch die Bahnbewegung verzerrte Bilder des Objekts, also kurz belichtete Aufnahmen. Die Belichtungszeit soll möglichst unter 2 Minuten liegen. Wiewohl man für diesen Zweck meist einen Astrographen (s. S. 40) benutzt, ist ein Versuch mit einem für photographische Aufnahmen eingerichteten Refraktor (s. S. 29) oder sogar mit einer Plattenkamera durchaus nicht verfehlt. Eine Kleinbildkamera ist dagegen wegen des zu kleinen Plattenmaßstabes weniger geeignet, ebenso extrem lichtstarke Objektive wegen der zumeist dabei unvermeidlichen Bildfehler.

Bei genügender Helligkeit des Kometenkopfes oder Planetoiden führt man den Astrographen oder die Kamera am einfachsten wie bei einer gewöhnlichen Himmelsaufnahme der täglichen Bewegung der Sphäre nach und belichtet nur so lange, daß auf der Aufnahme genügend viele — d. h. mindestens vier gut um den Kometen verteilte — Sterne erscheinen, deren scheinbare photovisuelle Helligkeiten möglichst nicht unter 7^m liegen. Dann findet man in den astrometrischen

Katalogen mit Sicherheit zuverlässige Örter. Will man diese Helligkeiten zur Erleichterung der Identifizierung auf der Platte benutzen, so muß man eine orthochromatische Platte verwenden. Bei panchromatischem Material, das den Vorteil größerer Empfindlichkeit für das Licht des Objekts bietet, muß bei der Identifizierung die hier erscheinende Änderung der Sternhelligkeit bedacht werden (Farbenindex!). Man meide sehr harte Platten — trotz ihrer höheren Empfindlichkeit — und ebenso eine harte Entwicklung wegen des gröberen Plattenkorns.

Zweckmäßig wird eine solche Aufnahme drei- oder viermal auf derselben Platte wiederholt, wobei jedesmal die Kamera (oder Kassette) ganz wenig in einer Richtung (z. B. δ) versetzt wird, das letzte Mal zur Erleichterung der späteren Orientierung etwas weiter oder senkrecht zur vorigen Richtung. Auf diese Weise schützt man sich vor Plattenfehlern und verringert außerdem den Beobachtungsfehler durch die Auswertung aller dieser Bilder.

Wegen der Kürze der Belichtungszeit genügt es dabei, wenn man sich unter Verzicht auf ein beständiges Pointieren im Leitfernrohr auf die automatische Nachführung verläßt.

Bei der Aufnahme ist außer den *meteorologischen Beobachtungsbedingungen* die Zeit des *Beginns* jeder Einzelaufnahme auf $0^{\rm m}_{.}5$ genau sowie die jeweilige *Belichtungszeit* zu notieren, die zur Vorsicht etwas variiert werden kann (z. B. $1^{\rm m}_{.}0$, $0^{\rm m}_{.}5$, $2^{\rm m}_{.}0$).

Die *Auswertung* der Platte kann nach dem *Turnerschen Verfahren* geschehen (s. S. 85). Die Bestimmung der rechtwinkligen Plattenkoordinaten x, y geschieht am besten mit einem Plattenmeßapparat, der aber wohl nur an größeren Sternwarten verfügbar ist. Ohne einen solchen kann man sich mit einer vergrößerten Reproduktion der Aufnahme auf photographischem Papier (möglichst wieder negativ: schwarze Sterne auf weißem Grund) behelfen. Legt man über diese transparentes Millimeterpapier, von dessen gleichmäßiger Teilung in beiden Richtungen man sich überzeugt hat (!), so lassen sich die Plattenkoordinaten der Sterne und des Kometen oder Planeten leicht ablesen.

Da die oft sehr kurze Sichtbarkeit eines Kometen in einer Nacht immer wieder zu horizontnahen Beobachtungen führt, ist sehr zu beachten, daß die scheinbare Verzerrung der Sphäre durch die Refraktion bei Zenitdistanzen über 85° schnell so groß werden, daß die Turnersche Methode zu sehr schlechten Ergebnissen führen kann.

Aus zwei Aufnahmen oder Belichtungsreihen der beschriebenen Art in größerem zeitlichen Abstand gewinnt man wieder nach Gleichung (7) auf S. 238 die täglichen Bewegungen. Gelingt es trotz der Beschränkung durch die Refraktion, beide in derselben Nacht einzubringen, so kann dabei dieselbe Platte benutzt werden.

Bei der Wiederauffindung eines zurückkehrenden periodischen Kometen führt man den Astrographen nicht der täglichen Bewegung der Fixsterne nach, sondern dem von der Ephemeride angegebenen vermutlichen Ort des Kometen, ein Verfahren, das immer dann angewandt wird, wenn das bewegliche Objekt sehr lichtschwach, seine Bahn aber weitgehend bekannt ist, so auch oft bei kleinen Planeten. Man pointiert dabei auf einen Fixstern, benutzt jedoch dazu ein Positionsfadenmikrometer, das während der Belichtung regelmäßig entgegengesetzt zur berechneten Bewegung des Objektes verstellt wird. Für den Amateur dürfte dieses Verfahren kaum in Betracht kommen, zumal er in der Wiederauffindung doch nicht mit den großen Sternwarten konkurrieren kann.

5. Strukturbeobachtungen

Unter den nun folgenden *physischen* Beobachtungen der Kometen versteht man im Gegensatz zu den oben beschriebenen *astrometrischen* Bestimmungen der Örter und Bewegungen ihres Kopfes die Beobachtungen ihrer Struktur, ihrer Helligkeit und der spektralen Zusammensetzung und Polarisation ihres Lichtes. In diesem Abschnitt beginnen wir mit der visuellen und photographischen Beobachtung der Kometenstruktur.

a) Visuelle Beobachtung der Kometenstruktur

Bei sonnenfernen Kometen, die meist nur als schwache diffuse Lichtflecke erscheinen und oft sogar nur im extrafovealen Sehen (s. S. 67) wahrgenommen werden, zeigt auch eine starke Vergrößerung nur geringe Strukturelemente. Man wird sich so gut wie immer darauf beschränken müssen, Verdichtungen und Abweichungen von der Kreisform festzustellen, wobei es wichtig ist, neben dem Durchmesser bei einer Unsymmetrie der *Koma* oder einem Schweifansatz deren Positionswinkel zu schätzen. Dazu kann man die NS- oder OW-Richtung sofort durch eine vorsichtige Betätigung der Feineinstellung in Deklination bzw. Rektaszension feststellen. Auch auf das Vorhandensein eines helleren *Kerns* muß geachtet werden. Alles dies halte man in einer in den Grundzügen am Instrument angefertigten Zeichnung mit Maßstab (Gesichtsfelddurchmesser!), Orientierung und Zeitangabe auf eine Minute fest.

Weit mannigfachere Beobachtungsmöglichkeiten bietet ein Komet in größerer Sonnennähe. Der *Kopf* zeigt bei Betrachtung mit starker (möglichst mindestens 400facher) Vergrößerung oft eine überraschende Struktur. Hier ist eine Zeichnung — wieder mit Maßstab, Orientierung und Zeitangabe — besonders wichtig. Sie kann durchaus nicht durch eine photographische Aufnahme ersetzt werden, da hierfür das Helligkeitsintervall des Objekts zu groß ist.

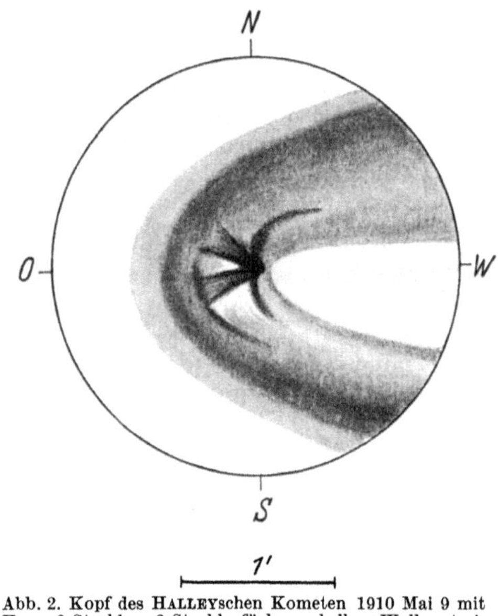

Abb. 2. Kopf des HALLEYschen Kometen 1910 Mai 9 mit Kern, 2 Strahlen, 2 Strahlenfächern, hellem Wolkenstreifen am Ende eines derselben, Dunkelraum hinter dem Kern und die Koma umgebender Enveloppe (nach einer Negativzeichnung von R. INNES, Johannesburg, in Union Observatory (Transvaal) Circular Nr. 4,1910).

Man achte dabei auf folgende Strukturelemente und Strömungserscheinungen:

Kometenkern: Größe, Aussehen und Anzahl;

Koma, die den Kern umgebende weitere Gashülle: Größe, Umriß und Struktur, insbesondere:

Strahlen (streamers) und *Strahlenfächer (jets),* die vom Kern ausgehen;

Dunkelräume und helle *Wolken*;

Enveloppen, das sind leuchtende Gasschalen, die den Kopf deutlich von der Koma abgesetzt vorn umgeben und nach hinten spitz oder strahlenförmig auslaufen.

Zur weiteren Erläuterung dienen die Abb. 2 und 3, welche zugleich zeigen, wie solche Negativzeichnungen anzulegen sind.

Eine *Farbempfindung* wird bei dieser Vergrößerung in den günstigsten Fällen auf den Kern beschränkt bleiben. In jedem Falle aber versuche man, mit unbewaffnetem Auge oder notfalls bei sehr geringer Vergrößerung (Feldstecher!) die Farbe des gesamten Kometenkopfes zu bestimmen. Es muß beachtet werden, daß hierbei die Anwendung eines optischen Instruments gelegentlich zu veränderten

Ergebnissen führen kann. Zur Kennzeichnung der Farben des Kerns und des gesamten Kopfes können die *Graffschen Farbklassen* bo usw. herangezogen werden, welche den entsprechenden Spektralklassen B 0 usw. folgen.

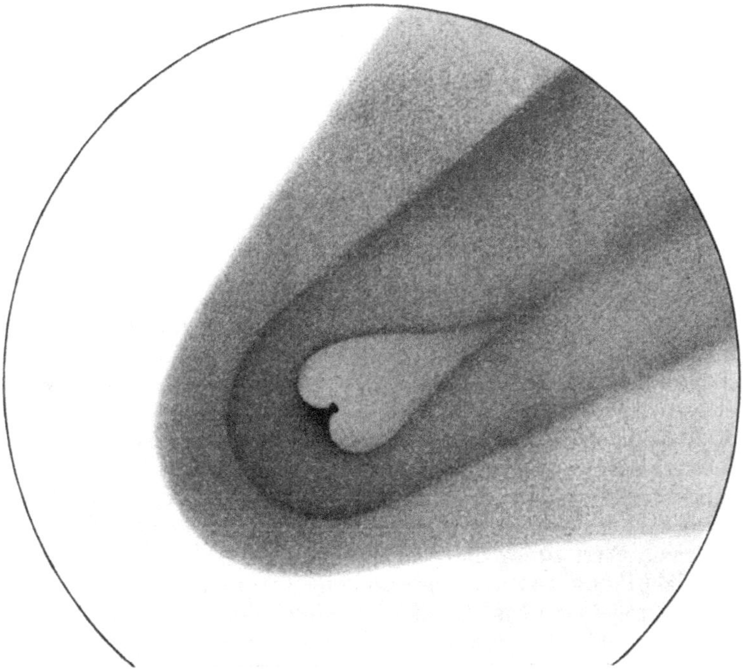

1910 Mai 26 1 mm = 0,4′

Abb. 3. Kopf des HALLEYschen Kometen 1910 Mai 26 mit Kern, Strahlenfächer, herzförmigem Dunkelraum und die Koma umgebender Enveloppe (Negativzeichnung von K. GRAFF, Mitt. Hamburger Sternw. Nr. 12, 1913; oben S).

Vom *Schweif* wird man dagegen bei stärkerer Vergrößerung nicht mehr viel erkennen. Seine Flächenhelligkeit ist dafür zu klein. Ihn beobachtet man besser mit dem Feldstecher oder einfach mit dem unbewaffneten Auge. Man halte seine Größe und Lage unter Benutzung von Anhaltssternen, die später identifiziert werden können, in einer Zeichnung — wieder mit genäherter Orientierung und Zeitangabe wie oben — fest und trage dabei nach Möglichkeit auch den Horizont ein. Die beobachtete Schweiflänge kann man dann an Hand der eingetragenen Sterne leicht feststellen. Sehr oft besitzt ein Komet mehrere Schweife, die auch noch sehr verschieden aussehen können. Nach BREDECHIN werden dabei folgende *Typen* unterschieden:

Typus I: Auffallend gerade Schweife, darunter die dünnen *Schweifstrahlen*, die in einem fächerförmigen Schweif oder auch getrennt davon erscheinen können;

Typus III: Stark gekrümmte, breit gefächerte Schweife;

Typus II ist eine Mittelform zwischen den Typen I und II.

Die innere Struktur der Schweife sowie die oft in ihnen, sehr selten auch getrennt von ihnen auftretenden *Schweifwolken* sind visuell i. a. nicht erkennbar.

Dabei beachte man auch wieder die *Farbe*, die — wie beim Kometen 1956h Arend-Roland 1957 April 30 — in charakteristischer Weise wechseln kann.

Zeichnungen mit interessanten Details sollten stets in einer Zeitschrift (s. S. 353) veröffentlicht oder doch wenigstens beschrieben werden. Dabei ergänze man die oben genannten Angaben in jedem Fall durch solche über das benutzte Beobachtungsinstrument (Öffnung, Brennweite, Vergrößerung) und die meteorologischen Beobachtungsbedingungen, die beide das gesehene Detail sehr beeinflussen können.

Solange es möglich ist, wiederhole man diese Beobachtungen von Nacht zu Nacht und studiere in der geschilderten Weise die Veränderungen des Kometenkopfes und der Schweife. Bei diesen beachte man neben der Variation der Formen besonders die der Positionswinkel. Beide können sehr wichtige Aufschlüsse ergeben. So wurden auf diesem Wege die seltenen Erscheinungen gegen die Sonne gerichteter Nebenschweife wie bei dem bereits genannten Kometen Arend-Roland auf eine einfache Folge der Perspektive zurückgeführt[1].

b) Photographische Aufnahmen

Diese gelten, soweit sie mit den Mitteln des Amateurs durchgeführt werden können, in erster Linie der Untersuchung der *Schweifstruktur*. Da sich hierin schon innerhalb weniger Minuten erhebliche Änderungen zeigen können, kommt es für einen Beobachter, dem an mehr als nur einer „schönen" Aufnahme gelegen ist, auf eine entsprechend kurze Belichtungszeit an. Zweckmäßig nimmt man unmittelbar hintereinander mit mehreren Belichtungszeiten auf, z. B. mit 3, 1 und 9 Minuten, und wiederholt diese Folge möglichst oft. Ziehen in der Nähe des Kometen Wolken vorüber, so breche man längere Belichtungen lieber ab, als Aufnahmen von fraglichem Wert zu erhalten.

Man braucht für diesen Zweck unbedingt lichtstarke Instrumente und bei großen Kometen ein großes Gesichtsfeld. Eine Kleinbildkamera mit lichtstarkem Objektiv ist sehr geeignet. Man kann sie leicht am Fernrohr befestigen, das dann als Leitfernrohr dient und vom Beobachter während der Belichtung auf den Kometenkopf pointiert wird. Bei Belichtungszeiten um eine Minute und weniger kann man auch auf eine Nachführung ganz verzichten. Trotz der gewünschten Lichtstärke gehe man bei photographischen Objektiven nicht über ein Öffnungsverhältnis (Blende) von 1:2.5 hinaus, da sich sonst besonders in Randnähe die Bildfehler sehr störend bemerkbar machen. Vergütete Objektive sind sehr vorteilhaft.

Am besten eignet sich für solche Aufnahmen panchromatisches Material von mittlerer bis feiner Körnigkeit, so daß bei Kleinbildaufnahmen die Bilder stark vergrößert werden können. Bei Mondlicht oder bei merklicher Dämmerung benutze man ein Rotfilter (2 mm Schott RG1) und muß dann allerdings mindestens viermal so lange belichten, um eine brauchbare Aufnahme zu erzielen, was deren Wert für die Untersuchung der Schweifstruktur sehr beeinträchtigt. Sonst benutze man kein Farbfilter, um kein Licht zu verlieren (*Integralaufnahme*).

Man versäume nicht, bei jeder Aufnahme außer der Anfangszeit der Belichtung (auf $0\overset{m}{.}1$), der Belichtungsdauer (gleichfalls auf $0\overset{m}{.}1$) und den feststehenden instrumentellen Angaben auch das benutzte photographische Material, die meteorologischen Bedingungen und die gewählte Blende sowie später auch die Art der Entwicklung zu notieren.

Wohlgelungene Aufnahmen dieser Art zeigen die oft sehr turbulente oder strahlige Struktur des Kometenschweifs (s. Abb. 4). Besonders interessant sind

[1] F. Whipple: Comments of the Sunward Tail of Comet Arend-Roland. Sky and Telescope **16**, 426 (1957). — G. Larsson-Leander: The Anomalous Tail of Comet Arend-Roland. The Observatory **77**, 132 (1957) = Stockholms Observatorium Meddelande No. 102. — ds.: Physical observations of Comet Arend-Roland (1956 h). Arkiv för Astronomi **2**, 259 (1958) = Stockholms Observatorium Meddelande No. 111.

dabei charakteristische Strukturelemente, vor allem *Schweifwolken*, deren Verschiebung nach außen man von Aufnahme zu Aufnahme verfolgen kann. Auf

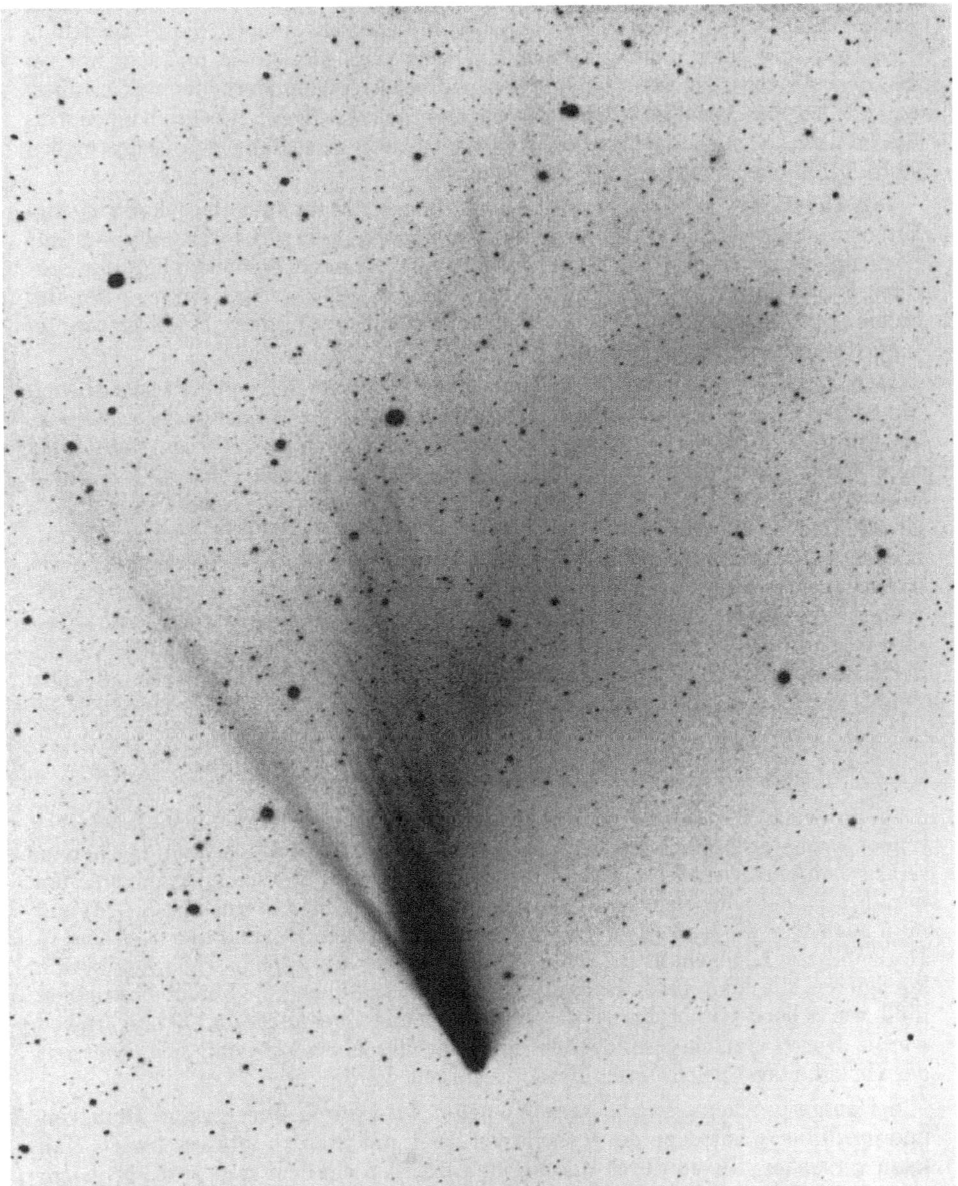

Abb. 4. Der Komet MRKOS (1957d) 1957 August 13, 12^h UT mit zwei Schweifen vom Typus I und III. Integralaufnahme von A. McCLURE in Los Angeles mit 10 cm – Refraktor ($f = 50$ cm). Platte: Kodak 103a – E, 13 min belichtet. (Aus Sky and Telescope **16**, 568, 1957).

diesem Wege kann die Reisegeschwindigkeit der Schweifmaterie ermittelt werden. Vielfach werden auch schraubenförmige Verwindungen und Bewegungen in den Kometenschweifen gefunden.

6. Photometrie

Die Struktur der Kometen, die ganz oder teilweise als flächenhafte Objekte erscheinen, bringt für ihre Photometrie besondere Schwierigkeiten mit sich, welche zusammen mit der Seltenheit größerer Kometenerscheinungen die Entwicklung dieses Zweiges der Kometenbeobachtung sehr verzögert haben und fast nur bei den dem Amateur schwer zugänglichen photoelektrischen Methoden restlos überwunden wurden. Grundsätzlich unterscheiden sich die hier zu beschreibenden Verfahren sehr, je nachdem der beobachtete Teil des Kometen noch einigermaßen sternförmig oder deutlich als Fläche erscheint.

Das Ziel dieser Untersuchungen ist nicht nur die Auffindung der lokalen Helligkeitsverteilung innerhalb des Kometen, vornehmlich seines Schweifs, was nur mit flächenphotometrischen Methoden erreicht werden kann, sondern auch das Studium der Helligkeitsentwicklung mit variierender Zeit bzw. Entfernung r von der Sonne (Ephemeride!). Mehr als der Schweif kommt hierfür der viel weiter verfolgbare Kometenkopf in Betracht.

Man kann die für den *Kometenkopf* auf eine der im folgenden beschriebenen Methoden gewonnenen scheinbaren Gesamthelligkeiten m in Form einer *Lichtkurve* als Funktion der Zeit darstellen. Wichtiger aber ist ein anderes Diagramm, das man erhält, wenn man entsprechend Gleichung (1) auf Seite 233 $m - 5 \cdot \log \Delta$ über $2.5 \cdot \log r$ aufträgt (Ephemeride!). Man wird dann keineswegs immer eine Gerade finden, wie man nach dieser Gleichung vermuten könnte, sondern oft zufrieden sein müssen, wenn der Verlauf der Kurve stückweise durch eine solche darzustellen ist, aus der dann jeweils die *reduzierte Helligkeit* m_0 als Ordinatenschnitt und der *Entfernungsexponent* n als Steigung gefunden werden kann. Vielfach zeigt die Helligkeit Schwankungen oder sogar erhebliche Ausbrüche, die mit der Sonnenaktivität in Verbindung gebracht oder in seltenen Fällen auch auf einen Zerfall des Kometenkerns zurückgeführt werden können.

a) Photometrie des Kometenkopfes

Wenn der Kometenkopf dem unbewaffneten Auge gut erkennbar, dabei aber immer noch sternähnlich erscheint, ist es bei weitem das einfachste und sicherste, seine scheinbare visuelle Helligkeit durch Vergleich mit Sternen zu schätzen. Man verfährt dabei in der gleichen Weise wie bei veränderlichen Sternen (s. S. 274) und muß auch hier wieder besonders, wenn man mit großen Höhendifferenzen und in Horizontnähe beobachtet, die Ergebnisse wegen der atmosphärischen Extinktion korrigieren, die man außer in ganz einwandfreien Nächten jedesmal bestimmen muß, wie es bei der Photometrie des verfinsterten Mondes auf Seite 173 beschrieben wurde. Durch einfaches Abblenden des Schweifes überzeugt man sich, wie weit der Helligkeitsvergleich durch diesen verfälscht wurde.

Bei ausgesprochen *teleskopischen* Kometen wird durch ihre geringe Helligkeit und ihr diffuses Aussehen der visuelle Vergleich mit Sternen sehr erschwert. Man kann versuchen, diesen durch unscharfes Einstellen ein dem stets fokal beobachteten Kometenkopf ähnliches Aussehen zu geben, was indessen nur unvollkommen gelingt. Nachdem man einen passenden Tubusauszug ausgewählt hat, ist dieser für dieselbe Nacht bei allen Vergleichssternen beizubehalten, wozu man ihn am besten durch eine aufgeklebte Marke kennzeichnet. Auch hier wählt man möglichst solche Vergleichssterne, deren Farbe der des Kometenkopfes ähnelt und die in ähnlicher Höhe über dem Horizont stehen wie der Komet, um die wie beim vorigen Verfahren später anzubringende Korrektion wegen der atmosphärischen Extinktion klein zu halten. Merkliche systematische Fehler, von einem Instrument zum anderen verschieden, sind bei diesem Verfahren nicht ausgeschlossen, weswegen man, sobald die Entwicklung des Kometen einen Wechsel des Instruments oder auch nur einen Austausch des Okulars erfordert, möglichst lange Reihen von Parallelbeobachtungen mit beiden Einrichtungen durchführen muß, um die Beobachtungsergebnisse aneinander anschließen zu können.

Auch auf *photographischem* Wege gelingt die Bestimmung der Gesamthelligkeit des Kometenkopfes durch Aufnahmen nach Art der auf Seite 238 beschriebenen Positionsaufnahmen, solange das Bild des Kometenkopfes auf der Platte noch sternähnlich erscheint und die Bahnbewegung des Kometen dabei doch noch eine ausreichende Belichtungszeit zuläßt, ohne daß man längliche Bilder erhält. Der so durchgeführte Vergleich mit Sternen der Umgebung oder etwa der Polsequenz ist im übrigen der gleiche wie bei der photographischen Photometrie veränderlicher Sterne und kleiner Planeten, wo man Näheres darüber findet. Dort wird auch beschrieben, wie man mittels extrafokaler Aufnahmen noch etwas über den genannten Bereich hinauskommen kann (s. S. 280).

b) Schweifphotometrie

Eine visuelle Photometrie des Kometenschweifs ist mit den Mitteln des Amateurs auch dann noch schwierig, wenn man sich auf lokale Helligkeitsunterschiede im hellen Schweifteil großer Kometen beschränkt. Allen solchen Versuchen widersetzt sich die allzu kleine Flächenhelligkeit der Kometenschweife. Wie die neueren Erfahrungen gezeigt haben, gelingt die Photometrie der Kometenschweife am besten mit photoelektrischen Meßanordnungen, die jedoch dem Amateur seltener zugänglich sind.

Mit wesentlich einfacheren Mitteln läßt sich wenigstens die Verteilung der Flächenhelligkeit auf photographischem Wege ermitteln, wozu man diesmal besser länger belichtete Aufnahmen wählt, um die schnell wechselnden komplizierten Strukturdetails zu verwischen. Zwar ist auch in diesem Falle eine exakte Ausmessung der Platte, die dazu mit Schwärzungsmarken versehen (*kalibriert*) sein muß, wozu sich praktisch nur monochromatische Aufnahmen eignen würden, wegen des dazu erforderlichen Mikrophotometers wohl nur an größeren Instituten möglich. Jedoch kann man auch ohne dies in eine auf mattem Papier hergestellte photographische Vergrößerung der Aufnahme Linien gleicher Flächenhelligkeit (*Isophoten*) einzeichnen und erhält so ein Umrißbild des Kometenschweifs, das an die Darstellung der Gebirgshöhen in einer Höhenschichtlinienkarte erinnert. Man wählt dazu zweckmäßig sowohl für die Aufnahme wie für die Vergrößerung ein sehr weiches photographisches Material. Man kann auch mehrere verschieden stark belichtete Kopien auf härterem Papier herstellen, wobei man durch Nachzeichnen der Umrisse des Bildes jedesmal eine Isophote erhält, wenn für eine gleichmäßige Entwicklung gesorgt wurde.

7. Spektrum und Polarisation

Zum Schluß mögen einige Hinweise für die Untersuchung des *Kometenlichtes* folgen, wobei wir uns wieder auf die wenigen Methoden beschränken, die vom Amateur ohne große Schwierigkeiten angewandt werden können.

a) Spektralaufnahmen

Wenn man vor das Objektiv einer auf ∞ eingestellten Kamera von nicht zu kurzer Brennweite ein Prisma (*Objektivprisma*) setzt, wie es in Abb. 5 erkennbar ist, so wird das Kometenbild auf der Platte zu einem kleinen Spektrum auseinandergezogen. Man orientiere dabei das Prisma so, daß seine brechende Kante ungefähr parallel zum Kometenschweif verläuft, damit dessen Spektrum sich nicht dem des Kopfes überlagert. Man erhält auf diese Weise eine dichte Folge monochromatischer Kometenbilder nebeneinander. Die so eingerichtete Kamera wird an einem Fernrohr befestigt, mit dessen Hilfe man sie der Bewegung des Kometen-

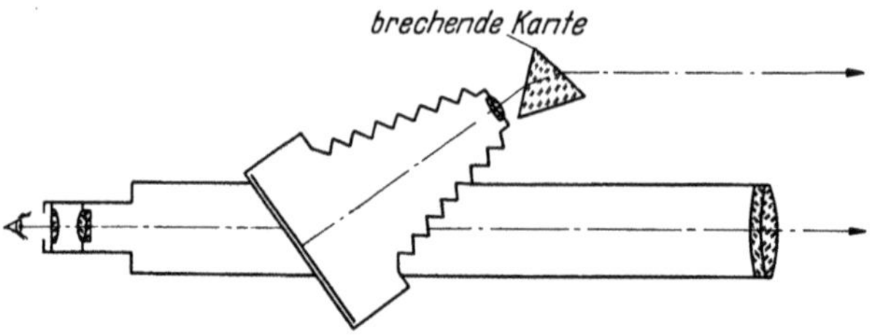

Abb. 5. Photographische Kamera mit Objektivprisma am Fernrohr montiert (schematisch).

kopfes nachführt. Wegen der Strahlenbrechung im Prisma muß die optische Achse der Kamera gegen die des Fernrohrs um einen beträchtlichen Winkel verdreht sein, den man sehr leicht schon am Tage durch Beobachtung eines mit dem Fernrohr anvisierten terrestrischen Objektes auf der Mattscheibe der Kamera findet. Wegen des sehr großen Aufnahmefeldes der Kamera kommt es dabei auf große Genauigkeit gar nicht an. Die Belichtungszeit muß — der Vergrößerung der belichteten Fläche durch das Objektivprisma entsprechend — ganz bedeutend erhöht werden. Auf einer gelungenen Aufnahme wird man wenigstens die im Kometenkopf erscheinenden Molekülbanden deutlich erkennen, darunter besonders die außerordentlich intensive Bande des Cyans (CN) bei 3883 Å, sowie die schwächeren Banden des C_2-Moleküls bei 4737, 5165 und 5635 Å. Man wählt dazu zweckmäßig eine hochempfindliche panchromatische Emulsion.

Bei Verwendung eines Objektivs von 10,5 cm Brennweite und einem Öffnungsverhältnis von 1:4.5 liefert ein 30°-Flintglasprisma bei Winkeleinstellung auf kleinste Ablenkung Sternspektra von fast 6 mm Länge. Mit dieser Einrichtung ergab eine einstündige Aufnahme des sehr hellen Kometen Arend-Roland (1956h) 1957 April 26 auf *Perutz Spektral 680* ein sehr schwaches Spektrum, das aber die genannte Cyanbande sehr deutlich erkennen ließ.

b) Polarisation

Setzt man bei der teleskopischen Beobachtung eines hellen Kometen vor das Okular ein Polarisationsfilter, wie es in der Photographie zur Unterdrückung von Reflexen verwendet wird, so wird man bei dessen Drehung meist eine deutliche Veränderung der Helligkeit des Kometenkopfes wahrnehmen. In den nicht sehr zahlreichen Fällen, in denen bisher solche Untersuchungen durchgeführt wurden, zeigte sich stets, daß das Kometenlicht merklich polarisiert ist, und zwar i. a. senkrecht zu der durch den Kometen, den Beobachtungsort und die Sonne gehenden Ebene. Der elektrische Lichtvektor war also senkrecht zu dieser *Streuebene* am stärksten, wie es vom Standpunkt der Theorie durchaus plausibel erscheint.

Man kann bei jeder einigermaßen hellen Kometenerscheinung diesen Befund leicht nachprüfen, wenn man das nach der angemerkten Polarisationsrichtung (elektrischer Vektor) orientierte Polarisationsfilter in eine provisorische Aufsteckfassung einsetzt, die mit einer auf eine Pappscheibe aufgezeichneten Winkelteilung versehen ist. An einer am Okulartubus angebrachten Marke läßt sich dann der eingestellte Positionswinkel der Polarisationsrichtung des Filters ablesen. Den damit zu vergleichenden Positionswinkel p der Streuebene kann man aus folgenden Formeln errechnen:

$$\begin{aligned} \Delta\alpha &= \alpha_{\odot} - \alpha_{☄}\,, \\ \operatorname{tg}\eta &= \cos\Delta\alpha \cdot \operatorname{ctg}\delta_{\odot}\,, \qquad (8) \\ \operatorname{tg}p &= \frac{\operatorname{tg}\Delta\alpha \cdot \sin\eta}{\cos(\eta + \delta_{☄})}\,. \end{aligned}$$

Dabei sind $\alpha_{☄}$ und $\delta_{☄}$ die der Ephemeride zu entnehmenden äquatorialen Koordinaten des Kometenkopfes, $\alpha_{\odot}$ und $\delta_{\odot}$ dieselben der Sonne, die man z. B. in der Tafel *Sun for* 0^{h} *Ephemeris-Time* der *Astronomical* oder der *American Ephemeris* findet.

In Helligkeitsschätzungen geübte Beobachter mögen auch versuchen, den bei der Drehung des Polarisationsfilters beobachteten Helligkeitsunterschied in Größenklassen anzugeben, müssen sich dabei aber vor Überschätzungen hüten.

IX. Sternschnuppen und Feuerkugeln

Von

F. Schmeidler

Universitäts-Sternwarte, München

Mit 1 Textabbildung

1. Allgemeines über Meteore

Als „Meteor" bezeichnet man alle Erscheinungen, die sich abspielen, wenn ein materieller Körper aus dem Weltenraum in die Erdatmosphäre eindringt; der Körper selbst bzw. seine Bruchstücke werden als „Meteorite" bezeichnet.

Die Beobachtung der Meteore ist ein Gebiet der Astronomie, auf dem für den Amateur wenigstens im Prinzip die Möglichkeit zu wissenschaftlich wertvoller Arbeit besteht. Zwar gilt diese Behauptung seit der Entdeckung der Radioastronomie nur noch mit gewissen Einschränkungen, aber dennoch haben die visuellen Meteorbeobachtungen nach wie vor großen Wert.

Man unterscheidet zwischen den kleinen Sternschnuppen und den großen Feuerkugeln, oft auch Boliden genannt; letztere fallen unter erheblicher Entwicklung von Licht und Hitze herab und sind oft von Donner begleitet. Die Grenze zwischen Sternschnuppen und Feuerkugeln ist nicht scharf definiert; als ungefährer Anhaltspunkt gilt, daß man ein Meteor als Feuerkugel betrachten kann, wenn es mindestens die scheinbare Helligkeit der Venus (etwa -4^{m}) erreicht. Das Wort „Sternschnuppe" stammt aus der Zeit, als es noch kein elektrisches Licht gab; beim Putzen des Dochtes der früher verwendeten Talglichter fiel manchmal ein glühendes Stück ab, das man als Schnuppe bezeichnete.

Erst um 1800 wurde klar erkannt, daß alle Meteore kosmische Körper sind, die in die Erdatmosphäre eindringen und in ihr aufglühen. Die Erforschung der mit diesen Körpern verbundenen Probleme ist fast ausschließlich das Verdienst von Fachastronomen; die Beobachtungen der Amateure sind leider in den meisten Fällen zu wenig systematisch angelegt gewesen.

Die Wissenschaft ist bei Meteoren interessiert an Aussagen über ihre Herkunft und ihre physikalische Beschaffenheit. Die erste Frage wird hauptsächlich durch die Bestimmung der räumlichen Bahn des Meteors gelöst, die zweite durch Untersuchung der Leuchtvorgänge beim Meteorfall; nur bei den großen Feuerkugeln besteht manchmal die Möglichkeit, ein Stück Materie des Meteoriten nachträglich im Laboratorium zu untersuchen.

Nur zum Teil können die notwendigen Aussagen aus den Wahrnehmungen eines einzigen Beobachters erhalten werden; für gewisse Fragen ist die Kombination der Resultate von mindestens zwei Beobachtern unerläßlich. Soweit der einzelne Sternfreund seine Beobachtungen selbst auswerten kann, werden im vorliegenden Artikel Anleitungen dazu gegeben; wer zur wissenschaftlichen Bearbeitung größerer Mengen von Beobachtungen beitragen will, kann seine Resultate an die *Sternwarte Sonneberg* in Thüringen senden, an der alle Meldungen über Meteore gesammelt werden. Es ist dabei jedoch erwünscht, sich auf wirklich bedeutende Erscheinungen zu beschränken. Von größter Wichtigkeit sind in jedem Fall (also auch bei schwachen Meteoren!) Beobachtungen langdauernder Schweife unter genauer Angabe der Örter und des zeitlichen Ablaufs.

2. Methoden der Beobachtung von Meteoren

Meteore können visuell (ohne und mit Fernrohr), photographisch oder (seit ein bis zwei Jahrzehnten) auch mit radioastronomischen Apparaturen beobachtet werden. Für den Amateurastronomen wird in der Regel nur die visuelle Beobachtung möglich sein, doch sollen die beiden anderen Möglichkeiten auch kurz behandelt werden.

a) Die visuelle Beobachtung

Ein einzelner Beobachter kann stets nur die scheinbare Bahn eines Meteors erkennen, zwei Beobachter in geeignetem Abstand (am günstigsten 80 bis 100 km) können, wenn sie das gleiche Meteor gesehen haben, aus der parallaktischen Verschiebung auch dessen Höhe und daraus die räumliche Bahn ermitteln. Aber auch bei simultanen Beobachtungen müssen die beiden Beobachter auf die gleichen Einzelheiten achten; es genügt also, ganz allgemein die wesentlichen Punkte zu nennen und nur bei einzelnen Angaben sind Unterschiede zwischen Einzelbeobachtungen und Simultanbeobachtungen zu erwähnen. Folgende Punkte sind bei visuellen Meteorbeobachtungen von Wichtigkeit:

1. Angaben über die scheinbare Bahn. Anfangs- und Endpunkt werden am besten relativ zu Fixsternen angegeben; wenn das nicht möglich ist, relativ zu Sonne (helle Feuerkugeln am Tag!) und Mond. Angaben relativ zu markanten Punkten im Gelände oder Schätzungen scheinbarer Höhe und des Azimuts sind auch brauchbar, aber weniger zuverlässig. Wenn der Anfangspunkt nicht gesehen wurde, sollte derjenige Punkt angegeben werden, an dem das Meteor zuerst gesehen wurde; selbstverständlich muß diese Tatsache mitgeteilt werden.
2. Zeit und Ort der Beobachtung. Für die Zeitangabe genügt bei Einzelbeobachtungen die volle Minute, bei Simultanbeobachtungen ist die Festlegung der Zeit auf eine Sekunde genau unbedingt erwünscht, um die Identität eines an beiden Stationen gesehenen Meteors garantieren zu können. In jedem Fall muß die benutzte Uhr vor oder (am besten vor und) nach der Beobachtung mit dem Zeitzeichen des Rundfunks verglichen werden. Die Angaben über den Ort der Beobachtung müssen ebenfalls sehr genau sein; am besten ist es, wenn geographische Länge und Breite auf Bogenminute genau gegeben werden können, andernfalls sollte die Entfernung von einem bekannten Punkt (z. B. Zentrum einer Großstadt) mit etwa 1 km Genauigkeit und Angabe der Himmelsrichtung gegeben werden.
3. Dauer der Erscheinung. In diesem Punkt kommen die größten Irrtümer vor. Nur durch große Übung kann man zu guten Schätzungen kommen! Angabe der vollen Zahl von Sekunden ist notwendig, Schätzung in Zehntelsekunden sehr erwünscht!
4. Lichterscheinungen. Die Maximalhelligkeit eines Meteors in Größenklassen zu schätzen erfordert gute Übung. Häufig bleibt längs der Bahn ein leuchtender Schweif zurück, der eine gewisse Zeitlang sichtbar ist. Angaben über die Farbe der Erscheinung sind bei hellen Meteoren gelegentlich möglich.

5. Akustische Wahrnehmungen. Bei großen Meteoren folgen in manchen Fällen donnerartige Geräusche. Die Zeit zwischen Lichterscheinung und Schall sollte so genau wie möglich angegeben werden.
6. Angaben über das Wetter, vor allem den Bewölkungszustand während der Beobachtung sind in jedem Fall notwendig.

Selbstverständlich werden in vielen Fällen die Beobachtungen speziell auf einen bestimmten Programmpunkt abgestellt sein und die übrigen hier genannten Beobachtungsmöglichkeiten dann bewußt ignoriert. Es hängt in solchen Fällen alles davon ab, mit welchem Ziel beobachtet wird.

In jedem Fall erfordern Meteorbeobachtungen große Geduld. Man muß ein bestimmtes Feld am Himmel lange Zeit hindurch überwachen und alle darin auftretenden Meteore registrieren. Es hat wenig Sinn, den ganzen Himmel überschauen zu wollen und zu hoffen, daß man einen irgendwo fallendes Meteor wegen seiner Helligkeit und seiner Bewegung schon sehen werde. Bei Benutzung optischer Hilfsmittel gewinnt man den Vorzug, daß man auch schwächere Meteore sehen kann, verliert aber in jedem Fall an Gesichtsfeld; welcher Gesichtspunkt überwiegt, hängt vom Zweck der Beobachtungen ab; unter allen Umständen soll natürlich das benutzte optische Instrument ein möglichst großes Gesichtsfeld haben (Feldstecher!).

Die Erfahrung zeigt, daß routinierte Beobachter den Endpunkt einer Meteorbahn bis auf wenige Grade genau am Himmel festlegen können. In vielen Fällen wird auch statt Angabe von Anfangs- und Endpunkt die scheinbare Bahn in eine Sternkarte eingetragen; im Prinzip ist gegen dieses Verfahren nichts einzuwenden, in der Praxis scheint es etwas weniger genau zu sein.

b) Die photographische Beobachtung

Die Problemstellung ist bei der photographischen Beobachtung von Meteoren wesentlich die gleiche wie bei der visuellen Beobachtung; mit Einzelheiten bedingen die äußeren Umstände gewisse Änderungen. Zunächst werden dem Amateurastronomen nur in seltenen Fällen Apparaturen hoher Lichtstärke und großen Gesichtsfeldes zur Verfügung stehen, wie man sie naturgemäß für die Beobachtung von Meteoren benötigt. Außerdem muß für gute Nachführung gesorgt werden. Mit gewöhnlichen photographischen Apparaten wird man nur in Ausnahmefällen gute Erfolge erzielen, weil der kleine lineare Maßstab auf dem Negativ nur wenige Meteorspuren überhaupt erkennen läßt.

Zwei prinzipielle Einwände, die mit dem raschen Ablauf einer Meteorerscheinung zusammenhängen, können gegen das photographische Beobachtungsverfahren an sich erhoben werden:

1. Es erscheinen auf der Aufnahme nur die hellsten Meteore
2. Es werden diejenigen Meteore bevorzugt registriert, deren scheinbare Bewegung langsam ist.

Die erste Schwierigkeit ist durch den von dem amerikanischen Astronomen Baker konstruierten Typ der sog. Super-Schmidt-Kamera weitgehend behoben; bezüglich Einzelheiten muß auf einen Artikel von Whipple in der Zeitschrift *Sky and Telescope* in Nummer 4 des Bandes 8 (1949) verwiesen werden. Die zweite genannte Schwierigkeit ist prinzipiell unüberwindlich.

Ein Vorzug der photographischen Beobachtung besteht darin, daß man mit geeigneten mechanischen Vorrichtungen die Geschwindigkeiten der Meteore messen kann. Wenn auf irgendeine Weise, etwa durch einen rotierenden Sektor vor dem Objektiv oder der Platte, in regelmäßigen Abständen (z. B. alle Zehntelsekunden) der Lichtweg abgedeckt wird, erscheint das Meteor auf der Platte als Lichtspur, die in bestimmten Abständen unterbrochen ist. Durch Abzählung der Unterbrechungen und Ausmessung ihrer Abstände kann man Geschwindigkeit und Dauer des Meteorfalls bestimmen. Natürlich kann eine solche Vorrichtung nur in einer einigermaßen gut ausgerüsteten mechanischen Werkstatt hergestellt werden.

Wenn photographische Aufnahmen simultan von zwei verschiedenen Orten aus gemacht werden, müssen beide Kameras auf solche Gegenden des Himmels gerichtet werden, daß ihre Blickrichtungen sich in der mittleren Höhe der Meteore (etwa 80 bis 100 km) schneiden. Als günstigster Abstand von zwei photographischen Beobachtungsstationen kann 40 bis 50 km angesehen werden.

Zusammenfassend kann gesagt werden, daß die photographische Beobachtung von Meteoren dem Amateurastronomen nur dann zu empfehlen ist, wenn ihm gute Hilfsmittel optischer und mechanischer Art zur Verfügung stehen.

c) Die radioastronomische Beobachtung

Die Beobachtung von Meteoren durch radioastronomische Apparaturen ist möglich, weil längs der Bahn eines Meteors die Luft in stärkerem Maß als sonst ionisiert ist. Schon vor dem Zweiten Weltkrieg fiel diese Tatsache auf, nach 1945 wurde sie zur systematischen Erforschung der Meteore herangezogen. Die technischen Hilfsmittel, die im wesentlichen aus Radaranlagen bestehen, können hier nicht beschrieben werden; näher Einzelheiten findet man in dem Buch von LOVELL: *Meteor Astronomy*. Das Prinzip der Beobachtung beruht darauf, daß ein Radarstrahl von der längs der Meteorbahn zurückbleibenden ionisierten Luft reflektiert wird.

Über die Feststellung von Meteoren hinaus gibt die Radarbeobachtung die Möglichkeit zur Feststellung von zwei Größen, die einer einzelnen visuellen oder photographischen Beobachtung prinzipiell unzugänglich sind; das sind die Richtung der Meteorbahn (ihr „Radiant") und die Geschwindigkeit. Die Richtung kann dadurch gemessen werden, daß ein Echo des Radarstrahls nur dann empfangen wird, wenn der Strahl die Meteorbahn einigermaßen unter einem rechten Winkel trifft. Die Geschwindigkeit wird gemessen durch kleine Veränderungen, die die Amplitude der Schwingungen des Radarstrahls erleidet und die von der Geschwindigkeit des Meteors abhängen. Auch hier muß bezüglich Einzelheiten auf die Fachliteratur, vor allem das oben genannte Buch von LOVELL verwiesen werden.

3. Spezielle Beobachtungsprobleme

In diesem Abschnitt sollen die speziellen Fragen erörtert werden, deren Beantwortung die Wissenschaft von der Beobachtung der Meteore erwartet. Sowohl für Sternschnuppen wie auch für Feuerkugeln wird eine summarische Darstellung des derzeitigen Standes der Wissenschaft vorausgeschickt.

a) Sternschnuppen

Man unterscheidet zwischen sporadischen Meteoren und solchen, die einem Meteorstrom angehören (s. unten). Die physikalischen Vorgänge beim Aufleuchten, die natürlich in beiden Fällen gleich sind, haben noch keine volle Aufklärung gefunden. Man nimmt aber heute an, daß die Reibung eine relativ geringe Rolle spielt und der wichtigste Vorgang die Ionisation der Luftmoleküle durch Stoß ist. Die meisten Sternschnuppen leuchten in einer Höhe von 100 bis 150 km auf und erlöschen in einer Höhe von 50 bis 100 km über dem Erdboden. Die Masse der meisten Sternschnuppen ist kleiner als 1 Gramm, sie sind also nur Staubkörner.

Eine der einfachsten beobachtbaren Erscheinungen ist die Häufigkeit der Sternschnuppen, die als Zahl der pro Stunde erschienenen Meteore definiert werden kann. Sie ist zunächst viel größer als man erwarten würde; ein Beobachter ohne optische Hilfsmittel kann in einer klaren Nacht im Durchschnitt 8 bis 10 Sternschnuppen sehen. Darüberhinaus besteht eine deutliche Periodizität mit Tageszeit und Jahreszeit. Die meisten Meteore sind sichtbar, wenn der Zielpunkt der Bahn der Erde um die Sonne, der sog. Apex hoch über dem Horizont steht. Das kommt daher, daß alle Meteore, welche an der Sphäre in der Nähe des Apex auftauchen, räumlich der Erde entgegenkommen und relativ zur Erde große Geschwindigkeit haben. Da der Apex stets in der Ekliptik und 90° westlich der Sonne liegt, fallen die meisten Sternschnuppen in den frühen Morgenstunden; ferner erscheinen wegen der hohen Lage des Apex im Herbst sehr viel mehr Meteore als im Frühjahr. Im einzelnen werden diese Verhältnisse modifiziert je nachdem, welche mittlere eigene Geschwindigkeit die Meteore haben und ob unter ihnen bestimmte Flugrichtungen besonders häufig vorkommen. Da beide Fragen wissenschaftlich noch nicht restlos geklärt sind, können Amateurastronomen allein durch Zählung von Meteoren noch heute wertvolle Arbeit leisten, nur dürfen sie dabei regelmäßige Arbeit bis in die frühen Morgenstunden nicht scheuen!

Besonders die Frage der Geschwindigkeit der Meteore hat in den letzten Jahren zu erheblichen Meinungsverschiedenheiten Anlaß gegeben. Aus der Bahnbestimmung (s. S. 253) kann man die heliozentrische Geschwindigkeit im Augenblick des Zusammentreffens mit der Erde ableiten; wenn diese größer ist als 42 km sec^{-1}, dann hatte das Meteor eine hyperbolische Bahn, andernfalls eine elliptische. Es ist zeitweise behauptet worden, daß eine große Zahl von beobachteten Meteorgeschwindigkeiten auf hyperbolische Bahnen führe; die betreffenden Meteore müßten demnach aus dem Weltraum zu uns kommen. Die neuen Ergebnisse der radioastronomischen Beobachtungen liefern hingegen fast ausschließlich elliptische Bahnen. Es ist bis heute ungeklärt, ob die Diskrepanz auf systematischen Fehlern der visuellen oder der radioastronomischen Beobachtungsmethode beruht und entsprechend ist die Realität der „interstellaren“, d. h. in hyperbolischen Bahnen laufenden Meteore weder erwiesen noch widerlegt. Eine Entscheidung kann nur durch zusätzliche Beobachtungen getroffen werden.

Zu gewissen Zeiten des Jahres treten besonders viele Meteore auf, deren rückwärts verlängerte Bahnen sich genähert in einem Punkt der Sphäre, dem sog. Radianten schneiden; aus den Gesetzen der Perspektive folgt, daß diese Meteore räumlich parallele Bahnen beschreiben, also Mitglieder eines Stroms sind. Der be-

Strom	Zeit	Radiant (α, δ)		Ergiebigkeit	Komet
Quadrantiden	2. 1. bis 4. 1.	230°	+50°	groß	kein Komet bekannt
Lyriden	19. 4. bis 23. 4.	273	+31	gering	Komet 1861 I
η-Aquariden	28. 4. bis 16. 5.	340	0	mittel	Halleyscher Komet?
δ-Aquariden	22. 7. bis 10. 8.	344	−15	mittel	kein Komet bekannt
Perseiden	27. 7. bis 17. 8.	40	+55	groß	Komet 1862 III
Giacobiniden	nur am 10. 10.	267	+56	groß	Komet 1900 III
Orioniden	15. 10. bis 25. 10.	94	+14	gering	Halleyscher Komet?
Tauriden	26. 10. bis 22. 11.	54	+15	gering	Enckescher Komet?
Leoniden	15. 11. bis 17. 11.	151	+22	gering	Komet Temple 1866 I
Geminiden	6. 12. bis 16. 12.	113	+32	groß	kein Komet bekannt
Ursiden	21. 12. bis 23. 12.	217	+76	mittel	Komet Tuttle 1939 k?

kannteste dieser Ströme ist der der Perseiden, die Anfang bis Mitte August erscheinen. Bei einigen dieser Ströme ist nachgewiesen, daß ihre Bahnen zusammenfallen mit der Bahn eines bestimmten Kometen, so daß die als Meteore fallenden

Teilchen Überreste der Kometenmaterie sind. In der Zusammenstellung auf S. 251 sind Angaben über die wichtigsten Meteorströme gemacht.

Unter diesen Strömen sind die Giacobiniden und die Leoniden sog. periodische Ströme, d. h. es treten ergiebige Meteorfälle nur dann auf, wenn eine bestimmte Stelle in der Bahn des zugehörigen Kometen, an der die Materie besonders stark konzentriert ist, die Erdbahn kreuzt. Das ist bei den Giacobiniden (Komet Giacobini-Zinner) alle $6^1/_2$ bzw. alle 13 Jahre der Fall, bei den Leoniden trat es im vorigen Jahrhundert alle 32 oder 33 Jahre ein; seit einigen Jahrzehnten hat jedoch die Bahn des Meteorstroms solche Störungen erlitten, daß sie sich von der Erde entfernt hat und keine großen Sternschnuppenfälle mehr liefert.

Der eindrucksvollste unter den Strömen ist der der Perseiden, der bis zu 100 Sternschnuppen pro Stunde liefern kann. Auch die Geminiden sind ergiebig, aber wegen des im Dezember meist schlechten Wetters schwer zu beobachten. Die oben genannten Anfangs- und Endzeiten sind mittlere Werte und können im Einzelfall um einige Tage nach beiden Seiten abweichen.

Die radioastronomische Beobachtung hat außerdem die Existenz von sog. Tagesströmen gezeigt, d. h. von Strömen, die nur am Tag sichtbar und deshalb den konventionellen Beobachtungsmethoden prinzipiell unzugänglich sind. Die meisten dieser Ströme, die übrigens noch nicht ganz klar untereinander abgegrenzt sind, treten in den Monaten Mai und Juni auf.

b) Feuerkugeln

Wenn der fallende Körper größere Dimensionen hat, dringt er tief genug in die Erdatmosphäre ein, daß eine Erhitzung der Außenfläche durch Reibung stattfindet. Es entstehen dann die glanzvollen Erscheinungen der Feuerkugeln. In vielen Fällen zerplatzt der Meteorit durch Hitze in mehrere Stücke. Wenn die Geschwindigkeit durch Reibung genügend gebremst ist, erlischt das Meteor und die Bruchstücke fallen zur Erde.

Unter den aufgefundenen Meteoriten kann man die beiden Gruppen der Steinmeteorite und der Eisenmeteorite unterscheiden. Die letzteren bestehen fast ausschließlich aus Eisen, welches aber in den Steinmeteoriten nicht völlig fehlt.

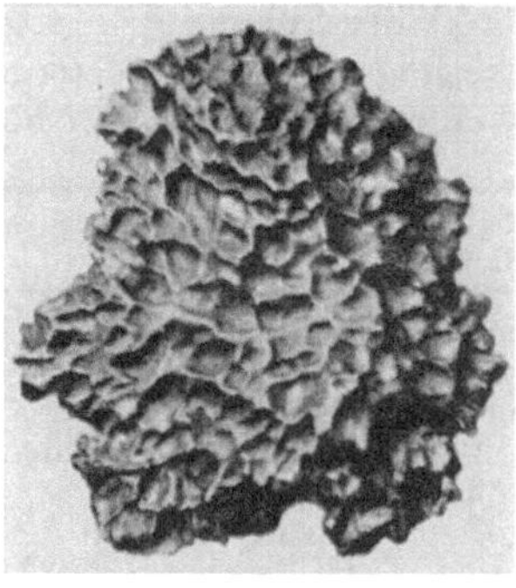

Abb. 1. Meteoreisen von Cabin Creek, Arkansas, USA. Nach Berwerth, Ann. naturhist. Hofmus. Wien 1913.

Bei der Beobachtung von Feuerkugeln kann der Radiant, d. h. die Richtung der Bewegung, nur durch Kombination von mindestens zwei Beobachtungen an verschiedenen Orten gefunden werden. Besonders wichtig ist es, auf akustische Wahrnehmungen zu achten, da die Kompression der Luft häufig zu starken Geräuschen führt.

Die Bruchstücke der Meteoriten, die oft viele Kilogramm wiegen, weisen nach außen eine stark verkrustete Oberfläche auf. Aber nicht jeder Stein mit diesem Merkmal ist ein Meteorit! Im Einzelfall kann die Entscheidung, ob ein gefundenes Stück meteorischen Ursprungs ist, fast immer nur vom Fachmann getroffen werden. Ein charakteristisches Kennzeichen von metallischen Meteoriten sind die sog. Widmannstettenschen Figuren, die man nach dem Ätzen mit Säuren erhält. Aber es gibt auch Eisenmeteorite, die dieses Merkmal nicht aufweisen. Wegen näherer Einzelheiten muß auf die Fachliteratur, vor allem auf das Büchlein von Heide: *Kleine Meteoritenkunde*, verwiesen werden.

4. Bahnbestimmung von Meteoren

Die räumliche Bahn ist in jedem Fall ursprünglich ein Kegelschnitt, dessen einer Brennpunkt in der Sonne liegt. Bei Annäherung an die Erde wird diese Bahn in eine Hyperbel umgewandelt, deren einer Brennpunkt der Erdmittelpunkt ist. Die Richtung der Bewegung muß sich naturgemäß der Zenitrichtung nähern, d. h. das Meteor fällt steiler als es ohne die Attraktion der Erde fallen würde. Die Richtung, aus der das Meteor kommt, oder anders ausgedrückt, sein Radiant erleidet also eine sog. Zenitattraktion.

Von der hyperbolischen Bahn, deren einer Brennpunkt der Erdmittelpunkt ist, wird nur ein kleines Stück gesehen; dieses kann in allen praktisch vorkommenden Fällen als geradlinig betrachtet werden und bildet daher an der Sphäre ein Stück eines größten Kreises. Aufgabe der Bahnbestimmung ist es, aus Beobachtungen solcher Bahnstücke die räumliche Bahn zu rekonstruieren.

a) Die Bahn in der Atmosphäre

Zunächst müssen die geometrischen Bestimmungsstücke der Bewegung innerhalb der Atmosphäre ermittelt werden. Selbstverständlich können die Formeln hier nur referiert, aber nicht abgeleitet werden. Sie sind entnommen aus BAUSCHINGER: *Die Bahnbestimmung der Himmelskörper*, 2. Auflage, S. 587ff., wo sich auch die strenge mathematische Begründung findet. Es werden folgende Bezeichnungen eingeführt:

ϱ = Erdradius,
λ, φ = geogr. Länge und Breite des Beobachters,
h, A = scheinbare Höhe und Azimut des Endpunktes der Bahn,
α, δ = Rektaszension und Deklination des Endpunkts,
α', δ' = Rektaszension und Deklination eines beliebigen anderen Punktes der Bahn,
z = lineare Höhe des Endpunkts über dem Erdboden,
A_0, D_0 = Rektaszension und Deklination des Radianten.

Für die Beobachtungen an jedem Beobachtungsort sind die Hilfsgrößen J, N, K und i zu berechnen nach den Formeln

$$\text{(1)}\qquad \begin{aligned} \sin J \sin(\lambda - N) &= \sin A \sin\varphi & \operatorname{tg} i \sin(\alpha' - K) &= \operatorname{tg}\delta' \\ \sin J \cos(\lambda - N) &= \cos A & & \\ \cos J &= \sin A \cos\varphi & \operatorname{tg} i \cos(\alpha' - K) &= \frac{\operatorname{tg}\delta - \operatorname{tg}\delta' \cos(\alpha - \alpha')}{\sin(\alpha - \alpha')}\,. \end{aligned}$$

Dann sind die Unbekannten x, y, X und Y aus den Gleichungen

$$\text{(2)}\qquad \begin{aligned} x \sin N \sin J - y \cos N \sin J + \cos J &= 0 \\ X \sin K \sin i - Y \cos K \sin i + \cos i &= 0 \end{aligned}$$

zu bestimmen. Wenn man zwei Beobachtungsorte zur Verfügung hat, kann man aus je zwei Gleichungen der Form (2) die Unbekannten streng berechnen; bei mehr als zwei, etwa bei n Beobachtungsorten kann man die wahrscheinlichsten Werte der Unbekannten nach der Methode der kleinsten Quadrate ausrechnen.

Dann rechnet man die weiteren Formeln

$$\text{(3)}\qquad \begin{aligned} \operatorname{ctg}\chi \cos\eta &= x & \operatorname{ctg} D_0 \cos A_0 &= X \\ \operatorname{ctg}\chi \sin\eta &= y & \operatorname{ctg} D_0 \sin A_0 &= Y \end{aligned}$$

$$\sin^2\frac{s}{2} = \sin^2\frac{\varphi - \chi}{2} + \cos\varphi\cos\chi\sin^2\frac{\lambda - \eta}{2}\,, \quad z = 2\varrho \sin\frac{s}{2}\,\frac{\sin\left(h + \frac{s}{2}\right)}{\cos(h + s)}$$

und findet daraus die Koordinaten A_0, D_0 des Radianten und die Höhe z über dem Erdboden am Endpunkt der Bahn. Zur Berechnung der linearen Länge des Bahnstücks zwischen den beiden betrachteten Punkten gelangt man mittels der drei Hilfsgrößen σ, τ und d durch die Formeln

$$\begin{aligned}\cos\sigma &= \sin\delta\sin\delta' + \cos\delta\cos\delta'\cos(\alpha-\alpha')\\ \cos\tau &= -\sin D_0\sin\delta - \cos D_0\cos\delta\cos(A_0-\alpha)\\ (\varrho+z)^2 &= \varrho^2 + d^2 + 2\varrho d\sin h\,,\quad l = \frac{d\sin\sigma}{\sin(\sigma+\tau)}\,.\end{aligned} \tag{4}$$

Schließlich ergibt sich die Geschwindigkeit in der Bahn als Quotient der erhaltenen Bahnlänge l durch die Zeitdauer, in der das Bahnstück durchlaufen wurde.

In vielen Fällen kann der Radiant ausreichend genau graphisch ermittelt werden. Man trägt die von zwei Beobachtungsorten aus gesehenen scheinbaren Bahnen in einer Sternkarte ein; der Punkt, an dem sich ihre rückwärtigen Verlängerungen schneiden, ist der Radiant.

b) Die Bahn im Raum

Die unmittelbar beobachteten Größen über die Bewegung des Meteors in der Atmosphäre beziehen sich auf diejenige Bahn, die unter dem zusätzlichen Einfluß der Erdattraktion beschrieben wird. Aus ihr muß die räumliche Bahn ermittelt werden, die das Meteor ursprünglich, d. h. in weiter Entfernung von der Erde hatte.

Es sind im wesentlichen zwei Einflüsse zu berücksichtigen, nämlich eine Hebung des scheinbaren Radianten infolge der Zenitattraktion und eine Vergrößerung der linearen Geschwindigkeit. Die außerdem vorhandene Verschiebung des Radianten durch die tägliche Aberration ist fast immer vernachlässigbar klein.

Auch hier können die zuständigen Formeln nur ohne Beweis referiert werden. Eine ausführliche Ableitung findet sich in dem Buch von PORTER: *Comets and meteor streams* S. 81ff. Es werden folgende Definitionen eingeführt:

V = Geschwindigkeit des Meteors in seiner ursprünglichen Bahn,
V_1 = ursprüngliche Geschwindigkeit des Meteors relativ zur Erde,
V_E = Geschwindigkeit der Erde in ihrer Bahn,
V_2 = beobachtete Geschwindigkeit des Meteors in der Atmosphäre.

Aus den Regeln der Himmelsmechanik findet man, daß stets

$$V_1^2 = V_2^2 - 125 \quad (V_1 \text{ und } V_2 \text{ in km sec}^{-1})$$

ist; daraus kann V_1 gefunden werden. Mit Hilfe des gefundenen Wertes kann man den Betrag der Zenitattraktion des Radianten

$$\operatorname{tg}\tfrac{1}{2}\Delta\zeta = \frac{V_2 - V_1}{V_2 + V_1}\operatorname{tg}\tfrac{1}{2}\zeta$$

ableiten; um diesen Betrag $\Delta\zeta$ muß die beobachtete Zenitdistanz ζ des Radianten vergrößert werden.

Der so korrigierte Radiant ist aber noch immer nur ein scheinbarer Radiant, weil er der Richtung der Bewegung des Meteors relativ zur Erde, nicht aber der Richtung der absoluten Bewegung des Meteors entspricht. Bezüglich der Bestimmung des wahren Radianten muß auf das oben genannte Buch von PORTER verwiesen werden. Für die Bestimmung der ursprünglichen Geschwindigkeit V des Meteors kann noch die einfache Formel

$$V^2 = V_1^2 + V_E^2 - 2V_1V_E\cos\beta\cos(\lambda - \lambda_A)$$

benutzt werden, in welcher λ, β die ekliptikalen Koordinaten des wegen Zenitattraktion korrigierten scheinbaren Radianten sind, während λ_A die ekliptikale Länge des Apex ist; sie ist mit der ekliptikalen Länge der Sonne $\lambda_\odot$ durch den Ausdruck

$$\lambda_A = \lambda_\odot - 90^\circ + 57.'6 \sin(\lambda_\odot - 102.^\circ 2)$$

verbunden.

Die so gefundene heliozentrische Geschwindigkeit des Meteors liefert die große Halbachse seiner Bahn. Nach den Gesetzen der Himmelsmechanik ist

$$V^2 = k^2\left(\frac{2}{r} - \frac{1}{a}\right)$$

so daß a aus V berechnet werden kann; r ist die Entfernung Erde—Sonne, die mit großer Genauigkeit als konstant betrachtet werden darf. Gibt man r und a in astronomischen Einheiten an und setzt $k^2 = 1$, dann erhält man V in Einheiten der mittleren Erdgeschwindigkeit V_E, welche gleich 29.8 km $\sec^{-1}$ ist. Diese Formel ergibt die auf S. 251 erwähnte Geschwindigkeit von $\sqrt{2}\ V_E = 42$ km $\sec^{-1}$ im parabolischen Grenzfall ($a = \infty$).

X. Leuchtende Nachtwolken, Polarlichter, Zodiakallicht

Von

W. Sandner

Grafing (Obb.)

Mit 5 Textabbildungen

1. Einführung

Im folgenden wollen wir uns mit einer Gruppe von Leuchterscheinungen befassen, die sich zum Teil (leuchtende Nachtwolken, Leuchtstreifen, Polarlichter) in den hohen und höchsten Schichten der Erdatmosphäre abspielen, zum Teil (Zodiakallicht) im interplanetaren Raum ihren Sitz haben. Sie gehören streng genommen nur zum kleineren Teil in das Gebiet der Astronomie, zum größeren aber in das der Geophysik, es ist jedoch üblich, daß der beobachtende Astronom bei seiner nächtlichen Arbeit ihnen sein Augenmerk zuwendet, zumal sie nach dem heutigen Stand unseres Wissens ihre Ursache sicher, wahrscheinlich oder doch möglicherweise in außerirdischen Vorgängen haben. Ihnen allen ist gemeinsam, daß es sich um schwache, flächenhafte Leuchterscheinungen bzw. Erhellungen am nächtlichen Himmel handelt, so daß ihre Beobachtung viele gemeinsame Züge aufweist und es aus technischen Gründen geraten ist, sie in Einem zu besprechen. Schließlich empfiehlt sich diese Gruppe von Phänomenen für den beobachtenden Sternfreund noch dadurch, daß hier ein Arbeitsgebiet vorliegt, auf dem weitgehend ohne große technische Hilfsmittel Ergebnisse zu erzielen sind.

Aber auch der Fachmann ist für die Mitarbeit der Amateure dankbar, weil hier mehr als auf anderen Gebieten eine ständige, kontinuierliche Überwachung des Himmels erforderlich ist und (wenigstens bei Leuchtenden Nachtwolken, Leuchtstreifen und Polarlichtern) schon die Feststellung, daß nichts zu sehen war *(Aufzeichnung eines negativen Befundes)* von Wert ist.

Voraussetzung ist in allen Fällen, daß der Beobachter über ein Auge verfügt, welches feinste Helligkeitsunterschiede und zarteste flächenhafte Aufhellungen zu erkennen gestattet — nicht jedes Auge ist hierfür geeignet. Erschwert wird die Beobachtung durch den Umstand, daß es sich in den meisten Fällen um außerordentlich zarte Objekte handelt, die erst mit völlig ausgeruhtem, dunkel-adaptiertem Auge bemerkbar werden (lediglich Polarlichter können mitunter zu großer Helligkeit anwachsen). In Städten oder in deren Nähe besteht also keine Möglichkeit zur Beobachtung und da sich durch die modernen Beleuchtungseinrichtungen diese Schwierigkeiten mehr und mehr auch auf dem flachen Lande, ja sogar im Hochgebirge (Bergbahnen!) ausbreiten, werden die Gelegenheiten immer seltener. Man muß also schon stark abseits vom Verkehr liegende Beobachtungsorte aufsuchen, am besten im Gebirge oder auf hoher See, um noch Erfolg haben zu können. Abgesehen von dem störenden Licht des Mondes sind die Möglichkeiten noch durch den Umstand eingeengt, daß diese Phänomene ganz oder teilweise auf bestimmte Breitengrade in ihrem Vorkommen beschränkt sind.

2. Das Zodiakallicht

Das *Zodiakallicht* ist in mittleren Nordbreiten am günstigsten an mondlosen Abenden im Februar/März im Westen oder am östlichen Morgenhimmel im Oktober zu sehen. Wenn im Frühjahr am westlichen Abend-Himmel die letzten Reste der Dämmerung verschwunden sind und die Sonne eine Depression von 17 bis 18 Grad erreicht hat, wird über dem Untergangspunkt der Sonne die steile, etwas nach Süden geneigte Lichtpyramide des Zodiakallichtes sichtbar, die eine Basis von rund 30° aufweist (nach J. Schmidt-Athen ist die volle Entwicklung der Zodiakallichtpyramide bereits bei einer Sonnentiefe von 15.9° erreicht). Der unterste Teil ist durch den 10—15° hohen Dunststreifen des Horizontes ausgelöscht. Die Lichtpyramide ist nicht scharf begrenzt, sondern ihre Helligkeit nimmt vom innersten, hellsten Kern, der im untersten (sonnennächsten) Teil unmittelbar über dem Dunststreifen des Horizontes aufsitzt, sowohl nach den beiden Seiten, wie gegen die Spitze des Lichtkegels hin stetig ab. Die hellsten Teile des Tierkreislichtes sind — wenigstens in den Tropen — nach den Erfahrungen des Verfassers bestimmt heller als die hellsten Wolken der Milchstraße (im Schützen). Früher von manchen Beobachtern behauptete rasch ablaufende Pulsationen der Zodiakallichthelligkeit beruhen sicher auf einer durch physiologische Effekte bedingten Täuschung, dagegen liegen jahreszeitlich verursachte Helligkeitsänderungen im Bereich der Möglichkeit. Der Schweizer Zodiakallichtforscher F. Schmid weist darauf hin, daß das Ost-Zodiakallicht (am Morgenhimmel im Herbst) dimensional mächtiger erscheine, aber schwächer leuchte als das West-Zodiakallicht, bemerkt aber, daß dies durch die tageszeitlich verschiedene Durchsichtigkeit der Erdatmosphäre vorgetäuscht werde. Die Farbe des Zodiakallichtes wird meist mit gelblich angegeben, ja Schmid spricht sogar von einem rötlichen Ton des Kernes; Verfasser bezeichnet lieber mit Plassmann die Farbe als silbrig.

Die Lichtachse des Zodiakallichtes fällt ungefähr (nicht genau) mit der Ekliptik zusammen (daher der Name); dies bedingt die wechselnde Sichtbarkeit zu den verschiedenen Jahreszeiten. Wie sich mit Hilfe eines Himmelsglobus oder einer drehbaren Sternkarte leicht zeigen läßt, steigt für mittlere Nord-Breiten die Ekliptik im Frühjahr nach Sonnenuntergang am West-Himmel steil über den Horizont empor und ebenso im Herbst vor Sonnenaufgang. Daher ist die Erscheinung am herbstlichen Morgenhimmel analog der abendlichen im Frühjahr, nur spielen sich die Phasen in umgekehrter Reihenfolge ab. In den übrigen Jahreszeiten verläuft die Ekliptik mehr oder weniger flach zum Horizont und der zarte Schimmer des Zodiakallichtes verschwindet im Dunst. In mittleren Süd-Breiten sind die Beobachtungsbedingungen naturgemäß grundsätzlich die gleichen, nur ist dann die beste Sichtbarkeit im Februar/März am Morgenhimmel im Osten und im Oktober am Abendhimmel im Westen.

Leider wird die Beobachtung in mittleren Breiten immer stark durch den Dunst der horizontnahen Schichten beeinträchtigt. Dies hat zur Folge, daß die Helligkeitsverteilung zur Lichtachse bei der hier immer mehr oder weniger geneigten Lage derselben stets unsymmetrisch ist; je steiler dabei die Ekliptik über den Horizont aufsteigt, desto markanter wird die Lichtpyramide. Eine wirklich erfolgreiche Beobachtung (die ja stets mehr oder weniger auf photometrische Untersuchungen hinausläuft) ist aus diesem Grunde nur in niederen Breiten möglich, denn hier in den Tropen sinkt die Ekliptik zu allen Jahreszeiten steil unter den Horizont hinab, daher ist die Dämmerung wesentlich kürzer und der Lichtkegel des Zodiakallichtes erhebt sich nahezu senkrecht über den Horizont, so daß er bereits nach einer kurzen Strecke aus dem horizontalen Dunst heraus ist (Abb. 1).

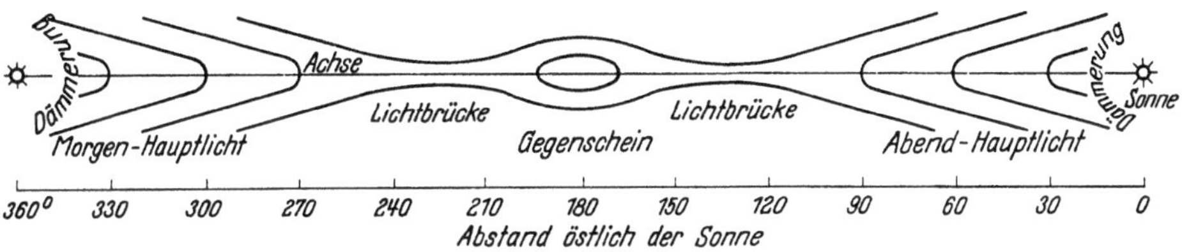

Abb. 1. Teile des Zodiakallichtes. Nach NEWCOMB-ENGELMANN.

In einem Abstand von 180° von der Sonne, dieser also gegenüber, zeigt sich in der Ekliptik nochmals eine schwache, meist etwas länglich-ovale Erhellung, der *Gegenschein*, der aber wesentlich schwächer als das Hauptlicht ist. Noch viel schwächer ist ein Lichtband, welches das abendliche Hauptlicht über den Gegenschein mit dem Morgen-Zodiakallicht verbindet, die sog. *Lichtbrücke*. Man könnte also besser von einem Zodiakal-Band sprechen, das den ganzen Himmel längs des Tierkreises umspannt, am hellsten in der unmittelbaren Nachbarschaft der Sonne ist und im Gegenpunkt derselben eine schwache Aufhellung zeigt. Viele, auch erfahrene Beobachter haben den Gegenschein und erst recht die Lichtbrücke noch nie wahrgenommen; bestimmt ist die letztere eines der diffizilsten Objekte am ganzen Himmel.

Die genaue Beobachtung wird noch durch mancherlei Hemmnisse erschwert. Helle Planeten, besonders Venus, vermögen so zu stören, daß eine richtige Erfassung vollkommen unmöglich wird. Auch Ketten schwacher Sterne vermögen eine Grenze der Zodiakallichtpyramide *vorzutäuschen*, wo eine solche in Wirklichkeit nicht vorhanden ist. Hierher gehört auch die bekannte Erscheinung, daß die Spitze des Lichtkegels lange Zeit bei den Plejaden (im Frühjahr am Abendhimmel) zu verweilen scheint, weil diese auffallende Sterngruppe als Blickfang dient. Man muß sich also von all diesen Täuschungen frei zu machen versuchen und darf keinesfalls mit einer vorgefaßten Meinung an die Beobachtung herangehen, sonst unterliegt man sofort einer Autosuggestion.

HEIS, der im vorigen Jahrhundert 30 Jahre lang in Münster (Westfalen) das Zodiakallicht beobachtet hat und ein sehr feines Auge besaß, benützte zur Ausschaltung störenden Seitenlichtes einen innen geschwärzten Zylinder aus Pappe von 30 cm Länge und 30 cm Durchmesser. SCHMID lehnt dieses Hilfsmittel jedoch ab, weil dadurch der Gesamtüberblick über dieses flächenmäßig sehr ausgedehnte Gebilde stark beeinträchtigt wird. Nach HEIS ist übrigens das Licht des $\pm$ 3—4 Tage alten Mondes noch nicht unbedingt störend.

Die Erforschung des Zodiakallichtes ist in erster Linie ein photometrisches Problem. Man wird daher versuchen, die Grenzen und Helligkeitsabstufungen in *geschätzten Isophoten* festzulegen, doch ist dies schwierig und mit großer Willkür behaftet, weil ja keine festen Grenzen, sondern nur stetige Übergänge vorhanden sind. Schon Rev. George Jones (in den 50er Jahren des vergangenen Jahrhunderts) unterschied 4 Helligkeitsabstufungen, von denen jede folgende die vorhergehende einhüllt, und C. Hoffmeister zeichnete, als er vor jetzt mehr als 50 Jahren seine Beobachtungsreihe begann, damals noch mehr Isophoten.

Wirklich wertvolle Ergebnisse wird man aber nicht durch Helligkeitsschätzung, sondern nur durch Helligkeitsmessung erreichen können. C. Hoffmeister benützte daher auf mehreren Tropenexpeditionen ein *Flächenphotometer*, mit dem er Schnitte durch den Lichtkegel legte. Dieses hat sich sogar auf dem schwankenden Boden des Schiffes, von dem aus beobachtet wurde, bewährt.

Die Mittelebene des Zodiakallichtes fällt danach nicht genau mit der Ebene der Ekliptik zusammen, auch nicht (wie vermutet wurde) mit der des Sonnenäquators, sondern ist um einen geringen Betrag geneigt. Hoffmeister kommt zu dem Schluß (1932), daß die Symmetriefläche des inneren Zodiakalkörpers keine Ebene und ihre Lage vielmehr durch die Bahnen der inneren Planeten bestimmt ist.

Die Frage nach der Natur des Zodiakallichtes darf heute als gelöst betrachtet werden. Lange Zeit standen sich zwei grundsätzliche Gruppen von Meinungen gegenüber: Die einen hielten das Zodiakallicht für ein tellurisches, die anderen für ein kosmisches (interplanetarisches) Phänomen. Hauptvertreter der tellurischen Hypothese war in den letzten Jahrzehnten F. Schmid. Heute ist die Frage jedoch wohl endgültig zugunsten der kosmischen Theorie entschieden (hauptsächlich durch die älteren Arbeiten von v. Seeliger und die eingehenden photometrischen Untersuchungen von Hoffmeister). Diese heute allgemein angenommene Erklärung ist in ihren Grundzügen zugleich die älteste, denn schon 1684 soll Fatio de Duillier die Hypothese aufgestellt haben, daß die Sonne von einem Schwarm lichtbrechender Körperchen umgeben sei, der sich bis über die Erdbahn hinaus erstrecke. Das Zodiakallicht entsteht also durch Streuung des Sonnenlichtes an interplanetarer Materie, und zwar z. T. an freien Elektronen, z. T. an Staubteilchen[1].

Die *Photographie* des Zodiakallichtes erfordert eine lichtstarke Kamera, möglichst 1:1.8, notfalls 1:3.5 mit großem Gesichtsfeld. Die Belichtungszeit beträgt mindestens 10 Minuten und die Kamera muß der täglichen Drehung des Himmels nachgeführt werden. Zur Aufnahme des Gegenscheines sind *erheblich längere* Belichtungszeiten (ca. 30 Min.) erforderlich. Die photometrische Auswertung der Aufnahmen ist sehr erschwert durch die große flächenmäßige Erstreckung der Leuchterscheinung.

Auch Aufnahmen des Zodiakallichtspektrums liegen im Bereich dessen, was einem gut ausgerüsteten und erfahrenen Himmelsphotographen erreichbar ist. Auf der seinerzeitigen deutschen astronomischen Station in Windhuk (SW-Afrika) benutzte Hoffmeister mit Erfolg einen Spektrographen, den er wie folgt beschreibt[2]: „Der Spektrograph wurde in der Werkstatt der Sternwarte zu Sonneberg gebaut und besteht aus Spalt, Kollimatorlinse, Prisma, Abbildungsobjektiv und Kassettenträger, ist also von der einfachsten Bauart. Um eine sichere Entscheidung über die Realität von Linien zu ermöglichen, wandte ich einen Stufenspalt an. ... Durch einen Schieber mit entsprechenden Ausschnitten kann man den mittleren Teil des Spaltes abdecken und den oberen und unteren Teil freigeben zur Aufnahme von Vergleichsspektren. ... Die Fläche des Himmels, deren Licht

---

[1] D. E. Blackwell: Das Zodiakallicht und seine Deutung, Endeavour **19**, 14 (1960).
[2] C. Hoffmeister: Z. Astrophys., **19**, 116 (1939) = Mitt. d. Sternw. Sonneberg, Nr. 34.

im Spektrum wirksam wird, hat 5.°5 Radius. Die Breite des Schmalspaltes betrug bis zum 6. Oktober 0.105 mm, vom 7. Oktober ab 0.07 mm. ... Gute Vergleichsspektren erzielte ich mittels einer Neon-Argon-Glimmlampe. ..."

3. Beobachtung der Polarlichter

Die Beobachtung der Polarlichter (Nord- und Südlichter) war eine der wichtigsten Aufgaben des *Internationalen Geophysikalischen Jahres.* Hier ist die Mitarbeit zahlreicher Amateure wichtig, weil es sich oft um sehr kurzlebige Erscheinungen handelt und eine negative Feststellung von Wert sein kann. Die Aussichten, unter mitteleuropäischen Verhältnissen ein Nordlicht zu sehen, sind für einen aufmerksamen Beobachter nicht so gering. Die Zone größter Häufigkeit der Nordlichter liegt nicht etwa am Pol, sondern verläuft längs der Nordküste Eurasiens, südlich an Island und Grönland vorbei, über das nördliche Labrador, Kanada und Alaska, um über die Bering-Straße wieder zur Nordküste Asiens zurückzukehren. Der „Nordlicht-Pol" liegt also etwa zwischen dem geographischen und dem magnetischen Pol auf der Inselwelt nördlich von Kanada. Von der Zone größter Häufigkeit aus nimmt die Zahl der Polarlichter sowohl polwärts, wie nach niederen Breiten hin ab; während man im langjährigen Durchschnitt in der Zone größter Nordlichthäufigkeit mit mehr als 100 Nordlicht-Nächten im Jahr rechnen kann, beträgt deren Zahl in Schottland immerhin noch rund 30, in Norddeutschland 3, in Süddeutschland 1 pro Jahr, aber bereits in Süditalien nur noch 1 Nordlicht in 10 Jahren. Aber selbst in Äquatornähe kann man gelegentlich, wenn auch äußerst selten ein Polarlicht sehen. So wurde das große Nordlicht vom 25. Januar 1938 (dem ein gleichzeitig sichtbares Südlicht entsprach) an Bord des deutschen Forschungsschiffes „Meteor" im Atlantik unter 20° N-Breite (also in der Tropenzone!) beobachtet; noch weiter äquatorwärts reichte das Nordlicht und das gleichzeitig sichtbare Südlicht vom 25. September 1909, das u. a. in Batavia (6° südl. Breite) und in Singapore (1° nördl. Breite) gesehen wurde!

Allerdings ist die Aussicht, ein Polarlicht beobachten zu können, nicht zu allen Zeiten gleich, denn es bestehen *mehrere Perioden.* Ob ein Tagesgang mit einem Maximum zwischen 20 und 22^h OZ in Mitteleuropa wirklich vorhanden oder nur beobachtungstechnisch vorgetäuscht ist, ist nicht sicher erwiesen. Sehr deutlich tritt dagegen die 26—28tägige Periode hervor entsprechend der Umdrehungszeit der Sonne. Auch eine jährliche Doppelwelle mit Maximis zur Zeit der Äquinoktien und Minimis zur Zeit der Solstitien läßt sich besonders in mittleren Breiten deutlich erkennen, während sie in höheren Breiten durch den jährlichen Gang der Tageshelle verwischt wird; sie verläuft parallel dem Gang der magnetischen Störungen und ist bedingt durch die wechselnde Stellung der Erdachse zur Sonne. Am ausgeprägtesten ist die 11jährige Häufigkeitsschwankung, die dem Gang der Sonnenaktivität entspricht; wahrscheinlich sind noch längere Perioden vorhanden, die der 11jährigen überlagert sind, wie bei den Sonnenflecken.

Die *Helligkeit* der Polarlichter reicht von ganz schwachen, kaum mit Sicherheit als Nordlicht identifizierbaren Erhellungen des Himmels bis zur Intensität der auffälligsten Milchstraßenwolken, ja in hohen Breiten mitunter bis nahe zur Vollmondhelligkeit, so daß man große Druckschrift im Schein des Nordlichtes zu lesen vermag. Bei den *Farben* herrschen in mittleren und niederen Breiten rote Wolken vor, während sonst vor allem grüngelbe, aber auch bläuliche und silberne Töne verzeichnet werden; bei den sonnenbeschienenen Nordlichtern (die also außerhalb des Erdschattens gelegen sind) tritt das übliche Grüngelb gegenüber dem Blauviolett (der Stickstoff-Banden) zurück.

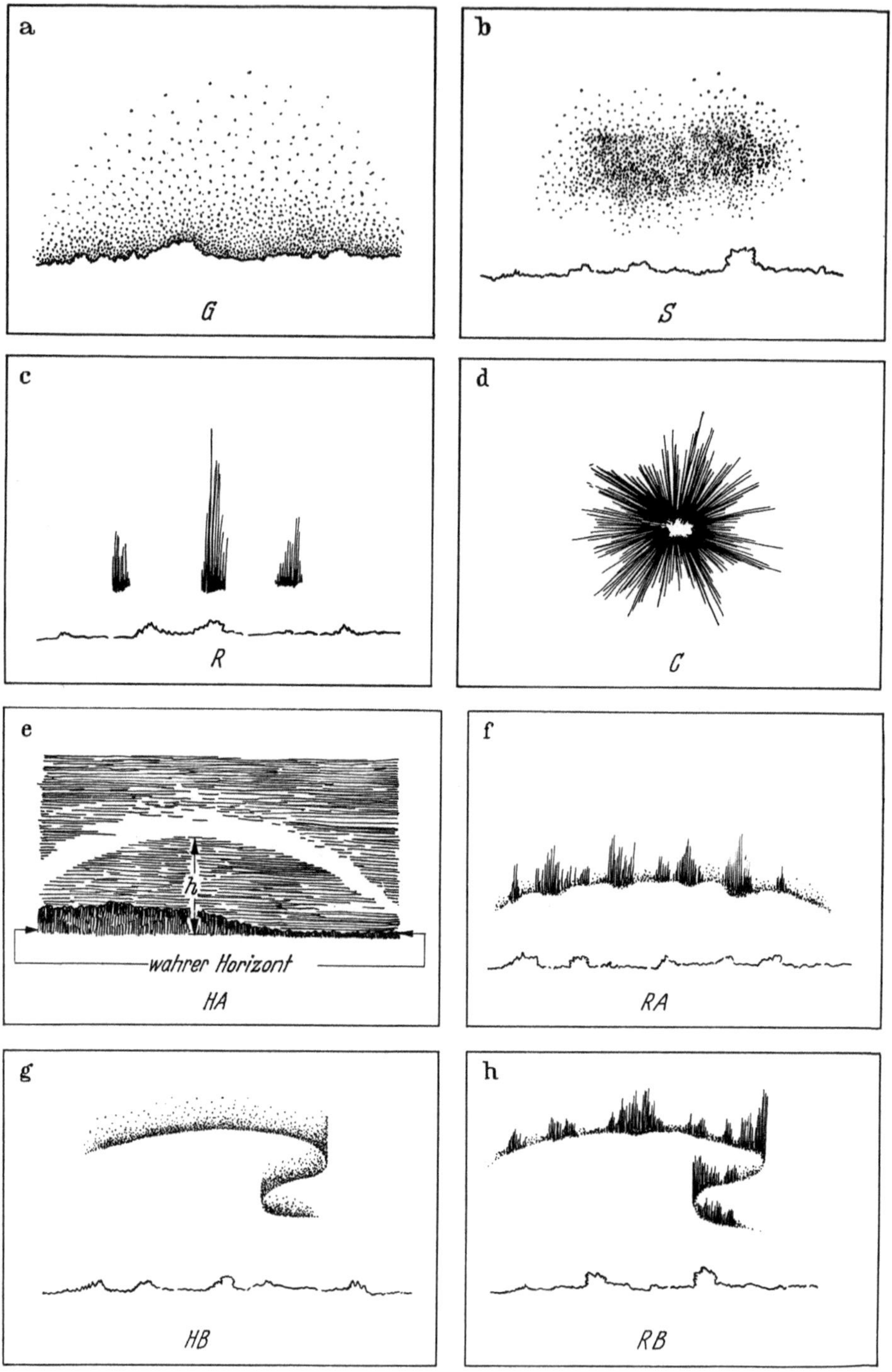

Abb. 2. Formen der Polarlichter.

Formen ohne Struktur: HA = homogener, ruhiger Bogen (A = arc), erscheint gewöhnlich in der Nähe des Horizontes, hat gewöhnlich eine scharfe untere Grenze und wird nach oben diffus. HB = homogene Banden, sie haben nicht die regelmäßige Form der Bogen und zeigen mehr oder weniger lebhafte Bewegung. PA = pulsierender Bogen; die Intensität des Bogens oder eines Teiles des Bogens ändert sich periodisch. PS = diffus leuchtende Flächen (S = surfaces); sie erscheinen und verschwinden mehrmals an derselben Stelle des Himmels in Perioden von mehreren Sekunden.

Formen mit Strahlenstruktur: RA = Bogen mit Strahlenstruktur; ein ruhiger homogener Bogen geht nach einiger Zeit sehr oft in einen Bogen mit Strahlenstruktur über; die Strahlen können von verschiedener Höhe sein. RB = Bande mit Strahlenstruktur; die Bande besteht aus kurzen Strahlen. Werden die Strahlen länger, so geht die Bande in eine D = Draperie über. R = Strahlen (rays), erscheinen als einzelne Gebilde oder in Bündeln. C = Korona; die Strahlen konvergieren allseitig in Richtung nach dem erdmagnetischen Zenit. Sehr oft ist nur die eine Hälfte der Korona ausgebildet. Die Korona kann auch von Banden oder Draperien in der Nähe des erdmagnetischen Zenits gebildet werden.

Flammendes Nordlicht: F = Große Wellen von Licht rollen von unten nach oben gegen den Zenit.

Bei der Beschreibung der Formen halten wir uns an das internationale Schema, welches aus Abbildung 2, die den Veröffentlichungen des Seewetteramtes Hamburg entnommen ist, hervorgeht. Es sei angefügt, daß zur Verfeinerung desselben die Bezeichnungen A, R und S in der folgenden Weise ergänzt werden können:

QA = ruhiger Bogen (quiet arc),
RR = rasch bewegte Strahlen (rapidly moving rays),
DS = unscharf begrenzte Flächen (diffuse surfaces).

Von manchen Beobachtern wird empfohlen, *Filter* zu verwenden, um dadurch das allgemeine Himmelslicht auszuschalten und eventuelle Störungen durch irdisches Licht oder Mondlicht zu vermeiden. In Betracht kommen Interferenzfilter für die Wellenlänge 5577 Å entsprechend einer der hellsten Emissionen im Nordlichtspektrum.

Bei der Festlegung der Höhe einer Erscheinung über dem Horizont tut ein einfacher *Pendelquadrant* gute Dienste; die Bestimmung des Azimutes kann entweder mit einem Kompaß oder (besser) nach irdischen Fixpunkten erfolgen, deren Azimut man am folgenden Tag ausmißt oder aus der Karte ermittelt.

Für die Meldungen mag folgendes Schema Anwendung finden[1]:

a) Jede Nacht soll durch ein Doppel-Datum angegeben werden,
b) Zeitangaben in WZ,
c) Angabe des Beobachtungsortes nach geogr. Länge und Breite (zwei freie Spalten für geomagnetische Koordinaten),
d) Angabe der Beobachtungsbedingungen nach folgendem Schlüssel:
L = Polarlicht vorhanden (eindeutig zu erkennen),
0 = Polarlicht nicht vorhanden (eindeutig zu entscheiden bei guten Wetterbedingungen),
? = Polarlicht wahrscheinlich (aber nicht eindeutig zu erkennen wegen Nebel etc.),
X = Polarlicht nicht eindeutig zu erkennen (wegen Nebel etc.),
e) Angaben der Polarlichtform gemäß Abbildung,
f) Azimut (a) und Höhe (h) in Graden, größte Höhe durch ↗ bezeichnen,
g) Farbe,
h) Helligkeit geschätzt nach folgender Skala:
1 = schwach (so hell wie Milchstraße),
2 = mäßig (so hell wie mondbeleuchtete Ci-Wolken),
3 = hell (so hell wie mondbeleuchtete Haufenwolken),
4 = glänzend
(Unter mitteleuropäischen Bedingungen werden wohl nur die Helligkeitsstufen 1 und 2 zur Beobachtung kommen).

Zweckmäßigerweise wird die Meldung durch Skizzen ergänzt. Sie sollte zur wissenschaftlichen Verwertung umgehend eingesandt werden entweder an das *Max-Planck-Institut für Aeronomie, Lindau über Northeim/Hannover* oder an das *Seewetteramt, Hamburg* 4.

Das klassische Land der Polarlichtforschung ist Norwegen; hier hat C. Störmer (Oslo) seine Methode der photographischen Höhenbestimmung entwickelt durch gleichzeitige Aufnahmen von mehreren Stationen aus (die untereinander telephonisch verbunden sind) und L. Harang als Leiter des Nordlicht-Observatoriums Tromsö wichtige Arbeit geleistet. Aber auch der deutsche Beitrag darf nicht unterschätzt werden; schon vor dem 1. Weltkrieg wurden zu photogrammetrischen Zwecken Reihenaufnahmen von Nordlichtern auf einem vom Deutschen Reich unterhaltenen meterorologisch-geophysikalischen Observatorium auf Spitzbergen gemacht und der von Bauer im Auftrag der AEG 1939 in Nord-Norwegen hergestellte Nordlichtfilm verdient besondere Erwähnung.

[1] Der Seewart, Band 18, Heft 6, 1957.

Aus den Arbeiten von Störmer geht hervor, daß die Polarlichter ihre größte Häufigkeit in Höhen von 100 bis 115 km über der Erdoberfläche haben; gelegentlich reichen sie bis auf 70 km herunter, während die obere Grenze im Allgemeinen bei 300 km liegt, doch wurden gelegentlich Höhen bis 1000 km sicher gemessen. Zwar wird manchmal von Nordlichtern berichtet, die scheinbar fast bis zum Erdboden herabgereicht haben sollen (z. B. will man sie vor benachbarten Bergen gesehen haben), doch sind diese angeblichen Wahrnehmungen als Täuschungen erwiesen — ganz abgesehen von den damit verbundenen theoretischen Bedenken.

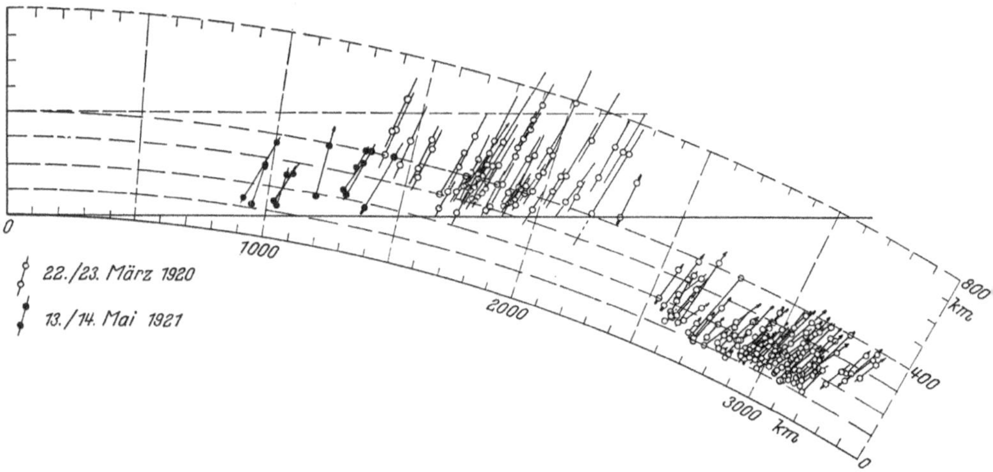

Abb. 3. Lage von Nordlichtstrahlen relativ zum Erdschatten, nach C. Störmer.

In den Polargebieten herrscht vielfach die Meinung, daß starke Nordlichter oft von einem knisternden *Geräusch* (wie brennendes Gras oder Getreidefelder) begleitet seien. Es ist aber zu bedenken, daß während des jahrzehntelangen organisierten Beobachtungsdienstes von den wissenschaftlich geschulten Beobachtern kein einziges Mal ein Nordlichtgeräusch wahrgenommen wurde; immerhin erwähnt Harang einige Fälle, wo selbst nach strenger Kritik die Zeugnisse für Nordlichtgeräusche schwer zu widerlegen sind.

Bekannt ist die enge Bindung der Polarlichter an Sonnen-Eruptionen und an die Störungen des Erdmagnetismus. Ihre Ursache haben sie in dem Eindringen elektrischer Ladungen von außen (aus der Sonne stammend) in die irdische Atmosphäre. Es ist reizvoll, die mit den Polarlichtern verbundenen magnetischen Störungen zu beobachten und zu registrieren. Dies ist mit Amateurmitteln möglich, wie C. A. Pfeiffer durch die Konstruktion seines selbstgebauten *Ein-Faden-Magnetographen* bewiesen hat[1].

Bereits 1890 gelang es erstmals dem Göttinger Brendel gemeinsam mit dem Geographen Baschin gelegentlich einer Reise nach N-Norwegen von Bossekop aus das Nordlicht zu photographieren. Heute ist die *Nordlicht-Photographie* ein erfolgversprechendes Aufgabengebiet für den Amateur. Wegen der raschen Veränderlichkeit ist allerdings lichtstarke Optik (möglichst 1:1.8) erforderlich, um mit kurzen Belichtungszeiten auszukommen. Bei den hellsten in Mitteleuropa wahrnehmbaren Nordlichtern kann man bei Verwendung höchstempfindlicher photographischer Schichten u. U. schon mit Belichtungszeiten von 10 Sekunden brauchbare Negative erhalten, meist wird man aber nicht unter 1 Minute heruntergehen können; allgemein verbindliche Angaben lassen sich aber wegen der großen Unterschiede in der Helligkeit der Aufnahmeobjekte nicht machen.

---

[1] C. A. Pfeiffer, u. H. Rügemer: Sternenwelt **2**, 138 (1950).

Farbige Nordlichtaufnahmen sind ein noch vollkommen unbearbeitetes, aber dankbares Aufgabengebiet für den erfahrenen Photographen, sie haben aber wohl nur bei sehr hellen Erscheinungen *Aussicht auf Erfolg.*

Verfasser wurde eine Serie farbiger Photos bekannt, die Heinz KRÜGER in Hannover von dem großen Nordlicht vom 4./5. September 1958 gewonnen hat. Die Daten der Aufnahmen waren dabei die folgenden:

Kleinbild-Kamera $f = 4.5$ cm, Blende 3.5, Belichtungszeit 5 Minuten, Agfa-Color-Umkehrfilm 18/10 DIN.

Ein *Nordlichtfilm* für Unterrichtszwecke, der auch auf die Terella-Experimente von E. BRÜCHE eingeht, wurde bereits kurz vor dem Kriege im Auftrag des AEG-Forschungsinstituts von W. BAUER hergestellt[1].

Aufnahmen des Nordlichtspektrums kommen für den Amateur nicht in Frage. Nach HARANG wurden die in Tromsö erhaltenen Photographien mit lichtstarken Spektrographen von kleiner oder mäßiger Dispersion gewonnen, wobei Belichtungszeiten von einigen Minuten bis zu hunderten von Nordlichtstunden (!) zur Anwendung kamen, je nach der Lichtstärke des Spektrographen und der gewünschten „Tiefe" des Spektrums.

4. Leuchtende Nachtwolken

Ein ziemlich seltenes, durchaus nicht in jedem Jahre auftretendes Phänomen, dessen Sichtbarkeit zudem noch auf bestimmte Breitengrade und Jahreszeiten beschränkt ist, sind die Leuchtenden Nachtwolken. Ein erfahrener Beobachter, B. ALBERS in Hamburg, beschreibt sie mit folgenden Worten[2]: „An seltenen klaren Abenden in den Sommermonaten, genauer von Juni bis August — aber längst nicht in jedem Jahr —, wenn das helle Dämmerlicht am Nordhimmel während der ganzen Nacht nicht erlischt (Mitternachtsdämmerung), erscheinen sie, 1—2 Stunden nach Sonnenuntergang, tief über dem nördlichen Horizont: Langgestreckte Bänke, flache Bänder und feine, schlauchartige Gespinste, oftmals von langen, regelmäßigen Wellenzügen durchsetzt; dies alles schimmernd und glänzend in zartsilbrig-weißem, manchmal mehr bläulichem Licht, ganz nah über dem Horizont auch blaß goldgelb getönt, zuweilen gleichsam phosphoreszierend und, zumal in den feinen leuchtenden Schleiern, von ätherischer Zartheit: Leuchtende Nachtwolken". Es sind demnach ziemlich unansehnliche Gebilde, dem Cirrus ähnlich, die man ihrem Aussehen entsprechend gelegentlich auch als „Silberwolken" bezeichnet findet; dabei sind sie schwach durchsichtig, so daß es möglich ist, die helleren Sterne durch sie hindurch zu beobachten. Keinesfalls darf man sie verwechseln mit den „Mohn'schen Perlmutterwolken", die auch hell am Nachthimmel leuchten können, sich aber in ganz anderen Höhenschichten (um 30 km) befinden.

Die allgemein übliche Bezeichnung „Leuchtende Nachtwolken" ist streng genommen nicht richtig, denn es handelt sich nicht etwa um selbstleuchtende Gebilde, sondern um im *reflektierten Sonnenlicht* erstrahlende Objekte.

Voraussetzung für ihre Wahrnehmbarkeit ist besonders klare Luft mit guter Fernsicht (horizontnahe Erscheinung!); am häufigsten ist dies gegeben nach kräftigen Einbrüchen sehr trockener und staubfreier arktischer Luftmassen. Ihr Vorkommen ist beschränkt auf die Gebiete zwischen dem 45. und 60. Grad sowohl nördlicher wie südlicher Breite und auf die Sommermonate Juni bis Anfang August mit einem ausgesprochenem Maximum Ende Juni und Anfang Juli. Nach W. W. SPANGENBERG ist die Verteilung die folgende[3]:

---

1 Archivfilm Nr. B 407, Reichsstelle für den Unterrichtsfilm, Berlin 1939.

2 B. ALBERS: Leuchtende Nachtwolken, Briefe aus München, Nr. 24 (1958).

3 W. W. SPANGENBERG: Über die Leuchtenden Nachtwolken der Jahre 1932 bis 1941, Wetter und Klima, 1949, Heft 1/2.

Monatliche Häufigkeitswerte der Nachtwolken 1932—1941

Monat	Anzahl der Fälle	in %
April	3	7
Mai	0	0
Juni	8	19
Juli	25	59
August	5	12
September	1	3

Für den Beobachter hochatmosphärischer Erscheinungen ist es von Interesse zu wissen, bei welchen negativen Sonnenhöhen Leuchtende Nachtwolken wahrgenommen werden können. Beobachtungen auf der Sternwarte Sonneberg (geogr. Breite +50°.4) ergaben hierfür Werte zwischen —10°.6 und —16°.1.

Eine Periodizität in ihrem Auftreten ist nicht nachweisbar. Gewöhnlich treten sie auf nach Zeiten mit anormalen Dämmerungserscheinungen. Es folgen auf Jahre mit verhältnismäßig zahlreichen Nachtwolken längere Zeiten, in denen sie vollkommen fehlen. Zwar werden sie bereits 1648 von P. Emanuel Maignon erstmals in der Literatur erwähnt, doch erst 1885, als eine Periode größerer Häufigkeit einsetzte, von O. Jesse eingehender beschrieben.

Wer einmal das Glück hat, Leuchtende Nachtwolken zu sehen, sollte unter allen Umständen seine Beobachtung bekanntgeben durch eine Meldung an die nächste Dienststelle des Wetterdienstes oder eine Sternwarte. Allein schon die Mitteilung, *daß* Leuchtende Nachtwolken gesehen wurden, kann von Wert sein, wobei selbstverständlich genaue Orts- und Zeitangabe erforderlich ist. Wer mehr tun will, der gebe eine genaue Beschreibung ihres Aussehens, der Änderung desselben mit der Zeit, ihres Ortes am Himmel (Höhe und Azimut) und ihre Farbe. Da sich die Leuchtenden Nachtwolken mit erheblicher Geschwindigkeit bewegen, versuche man, ihre Zugrichtung möglichst genau zu ermitteln. Vor allen Dingen aber bemühe man sich, möglichst durch Messung, notfalls aber auch nur durch Schätzung die Höhe ihres Oberrandes über dem Horizont zu bestimmen; ein einfacher Pendelquadrant tut vorzügliche Dienste, denn erfahrungsgemäß werden Höhen über dem Horizont von nicht sehr erfahrenen Beobachtern in den meisten Fällen erheblich überschätzt.

Der fleißige Beobachter Spangenberg hat aus den Aufzeichnungen der Jahre 1932—1941 folgende Häufigkeitsverteilung der Zugrichtungen abgeleitet (s. S. 263, Anm. 3):

Zugrichtungen der Nachtwolken 1932—1941

Zugrichtung aus	n %	
SE	5	= 72% (SE, E, NE)
E	29	
NE	38	
N	5	
NW	4	= 13% (NW, W, SW)
W	9	
SW	0	
S	0	
fraglich	10	

In mehr als 70% aller Fälle kamen die Wolken also aus östlichen Richtungen und dies steht in guter Übereinstimmung mit Untersuchungen über die Zugrichtungen von Meteorschweifen. Nach Störmer ist die Bewegung von der sonnenbelichteten Atmosphäre gegen den Erdschatten hin gerichtet. Schon Jesse hat die dabei auftretenden großen horizontalen Geschwindigkeiten erkannt; STÖRMER fand 1932 im Mittel 44 m/sec und 1934 81—83 m/sec, SPANGENBERG 1932—1935 stets Werte unter 100 m/sec (ältere Beobachtungen hatten z. T. erheblich höhere Werte ergeben), doch erwähnt SÜRING Geschwindigkeiten bis zu 300 m/sec. Die große Wichtigkeit aller *hierauf abzielenden Beobachtungen und Messungen* geht aus diesen wenigen Zahlenangaben hervor[1].

Auffallend ist schon bei der einfachen Betrachtung die *wellenförmige* Struktur der Leuchtenden Nachtwolken, man bemühe sich daher, die Abstände der einzelnen Schwaden zu bestimmen. Genaue Messungen ergeben für den Abstand der einzelnen Wellenberge voneinander Werte der Größenordnung 9 km.

Messungen der scheinbaren Höhe (visuell und photographisch) können dazu dienen die wahre (absolute) Höhe über der Erdoberfläche zu bestimmen. JESSE fand aus den Beobachtungen der Jahre 1885—1891 Höhenwerte von 80—89 km (im Mittel 82 km). In den 30er Jahren hat dann STÖRMER seinen Nordlichtbeobachtungsdienst auf diese ziemlich seltenen Wolken ausgedehnt und mehrere Serien parallaktischer Photographien über Süd- und Mittel-Norwegen aufgenommen, aus denen sich 1932 Höhen von 74—92 km (Mittel 81,4 km) und 1933/34 solche von 78—85 km (Mittel 82,2 km) ergaben, gut übereinstimmend mit den älteren, auf visuellen Beobachtungen beruhenden Angaben von JESSE. Zu diesen Problemen vermag der geschulte Amateur wertvolle Beiträge zu liefern.

Alle Anzeichen deuten darauf hin, daß es sich bei den Leuchtenden Nachtwolken um feine Staubteilchen handelt, die in großer Höhe schwebend noch von den Sonnenstrahlen getroffen werden, wenn das Tagesgestirn für den Beobachter am Erdboden längst unter den Horizont gesunken ist. Warum sie sich gerade in den Breitenzonen zwischen 45 und 60° zu beiden Seiten des Äquators ansammeln, ist noch nicht klar entschieden; es könnte dabei das Magnetfeld der Erde eine Rolle spielen, es wäre aber auch möglich, daß das Zirkulationssystem der Hochatmosphäre dafür verantwortlich zu machen ist. Es ist auch noch nicht entschieden, ob diese Staubmassen durch vulkanische Eruptionen von der Erdoberfläche in diese großen Höhen geschleudert wurden oder ob sie etwa von außen in diese eingedrungen sind, also aus dem interplanetaren Raum stammen. Das gehäufte Auftreten in den 80er Jahren des vorigen Jahrhunderts nach dem großen Ausbruch des Krakatau legte die erstere Vermutung nahe und es gelang in der Tat, für alle Perioden von Leuchtenden Nachtwolken zugehörige Vulkanausbrüche zu finden, bei denen große Mengen von Lockermassen ausgeworfen wurden; andererseits traten aber auch Leuchtende Nachtwolken auf nach dem Niedergang des berühmten Tunguska-Meteoriten vom 30. 6. 1908 und nach dem Durchgang der Erde durch den Schweif des Kometen Halley (Mai 1910). Vielleicht wirken beide möglichen Ursachen beim Zustandekommen mit.

Photographische Aufnahmen von Leuchtenden Nachtwolken gelingen schon mit relativ bescheidenen Mitteln und sollten in allen Fällen, wenn solche Gebilde auftreten, angestrebt werden. Bei Verwendung hochempfindlicher Filme kann man mit Optik 1:1,8 oder 1:2 bereits bei 15 sec Belichtung gute Aufnahmen erhalten. Wegen der raschen Veränderlichkeit darf die Belichtung nicht zu lange ausgedehnt werden. Serienaufnahmen sind auf alle Fälle erwünscht, um die Veränderungen der Wolken und ihre Zugrichtung studieren zu können (Abb. 4)[2].

Filmaufnahmen von Leuchtenden Nachtwolken mittels Schmal- oder auch Kleinfilm-Kamera (16 bzw. 8 mm Format) liegen durchaus im Bereich des mit Liebhabermitteln Möglichen. Lichtstärke 1:2 ist bei Filmkameras handelsüblich. Mittels Einzelschaltung wäre jeweils 15 Sekunden zu belichten (bei Verwendung von hochempfindlichem Negativ-Material). Die normale Vorführgeschwindigkeit beträgt 16 Bilder pro Sekunde und eine Szene soll ca. 8 bis 10 Sekunden Dauer haben. Es wären also etwa 160 Aufnahmen hintereinander mit der genannten Belichtungszeit zu machen, wozu 40 Minuten erforderlich sind, die dann bei der Vorführung in 10 Sekunden ablaufen (Beschleunigung 1:240). Die Gestalts- und Ortsveränderungen der Leuchtenden Nachtwolken dürften so im Film gut zum Ausdruck kommen.

---

[1] C. HOFFMEISTER: Zeitschrift für Meteorologie 1, 2/3 (1946).
[2] L. MEIER: Mitteilungen der Sternwarte Sonneberg, Nr. 47, Nov. 1959.

Meldungen aus der UdSSR besagen, daß dort in jüngster Zeit von russischen Wissenschaftlern mehrere Filme über Leuchtende Nachtwolken hergestellt wurden, die die Bewegungen der letzteren sehr schön zeigen sollen.

Abb. 4. Leuchtende Nachtwolken 16. Juni 1935, $22^h 12^m - 22^h 13^m$ MEZ phot. Günter Archenhold, Berlin-Treptow.

5. Leuchtstreifen

Sehr wahrscheinlich extraterrestrischen Ursprungs sind die als „Leuchtstreifen" bekannten Erhellungen. Es handelt sich dabei um außerordentlich zarte Gebilde ohne scharfe Grenze und nur, wer unter wirklich guten Bedingungen beobachten kann, wird Gelegenheit haben, sie zu sehen! Viele Beobachter haben daher noch nie mit Bewußtsein Leuchtstreifen wahrgenommen, zumal ihre Erkennung oft dadurch sehr erschwert wird, daß sie keine besonders charakteristischen Formen aufweisen. Obwohl sie bereits länger bekannt sind, beginnt ihre systematische Erforschung erst 1920 durch die Arbeiten von Hoffmeister (Sonneberg). Manchmal treten sie als Lichtkleckse in Erscheinung, oftmals haben sie streifenförmige Struktur mit einem deutlichen Konvergenzpunkt in der Nähe des Horizontes, gelegentlich sind sie netzförmig angeordnet. Oft wird beim Vorhandensein von Leuchtstreifen einfach von „hellem Nachthimmel" gesprochen. Keinesfalls sind sie polarlichtartig (Abb. 5).

Nicht nur in ihrem Aussehen, auch in ihrer zeitlichen und örtlichen Verteilung sind die Leuchtstreifen *deutlich* von den Leuchtenden Nachtwolken unterschieden. Sie sind nicht an bestimmte Breitengrade gebunden; Hoffmeister sah sie nicht nur in Sonneberg, sondern auch regelmäßig in SW-Afrika (Windhuk) und gelegentlich auch in den Tropen (Golf von Mexiko). Der Jahresgang ihrer Häufigkeit ist auf beiden Erdhälften der gleiche. Im allgemeinen nehmen im Laufe der Nacht Intensität und Häufigkeit der Leuchtstreifen zu.

Nach Hoffmeister handelt es sich um Einbrüche kosmischen Staubes in die irdische Lufthülle. Der Jahresgang ihrer Häufigkeit macht einen Zusammenhang mit Sternschnuppenschwärmen wahrscheinlich, und zwar wird dies sowohl beim Einzelfall wie in der jährlichen Häufigkeitsverteilung offenbar; die einzelnen Sternschnuppenschwärme verhalten sich aber nicht gleichmäßig, so pflegen (als Ausnahme von der allgemeinen Regel) die Lyriden keine Leuchtstreifen zu bringen, während andererseits die Leoniden verhältnismäßig wenig Meteore, aber viele Erhellungen aufweisen.

Die mittlere Höhe der Leuchtstreifen ergibt sich aus photographisch-trigonometrischen Messungen zu 125 km, doch ist eine starke Streuung zu verzeichnen.

Der Beobachter soll in jeder klaren Nacht sein Augenmerk auf Leuchtstreifen richten. Für die Beobachtung gilt als Voraussetzung das auf S. 255 Gesagte. Der ungeübte Beobachter muß sich hüten, etwa die Lichtbrücke oder den Gegenschein mit Leuchtstreifen zu verwechseln! In Mitteleuropa bevorzugen die Leuchtstreifen im Durchschnitt etwas den *nördlichen* Himmel.

Die Beobachtung soll darauf gerichtet sein, die Zugrichtung und die Geschwindigkeit zu bestimmen, da sich hieraus Richtung und Geschwindigkeit der Luftströmungen in diesen großen Höhen ermitteln lassen. Gelegentliches Auftreten von Leuchtstreifensystemen mit verschiedenen Konvergenzpunkten und Zugrichtungen, wie es HOFFMEISTER festgestellt hat, läßt auf das Vorhandensein mehrerer Schichten schließen.

Abb. 5a–c. Photographische Aufnahmen von Leuchtstreifen nach C. HOFFMEISTER.

Aus diesen Feststellungen schließt HOFFMEISTER auf die Existenz eines hochatmosphärischen Passatsystems (Ultra-Passat). Derselbe Autor findet, daß in diesen Höhen um 120 km im Sommer der Wind mit großer Beständigkeit aus SW weht mit einer mittleren Geschwindigkeit von 50 m/sec, im Winter treten außerdem auch noch Winde aus NW bis NO auf, wobei sich die Geschwindigkeit im Winter etwas größer ergibt als im Sommer. Es sind überhaupt sehr erhebliche Werte, in 21% aller Fälle liegen sie über 100 m/sec und der höchste Wert, der bis jetzt ermittelt wurde, beträgt sogar 267 m/sec.

Die Photographie der Leuchtstreifen ist nur mit sehr lichtstarker Optik möglich. Bei Verwendung höchstempfindlicher Emulsionen kann man die Belichtungszeit mit etwa 5 Minuten ansetzen.

XI. Die Photometrie von Fixsternen und Planeten

Von

W. Jahn

Universitäts-Sternwarte, München

Mit 10 Textabbildungen

1. Über das Messen von Sinneseindrücken

Zur Photometrie (Lichtmessung) benötigt man einen Maßstab. Aus dem täglichen Leben sind wir gewöhnt, Gleiches mit Gleichem, z. B. eine Strecke mit einer Einheitsstrecke, zu messen oder von gleichen Wirkungen an einem Meßinstrument auf gleiche Ursachen zu schließen, z. B. beim Wiegen mittels einer Federwaage.

Auch zum Messen der Vorgänge, die auf unsere Sinnesorgane einwirken, hat man Maßstäbe und Meßmethoden geschaffen, die von unseren Empfindungen unabhängig sind. So mißt man die Lichtstärke durch die chemische Wirkung auf eine photographische Platte oder durch die elektrische Wirkung auf eine Photozelle. Sollen aber unsere Lichtempfindungen selbst zum Messen der sie auslösenden Lichtstärke (Reizstärke) verwendet werden, so ist zu bedenken, daß wir nur in beschränktem Umfange ein zuverlässiges Gedächtnis für Lichtempfindungen besitzen. Unser Auge läßt sich über Stärke und Art der Reize leicht täuschen.

Erst wenn die Reizstärke L um einen Mindestbetrag ΔL verändert wird, wird im Auge eine andere Empfindung E ausgelöst. Die Unterschiedsschwelle $\frac{\Delta L}{L}$ ist in einem mittleren Bereich der Reizstärken konstant (FECHNER-Bereich). Es hängt von der Empfindsamkeit jedes einzelnen Auges ab, ob sich von einer anfänglichen Empfindung E_0 an unsere Empfindungen mit dem Anwachsen der Reizstärke L in großen oder kleinen Schritten aufbauen; es gilt also: $\text{const} \times \Delta E = \frac{\Delta L}{L}$. Das Ergebnis des Aufbaus einer Empfindung E von E_0 aus, ausgelöst durch viele $\frac{\Delta L}{L}$-Größen, ist: $\text{const} \times (E - E_0) = \lg (L/L_0)$. — In diesen „Gleichungen" wird gänzlich Verschiedenes gleichgesetzt. Die letzte besagt, daß die Empfindungsstärke von dem Logarithmus der Reizstärke abhängt (WEBER-FECHNERsches Gesetz).

2. Übersicht über die photometrischen Fähigkeiten des Auges
(s. auch S. 66)

Über die photometrischen Fähigkeiten des Auges sei das Folgende zusammenfassend gesagt:

es empfindet Licht, ohne geblendet zu sein, von Strahlung, die der von $1.3 \cdot 10^{-9}$ HK/m bis zu 5 HK/m gleichkommt; d. i. ein Helligkeitsbereich von 24 Größenklassen. Die Grenzhelligkeiten sind nicht konstant (HK Hefnerkerze, m Meter),

es vermag die Lichtempfindungen nach ihrer Stärke zu ordnen. Unter gleichen Umständen werden gleiche Empfindungen von gleichen Lichtstärken ausgelöst,

es vermag gleiche Lichtstärken unter gleichen Umständen wiederzuerkennen, eine Gedächtnis-Skala aufzustellen und andere Lichtstärken in diese einzuordnen, es vermag kleine Helligkeitsunterschiede zu erkennen. Diese liegen für jeden Beobachter einigermaßen fest und ändern sich nur wenig. Vollständige Gleichheit kann nur festgestellt werden innerhalb eines Fehlerbereiches von ± 0.1 Größenklasse,

es vermag das Mehrfache des kleinsten wahrnehmbaren Helligkeitsunterschiedes (bis zum 4fachen) zu erkennen,

es vermag die kleinen Helligkeitsunterschiede zwischen 3 Lichtquellen miteinander zu vergleichen und größenmäßig zu unterscheiden.

3. Fehlerquellen in der Helligkeitsschätzung und -messung

a) Einfluß der Fehler des Beobachtungsinstrumentes und des Auges

Das Bildchen, das der Beobachter in seinem Fernrohr betrachtet, wird nach Größe, Gestalt und Lichtverteilung von der Form und Güte des Objektivs oder des Spiegels bestimmt. Ist wegen zentraler Abschattung viel Licht in den Beugungsringen vereinigt, so wird dieses bei hellen Sternen in stärkerem Maße wahrgenommen als bei schwächeren. Ebenso ändert sich durch Abblenden der freien Öffnung die Lichtverteilung in der Beugungsscheibe. Die Helligkeit des Fernrohrbildes läßt sich deshalb nicht streng nach den auf S. 23 angegebenen Ausdrücken berechnen, sondern nur auf dem Wege des Vergleichs mit bekannten Bildhelligkeiten.

Derselbe Einfluß entsteht, wenn Objektive und Spiegel wegen des Kugelgestaltfehlers ungenügend korrigiert sind. Die entworfenen Bilder der Fixsterne sind von Ringen umgeben, die je nach Sternhelligkeit und Farbe sowie beim Verringern der freien Eintrittsöffnung mehr oder weniger erfaßt werden.

Sind die Sternbildchen von einem violetten Schimmer umgeben, wie das bei 2-linsigen Achromaten immer der Fall ist, so ändert sich die Helligkeit dieses Lichthofes mit der Sternfarbe. Die Sternbildchen roter Sterne vereinigen einen viel größeren Anteil des aufgefangenen Lichtes, und rote Sterne gewinnen gegenüber andersfarbigen an Helligkeit.

Auch die Wirkung farbstichiger Objektive ist zu beachten. Grünliche Objektive, wie sie z. B. in den Fraunhoferschen Achromaten verwendet sind, geben die Färbung eines Himmelsobjektes verfärbt wieder.

Ein Photometer sollte die Vergleichslichtquelle so zeigen, wie das Meßobjekt gesehen wird. Das ist nur annähernd zu erreichen. Ein gestochen scharf abgebildeter Stern mit seinen Helligkeits- und Ortsschwankungen wird sich immer von einem künstlichen Stern unterscheiden. Ein leichtes Defokussieren des natürlichen Sternes kann die Unterschiede verringern.

Wenig beachtet werden die jedem Auge anhaftenden Fehler in der Schärfe der Abbildung, besonders der Astigmatismus. Ist der Durchmesser der ins Auge fallenden Lichtbündel groß (geringe Vergrößerung), so leidet die Beobachtung feinster Einzelheiten.

b) Einfluß der Erdatmosphäre, der Stellung und Helligkeit der Meß- und Vergleichsobjekte

Das Licht erfährt in der Erdatmosphäre eine Schwächung *(Extinktion)*. Der Weg, den das Licht eines Zenitsternes zum Beobachter durch die Erdatmosphäre zurücklegt, ist gleich der Höhe der Atmosphäre und zugleich der kürzeste.

Steht der Stern um z° vom Zenit entfernt, so ist die Weglänge s des Lichtes durch die als eben betrachteten Atmosphärenschichten der Höhe H

$$s = H \cdot \sec z$$

In der Zenitdistanz $z = 60°$ ist demnach die durchlaufene Weglänge doppelt so groß wie in der Zenitdistanz $z = 0°$. Die Intensität des beobachteten Sternenlichtes ist dann

$$i_{60} = i_0 \cdot p^{\mathrm{H}}$$

wenn die Durchlässigkeit $1 - p$ der Luft konstant ist. Wegen des komplizierten Aufbaues der Luftschichten kann man die Lichtschwächung nicht immer nach dieser einfachen Beziehung berechnen, sondern muß erfahrungsmäßig (empirisch) ermittelte oder berechnete und durch die Beobachtung bestätigte Tafelwerte benützen. Siehe Anhang Tabelle 2. Die Tafelwerte geben die Lichtschwächung in Größenklassen in Abhängigkeit von der beobachteten Zenitdistanz. Sie sind von den beobachteten Größenklassen abzuziehen. Dann erhält man die beobachtete Größenklasse „auf $z = 0°$ reduziert".

Ein Fehler in der Helligkeitsmessung entsteht dann, wenn sich die Beobachtung über längere Zeit erstreckt, während der der Stern seine Zenitdistanz ändert und nicht der richtige Mittelwert der Zenitdistanzen genommen wird. Wegen der schnellen Zunahme von s mit z werden am sichersten die Einzelbeobachtungen auf $z = 0°$ reduziert. Auch ist zu beachten, ob die beobachteten Sterne nicht in so verschiedener Zenitdistanz stehen, daß deren unterschiedliche Schwächung *(differentielle Extinktion)* berücksichtigt werden muß. Fehler werden vermieden, wenn die Beobachtungen in Zenitnähe oder symmetrisch zum Meridian angestellt werden. Eine weitere Fehlerquelle ist außergewöhnlich gute oder abnorme Durchsicht der Luft, für die die Tabellenwerte nicht gelten.

Eine nicht zu umgehende Fehlerquelle ist die *Luftunruhe*. Nur sehr selten ist sie so gering, daß die Sterne fast eine Sekunde lang nicht zu flimmern scheinen. Bei leicht nebeliger oder diesiger Luft scheinen die Sterne sehr ruhig zu stehen; doch sind dann nur mikrometrische, nicht photometrische Messungen zuverlässig. Helligkeitsbeobachtungen in mehr als 70° Zenitdistanz sind zu vermeiden.

Die weiterhin zu nennenden Fehlerquellen gelten in der Hauptsache für Helligkeitsschätzungen und visuelle Helligkeitsmessungen.

Der Zenitdistanzfehler. Helligkeitsschätzungen und Messungen weisen oft einen um so größeren Fehler auf, je geringer die Zenitdistanz der beobachteten Objekte ist. Der Fehler wird auf die Ermüdung bei angespannter Körperhaltung zurückgeführt und läßt sich durch bequeme Sitz- und Legemöglichkeit verringern.

Der Positionswinkelfehler. Fast alle Beobachter schätzen einen Stern im Gesichtsfeld rechts unten ein wenig zu hell im Vergleich zu einem anderen links oben; ebenso wird von zwei nebeneinander stehenden Sternen der rechte meist zu hell, von zwei übereinander stehenden der untere meist zu hell geschätzt. Der Fehler kann aus sehr großen Beobachtungsreihen bestimmt und dann nachträglich berücksichtigt werden. Mit Hilfe von umlenkenden (seitenvertauschenden) Prismen oder durch Beobachten mit der gleichen Netzhautstelle läßt er sich vermeiden. Nie zwei Sterne zugleich betrachten!

Der Intervallfehler. Die kleinsten Helligkeitsunterschiede sind in der Stufenschätzmethode mit den geringsten Fehlern, die größeren mit den mehrfachen Fehlern behaftet. Diesem Fehler wird durch Zuteilung von „Gewichten" Rechnung getragen, wie auf S. 276 gezeigt wird.

Der Distanzfehler. Je größer der Abstand der zu vergleichenden Objekte ist, desto unsicherer ist das Beobachtungsergebnis. Ein Vergleichsstern, der nicht zugleich mit dem Veränderlichen im Gesichtsfeld steht, sollte gänzlich mühelos einzustellen sein. Diese Fehlerquelle ist bei der Auswahl der Vergleichssterne zu beachten.

Der Umfeldfehler. Ein Stern wird zu schwach geschätzt, wenn er in der Nachbarschaft eines helleren gesehen wird. Helligkeitsschätzungen in der Milchstraße sind schwieriger als in sternarmen Feldern. Der Fehler läßt sich zuweilen durch Wahl einer stärkeren Vergrößerung herabdrücken.

4. Vorbereitung einer Helligkeitsschätzung

a) Die Wahl des Beobachtungsinstrumentes

Der Veränderliche, der nach der Stufenschätzmethode geschätzt werden soll, muß im Fernrohr so hell gesehen werden, wie die Sterne der Größenklassen 0.5 bis 3.5 mit bloßem Auge (Fechner-Bereich), s.S.268. In Tabelle 1 sind die erforderlichen Öffnungsdurchmesser des Beobachtungsinstrumentes (Fernglas, Refraktor, Reflektor) angegeben.

Tabelle 1. *Erforderliche Öffnungsdurchmesser zur Helligkeitsschätzung Veränderlicher. Die Grenzgrößen 3.5, 5.5 usw. werden zuweilen unterschritten*

Helligkeit des Veränderlichen in Größenklassen	Öffnungsdurchmesser des Beobachtungsinstrumentes
$0^{m}.5$ – $3^{m}.5$	7 mm (Auge)
2. 5 – 5. 5	18 (Fernglas)
4. 5 – 7. 5	44 (Zweizöller)
6. 5 – 9. 5	110 (Vierzöller)
8. 5 – 11. 5	260 (Zehnzöller)

Erscheint der Veränderliche im Instrument zu hell, so muß die Öffnung abgeblendet werden. Hat er eine Helligkeit wie die in der Tabelle ganz links genannten, so liegt er an der Grenze des Fechner-Bereiches; auch dann sollte abgeblendet werden. Ein Wechsel des Öffnungsdurchmessers erfordert eine neue Bestimmung der Stufenskala (s. S. 275).

b) Die Auswahl des Veränderlichen

Zur Beobachtung Veränderlicher mit bloßem Auge seien die in Tabelle 2 genannten vorgeschlagen.

Tabelle 2. *Veränderliche, die mit bloßem Auge beobachtet werden können. Die Helligkeit von ζ Aurigae ist photographisch. Die angegebenen Helligkeiten von Mira Ceti sind mittlere Helligkeiten. Nach* Campbell *u.* Jacchia, *The Story of Variable Stars*

Bezeichnung des Veränderlichen	Ort (1900) R. A.	Ort (1900) Dekl.	Helligkeit (vis.) Größte	Helligkeit (vis.) Kleinste	Periode
γ Cassiopeiae	$0^{h}51^{m}$	$+60^{\circ}.2$	$1^{m}.6$	$2^{m}.9$	Unregelmäßig
o Ceti (Mira)	2 14	− 3.4	3. 4	9. 2	331 Tage
β Persei (Algol)	3 2	+40.6	2. 4	3. 5	2.867
ζ Aurigae	4 55	+40.9	4. 9	5. 6	972
ε Aurigae	4 55	+43.7	3. 3	4. 1	9900
α Orionis	5 50	+ 7.4	0. 5	1. 1	2070
β Lyrae	18 46	+33.2	3. 4	4. 1	12.908
η Aquilae	19 47	+ 0.7	3. 8	4. 5	7.176
μ Cephei	21 40	+58.3	3. 7	4. 7	Unregelmäßig
δ Cephei	22 25	+57.9	3. 6	4. 2	5.366

Zur sorgfältigen Auswahl Veränderlicher seien in Tab. 3 die umfassendsten und praktischsten Kataloge genannt. Sie sind nur in großen Bibliotheken und staatlichen Sternwarten einzusehen. Zur Klassifizierung vgl. Tab. 27, S. 334.

Tabelle 3. *Kataloge veränderlicher Sterne*

Titel	Herausgeber	Erscheinungsort
Allgemeiner Katalog veränderlicher Sterne	B. Kukarkin, P. Parenago	Ak. d. Wiss. USSR II. Ausg. 1958
Katalog und Ephemeriden veränderlicher Sterne (bis 1943)	H. Schneller	Kl. Veröff. Berlin-Babelsberg
Katalog und Ephemeriden veränderlicher Sterne (bis 1923)	Vierteljahrsschrift der Astr. Ges.	Leipzig: Poeschel u. Trepte
Astronomische Jahresberichte (jährlich)	K. Heinemann u. a.	W. de Gruyter
Atlas Stellarum Variabilium (mit Katalog)	J. G. Hagen	Berlin: L. Dames
Rocznik Astr. Obs. Krakowskiego (nur Bedeckungsveränderliche)	Sternwarte Krakau	Krakau
Peremennie Swesdie (Zeitschrift)	Bulletin des Astr. Sowjet d. Wiss.	Moskau

c) Information für den Beobachter

Zur Auswahl der Vergleichssterne sind aus der großen Zahl photometrischer Kataloge nur die umfassendsten und genauesten genannt; s. dazu S. 353.

Folgende Vereinigungen geben Mitteilungen, Anweisungen und Ergebnisse der Beobachtung veränderlicher Sterne heraus:

1. American Association of Variable Star Observers, Harvard College Obs., Cambridge 38, Mass., USA.
2. Berliner Arbeitsgemeinschaft für veränderliche Sterne, Wilhelm-Foerster-Sternwarte, Berlin-Schöneberg, Papestraße 2.

d) Das Auffinden des Veränderlichen am Himmel

Man fertigt sich eine *Umgebungskarte* an, die den Veränderlichen und die nahen Vergleichssterne enthält, beschriftet mit der Bezeichnung des Veränderlichen und mit Rektaszension und Deklination (Abb. 1). Beobachtet man mit *umkehrendem Fernrohr*, so ist die Umgebungskarte so zu beschriften, daß die Rektaszension von links nach rechts und die Deklination von oben nach unten zunimmt. Am Instrument muß der Beobachter genau wissen, wie groß das Gesichtsfeld mit dem benutzten Okular auf der Umgebungskarte ist (s. S. 10). Beobachtet man mit *Fernglas*, so sucht man auf der Sternkarte einen mit bloßem Auge sichtbaren Stern aus, der die gleiche Rektaszension wie der Veränderliche hat, richtet das Fernglas auf ihn und geht damit in Richtung zunehmender oder abnehmender Deklination auf den Veränderlichen über. Bei Beobachtung mit *azimutal montiertem Instrument* sucht man zuerst mit bloßem Auge einen hellen Stern, der die gleiche Höhe oder das gleiche Azimut hat wie die Gegend des Veränderlichen, richtet auf diesen Stern ein und geht dann durch Änderung des Azimutes oder der Höhe auf den Veränderlichen über. Bei Beobachtung mit *parallaktisch montiertem Instrument* stellt man mit den Einstellkreisen ein, oder man richtet das Instrument auf einen mit bloßem Auge sichtbaren Stern gleicher Deklination und verändert danach das Instrument nur noch in der Rektaszensionsrichtung, bis man zum Veränderlichen gelangt ist.

Wenn die Vergleichssterne nicht gleichzeitig mit dem Veränderlichen im Gesichtsfeld stehen, so muß das Auffinden und Einstellen durch mehrfaches Richten des Instrumentes auf die Vergleichssterne regelrecht geübt werden, bis das Einstellen spielend leicht vonstatten geht.

5. Helligkeitsschätzungen

a) Die unmittelbare Größenschätzung

Gemeint ist eine grobe, meist improvisierte Schätzung, nach der ein evtl. nicht im Instrument zu beobachtendes Objekt (Satellit, Feuerkugel, Sternschnuppe, Komet) mit anderen Himmelsobjekten verglichen wird. Dann wird die Helligkeit

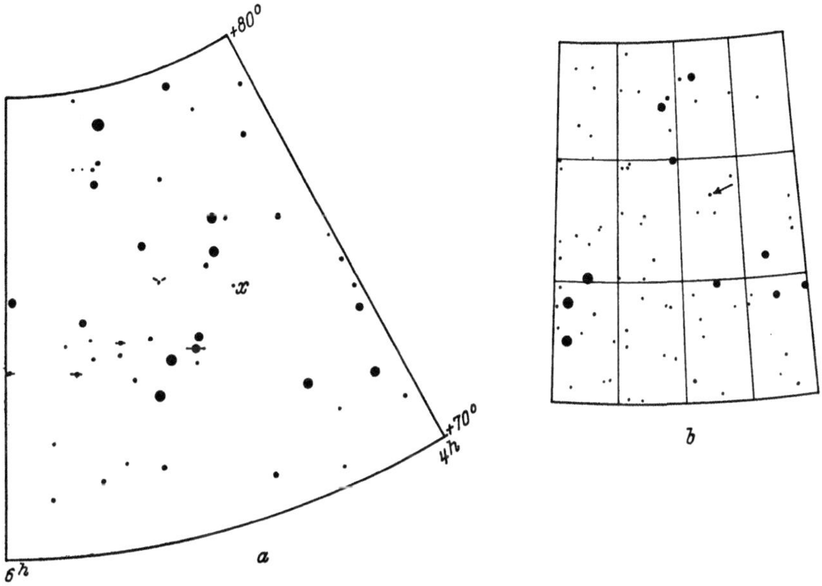

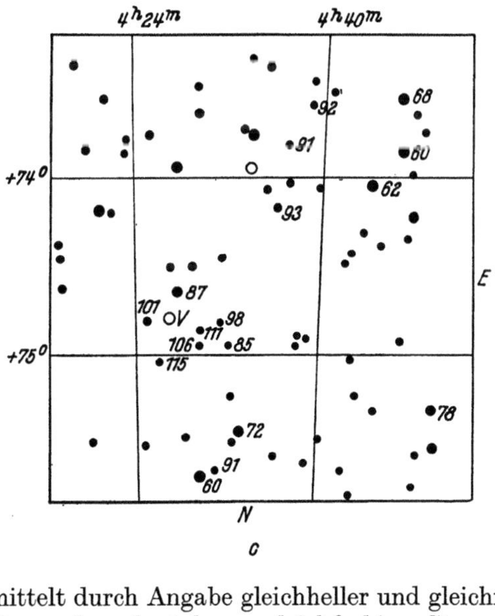

Abb. 1. Umgebungskärtchen für X Camelopardalis

a) aus A. BEČVÁŘ, Atlas Coeli 1950.0,
b) aus Bonner Durchmusterung 1855.0,
c) nach AAVSO. Hier sind die Helligkeiten der Vergleichssterne in Einheiten von 0.1 Größenklasse eingetragen; c) ist gegen a) und b) um 180° gedreht.

ermittelt durch Angabe gleichheller und gleichfarbiger Sterne oder durch Angabe hellerer oder schwächerer, gleichfarbiger Sterne oder durch Aufstellen einer Reihe von Sternen, die nach der Helligkeit geordnet sind und in die das Schätzobjekt eingereiht wird. Die Genauigkeit liegt bei 0.5 Größenklassen.

Wird die Größenschätzung mit einem Instrument (Fernglas, Kometensucher) durchgeführt, so ist die Beweglichkeit und Freizügigkeit des Beobachterauges eingeschränkt. Die Vergleichssterne müssen mit dem Instrument beobachtet werden und in einer *Gedächtnisskala* festgehalten werden. Die Gedächtnisskala ist oft aufzufrischen und zu prüfen. Langjährige Übung im Gebrauch einer Gedächtnisskala führt zu Schätzungen mit einer Genauigkeit von 0.1 Größenklassen. Über zuverlässige, visuelle Größen (s. S. 353).

b) Die Stufenschätzmethode Herschels und Argelanders

α) *Herschels Stufenbezeichnungen*

Das vorstehend beschriebene Schätzungsverfahren kann nach W. HERSCHEL[1] so abgeändert werden, daß in einer Helligkeitsreihe die einzelnen Glieder durch Striche getrennt werden. Die Länge der Striche bezeichnet den Helligkeitsunterschied, z. B.

$$\alpha - \gamma\beta - \iota\theta - \varepsilon\eta\zeta -\!\!- \nu\pi\tau \qquad \text{Aurigae.}$$

Statt der Strichlänge hat HERSCHEL auch einzelne Striche benutzt und die Helligkeitsschätzung für 17 Cygni angegeben: 8—17 21 — — — 17.8, in der Stern 8 ein wenig heller erschien als Stern 17, Stern 21 beträchtlich heller als Stern 17, dieser danach gleichhell mit 8. Diese Methode arbeitet mit geringsten konstanten Unterschieden der Helligkeitsempfindung. Es ist die erste Stufenschätzmethode. Mit ihr hat HERSCHEL die Helligkeit der Sterne in FLAMSTEEDs Sternkatalog überwacht. ARGELANDER hat die Stufenschätzmethode übernommen, vier Stufen als anwendbar eingeführt und diese mit 1, 2, 3, 4 bezeichnet.

β) *Argelanders Stufen*

Als *Argelandersche Stufenschätzmethode* wird sie zur Helligkeitsschätzung veränderlicher Sterne angewendet: der Veränderliche wird mit mehreren ein wenig helleren und schwächeren Vergleichssternen, deren Helligkeit *genau* bekannt ist, verglichen, und die Helligkeitsunterschiede werden in „*Stufen*" geschätzt. Die geschätzten Stufenwerte werden zu einer Stufenskala aneinandergereiht und in eine Helligkeits-Skala umgewandelt. Die Stufen charakterisiert ARGELANDER so:

Stufe 0

„Erscheinen mir beide Sterne immer gleich hell oder möchte ich bald den einen bald den anderen ein wenig heller schätzen, so nenne ich sie gleich hell und bezeichne dies dadurch, daß ich ihre Zeichen unmittelbar nebeneinander setze, wobei es gleichgültig ist, welches Zeichen vorsteht; sind also die Sterne a und b verglichen, so schreibe ich entweder $a\,b$ oder $b\,a$." Besser ist $a\,0\,b$ oder $b\,0\,a$.

Stufe 1

„Kommen mir auf den ersten Anblick zwar beide Sterne gleich hell vor, erkenne ich aber bei aufmerksamer Betrachtung und wiederholtem Übergange von a zu b und b zu a entweder immer oder doch nur mit sehr seltenen Ausnahmen a für eben bemerkbar heller, so nenne ich a um eine Stufe heller als b und bezeichne dies durch $a\,1\,b$, ist hingegen b der hellere, durch $b\,1\,a$, so daß immer der hellere vor, der schwächere hinter der Zahl steht".

---

[1] Royal Society u. R. Astr. Soc.: The scientific papers of Sir William Herschel. Vol. I. S. 530. London: Dulau u. Co. Ltd. 1912.

Stufe 2

„Erscheint der eine Stern stets und unzweifelhaft heller als der andere, so wird dieser Unterschied für zwei Stufen angenommen und durch $a2b$ bezeichnet, wenn a, hingegen durch $b2a$, wenn b der hellere ist".

Stufe 3 und 4

„Eine auf den ersten Anblick ins Auge fallende Verschiedenheit gilt für drei Stufen und wird durch $a3b$ oder $b3a$ bezeichnet.

Endlich bedeutet $a4b$ eine noch auffallendere Verschiedenheit zugunsten von a".

Außer den ganzen Stufen schätzt ARGELANDER zuweilen auch noch halbe Stufen, z. B. $a\,2.5\,b$. Wer sich auf ganze Stufen beschränkt, wird im allgemeinen nicht vermeiden können, über die für zulässig gehaltene Anzahl von 4 oder höchstens 5 Stufen hinauszugehen.

Für den Anschluß eines Veränderlichen an seine Vergleichssterne sagt ARGELANDER: „Von diesen Vergleichssternen vergleiche man bei jeder Beobachtung so viele, als sich, ohne zu große Stufenweiten zu schätzen, tun läßt, wenigstens aber immer einen helleren und einen schwächeren, auch dann, wenn der Veränderliche einem anderen vollkommen oder sehr nahe gleich erscheint." Das Ergebnis einer solchen Schätzung wird niedergeschrieben: amV heißt, daß der Veränderliche um m Stufen schwächer ist als der Vergleichsstern a; Vnb heißt, daß der Veränderliche um n Stufen heller ist als der Vergleichsstern b.

γ) Die Bildung der Stufenskala[1]

Ein Veränderlicher werde an 3 Abenden mit je 4 Vergleichssternen a, b, c, d verglichen. Die Stufenanzahlen zwischen ihm und a, b, c und d seien m, n, p und q. Man erhalte, wenn a, b, c, d ihrer Helligkeit nach geordnet sind, z. B.

1. Abend $a\,m_1\,V$	*2. Abend* $a\,m_2\,V$	*3. Abend* $a\,m_3\,V$
$V\,n_1\,b$	$b\,n_2\,V$	$b\,n_3\,V$
$V\,p_1\,c$	$V\,p_2\,c$	$c\,p_3\,V$
$V\,q_1\,d$	$V\,q_2\,d$	$V\,q_3\,d$

Daraus werden die Mittelwerte M der Stufenanzahlen von a bis b, von b bis c und von c bis d gebildet:

Mittelwert M_1 der Stufenanzahlen von a bis b aus 3 Abenden

$$M_1 = \frac{m_1 + n_1 + m_2 - n_2 + m_3 - n_3}{3}$$

Mittelwert M_2 der Stufenanzahlen von b bis c aus 3 Abenden

$$M_2 = \frac{-n_1 + p_1 + n_2 + p_2 + n_3 - p_3}{3}$$

Mittelwert M_3 der Stufenanzahlen von c bis d aus 3 Abenden

$$M_3 = \frac{-p_1 + q_1 - p_2 + q_2 + p_3 + q_3}{3}$$

Die Summen $(m + n)$, $(n + p)$ und $(p + q)$ können auch zur Kontrolle direkt geschätzt werden.

[1] Siehe auch H. J. BLASBERG: Der Sternfreund als Beobachter veränderlicher Sterne. Die Sterne **33**, 55 (1957).

Mit diesen Mittelwerten wird die Stufenskala vom hellsten Vergleichsstern ausgehend bis zum schwächsten Vergleichsstern aufgebaut. Ist a der hellste Vergleichsstern, so wird ihm die Stufe 0 zugeordnet. Man erhält

die Stufenskala	a	0 Stufen
	b	M_1 Stufen
	c	$M_1 + M_2$ Stufen
	d	$M_1 + M_2 + M_3$ Stufen

In dieser Stufenskala nimmt der Veränderliche einen anderen Platz ein, sobald seine Helligkeit anders geschätzt wurde. Er hat dann verschiedene Stufenwerte. In diesem Beispiel:

Stufenwert S_1 des Veränderlichen am 1. Abend

$$S_1 = \frac{0 + m_1 + M_1 - n_1 + M_1 + M_2 - p_1 + M_1 + M_2 + M_3 - q_1}{4}$$

Stufenwert S_2 des Veränderlichen am 2. Abend

$$S_2 = \frac{0 + m_2 + M_1 + n_2 + M_1 + M_2 - p_2 + M_1 + M_2 + M_2 - q_2}{4}$$

Stufenwert S_3 des Veränderlichen am 3. Abend

$$S_3 = \frac{0 + m_3 + M_1 + n_3 + M_1 + M_2 + p_3 + M_1 + M_2 + M_3 - q_3}{4}$$

Es empfiehlt sich, bei dieser letzten Berechnung den Stufenanzahlen, um die sich der Veränderliche von 0, M_1, $(M_1 + M_2)$ und $(M_1 + M_2 + M_3)$ unterscheidet, nur halbes Gewicht zu geben, sobald dieser Unterschied größer als 3 ist. Soll z. B. den Unterschieden zwischen V und $(M_1 + M_2)$ und zwischen V und $(M_1 + M_2 + M_3)$ nur halbes Gewicht gegeben werden, so ist

$$S_1 = \frac{2(0 + m_1) + 2(M_1 - n_1) + (M_1 + M_2 - p_1) + (M_1 + M_2 + M_3 - q_1)}{6}$$

$$S_2 = \frac{2(0 + m_2) + 2(M_1 + n_2) + (M_1 + M_2 - p_2) + (M_1 + M_2 + M_3 - q_2)}{6}$$

$$S_3 = \frac{2(0 + m_3) + 2(M_1 + n_3) + (M_1 + M_2 + p_3) + (M_1 + M_2 + M_3 - q_3)}{6}$$

Mit diesem Stufenschätzverfahren läßt sich der gesamte Verlauf der Lichtkurve eines Veränderlichen, also auch die *Periodenlänge* und die Lage und Tiefe der *Maxima* und *Minima* ermitteln.

δ) *Die Bildung der Helligkeitsskala*

Die Stufenskala ist eine Skala, die je nach dem Beobachtungsgeschick des Beobachters in großen oder kleinen Stufen voranschreitet. Teilt man in einem rechtwinkligen Achsensystem die Abszisse in so viele Teile, wie die Stufenskala ganze Stufen umfaßt und unterteilt man die Ordinate nach den ganzen Größenklassen der Veränderlichen, trägt man dann zu den Stufenwerten 0, M_1, $(M_1 + M_2)$, $(M_1 + M_2 + M_3)$ der Vergleichssterne ihre photometrische Helligkeit (Katalog-helligkeit) auf, so erhält man eine Folge von Punkten, die im idealen Falle auf einer Geraden liegen. Dann ist jede Stufe so groß wie ein bestimmter, gleichbleibender Helligkeitsunterschied, z. B. 0.08 Größenklassen. Je flacher die Gerade ansteigt, desto empfindsamer das Auge und das Schätzungsvermögen des Beobachters.

Meist liegen die Punkte nicht auf einer Geraden. Dann muß eine Kurve so gelegt werden, daß die in der Ordinatenrichtung verlaufenden Abstände der Punkte von der Kurve möglichst klein sind. Das gelingt bei vorsichtigem Zeichnen nach Augenmaß mit einem Gummilineal. Je weniger die entstandene Kurve gekrümmt ist,

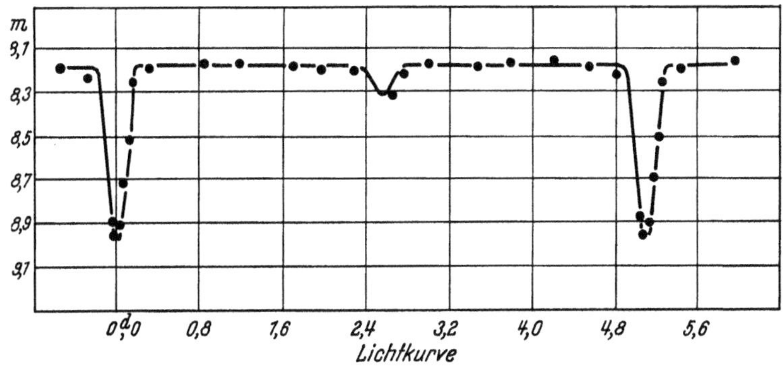

Stern	BD	Größe	$\Delta\alpha$	$\Delta\vartheta$
f	+ 65°1774	7m,9	−2m50s	−40′,0
a	+ 66 1535	8,3	+7 34	+ 0,7
b	+ 66 1517	8,7	−1 55	−14,9
g	+ 66 1528	9,0	+2 49	+ 0,8

Vergleichssterne

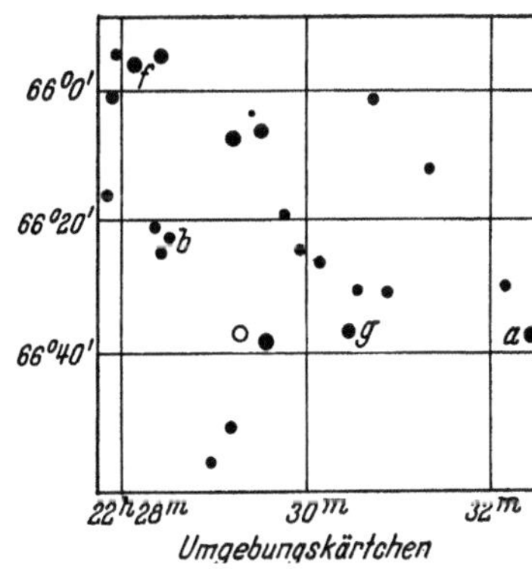

Abb. 2. Der Veränderliche XZ Cephei. (Nach H. Schneller, Veröff. Univ. Sternwarte Berlin-Babelsberg, Band VIII, Heft 6, S. 45.)

desto gleichmäßiger sind die Stufen des Beobachters in dem überblickten Helligkeitsbereich. An Hand dieser Kurve lassen sich die Stufenwerte des Veränderlichen in Größenklassen angeben. Mit den so erhaltenen Größenklassen des Veränderlichen wird *die Lichtkurve* gezeichnet (s. Abb. 2). Dabei muß wieder eine Kurve durch eine Folge von Punkten so gelegt werden, daß die Punkte möglichst dicht über oder unter der Kurve liegen.

ε) Die Berücksichtigung von Beobachtungsfehlern

Die S. 270 genannten Fehler lassen sich in fast allen Beobachtungen nachweisen, wie die Untersuchungen an langen Beobachtungsreihen gezeigt haben. Von ihrem Vorhandensein überzeugt man sich, wenn man die Werte

$$\frac{\text{Größenklassendifferenz je zweier Vergleichssterne}}{\text{geschätzte Stufenanzahlen zwischen ihnen}}$$

für einzelne Abende, Wochen und Jahre, für Vormitternachts- und Nachmitternachtsbeobachtungen, für große und kleine Zenitdistanzen, für hellere und schwächere Vergleichssterne, für nahestehende und weiter abstehende Vergleichssterne usw. bildet. Dann zeigt sich, welche Beobachtungen mit vollem oder nur mit teilweisem Gewicht bei der Ermittlung der M- und S-Werte eingesetzt werden können. Eine solche *Gewichtszuteilung* ist auf S. 276 durchgeführt. Der rechnerisch geschulte Beobachter kann Korrektionswerte errechnen.

ζ) Andere Stufenschätzmethoden

In der Pogsonschen Stufenschätzmethode wird ein Helligkeitsunterschied zwischen 2 Sternen nicht nach den Herschel-Argelanderschen Stufen geschätzt, sondern in Einheiten von je 0.1 Größenklassen angegeben. Wie groß der entsprechende Helligkeitsunterschied ist, muß an Sternen genau bekannter, geringer Größenklassendifferenz eingeprägt werden. Dann liefert diese Stufenschätzmethode sofort die geschätzte Helligkeit in Größenklassen. Sie steht in ihrer Genauigkeit weit unter der Herschel-Argelanderschen Stufenschätzmethode.

Auf die hier nicht geschilderten Stufenschätzmethoden nach E. C. PICKERING (Interpolationsmethode), PEREPELKIN, NIJLAND, SCHÖNFELD und HAGEN sei hingewiesen[1].

6. Helligkeitsmessungen

a) Visuelle Helligkeitsmessungen

Visuelle Helligkeitsmessungen mit Photometern werden auf Gleichheitsschätzungen zurückgeführt. Dabei wird die vorzügliche Fähigkeit unseres Auges, in einem mittleren Helligkeitsbereich sehr kleine Helligkeitsunterschiede von punktförmigen und flächenhaften Objekten zu erkennen, benützt (s. S. 268). Der kleinste Helligkeitsunterschied, der erkannt wird, liegt bei 0.05 bis 0.15 Größenklasse. Wird er unterschritten, so sieht das Auge beide Objekte gleich hell. Die Genauigkeit einer Einzelschätzung liegt deshalb bei 0.1 Größenklasse. Die gleiche oder annähernd gleiche Helligkeit der Beobachtungsobjekte wird in den hier vorgeschlagenen Photometern herbeigeführt, indem eine künstliche Lichtquelle durch einen Neutralkeil (Grauglaskeil) so abgeschwächt wird, bis sie so hell erscheint wie das Beobachtungsobjekt (*Graffsches Photometer*, s. S. 58) oder indem die Flächenhelligkeit des extrafokalen Bildchens im Fernrohr durch Verschieben des Okularauszuges so verändert wird, daß sie gleich hell gesehen wird wie eine aktiv leuchtende Fläche (*Gramatzkisches Flächenphotometer*, s. S. 59). Flächenphotometer gestatten also extrafokale Sternbildchen mit extrafokalen Sternbildchen oder flächenhafte Objekte (Nebel, Kometenkopf) mit extrafokalen Sternbildchen zu vergleichen.

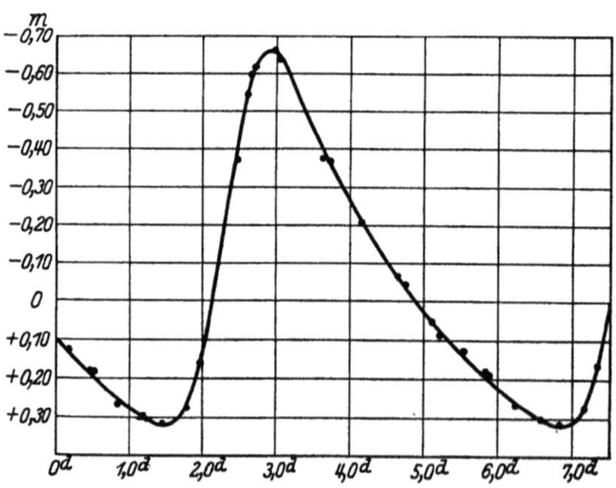

Abb. 3. Lichtkurve von δ Cephei nach lichtelektrischen Messungen von P. GUTHNICK. Aus Astronomische Nachrichten **208**, 171 (1919). Periode 5ᵈ366.

Die *künstliche Lichtquelle* muß eine konstante Helligkeit haben. Das erreicht man, wenn das elektrische Glühbirnchen im Graffschen Photometer an einen Akku angeschlossen ist, der als Pufferbatterie dient (Stromentnahme aus dem nicht voll

[1] Handbuch der Astrophysik I und II. Berlin: Springer 1931.

aufgeladenen Akku, der zum mäßigen Aufladen an den Gleichrichter angeschlossen ist). Aktiver Leuchtstoff, z. B. Mesothorium, ändert seine Leuchtkraft in einem Jahr nur um wenige Prozent[1].

Das beobachtete Objekt muß innerhalb einer Beobachtungsreihe immer mit den möglichst gleichfarbigen Sternen ein und desselben Katalogs verglichen werden. Wird ein Farbfilter benutzt, so muß es während sämtlicher Beobachtungen am gleichen Objekt benutzt werden, und außerdem muß die Keilkonstante für das benutzte Farbfilter bestimmt sein. Die gemessene Helligkeit gilt nur in bezug auf den Helligkeits-Katalog, dem die Anschlußsterne entnommen sind. Diese sind immer genau anzugeben.

Von *flächenhaften Objekten* wird entweder die Gesamthelligkeit (Lichtstärke) oder die Helligkeit der Flächeneinheit (Flächenhelligkeit, Leuchtdichte) gemessen. Sieht das Auge das Bildchen im Okular unter einem kleinen scheinbaren Winkel, z. B. auf völlig dunklem Himmel unter einem Winkel $< 20'$, bei hellem Himmel unter einem Winkel $< 1'$ (s. S. 14), so faßt es das flächenhafte Objekt wie ein punktförmiges auf. Dann darf ein Punktphotometer benutzt werden.

Hat z. B. das Objekt am Himmel einen Durchmesser von $1'$, so darf es bei völlig dunklem Himmel höchstens auf $20'$ vergrößert werden (Vergrößerung 20fach), wenn ein Punktphotometer benutzt werden soll. Es ist zu prüfen, ob bei einer so schwachen Vergrößerung die Austrittspupille auch wirklich kleiner ist als die Augenpupille (s. S. 8).

Überschreitet die Größe des zu photometrierenden Objektes die angegebenen Grenzen, so muß ein Flächenphotometer benutzt werden. Ein Graffsches Photometer der ausführlichen Bauart kann in ein Flächenphotometer umgeändert werden (s. Abb. 26, S. 57).

Jedes Beobachtungsobjekt ist durch die Himmelshelligkeit verstärkt. Die Himmelshelligkeit darf man im Durchschnitt zu 4 Größenklassen pro Quadratgrad annehmen. Die Helligkeit eines Sternes S, dessen Bildchen durch Beugung, Abbildungsfehler, Luftunruhe und ungenaue Fokussierung einen Durchmesser von $5'$ und die Fläche $1.5 \cdot 10^{-6}$ Quadratgrad hat, erscheint dann um die Helligkeit eines Sternes F der Größenklasse

$$m_F = 4 + 2.5 \log \frac{1}{1.5 \cdot 10^{-6}} = 16.5$$

verstärkt. Die Gesamthelligkeit m (Sternbildchen + Himmelsgrund) ist dann

$$m = m_S - 2.5 \log \left(1 + \frac{i_F}{i_S}\right) \quad \text{wo}$$

$$\frac{i_F}{i_S} = 2.512^{-m_F + m_S}$$

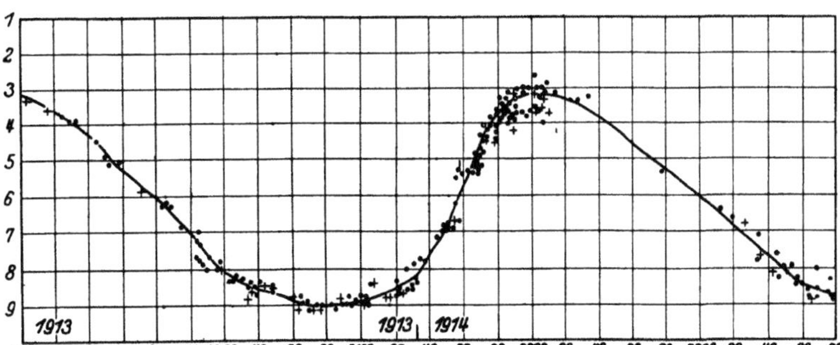

Abb. 4. Lichtkurve von o Ceti. Aus Handbuch der Astrophysik, Bd. VI, S. 100. Berlin: Springer 1931.

[1] N. Richter: Radioaktive Kristallphosphore als photometrische Standardlichtquellen. Die Sterne **29**, 196 (1953).

Ein Stern 12. Größe wird auf einem Himmelsgrund von 4^m pro Quadratgrad um 0^m027 heller. Der entstehende Fehler ist geringer als die Genauigkeit einer visuellen photometrischen Messung und deshalb zu vernachlässigen.

Der *Himmelsgrund* wird bei fokaler wie extrafokaler Einstellung in der gleichen Flächenhelligkeit abgebildet, solange die Augenblende nicht verändert wird. Es gilt der Satz: „Die Leuchtdichte des — sei es fokalen, sei es extrafokalen — Bildes des Himmelsgrundes ist der nicht abgeblendeten Fläche der Austrittspupille proportional“[1]. Man kann deshalb die beobachtete Helligkeit des Himmelsgrundes verändern durch eine passende Wahl der Augenblende.

b) Helligkeitsmessungen mit lichtelektrischen Photometern

Die genauesten Helligkeitsmessungen kann man mit lichtelektrischen Photometern durchführen. (s. S. 60) Der Ausschlag des Meßinstrumentes, das den Photostrom mißt, ist in einem weiten Bereich proportional der aufgefangenen Strahlungsmenge. Die Größe des vom Objektiv erzeugten Bildes des Beobachtungsobjektes ist ohne Bedeutung: von einem Stern wird wie von einem Nebel die gesamte aufgefangene Strahlung registriert.

Der Lichtfleck auf der Photozellenschicht soll nicht ganz klein werden. Dazu wird die Photozelle ein wenig in der optischen Achse verschoben. Will man ein kreisförmiges Areal von w'' Durchmesser am Himmel ausblenden, so muß der Blendendurchmesser y' nach Formel 21 (s. S. 21) aus der Brennweite f des Objektivs berechnet werden.

Die normale Luftunruhe spielt für das lichtelektrische Photometer keine Rolle. Die Farbempfindlichkeit der verwendeten hydrierten Alkalimetalle ist sehr verschieden (s. S. 35). Die Farbempfindlichkeit einer Cäsium-Zelle mit dem Empfindlichkeitsmaximum bei 0.000550 mm Wellenlänge kommt der des Auges am nächsten. Die Strahlungsmessungen mit dem lichtelektrischen Photometer müssen genau so wie jede andere Strahlungsmessung oder Helligkeitsmessung an einen Helligkeitskatalog angeschlossen werden. Besitzt die lichtelektrische Zelle die gleiche Farbempfindlichkeit wie die Aufnahmeapparatur, mit der die Helligkeiten der benutzten Katalogsterne ermittelt worden sind, so können die letzteren ohne Rücksicht auf ihre Farbe zum Helligkeitsvergleich herangezogen werden. Andernfalls sind nur die Sterne gleicher Farbe (Spektraltyp) brauchbar. Lichtelektrische Messungen sind tunlichst an die von H. L. JOHNSON angegebenen Sterne anzuschließen (s. S. 283).

Bei der lichtelektrischen Photometrie muß abwechselnd mit den Vergleichssternen auch der benachbarte, sternlose Himmelsgrund gemessen werden. Die Ablesungen am Meßinstrument müssen von denjenigen abgezogen werden, die bei Messung des zu photometrierenden Objektes (Sternes, Nebels, Kometenkopfes usw.) erhalten wurden.

Auf die wichtigen Fragen beim Führen und Halten des Sternbildchens auf der Öffnung des Photometers, Beseitigen und Herunterdrücken des Dunkelstromes und schließlich auch Überwachung der Ermüdung der Photozelle sei hingewiesen.

c) Helligkeitsmessungen mittels photographischer Aufnahmen

Über photographische Instrumente und photographische Platten ist auf S. 31 und 69 berichtet. Für den Fachastronomen stellt die photographische Platte nach einer Himmelsaufnahme ein Dokument dar, das noch einige Jahrzehnte nach der Belichtung nachgeprüft und ausgewertet werden kann. Die Auswertung kann den Ort und die Helligkeit einzelner Sterne, die Anzahl der Sterne und die Dichte

[1] Handbuch der Astrophysik II, S. 200, Berlin: Springer 1931.

und Ausdehnung der interstellarer Materie betreffen. Die wertvollste Eigenschaft der Photoplatte aber ist die Fähigkeit, die aufgefangene Strahlung gespeichert zur Wirkung zu bringen und deshalb noch Sterne sichtbar zu machen, deren Bildchen eine Flächenhelligkeit haben, die nur knapp über der des Himmelsgrundes liegt. Wenn der Amateurastronom sich diese Vorteile der Photoplatte zunutze machen

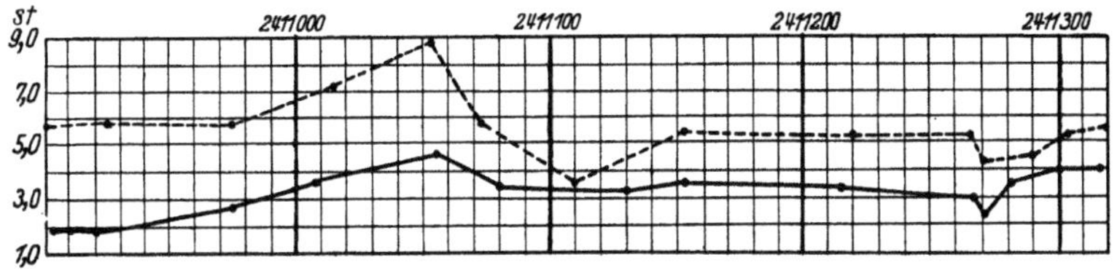

Abb. 5. Lichtkurven von α Cassiopeiae (oben) und μ Cephei (unten) nach PLASSMANN. Aus Handbuch der Astrophysik Bd. VI, S. 167. Berlin: Springer 1931.

will, dann muß er damit rechnen, daß sich die Photoplatte nicht leicht zu präzisen Aussagen bereit findet. Der Fachastronom verwendet zur Auswertung photographischer Aufnahmen meist recht komplizierte Methoden und Apparate. Am schwierigsten von allen Auswertungen ist die photometrische. Es kann nicht die Aufgabe des Amateurastronomen sein, die in den großen Sternwarten durchführbare, photographische Photometrie im Kleinen nachzumachen. Vielmehr soll der Amateurastronom auch auf diesem Gebiete eine Beobachtungsmethode anwenden, die seinen besonderen Möglichkeiten entspricht und mit der er wirkungsvoll arbeiten kann. Als einzige bisher bekannte Methode empfiehlt sich auch hier wieder die Herschel-Argelandersche Stufenschätzmethode, die sich bereits in der visuellen Photometrie als die beste Beobachtungsmethode des Amateurastronomen bewährt hat.

Genau wie in der visuellen Beobachtung wird sie in der photographischen so durchgeführt, daß die unbekannte Helligkeit eines veränderlichen Sterns an die genau bekannte Helligkeit von Vergleichssternen angeschlossen wird. Die Vergleichssterne müssen möglichst unter denselben Bedingungen aufgenommen werden wie der Veränderliche. Es wird meist nicht möglich sein, auf der Aufnahme des Veränderlichen zugleich eine ausreichende Anzahl von Vergleichssternen zu finden, die nach Helligkeit und Farbe dem Veränderlichen so nahe kommen, daß sie für einen Vergleich nach der Stufenschätzmethode geeignet sind. Zudem sollen sich die Bilder der Vergleichssterne in nahezu dem gleichen Abstand von der optischen Achse befinden wie der Veränderliche. Dann wirken sich die Abbildungsfehler in gleicher Weise auf den Veränderlichen und die Vergleichssterne aus, und beide können ohne weiteres miteinander verglichen werden (s. S. 29).

Die Astronomen haben in der *Internationalen Polsequenz* (s. Tab. 26 im Anhang), in den *Kapteynschen Eichfeldern* (selected areas) und in den *Harvard Standard Regions* Sternfelder festgelegt, die photometrisch genau gemessen worden sind. Außerdem sind die Sterne der Sternhaufen Plejaden und Praesepe genau bekannt, so daß auch sie als Vergleichssterne herangezogen werden können. Natürlich wählt man immer das Sternenfeld zum Vergleich aus, das dem Veränderlichen am nächsten steht. Das Sternenfeld mit den Vergleichssternen muß auf dieselbe Platte aufgenommen werden wie der Veränderliche. Dafür muß ein Teil der Photoplatte freigehalten werden. Die Aufnahme des Veränderlichen und die der Vergleichssterne müssen unmittelbar nacheinander erfolgen. Um die vom Plattenort abhängigen Abbildungsfehler zu vermeiden, sollte die Kassette mit der Photoplatte so zu verschieben sein, daß jede Plattenhälfte bei der jeweiligen Belichtung symmetrisch zur optischen Achse steht. Dann wird der Veränderliche ebenso wie die Vergleichssterne leicht in der Nähe der Gesichtsfeldmitte abzubilden sein. Aber auch ohne eine solche Verschiebung kann durch passende Wahl des Sterns, auf den die Fernrohrachse während der Aufnahme gerichtet wird (*Leitstern*), erreicht werden, daß der Veränderliche und die Vergleichssterne im gleichen Abstand von der Gesichtsfeldmitte auf die Platte kommen. Die Helligkeit des Veränderlichen wird nach der Herschel-Argelanderschen Stufenschätzmethode ermittelt. Es ist dabei zu prüfen, ob die Helligkeit der Vergleichssterne wegen unterschiedlicher (differentieller) Extinktion gegenüber der des Veränderlichen mittels der Tabelle 2, S. 313 zu korrigieren ist.

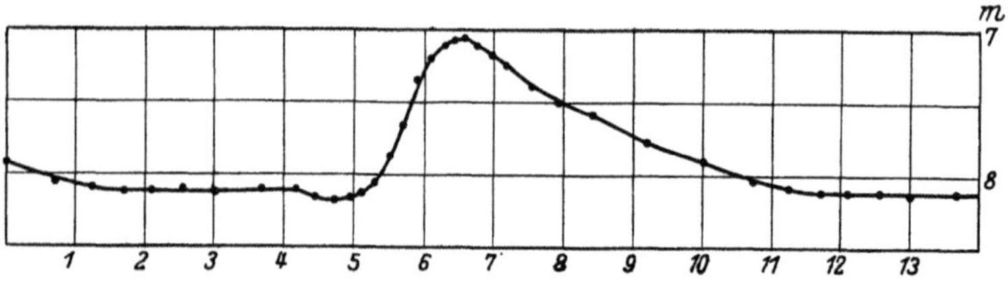

Abb. 6. Lichtkurve von RR Lyrae nach photographisch-photometrischen Messungen von Hertzsprung. Aus Handbuch der Astrophysik, Bd. VI, S. 188. Berlin: Springer 1931.

Jede photographische Aufnahmeapparatur (Fernrohr + Farbfilter + Photoplatte) hat eine bestimmte Farbempfindlichkeit; rötliche Sterne erzeugen auf Blauplatten geringere Schwärzungen als weißstrahlende Sterne gleicher Gesamthelligkeit. Die Abstufung der Schwärzungen, die von den Sternen verschiedener Helligkeit herbeigeführt wird, ist deshalb nicht bei jeder Aufnahmeapparatur dieselbe. Soll ein Stern veränderlicher Helligkeit und Farbe oder sollen mehrere Sterne

Tabelle 4. *Kombinationen von Photoplatten und Farbfiltern zur Helligkeitsmessung in engen Farbbereichen*[1]

Photoplatte	Farbfilter (Schott)	Empfindlichkeitsschwerpunkt in mμ	Quelle
Agfa V 8301	UG 11	356	Güssow
Agfa Spektral Blau Rapid	UG 1	357	Jaschek
Blauplatte	UG 2	373	Becker
Blauplatte	BG 3 + GG 13	424	Becker
Agfa V 8301	GG 13	433	Güssow
Agfa Astro	BG 5	446	Jaschek
Agfa Spektral Blau Rapid	VG 4	476	Jaschek
Blauplatte	GG 11	481	Becker
Agfa Astro	GG 14	505	Jaschek
Agfa Isochrom	GG 14	546	Jaschek
Raman panchrom.	BG 23 + GG 14	552	Güssow
Orthochrom. Platte	GG 11	562	Becker
Agfa Mikro	OG 2	575	Jaschek
Gevaert ultra panchro 8000	OG 2	602	Jaschek
Gevaert ultra panchro 8000	RG 2	634	Jaschek
Isopan Platte	RG 1	638	Becker
Agfa Spektral Rot Rapid	RG 5	660	Jaschek
Infrarot Platte	RG 2	715	Becker

[1] W. Becker: Sterne und Sternsysteme. 2. Aufl., S. 20. Dresden und Leipzig: Verlag Theodor Steinkopff 1950.
K. Güssow: Zur photographischen Photometrie im U, B, V-System. Die Sterne **32**, 30 (1956).
W. Jaschek: Die Prüfung von photographischen Astroobjektiven. Photographische Korrespondenz **87**, 11 (1954).

unterschiedlicher Helligkeit und Farbe in die Helligkeitsskala eines Sternkataloges eingeordnet werden, so muß die Aufnahmeapparatur dieselbe Farbempfindlichkeit besitzen, wie diejenige, mit der die Sternhelligkeiten des Kataloges ermittelt worden sind. Dann lassen sich die Katalogsterne sämtlicher Farben (Spektraltypen) zum Helligkeitsvergleich mit den zu photometrierenden Sternen heranziehen. Die Empfindlichkeit einer Aufnahmeapparatur braucht nicht für jede Farbe (Wellenlänge) untersucht zu werden. Die Farbempfindlichkeit zweier Apparaturen wird bereits dann als gleich erachtet, wenn der Energieschwerpunkt der in ihnen wirksamen Strahlung bei der gleichen Wellenlänge *(isophote Wellenlänge)* liegt. Wie die isophote Wellenlänge ermittelt wird, ist u. a. von BECKER[1] angegeben worden. In Tabelle 4, S. 282 ist eine Reihe von Platte-Filter-Kombinationen angegeben, deren Empfindlichkeitsmaximum untersucht ist. Helligkeitsmessungen sollten immer in einem gut bekannten und möglichst eng begrenzten Farbbereich vorgenommen werden. Dieser Farbbereich ist zu nennen. Helligkeitsmessungen werden neuerdings tunlichst in vereinbarten, engen Farbbereichen vorgenommen. Als,, Internationales photometrisches System" wurde von der *Internationalen Astronomischen Union* (IAU) das von JOHNSON und MORGAN[2] angegebene bestimmt. Es wird praktisch durch die in Tabelle 4, S. 282 angegebenen Platten-Filter-Kombinationen nach GÜSSOW befolgt.

Die Sternbildchen werden auf der photographischen Platte nicht alle in derselben Schärfe abgebildet. Sind die Bildchen auf der optischen Achse, also in der Plattenmitte, dem Brennpunkt am nächsten, so nimmt die Bildschärfe nach dem Plattenrande hin ab (s. S. 29). Photographiert man eine Folge von Sternen verschiedener Helligkeit mehrmals nacheinander so, daß sie in verschiedenen Abständen von der Plattenmitte abgebildet werden, so zeigt sich, daß zu gleichstarken Schwärzungen der Bildchen etwas verschiedene Sternhelligkeiten gehören. Diese Unterschiede kann man durch sorgfältigen Vergleich der Schwärzungen feststellen und ihnen durch Anbringen einer Korrektion an Hand einer gezeichneten Korrek-

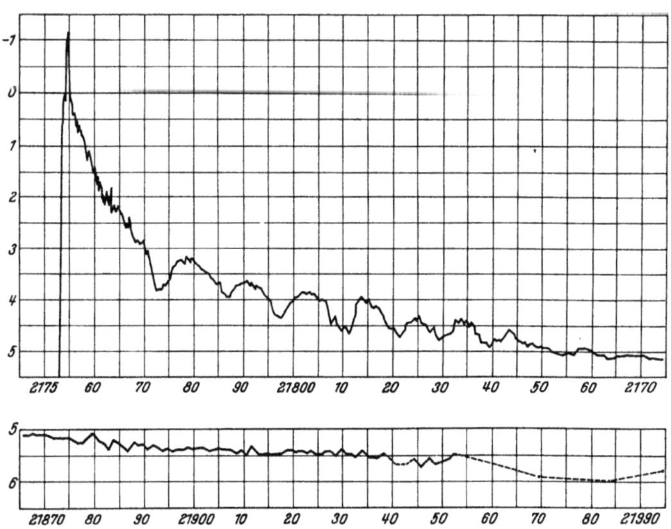

Abb. 7. Lichtkurve der Nova Aquilae 1918. Aus Handbuch der Astrophysik, Bd. VI, S. 263. Berlin: Springer 1931.

[1] W. BECKER: Sterne und Sternsysteme. 2. Aufl. S. 6. Dresden und Leipzig: Theodor Steinkopff 1950.

[2] H. L. JOHNSON u. W. W. MORGAN: Fundamental stellar photometry.... The Astrophysical Journal **117, 313 (1953).**

tionskurve Rechnung tragen. Man nennt diese Korrektionen Zonen- oder Feldkorrektionen. Sie verlaufen meist stetig zunehmend von der Plattenmitte zum Plattenrand. Zeigt sich auch eine Abhängigkeit der Korrektionswerte von der Richtung (Positionswinkel), so verläuft die Plattenebene nicht senkrecht zur optischen Achse oder das Objektiv bzw. der Spiegel der Kamera hat Zonenfehler. Dann ist die Korrektion kompliziert.

Zum Vergleich der Sternbildchen auf einer Platte bedient man sich zweckmäßig einer Hilfsskala. Diese soll eine dichte Folge von Bildchen umfassen, die zu genau abgestuften Sternhelligkeiten gehören. Sie wird auf einer gesonderten Photoplatte durch zeitlich genau abgestufte Belichtung mit einer natürlichen oder künstlichen punktförmigen Lichtquelle konstanter Helligkeit oder auch einer Folge von Sternen bekannter Helligkeit erzeugt. Sind t_1 und t_2 zwei Belichtungszeiten, so unterscheiden sich die Bildchen derselben Lichtquelle um die Größenklassendifferenz

$$m_2 - m_1 = -2.5\,p\,(\log t_1 - \log t_2)$$

Dem Faktor p kann man den Wert 0.85 geben. Diese Skala wird durch Vergleich mit den Bildchen desjenigen Sternkataloges geeicht, der zur Bestimmung der Helligkeit des Veränderlichen oder des Planetoiden usw. benutzt werden soll. Die Skala ist an Hand jeder Aufnahme neu zu eichen. Mit ihr wird die zu photometrierende Lichtquelle gemessen.

7. Die Auswertung photometrischer Beobachtungen veränderlicher Sterne

a) Die Erarbeitung der Lichtkurve

Die *Beobachtungszeit* wird während der Beobachtung an Hand einer Uhr genau aufgeschrieben (Jahr, Monat, Tag des Gregorianischen Kalenders und Stunde und Minute in MEZ). Der *Uhrstand* wird am Beobachtungsabend vor und nach der Beobachtung bestimmt und aufgeschrieben (s. S. 59). Die Korrektion wegen Uhrstand wird also nicht während der Beobachtung angebracht. Bei der späteren Bearbeitung der Beobachtungen wird der Uhrstand an die Beobachtungszeit angebracht und diese in Weltzeit (mittlere Zeit Greenwich = MEZ — 1 Stunde) umgerechnet. Danach wird Jahr, Monat und Tag des Gregorianischen Kalenders in die Zeitangabe nach der *Julianischen Periode* umgewandelt. Diese läuft mit dem astronomischen Datum —4712 Januar 1 mittlerer Greenwicher Mittag beginnend in reiner Tageszählung fort, wobei jeder Tag mit 12 Uhr Weltzeit beginnt und 1960 Januar 0 (d. i. 1959 Dezember 31 im Gregorianischen Kalender) 12 Uhr Weltzeit dem Julianischen Datum 2436934.000 entspricht. Die Tageszeit der Beobachtung wird in Bruchteilen des Tages der Julianischen Periode angegeben; z. B. 1960 Januar 1, 19 Uhr MEZ (18 Uhr Weltzeit) = 2436935.250. Eine Tabelle zur Umwandlung unseres Kalenderdatums in die seit Beginn der Julianischen Periode verflossenen Tage und eine weitere Tabelle zur Umwandlung der Tageszeit in Bruchteile des Tages finden sich als Tabellen 7 und 8 im Anhang.

Die während der Beobachtung notierte Beobachtungszeit ist diejenige, in der das Licht des Veränderlichen die Erde erreicht hat (geozentrische Zeit). Steht der Stern z. B. in der Ekliptik, so ist ihm die Erde während ihres jährlichen Umlaufs um die Sonne einmal um 1 Astronomische Einheit näher und einmal ferner als die Sonne. Das Licht des Veränderlichen erreicht dann die Erde im Mittel um 8.317 Minuten früher oder später. Dieser Unterschied ist bei kurzperiodischen Veränderlichen und bei Bedeckungsveränderlichen von Bedeutung. Um in jedem Fall eine einheitliche Zeitangabe zu haben, wird die Beobachtungszeit auf den Mittelpunkt der Sonne umgerechnet (reduziert). Man erhält *heliozentrische Zeit*. Das geschieht mittels der geozentrischen Länge L der Sonne und der Breite β und der Länge λ des Sterns nach der Beziehung

(7) Heliozentrische Zeit =

$$\text{Geozentrische Zeit} + 8^{\mathrm{m}}\!.317 \cos\beta \times \sin(L + 270° - \lambda).$$

Die einzelnen Helligkeitsschätzungen und -messungen eines Veränderlichen sind mit *zufälligen Fehlern* behaftet. Diese lassen sich durch *Mittelbildung* entfernen, wenn eine große Anzahl von Beobachtungen innerhalb einer Lichtwechselperiode vorliegt. Die Mittelwerte dürfen nur aus einem kleinen Zeitabschnitt der Lichtwechselperiode gebildet werden; z. B. aus je 10 Tagen, wenn die Periode mehrere Monate umfaßt. Diese Teilabschnitte zur Mittelbildung können auch aufeinander übergreifen. Die Mittelbildung läßt sich auch graphisch durchführen, indem in einer graphischen Darstellung mit vielen Beobachtungswerten jeder Punkt mit den beiden nachfolgenden zu einem Dreieck verbunden wird, dessen Schwerpunkt nach Augenmaß eingezeichnet werden kann. Man erhält eine etwas geglättete Kurve. Das Verfahren läßt sich wiederholen. Man erhält eine Punktfolge, die den allgemeinen Verlauf der Lichtkurve erkennen läßt und in die eine Kurve als Lichtkurve eingezeichnet werden kann.

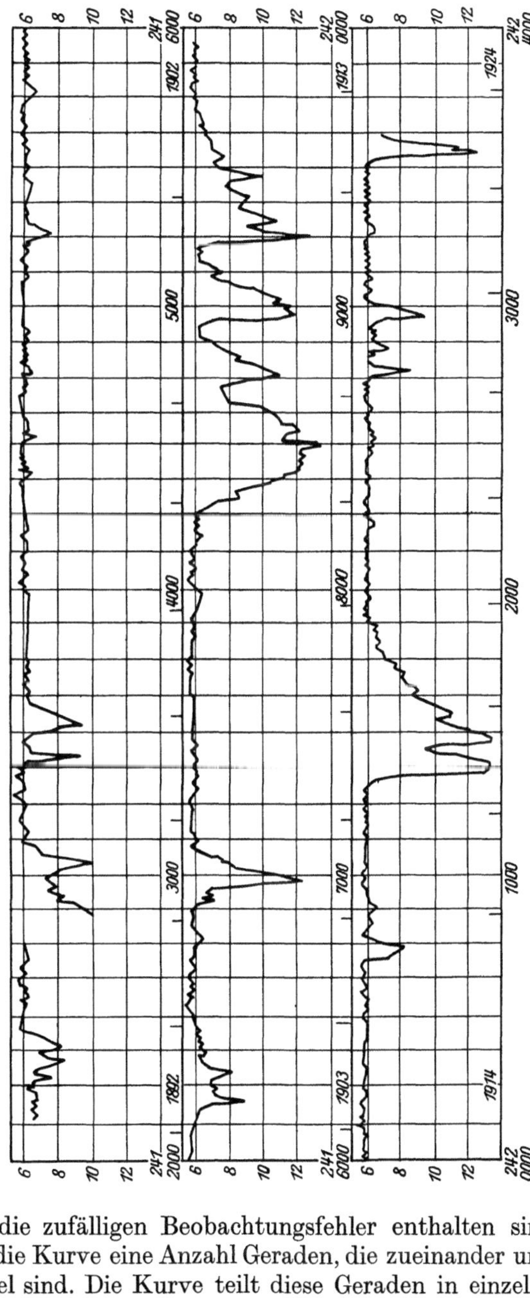

Abb. 8. Lichtkurve von R Coronae borealis für 1892 bis 1923. Aus Handbuch der Astrophysik, Bd. VI, S. 72. Berlin: Springer 1931.

Die Bestimmung der Zeit des größten Lichtes *(Maximum)* und des schwächsten Lichtes *(Minimum)* kann man nur an Kurven durchführen, in denen nicht mehr die zufälligen Beobachtungsfehler enthalten sind (siehe oben). Man zieht durch die Kurve eine Anzahl Geraden, die zueinander und zur Zeitachse (Abszisse) parallel sind. Die Kurve teilt diese Geraden in einzelne Teile. Jeder Teil wird halbiert. Die Verbindungslinie der Halbierungspunkte trifft die Kurve ziemlich gut im Maximum oder Minimum.

Die Länge der *Lichtwechselperiode* erhält man mit ziemlich guter Annäherung, wenn sich die Beobachtungen über viele Perioden erstrecken. Man wählt 2 gut ausgeprägte Minima oder Maxima am Anfang und am Ende der Beobachtungszeit aus und dividiert die dazwischenliegende Zeit durch die Anzahl der Perioden. Das Ergebnis ist die *mittlere Periode.*

Ein praktisches Verfahren zur *Bestimmung der Lichtkurve* besteht darin, daß die gesamte Folge von ungemittelten Beobachtungswerten über mehrere Perioden hinweg in Teile von Periodenlänge unterteilt wird. Sind, wie das meist der Fall ist, die Minima besser ausgebildet als die Maxima, so wird die Teilung ungefähr an den Maxima vorgenommen. An diesen Stellen wird die graphische Aufzeichnung der Beobachtungswerte durchschnitten und die Teile werden parallel übereinander geschoben, bis sich die Minima oder Maxima nahezu decken. Die auf transparentes Papier gezeichneten Kurventeile lassen sich dann so übereinanderrichten, daß sie möglichst wenig voneinander abweichen. Nach Augenmaß wird dann eine *mittlere Lichtkurve* gezogen.

In den Abbildungen 3 bis 10 sind die charakteristischen Lichtkurven verschiedener Veränderlicher wiedergegeben, s. auch Tab. 27, S. 334.

8. Zur Photometrie der kleinen Planeten[1]

Der größte der kleinen Planeten (Planetoiden, Asteroiden), (1) Ceres, hat einen Durchmesser von 740 km und ist in der Opposition 1.77 AE (astronomische Einheiten; 1 AE = 149600000 km) von der Erde entfernt. Nach Formel (8), S. 9 wird er dann von der Erde aus unter dem Blickwinkel

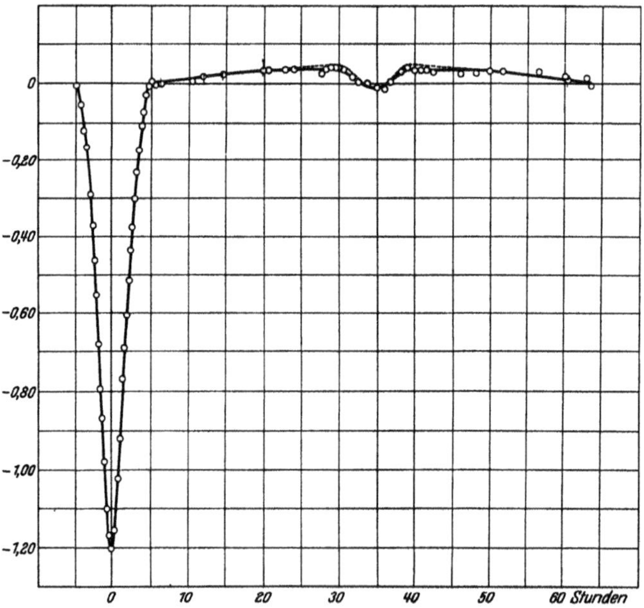

Abb. 9. Lichtkurve des Bedeckungsveränderlichen β-Persei (Algol). Aus Handbuch der Astrophysik, Bd. VI, S. 428. Berlin: Springer 1931.

[1] Für Beobachter von Interesse ist das *Minor Planets Circular*, herausgegeben vom Cincinnati Observatory, Observatory Place, Cincinnati, Ohio, USA. Dann s. auch S. 232 in diesem Buch.

$$w = \frac{740 \cdot 57.^\circ 296}{1.77 \cdot 1.496} \cdot 10^{-8} = 0.6 \text{ Bogensekunden}$$

gesehen. Nach Formel (14) S. 12 müßte dann das Fernrohr einen Öffnungsdurchmesser von $\frac{13.''8}{0.''6} = 23$ cm besitzen, um Ceres in der Opposition als Scheibchen zu zeigen. Planetoiden – ausgenommen sehr erdnahe Objekte wie z. B. zeitweise Eros – werden also mit den üblichen Fernrohren als Punkte gesehen und können deshalb wie punktförmige Lichtquellen photometriert werden. Auch das Auflösungsvermögen einer Photoplatte wird bei Aufnahme eines kleinen Planeten nicht erreicht, wie aus Formel (21), S. 21 folgt.

Ein Planetoid, d. h. kleiner Wandelstern, verrät sich vielmehr durch seine Bewegung. Da die mittlere Entfernung der Planetoiden bei 3 AE liegt, so ist die Umlaufszeit nach dem 3. Keplerschen Gesetz etwa 5 Jahre und die mittlere tägliche, heliozentrische Bewegung ist ungefähr 0.2 Grad. Nach einem Sterntag beobachten wir von der Erde aus, daß sich der Abstand des Planetoiden von einem Fixstern gleicher Breite um 0.4 Grad verändert hat. Wird eine Kamera mit $f = 100$ cm nicht dem Planetoiden, sondern einem benachbarten Fixstern nachgeführt, so zeichnet der Planetoid nach Formel (21) S. 21 in einer Stunde einen Strich von der Länge

$$y' = 100 \text{ cm} \cdot \frac{0.^\circ 4}{24 \cdot 57.^\circ 296} = 0.03 \text{ cm}$$

Das Auflösungsvermögen der Photoplatte (0.03 mm) wird deshalb mit einer Kamera $f = 100$ cm bei einer Belichtungsdauer von 6 Minuten oder mit einer Kamera $f = 10$ cm bei einer Belichtungszeit von 1 Stunde überschritten. Man kann also die meisten Planetoiden bequem als punktförmige Bildchen auf die Platte bekommen.

Wegen der beständig wechselnden Entfernung der kleinen Planeten von der Erde und von der Sonne sind einige Reduktionen nach der photometrischen Beobachtung anzubringen. Zu diesen benötigt man die folgenden Größen, von denen die erste einem Jahrbuch, die übrigen einer Planetoiden-Ephemeride entnommen werden. S. hierzu auch S. 86.

$R =$ Entfernung Sonne—Erde in AE

$\Delta =$ Entfernung Erde—Planetoid in AE

$r =$ Entfernung Sonne—Planetoid in AE

$r_0 =$ große Halbachse der Planetoidenbahn in AE

Die Lichtzeit. Das Licht legt die Strecke von 1 AE in 8.317 Minuten und die Entfernung Planetoid—Erde in 8.317 Minuten $\times \Delta/R$ zurück. Um die Zeit zu erhalten, in der der Planetoid die beobachtete Helligkeit besaß, ist deshalb von der Beobachtungszeit der Betrag 8.317 Minuten $\times \Delta/R$ abzuziehen.

Die Reduktion auf einheitliche Entfernung. Die beobachteten Helligkeiten der Planetoiden sind sowohl von Δ als auch von r abhängig. Um vergleichbare Helligkeiten zu erhalten, werden die unmittelbar beobachteten Helligkeiten m_b in diejenigen umgerechnet, die die Planetoiden in der Entfernung $\Delta = 1$ und $r = 1$ hätten. Man erhält die auf $\Delta = r = 1$ reduzierte Helligkeit g aus

$$g = m_b - 5(\log r + \log \Delta) \tag{7}$$

Zuweilen werden die beobachteten Helligkeiten m_b auf die mittlere Oppositionsentfernung $(r_0 - 1)$ reduziert. Man erhält dann die Helligkeit m_0 aus

$$m_0 = m_b - 5(\log r + \log \Delta) - \log r_0(r_0 - 1)) \tag{8}$$

Die Berücksichtigung des Phasenwinkels. Der Phasenwinkel α ist der Winkel am Planetoiden im Dreieck Sonne — Planetoid — Erde. Er errechnet sich aus

$$\cos \alpha = \frac{r^2 + \Delta^2 - R^2}{2 r \Delta}. \tag{9}$$

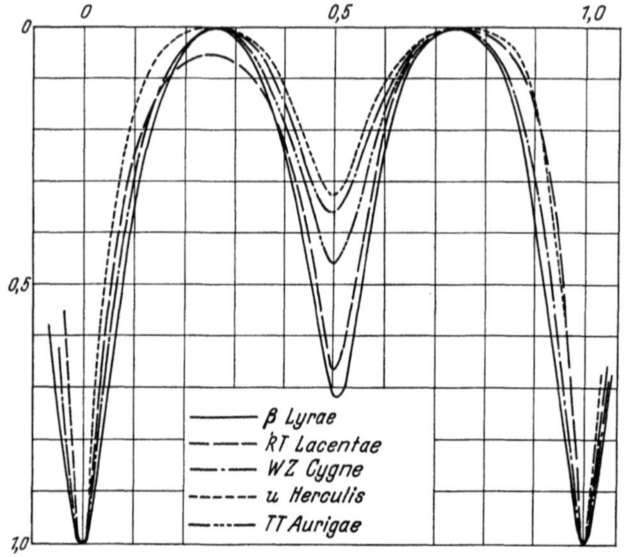

Abb. 10. Fünf Lichtkurven, die den typischen Lyridencharakter zeigen: β Lyrae, RT Lacertae, WZ Cygni, u Herculis u. TT Aurigae. Aus Astronomische Nachrichten **211**, 357 (1920).

Trägt man die wegen Lichtzeit und auf einheitliche Entfernung reduzierten Helligkeiten in Abhängigkeit vom Phasenwinkel α auf, so zeigt sich meist eine Zunahme der Helligkeit mit abnehmendem Phasenwinkel. Durch die Verlängerung der Helligkeitskurve über die beobachteten Werte hinaus (Extrapolation) schätzt man die Helligkeit für den Phasenwinkel $\alpha = 0$ Grad ab. Durch Versuche oder mittels der Methode der Ausgleichsrechnung läßt sich dann oft die Helligkeit m_0 als Funktion von dem Phasenwinkel α darstellen. Meist verwendet man dazu die lineare Form

$$m_0(0) + \alpha \cdot \varphi = m_0(\alpha) \tag{10}$$

Die Konstante φ nennt man den Phasenkoeffizienten. Folgende Werte finden sich dafür angegeben, die als Anhaltspunkt für versuchsweise Darstellung des Helligkeitsverlaufs nach Formel (10) benutzt werden können[1].

(1) Ceres	0.0698	(5) Astraea	0.030
(2) Pallas	0.0380	(16) Psyche	0.030
(3) Juno	0.0908	(39) Laetitia	0.030
(4) Vesta	0.0386		

Der gut beobachtete Helligkeitsverlauf mancher Planetoiden zeigt, daß die Helligkeit nicht nur vom Phasenwinkel abhängt, sondern auch von einem anderen Vorgang beeinflußt wird. Man nimmt an, daß die Planetoiden unregelmäßige Bruchstücke eines Planeten sind, die sich drehen und dabei mehr oder weniger

[1] H. HAUPT, u. H. AUZINGER: Helligkeitsbeobachtungen von kleinen Planeten. Mitteilungen der Universitäts-Sternwarte Wien. **5**, 119 (1952).

Licht in Richtung zur Erde reflektieren (Rotationslichtwechsel). Ein derartiger zusätzlicher Lichtwechsel ist auch von solchen Planetoiden zu erwarten, wo er bisher noch nicht beobachtet wurde. Rotationslichtwechsel wurde bisher bei folgenden Planetoiden beobachtet:[1]

(433)	Eros	$0^{\mathrm{d}}.212$	(129)	Antigone	$0^{\mathrm{d}}.10$
(15)	Eunomia	$0^{\mathrm{d}}.127$	(345)	Tercidina	$0^{\mathrm{d}}.37$
(39)	Laetitia	$0^{\mathrm{d}}.092$	(944)	Hidalgo	—
(44)	Nysa	$0^{\mathrm{d}}.132$			

9. Bemerkung zur Messung von Farben

Das *Messen von Farben* (Kolorimetrie) wird in der Astronomie auf *Helligkeitsmessungen* zurückgeführt. Die Helligkeit wird in zwei verschiedenen Farbbereichen (Wellenlängenbereichen) gemessen. Mißt man die Sternhelligkeit z. B. im Bereich der blauen Farben, so zeigt sich der Stern in einer anderen Helligkeit als im Bereich der roten Farben. Ein weißstrahlender Stern hat größere Blauhelligkeit, ein rötlich strahlender Sterne hat größere Rothelligkeit. Der Helligkeitsunterschied zweier Farbgebiete in Größenklassen ausgedrückt wird als ein Maß für die Farbe des Sterns angesehen. Diesen Helligkeitsunterschied nennt man Farbenindex. Es ist

(11) Farbenindex = Größenklasse im kurzwelligen Gebiet — Größenklasse im langwelligen Gebiet

Die Helligkeit, die ein Stern in einem Farbengebiet hat, mißt man, indem man sein Licht filtert. Als Filter eignen sich nur solche Farbgläser, die einen Wellenlängenbereich möglichst scharf begrenzen (s. S. 29, Abb. 12). Die Begrenzung des Farbbereiches kann in der photographischen Photometrie und in der lichtelektrischen Photometrie besonders weit getrieben werden, indem Farbfilter und Strahlungsempfänger aufeinander abgestimmt werden (s. S. 29).

Der Helligkeitsunterschied, den ein Stern in 2 Farbgebieten hat, hängt nicht nur von der Sternfarbe, sondern auch von den verwendeten Farbfiltern ab. Deshalb wird bei Farbmessungen größter Genauigkeit die Wellenlänge angegeben, die in dem betreffenden Farbbereich am stärksten wirkt. Bequemer und für den Amateurastronomen einzig empfehlenswert ist der Anschluß des zu kolorimetrierenden Sterns an ein in einem Katalog festgelegtes Farbsystem (s. S. 353). Als Beispiel seien die Farbmessungen von Gialanella (Mte Mario bei Rom) genannt. An einem 155/2240 mm-Refraktor wird erst das blaugefilterte, dann das rotgefilterte Licht von Sternen mittels Keilphotometer gemessen. Die Sterne werden aus einem Katalog ausgesucht, in dem der Farbenindex angegeben ist. Die Keilablesungen, mit K_{blau} und K_{gelb} bezeichnet, werden notiert. Dann wird der Quotient

$$Q = (\text{Farbenindex}) : (K_{\mathrm{blau}} - K_{\mathrm{gelb}})$$

für jeden benutzten Katalogstern gebildet. Er verändert sich ein wenig mit der Sternfarbe. Nunmehr werden mit demselben Photometer und den gleichen Filtern unter denselben Beobachtungsbedingungen die Helligkeiten eines Sterns gemessen. Die jetzt erhaltene Differenz ($K_{\mathrm{blau}} - K_{\mathrm{gelb}}$) mit den obigen Q-Werten multipliziert ergibt den gesuchten Farbenindex.

[1] K. Graff: Die physische Beschaffenheit des Planetensystems. Handbuch der Astrophysik IV, 413. Berlin: Springer 1931.

Farbenindex-Kataloge zur Bestimmung der obigen Q-Werte finden sich bis zum Jahre 1949 vollständig in Landolt-Börnstein: Zahlenwerte und Funktionen III (Astronomie und Geophysik) Berlin-Göttingen-Heidelberg: Springer 1952 verzeichnet. Unter den dort genannten Katalogen seien hier genannt:

F. H. Seares, F. E. Ross u. M. C. Joyner: Magnitudes and Colors of Stars north of $+80°$ Carnegie Institution Washington Publications Nr. 532 (1941).

J. Stebbins, C. M. Huffler und A. E. Whitford: The Colors of 1332 B Stars. Contributions from the Mount Wilson Observatory Nr. 621 (1940).

Die photographische Bestimmung des Farbenindex wird genau so durchgeführt wie die photographische Helligkeitsmessung in zwei genau bekannten und scharf begrenzten Farbbereichen.

XII. Doppelsterne

Von

W. D. Heintz

Universitäts-Sternwarte, München

Mit 3 Textabbildungen

1. Die visuellen Doppelsterne

An den schönen Himmelsobjekten „nur zum Anschauen", schon für kleinere Fernrohre, haben die Doppelsterne größten Anteil. Der Sternfreund kennt sie auch in verschiedenen Schwierigkeitsgraden als Prüfobjekte der Fernrohroptiken. Als Arbeitsprogramm aber kommen sie für ihn nur begrenzt in Frage. Die zufälligen Meßfehler sind im Vergleich zu den zu messenden Größen noch so beträchtlich, daß sich häufig erst nach einiger Übung brauchbare Resultate erzielen lassen; und selbst bei den besten Beobachtern finden sich systematische Fehler, zu deren Prüfung und Beseitigung größere Beobachtungsanzahlen, möglichst über einen längeren Zeitraum, gebraucht werden. Visuelle Doppelsternforschung, speziell die Messung der relativen Örter der Komponenten, ist also keine Gelegenheitsarbeit, sondern erfordert einigen Zeitaufwand. Sie war stets großenteils das Werk relativ weniger Astronomen — unter ihnen auch bedeutende Amateure —, die dann aber jahre- und jahrzehntelang dieses Gebiet bearbeiteten.

Anderseits läßt sich hier mit nicht zu hohem instrumentellem Aufwand nützliches Beobachtungsmaterial gewinnen, für das einiger Bedarf besteht. Auch die Rechenarbeit zur Auswertung der Beobachtungen ist sehr gering; bei photographischer Arbeit kommt allerdings noch das Ausmessen der Platten hinzu. Die Behandlung der Doppelsternbeobachtungen im folgenden ist um so wesentlicher, als keine geeignete Literatur vorliegt[1]. Das Thema kann indes an dieser Stelle auf die visuellen Doppelsterne beschränkt werden.

Erforderlich ist ein parallaktisch montiertes Fernrohr nicht zu kleiner Öffnung und Brennweite, ein Objektiv hoher Qualität (auch gute Spiegelteleskope sind zu verwenden), zusammen mit einem Positionsmikrometer oder einer photographischen Ausrüstung einschließlich Meßapparat. Die visuelle Messung erfordert weiter ein gutes, nicht rasch ermüdendes Auge. Die Arbeit ist nicht an bestimmte Zeiten und Himmelsstellungen gebunden, denn in jeder Himmelsgegend finden sich genug lohnende Objekte.

[1] R. G. Aitken: The Binary Stars, 2. Aufl. New York und London. Mac Millan Cp.: 1935, die einzige brauchbare, weitgehend noch nicht veraltete Darstellung, ist vergriffen.

Die Zahl der katalogisierten Doppelsterne liegt ungefähr bei 40000. Sie können nicht alle ständig überwacht werden und bei vielen Objekten sind jahrzehntelange Lücken in den Beobachtungen. Der Großteil der vernachlässigten Paare besteht allerdings aus schwierigen Objekten, die großen Instrumenten vorbehalten sind: sehr enge Paare bzw. solche, deren eine Komponente (oder beide) sehr lichtschwach ist. Für die leichteren Objekte (hellere Komponenten und mäßige Distanzen) sind wohl durchweg reichlich Daten vorhanden. Die Beobachtung weiter Paare (Distanz 7″ und mehr), die gut photographisch erfolgen kann, hat einiges Interesse; doch finden sich unter diesen Objekten nur wenige mit beträchtlicher Bahnbewegung, so daß eine geringe Anzahl guter Daten zur Kontrolle der Bewegung genügt.

Die Komponenten eines Doppelsterns bewegen sich nach dem Gravitationsgesetz in einander ähnlichen Ellipsenbahnen um den gemeinsamen Schwerpunkt. Da man den Schwerpunkt nicht beobachten kann, bestimmt man die Bahnbewegung des einen Sternes relativ zum anderen, die ebenso elliptisch ist. Natürlich kommen außer diesen wirklichen, physischen Objekten unter den visuellen Doppelsternen auch viele Paare vor, die nicht zusammengehören, sondern nur perspektivisch nahe beisammen zu stehen scheinen, die sog. optischen Paare. Ein physisches Paar läßt sich in Strenge nur durch gekrümmte Bahnbewegung nachweisen, denn die Bewegung optischer Komponenten muß geradlinig sein. Unter der großen Zahl der Objekte, die bisher keine merkliche relative Bewegung zeigten, erlaubt häufig die gemeinsame Eigenbewegung den Schluß auf Zusammengehörigkeit. Die Zahl der als physisch bekannten Paare ist jedoch gegenüber der Gesamtzahl recht klein. Die Wahrscheinlichkeit der Echtheit eines Paares steigt offenbar mit abnehmender Distanz; außerdem müssen bei den helleren (uns durchschnittlich näheren) Sternen im Mittel größere Winkeldistanzen vorkommen als bei weiter entfernten. Es ist aber schwer, auf dieser Basis eine brauchbare statistische Grenze abzuleiten. Immerhin sind unter den helleren Objekten (bis etwa 7. Größe) mit Distanzen unter 5″ die optischen Paare nur Ausnahmen. Die Eigenbewegung der meisten helleren Sterne ist groß genug, daß sie im Verlauf eines Jahrhunderts eine genügende Verschiebung gegen den Begleiter produzieren müßte, die als geradlinig erkannt werden könnte. Bei Distanzen über 20 und 30″ dominieren die optischen Objekte, obwohl sich auch da noch zahlreiche Paare mit gemeinsamer Eigenbewegung zeigen. Die weitere Beobachtung eines als optisch erkannten Systems ist im allgemeinen ohne Interesse.

In den häufig vorkommenden drei- und mehrfachen Systemen stehen die Komponenten fast nie gleich weit voneinander; man findet gewöhnlich ein enges Paar mit einem entfernten dritten Körper oder zwei enge Paare, die sich in weiter Bahn umkreisen usw. Öfters konnte auch die Existenz unsichtbarer Komponenten aus Bahnstörungen der sichtbaren erschlossen werden.

Doppel- und Mehrfachsterne treten im Fixsternraum rings um die Sonne sehr häufig auf: Man schätzt, daß die Zahl der zu solchen Systemen gehörigen Komponenten zumindest nicht wesentlich unter der Zahl der Einzelsterne liegt. Mehrfache Systeme bilden wohl auch einen Übergang zu höheren Ordnungen (als Untersysteme galaktischer Sternhaufen). Abgesehen von der Bedeutung der Doppelsterne u. a. für Fragen der Sternentstehung, bieten ihre Bahnbewegungen praktisch die einzige Möglichkeit der Massenbestimmung von Sternen und, in Zusammenhang damit, eine recht zuverlässige Methode der Entfernungsbestimmung (sog. dynamische Parallaxen). Ob man für enge und weite Paare verschiedene Mechanismen der Entstehung anzunehmen hat, läßt sich noch nicht beantworten; die Trennung in visuelle und spektroskopische Paare (unter diesen auch die photometrischen Doppelsterne = Bedeckungsveränderliche) liegt in den Beobachtungsmethoden. Es kommen alle Größenordnungen von Umlaufszeiten und Bahnradien vor: von den engsten spektroskopischen Paaren, die noch fast in Berührung ihrer Oberflächen laufen, bis zu den weitesten Objekten vom Typ der Proxima Centauri, von denen sich neuerdings mehrere fanden; so weit getrennt, daß ihre Anziehung fast schon im allgemeinen Schwerefeld untergeht, Paare, die am Himmel bis zu Graden auseinanderstehen und nur durch gemeinsame Parallaxe und Bewegung verraten, daß sie vielleicht gerade noch zusammengehören.

Die bei Doppelsternen auftretenden Farben und Helligkeitsunterschiede zeigen ebenfalls große Vielfalt: Paare gleicher Helligkeit und Farbe, solche mit mäßigen Helligkeitsdifferenzen, wobei die schwächere Komponente (der „Begleiter") oft etwas rötlicher ist; doch gibt es auch Verbindungen eines roten Riesensterns mit einem weißen Begleiter. Im allgemeinen ist es bei größeren Helligkeitsdifferenzen durch Überstrahlung unmöglich, die Farbe bzw. das Spektrum des Begleiters sicher zu bestimmen. Gelegentlich kommen auch Veränderliche als Doppelsternkomponenten vor.

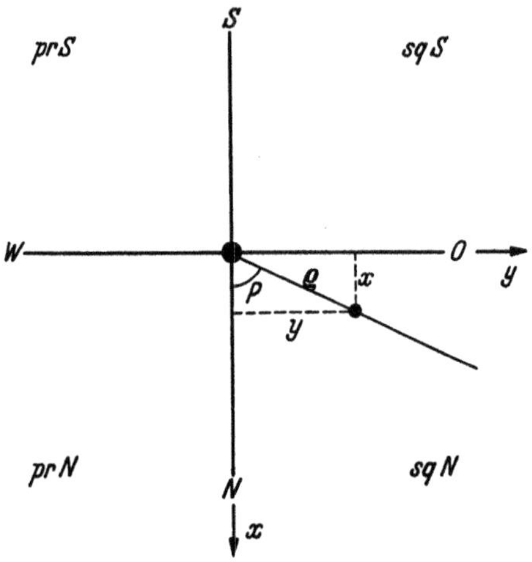

Abb. 1. Die relativen Koordinaten.

Die Lage des Begleiters relativ zu seinem Hauptstern an der Sphäre ist durch zwei Maßgrößen gegeben (Abb. 1). Bei Mikrometermessungen ergeben sich die Polarkoordinaten: Distanz ϱ, in Bogensekunden, und Positionswinkel P, in Grad von Nord über O, S, W von 0 bis 360 gezählt. Von photographischen Platten erhält man die rechtwinkligen Koordinaten, beide in Bogensekunden. Die Umrechnung lautet:

Deklinationsdifferenz $\Delta\delta = x = \varrho \cos P$

Rektaszensionsdifferenz $15 \cos \delta \Delta\alpha = y = \varrho \sin P$,

oder umgekehrt: $\operatorname{tg} P = y/x$, $\varrho = \sqrt{x^2 + y^2}$.

(Der Wert $15 \cos \delta$ rechnet Zeitsekunden in Bogensekunden um.)

Die vier Himmelsrichtungen teilen das Gesichtsfeld in vier Quadranten, die man entsprechend bezeichnet; statt *O* und *W* schreibt man gewöhnlich *sq* und *pr* (= sequens, praecedens, im Sinne der täglichen Bewegung folgend bzw. vorangehend).

2. Zur visuellen Beobachtung

Abgesehen vom Luftzustand, der Güte der Augen usw., richtet sich für ein bestimmtes Teleskop die Schwierigkeit der Messung eines Paares nach dreien seiner Eigenschaften:

a) Distanz ϱ. Die Zuverlässigkeit einer Messung hängt wesentlich davon ab, wie gut das Paar getrennt erscheint. Die bekannte Dawes-Formel besagt, daß Paare (von genügender Helligkeit und mit gleichhellen Komponenten) gerade noch getrennt werden bei einer Distanz von 4,"6 dividiert durch die Fernrohröffnung in Zoll (11,"7 : Öffnung in cm). Bei engeren Systemen erscheinen die Scheibchen in Berührung, vereinigen sich schließlich zu einem länglichen Gebilde, dessen Elongation unter günstigen Umständen noch etwa bis zur Hälfte der Dawesschen Grenzdistanz herab wahrgenommen wird. Die Dawes-Grenze ist aus Beobachtungen an verschiedenen kleinen bis mittleren Refraktoren gewonnen und in diesem Bereich auch eine brauchbare Näherung (nach Rayleigh ist 5,"0 statt 4,"6 zu setzen; einige Beobachter geben noch etwas andere Zahlen). Bei großen Öffnungen stimmt sie nicht mehr ganz, sondern liefert zu günstige Werte. Sie ist auch beugungstheoretisch nicht einwandfrei zu verifizieren, da die Theorie nicht formulieren kann, was für die Netzhaut als „noch getrennt" gilt.

Die Messung enger Paare (in der Nähe der Dawes-Grenze und darunter) hat nur an größeren Fernrohren Sinn. Mit kleineren Instrumenten beschränke man sich auf Objekte mit Distanzen über der 2- bis 2.5-fachen Dawes-Grenze, zumal wenn man wenig Übung hat. Unterhalb dieser Distanzen steigen außer den zufälligen Meßunsicherheiten bei den meisten Beobachtern auch die systematischen Fehler stark an.

Nach der anderen Richtung hin nimmt die Genauigkeit ab, wenn die Distanzen so groß sind, daß man nicht mehr beide Sterne zugleich im Auge haben kann. Solche Paare kann man mit schwächerer Vergrößerung beobachten und sie sich dann für Nächte mit weniger gutem Bildzustand aufsparen.

b) Helligkeitsunterschied Δm. Die Trennbarkeit läßt sich nur bei gleich hellen Komponenten ganz ausnutzen. Schon ein Unterschied von 1/2 bis 1 Größe erschwert die Messung; bei noch größeren Differenzen wachsen auch die systematischen Fehler.

c) Helligkeit der Komponenten (m_A, m_B). Die bekannten Regeln, wonach ein Einzöller gerade noch Sterne 9. Größe zeigen solle, ein Vierzöller solche 12. Größe usw., haben hier gar keinen Wert, denn zwischen einem noch sichtbaren und einem meßbaren Lichtpunkt ist ein großer Unterschied. Wenn die Sterne für bequemes foveales Sehen (Fixieren) zu schwach werden, nimmt die Genauigkeit merklich ab. Bei schwachen Begleitern ist ein größerer Helligkeitsunterschied sogar vorteilhaft (so daß wenigstens eine Komponente bequem hell ist; genügende Distanz des Paares natürlich vorausgesetzt).

Genaue Zahlen lassen sich nicht angeben, sie hängen sehr vom Luftzustand und der Empfindlichkeit des Auges ab. Von einem geübten Beobachter läßt sich ein Fünfzöller etwa bis zur 9. Größe, ein Zehnzöller bis $10^m_.5$ verwenden; der Genauigkeitsabfall setzt jedoch bereits 2 Größenklassen eher ein. Ein weniger trainierter Beobachter soll daher von der genannten Grenze noch eine Größenklasse abstreichen.

Sind Gesamtlicht m_g und Helligkeitsdifferenz eines Systems gegeben, so können daraus die Helligkeiten der Komponenten einzeln bestimmt werden und umgekehrt. Hierzu dient folgende Tafel, die Abhängigkeit der Größendifferenz Δm von $m_A - m_g$, d. i. der Betrag, um den der Hauptstern allein schwächer ist als das Gesamtlicht.

Δm	$m_A - m_g$	Δm	$m_A - m_g$	Δm	$m_A - m_g$
$0^m_.0$	$0^m_.75$	$1^m_.0$	$0^m_.36$	$2^m_.0$	$0^m_.16$
0. 2	0. 66	1. 2	0. 31	3. 0	0. 07
0. 4	0. 57	1. 4	0. 26	4. 0	0. 03
0. 6	0. 49	1. 6	0. 22	5. 0	0. 01
0. 8	0. 42	1. 8	0. 19	6. 0	0. 00

Beispiele: Die Komponenten von Kastor sind $1^m_.95$ und $2^m_.91$. Mit dem $\Delta m = 0.96$ interpoliert man aus der Tabelle $m_A - m_g = 0.37$, die Gesamthelligkeit ist also $1^m_.58$. — Für Gamma Lupi sei gegeben: $m_g = 2.95$, $\Delta m = 0.2$; man findet $m_A - m_g = 0.66$, also ist der Hauptstern 3.61, der Begleiter 3.81. — Die Komponenten eines gleichhellen Paares liegen also einzeln um 3/4 Größen unter der Gesamthelligkeit. Schon bei Δm über 3^m trägt der Begleiter nur noch wenige Hundertstel Größen zum Licht bei.

Nach obigen Gesichtspunkten stellt man das Beobachtungsprogramm zusammen. Die Programmblätter sollen enthalten: Bezeichnungen des Sternes, Koordinaten für eine nahe gelegene Epoche, genäherte Angaben über Helligkeit der Komponenten (bzw. m_g und Δm), Spektrum (als Maß für die Farbe) und Distanz, evtl. Bemerkungen über Bewegung des Systems bzw. ob eine Bahn vorliegt. (Eine Auswahl von Objekten gibt der Anhang S. 338, darüber hinaus muß auf den ADS-Katalog verwiesen werden.) Also beispielsweise:

ADS-Nr.	Name	Koord. 1960	m_g	Sp.	Δm	ϱ	Bemerkung
8949	Σ 1757	$13^h32^m.2$ $-00°07'$	7.5	K	1	3	Bahn

Die Doppelsterne tragen eine Entdeckerbezeichnung, bestehend aus Kennbuchstaben für den Namen sowie Nummer. Außerdem bezeichnet man sie mit der laufenden Nummer im ADS, dem General-Katalog der bis 1927 bekannten Systeme des Nordhimmels bis Deklination $-30°$, von Aitken. Im folgenden werden die wichtigsten Entdecker genannt; aus der Bezeichnung eines Paares läßt sich im Durchschnitt schon einiges über seinen Schwierigkeitsgrad aussagen.

Der älteste systematische Katalog ist von W. Struve (Σ). Ein Teil seiner Paare findet sich schon bei W. Herschel (H) und früher, doch man benutzt die Σ-Bezeichnung; auch stammen für die meisten Objekte davon die frühesten guten Messungen erst von Struve und seinen Zeitgenossen. Die an kleineren Instrumenten beobachtbaren Objekte bestehen zur großen Mehrheit aus H- und Σ-Paaren. Am Südhimmel entsprechen ihnen die Entdeckungen von J. Herschel (h) und South (Sh).

Schwieriger sind die meisten Paare von O. Struve ($O\Sigma$) und Burnham (β), am Südhimmel entsprechend etwa die von See (λ) und Innes (I). Die Paare von Aitken (A) gehören zur schwierigsten Klasse [entsprechend van den Bos (B) und Finsen (φ) im Süden], nicht viele davon sind einem Zehnzöller erreichbar. Zeitlich etwas früher liegen die ähnlich schwierigen Entdeckungen von Hussey (Hu) und Hough (Ho).

Mit einer weiteren Durchprüfung hellerer Sterne auf Duplizität durch Kuiper (Kpr) wurde die Entdeckungstätigkeit weitgehend abgeschlossen (ähnliche Arbeiten am Südhimmel durch Finsen). Die meisten neueren Entdeckungen, besonders durch Jonckheere (J), sind lichtschwache Paare unter der 9. und 10. Größe. (Gerade bei diesen schwachen Sternen besteht Bedarf an Messungen.)

Innerhalb eines Systems unterscheidet man die Komponenten der Helligkeit nach durch die Buchstaben A, B; also A = Hauptstern, B = Begleiter, bei mehrfachen Objekten dann C, D, ... Bei gleichhellen Paaren schließt man sich in der Wahl des Hauptsterns dem Entdecker an.

3. Mikrometer und Messungen

Die älteren Mikrometer, deren Meßverfahren einfach auf die Differenzschätzung der Durchgangszeiten von Sternen hinausläuft (Kreuzstab-, Ringmikrometer u. a.), finden für die kleinen bei Doppelsternen zu messenden Abstände keine Anwendung. Abgesehen von Interferometern werden nur zwei Typen benutzt: Faden- und Doppelbild-Mikrometer.

Das *Positions-Fadenmikrometer* ist das für Doppelsternmessungen weitaus meistbenutzte Gerät. Obwohl es beim einzelnen Beobachter oft systematische Fehler veranlaßt, dürften seine Resultate im Mittel über zahlreiche Beobachter recht genau stimmen.

Ein Faden (a in Abb. 2) wird von einem Rahmen getragen, der im Brennpunkt des Objektivs senkrecht auf der optischen Achse steht und um diese leicht drehbar ist. Gegen diesen Rahmen läßt sich mit einer langen Schraube ein Schlitten verschieben, der einen parallelen Faden trägt; die Fäden sind senkrecht zur Bewegungsrichtung des Schlittens gespannt. Beim Vorbeischrauben dürfen sie nicht aneinander hängenbleiben, müssen aber der Scharfeinstellung halber doch so nahe als möglich benachbart sein; wenn ein Faden durch Feuchtigkeit erschlafft oder durch Ansetzen von Staubteilchen schleift, ist er zu erneuern. Zum Schutz der Fäden befindet sich der Apparat in einem Kasten, in den das Okular eingesetzt wird (zweckmäßig läßt sich auch dieses auf einem Schlitten verschieben). Die

Schraube trägt eine in 100 Teile geteilte Trommel, ferner ist eine Skala oder Zähltrommel für die vollen Umdrehungen vorhanden, so daß die Verschiebung des beweglichen Fadens (b) auf tausendstel Umdrehungen ermittelt werden kann (letzte Dezimale auf der Ablesetrommel geschätzt). Der Drehungswinkel des Mikrometers wird auf dem Positionskreis abgelesen, der auf dem mit dem Fernrohr fest verbundenen (in den Okularauszug eingeschraubten, am besten noch geklemmten) Teil der Einrichtung sitzt und in 360 Grad geteilt ist (Drehsinn der Bezifferung: vom Okular aus gesehen dem Uhrzeiger entgegengesetzt), während sich der Ablesestrich mit dem Mikrometerkasten dreht (oder umgekehrt). Ein Kreis von 20 cm Durchmesser mit Teilstrichen für ganze oder halbe Grade genügt; Zehntelgrade werden geschätzt. Die Einrichtung wird geeignet zur optischen Achse justiert, so daß die Sterne bei Drehen am Positionskreis keine Bewegung im Gesichtsfeld ausführen. Bei dünnen, gut benachbarten Fäden wird ihre gleichzeitige Fokussierung erst mit kurzbrennweitigen Okularen (1 cm und weniger) schwierig. Man stellt auf die Mitte scharf: beide Fäden sollen gleich dick aussehen. Selbstredend müssen die Aufstellungsfehler des Instruments unmerklich sein, auch das Objektiv ganz einwandfrei zentriert: Das Sternbildchen und seine Beugungsringe dürfen *nicht von der Kreisform abweichen.*

Ferner braucht man eine Beleuchtungseinrichtung, die regulierbar sein soll. Die Lichtquelle darf wegen der Wärmeentwicklung nicht zu nahe am Rohr stehen. Man kann die Fäden direkt beleuchten (doch nur so stark, daß sie vor einem Stern noch dunkel erscheinen), oder sie negativ sichtbar werden lassen, indem man das Gesichtsfeld beleuchtet (vorzugsweise mit rötlichem Licht). Welche der beiden Arten bevorzugt wird, ist weitgehend Geschmacks- bzw. Gewöhnungssache.

Als Vergrößerung wählt man meist die stärkste, die von Fernrohr und Luftzustand noch vorteilhaft zugelassen wird (zu starke Vergrößerung jedoch beeinträchtigt die Beobachtung lichtschwacher Objekte!). Häufiger Okularwechsel ist wohl nicht nötig. (Um beim Wechseln die dicht hinter dem Gewinde angebrachten Fäden nicht durch Ausrutschen des Okulars zu gefährden, benutzt man beide Hände: die eine hält das Okular in seiner Lage am Gewinde fest, die andere schraubt.) — Ob die Verringerung der Objektivöffnung durch Kreisblenden die Bildgüte, besonders bei hellen Sternen, wirksam verbessert, wird von den Beobachtern nicht einheitlich beurteilt.

Der Meßvorgang ist einfach: Ein Faden (a) wird auf die Verbindungslinie der beiden Sterne eingestellt; man dreht das Mikrometer, bis der Faden beide Sternbildchen mitten durchschneidet. Zur Prüfung der Einstellung bringt man durch leichten Druck an das Rohr die Sterne abwechselnd knapp auf beide Seiten des Fadens; wenn nichts mehr zu verbessern ist, wird der Positionskreis abgelesen. Diese Einstellung wird dann noch ein paarmal wiederholt, dazwischen jedesmal der Faden um einen großen Winkel aus der Richtung gedreht, damit das Gedächtnisbild nicht so sehr haften bleibt und die Einstellungen möglichst unabhängig voneinander werden. Dann dreht man das Mikrometer um 90°, daß die Fäden senkrecht zur Verbindungslinie des Paares stehen, und mißt die Distanz, indem man zuerst den einen Stern hinter den festen Faden bringt und den beweglichen auf den andern Stern schraubt, und sodann umgekehrt. Beide Fadenstellungen liest man an der Trommel ab; auch diese Einstellungen werden wiederholt und zwischendurch die Fäden von den Sternen entfernt. Die Differenz der Ablesungen entspricht der doppelten Distanz, was den Vorteil hat, daß der Meßfehler der Distanz gedrückt wird und man sich auch nicht um die Koinzidenzstelle der Fäden zu kümmern braucht.

Die Drehung um 90° kann man vermeiden, wenn das Mikrometer einen festen Faden (c) senkrecht zu a hat, auf dem dann die Winkeleinstellung erfolgt (s. Stellung I in Abb. 2; das Paar wird dann ohne weitere Drehung nach II zur Distanzmessung gebracht).

Bei der Einstellung können Augentäuschungen auftreten: daß ein Sternbild auf dem Faden in Richtung senkrecht dazu verlängert, bei Stellung neben dem Faden der hellere Stern gegenüber dem schwächeren etwas vom Faden abgestoßen erscheint u.ä.; auch kann der Faden schwache Sterne zu sehr abdecken. Manche Beobachter ziehen daher vor, die Winkeleinstellung zwischen zwei Fäden zu machen. Man braucht dazu noch einen Faden (d) in geringem Abstand (ca. 2″) parallel zu c und die Einstellung erfolgt wie bei III in Abb. 2; natürlich kann man auch das Fadenpaar a—b dazu benutzen.

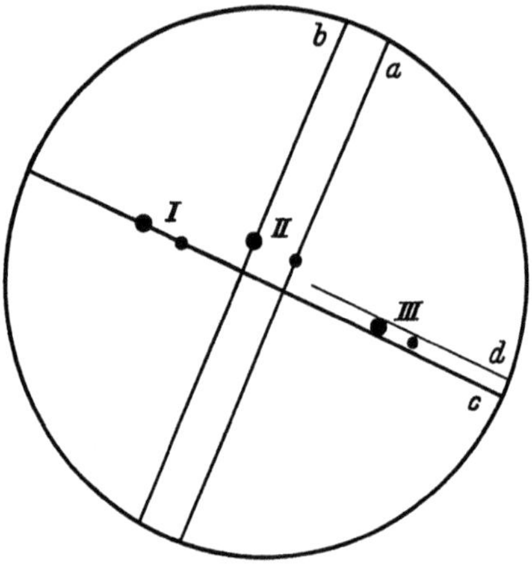

Abb. 2. Messung mit dem Fadenmikrometer.

Wenn bei engen Paaren der Zwischenraum zwischen den Fäden bei der Distanzmessung sehr schmal wird (von der Größe der Fadendicke selbst), läßt er sich nicht mehr gut überblicken Ein geübter Beobachter zieht dann meist eine Distanzschätzung jedem Messungsversuch vor. An kleineren Instrumenten sind indessen solche Versuche nicht angebracht; die betreffenden Paare liegen ohnehin in Nähe der Trenngrenze und bleiben besser größeren Instrumenten vorbehalten.

Bei der Messung hält man Kopf und Körper so, daß die Verbindungslinie der Augen parallel zu der des Sternpaares steht, und wenn das zu unbequem ist (weil die Sterne etwa nord-südlich zueinander stehen), dann senkrecht dazu. Schrägstellung der Augen erzeugt leicht Fehler. Die Parallel- oder Senkrechtstellung wird mit .. bzw. : notiert.

Mit der Messung von 4 bis 5 Positionswinkeln und 3 Doppeldistanzen ist eine vollständige Messung gemacht. Der geübte Beobachter kann die Einstellung ziemlich rasch vornehmen, ohne die Genauigkeit zu beeinträchtigen, so daß das Auge während des Satzes nicht ermüdet. Zum Aufschreiben darf man, wie stets, kein helles Licht benutzen; gute Dienste leistet der Soennecken-Leuchtblock.

Vielfach werden den Messungen auch Schätzungen der Helligkeiten (bzw. des Δm) beigefügt. Sie haben bei geübten Beobachtern Wert, da die Helligkeiten schwacher Objekte (Begleiter) teilweise immer noch recht unsicher sind. Farbschätzungen indes sind zu subjektiv, kontrastlich verfälscht usw., und praktisch wertlos.

Weitere Eintragungen betreffen: die Bildgüte (Luftzustand), z. B. in einer fünfstufigen Skala, genäherte Sternzeit (oder Stundenwinkel) der Beobachtung, Angabe der Vergrößerung, falls man verschiedene benutzt, und der Vermerk, in welchem Quadranten der Begleiter steht. Man kann auch eine genähert geschätzte Distanz beifügen, um sich eventuell gegen grobe Ablesefehler an der Trommel zu sichern. Beispiel einer Eintragung im Beobachtungsbuch:

8949	Σ 1757		
280.5	9.358	.540	*sq* . . $+0^h\!.6$
280.0	363	542	
281.7	352	548	B 3, dünne Wolken
281.2			
280.3			(1955 VI 30, Np. $0^\circ\!.5$)

Fünf Kreis- und je drei Trommeleinstellungen (bei größeren Distanzen ist auf die richtige Ablesung der Revolutionen zu achten). Rechts steht „sequens" = nachfolgend (Begleiter östlich), Augenstellung, Stundenwinkel, Bild 3 (also Durchschnitt), und Bemerkungen. (Datum und Nullpunkt sind zu Anfang und Ende des Abends notiert).

Der *Nullpunkt* der Positionswinkelzählung, die Nordrichtung, wird bestimmt, indem man einen äquatornahen Stern in Nähe des Meridians bei ruhendem Fernrohr durch das Gesichtsfeld laufen läßt und den Faden in wiederholten Versuchen so stellt, daß der Stern auf dem Faden eintritt und ihn während des Durchganges nicht mehr verläßt, was auf Zehntelgrad genau geprüft wird. Damit ist die Ost-West-Richtung festgelegt, plus oder minus 90° ergibt Norden. Man bestimmt den Nullpunkt zu Anfang und Ende des Beobachtungsabends, bei längerem Arbeiten auch mehrfach zwischendurch; Erfahrung wird zeigen, wie weit man sich auf seine Konstanz verlassen kann. Natürlich ist zur Nullpunktsbestimmung der zur Positionswinkelmessung dienende Faden zu benutzen. Es ist für die Reduktion bequem, wenn der Positionskreis so steht, daß seine Ablesung Null nahe am wahren Nullpunkt liegt.

Die Bestimmung des *Schraubenwertes* (Winkelbetrag einer Schraubenumdrehung) muß mit großer Sorgfalt erfolgen und auch späterhin wieder gelegentlich kontrolliert werden. Man bestimmt (mit Stoppuhr oder Auge- und-Ohr-Methode) die Sternzeit, die Sterne höherer Deklination (ca. 65° bis 80°) zum Durchlaufen einer Anzahl von Revolutionen brauchen. Zur Umrechnung von Sternzeit- in Bogensekunden ist mit 15 cos δ zu multiplizieren. Man kann den Schraubenwert auch durch Vermessung sehr weiter Sternpaare finden. Von dem früher hierzu empfohlenen ,,Perseusbogen" (einer Sternsequenz im Sternhaufen *h* Persei, bestehend aus den Sternen $BD + 56°498$, $+56°543$ und acht dazwischenliegenden) liegt keine neuere Vermessung vor. Man wird aber auch sonst leicht geeignete Sequenzen in Abständen von ein paar Bogenminuten finden (z. B. Plejaden), etwa unter den Sternen mit gut bestimmten Örtern im General Catalogue (GC). Der Temperaturgang der Schraube ist im allgemeinen zu vernachlässigen. Natürlich soll sie keinen merklichen toten Gang haben.

Die Reduktion ist einfach: Vom Mittel der Winkelablesungen wird der Nullpunkt abgezogen, der Mittelwert der Distanzen wird mittels des Schraubenwertes in Bogensekunden verwandelt. Da man Doppeldistanzen gemessen hat, multipliziert man mit dem halben Schraubenwert. Schließlich verwandelt man noch die Beobachtungszeit in Dezimalteile der Jahre (eine Tabelle dazu enthält jedes Jahrbuch).

Im Beispiel ergibt sich also: Mittelwert der Winkel ist 280.7, minus Nullpunkt 0.5 gibt 280°2. Da der Begleiter *sq* steht, ist der um 180° verkehrte Wert zu nehmen, also 100°2. Die Doppeldistanz wird im Mittel 0.180 Revolutionen, mit dem Schraubenwert 20″72 erhält man dann 2″76. Also wird das Ergebnis notiert:

ADS 8949 Σ 1757 1955.494 100°2 2″76.

Man beobachtet ein Paar in mehreren Nächten desselben Jahres; aus dem Vergleich der Resultate gewinnt man ein Urteil über die Fehlerstreuung. Eine Einzelbeobachtung ist meist wenig wert. — Die systematischen Fehler ändern sich möglicherweise mit der Stellung des Sternpaares relativ zum Horizont des Beobachters, d. h. in verschiedenen Stundenwinkeln. Es ist aber unwahrscheinlich, daß man sie auf diese Weise bestimmen kann. Der Homogenität der Beobachtungen halber achtet man daher im Gegenteil besser darauf, daß alle Messungen in ungefähr gleichem Stundenwinkel erfolgen. Zur Verringerung der systematischen Fehler in Positionswinkel wird öfters das Umkehren des Gesichtsfeldes durch ein Reversionsprisma empfohlen. Dieses muß stabil anmontiert sein und sich durch einen raschen Handgriff leicht zum Okular bringen lassen. Man macht je die Hälfte der Einstellungen mit und ohne Prisma und nimmt den Mittelwert als Ergebnis. Zur Prüfung von Distanzfehlern kann man Standard-Distanzen benutzen: Paare mit gut bekannter und nur langsam veränderlicher Distanz (nach einer Liste von P. MULLER; s. S. 338).

Zur Prüfung auf systematische Fehler zieht man Beobachtungsreihen guter Beobachter an größeren Instrumenten heran; bei Systemen, für die Bahnen gerechnet sind, vergleicht man außerdem mit der Ephemeride (Vorausberechnung) der Bahn. Allerdings können auch der Vergleichsbeobachter und die Bahnrechnung systematische Fehler haben!

Wenn ein System eine entferntere dritte Komponente hat, empfiehlt es sich gelegentlich, sie mitzumessen. Auch wenn sie nur optisch ist, können solche Beobachtungen, wenn sie sehr gut sind, zur Bestimmung der Massen des engen Paares helfen.

Bei der Veröffentlichung von Resultaten genügt es allgemein, das Mittel aus mehreren Beobachtungen desselben Jahres anzugeben nebst dem Vermerk, wie viele Beobachtungen darin enthalten sind. Zur Beurteilung der Beobachtungen gibt man ferner die Fernrohröffnung, benutzte Vergrößerung und mittlere Fehler der Einzelmessungen an, ferner den Schraubenwert, damit der Bearbeiter etwaige unbemerkt gebliebene Fehlablesungen ausbessern kann.

Die *Doppelbildmikrometer* bezwecken, Sternbildchen nicht gegen einen Faden, sondern gegeneinander einzustellen. Hierzu werden von einem Objekt durch Prismen oder doppelt-brechende Kristalle (neuere Konstruktion nach P. Muller) zwei Bilder erzeugt. Bei Messung eines Doppelsterns hat man also vier Lichtpunkte im Feld, die man durch Drehen des Mikrometers und Schrauben am Kristall (wie zuvor am Faden) in eine regelmäßige, gut zu beurteilende Konfiguration bringt, z. B. auf eine Gerade in gleichen Abständen, oder ein Quadrat.

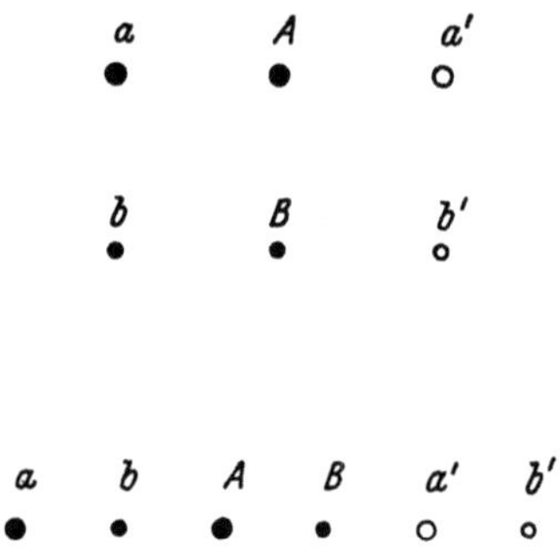

Abb. 3. Messung mit dem Doppelbildmikrometer.

In Abb. 3 oben sei $A-B$ das eine Bild eines Sternpaares, das andere wird erst in die Quadratstellung $a-b$, dann entsprechend nach $a'-b'$ gebracht. Die Entfernung $a-a' = b-b'$ ist die Doppeldistanz. Analog ist bei der linearen Stellung in Abb. 3 unten die Verschiebung zwischen den Einstellungen gleich der vierfachen Distanz.

Die Teilung in je zwei Bilder bewirkt eine Schwächung um $0^{m}\!.75$, die durch Lichtverlust im Kristall oder Prisma noch etwas steigt. Sie wird aber durch die Tatsache kompensiert, daß man keine Beleuchtung braucht. Ob das Doppelbildmikrometer seine Absicht erreicht, die Fehler von Fadenmessungen zu verringern, läßt sich noch nicht schlüssig beurteilen. Bei flächenhaften Objekten (Planeten) ist es sicher von Vorteil, übrigens auch bei mangelhaftem Laufwerk weniger unbequem.

Zur Bestimmung des Schraubenwertes (Durchgangszeitdifferenz zweier Bilder eines polnahen Sternes) und des Nullpunktes hat man zweckmäßig auch hier einen Faden im Gesichtsfeld, der zu den eigentlichen Messungen jedoch nicht benutzt wird.

Verlassen ist das ältere Prinzip, den Doppelstern mit einem künstlichen Sternpaar zu vergleichen, d. h. mit zwei Lichtpunkten, die in das Gesichtsfeld gespiegelt werden und deren ϱ und P mikrometrisch verstellt werden kann. Zu erwähnen ist noch das Mikrometer nach Gramatzki, das durch zusätzliches Einsetzen einer Glasplatte mit parallelen Strichen zwei Beugungsstrahlen an den Sternbildern erzeugt; der eine Stern wird auf den Strahl des anderen eingestellt. Der Kristall ist fest, die Doppelbild-Aufspaltung also eine Instrumentalkonstante; die Distanzmessung wird auf Winkelablesung zurückgeführt. Der brauchbare Distanzbereich ist aber eng, auch die Genauigkeit dürfte gering sein; Ergebnisse liegen nicht vor, auch eine Kombination mit dem Muller-Mikrometer (variable Aufspaltung bei Einstellung auf Strahl) scheint noch nicht versucht worden zu sein.

Die Brauchbarkeit beider Mikrometertypen hängt wesentlich von der Güte der Mikrometerschraube ab, die auch der kostspieligste Bestandteil ist. Da die Technik heute indes öfters Präzisionsschrauben benötigt, besteht Hoffnung, daß sich gelegentlich Schrauben, die für Fernrohrmikrometer geeignet sind, in einer Serienproduktion finden lassen, so daß dem Sternfreund der Erwerb dieses so vielseitig verwendbaren Apparates eher möglich wird.[1]

[1] Zu empfehlen sind die preiswerten Steinmeyer-Mikrometerspindeln.

Man unterscheidet periodische (bei jeder Schraubenumdrehung wiederkehrende) und fortschreitende Schraubenfehler. Ihre genaue Prüfung ist langwierig und erfordert Zusatzgeräte. Man kann die periodischen Fehler grob genähert prüfen mit Durchgangszeiten über nicht ganzzahlige Revolutionen (z. B. 10.0, 10.1, ... 11.0) oder, falls möglich, Verstellen der Koinzidenz von festem und beweglichem Faden, die fortschreitenden aus Durchgangszeiten in verschiedenen Teilen der Schraube (z. B. wenn mehrere Fäden vorhanden sind). Von einer guten Schraube muß man indes weitestgehend Fehlerfreiheit fordern. Auch die Teilung des Positionskreises soll einwandfrei sein. Man prüft auf Teilungsfehler, indem man 180° von der Ablesemarke entfernt eine zweite anbringt und kontrolliert, ob die Differenz von 180° in allen Kreisstellungen gleich bleibt; dann wiederholt man die Prüfung mit kürzeren Abständen zwischen den Marken, z. B. 90° und 60°.

Interferometermessungen liegen infolge ihrer großen Schwierigkeit und der instrumentellen Anforderungen wohl außerhalb des für Amateure Erreichbaren und brauchen nur angedeutet zu werden: Das Interferenzstreifenmuster eines Doppelsterns, das in monochromatischem Licht λ entsteht, wenn das Objektiv bis auf zwei Spalte abgedeckt ist, verschwindet in einer bestimmten Stellung: wenn die Spalte in Richtung des Positionswinkels stehen und in einem Abstand D umgekehrt proportional der Distanz ϱ, woraus sich diese berechnen läßt: $\varrho = \lambda/2D$.

4. Zur photographischen Beobachtung

Photographische Doppelsternmessung ist gegenüber der visuellen auf wesentlich weitere Paare beschränkt, hier aber erheblich genauer, hauptsächlich weil man auf einer Platte in ziemlich kurzer Zeit zahlreiche Belichtungen desselben Objektes unterbringen kann.

Die Distanz im Brennpunktsbild dividiert durch die Brennweite ergibt die wahre Distanz (im Bogenmaß), oder in Sekunden: 1 mm auf der Platte = 206.″26 dividiert durch Brennweite in Metern. Wenn geeignet belichtete Sternbildchen in 0.15 mm Abstand noch gut ausgemessen werden können, findet man, daß für Refraktoren durchschnittlichen Öffnungsverhältnisses die Grenze photographischer Brauchbarkeit beim 15fachen der Dawes-Grenze oder darüber liegt. Eine Fortschrittshoffnung besteht hier in der weiteren Verwendung der Photographie durch Okularprojektion.

Bei sehr nahe benachbarten Bildern treten infolge ungleichmäßiger Schwärzung verfälschende Einflüsse auf (Nachbareffekt); diesen Bereich vermeidet man daher und überläßt ihn der visuellen Messung.

Die Platte muß sehr genau senkrecht zur optischen Achse stehen. Geeignete Belichtungszeiten, daß die Bilder gerade meßbar stark werden, sind von Fall zu Fall auszuprobieren. Zum Entwickeln, Fixieren, Waschen und Trocknen der Platten ist nichts besonderes zu vermerken; nur sollen die Platten während dieser Vorgänge nicht senkrecht stehen, um Schichtverziehungen vorzubeugen. Die Orientierung der Platte wird bestimmt, indem man mehrere Belichtungen nacheinander nur in Rektaszension versetzt oder einen hellen Stern eine Lichtspur ziehen läßt. Zur Prüfung der Brennweite und des Schraubenwertes am Meßapparat kann man wieder sehr weite Sternpaare benutzen. (Natürlich müssen auch hier hohe Ansprüche an die Fehlerfreiheit der Meßschraube gestellt werden.)

Die Farbgleichung (relative Versetzung verschiedenfarbiger Sterne) und das eventuell störende atmosphärische Spektrum beseitigt man durch Filter, eventuell in Verbindung mit einer spezial-sensibilisierten Platte. Gegen die Helligkeitsgleichung (schlechte, u. U. systematisch verfälschte Ausmeßbarkeit heller Sterne in ungleichen Paaren) benutzt man geeignete Gitter und mißt die Beugungsbilder des Hauptsterns gegen das Zentralbild des Begleiters aus. Für sehr große Δ_m werden gelegentlich — auch bei visueller Messung — besondere Blenden verwendet, die das Beugungsbild geeignet deformieren, z. B. Sechseckblenden, die eine sechsstrahlige Sternfigur erzeugen, so daß der schwache Begleiter im dunkeln Feld zwischen den Strahlen noch in geringem Abstand sichtbar ist. Die Blende muß man über einen geeigneten Bereich in Positionswinkel drehen können.

Auf die astrometrische Arbeit (photographischer Anschluß an entferntere Sterne) mit langbrennweitigen Teleskopen und über längere Zeiträume hinweg, die für Doppelsterne besondere Bedeutung hat — Bestimmung der absoluten Bewegung — kann hier nur am Rande verwiesen werden.

Bei sämtlichen Beobachtungen weiter Paare, insbesondere bei genauen photographischen Messungen, auch Schraubenwertsbestimmungen, ist die differentielle *Refraktion* zu berücksichtigen: Die Strahlenbrechung hebt den tiefer stehenden Stern stärker an. Der Refraktionsunterschied beträgt, pro Bogenminute Höhendifferenz, in 40° Höhe etwa 0\.″04, in 30° schon 0\.″07. Zur genaueren Berechnung, zu der auf Refraktionstafeln verwiesen werden muß, braucht man noch Barometerstand und Lufttemperatur, auch der parallaktische Winkel geht ein (Winkel am Stern im Zenit-Pol-Stern-Dreieck, aus dem Stundenwinkel zu berechnen).

In jeder Koordinate wird die Platte zweimal ausgemessen und dazwischen umgedreht; noch besser nehmen zwei Personen die Ausmessung vor. Auch das Ausmessen von Platten hat subjektive Fehler und braucht einige Übung.

5. Ephemeriden- und Bahnrechnungen

Von etwa 500 Systemen konnten bis jetzt Bahnen gerechnet werden. Viele davon sind sehr genau bekannt, viele aber auch noch sehr unsicher. Ein Katalog von Bahnephemeriden wurde vor einigen Jahren veröffentlicht[1]; inzwischen sind aber zahlreiche Bahnen durch verbesserte ersetzt und viele neue kamen hinzu[2].

Falls keine Ephemeride erreichbar ist, kann man sie zum Vergleich mit den Beobachtungen selbst rechnen; die dazu benötigten Bahnelemente und Formeln sind im folgenden erwähnt.

Da man die Bahnebene im allgemeinen nicht senkrecht, sondern unter einem gewissen Neigungswinkel sieht, ist die wahre Bahn von der scheinbaren perspektivisch verschieden. Die wahre Bahn ist durch sieben Größen (= Bahnelemente) charakterisiert:

i, die Neigung zwischen wahrer und scheinbarer Bahnebene (letztere senkrecht zur Sehrichtung). i wird von 0° bis 180° gezählt. Falls i unter 90° liegt, erfolgt die Bahnbewegung rechtläufig (im Sinne zunehmender Positionswinkel), andernfalls rückläufig. (Falls i das Vorzeichen + bzw. — trägt, heißt das, daß die wahre Orientierung der Bahnebene im Raum durch spektroskopische Messungen ermittelt wurde. Es ist hier aber ohne Belang.)

Ω, der Knoten, der Positionswinkel der Schnittlinie von wahrer und scheinbarer Bahnebene. (Die beiden Knoten liegen um 180° entgegengesetzt; man gibt den zwischen 0° und 180° liegenden Knoten an.) Die Knotenlage ändert sich durch Präzession (Verlagerung der Nordrichtung, von der aus sie gezählt wird), was bei der Berechnung der Positionswinkel zu berücksichtigen ist, und zwar um den Betrag $+0\overset{\circ}{.}557 \sin\alpha \sec\delta$ pro Jahrhundert. Je nach dem Vorzeichen von $\sin\alpha$ ist die Knotendrehung also recht- oder rückläufig.

ω, Abstand vom Knoten zum Periastron (Punkt geringsten Abstandes der Komponenten in der wahren Bahn), im Sinne der Bewegung gezählt. Dies kennzeichnet die Lage der Bahnellipse in ihrer Ebene.

a, große Halbachse der Ellipse, in Bogensekunden, und

e, numerische Exzentrizität, ergeben Größe und Form der Bahn. Nun ist noch die Bewegung des Begleiters in der Bahn festzulegen, mit

U, der Umlaufszeit in Jahren (man gibt auch den Wert $\mu = 360°/U$, die mittlere Bewegung, in Grad pro Jahr, an), und

[1] P. MULLER: Journal des Observateurs **36**, 61 (1953) nebst Nachtrag JO **37**, 153 (1954).
[2] P. MULLER: Circulaires d'information (der IAU-Doppelsternkommission).

T, der Durchgangszeit durch das Periastron. Die Zeit, wann der Stern jeden anderen Bahnpunkt durchläuft, ist dann bereits durch den Flächensatz (2. Keplersches Gesetz) bestimmt, der besagt: Die Verbindungslinie beider Sterne überstreicht in gleichen Zeiten gleiche Flächen (sog. Flächenkonstante).

Für jede Zeit t kann man nun Positionswinkel P und Distanz ϱ auf dem Weg über die entsprechenden Koordinaten der wahren Bahn (v und r) berechnen:

$$\mu(t-T) = M = E - e\sin E\,, \quad \operatorname{tg} v/2 = \sqrt{(1+e)/(1-e)}\,\operatorname{tg} E/2\,,$$
$$r = a(1-e^2)/(1+e\cos v)\,,$$
$$\operatorname{tg}(P-\Omega) = \operatorname{tg}(v+\omega)\cos i\,, \quad \varrho = r\cos(v+\omega)/\cos(P-\Omega)\,.$$

Die erste Formel (sog. Keplersche Gleichung) ist durch Näherungsverfahren aufzulösen, wobei noch die Größe $e \sin E$ durch Multiplikation mit 57.296 in Gradmaß zu verwandeln ist. Man spart aber die Berechnung der beiden ersten Formeln durch Benutzung der *Allegheny-Tafeln* (Publ. Allegheny Bd. 2), die v sofort in Abhängigkeit von M geben.

Falls man die rechtwinkeligen Koordinaten x, y benötigt, kann man sie wie auf S. 292 angegeben aus ϱ und P berechnen; bequemer geht man aber gleich von E aus:

$$X = \cos E - e\,, \quad Y = \sqrt{1-e^2}\sin E\,.$$

X und Y sind Koordinaten in der wahren Bahn, die nun in die gesuchten entsprechenden Werte der scheinbaren Bahn projiziert werden:

$$x = AX + FY\,, \quad y = BX + GY\,.$$

Die Faktoren A, B, F, G (sog. Thiele-Innes-Elemente) entsprechen den Bahnelementen a, ω, Ω, i und setzen sich aus ihnen wie folgt zusammen:

$$\begin{aligned} A &= a(\cos\omega\cos\Omega - \sin\omega\sin\Omega\cos i)\,,\\ B &= a(\cos\omega\sin\Omega + \sin\omega\cos\Omega\cos i)\,,\\ F &= a(-\sin\omega\cos\Omega - \cos\omega\sin\Omega\cos i)\,,\\ G &= a(-\sin\omega\sin\Omega + \cos\omega\cos\Omega\cos i)\,. \end{aligned}$$

Auch zur Umrechnung von M in E gibt es Tabellen (Astrands Tafeln, Leipzig 1890); ferner sollen in Kürze neue Tafeln zur direkten Ablesung von X, Y erscheinen.

Die Bahnbestimmung eines Paares erfolgt ebenfalls nach obigen Formeln, erfordert also keine sehr schwierige Mathematik; jedoch wird man sich einige Übung in gewandtem Rechnen und Beurteilung der Zuverlässigkeit des Beobachtungsmaterials anzueignen haben. Man braucht weiter eine möglichst komplette Sammlung der in der Fachliteratur verstreuten Beobachtungen. (Daten bis 1926 finden sich größtenteils im Katalog ADS und seinem Vorgänger, dem BDS von Burnham; für den Südhimmel entsprechend im SDS von Innes.) Von allen Systemen, bei denen der Betrag der Bahnbewegung und das Datenmaterial einigermaßen ausreichen, liegen indes bereits Bahnen vor, so daß gegenwärtig wenig Bedarf an neuen Rechnungen besteht. Einige grundsätzliche Hinweise genügen daher.

Das Kriterium einer brauchbaren Bahn ist ihre im Rahmen der zufälligen Fehler gute Darstellung der Beobachtungen. Diese werden, für Präzession (S. 300) auf eine gemeinsame Epoche reduziert, in Normalörter zusammengefaßt, mit Gewichten ungefähr entsprechend ihrer Zahl und Zuverlässigkeit — gute photographische Beobachtungen haben besonders hohes Gewicht. Auf die Bildung der Normalörter als Fundament der Bahnrechnung ist also Sorgfalt zu verwenden. Falls das Material es zuläßt, empfiehlt sich seine Untersuchung auf systematische Fehler der Einzelbeobachter.

Die hier in Frage kommenden Paare sind gewöhnlich solche mit größeren Umlaufszeiten, bei denen erst ein Teilbogen der Bahn beobachtet ist. Wie groß der Bogen für eine probeweise Erstbestimmung mindestens sein muß, läßt sich nicht allgemein sagen, es hängt von seiner Lage in der Bahn und der Güte der Beobachtungen ab. Von den zahlreichen Bahnrechnungsmethoden sind im Falle kürzerer Bögen nur wenige brauchbar. Eine Skizze vom Verlauf der Normalörter kann ein Bild über die ungefähre Bahnform und die mutmaßliche Lage des Periastrons geben. Es ist jedoch keineswegs ratsam, hieraus (graphisch oder rechnerisch) die ganze Bahnellipse zu konstruieren. Solch geometrisches Bahnbestimmungsverfahren bringt wenig brauchbare Resultate bzw. führt auf Umwege, weil es die ganze Messungsunsicherheit beider Koordinaten enthält und dabei den Flächensatz nicht beachtet. Man bestimmt besser den Verlauf von Positionswinkel und Distanz als Funktionen der Zeit, wonach die Flächenkonstante festgelegt ist und sich durch Abschätzen einzelner Elemente die übrigen passend dazu berechnen lassen (am einfachsten nach der Methode von Rabe[1], wo zu einer angenommenen Periastronzeit T geeignet abgeschätzte Werte von e und μ gefunden und dann die andern Elemente aus Koordinaten und Geschwindigkeit in einem einzigen Bahnpunkt erhalten werden können). Die erhaltenen Elemente werden im allgemeinen noch nicht befriedigen; rechnet man die Normalörter nach, so werden die Abweichungen von der beobachteten Bewegung anzeigen, in welchem Sinne die gemachten Annahmen zu verbessern sind. Gegebenenfalls rechnet man ein paar solcher Probebahnen durch oder versucht, Verbesserungen durch Rückrechnung obiger Formelkette mit einigen Normalort-Positionswinkeln zu finden. Meist geht es nicht ohne einiges Probieren ab, das sich jedoch mit etwas Methodik sehr reduzieren läßt. Eine gewisse Willkür in der Probebahn (z. B. im Ansatz für T) entspricht durchaus der natürlichen Unsicherheit der aus kurzen Bögen abgeleiteten Elemente, die großenteils auf der noch unbekannten Lage des Bahnmittelpunkts beruht und auf keine Weise zu beseitigen ist (auch die geometrische Bahnbestimmung enthält in der Ellipsenkonstruktion eine verstecktere, aber mindestens ebenso große Unsicherheit).

Brauchbare Elemente sind erreicht, wenn die Nachrechnung der Normalörter zeigt, daß die Differenzen zwischen Beobachtung und Rechnung möglichst klein und zufällig verteilt sind. Da die visuellen Messungen in P genauer sind als in ϱ, stützt man häufig die Bahnbestimmung weitgehend nur auf Positionswinkel; auch hierüber entscheidet der Einzelfall.

Öfters kann auf entsprechende Weise auch eine ältere, bereits veröffentlichte Bahn verbessert werden, wenn sie deutlich von den neuen Beobachtungen abweicht. Man hat dabei zu beachten, daß die Repräsentation des der alten Bahn zugrunde liegenden Bogens auch in der neuen gut bleiben muß.

Zur Veröffentlichung von Bahnelementen gehört eine Liste der benutzten Normalörter bzw. Beobachtungen, der Vergleich der Rechnung mit ihnen und möglichst auch eine kurze Ephemeride.

XIII. Die Objekte der Milchstraße und die Weltinseln

Von

R. Kühn

München

Mit 3 Textabbildungen

1. Einleitung

Nicht alle Gebiete der beobachtenden Astronomie sind in gleicher Weise für eigene wissenschaftliche Arbeiten des Sternfreundes geeignet. Um es gleich auszusprechen: das Kapitel, dem wir uns nun zuwenden wollen, bietet dem Sternfreund nur selten die Möglichkeit, aktiv in die Behandlung der ungelösten Probleme einzugreifen. Lohnt es sich deshalb nicht, sich auch beobachtender Weise mit diesen Objekten zu befassen? Gerade die Beschäftigung mit den Objekten der Milchstraße und mit den Weltinseln bringt jedem Sternfreund eine solche Fülle an interessanten und, sagen wir es offen, auch an wunderbaren Erfahrungen mit sich, daß kein Sternfreund, *ganz gleich, welche instrumentellen Mittel* ihm zur Verfügung stehen, auf diese Beobachtungen verzichten sollte.

Der Wert dieser Beobachtung liegt also in erster Linie darin, daß die eigene Anschauung, die eigene Erfahrung durch nichts anderes ersetzt werden kann und daß

[1] W. Rabe: Astron. Nachrichten **280**, 1 (1951), s. d. auch Formeln und Hilfstabellen.

sich das Wissen, das jeder vom Aufbau unserer Welt haben sollte, auf diese Weise vertiefen und festigen läßt. Darum wendet sich dieses Kapitel vor allem auch an diejenigen, die astronomisches Wissen an andere Menschen weitergeben, an die Lehrer in unseren Schulen, an die Sternfreunde, die im Rahmen einer Volkssternwarte arbeiten. Leider ist es bis heute so, daß die Kenntnisse vom Aufbau unserer Welt bei sehr vielen Menschen nicht über die Grenzen unseres Sonnensystems hinausgehen. Die Welt der Planeten nimmt im Bewußtsein der meisten Menschen einen größeren Raum ein als der ganze übrige Kosmos. Dadurch daß an manchen Volkssternwarten und auch von vielen Liebhaberastronomen, die ihren Bekannten und Freunden den Himmel zeigen, vor allem die Beobachtung der Planeten und des Mondes bevorzugt wird, kann diese falsche Vorstellung nicht beseitigt werden. Es erscheint mir aber als ein sehr wesentliches Anliegen, möglichst vielen Menschen richtige Vorstellungen von dem uns umgebenden All zu vermitteln. Hier bietet sich für den Sternfreund ein weites Feld segensreichster Tätigkeit.

Schließlich wollen wir jedoch über all diesen Betrachtungen nicht vergessen, daß der Haupt-„Zweck", den für uns diese Beobachtungen haben, letzten Endes doch die Freude an der Sache um ihrer selbst willen ist und diese Freude werden alle in reichem Umfang finden, die sich der Beobachtung der Milchstraße und der fernen Weltinseln widmen. Diejenigen, die aber auf jeden Fall wertvolle wissenschaftliche Arbeit leisten wollen und können, kommen hier nicht darum herum, ihre Pläne, Programme und Methoden mit den Astronomen einer großen Sternwarte eingehend zu erörtern.

2. Die Instrumente

Alle Objekte, um deren Beobachtung es hier geht, haben gemeinsam, daß sie verhältnismäßig lichtschwach sind, viele von ihnen sind darüberhinaus am Himmel ziemlich ausgedehnt, so daß wir schon von vornherein für die in Frage kommenden Instrumente zwei Grundforderungen aufstellen können: Das Instrument muß so *lichtstark* wie möglich sein, es soll außerdem ein möglichst *großes* Gesichtsfeld besitzen. Starke Vergrößerungen sind nur selten erforderlich.

a) Visuelle Instrumente

Wenn auch das menschliche Auge kein Instrument im eigentlichen Sinne ist, so muß doch erwähnt werden, daß viele Beobachtungen schon mit unbewaffnetem Auge durchgeführt werden können. Erste Voraussetzung dafür ist jedoch, daß diese Beobachtungen mit völlig ausgeruhtem Auge und möglichst weitab von allen künstlichen Lichtquellen gemacht werden.

Ein ideales Instrument, das geradezu für die Beobachtung der galaktischen und außergalaktischen Objekte geschaffen ist, ist ein lichtstarker Prismenfeldstecher. Unter den auf dem Markt befindlichen Typen gilt es, diejenigen auszuwählen, die für unsere Zwecke besonders geeignet sind. Die optischen Eigenschaften werden im allgemeinen durch zwei Zahlen angegeben, von denen die erste die lineare Vergrößerung, die zweite die Objektivöffnung des Feldstechers in Millimeter bedeutet. Ein 7×50-Glas hat also z. B. 7fache Vergrößerung und einen Objektivdurchmesser von 50 mm. Für den Sternfreund ist ein Glas mit möglichst großem Objektivdurchmesser zu empfehlen. Am besten eines mit 50 oder 60 mm. Leider nimmt im allgemeinen auch der Preis mit dem Objektivdurchmesser zu. Welche Vergrößerung am günstigsten ist, läßt sich nicht allgemein sagen, denn sie hängt von den speziellen Interessen des Beobachters ab. Trotzdem glaube ich, daß in den allermeisten Fällen ein Glas mit 10facher Vergrößerung die optimale Lösung darstellen dürfte. Wichtig ist, daß auch ein Feldstecher zur Himmelsbeobachtung *nicht ohne Stativ* verwendet wird. Ein Glas mit 10facher Vergrößerung kann für viele terrestrische Beobachtungen noch ohne Stativ, nur mit aufgelegten Ellenbogen verwendet werden, bei astronomischen Beobachtungen ist dies im allgemeinen nicht möglich. Ein solches Feldstecherstativ kann man sich übrigens ohne allzugroße Mühe selber herstellen oder von einem Handwerker anfertigen lassen. Besonders günstig ist es dabei, wenn man gleich von vornherein einen bequemen Beobachtungsstuhl mit der Befestigung für den Feldstecher kombiniert.

Ein besonderer Vorteil, den ein Feldstecher gerade bei der Beobachtung lichtschwacher Objekte bietet, ist die Möglichkeit, mit beiden Augen zu sehen. Dadurch wird die subjektiv empfundene Lichtstärke der Objekte vergrößert. Aus diesem Grunde sei auch von der Verwendung monokularer Feldstecher abgeraten.

Verwendet man einen normalen kleinen Refraktor zur Beobachtung, so ist es sehr wesentlich, daß man sich ein gutes Okular mit einer niedrigen Vergrößerung beschafft. Leider neigen viele Anfänger dazu, immer eine möglichst hohe Vergrößerung anzuwenden, manche verderben sich dadurch regelrecht die Freude am Beobachten. Man kann sagen, daß für die meisten unserer Objekte die angewandte Vergrößerung ungefähr gleich der Normalvergrößerung sein sollte, daß also die Austrittspupille gleich der Augenpupille sein sollte. Diese Vergrößerung beträgt, wenn wir die Austrittspupille des Auges im Dunkeln mit 5 mm ansetzen (der Wert von 6 mm dürfte nur selten erreicht werden), bei einem Instrument von 108 mm Öffnung (Vierzöller)

$$\frac{108}{5} = 22\,\text{fach}$$

Die dazu nötige Okularbrennweite hängt von der Brennweite des verwendeten Objektivs ab.

Bei manchen galaktischen und extragalaktischen Nebeln kann man bis zur 3fachen Normalvergrößerung gehen, bei planetarischen Nebeln wird man sogar gut daran tun. Im allgemeinen verwende man aber lieber eine zu niedrige als eine zu hohe Vergrößerung.

Das gleiche gilt für die Verwendung eines Spiegelteleskopes. Auch hier kommen für die Beobachtung unserer Objekte in erster Linie Vergrößerungen in Betracht, die in der Nähe der Normalvergrößerung liegen. Bei manchen Instrumenten ist jedoch insofern Vorsicht am Platze als manchmal der Fangspiegel so klein ist, daß er nur noch einen Teil des vom Okular erfaßten Gesichtsfeldes wiedergibt. In solchen Fällen hilft nur ein neuer Fangspiegel. Am Ende dieses Abschnittes sei besonders darauf hingewiesen, daß vor allem dann, wenn man ungeübten Laien oder Schülern ein lichtschwaches Objekt am Instrument zeigen will, eine ganz schwache (evtl. noch unter der Normalvergrößerung liegende) Vergrößerung angewandt wird. Dem Unerfahrenen wird es dadurch vielfach erst möglich, die schwachen Objekte überhaupt zu sehen, während der geübte Beobachter in den meisten Fällen alle Einzelheiten auch bei dieser schwachen Vergrößerung betrachten kann und im allgemeinen mehr Freude am Beobachten hat als bei einer stärkeren Vergrößerung. Eine schwache Vergrößerung erleichtert auch das nicht immer ganz einfache Aufsuchen der Objekte am Himmel.

Schließlich sei erwähnt, daß größere binokulare Fernrohre, so wie sie im 2. Weltkrieg bei der Luftwaffe und der Marine Verwendung fanden, vorzügliche Dienste bei der Beobachtung unserer Objekte leisten. Die optische Qualität dieser Instrumente, die oft verhältnismäßig billig zu bekommen sind, ist meist nicht besonders gut zu nennen, bei der visuellen Betrachtung der Objekte stört das aber in den wenigsten Fällen, die in diesem Zusammenhang interessant sind.

b) Das Aufsuchen der Objekte am Himmel

Das Einstellen der lichtschwachen Objekte kann auf zwei verschiedene Arten erfolgen. Entweder mit Hilfe der *Teilkreise* des Instrumentes und einer *Sternzeituhr* oder an Hand eines guten *Sternatlas*. Welcher von beiden Wegen beschritten wird, hängt weitgehend von der persönlichen Veranlagung des Beobachters ab. Das erste Verfahren hat den Vorteil, daß es, richtig angewandt, sozusagen automatisch funktioniert. Das zweite hingegen setzt eine Geschicklichkeit des Beobachters voraus, dagegen sind keine parallaktische Montierung und keine Teilkreise erforderlich. Außerdem macht der zweite Weg in einprägsamer Weise mit den Objekten am Himmel vertraut.

α) Einstellen mit Hilfe von Teilkreisen

Man entnimmt einem guten Katalog die Koordinaten des gesuchten Objektes. Bei solchen Objekten, die mit stärkerer Vergrößerung gesucht werden müssen (Planetarische Nebel), ist es unbedingt erforderlich, daß die Koordinaten auf das gültige Äquinoktium umgerechnet werden. Die Deklination kann sofort am Deklinationskreis eingestellt werden. Den gültigen Stundenwinkel erhält man aus der Gleichung

Stundenwinkel eines Objektes = Sternzeit — Rektaszension.

Ergeben sich hierbei Werte, die größer sind als 12 Stunden, so heißt das, daß das Objekt östlich des Meridian steht. In diesem Falle zieht man den erhaltenen Wert von 24 Stunden ab und rechnet den dann erhaltenen Stundenwinkel nach Osten. Ergeben sich in obiger Gleichung negative Werte, so heißt das ebenfalls, daß das Objekt östlich des Meridian steht. Die Sternzeit entnimmt man am besten einer Sternzeituhr, deren Gang ständig durch Zeitzeichen überprüft wird. Dazu genügt es, wenn man eine gute Taschen- oder Armbanduhr auf Sternzeit umreguliert. Für den Fall, daß man einmal keine Sternzeituhr zur Verfügung hat, kann man sich übrigens auch dadurch helfen, daß man im Instrument einen Stern einstellt, dessen Rektaszension bekannt ist, und dann den Stundenwinkel am Instrument abliest. Aus der obigen Gleichung erhält man die Sternzeit für den Augenblick der Ablesung.

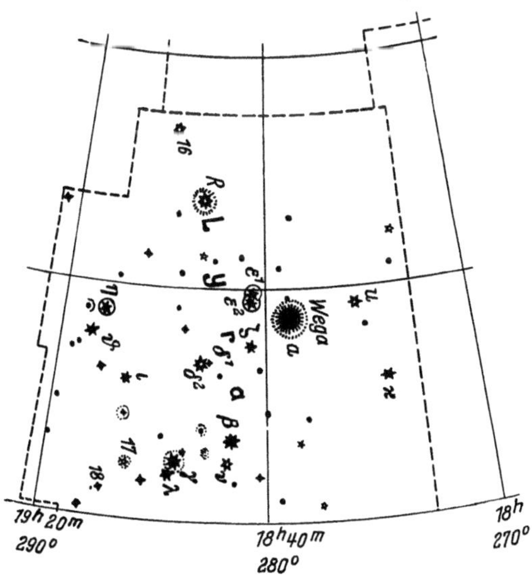

Abb. 1. Aufsuchungskarte für den Ringnebel in der Leier. (Nach SCHURIG-GOETZ: Tab. Coelestis 7. Aufl.)

β) Das Einstellen nach der Karte

Man sucht das gewünschte Objekt zunächst in einem guten Sternatlas auf. Ist es nicht in der Karte eingezeichnet, so überträgt man den Ort mit Hilfe der Koordinaten aus einem Katalog in die Karte. Wenn man den Sternatlas nicht am Instrument verwenden mag oder kann, fertigt man sich von der Umgebung des Objektes eine gepauste Aufsuchungskarte in handlichem Format an. Eine solche Karte hat den Vorteil, daß man sie immer wieder verwenden kann. In diese Karte zeichne man — am besten ausgehend von einem hellen Stern — alle Sterne ein, die im Sucher des Instrumentes sichtbar sind. Den Ort des gesuchten Objektes markiere man durch ein Kreuz auf der Karte. Mit Hilfe dieser Karte stelle man dann den Ort des Objekts im Sucher des Instrumentes möglichst genau ein. Im Hauptinstrument verwende man gleichzeitig, wie schon gesagt, eine möglichst schwache Vergrößerung mit einem großen Gesichtsfeld. Zu beachten ist, daß man die Karte beim Suchen so orientiert wie es der Anblick im Instrument erfordert. Dieses Verfahren erscheint zunächst etwas umständlich. Nach einiger Übung kommt man jedoch schnell und sicher mit ihm zum Ziel (Abb. 1).

c) Die photographischen Instrumente

Die Beobachtung der Objekte der Milchstraße und der außergalaktischen Nebel ist seit langem eine Domäne der Himmelsphotographie. Auch der Liebhaber wird immer mehr Gebrauch von dieser Art der Beobachtung machen, denn gerade auf diesem Gebiet ist schon mit verhältnismäßig einfachen Mitteln viel zu erreichen. Eines ist allerdings in jedem Falle erforderlich: *Geduld.* Die notwendigen Belichtungszeiten sind in jedem Falle lang und betragen meist einige Stunden. Natürlich ist es nicht jedermanns Sache, in einer kalten Winternacht Himmelsaufnahmen zu machen.

α) Aufnahmen mit handelsüblichen Kameras

Die weitverbreiteten und nicht umsonst so beliebten Kleinbildkameras sind Instrumente, die sich ausgezeichnet für unsere Zwecke eignen. Dabei sind keine Höchstforderungen an den Preis der Kamera zu stellen, aber einige Bedingungen hinsichtlich der Optik sollten erfüllt sein. Die Lichtstärke des Objektivs bestimmt die Belichtungszeit, die notwendig ist, um ein bestimmtes Objekt abzubilden. Es ist nicht unbedingt notwendig, daß die verwendete Kamera ein Objektiv der Lichtstärke 1:2 besitzt, aber es spart uns Zeit und Geduld. Weniger als 1:3,5 sollte die Lichtstärke jedoch nicht betragen. In jedem Falle verwendet man die Kamera immer mit offener Blende. Auf den Verschluß könnte man naturgemäß ganz verzichten, da kurze Belichtungszeiten ausscheiden. Man stelle den Verschluß auf B und verwende zur Belichtung einen feststellbaren Drahtauslöser.

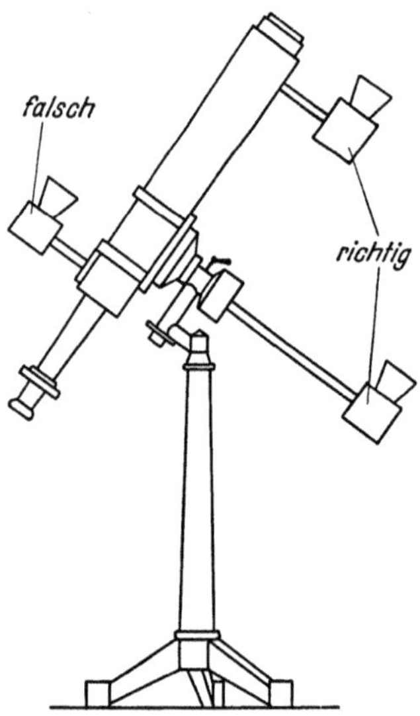

Abb. 2. Befestigung einer Kleinbildkamera am Fernrohr. (Nach Brandt, Fernrohr des Sternfreundes.)

Wichtig ist die Anbringung der Kamera am Leitrohr. Aus Gründen der Stabilität empfiehlt es sich, nur bei sehr massiven Montierungen die Kamera an Stelle des Gegengewichtes auf der Deklinationsachse anzubringen. In den meisten Fällen wird es vorteilhafter sein, die Kamera direkt am Instrument, und zwar in der Nähe der Objektivlinse zu befestigen. Es ist darauf zu achten, daß nicht ein Teil des Rohres in das Gesichtsfeld der Kamera hineinragt (Abb. 2).

Die Ansprüche in bezug auf die Genauigkeit der Nachführung sind bei den in Frage kommenden Objektivbrennweiten (35 bis höchstens 80 mm) nicht besonders hoch, jedoch muß die parallaktische Montierung auf jeden Fall *einwandfrei* justiert sein. Gerade bei Himmelsaufnahmen, die ein großes Areal erfassen, ist die Gefahr, daß bei ungenauer Justierung der Fernrohrmontierung, d. h. wenn häufig in Deklination nachgestellt werden muß, sich zwar der Leitstern als Punkt abbildet, die Sterne in der Nähe des Bildrandes jedoch keine Punkte, sondern kleine Kreisbogen um den Leitstern darstellen. Die Nachführung selbst erfolgt am bequemsten mit einem guten Laufwerk. Ein solches Laufwerk ist jedoch keineswegs unbedingt erforderlich. Eine gutgehende Feinbewegung in Rektaszension gestattet es ebenfalls, einwandfreie Aufnahmen herzustellen.

Bei einiger Übung empfindet man das ständige Nachdrehen der Feinbewegung nicht lästiger als die ständige Kontrolle des Laufwerkes.

Eine lichtstarke Kleinbildkamera eignet sich vor allem für Aufnahmen der Milchstraßenwolken, der Dunkelgebiete innerhalb der Milchstraße und immer dann, wenn es darauf ankommt, ein großes Himmelsfeld abzubilden. Es lassen sich z. B. große Sternbilder wie der Orion auf einmal abbilden. Als Filmmaterial kommen hochempfindliche Filme ($^{21}/_{10}$—$^{25}/_{10}$ Din) in Frage, ohne daß man zu den höchstempfindlichen, die leider doch recht grobkörnig sind, greifen müßte.

An Himmelsaufnahmen, die auf die beschriebene Weise gewonnen werden, wird jeder Sternfreund sehr viel Freude haben.

β) Aufnahmen mit einem kleinen Astrographen

Wenn es gilt, einzelne Objekte, z. B. einen bestimmten Spiralnebel abzubilden, kommen wir mit der Kleinbildkamera nicht mehr zum Ziel, da der Abbildungsmaßstab zu klein ist. Hier kommen Instrumente von 20 cm bis 100 cm Brennweite in Frage. Der Selbstbau eines kleinen Astrographen, der ähnlich der bekannten Schmidt-Kamera funktioniert, ist mit den Neukonstruktionen der *Maksutow-Kamera*, bei der an Stelle der Korrektionsplatte eine Meniskuslinse mit Kugelflächen sitzt, in den Bereich der Möglichkeiten gerückt. Grundsätzlich erfolgt die Himmelsaufnahme in der gleichen Weise wie bei einer kurzen Brennweite, nur daß die Ansprüche an die Genauigkeit der Nachführung und der Justierung und an die Stabilität der Montierung mit der Brennweite der Himmelskamera zunehmen. Ähnlich wie man sich bei der visuellen Beobachtung vor zu starken Vergrößerungen hüten sollte, vermeide man hier zu lange Brennweiten. Ein Objektiv mit 50 cm Brennweite und einer Lichtstärke von etwa 1:5 dürfte die meisten Wünsche des Amateurastronomen in dieser Hinsicht erfüllen. An Stelle von Filmen verwendet man Platten und wird sie, wenn irgendmöglich, auch selbst entwickeln.

Für Aufnahmen der lichtschwachen Objekte sind Anordnungen, bei denen das Leitrohr selbst als abbildendes System verwendet wird, sofern es ein Refraktor ist, meist ungeeignet. Spiegelteleskope vom Typ Newton und Cassegrain dagegen, mit einem Öffnungsverhältnis zwischen 1:4 und 1:6, empfehlen sich für photographische Zwecke dieser Art.

3. Die wichtigsten Objekte

Es ist nicht möglich, in diesem Zusammenhang eine umfassende und zuverlässige Liste aller der Objekte aufzustellen, die in unserem Bereich für den Liebhaber in Frage kommen. Die instrumentelle Ausstattung, die geographische Lage und nicht zuletzt die persönlichen Neigungen werden eine wichtige Rolle bei der Auswahl dieser Objekte spielen. Im folgenden sollen die wichtigsten Arten von Objekten kurz besprochen werden, ein Katalog befindet sich auf Seite 343.

a) Die Milchstraße

Das Wort „Milchstraße" wird im deutschen Sprachgebrauch in *doppelter* Bedeutung verwendet. Einmal bezeichnen wir damit das Phänomen Milchstraße, jenes mattschimmernde Band, das sich am Himmel dahinzieht, zum anderen bezeichnen wir aber auch unser eigenes Sternsystem, unsere Galaxis mit diesem Wort. Für die Erfassung der wichtigsten astronomischen Tatsachen von größter Bedeutung ist jedoch, daß schon einige wenige Beobachtungen, die wir mit bloßem Auge durchführen können, uns den Zusammenhang dieser beiden Begriffe klar werden lassen.

In einer klaren, mondlosen Sommer- oder Herbstnacht sehen wir das Band der Milchstraße von Süden fast senkrecht über uns hinweg nach Norden ziehen. Die Milchstraße ist nicht gleichmäßig hell, sondern in einzelne hellere oder schwächere Wolken gegliedert. Unabhängig von dieser Struktur können wir jedoch ohne große Schwierigkeit feststellen, daß die hellsten Stellen der Milchstraße im Sternbild des Schützen, im Sommer also dicht über dem Südhorizont zu finden sind.

Diese Beobachtung gelingt besonders gut, wenn wir einen Beobachtungsort weit im Süden wählen (Mittelmeerraum) und einen klaren dunstfreien Himmel haben. Entsprechend, wenn auch nicht ganz so deutlich, können wir feststellen, daß die Wintermilchstraße viel schwächer in Erscheinung tritt als die Sommermilchstraße. Mit freiem Auge können wir also folgende wichtigen Beobachtungen erhalten:

1. Die Milchstraße umgibt unseren Beobachtungsstandort als geschlossener Ring.
2. Die hellste Stelle dieses Ringes liegt von uns aus gesehen in der Richtung zum Sternbild des Schützen.

Nehmen wir einen Feldstecher oder ein schwach vergrößerndes Fernrohr zur Hand, erkennen wir auch ohne große Mühe, daß die Helligkeit der Milchstraßenwolken, die wir mit bloßem Auge sehen, ein Anhaltspunkt für die Anzahl der schwachen, mit freiem Auge nicht mehr einzeln zu erkennenden Sterne ist, die dieses Leuchten verursachen. Diese Beobachtungstatsachen, die wir leicht selbst gewinnen können, schlagen uns eine Brücke zum Verständnis des Aufbaues unseres Sternsystems, den die Forschung der letzten Jahrzehnte sehr klar hat hervortreten lassen.

Unser Sternsystem hat die Form einer flachen Diskusscheibe. Der Innenraum dieser Scheibe ist mit Sternen ausgefüllt, die um so dichter beisammen stehen, je näher sie dem Zentrum des Systems sind. Die Sonne befindet sich mitsamt den Planeten in der Nähe der Mittelebene des Systems, aber nicht im Zentrum. Wir können nun leicht einsehen, wie das Phänomen Milchstraße an unserem Himmel zustande kommt. Blicken wir von unserem Standpunkt aus in Richtung der Mittelschicht des Systems, so sehen wir wesentlich mehr Sterne am Himmel, eben die Milchstraße, als wenn wir senkrecht zu dieser Schicht blicken und unser Sehstrahl schnell den Rand des Systems erreicht. In einer Richtung aber, nämlich in der Richtung zum Zentrum des Systems sind die Sternwolken besonders dicht, genau das, was wir am Himmel beobachten können. Das Zentrum unseres Sternsystems liegt von uns aus gesehen in Richtung zum Sternbild des Schützen.

Diese gewiß sehr einfachen Beobachtungen und Überlegungen sollte jeder einmal angestellt haben; sie geben ein viel lebendigeres Wissen um den Zusammenhang der Dinge, als es jemals durch ein Buch vermittelt werden kann.

Zum Schluß sei noch erwähnt, daß es zu den eindrucksvollsten und schönsten Beobachtungen gehört, mit einem Feldstecher oder einem lichtstarken Refraktor mit großem Gesichtsfeld (Kometensucher) den ganzen Verlauf der Milchstraße zu verfolgen. Dabei wird man ganz von selbst auf zahlreiche schöne Objekte stoßen und vor allem einen Eindruck von der weiten Verbreitung der Dunkelwolken bekommen. Das gleiche gilt im photographischen Bereich bei der Verwendung von lichtstarken Kleinbildkameras.

b) Die Sternhaufen

Sternhaufen sind Ansammlungen von Fixsternen im Raum. Ein Sternhaufen kann nur wenige Mitglieder enthalten, also eine gerade merkliche Erhöhung der Sterndichte im allgemeinen Sternfeld der Umgebung darstellen; er kann aber auch ein kleines Sternsystem darstellen, das mehrere Hunderttausend Einzelsterne enthält.

Im allgemeinen teilt man die Sternhaufen in zwei Gruppen: in *offene* Sternhaufen und in *kugelförmige* Sternhaufen.

Offene Sternhaufen gibt es in unserem Sternsystem einige Hundert. Sie stehen alle mehr oder weniger nahe in der Milchstraße. Die hellsten von ihnen sind mit bloßem Auge zu sehen wie zum Beispiel die Plejaden, die Hyaden und die Praesepe. Für die Beobachtung von offenen Sternhaufen verwende man auf keinen Fall zu starke Vergrößerung. Ja es gibt sogar Objekte, die nur in schwacher Vergrößerung und bei einem ausreichenden Gesichtsfeld zu sehen sind (Praesepe), andere vertragen wiederum mittlere Vergrößerungen.

Anders liegen die Verhältnisse bei den kugelförmigen Sternhaufen; hier ist es mitunter sogar notwendig, die stärkste Vergrößerung, die das Instrument noch verträgt, zu verwenden. Trotzdem beginne man die Beobachtung zunächst mit einer schwachen Vergrößerung. Der Sternhaufen erscheint dann als nebeliges, rundes Wölkchen, von dem höchstens die äußersten Partien in Sterne aufgelöst sind. Schreitet man zu stärkeren Vergrößerungen fort, werden immer weitere Teile des Sternhaufens in Einzelsterne aufgelöst, das Zentrum des Haufens bleibt allerdings immer, auch in den größten Instrumenten, nebelig verwaschen. Bei photographischen Beobachtungen von Sternhaufen verwende man Kameras mit nicht zu kurzer Brennweite und vor allem möglichst feinkörnige Emulsionen.

Der Wert aller dieser Beobachtungen liegt in erster Linie im *pädagogischen* Bereich. Eigene Forschungsarbeit auf diesem Gebiet ist schwierig und erfordert einen instrumentellen Aufwand, in jedem Fall Fühlungnahme mit einer Sternwarte. Dies gilt auch für die Beobachtung der Nebelflecken, der planetarischen Nebel, Dunkelwolken und außergalaktischen Nebel.

Die kugelförmigen Sternhaufen erfüllen einen Raum, der weit über den durch die Diskusform gekennzeichneten Bereich unseres Sternsystems hinausgeht. Wir kennen etwas mehr als hundert Objekte dieser Art; sie enthalten oft mehr als hunderttausend Sterne.

c) Galaktische Nebel

Galaktische Nebel sind Gas oder Staubwolken, die sich innerhalb unseres eigenen Sternsystems befinden. Sie sind ein Bestandteil der allgemein verbreiteten interstellaren Materie. Es gibt reine Gasnebel, die durch die Strahlung benachbarter Sterne zum Leuchten angeregt werden, reine Staubnebel, die das Sternenlicht nur reflektieren und schließlich auch Nebelwolken, in denen Gas und Staub zusammen vorkommen (Abb. 3).

Die Lichtschwäche dieser Objekte ist im allgemeinen das Haupthindernis für die Beobachtung dieser Objekte. Aus diesem Grund beachte man bei ihrer Beobachtung folgende Grundregeln:

1. Führe die Beobachtung nur bei völliger Dunkelheit, wenn weder Beleuchtung, noch Dämmerung oder Mondschein stören, durch.
2. Beobachte nur, wenn Dein Auge ausgeruht und völlig an die Dunkelheit angepaßt ist.
3. Bediene Dich, soweit möglich, des indirekten Sehens.
4. Verwende ein lichtstarkes Instrument und eine Vergrößerung, die mindestens eine Austrittspupille von 5 mm liefert.

5. Beginne Deine Arbeit auf diesem Gebiet mit leichten, d. h. lichtstarken Objekten.
6. Beobachte Deine Objekte nur, wenn sie genügend hoch über dem Horizont stehen.
7. Zeige einem Besucher oder einem Laien nur die hellsten Objekte dieser Art, wenn Du Enttäuschungen vermeiden willst.

Wer schon einige Erfahrung im Beobachten dieser lichtschwachen Objekte hat, kann einmal versuchen, die Form eines solchen Nebels zeichnerisch festzuhalten. Solche Zeichnungen haben zwar heute keinen wissenschaftlichen Wert mehr, sind aber eine vorzügliche Schulung im teleskopischen Sehen.

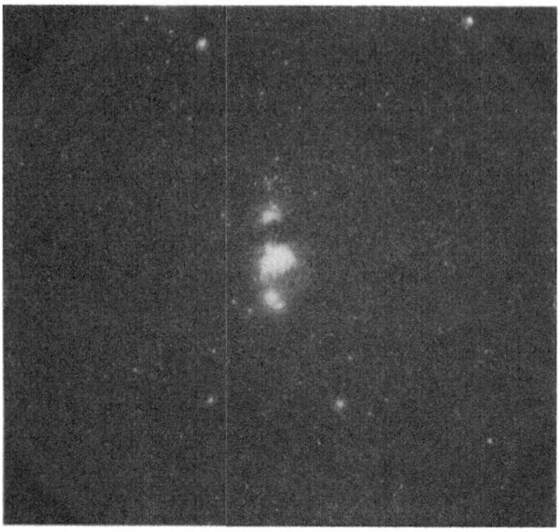

Abb. 3. Aufnahme des Orionnebels.

d) Die Dunkelwolken

Wo staubförmige interstellare Materie vorhanden ist und nicht durch Sterne beleuchtet wird, tritt sie uns bei ausreichender Dichte als Dunkelwolke in Erscheinung. Diese Wolken verschlucken das Licht der dahinterliegenden Sterne oder der dahinterliegenden hellen Nebelwolken. Wir sehen sie als Sternleeren und schwarze Löcher am Himmel. Ihre Beobachtung ist schon mit freiem Auge möglich, wenn wir dem Verlauf der Milchstraße folgen. Wir finden dann immer wieder inmitten der hellen Sternwolken dunkle Gebiete, die durch die Absorption des Lichtes durch Materiewolken zustande kommen.

Für die teleskopische Beobachtung dieser Objekte ist ein lichtstarker Feldstecher oder ein Kometensucher das geeignetste Instrument.

Das Haupthindernis für die Beobachtung der Dunkelwolken ist die Tatsache, daß es kein auf die Bedürfnisse der visuellen Beobachtung zugeschnittenes Verzeichnis dieser Objekte gibt. Am besten geht man daher so vor, daß man mit einem geeigneten Instrument diese Objekte innerhalb der Milchstraße selbst sucht. Besonders ergiebig sind dabei die Sternbilder, die den Lauf der Milchstraße zwischen Kassiopeia und Schütze bilden. Schließlich sei noch erwähnt, daß manche Dunkelwolken nicht vor einem Sternfeld, sondern vor einem hellen galaktischen Nebel erscheinen. Sie sind besonders leicht zu sehen. Als Beispiel ist die Bucht im großen Orionnebel erwähnt, die durch eine Dunkelwolke zustande kommt.

e) Die planetarischen Nebel

Die Bezeichnung dieser Objekte ist *irreführend.* Sie haben nichts mit Planeten und nichts mit dem Planetensystem zu tun. Ihr Name kommt daher, daß das Aussehen dieser Objekte (vor allem in einem unzureichenden Instrument) der verwaschenen Scheibe eines Planeten gleicht.

Planetarische Nebel sind Gaswolken, die in mehr oder weniger exakter Kugelform einen Zentralstern umgeben. Wahrscheinlich sind sie bei einem novaartigen Ausbruch dieses Sternes entstanden. Der Zentralstern ist meist sehr heiß und löst durch seine energiereiche Strahlung das Leuchten des Nebels aus. In vielen Fällen umgibt die Wolke den Zentralstern nicht als ausgefüllte Kugel, sondern als verhältnismäßig dünne Kugelschale, dann erscheint uns der Nebel als Ring, der den

Zentralstern umgibt. Das schönste Beispiel dieser Art, vielleicht der schönste planetarische Nebel überhaupt, ist der Ringnebel im Sternbild der Leier.

Bei der Beobachtung der planetarischen Nebel ist zu beachten, daß diese Objekte meist sehr klein sind und in schwacher Vergrößerung oft nicht von Sternen zu unterscheiden sind. Man verwende daher möglichst eine Vergrößerung, die der oberen Grenze der Leistungsfähigkeit des Instrumentes nahe ist. Dadurch wird natürlich das Auffinden dieser Objekte erschwert, präzises Arbeiten nach der angegebenen Methode dürfte jedoch auch hier zum Ziele führen. Als Leitsatz kann man sagen, daß die meisten planetarischen Nebel eine mindestens 100fache Vergrößerung verlangen. Für photographische Beobachtung durch den Amateur scheiden die planetarischen Nebel aus.

f) Die außergalaktischen Nebel

Als außergalaktische Nebel bezeichnet man alle Objekte, die nicht zu unserem eigenen Sternsystem gehören. Es handelt sich bei ihnen um Objekte, die selbst Sternsysteme vom Rang unserer Milchstraße sind, um Weltinseln. Das uns am nächsten benachbarte Objekt dieser Art ist der große Spiralnebel im Sternbild der Andromeda; er ist bei klarem Himmel schon mit freiem Auge zu sehen und damit das entfernteste Objekt, das wir ohne optische Hilfe wahrnehmen können. Seine Entfernung von uns beträgt annähernd 2 Millionen Lichtjahre. Alle anderen Weltinseln sind weiter von uns entfernt, wenn man von den beiden Begleitern der Milchstraße, den Magellanschen Wolken, die in unseren Breiten nicht zu sehen sind, absieht.

Für die Beobachtung der außergalaktischen Nebel gilt das gleiche wie für die Beobachtung der galaktischen. In den meisten Fällen erscheinen sie im Instrument nur als verwaschene Nebelflecke und nur selten ist es möglich, Einzelheiten ihrer Struktur zu erkennen. Dagegen lassen sich wenigstens von den helleren Objekten schon mit verhältnismäßig einfachen Mitteln gute Himmelsaufnahmen herstellen. Eine Brennweite von mindestens 30 cm ist dazu allerdings erforderlich. Die Belichtungszeit sollte mindestens eine Stunde betragen und die Verwendung von höchstempfindlichem Material ist selbstverständlich.

Die Beobachtung der schwächeren außergalaktischen Objekte ist eine Domäne der großen und lichtstarken Instrumente. Wer sich hier mit unzureichenden Mitteln versucht, wird viele Enttäuschungen erleben.

C. Anhang

I. Tabellen

Allgemeiner Teil

Astronomische und mathematisch-physikalische Abkürzungen und Symbole

Å	Angström-Einheit $= 10^{-8}$ cm
α	Rektaszension
AE	Astronomische Einheit = Entfernung Sonne — Erde $= 1.495 \cdot 10^8$ km
A	Azimut
a	große Halbachse der Bahn, mittlere Entfernung
b, B, β	Breite
c	Lichtgeschwindigkeit
Δ	Abstand von der Erde
δ	Deklination
E	gebräuchl. Abkürzung für Osten (East)
E	exzentrische Anomalie
EB (μ)	Eigenbewegung
e	Exzentrizität
e	Basis der natürlichen Logarithmen
ε	Schiefe der Ekliptik
FI, CI	Farbindex
f	Brennweite
G (k^2)	Gravitationskonstante
g	Fallbeschleunigung an der Erdoberfläche
h	Höhe
i	Neigung
k	Gauß'sche Konstante
kpc	Kiloparsec = 1000 pc
Lj	Lichtjahr $= 9.46 \cdot 10^{12}$ km
l, L, λ	Länge
log, lg	Briggsscher Logarithmus
ln, (log)	natürlicher Logarithmus
λ	Wellenlänge
M	mittlere Anomalie
M	absolute Helligkeit
Mpc	Megaparsec = 1 Million pc
m	Masse
m	scheinbare Helligkeit
m_{pv}	scheinbare Helligkeit photovisuell
m_{pg}	scheinbare Helligkeit photographisch
μ	mittlere tägliche Bewegung
μ	Micron
ω	Abstand des Perihels vom Knoten
P	Umlaufperiode
p	Positionswinkel
pc	Parsec = 3.26 Lj
$\pi(\tilde{\omega})$	Länge des Perihels
π	Parallaxe
π	Verhältnis des Kreisumfangs zum Durchmesser
φ	Polhöhe = geographische Breite
q	Periheldistanz
R, r	Distanz von der Sonne
r	Radius
ϱ	Erdradius
ϱ (d)	Distanz eines Doppelsterns
ϱ	Dichte
s	Distanz
s, m, h, d, a	als Index Sekunde, Minute, Stunde, Tag, Jahr
T	Zeit des Periheldurchgangs
T	absolute Temperatur
t	Stundenwinkel
t, τ	Zeit
U	Umlaufsperiode
u	Argument der Breite
v	wahre Anomalie
X, Y, Z	rechtwinklige Koordinaten der Sonne im Äquatorialsystem
x, y, z	heliozentrische rechtwinklige Koordinaten
ξ, η, ζ	geozentrische rechtwinklige Koordinaten
z	Zenitdistanz
ZM	Zentralmeridian

Zeichen des Tierkreises und der Himmelskörper

♈	Widder	0 Grad
♉	Stier	30 Grad
♊	Zwillinge . . .	60 Grad
♋	Krebs	90 Grad
♌	Löwe	120 Grad
♍	Jungfrau . . .	150 Grad
♎	Waage	180 Grad
♏	Skorpion . . .	210 Grad
♐	Schütze	240 Grad
♑	Steinbock . . .	270 Grad
♒	Wassermann . .	300 Grad
♓	Fische	330 Grad

(Anfang der Zeichen in Grad ekliptischer Länge)

☉	Sonne
☾	Mond
☿	Merkur
♀	Venus
♁	Erde
♂	Mars
♃	Jupiter
♄	Saturn
♅	Uranus
♆	Neptun

Konstellationen

☌	Konjunktion
□	Quadratur
☍	Opposition

Mondphasen

●	Neumond
☽	Erstes Viertel
○	Vollmond
☾	Letztes Viertel

☊	Aufsteigender Knoten
☋	Absteigender Knoten

Tabelle 1. *Abend- und Morgenweite*
(Gültig für die geographische Breite von Hamburg)

δ	A_s	δ	A_s	δ	A_n	δ	A_n
		−20°	34°1	0°	0°8	+20°	36°0
		19	32.2	+1	2.5	21	38.0
−37°5	90°0	18	30.4	2	4.1	22	40.0
37	86.1	17	28.5	3	5.8	23	42.1
36	76.9	16	26.7	4	7.5	24	44.2
35	71.9	15	24.9	5	9.2	25	46.4
34	67.8	14	23.1	6	10.9	26	48.6
33	64.4	13	21.4	7	12.6	27	50.9
32	61.3	12	19.6	8	14.3	28	53.4
31	58.4	11	17.9	9	16.0	29	55.9
−30	55.8	−10	16.2	+10	17.8	+30	58.6
29	53.2	9	14.4	11	19.5	31	61.5
28	50.8	8	12.7	12	21.3	32	64.7
27	48.5	7	11.0	13	23.1	33	68.3
26	46.3	6	9.3	14	24.8	34	72.4
25	44.2	5	7.6	15	26.6	35	77.8
24	42.1	4	5.9	16	28.5	+35° 56.′6	90.0
23	40.0	3	4.3	17	30.3		
22	38.0	2	2.6	18	32.2		
21	36.1	−1	0.9	10	34.1		

Tabelle 2. *Luftmasse und Zenitreduktion für visuelle Größenklassen in Abhängigkeit von der scheinbaren Zenitdistanz*

ζ	$M(\zeta)$	Δm_{vis}
0°	1.000	0^m00
10	1.015	0.00
20	1.064	0.01
30	1.154	0.03
40	1.304	0.06
50	1.553	0.12
60	1.995	0.23
70	2.904	0.45
75	3.816	0.65
80	5.60	0.99
85	10.40	1.77
87	15.36	2.61

Tabelle 3. *Mittlere Refraktion nach der Besselschen Tafel (760 mm, 0°)*

ζ beob	R	ζ beob	R
0°	0′	70°	2′45″
10°	0′11″	75°	3′42″
20°	0′22″	80°	5′31″
30°	0′35″	85°	10′15″
40°	0′51″	88°	19′7″
50°	1′11″	89°	25′36″
60°	1′45″	90°	36′38″

Tabelle 4. *Halbe*
(Berliner Astronomisches Jahr

δ \ φ	+ 30°	+ 32°	+ 34°	+ 36°	+ 38°	+ 40°	+ 42°	+ 44°	+ 46°	+ 48°	+ 50°
°	h m	h m	h m	h m	h m	h m	h m	h m	h m	h m	h m
−30	4 45.4	4 38.8	4 31.8	4 24.4	4 16.5	4 8.1	3 58.9	3 48.9	3 37.9	3 25.7	3 11.8
29	4 48.6	4 42.3	4 35.6	4 28.6	4 21.1	4 13.0	4 4.3	3 54.9	3 44.5	3 33.0	3 20.1
28	4 51.7	4 45.7	4 39.3	4 32.6	4 25.5	4 17.8	4 9.6	4 0.7	3 50.9	3 40.1	3 28.0
27	4 54.7	4 49.0	4 42.9	4 36.5	4 29.8	4 22.5	4 14.7	4 6.2	3 57.0	3 46.9	3 35.5
26	4 57.7	4 52.2	4 46.5	4 40.4	4 33.9	4 27.1	4 19.7	4 11.7	4 3.0	3 53.4	3 42.8
25	5 0.6	4 55.4	4 49.9	4 44.2	4 38.0	4 31.5	4 24.5	4 16.9	4 8.7	3 59.7	3 49.7
24	5 3.5	4 58.5	4 53.3	4 47.8	4 42.0	4 35.8	4 29.2	4 22.0	4 14.3	4 5.8	3 56.5
23	5 6.3	5 1.6	4 56.6	4 51.4	4 45.9	4 40.1	4 33.8	4 27.0	4 19.7	4 11.8	4 3.0
22	5 9.0	5 4.6	4 59.9	4 55.0	4 49.7	4 44.2	4 38.3	4 31.9	4 25.0	4 17.5	4 9.3
21	5 11.7	5 7.5	5 3.1	4 58.4	4 53.5	4 48.3	4 42.7	4 36.7	4 30.2	4 23.2	4 15.4
−20	5 14.4	5 10.4	5 6.2	5 1.8	4 57.2	4 52.3	4 47.0	4 41.3	4 35.3	4 28.7	4 21.4
19	5 17.0	5 13.3	5 9.3	5 5.2	5 0.8	4 56.2	4 51.2	4 45.9	4 40.2	4 34.0	4 27.3
18	5 19.6	5 16.1	5 12.4	5 8.5	5 4.4	5 0.0	4 55.4	4 50.4	4 45.1	4 39.3	4 33.0
17	5 22.2	5 18.9	5 15.4	5 11.7	5 7.9	5 3.8	4 59.5	4 54.9	4 49.9	4 44.5	4 38.6
16	5 24.7	5 21.6	5 18.4	5 14.9	5 11.4	5 7.5	5 3.5	4 59.2	4 54.6	4 49.5	4 44.1
15	5 27.2	5 24.3	5 21.3	5 18.1	5 14.8	5 11.2	5 7.5	5 3.5	4 59.2	4 54.5	4 49.5
14	5 29.7	5 27.0	5 24.2	5 21.3	5 18.2	5 14.9	5 11.4	5 7.7	5 3.7	4 59.5	4 54.8
13	5 32.1	5 29.7	5 27.1	5 24.4	5 21.5	5 18.5	5 15.3	5 11.9	5 8.2	5 4.3	5 0.0
12	5 34.6	5 32.3	5 29.9	5 27.4	5 24.8	5 22.1	5 19.1	5 16.0	5 12.6	5 9.0	5 5.1
11	5 37.0	5 34.9	5 32.7	5 30.5	5 28.1	5 25.6	5 22.9	5 20.1	5 17.0	5 13.7	5 10.2
−10	5 39.4	5 37.5	5 35.5	5 33.5	5 31.3	5 29.1	5 26.7	5 24.1	5 21.4	5 18.4	5 15.2
9	5 41.7	5 40.1	5 38.3	5 36.5	5 34.6	5 32.5	5 30.4	5 28.1	5 25.7	5 23.0	5 20.2
8	5 44.1	5 42.6	5 41.1	5 39.5	5 37.8	5 36.0	5 34.1	5 32.1	5 29.9	5 27.6	5 25.1
7	5 46.4	5 45.2	5 43.8	5 42.4	5 41.0	5 39.4	5 37.8	5 36.0	5 34.2	5 32.2	5 30.0
6	5 48.8	5 47.7	5 46.6	5 45.4	5 44.1	5 42.8	5 41.4	5 40.0	5 38.4	5 36.7	5 34.9
5	5 51.1	5 50.2	5 49.3	5 48.3	5 47.3	5 46.2	5 45.1	5 43.9	5 42.6	5 41.2	5 39.7
4	5 53.4	5 52.7	5 52.0	5 51.2	5 50.4	5 49.6	5 48.7	5 47.8	5 46.8	5 45.7	5 44.5
3	5 55.8	5 55.2	5 54.7	5 54.1	5 53.6	5 53.0	5 52.3	5 51.6	5 50.9	5 50.1	5 49.3
2	5 58.1	5 57.7	5 57.4	5 57.1	5 56.7	5 56.3	5 55.9	5 55.5	5 55.1	5 54.6	5 54.1
− 1	6 0.4	6 0.2	6 0.1	6 0.0	5 59.8	5 59.7	5 59.5	5 59.4	5 59.2	5 59.0	5 58.9
0	6 2.7	6 2.7	6 2.8	6 2.9	6 2.9	6 3.0	6 3.1	6 3.2	6 3.4	6 3.5	6 3.6
+ 1	6 5.0	6 5.2	6 5.5	6 5.8	6 6.1	6 6.4	6 6.7	6 7.1	6 7.5	6 7.9	6 8.4
2	6 7.3	6 7.7	6 8.2	6 8.7	6 9.2	6 9.8	6 10.3	6 11.0	6 11.6	6 12.4	6 13.2
3	6 9.6	6 10.3	6 10.9	6 11.6	6 12.3	6 13.1	6 14.0	6 14.8	6 15.8	6 16.8	6 18.0
4	6 11.9	6 12.8	6 13.6	6 14.5	6 15.5	6 16.5	6 17.6	6 18.7	6 20.0	6 21.3	6 22.8
5	6 14.3	6 15.3	6 16.4	6 17.5	6 18.6	6 19.9	6 21.2	6 22.6	6 24.2	6 25.8	6 27.6
6	6 16.6	6 17.8	6 19.1	6 20.4	6 21.8	6 23.3	6 24.9	6 26.6	6 28.4	6 30.4	6 32.5
7	6 19.0	6 20.4	6 21.8	6 23.4	6 25.0	6 26.7	6 28.6	6 30.5	6 32.6	6 34.9	6 37.4
8	6 21.3	6 22.9	6 24.6	6 26.4	6 28.2	6 30.2	6 32.3	6 34.5	6 36.9	6 39.5	6 42.3
9	6 23.7	6 25.5	6 27.4	6 29.4	6 31.4	6 33.7	6 36.0	6 38.5	6 41.2	6 44.1	6 47.3
10	6 26.1	6 28.1	6 30.2	6 32.4	6 34.7	6 37.2	6 39.8	6 42.5	6 45.6	6 48.8	6 52.3
+11	6 28.5	6 30.7	6 33.0	6 35.4	6 38.0	6 40.7	6 43.6	6 46.6	6 49.9	6 53.5	6 57.4
12	6 31.0	6 33.4	6 35.9	6 38.5	6 41.3	6 44.3	6 47.4	6 50.8	6 54.4	6 58.3	7 2.5
13	6 33.4	6 36.0	6 38.8	6 41.6	6 44.7	6 47.9	6 51.3	6 54.9	6 58.9	7 3.1	7 7.8
14	6 35.9	6 38.7	6 41.7	6 44.8	6 48.0	6 51.5	6 55.2	6 59.2	7 3.4	7 8.0	7 13.1
15	6 38.4	6 41.4	6 44.6	6 47.9	6 51.5	6 55.2	6 59.2	7 3.5	7 8.1	7 13.0	7 18.5
16	6 41.0	6 44.2	6 47.6	6 51.2	6 54.9	6 58.9	7 3.2	7 7.8	7 12.7	7 18.1	7 23.9
17	6 43.5	6 47.0	6 50.6	6 54.4	6 58.5	7 2.7	7 7.3	7 12.2	7 17.5	7 23.3	7 29.5
18	6 46.1	6 49.8	6 53.7	6 57.7	7 2.0	7 6.6	7 11.5	7 16.7	7 22.4	7 28.5	7 35.3
19	6 48.8	6 52.7	6 56.8	7 1.1	7 5.7	7 10.5	7 15,7	7 21.3	7 27.4	7 33.9	7 41.1
20	6 51.5	6 55.6	6 59.9	7 4.5	7 9.4	7 14.5	7 20.1	7 26.0	7 32.4	7 39.4	7 47.1
+21	6 54.2	6 58.6	7 3.1	7 8.0	7 13.1	7 18.6	7 24.5	7 30.8	7 37.6	7 45.1	7 53.3
22	6 56.9	7 1.6	7 6.4	7 11.5	7 17.0	7 22.8	7 29.0	7 35.7	7 42.9	7 50.9	7 59.6
23	6 59.8	7 4.6	7 9.7	7 15.1	7 20.9	7 27.0	7 33.6	7 40.7	7 48.4	7 56.8	8 6.1
24	7 2.6	7 7.7	7 13.1	7 18.8	7 24.9	7 31.3	7 38.3	7 45.8	7 54.0	8 2.9	8 12.9
25	7 5.6	7 10.9	7 16.6	7 22.6	7 29.0	7 35.8	7 43.1	7 51.1	7 59.8	8 9.3	8 19.9
26	7 8.5	7 14.2	7 20.1	7 26.4	7 33.2	7 40.4	7 48.1	7 56.5	8 5.7	8 15.8	8 27.1
27	7 11.6	7 17.5	7 23.8	7 30.4	7 37.5	7 45.0	7 53.2	8 2.1	8 11.8	8 22.6	8 34.7
28	7 14.7	7 20.9	7 27.5	7 34.4	7 41.9	7 49.9	7 58.5	8 7.9	8 18.2	8 29.7	8 42.6
29	7 17.9	7 24.4	7 31.3	7 38.6	7 46.4	7 54.8	8 3.9	8 13.9	8 24.8	8 37.1	8 51.0
+30	7 21.2	7 28.0	7 35.2	7 42.9	7 51.1	7 59.9	8 9.5	8 20.1	8 31.7	8 44.8	8 59.7

ugbogen

ch 1957, Seite 406 und 407)

φ	+ 50°	+ 51°	+ 52°	+ 53°	+ 54°	+ 55°	+ 56°	+ 57°	+ 58°	+ 59°	+ 60°
°	h m	h m	h m	h m	h m	h m	h m	h m	h m	h m	h m
−30	3 11.8	3 4.1	2 55.8	2 46.8	2 36.9	2 25.9	2 13.5	1 59.3	1 42.4	1 21.0	0 49.7
29	3 20.1	3 12.9	3 5.3	2 57.0	2 48.0	2 38.1	2 27.1	2 14.7	2 0.4	1 43.4	1 21.9
28	3 28.0	3 21.3	3 14.2	3 6.6	2 58.3	2 49.3	2 39.4	2 28.4	2 15.9	2 1.6	1 44.5
27	3 35.5	3 29.3	3 22.7	3 15.7	3 8.0	2 59.8	2 50.8	2 40.8	2 29.8	2 17.3	2 2.9
26	3 42.8	3 37.0	3 30.8	3 24.2	3 17.2	3 9.6	3 1.4	2 52.4	2 42.4	2 31.3	2 18.8
25	3 49.7	3 44.3	3 38.6	3 32.4	3 25.9	3 18.9	3 11.3	3 3.1	2 54.1	2 44.1	2 33.0
24	3 56.5	3 51.4	3 46.0	3 40.3	3 34.3	3 27.8	3 20.8	3 13.2	3 5.0	2 56.0	2 46.0
23	4 3.0	3 58.2	3 53.2	3 47.9	3 42.3	3 36.2	3 29.8	3 22.8	3 15.3	3 7.1	2 58.0
22	4 9.3	4 4.9	4 0.2	3 55.2	3 50.0	3 44.3	3 38.4	3 31.9	3 25.0	3 17.5	3 9.3
21	4 15.4	3 11.3	4 6.9	4 2.3	3 57.4	3 52.2	3 46.6	3 40.7	3 34.3	3 27.4	3 19.9
−20	4 21.4	4 17.5	4 13.5	4 9.1	4 4.6	3 59.8	3 54.6	3 49.1	3 43.2	3 36.9	3 30.0
19	4 27.3	4 23.7	4 19.9	4 15.8	4 11.6	4 7.1	4 2.3	3 57.2	3 51.8	3 45.9	3 39.6
18	4 33.0	4 29.6	4 26.1	4 22.3	4 18.4	4 14.2	4 9.8	4 5.1	4 0.1	3 54.7	3 48.9
17	4 38.6	4 35.4	4 32.1	4 28.7	4 25.0	4 21.1	4 17.0	4 12.7	4 8.1	4 3.1	3 57.8
16	4 44.1	4 41.2	4 38.1	4 34.9	4 31.5	4 27.9	4 24.1	4 20.1	4 15.9	4 11.3	4 6.4
15	4 49.5	4 46.8	4 43.9	4 41.0	4 37.8	4 34.5	4 31.0	4 27.4	4 23.4	4 19.3	4 14.8
14	4 54.8	4 52.3	4 49.7	4 46.9	4 44.1	4 41.0	4 37.8	4 34.4	4 30.8	4 27.0	4 22.9
13	5 0.0	4 57.7	4 55.3	4 52.8	4 50.2	4 47.4	4 44.5	4 41.4	4 38.1	4 34.6	4 30.9
12	5 5.1	5 3.0	5 0.9	4 58.6	4 56.2	4 53.7	4 51.0	4 48.2	4 45.2	4 42.0	4 38.7
11	5 10.2	5 8.3	5 6.4	5 4.3	5 2.1	4 59.8	4 57.4	4 54.9	4 52.2	4 49.3	4 46.3
−10	5 15.2	5 13.5	5 11.8	5 9.9	5 7.9	5 5.9	5 3.7	5 1.5	4 59.1	4 56.5	4 53.8
9	5 20.2	5 18.7	5 17.1	5 15.2	5 13.7	5 11.9	5 10.0	5 8.0	5 5.8	5 3.6	5 1.2
8	5 25.1	5 23.8	5 22.4	5 21.0	5 19.5	5 17.9	5 16.2	5 14.4	5 12.5	5 10.6	5 8.5
7	5 30.0	5 28.9	5 27.7	5 26.4	5 25.1	5 23.8	5 22.3	5 20.8	5 19.2	5 17.5	5 15.7
6	5 34.9	5 33.9	5 32.9	5 31.8	5 30.7	5 29.6	5 28.4	5 27.1	5 25.7	5 24.3	5 22.8
5	5 39.7	5 38.9	5 38.1	5 37.2	5 36.1	5 35.4	5 34.4	5 33.4	5 32.2	5 31.1	5 29.9
4	5 44.5	5 43.9	5 43.3	5 42.6	5 41.9	5 41.2	5 40.4	5 39.6	5 38.7	5 37.8	5 36.9
3	5 49.3	5 48.9	5 48.4	5 47.9	5 47.4	5 46.9	5 46.3	5 45.8	5 45.2	5 44.5	5 43.8
2	5 54.1	5 53.8	5 53.5	5 53.3	5 52.9	5 52.6	5 52.3	5 52.0	5 51.6	5 51.2	5 50.8
− 1	5 58.9	5 58.8	5 58.7	5 58.6	5 58.4	5 58.3	5 58.2	5 58.1	5 58.0	5 57.9	5 57.7
0	6 3.6	6 3.7	6 3.8	6 3.9	6 4.0	6 4.1	6 4.2	6 4.3	6 4.4	6 4.5	6 4.7
+ 1	6 8.4	6 8.6	6 8.9	6 9.2	6 9.5	6 9.8	6 10.1	6 10.4	6 10.8	6 11.2	6 11.6
2	6 13.2	6 13.6	6 14.0	6 14.5	6 15.0	6 15.5	6 16.0	6 16.6	6 17.2	6 17.8	6 18.5
3	6 18.0	6 18.6	6 19.2	6 19.8	6 20.5	6 21.2	6 22.0	6 22.8	6 23.6	6 24.6	6 25.5
4	6 22.8	6 23.5	6 24.4	6 25.2	6 26.1	6 27.0	6 28.0	6 29.0	6 30.1	6 31.3	6 32.5
5	6 27.6	6 28.6	6 29.6	6 30.6	6 31.7	6 32.8	6 34.0	6 35.3	6 36.6	6 38.1	6 39.6
6	6 32.5	6 33.6	6 34.8	6 36.0	6 37.3	6 38.7	6 40.1	6 41.6	6 43.2	6 44.9	6 46.7
7	6 37.4	6 38.7	6 40.0	6 41.5	6 43.0	6 44.6	6 46.2	6 48.0	6 49.8	6 51.8	6 53.9
8	6 42.3	6 43.8	6 45.3	6 47.0	6 48.7	6 50.5	6 52.4	6 54.4	6 56.5	6 58.8	7 1.2
9	6 47.3	6 48.9	6 50.7	6 52.6	6 54.5	6 56.5	6 58.7	7 0.9	7 3.3	7 5.9	7 8.6
10	6 52.3	6 54.1	6 56.1	6 58.2	7 0.3	7 2.6	7 5.0	7 7.5	7 10.2	7 13.1	7 16.2
+11	6 57.4	6 59.4	7 1.6	7 3.9	7 6.3	7 8.8	7 11.4	7 14.2	7 17.2	7 20.4	7 23.8
12	7 2.5	7 4.8	7 7.2	7 9.7	7 12.3	7 15.1	7 18.0	7 21.1	7 24.3	7 27.8	7 31.5
13	7 7.8	7 10.2	7 12.8	7 15.5	7 18.4	7 21.4	7 24.6	7 28.0	7 31.6	7 35.4	7 39.5
14	7 13.1	7 15.7	7 18.6	7 21.5	7 24.6	7 27.9	7 31.4	7 35.1	7 39.0	7 43.2	7 47.7
15	7 18.5	7 21.4	7 24.4	7 27.6	7 31.0	7 34.6	7 38.3	7 42.4	7 46.3	7 51.2	7 56.1
16	7 23.9	7 27.1	7 30.4	7 33.8	7 37.5	7 41.4	7 45.4	7 49.8	7 54.4	7 59.4	8 4.7
17	7 29.5	7 32.9	7 36.5	7 40.2	7 44.1	7 48.3	7 52.7	7 57.4	8 2.5	8 7.9	8 13.7
18	7 35.3	7 38.9	7 42.7	7 46.7	7 50.9	7 55.4	8 0.2	8 5.3	8 10.8	8 16.6	8 23.0
19	7 41.1	7 45.0	7 49.1	7 53.4	7 57.9	8 2.8	8 7.9	8 13.4	8 19.4	8 25.7	8 32.6
20	7 47.1	7 51.3	7 55.6	8 0.3	8 5.2	8 10.4	8 15.9	8 21.9	8 28.3	8 35.2	8 42.8
+21	7 53.3	7 57.7	8 2.4	8 7.3	8 12.6	8 18.2	8 24.2	8 30.7	8 37.6	8 45.2	8 53.5
22	7 59.6	8 4.3	8 9.4	8 14.7	8 20.3	8 26.4	8 32.8	8 39.8	8 47.4	8 55.7	9 4.8
23	8 6.1	8 11.2	8 16.6	8 22.3	8 28.3	8 34.9	8 41.9	8 49.5	8 57.7	9 6.8	9 16.9
24	8 12.9	8 18.3	8 24.0	8 30.2	8 36.7	8 43.8	8 51.4	8 59.6	9 8.7	9 18.8	9 30.0
25	8 19.9	8 25.7	8 31.8	8 38.4	8 45.5	8 53.1	9 1.4	9 10.5	9 20.5	9 31.7	9 44.4
26	8 27.1	8 33.4	8 40.0	8 47.0	8 54.7	9 3.0	9 12.1	9 22.1	9 33.2	9 45.9	10 0.6
27	8 34.7	8 41.4	8 48.5	8 56.1	9 4.4	9 13.5	9 23.5	9 34.6	9 47.3	10 1.9	10 19.5
28	8 42.6	8 49.8	8 57.5	9 5.8	9 14.8	9 24.8	9 35.9	9 48.5	10 3.1	10 20.5	10 42.9
29	8 51.0	8 58.7	9 7.0	9 16.1	9 26.0	9 37.1	9 49.6	10 4.1	10 21.5	10 43.7	11 18.1
30	8 59.7	9 8.1	9 17.2	9 27.1	9 38.2	9 50.7	10 5.1	10 22.3	10 44.4	11 18.5	— —

Tabelle 5. *Verwandlung von mittlerer Zeit in Sternzeit*

(Berliner Astronomisches Jahrbuch 1957, S. 396)

Red.	0m	1m	2m	3m	Red.
s	h m s	h m s	h m s	h m s	s
0	0 0 0.0	6 5 14.5	12 10 29.1	18 15 43.6	0
1	6 5.2	11 19.8	16 34.3	21 48.8	1
2	12 10.5	17 25.0	22 39.6	27 54.1	2
3	18 15.7	23 30.3	28 44.8	33 59.3	3
4	24 21.0	29 35.5	34 50.0	40 4.6	4
5	30 26.2	35 40.7	40 55.3	46 9.8	5
6	36 31.5	41 46.0	47 0.5	52 15.1	6
7	42 36.7	47 51.2	53 5.8	18 58 20.3	7
8	48 41.9	6 53 56.5	12 59 11.0	19 4 25.5	8
9	0 54 47.2	7 0 1.7	13 5 16.2	10 30.8	9
10	1 0 52.4	6 7.0	11 21.5	16 36.0	10
11	6 57.7	12 12.2	17 26.7	22 41.3	11
12	13 2.9	18 17.4	23 32.0	28 46.5	12
13	19 8.1	24 22.7	29 37.2	34 51.8	13
14	25 13.4	30 27.9	35 42.5	40 57.0	14
15	31 18.6	36 33.2	41 47.7	47 2.2	15
16	37 23.9	42 38.4	47 52.9	53 7.5	16
17	43 29.1	48 43.7	13 53 58.2	19 59 12.7	17
18	49 34.4	7 54 48.9	14 0 3.4	20 5 18.0	18
19	1 55 39.6	8 0 54.1	6 8.7	11 23.2	19
20	2 1 44.8	6 59.4	12 13.9	17 28.4	20
21	7 50.1	13 4.6	18 19.2	23 33.7	21
22	13 55.3	19 9.9	24 24.4	29 38.9	22
23	20 0.6	25 15.1	30 29.6	35 44.2	23
24	26 5.8	21 20.3	36 34.9	41 49.4	24
25	32 11.1	37 25.6	42 40.1	47 54.7	25
26	38 16.3	43 30.8	48 45.4	20 53 59.9	26
27	44 21.5	49 36.1	14 54 50.6	21 0 5.1	27
28	50 26.8	8 55 41.3	15 0 55.9	6 10.4	28
29	2 56 32.0	9 1 46.6	7 1.1	12 15.6	29
30	3 2 37.3	7 51.8	13 6.3	18 20.9	30
31	8 42.5	13 57.0	19 11.6	24 26.1	31
32	14 47.8	20 2.3	25 16.8	30 31.4	32
33	20 53.0	26 7.5	31 22.1	36 36.6	33
34	26 58.2	32 12.8	37 27.3	42 41.8	34
35	33 3.5	38 18.0	43 32.5	48 47.1	35
36	39 8.7	44 23.3	49 37.8	21 54 52.3	36
37	45 14.0	50 28.5	15 55 43.0	22 0 57.6	37
38	51 19.2	9 56 33.7	16 1 48.3	7 2.8	38
39	3 57 24.4	10 2 39.0	7 53.5	13 8.0	39
40	4 3 29.7	8 44.2	13 58.8	19 13.3	40
41	9 34.9	14 49.5	20 4.0	25 18.5	41
42	15 40.2	20 54.7	26 9.2	31 23.8	42
43	21 45.4	27 0.0	32 14.5	37 29.0	43
44	27 50.7	33 5.2	38 19.7	43 34.3	44
45	33 55.9	39 10.4	44 25.0	49 39.5	45
46	40 1.1	45 15.7	50 30.2	22 55 44.7	46
47	46 6.4	51 20.9	16 56 35.5	23 1 50.0	47
48	52 11.6	10 57 26.2	17 2 40.7	7 55.2	48
49	4 58 16.9	11 3 31.4	8 45.9	14 0.5	49
50	5 4 22.1	9 36.6	14 51.2	20 5.7	50
51	10 27.4	15 41.9	20 56.4	26 11.0	51
52	16 32.6	21 47.1	27 1.7	32 16.2	52
53	22 37.8	27 52.4	33 6.9	38 21.4	53
54	28 43.1	33 57.6	39 12.1	44 26.7	54
55	34 48.3	40 2.9	45 17.4	50 31.9	55
56	40 53.6	46 8.1	51 22.6	23 56 37.2	56
57	46 58.8	52 13.3	17 57 27.9	24 2 42.4	57
58	53 4.0	11 58 18.6	18 3 33.1	8 47.7	58
59	5 59 9.3	12 4 23.8	18 9 38.4	24 14 52.9	59

Die Reduktion ist zur mittleren Zeit zu addieren.

Red.		Red.	
s	m s	s	m s
0.00	0 0.0	0.50	3 2.6
01	3.7	51	6.3
02	7.3	52	9.9
03	11.0	53	13.6
04	14.6	54	17.2
0.05	18.3	0.55	20.9
06	21.9	56	24.5
07	25.6	57	28.2
08	29.2	58	31.8
09	32.9	59	35.5
0.10	36.5	0.60	39.1
11	40.2	61	42.8
12	43.8	62	46.5
13	47.5	63	50.1
14	51.1	64	53.8
0.15	54.8	0.65	3 57.4
16	0 58.4	66	4 1.1
17	1 2.1	67	4.7
18	5.7	68	8.4
19	9.4	69	12.0
0.20	13.0	0.70	15.7
21	16.7	71	19.3
22	20.4	72	23.0
23	24.0	73	26.6
24	27.7	74	30.3
0.25	31.3	0.75	33.9
26	35.0	76	37.6
27	38.6	77	41.2
28	42.3	78	44.9
29	45.9	79	48.5
0.30	49.6	0.80	52.2
31	53.2	81	55.8
32	1 56.9	82	4 59.5
33	2 0.5	83	5 3.2
34	4.2	84	6.8
0.35	7.8	0.85	10.5
36	11.5	86	14.1
37	15.1	87	17.8
38	18.8	88	21.4
39	22.4	89	25.1
0.40	26.1	0.90	28.7
41	29.7	91	32.4
42	33.4	92	36.0
43	37.1	93	39.7
44	40.7	94	43.3
0.45	44.4	0.95	47.0
46	48.0	96	50.6
47	51.7	97	54.3
48	55.3	98	5 57.9
0.49	2 59.0	0.99	6 1.6

Red.		Red.		Red.	
s	s	s	s	s	s
0.000		0.003		0.006	
	0.2		1.3		2.4
001		004		007	
	0.5		1.6		2.7
002		005		008	
	0.9		2.0		3.1
003		006		009	
	1.3		2.4		3.5
0.004		0.007		0.010	
					3.8

Tabelle 6. *Verwandlung von Sternzeit in mittlere Zeit*
(Berliner Astronomisches Jahrbuch 1957, S. 397)

Red.	0m	1m	2m	3m	Red.
s	h m s	h m s	h m s	h m s	s
0	0 0 0.0	6 6 14.5	12 12 29.1	18 18 43.6	0
1	6 6.2	12 20.8	18 35.3	24 49.9	1
2	12 12.5	18 27.0	24 41.6	30 56.1	2
3	18 18.7	24 33.3	30 47.8	37 2.3	3
4	24 25.0	30 39.5	36 54.0	43 8.6	4
5	30 31.2	36 45.7	43 0.3	49 14.8	5
6	36 37.5	42 52.0	49 6.5	18 55 21.1	6
7	42 43.7	48 58.2	12 55 12.8	19 1 27.3	7
8	48 49.9	6 55 4.5	13 1 19.0	7 33.5	8
9	0 54 56.2	7 1 10.7	7 25.3	13 39.8	9
10	1 1 2.4	7 17.0	13 31.5	19 46.0	10
11	7 8.7	13 23.2	19 37.7	25 52.3	11
12	13 14.9	19 29.4	25 44.0	31 58.5	12
13	19 21.1	25 35.7	31 50.2	38 4.8	13
14	25 27.4	31 41.9	37 56.5	44 11.0	14
15	31 33.6	37 48.2	44 2.7	50 17.2	15
16	37 39.9	43 54.4	50 8.9	19 56 23.5	16
17	43 46.1	50 0.7	13 56 15.2	20 2 29.7	17
18	49 52.4	7 56 6.9	14 2 21.4	8 36.0	18
19	1 55 58.6	8 2 13.1	8 27.7	14 42.2	19
20	2 2 4.8	8 19.4	14 33.9	20 48.5	20
21	8 11.1	14 25.6	20 40.2	26 54.7	21
22	14 17.3	20 31.9	26 46.4	33 0.9	22
23	20 23.6	26 38.1	32 52.6	39 7.2	23
24	26 29.8	32 44.4	38 58.9	45 13.4	24
25	32 36.1	38 50.6	45 5.1	51 19.7	25
26	38 42.3	44 56.8	51 11.4	20 57 25.9	26
27	44 48.5	51 3.1	14 57 17.6	21 3 32.2	27
28	50 54.8	8 57 9.3	15 3 23.9	9 38.4	28
29	2 57 1.0	9 3 15.6	9 30.1	15 44.6	29
30	3 3 7.3	9 21.8	15 36.3	21 50.9	30
31	9 13.5	15 28.0	21 42.6	27 57.1	31
32	15 19.8	21 34.3	27 48.8	34 3.4	32
33	21 26.0	27 40.5	33 55.1	40 9.6	33
34	27 32.2	33 46.8	40 1.3	46 15.8	34
35	33 38.5	39 53.0	46 7.6	52 22.1	35
36	39 44.7	45 59.3	52 13.8	21 58 28.3	36
37	45 51.0	52 5.5	15 58 20.0	22 4 34.6	37
38	51 57.2	9 58 11.7	16 4 26.3	10 40.8	38
39	3 58 3.4	10 4 18.0	10 32.5	16 47.1	39
40	4 4 9.7	10 24.2	16 38.8	22 53.3	40
41	10 15.9	16 30.5	22 45.0	28 59.5	41
42	16 22.2	22 36.7	28 51.2	35 5.8	42
43	22 28.4	28 43.0	34 57.5	41 12.0	43
44	28 34.7	34 49.2	41 3.7	47 18.3	44
45	34 40.9	40 55.4	47 10.0	53 24.5	45
46	40 47.1	47 1.7	53 16.2	22 59 30.8	46
47	46 53.4	53 7.9	16 59 22.5	23 5 37.0	47
48	52 59.6	10 59 14.2	17 5 28.7	11 43.2	48
49	4 59 5.9	11 5 20.4	11 34.9	17 49.5	49
50	5 5 12.1	11 26.7	17 41.2	23 55.7	50
51	11 18.4	17 32.9	23 47.4	30 2.0	51
52	17 24.6	23 39.1	29 53.7	36 8.2	52
53	23 30.8	29 45.4	35 59.9	42 14.5	53
54	29 37.1	35 51.6	42 6.2	48 20.7	54
55	35 43.3	41 57.9	48 12.4	23 54 26.9	55
56	41 49.6	48 4.1	17 54 18.6	24 0 33.2	56
57	47 55.8	11 54 10.3	18 0 24.9	6 39.4	57
58	5 54 2.1	12 0 16.6	6 31.1	12 45.7	58
59	6 0 8.3	12 6 22.8	18 12 37.4	24 18 51.9	59

Red.		Red.	
s	m s	s	m s
0.00	0 0.0	0.50	3 3.1
01	3.7	51	6.8
02	7.3	52	10.4
03	11.0	53	14.1
04	14.6	54	17.8
0.05	18.3	0.55	21.4
06	22.0	56	25.1
07	25.6	57	28.8
08	29.3	58	32.4
09	33.0	59	36.1
0.10	36.6	0.60	39.7
11	40.3	61	43.4
12	43.9	62	47.1
13	47.6	63	50.7
14	51.3	64	54.4
0.15	54.9	0.65	3 58.1
16	0 58.6	66	4 1.7
17	1 2.3	67	5.4
18	5.9	68	9.0
19	9.6	69	12.7
0.20	13.2	0.70	16.4
21	16.9	71	20.0
22	20.6	72	23.7
23	24.2	73	27.4
24	27.9	74	31.0
0.25	31.6	0.75	34.7
26	35.2	76	38.3
27	38.9	77	42.0
28	42.5	78	45.7
29	46.2	79	49.3
0.30	49.9	0.80	53.0
31	53.5	81	4 56.7
32	1 57.2	82	5 0.3
33	2 0.9	83	4.0
34	4.5	84	7.6
0.35	8.2	0.85	11.3
36	11.8	86	15.0
37	15.5	87	18.6
38	19.2	88	22.3
39	22.8	89	26.0
0.40	26.5	0.90	29.6
41	30.2	91	33.3
42	33.8	92	36.9
43	37.5	93	40.6
44	41.1	94	44.3
0.45	44.8	0.95	47.9
46	48.5	96	51.6
47	52.1	97	55.3
48	55.8	98	5 58.9
0.49	2 59.5	0.99	6 2.6

Red.		Red.		Red.	
s		s		s	
0.000	s	0.003	s	0.006	s
	0.2		1.3		2.4
001		004		007	
	0.5		1.6		2.7
002		005		008	
	0.9		2.0		3.1
003		006		009	
	1.3		2.4		3.5
0.004		0.007		0.010	
					3.8

ie Reduktion ist von der Sternzeit zu subtrahieren.

Tabelle 7. *Julianische Periode von 1000—2000*
(Berliner Astronomisches Jahrbuch 1957, S. 401)

a) Anzahl der am 0. Januar, 12h Weltzeit, seit Anfang der Periode verflossenen Tage

Jahr nach Chr.	1000	1100	1200	1300	1400	1500	1600	1700	1800	1900
	20	21	21	21	22	22	23	23	23	24
0	86307	22832	59357	95882	32407	68932	05447	41971[1]	78495[1]	1501
4	87768	24293	60818	97343	33868	70393	06908	43432	79956	1648
8	89229	25754	62279	98804	35329	71854	08369	44893	81417	1794
12	90690	27215	63740	00265	36790	73315	09830	46354	82878	1940
16	92151	28676	65201	01726	38251	74776	11291	47815	84339	2086
20	93612	30137	66662	03187	39712	76237	12752	49276	85800	2232
24	95073	31598	68123	04648	41173	77698	14213	50737	87261	2378
28	96534	33059	69584	06109	42634	79159	15674	52198	88722	2524
32	97995	34520	71045	07570	44095	80620	17135	53659	90183	2670
36	99456	35981	72506	09031	45556	82081	18596	55120	91644	2816
40	00917	37442	73967	10492	47017	83542	20057	56581	93105	2962
44	02378	38903	75428	11953	48478	85003	21518	58042	94566	3109
48	03839	40364	76889	13414	49939	86464	22979	59503	96027	3255
52	05300	41825	78350	14875	51400	87925	24440	60964	97488	3401
56	06761	43286	79811	16336	52861	89386	25901	62425	98949	3547
60	08222	44747	81272	17797	54322	90847	27362	63886	00410	3693
64	09683	46208	82733	19258	55783	92308	28823	65347	01871	3839
68	11144	47669	84194	20719	57244	93769	30284	66808	03332	3985
72	12605	49130	85655	22180	58705	95230	31745	68269	04793	4131
76	14066	50591	87116	23641	60166	96691	33206	69730	06254	4277
80	15527	52052	88577	25102	61627	98152	34667	71191	07715	4423
84	16988	53513	90038	26563	63088	99603	36128	72652	09176	4570
88	18449	54974	91499	28024	64549	01064	37589	74113	10637	4716
92	19910	56435	92960	29485	66010	02525	39050	75574	12098	4862
96	21371	57896	94421	30946	67471	03986	40511	77035	13559	5008
100	22832	59357	95882	32407	68932	05447	41971[1]	78495[1]	15019[1]	5154
	21	21	21	22	22	23	23	23	24	24

b) Anzahl der am 0. eines jeden Monats, 12h Weltzeit, seit Beginn der Schaltperiode verflossenen Ta

Jahr	Jan. 0	Febr. 0	März 0	April 0	Mai 0	Juni 0	Juli 0	Aug. 0	Sept. 0	Okt. 0	Nov. 0	Dez.
0	0[2]	31[2]	60	91	121	152	182	213	244	274	305	33
1	366	397	425	456	486	517	547	578	609	639	670	70
2	731	762	790	821	851	822	912	943	974	1004	1035	106
3	1096	1127	1155	1186	1216	1247	1277	1308	1339	1369	1400	143

Von 1582 Okt. 15 bis 1583 Dez. 31 sind die Zahlen der Tafel b um 10 zu verkleinern.

[1] Die Zahlen geben die am —1. Januar seit Anfang der Periode verflossenen Tage.

[2] In den Jahren 1700, 1800, 1900 um 1 zu vergrößern.

Tabelle 8. *Verwandlung von Tagen, Stunden und Minuten in Dezimalteile des julianischen Jahres*

$$1 \text{ Tag} = \frac{1}{365.2422} = 0.0027379 \text{ Jahr.}$$

Datum Gem. J.	Datum Schalt-J	Jan.	Febr.	März	April	Mai	Juni	Juli	Aug.	Sept.	Okt.	Nov.	Dez.
0	1	0.000	0.085	0.162	0.246	0.329	0.413	0.496	0.580	0.665	0.747	0.832	0.914
1	2	003	088	164	249	331	416	498	583	668	750	835	917
2	3	005	090	167	252	334	419	501	586	671	753	838	920
3	4	008	093	170	255	337	422	504	589	674	756	841	923
4	5	011	096	172	257	340	424	507	591	676	758	843	925
5	6	0.014	0.099	0.175	0.260	0.342	0.427	0.509	0.594	0.679	0.761	0.846	0.928
6	7	016	101	178	263	345	430	512	597	682	764	849	931
7	8	019	104	181	266	348	433	515	600	684	767	851	934
8	9	022	107	183	268	350	435	517	602	687	769	854	936
9	10	025	110	186	271	353	438	520	605	690	772	857	939
10	11	0.027	0.112	0.189	0.274	0.356	0.441	0.523	0.608	0.693	0.775	0.860	0.942
11	12	030	115	192	277	359	444	526	611	695	778	862	945
12	13	033	118	194	279	361	446	528	613	698	780	865	947
13	14	036	120	197	282	364	449	531	616	701	783	868	950
14	15	038	123	200	285	367	452	534	619	704	786	871	953
15	16	0.041	0.126	0.203	0.287	0.370	0.454	0.537	0.622	0.706	0.789	0.873	0.956
16	17	044	129	205	290	372	457	539	624	709	791	876	958
17	18	047	131	208	293	375	460	542	627	712	794	879	961
18	19	049	134	211	296	378	463	545	630	715	797	882	964
19	20	052	137	214	298	381	465	548	632	717	799	884	966
20	21	0.055	0.140	0.216	0.301	0.383	0.468	0.550	0.635	0.720	0.802	0.887	0.969
21	22	057	142	219	304	386	471	553	638	723	805	890	972
22	23	060	145	222	307	389	474	556	641	726	808	893	975
23	24	063	148	225	309	392	476	550	643	728	810	895	977
24	25	066	151	227	312	394	479	561	646	731	813	898	980
25	26	0.068	0.153	0.230	0.315	0.397	0.482	0.564	0.649	0.734	0.816	0.901	0.983
26	27	071	156	233	318	400	485	567	652	736	819	904	986
27	28	074	159	235	320	402	487	569	654	739	821	906	988
28	29	077	162	238	323	405	490	572	657	742	824	909	991
29	30	079		241	326	408	493	575	660	745	827	912	994
30	31	0.082		0.244	0.329	0.411	0.496	0.578	0.663	0.747	0.830	0.914	0.997
31		085		246		413		580	665		832		999

Die zweite Datumspalte wird nur im Januar und Februar in Schaltjahren benutzt.

Die hier gegebenen Jahresbrüche können je nach dem Stand des Schaltzyklus um ± 0.002 fehlerhaft sein. Sie gelten für 0^h Weltzeit.

Tabelle 9. *Jährliche Präzession P_α in Rektaszension und P_δ in Deklination*

	p_α													p_δ
α \ δ	+ 60°	+ 50°	+ 40°	+ 30°	+ 20°	+ 10°	0°	− 10°	− 20°	− 30°	− 40°	− 50°	− 60°	
h	s	s	s	s	s	s	s	s	s	s	s	s	s	″
0	3.07	3.07	3.07	3.07	3.07	3.07	3.07	3.07	3.07	3.07	3.07	3.07	3.07	+ 20.0
1	3.67	3.48	3.36	3.27	3.20	3.13	3.07	3.01	2.95	2.87	2.78	2.66	2.47	+ 19.4
2	4.23	3.87	3.63	3.46	3.32	3.19	3.07	2.95	2.83	2.69	2.51	2.28	1.92	+ 17.4
3	4.71	4.20	3.87	3.62	3.42	3.24	3.07	2.91	2.73	2.53	2.28	1.95	1.44	+ 14.2
4	5.08	4.45	4.04	3.74	3.49	3.28	3.07	2.87	2.65	2.41	2.10	1.69	1.07	+ 10.0
5	5.31	4.61	4.16	3.82	3.54	3.30	3.07	2.84	2.60	2.33	1.99	1.53	0.84	+ 5.2
6	5.39	4.67	4.19	3.84	3.56	3.31	3.07	2.84	2.59	2.30	1.95	1.48	0.76	0.0
7	5.31	4.61	4.16	3.82	3.54	3.30	3.07	2.84	2.60	2.33	1.99	1.53	0.84	− 5.2
8	5.08	4.45	4.04	3.74	3.49	3.28	3.07	2.87	2.65	2.41	2.10	1.69	1.07	− 10.0
9	4.71	4.20	3.87	3.62	3.42	3.24	3.07	2.91	2.73	2.53	2.28	1.95	1.44	− 14.2
10	4.23	3.87	3.63	3.46	3.32	3.19	3.07	2.95	2.83	2.69	2.51	2.28	1.92	− 17.4
11	3.67	3.48	3.36	3.27	3.20	3.13	3.07	3.01	2.95	2.87	2.78	2.66	2.47	− 19.4
12	3.07	3.07	3.07	3.07	3.07	3.07	3.07	3.07	3.07	3.07	3.07	3.07	3.07	− 20.0
13	2.47	2.66	2.78	2.87	2.95	3.01	3.07	3.13	3.20	3.27	3.36	3.48	3.67	− 19.4
14	1.92	2.28	2.51	2.69	2.83	2.95	3.07	3.19	3.32	3.46	3.63	3.87	4.23	− 17.4
15	1.44	1.95	2.28	2.53	2.73	2.91	3.07	3.24	3.42	3.62	3.87	4.20	4.71	− 14.2
16	1.07	1.69	2.10	2.41	2.65	2.87	3.07	3.28	3.49	3.74	4.04	4.45	5.08	− 10.0
17	0.84	1.53	1.99	2.33	2.60	2.84	3.07	3.30	3.54	3.82	4.16	4.61	5.31	− 5.2
18	0.76	1.48	1.95	2.30	2.59	2.84	3.07	3.31	3.56	3.84	4.19	4.67	5.39	0.0
19	0.84	1.53	1.99	2.33	2.60	2.84	3.07	3.30	3.54	3.82	4.16	4.61	5.31	+ 5.2
20	1.07	1.69	2.10	2.41	2.65	2.87	3.07	3.28	3.49	3.74	4.04	4.45	5.08	+ 10.0
21	1.44	1.95	2.28	2.53	2.73	2.91	3.07	3.24	3.42	3.62	3.87	4.20	4.71	+ 14.2
22	1.92	2.28	2.51	2.69	2.83	2.95	3.07	3.19	3.32	3.46	3.63	3.97	4.23	+ 17.4
23	2.47	2.66	2.78	2.87	2.95	3.01	3.07	3.13	3.20	3.27	3.36	3.48	3.67	+ 19.4
24	3.07	3.07	3.07	3.07	3.07	3.07	3.07	3.07	3.07	3.07	3.07	3.07	3.07	+ 20.0

Spezieller Teil

(Tabelle 10 mit 17 zur Sonnenbeobachtung s. S. 136ff.)

Tabelle 10. $Bo = \pm 1°$

		10°	20°	30°	40°	50°	60°	70°	80°
+ 50°	$b - b'$	1.0	0.9	0.9	0.8	0.6	0.5	0.3	0.2
	$l - l'$	0.2	0.4	0.6	0.8	0.9	1.1	1.1	1.2
+ 40	$b - b'$	1.0	0.9	0.9	0.8	0.6	0.5	0.3	0.2
	$l - l'$	0.1	0.3	0.4	0.6	0.7	0.7	0.8	0.8
+ 30	$b - b'$	1.0	0.9	0.9	0.8	0.6	0.5	0.3	0.2
	$l - l'$	0.1	0.2	0.3	0.4	0.5	0.5	0.6	0.6
+ 20	$b - b'$	1.0	0.9	0.9	0.8	0.6	0.5	0.4	0.2
	$l - l'$	0.1	0.1	0.2	0.2	0.3	0.3	0.4	0.4
+ 10	$b - b'$	1.0	0.9	0.9	0.8	0.6	0.5	0.4	0.2
	$l - l'$	0.0	0.1	0.1	0.1	0.1	0.2	0.2	0.2
0	$b - b'$	1.0	0.9	0.9	0.8	0.6	0.5	0.4	0.2
	$l - l'$	0.0	0.0	0.0	0.0	0.0	0.0	0.0	0.0
− 10	$b - b'$	1.0	0.9	0.9	0.8	0.6	0.5	0.4	0.2
	$l - l'$	− 0.0	− 0.1	− 0.1	− 0.1	− 0.1	− 0.2	− 0.2	− 0.2
− 20	$b - b'$	1.0	0.9	0.9	0.8	0.6	0.5	0.4	0.2
	$l - l'$	− 0.1	− 0.1	− 0.2	− 0.2	− 0.3	− 0.3	− 0.3	− 0.4
− 30	$b - b'$	1.0	0.9	0.9	0.8	0.6	0.5	0.4	0.2
	$l - l'$	− 0.1	− 0.2	− 0.3	− 0.4	− 0.4	− 0.5	− 0.5	− 0.6
− 40	$b - b'$	1.0	0.9	0.9	0.8	0.6	0.5	0.4	0.2
	$l - l'$	− 0.1	− 0.3	− 0.4	− 0.5	− 0.6	− 0.7	− 0.8	− 0.8
− 50	$b - b'$	1.0	0.9	0.9	0.8	0.7	0.5	0.4	0.2
	$l - l'$	− 0.2	− 0.4	− 0.6	− 0.8	− 0.9	− 1.0	− 1.1	− 1.2

Tabelle 11. $Bo = \pm 2°$

		10°	20°	30°	40°	50°	60°	70°	80°
+ 50°	$b - b'$	2.0	1.9	1.7	1.5	1.3	1.0	0.7	0.3
	$l - l'$	0.4	0.9	1.3	1.6	1.9	2.1	2.3	2.4
+ 40	$b - b'$	2.0	1.9	1.7	1.5	1.3	1.0	0.7	0.3
	$l - l'$	0.3	0.6	0.9	1.1	1.3	1.5	1.6	1.7
+ 30	$b - b'$	2.0	1.9	1.7	1.5	1.3	1.0	0.7	0.3
	$l - l'$	0.2	0.4	0.6	0.8	0.9	1.0	1.1	1.2
+ 20	$b - b'$	2.0	1.9	1.7	1.5	1.3	1.0	0.7	0.3
	$l - l'$	0.1	0.3	0.4	0.5	0.6	0.7	0.7	0.7
+ 10	$b - b'$	2.0	1.9	1.7	1.5	1.3	1.0	0.7	0.3
	$l - l'$	0.1	0.1	0.2	0.2	0.3	0.3	0.3	0.4
0	$b - b'$	2.0	1.9	1.7	1.5	1.3	1.0	0.7	0.4
	$l - l'$	0.0	0.0	0.0	0.0	0.0	0.0	0.0	0.0
− 10	$b - b'$	2.0	1.9	1.7	1.5	1.3	1.0	0.7	0.4
	$l - l'$	− 0.1	− 0.1	− 0.2	− 0.2	− 0.3	− 0.3	− 0.3	− 0.3
− 20	$b - b'$	2.0	1.9	1.7	1.5	1.3	1.0	0.7	0.4
	$l - l'$	− 0.1	− 0.2	− 0.3	− 0.5	− 0.5	− 0.6	− 0.7	− 0.7
− 30	$b - b'$	2.0	1.9	1.7	1.5	1.3	1.0	0.7	0.4
	$l - l'$	− 0.2	− 0.4	− 0.6	− 0.7	− 0.9	− 1.0	− 1.1	− 1.1
− 40	$b - b'$	2.0	1.9	1.7	1.5	1.3	1.0	0.7	0.4
	$l - l'$	− 0.3	− 0.6	− 0.8	− 1.0	− 1.2	− 1.4	− 1.6	− 1.6
− 50	$b - b'$	2.0	1.9	1.7	1.5	1.3	1.0	0.7	0.4
	$l - l'$	− 0.4	− 0.8	− 1.1	− 1.5	− 1.8	− 2.0	− 2.2	− 2.3

Tabelle 12. $Bo = \pm 3°$

		10°	20°	30°	40°	50°	60°	70°	80°
+ 50°	$b-b'$	3.0	2.8	2.6	2.3	1.9	1.4	0.9	0.4
	$l-l'$	0.7	1.3	1.9	2.5	2.9	3.2	3.5	3.6
+ 40	$b-b'$	3.0	2.8	2.6	2.3	1.9	1.4	1.0	0.5
	$l-l'$	0.5	0.9	1.3	1.7	2.0	2.3	2.4	2.5
+ 30	$b-b'$	3.0	2.8	2.6	2.3	1.9	1.4	1.0	0.5
	$l-l'$	0.3	0.6	0.9	1.2	1.4	1.6	1.7	1.7
+ 20	$b-b'$	3.0	2.8	2.6	2.3	1.9	1.4	1.0	0.5
	$l-l'$	0.2	0.4	0.6	0.8	0.9	1.0	1.1	1.1
+ 10	$b-b'$	3.0	2.8	2.6	2.3	1.9	1.4	1.0	0.5
	$l-l'$	0.1	0.2	0.3	0.4	0.5	0.5	0.5	0.5
0	$b-b'$	3.0	2.8	2.6	2.3	1.9	1.5	1.0	0.5
	$l-l'$	0.0	0.0	0.0	0.0	0.0	0.0	0.0	0.0
− 10	$b-b'$	3.0	2.8	2.6	2.3	1.9	1.5	1.0	0.5
	$l-l'$	− 0.1	− 0.2	− 0.2	− 0.3	− 0.4	− 0.4	− 0.5	− 0.5
− 20	$b-b'$	3.0	2.8	2.6	2.3	2.0	1.5	1.1	0.5
	$l-l'$	− 0.2	− 0.4	− 0.5	− 0.7	− 0.8	− 0.9	− 1.0	− 1.1
− 30	$b-b'$	3.0	2.8	2.6	2.3	2.0	1.5	1.1	0.6
	$l-l'$	− 0.3	− 0.6	− 0.8	− 1.1	− 1.3	− 1.4	− 1.6	− 1.7
− 40	$b-b'$	3.0	2.8	2.6	2.3	2.0	1.6	1.1	0.6
	$l-l'$	− 0.4	− 0.8	− 1.2	− 1.5	− 1.8	− 2.1	− 2.3	− 2.4
− 50	$b-b'$	3.0	2.8	2.6	2.3	2.0	1.6	1.1	0.6
	$l-l'$	− 0.6	− 1.1	− 1.7	− 2.2	− 2.6	− 3.0	− 3.4	− 3.5

Tabelle 13. $Bo = \pm 4°$

		10°	20°	30°	40°	50°	60°	70°	80°
+ 50°	$b-b'$	3.9	3.7	3.4	3.0	2.5	1.9	1.2	0.5
	$l-l'$	0.9	1.8	2.6	3.3	3.9	4.4	4.6	4.8
+ 40	$b-b'$	3.9	3.7	3.4	3.0	2.5	1.9	1.3	0.6
	$l-l'$	0.6	1.3	1.8	2.3	2.7	3.1	3.3	3.4
+ 30	$b-b'$	3.9	3.8	3.4	3.0	2.5	1.9	1.3	0.6
	$l-l'$	0.4	0.9	1.3	1.6	1.9	2.1	2.2	2.3
+ 20	$b-b'$	3.9	3.8	3.4	3.0	2.5	2.0	1.3	0.7
	$l-l'$	0.3	0.6	0.8	1.0	1.2	1.3	1.4	1.5
+ 10	$b-b'$	3.9	3.8	3.4	3.1	2.6	2.0	1.4	0.7
	$l-l'$	0.1	0.3	0.4	0.5	0.6	0.7	0.7	0.7
0	$b-b'$	3.9	3.8	3.4	3.1	2.6	2.0	1.4	0.7
	$l-l'$	0.0	0.0	0.1	0.1	0.1	0.1	0.0	0.0
− 10	$b-b'$	4.0	3.8	3.5	3.1	2.6	2.0	1.4	0.7
	$l-l'$	− 0.1	− 0.2	− 0.3	− 0.4	− 0.5	− 0.6	− 0.6	− 0.7
− 20	$b-b'$	4.0	3.8	3.5	3.1	2.6	2.0	1.4	0.8
	$l-l'$	− 0.2	− 0.4	− 0.7	− 0.9	− 1.0	− 1.2	− 1.3	− 1.4
− 30	$b-b'$	4.0	3.8	3.5	3.1	2.6	2.1	1.4	0.8
	$l-l'$	− 0.4	− 0.7	− 1.1	− 1.4	− 1.7	− 1.9	− 2.1	− 2.2
− 40	$b-b'$	4.0	3.8	3.5	3.1	2.6	2.1	1.5	0.8
	$l-l'$	− 0.5	− 1.1	− 1.5	− 2.0	− 2.4	− 2.8	− 3.0	− 3.2
− 50	$b-b'$	4.0	3.8	3.5	3.1	2.7	2.1	1.5	0.9
	$l-l'$	− 0.7	− 1.5	− 2.2	− 2.8	− 3.4	− 3.9	− 4.3	− 4.6

Tabelle 14. $Bo = \pm 5°$

		10°	20°	30°	40°	50°	60°	70°	80°
+ 50°	$b - b'$	4.9	4.7	4.3	3.7	3.0	2.3	1.5	0.6
	$l - l'$	1.2	2.3	3.4	4.3	5.0	5.5	5.8	6.0
+ 40	$b - b'$	4.9	4.7	4.3	3.8	3.1	2.4	1.5	0.7
	$l - l'$	0.8	1.6	2.3	3.0	3.5	3.9	4.1	4.2
+ 30	$b - b'$	4.9	4.7	4.3	3.8	3.1	2.4	1.6	0.8
	$l - l'$	0.6	1.1	1.6	2.0	2.4	2.7	2.8	2.9
+ 20	$b - b'$	4.9	4.7	4.3	3.8	3.2	2.4	1.6	0.8
	$l - l'$	0.4	0.7	1.0	1.3	1.5	1.7	1.8	1.8
+ 10	$b - b'$	4.9	4.7	4.3	3.8	3.2	2.5	1.7	0.8
	$l - l'$	0.2	0.4	0.5	0.7	0.8	0.9	0.9	0.9
0	$b - b'$	4.9	4.7	4.3	3.8	3.2	2.5	1.7	0.9
	$l - l'$	0.0	0.1	0.1	0.1	0.1	0.1	0.1	0.0
− 10	$b - b'$	4.9	4.7	4.3	3.9	3.2	2.5	1.8	0.9
	$l - l'$	− 0.1	− 0.2	− 0.3	− 0.5	− 0.6	− 0.7	− 0.8	− 0.8
− 20	$b - b'$	4.9	4.7	4.4	3.9	3.3	2.6	1.8	1.0
	$l - l'$	− 0.3	− 0.5	− 0.8	− 1.0	− 1.3	− 1.5	− 1.6	− 1.7
− 30	$b - b'$	4.9	4.7	4.4	3.9	3.3	2.6	1.8	1.0
	$l - l'$	− 0.4	− 0.9	− 1.3	− 1.7	− 2.0	− 2.3	− 2.6	− 2.8
− 40	$b - b'$	4.9	4.7	4.4	3.9	3.3	2.6	1.9	1.1
	$l - l'$	− 0.7	− 1.3	− 1.9	− 2.5	− 3.0	− 3.4	− 3.8	− 4.0
− 50	$b - b'$	4.9	4.7	4.4	3.9	3.4	2.7	1.9	1.1
	$l - l'$	− 0.9	− 1.8	− 2.7	− 3.5	− 4.2	− 4.8	− 5.3	− 5.7

Tabelle 15. $Bo = \pm 6°$

		10°	20°	30°	40°	50°	60°	70°	80°
+ 50°	$b - b'$	5.9	5.6	5.1	4.4	3.6	2.7	1.7	0.7
	$l - l'$	1.5	2.9	4.2	5.3	6.1	6.7	7.1	7.2
+ 40	$b - b'$	5.9	5.6	5.1	4.5	3.7	2.8	1.8	0.8
	$l - l'$	1.0	2.0	2.9	3.6	4.3	4.7	5.0	5.1
+ 30	$b - b'$	5.9	5.6	5.1	4.5	3.7	2.9	1.9	0.9
	$l - l'$	0.7	1.4	2.0	2.5	2.9	3.2	3.4	3.5
+ 20	$b - b'$	5.9	5.6	5.2	4.5	3.8	2.9	2.0	0.9
	$l - l'$	0.5	0.9	1.3	1.6	1.9	2.1	2.2	2.2
+ 10	$b - b'$	5.9	5.6	5.2	4.6	3.8	3.0	2.0	1.0
	$l - l'$	0.2	0.5	0.7	0.9	1.0	1.1	1.1	1.1
0	$b - b'$	5.9	5.6	5.2	4.6	3.8	3.0	2.1	1.0
	$l - l'$	0.1	0.1	0.1	0.2	0.2	0.1	0.1	0.1
− 10	$b - b'$	5.9	5.6	5.2	4.6	3.9	3.0	2.1	1.1
	$l - l'$	− 0.1	− 0.3	− 0.4	− 0.5	− 0.7	− 0.8	− 0.9	− 1.0
− 20	$b - b'$	5.9	5.7	5.2	4.6	3.9	3.1	2.2	1.2
	$l - l'$	− 0.3	− 0.6	− 0.9	− 1.2	− 1.5	− 1.7	− 1.9	− 2.1
− 30	$b - b'$	5.9	5.7	5.2	4.7	4.0	3.1	2.2	1.2
	$l - l'$	− 0.5	− 1.1	− 1.5	− 2.0	− 2.4	− 2.8	− 3.1	− 3.3
−40	$b - b'$	5.9	5.7	5.3	4.7	4.0	3.2	2.3	1.3
	$l - l'$	− 0.8	− 1.5	− 2.2	− 2.9	− 3.5	− 4.0	− 4.5	− 4.8
− 50	$b - b'$	5.9	5.7	5.3	4.8	4.1	3.3	2.4	1.4
	$l - l'$	− 1.1	− 2.1	− 3.1	− 4.1	− 4.9	− 5.7	− 6.3	− 6.8

Tabelle 16. $Bo = \pm 7°$

		10°	20°	30°	40°	50°	60°	70°	80°
+ 50°	$b - b'$	6.9	6.5	5.9	5.1	4.2	3.1	1.9	0.7
	$l - l'$	1.8	3.5	5.0	6.3	7.3	7.9	8.3	8.4
+ 40	$b - b'$	6.9	6.5	6.0	5.2	4.3	3.2	2.1	0.9
	$l - l'$	1.2	2.4	3.4	4.3	5.0	5.5	5.8	5.9
+ 30	$b - b'$	6.9	6.5	6.0	5.3	4.3	3.3	2.2	1.0
	$l - l'$	0.8	1.6	2.4	3.0	3.5	3.8	4.0	4.1
+ 20	$b - b'$	6.9	6.6	6.0	5.3	4.4	3.4	2.3	1.1
	$l - l'$	0.5	1.1	1.5	1.9	2.2	2.4	2.6	2.6
+ 10	$b - b'$	6.9	6.6	6.0	5.3	4.5	3.4	2.3	1.1
	$l - l'$	0.3	0.6	0.8	1.0	1.2	1.3	1.3	1.3
0	$b - b'$	6.9	6.6	6.1	5.4	4.5	3.5	2.4	1.2
	$l - l'$	0.1	0.1	0.2	0.2	0.2	0.2	0.1	0.1
− 10	$b - b'$	6.9	6.6	6.1	5.4	4.5	3.5	2.4	1.3
	$l - l'$	− 0.1	− 0.3	− 0.4	− 0.6	− 0.7	− 0.9	− 1.0	− 1.1
− 20	$b - b'$	6.9	6.6	6.1	5.4	4.6	3.6	2.5	1.4
	$l - l'$	− 0.4	− 0.7	− 1.1	− 1.4	− 1.7	− 1.9	− 2.2	− 2.4
− 30	$b - b'$	6.9	6.6	6.1	5.5	4.6	3.7	2.6	1.5
	$l - l'$	− 0.6	− 1.2	− 1.7	− 2.3	− 2.8	− 3.2	− 3.6	− 3.8
− 40	$b - b'$	6.9	6.6	6.1	5.5	4.7	3.8	2.7	1.6
	$l - l'$	− 0.9	− 1.7	− 2.5	− 3.3	− 4.0	− 4.7	− 5.2	− 5.6
− 50	$b - b'$	6.9	6.6	6.2	5.6	4.8	3.9	2.8	1.7
	$l - l'$	− 1.2	− 2.4	− 3.5	− 4.6	− 5.6	− 6.5	− 7.3	− 7.9

Tabelle 17. *Positionswinkel P der Sonnenachse und heliographische Breite* B_0 *des scheinbaren Mittelpunktes der Sonnenscheibe von 5 zu 5 Tagen*

Datum	*P*	*Bo*	Datum	*P*	*Bo*	Datum	*P*	*Bo*
Jan. 1	+ 2.4°	− 3.0°	Mai 1	− 24.3°	− 4.2°	Aug. 29	+ 20.1°	+ 7.1°
6	− 0.1	3.6	6	23.4	3.7	Spt. 3	21.5	7.2
11	2.5	4.1	11	22.3	3.1	8	22.6	7.3
16	4.9	4.7	16	21.0	2.6	13	23.6	7.2
21	7.2	5.1	21	19.5	2.0	18	24.5	7.2
26	9.4	5.6	26	17.9	1.4	23	25.2	7.0
31	11.5	6.0	31	16.1	0.8	28	25.8	6.9
Fbr. 5	13.6	6.3	Jun. 5	14.2	− 0.2	Okt. 3	26.1	6.6
10	15.5	6.6	10	12.2	+ 0.4	8	26.3	6.4
15	17.2	6.8	15	10.3	1.0	13	26.3	6.0
20	18.9	7.0	20	8.0	1.6	18	26.2	5.7
25	20.3	7.2	25	5.7	2.2	23	25.8	5.2
Mrz. 2	21.7	7.2	30	3.5	2.7	28	25.3	4.8
7	22.9	7.3	Jul. 5	− 1.2	3.3	Nov. 2	24.5	4.3
12	23.9	7.2	10	+ 1.1	3.8	7	23.6	3.8
17	24.6	7.1	15	3.3	4.3	12	22.4	3.2
22	25.4	7.0	20	5.5	4.8	17	21.1	2.6
27	25.9	6.8	25	7.7	5.2	22	19.6	2.0
Apr. 1	26.2	6.6	30	9.7	5.6	27	17.9	1.4
6	26.4	6.3	Aug. 4	11.7	6.0	Dez. 2	16.0	0.8
11	26.3	5.9	9	13.7	6.3	7	14.0	+ 0.1
16	26.1	5.5	14	15.5	6.6	12	11.9	− 0.5
21	25.7	5.1	19	17.1	6.8	17	9.6	1.1
26	− 25.1	− 4.7	24	+ 18.7	+ 7.0	22	7.3	1.8
						27	+ 4.9	− 2.4

Die Werte der Jahrestabelle können infolge der 4jährigen Schaltung geringfügige Änderungen erfahren Bei den *P*-Werten bis zu 3 Zehntel, bei den *Bo*-Werten bis zu 1 Zehntel Grad.

Tabelle 18. *Fundamentalkrater* (nach H. ROTH)

Nr.	Name	Selenographische Länge l	Selenographische Breite b	Rechtwinklige Koordinaten ξ	η	ζ
1	Mösting A	− 5° 9′.8	− 3° 12′.9	−0.08986	−0.05607	+0.99437
2	Bode A	− 1 8.9	+ 8 59.3	−0.01982	+0.15624	+0.98752
3	Dionysius	+17 19.7	+ 2 46.2	+0.29750	+0.04832	+0.95349
4	Mare Nectaris E	+34 58.6	−17 50.8	+0.54567	−0.30647	+0.77995
5	Abulfeda b	+13 6.5	−16 10.7	+0.21783	−0.27864	+0.93537
6	Thebit B	− 8 33.0	−22 20.2	−0.13752	−0.38004	+0.91469
7	Gassendi A	−43 33.3	−18 27.9	−0.65359	−0.31673	+0.68739
8	Lohrmann A	−62 37.6	− 0 44.5	−0.88795	−0.01288	+0.45976
9	Encke b	−36 44.7	+ 2 20.8	−0.59775	+0.04095	+0.80064
10	Euler A	−36 51.9	+20 52.0	−0.56058	+0.35619	+0.74758
11	Archimedes A	− 6 24.1	+28 1.5	−0.09843	+0.46987	+0.87724
12	Cassini C	+ 7 49.3	+41 41.6	+0.10163	+0.66514	+0.73977
13	Macrobius B	+40 49.6	+20 55.9	+0.61064	+0.35725	+0.70676
14	Condaminae a	−30 3.9	+54 21.9	−0.29188	+0.81275	+0.50422
15	Hesiod B	−17 28.5	−27 5.4	−0.26735	−0.45539	+0.84920

Der mittlere Fehler beträgt ± 0.00037 Mondradien

Tabelle 19. *Mondformationen des Berliner Systems* [vgl. S. 170]
(IAU-Nummern und rechtwinklige Koordinaten nach M. A. BLAGG und K. MÜLLER: Named Lunar Formations I [London 1935])

Quadrant	IAU-Nr.	Formation	Rechtwinklige Koordinaten ξ	η	Selenographische Länge l	Selenographische Breite b
NW	198	Proclus	+0.702	+0.277	+49°.9	+16°.1
	266	Vitruvius	+0.495	+0.303	+31.3	+17.6
	794	Manilius	+0.153	+0.250	+ 9.1	+14.5
NE	1062	Plato	−0.100	+0.782	− 9.2	+51.4
	1305	Kap Laplace	−0.300	+0.725	−25.9	+46.5
	1406	Pytheas	−0.329	+0.351	−20.6	+20.6
	1481	Copernicus	−0.337	+0.167	−20.0	+ 9.6
	1641	Kap Heraklid	−0.418	+0.656	−33.6	+41.0
	1755	Aristarchus	−0.675	+0.402	−47.7	+23.8
SE	2002	Grimaldi	−0.926	−0.093	−68.4	− 5.3
	2127	Billy	−0.744	−0.238	−50.1	−13.8
	2525	Campanus	−0.411	−0.468	−27.7	−27.9
	3182	Tycho	−0.142	−0.687	−11.3	−43.5
SW	4235	Censorinus	+0.539	−0.007	+32.7	− 0.4
	4325	Goclenius	+0.695	−0.173	+44.9	−10.0
	4677	Langrenus	+0.863	−0.155	+60.9	− 8.9

Tabelle 20. *Die 128 IAU-Namen der Marskarte von 1958*
Lg. = Länge, Br. = Breite (areographisch)

Lg.	Br.	Name	Lg.	Br.	Name	Lg.	Br.	Name
30°	+ 45°	Acidalium M.	210°	+ 25°	Elysium	10°	+ 20°	Oxus
215.	− 5	Aeolis	220.	− 45	Eridania	200.	+ 60	Panchaia
310.	+ 10	Aeria	40.	− 25	Erythraeum M.	340.	− 25	Pandorae Fr.
230.	+ 40	Aetheria	220.	+ 22	Eunostos	155.	− 50	Phaetontis
230.	+ 10	Aethiopis	335.	+ 20	Euphrates	320.	+ 20	Phison
140.	0	Amazonis	0.	+ 15	Gehon	190.	+ 30	Phlegra
250.	+ 5	Amenthes	270.	− 40	Hadriaticum M.	110.	− 12	Phoenicis L.
105.	− 45	Aonius S.	290.	− 40	Hellas	70.	− 40	Phrixi R.
330.	+ 20	Arabia	340.	− 6	Hellespontica D.	280.	− 65	Promethei S.
115.	− 25	Araxes	325.	− 50	Hellespontus	185.	+ 45	Propontis
100.	+ 45	Arcadia	240.	− 20	Hesperia	50.	− 23	Protei R.
25.	− 45	Argyre	345.	+ 15	Hiddekel	315.	+ 42	Protonilus
335.	+ 48	Arnon	60.	+ 75	Hyperboreus L.	38.	− 15	Pyrrhae R.
50.	− 15	Aurorae S.	295.	− 20	Japygia	340.	− 8	Sabaeus S.
250.	− 40	Ausonia	130.	− 40	Icaria	150.	+ 60	Scandia
40.	− 60	Australe M.	275.	+ 20	Isidis R.	320.	− 30	Serpentis M.
50.	+ 60	Baltia	330.	+ 40	Ismenius L.	70.	− 20	Sinai
290.	+ 55	Boreosyrtis	40.	+ 10	Jamuna	155.	− 30	Sirenum M.
90.	+ 50	Boreum M.	63.	− 5	Juventae F.	245.	+ 45	Sithonius L.
75.	+ 3	Candor	200.	0	Laestrygon	90.	− 28	Solis L.
260.	+ 40	Casius	200.	+ 70	Lemuria	200.	+ 30	Styx
210.	+ 50	Cebrenia	270.	0	Libya	100.	− 20	Syria
320.	+ 60	Cecropia	65.	+ 15	Lunae L.	290.	+ 10	Syrtis Maior
95.	+ 20	Ceraunius	25.	− 10	Margaritifer S.	70.	+ 50	Tanais
205.	+ 15	Cerberus	150.	− 20	Memnonia	70.	+ 40	Tempe
0.	− 50	Chalce	285.	+ 35	Meroe	85.	− 35	Thaumasia
260.	− 50	Chersonesus	0.	− 5	Meridiani S.	255.	+ 30	Thoth
210.	− 58	Chronium M.	350.	+ 20	Moab	180.	− 70	Thyle I
30.	+ 10	Chryse	270.	+ 8	Moeris L.	230.	− 70	Thyle II
110.	− 50	Chrysokeras	72.	− 28	Nector	10.	+ 10	Thymiamata
220.	− 20	Cimmerium M.	270.	+ 35	Neith R.	85.	− 5	Tithonius L.
110.	− 35	Claritas	260.	+ 20	Nepenthes	80.	+ 30	Tractus albus
280.	+ 55	Copais Pa.	55.	− 45	Nereidum Fr.	268.	− 25	Trinacria
65.	− 15	Coprates	30.	+ 30	Niliacus L.	198.	+ 20	Trivium
230.	− 5	Cyclopia	55.	+ 30	Nilokeras			Charontis
0.	+ 40	Cydonia	290.	+ 42	Nilosyrtis	255.	− 20	Tyrrhenium M.
305.	− 4	Deltoton S.	130.	+ 20	Nix Olympica	260.	+ 70	Uchronia
340.	− 15	Deucalionis R.	330.	− 45	Noachis	290.	+ 50	Umbra
0.	+ 35	Deuteronilus	65.	− 45	Ogygis R.	250.	+ 50	Utopia
180.	+ 50	Diacria	200.	+ 80	Olympia	15.	− 35	Vulcani Pe.
320.	+ 50	Dioscuria	65.	− 10	Ophir	50.	+ 10	Xanthe
345.	0	Edom	0.	+ 60	Ortygia	320.	− 40	Yaonis R.
190.	− 45	Electris	18.	+ 8	Oxia Pa.	195.	0	Zephyria

Abkürzungen:
M = Mare (Meer) Pe = Pelagus (See)
L = Lacus (See) F = Fons (Quelle)
R = Regio (Landschaft) Fr = Fretum (Meerenge)
S = Sinus (Bucht) D = Depressio (Senke)
Pa = Palus (Sumpf).

Tabelle 21. *Tabelle der stündlichen Änderung des ZM auf Mars*

h	°	h	°	m	°	m	°	m	°
1	14.6	6	87.7	10	2.4	1	0.2	6	1.5
2	29.2	7	102.3	20	4.9	2	0.5	7	1.7
3	43.9	8	117.0	30	7.3	3	0.7	8	2.0
4	58.5	9	131.6	40	9.7	4	1.0	9	2.2
5	73.1	10	146.2	50	12.2	5	1.2	10	2.4

Tabelle 22. *Tabelle der stündlichen Änderung des ZM auf Jupiter, System I*

h	°	h	°	m	°	m	°	m	°
1	36.6	6	219.5	10	6.1	1	0.6	6	3.7
2	73.2	7	256.1	20	12.2	2	1.2	7	4.3
3	109.7	8	292.7	30	18.3	3	1.8	8	4.9
4	146.3	9	329.2	40	24.4	4	2.4	9	5.5
5	182.9	10	5.8	50	30.5	5	3.0	10	6.1

Tabelle 23. *Tabelle der stündlichen Änderung des ZM auf Jupiter, System II*

h	°	h	°	m	°	m	°	m	°
1	36.3	6	217.6	10	6.0	1	0.6	6	3.6
2	72.5	7	253.8	20	12.1	2	1.2	7	4.2
3	108.8	8	290.1	30	18.1	3	1.8	8	4.8
4	145.1	9	326.4	40	24.2	4	2.4	9	5.4
5	181.3	10	2.6	50	30.2	5	3.0	10	6.0

Tabelle 24. *Die 88 Sternbilder*

Lateinische Namen der Sternbilder mit ihren drei- und vierbuchstabigen Abkürzungen, deutsche Bezeichnung, und Flächeninhalt in Quadratgrad nach den internationalen Sternbildgrenzen

Andromeda	And	Andr	Andromeda	721
Antlia	Ant	Antl	Luftpumpe	239
Apus	Aps	Apus	Paradiesvogel	206
Aquarius	Aqr	Aqar	Wassermann	980
Aquila	Aql	Aqil	Adler	653
Ara	Ara	Arae	Altar	238
Aries	Ari	Arie	Widder	441
Auriga	Aur	Auri	Fuhrmann	657
Bootes	Boo	Boot	Bootes	905
Caelum	Cae	Cael	Stichel	125
Camelopardus	Cam	Caml	Giraffe	756
Cancer	Cnc	Canc	Krebs	506
Canes venatici	CVn	CVen	Jagdhunde	467
Canis maior	CMa	CMaj	Großer Hund	380
Canis minor	CMi	CMin	Kleiner Hund	183
Capricornus	Cap	Capr	Steinbock	414
Carina	Car	Cari	Schiffskiel	494
Cassiopeia	Cas	Cass	Kassiopeja	599
Centaurus	Cen	Cent	Kentaur	1060
Cepheus	Cep	Ceph	Kepheus	588
Cetus	Cet	Ceti	Walfisch	1231
Chamaeleon	Cha	Cham	Chamäleon	131
Circinus	Cir	Circ	Zirkel	93
Columba	Col	Colm	Taube	270
Coma (Berenices)	Com	Coma	Haar der Berenike	386
Corona austrina	CrA	CorA	Südliche Krone	128
Corona borealis	CrB	CorB	Nördliche Krone	179
Corvus	Crv	Corv	Rabe	184
Crater	Crt	Crat	Becher	282
Crux	Cru	Cruc	Kreuz (des Südens)	68
Cygnus	Cyg	Cygn	Schwan	805

Delphinus	Del	Delf	Delphin	189
Dorado	Dor	Dora	Schwertfisch	179
Draco	Dra	Drac	Drache	1083
Equuleus	Equ	Equl	Füllen	72
Eridanus	Eri	Erid	(Fluß) Eridanus	1138
Fornax	For	Forn	Chemischer Ofen	397
Gemini	Gem	Gemi	Zwillinge	514
Grus	Gru	Grus	Kranich	365
Hercules	Her	Herc	Herkules	1225
Horologium	Hor	Horo	Uhr	249
Hydra	Hya	Hyda	Wasserschlange	1303
Hydrus	Hyi	Hydi	(Südl.) Wasserschlange	243
Indus	Ind	Indi	Indianer	294
Lacerta	Lac	Lacr	Eidechse	201
Leo (maior)	Leo	Leon	(Großer) Löwe	947
Leo minor	LMi	LMin	Kleiner Löwe	232
Lepus	Lep	Leps	Hase	290
Libra	Lib	Libr	Waage	538
Lupus	Lup	Lupi	Wolf	334
Lynx	Lyn	Lync	Luchs	545
Lyra	Lyr	Lyra	Leier	285
Mensa	Men	Mens	Tafelberg	153
Microscopium	Mic	Micr	Mikroskop	209
Monoceros	Mon	Mono	Einhorn	481
Musca	Mus	Musc	Biene	138
Norma	Nor	Norm	Lineal	165
Octans	Oct	Octn	Oktant	292
Ophiuchus	Oph	Ophi	Schlangenträger	948
Orion	Ori	Orio	Orion	594
Pavo	Pav	Pavo	Pfau	377
Pegasus	Peg	Pegs	Pegasus	1136
Perseus	Per	Pers	Perseus	615
Phoenix	Phe	Phoe	Phönix	469
Pictor	Pic	Pict	Staffelei	247
Pisces	Psc	Pisc	Fische	890
Piscis austrinus	PsA	PscA	Südlicher Fisch	245
Puppis	Pup	Pupp	Achterschiff	673
Pyxis	Pyx	Pyxi	Kompaß	221
Reticulum	Ret	Reti	Netz	114
Sagitta	Sge	Sgte	Pfeil	80
Sagittarius	Sgr	Sgtr	Schütze	867
Scorpius	Sco	Scor	Skorpion	497
Sculptor	Scl	Scul	Bildhauerwerkstatt	475
Scutum	Sct	Scut	Schild (des Sobieski)	109
Serpens	Ser	Serp	Schlange	637
Sextans	Sex	Sext	Sextant	313
Taurus	Tau	Taur	Stier	797
Telescopium	Tel	Tele	Fernrohr	251
Triangulum australe	TrA	TrAu	Südliches Dreieck	109
Triangulum (boreale)	Tri	Tria	(Nördliches) Dreieck	132
Tucana	Tuc	Tucn	Tukan	294
Ursa maior	UMa	UMaj	Großer Bär	1279
Ursa minor	UMi	UMin	Kleiner Bär	256
Vela	Vel	Velr	Schiffssegel	500
Virgo	Vir	Virg	Jungfrau	1294
Volans	Vol	Voln	Fliegender Fisch	141
Vulpecula	Vul	Vulp	Fuchs	268

Tabelle 25. *Die 170 hellsten Sterne bis zur Größe 3.0*

ame des Sterns; α, δ Koordinaten für 1950; *m* visuelle Helligkeit; Sp. Spektraltyp und Leuchtkraft-lasse (Ia, Ib Überriesen, II helle Riesen, III normale Riesen, IV Unterriesen, V Hauptreihensterne; = Besonderheiten im Spektrum; hier sowie bei zusammengesetzten Spektren ist die Leuchtkraftklasse anchmal unbestimmt). π Parallaxe (auf Tausendstel Bogensekunden; Werte unter ″015 sind sehr un-cher). Bemerkungen: vd, sd visuell bzw. spektroskopisch doppelt, tr dreifach, var veränderlich.

	α	δ	*m*	Sp.		π	
α And	0^h05^m8	+28°49′	2.1	B8p	III	″025	sd, Sp var
β Cas	06.9	+58 52	2.4	F2	III	.075	
γ Peg	10.7	+14 54	2.9	B2	V	.007	
β Hyi	23.2	−77 32	2.8	G1	IV	.153	
α Phe	23.8	−42 35	2.4	K0	III	.040	sd
α Cas	37.7	+56 16	2.3v	K0	III	.021	irr var
β Cet	41.1	−18 16	2.1	G8	III	.046	
γ Cas	53.7	+60 27	2.8v	B0p	IV	.018	irr var
β And	1 06.9	+35 21	2.2	M0	III	.041	
δ Cas	22.5	+59 59	2.8	A5	V	.029	
α Eri	35.9	−57 29	0.5	B5	IV	.023	
α UMi	48.8	+89 02	2.1	F8	Ib	.008	vd u. sd, var
β Ari	51.9	+20 34	2.7	A5	V	.063	sd
α Hyi	57.2	−61 49	2.9	F0	V	.080	
γ And	2 00.8	+42 05	2.2	K2	III	.020	vd
α Ari	04.3	+23 14	2.0	K2	III	.048	
β Tri	06.6	+34 45	3.0	A5	III	.012	sd
ϑ Eri	56.4	−40 30	3.0	A3	V	.028	vd u. sd
α Cet	59.7	+03 54	2.6	M2	III	.010	
γ Per	3 01.2	+53 19	3.0	F5+A3		.011	
β Per	04.9	+40 46	2.2v	B8	V	.028	s tr, var
α Per	20.7	+49 41	1.8	F5	Ib	.006	
δ Per	39.4	+47 38	3.0	B5	III	.007	
η Tau	44.5	+23 57	2.9	B8	III	.005	
ζ Per	51.0	+31 44	2.9	B1	Ib	.007	
ε Per	54.5	+39 52	2.9	B1	III	.005	sd
γ Eri	55.7	−13 39	3.0	K5	II	.007	
α Tau	4 33.0	+16 25	0.9	K5	III	.048	
ι Aur	53.7	+33 05	2.7	K3	II	.015	
β Eri	5 05.4	−05 09	2.8	A3	V	.042	
β Ori	12.1	−08 15	0.2	B8	Ia	.006	vd u. sd
α Aur	13.0	+45 57	0.1	G1	III	.065	sd
γ Ori	22.4	+06 18	1.7	B2	IV	.013	
β Tau	23.1	+28 34	1.7	B8	III	.024	
β Lep	26.1	−20 48	2.8	G2	II	.014	
δ Ori	29.5	−00 20	2.2	O9	III	.006	sd
α Lep	30.5	−17 51	2.6	F0	Ib	.002	
ι Ori	33.0	−05 56	2.8	O9	V	.021	sd
ε Ori	33.7	−01 13	1.7	B0	Ia	.005	
ζ Tau	34.7	+21 07	3.0	B3p	II	.009	sd
α Col	37.8	−34 06	2.6	B8p	V	.022	
ζ Ori	38.2	−01 58	1.9	O9	III	.022	vd u. sd
ϰ Ori	45.4	−09 41	2.1	B0	II	.006	
α Ori	52.5	+07 24	0.7v	M2	Ib	.012	semireg var
β Aur	55.9	+44 57	2.0	A2	V	.044	sd
ϑ Aur	56.3	+37 13	2.6	A0p	III	.029	vd
β CMa	6 20.5	−17 56	2.0	B1	II	.009	Sp var
α Car	22.8	−52 40	−0.8	F0	Ia	.018	
γ Gem	34.8	+16 27	1.9	A1	V	.050	sd
α CMa	42.9	−16 39	−1.4	A1	V	.359	vd
τ Pup	48.7	−50 33	2.9	K0	III	.025	sd
ε CMa	56.7	−28 54	1.5	B1	II	.009	
δ CMa	7 06.4	−26 19	1.9	F8	Ia	.005	
π Pup	15.4	−37 00	2.6	K5		.018	
η CMa	22.1	−29 12	2.4	B5	Ia	.012	
β CMi	24.4	+08 23	2.9	B8	V	.020	
α Gem	31.4	+32 00	1.5	A1	V	.072	vtr, je sd
α CMi	36.7	+05 21	0.4	F5	IV	.287	vd
β Gem	42.3	+28 09	1.2	K0	III	.095	
ζ Pup	8 01.8	−39 52	2.2	O5		.004	
ϱ Pup	05.4	−24 10	2.9	F6	II	.031	var

	α	δ	m	Sp.	π	
γ Vel	$8^{\mathrm{h}}08^{\mathrm{m}}0$	−47°11′	1.9	WC7	″.006	vd
ε Car	21.5	−59 21	1.8	K0+B	.010	
δ Vel	43.3	−54 31	1.9	A0 V	.043	vd
ι UMa	55.8	+48 14	3.0	A7 V	.063	vd
λ Vel	9 06.2	−43 15	2.2	K5 Ib	.016	
β Car	12.7	−69 31	1.7	A0 III	.038	
ι Car	15.8	−59 04	2.2	F0 Ib		
κ Vel	20.6	−54 48	2.5	B2 IV	.016	sd
α Hya	25.1	−08 26	2.1	K3 III	.018	
ε Leo	43.0	+24 00	3.0	G0 II	.005	
υ Car	45.9	−64 50	3.0	A7 II	.020	vd
α Leo	10 05.7	+12 13	1.3	B8 V	.038	
γ Leo	17.2	+20 06	2.3	K0p III	.024	vd
ϑ Car	41.2	−64 08	2.8	B0p V	.007	
μ Vel	44.6	−49 09	2.7	G5 III	.031	vd
β UMa	58.8	+56 39	2.4	A1 V	.046	sd
α UMa	11 00.7	+62 01	1.9	K0 III	.022	vd
δ Leo	11.5	+20 48	2.6	A3 V	.059	
β Leo	46.5	+14 51	2.2	A3 V	.076	
γ UMa	51.2	+53 58	2.4	A0 V	.026	
δ Cen	12 05.8	−50 27	2.9	B2p V	.015	var
δ Cru	12.5	−58 28	2.9	B2 IV	.017	
γ Crv	13.2	−17 16	2.6	B8 III	.024	
α Cru	23.8	−62 49	0.8	B1 IV	.020	vd, je sd
δ Crv	27.3	−16 14	3.0	B9 V	.018	
γ Cru	28.4	−56 50	1.6	M3 II		
β Crv	31.8	−23 07	2.7	G5 II	.027	
α Mus	34.2	−68 52	2.8	B3 IV	.015	
γ Cen	38.2	−48 41	2.2	A0 IV	.024	vd
γ Vir	39.1	−01 11	2.8	F0 V	.083	vd
β Cru	44.8	−59 25	1.3	B0 III	.007	var
ε UMa	51.8	+56 14	1.6	A1p	.008	sd
α CVe	53.7	+38 35	2.9	A1p III	.023	vd
ε Vir	59.7	+11 14	2.8	G8 III	.036	
ι Cen	13 17.8	−36 27	2.8	A2 V	.046	
ζ UMa	21.9	+55 11	2.2	A2 V	.046	vd u. sd
α Vir	22.6	−10 54	1.0	B1 IV	.014	sd
ε Cen	36.7	−53 13	2.4	B1 IV	.011	
η UMa	45.6	+49 34	1.9	B3 V	.013	
η Boo	52.3	+18 39	2.7	G0 IV	.102	sd
ζ Cen	52.4	−47 03	2.8	B2 IV	.013	sd
β Cen	14 00.3	−60 08	0.7	B1 II	.024	vd
ϑ Cen	03.7	−36 07	2.1	K0 III	.056	
α Boo	13.4	+19 27	0.0	K2p III	.102	
γ Boo	30.1	+38 32	3.0	A7 III	.016	
η Cen	32.3	−41 56	2.4	B3p + A2p	.012	
α Cen	36.2	−60 38	−0.1	G2 + K3 V	.759	vd
α Lup	38.6	−47 10	2.6	B2 II	.009	
ε Boo	42.8	+27 17	2.6	G8	.019	vd
α Lib	48.1	−15 50	2.8	A3p V	.049	
β UMi	50.8	+74 22	2.2	K4 III	.030	
β Lup	55.2	−42 56	2.7	B2 V	.012	
γ TrA	15 14.2	−68 30	3.0	A0p V	.005	
β Lib	14.3	−09 12	2.6	B8 V	.015	sd
γ Lup	31.8	−41 00	2.9	B3 V	.010	vd
α CrB	32.6	+26 53	2.3	A0 V	.051	sd
α Ser	41.8	+06 35	2.7	K2 III	.046	
β TrA	50.7	−63 17	2.9	F2 V	.078	
π Sco	55.8	−25 58	2.9	B2 IV	.005	sd
δ Sco	57.4	−22 29	2.4	B0 IV	.011	
β Sco	16 02.5	−19 40	2.7	B1 IV	.004	vtr. u. sd
δ Oph	11.7	−03 34	3.0	M1 III	.029	
η Dra	23.3	+61 38	2.9	G8 III	.043	vd
α Sco	26.3	−26 19	1.0	M1 Ib	.010	vd
β Her	28.1	+21 36	2.8	G8 III	.017	sd
τ Sco	32.8	−28 07	2.9	B0 V	.009	
ζ Oph	34.4	−10 28	2.6	O9 V	.008	
ζ Her	39.4	+31 42	3.0	G0 IV	.097	vd

	α	δ	m	Sp.		π	
α TrA	$16^{h}43^{m}.4$	− 68°56′	1.9	K2	III	″.025	
ε Sco	46. 9	− 34 12	2.3	K2	III	.038	
η Oph	17 07. 5	− 15 40	2.4	A2	V	.047	vd
β Ara	21. 1	− 55 29	2.9	K3	Ib	.026	
υ Sco	27. 4	− 37 15	2.7	B2	IV	.010	
α Ara	28. 0	− 49 50	3.0	B3p	V	.015	
β Dra	29. 3	+ 52 20	3.0	G2	Ib	.009	
λ Sco	30. 2	− 37 04	1.6	B2	IV	.015	sd
α Oph	32. 6	+ 12 36	2.1	A5	III	.060	
ϑ Sco	33. 7	− 42 58	1.9	F0	II	.024	
ϰ Sco	39. 0	− 39 00	2.4	B2	IV	.009	
β Oph	41. 0	+ 04 35	2.8	K2	III	.023	
ι^1 Sco	44. 1	− 40 07	3.0	F0	Ia	.013	
γ Dra	55. 4	+ 51 30	2.3	K5	III	.026	
γ Sgr	18 02. 6	− 30 26	3.0	K0	III	.018	
δ Sgr	17. 8	− 29 51	2.7	K2	III	.039	
ε Sgr	20. 9	− 34 25	1.8	B9	IV	.020	
λ Sgr	24. 9	− 25 27	2.8	K2	III	.046	
α Lyr	35. 2	+ 38 44	0.0	A0	V	.124	
σ Sgr	52. 2	− 26 22	2.1	B3	V	.019	
ζ Sgr	59. 4	− 29 57	2.6	A2	IV	.040	vd
ζ Aql	19 03. 1	+ 13 47	3.0	A0	V	.036	
π Sgr	06. 8	− 21 06	2.9	F2	II	.016	vtr
δ Cyg	43. 4	+ 45 00	2.9	A0	III	.026	vd
γ Aql	43. 9	+ 10 30	2.7	K3	II	.006	
α Aql	48. 3	+ 08 44	0.8	A7	V	.210	
γ Cyg	20 20. 4	+ 40 06	2.2	F8	Ib	.007	
α Pav	21. 7	− 56 54	2.0	B3	IV	.014	sd
α Cyg	39. 7	+ 45 06	1.3	A2	Ia	.005	
ε Cyg	44. 2	+ 33 47	2.5	K0	III	.040	
α Cep	21 17. 4	+ 62 22	2.4	A7	V	.076	
β Aqr	28. 9	− 05 48	3.0	G0	Ib	.006	
ε Peg	41. 7	+ 09 39	2.5	K3	Ib	.013	
δ Cap	44. 3	− 16 21	3.0	Ap		.065	sd
α Gru	22 05. 1	− 47 12	1.8	B5	V	.034	
α Tuc	15. 1	− 60 31	2.9	K3	III	.019	sd
β Gru	30. 7	− 47 09	2.2	M3	II	.010	
η Peg	40. 7	+ 29 58	3.0	G2	III	.014	sd
α PsA	54. 9	− 29 53	1.2	A3	V	.144	
β Peg	23 01. 3	+ 27 49	2.4	M2	III	.020	
α Peg	02. 3	+ 14 56	2.5	B9	V	.035	

Tabelle 26. *Sterne der internationalen Polsequenz* (vgl. Abb. S. 333)

Stern	Helligkeit		Farbenindex	Spektrum
	Photovis.	Photogr.		
1s	2^m08	2^m54	$+0^m46$	F8
1	4. 37	4. 40	+0. 03	A1
2	5. 28	5. 30	+0. 02	A0
3	5. 56	5. 83	+0. 27	A2
4	5. 84	5. 93	+0. 09	A3
5	6. 45	6. 43	−0. 02	A1p
2s	6. 30	6. 45	+0. 15	A7
1r	5. 09	6. 63	+1. 54	K7
3s	6. 35	6. 63	+0. 28	F
6	7. 06	7. 12	+0. 06	A2
7	7. 55	7. 42	−0. 13	B9
2r	6. 32	7. 93	+1. 61	Ma
8	8. 13	8. 33	+0. 20	F2
9	8. 83	8. 91	+0. 08	A
3r	7. 57	8. 96	+1. 39	K2
10	9. 06	9. 13	+0. 07	A5p
4r	8. 27	9. 21	+0. 94	K
11	9. 56	9. 72	+0. 16	A
12	9. 77	10. 06	+0. 29	A3
5r	8. 63	10. 14	+1. 51	K5
4s	9. 83	10. 26	+0. 43	G0
6r	9. 24	10. 46	+1. 22	G7
13	10. 37	10. 52	+0. 15	A3
7r	9. 87	10. 95	+1. 08	G7
14	10. 56	10. 97	+0. 41	F2
5s	10. 06	11. 10	+1. 04	G4
15	10. 88	11. 25	+0. 37	G0
6s	10. 72	11. 37	+0. 65	G3
8r	10. 46	11. 45	+0. 99	G6
16	11. 22	11. 60	+0. 38	F7
17	11. 30	11. 88	+0. 58	G0
18	11. 90	12. 27	+0. 37	G0
10r	12. 03	—	—	G0
7s	12. 04	12. 65	+0. 61	—
19	12. 24	12. 71	+0. 47	F8
20	12. 52	12. 99	+0. 47	F8
11r	12. 07	13. 23	+1. 16	G4
21	12. 49	13. 33	+0. 84	G2 ?
22	12. 84	13. 48	+0. 64	G0 ?
23	13. 00	13. 59	+0. 59	G0 ?
12r	12. 47	13. 80	+1. 33	—
24	13. 31	13. 93	+0. 62	—
25	13. 58	14. 10	+0. 52	—
8s	13. 77	14. 52	+0. 75	—
26	13. 69	14. 62	+0. 93	—
9s	13. 74	14. 74	+1. 00	—
27	14. 25	14. 86	+0. 61	—
28	14. 54	15. 27	+0. 73	—
10s	14. 52	15. 29	+0. 77	—
11s	14. 35	15. 30	+0. 95	—
12s	14. 67	15. 34	+0. 67	—
13s	14. 54	15. 52	+0. 98	—
29	15. 21	15. 82	+0. 61	—
14s	15. 05	16. 00	+0. 95	—
30	15. 44	16. 18	+0. 74	—
31	15. 62	16. 41	+0. 79	—
15s	15. 71	16. 57	+0. 86	—
32	15. 58	16. 76	+1. 18	—
16s	15. 50	16. 86	+1. 36	—
33	15. 97	17. 06	+1. 09	—
34	16. 29	17. 24	+0. 95	—
35	16. 94	17. 63	+0. 69	—

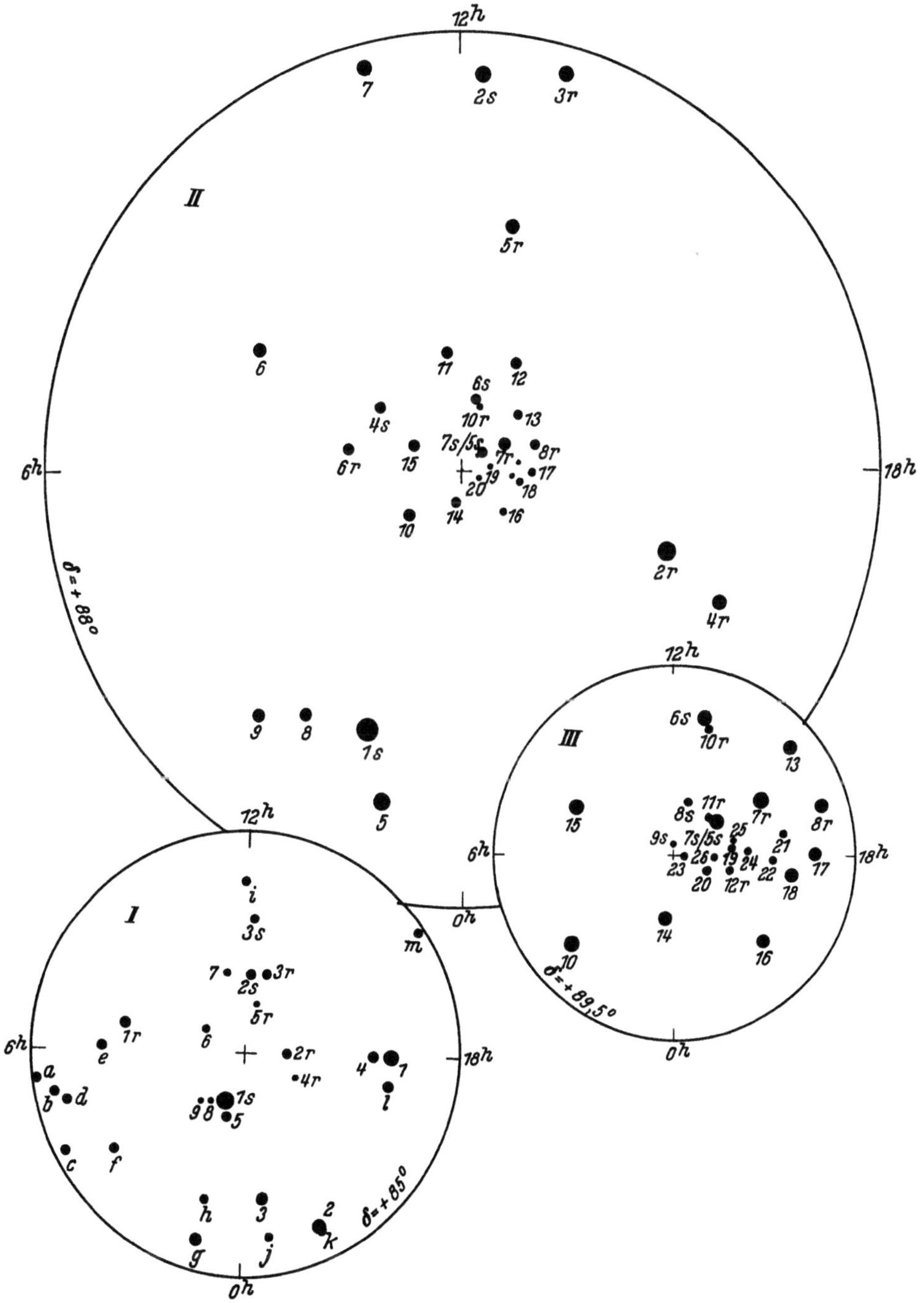

Die Sterne der internationalen Polsequenz (Nordpolarfolge), Äquinoktium 1900.0. Ihre visuellen und photographischen Helligkeiten siehe nebenstehende Tabelle 26 auf S. 332. Karte I stellt dar die Umgebung des Nordpols bis zu 5°, Karte II bis zu 2° und Karte III bis zu 0.5°. Das Kreuz in der Mitte kennzeichnet den nördlichen Himmelspol. (Aus NEWCOMB-ENGELMANN, Populäre Astronomie.)

Tabelle 27. *Die Klassifizierung*

Nach B. W. KUKARKIN, P. PARENAGO, J. I. EFREMOW
änderlicher Sterne. 2. Ausgabe, Bd. I, S. 24. Moskau:
UdSSR

Hauptklasse	Unterklasse		Helligkeits-änderung in m	Periode in d	Spektrum Max./Min.	Besonderheiten
Cepheiden	C	klassische Cepheiden	0.1—2	1—50 od. 70	F/G, K	Meist ganz regelmäßige Lichtkurve
	Cδ	klassische Cepheiden	0.1—2	1—50 od. 70	F/G, K	Galaktische Cepheiden mit regelmäßiger Lichtkurve
	CW	langperiodische Cepheiden	0.1—2	1—50 od. 70	F/G, K	$1^m.5-2^m$ schwächer als C
	I	unregelmäßige Veränderliche	—	—	— —	Meist halbregelmäßige Veränderliche
	Ia	unregelmäßige Veränderliche	—	—	— —	Unregelmäßige Veränderliche früher Spektralklasse
	Ib	unregelmäßige Veränderliche	—	—	— —	Unregelmäßige Veränderliche später Spektralklasse
	Ic	unregelmäßige Veränderliche	—	—	— —	Langsam und unregelmäßig Veränderliche später Spektralklasse
Langperiodische Veränderliche	M	Mira Ceti-Sterne	2.5—5 und mehr	80—1000	Me, Ce, Se	Gut ausgeprägte Periode
Rote Riesen-Veränderliche	SR	halbregelmäßige Veränderliche	1—2	30—1000	— —	Periode zuweilen gestört
	SRa	halbregelmäßige Veränderliche	< 2.5	—	M, C, S	Veränderlich von Periode zu Periode
	SRb	halbregelmäßige Veränderliche	—	—	M, C, S	Zuweilen nicht oder schwach periodisch
	SRc	halbregelmäßige Veränderliche	—	—	M, C, S	—
	SRd	halbregelmäßige Veränderliche	—	—	F, G, K	—
RR Lyrae-Veränderliche	RR	Haufen-Veränderliche	<1—2	0.05—1.2	A, F	Periode und Lichtkurve meist konst.
	RRa	Haufen-Veränderliche	<1.5	0.5 und 0.7	A, F	Steil aufsteigende, asymmetrische Lichtkurve
	RRc	Haufen Veränderliche	—	0.3	—	Symmetrische Lichtkurve
RV-Tauri-Veränderliche	RV	Veränderliche Überriesen	3	30—150	G, K, M	Lichtkurve mit Haupt- und Nebenminima

er veränderlichen Sterne
. P. N. Cholopow: Allgemeiner Katalog ver-
'erlag der Akademie der Wissenschaften der
958.

Typischer Vertreter	α_{1900}	δ_{1900}	Helligkeit *) in m Max./Min.		Periode in d	Spektrum	Anmerkung
TW CMa	$7^h17^m.45$	−14° 7′	9.5	11.0 p	6.99	F5−F8	
δ Cep	22 25. 45	+57 54	4.1	5.2 p	5.37	F5Ib−G2Ib	
W Vir	13 20. 83	− 2 52	9.9	11.3 p	17.29	F2c−G6e	(vgl. Abb. 3 S. 278)
RX Cep	0 41. 92	+81 25	7.5	7.8 v	—	G5	
V395 Cyg	20 5. 37	+43 46	7.8	8.4 v	—	F8Ib	
CO Cyg	20 57. 00	+44 22	9.6	10.6 v	—	K5	
TZ Cas	23 47. 92	+60 27	9.2	10.5 v	—	M2Iab	
o Cet	2 14. 30	− 3 26	2.0	10.1 v	331.62	M5e−M9e	(vgl. Abb. 4, S. 279)
VW UMa	10 52. 18	+70 32	8.4	9.1 p	125	M5	
Z Aqr	23 47. 08	−16 25	9.5	12.0 p	136.9	M1e−M3e	
AF Cyg	19 27. 22	+45 56	7.4	9.4 p	94.1	M5e	
μ Cep	21 40. 45	+58 19	3.6	5.1 v	—	M2eIa	(vgl. Abb. 5, S. 281)
UU Her	16 32. 45	+38 10	8.5	10.6 p	—	F2Ib−cF8	
V756 Oph	17 17. 45	+ 1 53	12.3	13.7 p	—	—	
RR Lyr	19 22. 27	+42 35	6.94	8.03 p	0.567	A2−F1	(vgl. Abb. 6, S. 282)
SX UMa	13 22. 33	+56 47	10.6	11.2 p	0.307	A	
EP Lyr	19 14. 28	+27 40	10.2	11.6 p	83.43	—	

Hauptklasse	Unterklasse	Helligkeits-änderung in m	Periode in d	Spektrum Max./Min.	Besonderheiten
RV-Tauri-Veränderliche	RVa Veränderliche Überriesen	3	30—150	G, K, M	Konstante mittlere Helligkeit
	RVb Veränderliche Überriesen	3	30—150	G, K, M	Mittl. Helligkeit periodisch veränderlich
	βC βCephei-V. βCanis Maj.-V.	0.1	0.1—0.3	$B_1 - B_3$	Sehr ähnlich den Cepheiden
	δSc Scuti-Veränderliche	<0.25	1.0	F	Veränderliche Lichtkurve. Ähnlich RR-Lyrae
	α^2CV α^2Canis Ven.-Veränderliche	<0.1	1—25	Ap	Spektrum mit kräftigen Linien von Si Sr, Cr
Novae	N Novae	7—16	—	A, F	Rückkehr ins Ausgangs-Stadium
	Na Novae	7—16	—	A, F	Besonders schneller Anstieg der Lichtkurve
	Nb Novae	7—16	—	A, F	Langsamer Anstieg der Lichtkurve
	Nc Novae	7—16	—	A, F	Sehr langsamer An- und Abstieg der Lichtkurve
	Nd wiederkehrende Novae	7—16	—	A, F	Wiederholung des Lichtanstiegs
	Ne novaähnliche Veränderliche	—	—	—	Sehr unterschiedliche Veränderliche
	SN Supernovae	20	—	—	Emissionsbanden im Spektrum
	RCB R Coronae Borealis-Veränderliche	1—9	10—100	F, K, R	Langsame, unperiodische Helligkeits-Änderung
	RW RW Aurigae-Veränderliche	—	—	—	Unregelmäßige Veränderliche
	UG UGeminorum-Veränderliche (SS Cygni-Veränderlich.)	2—6	20—600	—	Helligkeitsanstieg in 2—6 Tagen
	UV UV Ceti-Veränderliche	1—6	—	dM3e—dM6e	Kurze Lichtausbrüche (ca. 10 Min.
	Z Z Camelopardalis-Veränderliche	2—5	10—40	—	
Bedeckungs-Veränderliche	E Bedeckungs-Veränderliche	—	—	—	—
	EA Algol-Veränderliche	—	0.2—10000	—	Haupt- und meist Neben-Minimum
	EB β Lyrae-Veränderliche	<2	>1	frühe Sp.-Klassen	Keine scharf einsetzenden Minima
	EW W Ursae Majoris-Veränderliche	0.8	1	F—G	Haupt- und Neben-Minima nahezu gleich groß
	Ell Ellipsoidische Veränderliche	—	—	—	Regelmäßige Lichtkurven verschiedener Art
Nicht klassifizierbare Veränderliche	—	—	—	—	—

*) p = photographisch, v = visuell.

Typischer Vertreter	α_{1900}	δ_{1900}	Helligkeit *) in m Max./Min.		Periode in d	Spektrum	Anmerkung
C Her	$18^{h}26^{m}.03$	+21°48′	7.4	9.2 p	75.46	F2Ib—K4e	
Sge	20 9. 50	+16 25	9.0	11.2 p	70.594	G0Ib—GIb	
Cep	21 27. 37	+70. 7	3.3	3.35 p	0.190	B2III	
Sct	18 36. 8	— 9.9	4.9	5.19 p	0.194	F2II—IV	
2 CVn	12 51. 33	+38 52	3.0	3.1 p	5.47	A0p	
— —	—	—	—	—	—	—	
7603 Aql	18 43. 80	+ 0 28	—1.1	10.8 p	—	Q	(vgl. Abb. 7, S. 283)
R Pic	6 43. 73	—62 33	1.2	12.8 p	—	Q	
T Ser	17 34. 27	—11 53	10.6	16 p	—	Q	
GrB	15 55. 32	+26 12	2.0	10.8 v	29000	gM3ep	
Cyg	20 14. 10	+37 43	3	6 v	—	B1eq	
M Tau SN 1054 rabnebel)	5 28. 50	+21 57	—6	15.9 p	—	kontinuierlich	
CrB	15 44. 45	+28 28	5.8—14.8 v		—	cFpep	(vgl. Abb. 8, S. 285)
W Aur	5 1. 43	+30 16	9.6—13.6 p		—	dG5ep	
Gem	7 49. 17	+22 16	8.9	14.0 v	103	Gep	
V Cet	1 34. 00	—18 28	7	12.9 v	—	dM5.5e	
—	—	—		—	—	—	
X Cas	23 53. 45	+60 36	10.2	10.6 p	—	B2	
Per	3 1. 67	+40 34	2.2	3.47 v	2.867	B8V + G	(vgl. Abb. 9, S. 286)
Lyr	18 46. 38	+33 15	3.4	4.34	12.908	cB8p	(vgl. Abb. 10, S. 288)
V UMa	9 36. 73	+56 24	8.3	9.03 p	0.334	F8p + F8p	
Per	4 10. 72	+50 3	4.6	4.66 p	1.527	A2	
7389 Cyg	21 4.40	+29 48	5.5	5.69 p	—	B8 A0	

Tabelle 28. *Doppelsterne*

Der folgende Katalog von 305 doppelten und mehrfachen Systemen enthält meist hellere Objekte (m Komponenten über Größe 8.5) in Distanzen 1.″2 bis 30″; aufgenommen wurden aber auch einige schw chere oder sehr weite Paare und für Testzwecke auch ein paar Objekte mit Distanzen bis herab zu 0.″ Deklinationsgrenze −20°.

Gegeben werden: ADS-Nummer, Entdeckernummer, Koordinaten 1950, Helligkeiten, Spektralklas (bei verschiedenen Spektren nur das des Hauptsterns), genäherte Distanz für 1960 (weggelassen sind d Positionswinkel, da für die Schwierigkeit des Systems nicht charakteristisch). Unter Bemerkungen find sich: Namen, Hinweis auf weitere Komponenten (z. B. heißt C 8.5 7″: ein dritter Stern der Größe 8 steht in 7″ Abstand; oder A-BC(.″2) heißt: Der Begleiter ist ein enges System BC mit Distanz 0.″2). Se lichtschwache Begleiter (unter 10^m) und spektroskopische Duplizitäten sind nicht erwähnt.

T bezeichnet eine Auswahl lohnender Objekte und insbesondere Prüfsterne (s. S. 12).

F Fundamental-Distanzen (Eichsterne auf systematische Distanzfehler, s. S. 294). Für sie ist genaue Distanz für 1960 sowie in Klammern die voraussichtliche Distanz für 1980 gegeben (nach M teilung von P. Müller-Paris), so daß sie für jeden Zeitpunkt dazwischen zu interpolieren ist.

E Bahnelemente liegen vor (Sterne ohne E zeigen größtenteils bisher keine oder sehr wenig Bah bewegung).

ADS	Stern	α	δ	m	Sp	ρ	Bemerkung
32	Σ 3056	$0^h02^m.1$	+33°59′	7.9—7.9	K	0.″7	T
61	Σ 3062	03. 5	+58 09	6.5—7.3	G	1.3	E
191	Σ 12	12. 4	+08 33	6.1—7.7	F	12	35 Psc
208	Σ 13	13. 4	+76 40	6.8—7.3	B	0.9	T E
558	Σ 46	37. 3	+21 10	5.6—8.5	K	6.5	55 Psc
671	Σ 60	46. 1	+57 33	3.7—7.4	F	10	η Cas E
683	Σ 61	47. 2	+27 26	6.3—6.3	F	4.45	(4.45) F T 65 Psc
710	Σ 65	49. 6	+68 36	7.9—7.9	A	3	
824	Σ 79	57. 2	+44 27	6.0—6.8	B	8	
875	Σ 84	1 01. 2	+01 06	6.2—8.7	F	17	26 Cet
899	Σ 88	03. 0	+21 13	5.6—5.8	A	30	ψ¹ Psc T
903	Σ 90	03. 2	+04 39	6.7—7.6	F	33	77 Psc
923	Σ 91	04. 6	−02 00	7.4—8.2	F	4	
996	Σ 100	11. 1	+07 19	5.6—6.5	A	24	ζ Psc
1081	Σ 113	17. 2	−00 46	6.4—7.4	F	1.5	42 Cet T
1339	Σ 147	39. 3	−11 34	6.1—7.4	F	3	χ¹ Cet
1438	Σ 162	46. 2	+47 39	6.5—7.0	A	2	T
1457	Σ 174	47. 4	+22 02	6.2—7.4	F	2.8	1 Ari T
1477	Σ 93	48. 8	+89 02	2.1—9.0	F	18	α UMi
1504	Σ 170	50. 6	+75 59	7.4—8.2	A	3	
1507	Σ 180	50. 8	+19 03	4.7—4.8	A	8	γ Ari T
1538	Σ 186	53. 3	+01 36	6.9—6.9	G	1.4	E
1563	H V 12	55. 1	+23 20	4.9—7.6	A	38	λ Ari
1615	Σ 202	59. 4	+02 31	4.3—5.3	A	2	α Psc E T
1630	Σ 205	2 00. 8	+42 06	2.3—5.1	K	10	γ And A-BC (.″4)
1683	Σ 222	07. 8	+38 48	6.0—6.7	A	17	59 And T
1697	Σ 227	09. 5	+30 04	5.5—6.9	G	4	ι Tri
1703	Σ 231	10. 2	−02 38	5.9—7.7	G	16	66 Cet
1860	Σ 262	24. 9	+67 11	4.7—7.6	A	2.3	ι Cas AB (C 8.5 7″) E
1878	Σ 268	25. 9	+55 19	6.9—8.2	A	2.8	
2046	Σ 295	38. 6	−00 54	5.8—9.0	F	4	84 Cet
2080	Σ 299	40. 7	+03 02	3.6—7.4	A	3	γ Cet
2122	Σ 305	44. 6	+19 10	7.3—8.2	G	3.5	E
2151	Σ 311	46. 5	+17 15	5.3—8.7	B	3	π Ari
2157	Σ 307	47. 0	+55 41	3.9—8.5	K	28	η Per
2185	Σ 314	49. 3	+52 48	7.1—7.3	B	1.6	AB-C (.″2)
2257	Σ 333	56. 4	+21 08	5.2—5.5	A	1.4	ε Ari T
2270	Σ 331	57. 2	+52 09	5.4—6.8	B	12	
2390	Σ 360	3 09. 0	+37 02	8.1—8.3	G	2.5	
2443	Σ 369	13. 9	+40 18	6.7—8.0	A	3.5	
2559	Σ 391	25. 8	+44 53	8.0—8.4	B	4	
2563	Σ 389	26. 1	+59 12	6.4—7.4	A	2.7	T
2582	Σ 401	28. 3	+27 24	6.5—7.0	A	11	T
2628	β 533	32. 5	+31 31	7.6—7.6	F	1	T
2644	Σ 422	34. 2	+00 26	6.3—8.5	G	6.5	
2668	Σ 425	37. 0	+33 57	7.6—7.6	F	2	
2850	Σ 470	51. 8	−03 06	4.9—6.3	A	7	32 Eri
2867	OΣ 67	52. 9	+60 58	5.3—8.5	K	1.7	
2888	Σ 471	54. 5	+39 52	3.0—8.2	B	9	ε Per
2926	Σ 479	58. 0	+23 04	6.9—7.8	B	7	

ADS	Stern	α	δ	m	Sp	ϱ	Bemerkung
2999	Σ 495	4h04m8	+ 15°02′	6.0—8.8	F	4	
3079	Σ 516	12. 0	— 10 23	5.2—8.2	K	6	
3082	OΣ 77	12. 8	+ 31 34	8.1—8.1	F	0.8	E T
3085	H VI 98	12. 8	+ 06 04	6.5—7.2	G	65	T
3188	OΣ 81	21. 4	+ 33 51	5.9—8.7	F	4	56 Per
3273	Σ 552	28. 0	+ 39 54	6.9—7.1	B	9	T
3274	Σ 550	28. 1	+ 53 48	5.9—7.0	B	10	1 Cam T
3297	Σ 559	30. 6	+ 17 55	7.0—7.1	B	3.12	(3.12) F T
3353	Σ 572	35. 4	+ 26 51	7.2—7.2	F	4.04	(4.14) F T
3409	Σ 590	41. 2	— 08 53	6.7—6.8	F	9	55 Eri
3572	Σ 616	55. 8	+ 37 49	5.1—8.0	A	5	ω Aur
3597	Σ 627	57. 8	+ 03 33	6.6—6.9	A	21	T
—	—	5 01. 8	+ 58 54	5.3—6.4	B	172	11/12 Cam
3734	Σ 644	06. 9	+ 37 14	6.8—7.1	B	1.61	(1.61) F T
3764	Σ 652	09. 2	+ 00 59	6.3—7.8	F	1.7	
3797	Σ 654	10. 7	+ 02 48	4.7—8.5	K	7	ϱ Ori
3800	Σ 661	10. 9	— 13 00	4.5—7.4	B	2.5	ϰ Lep
3823	Σ 668	12. 1	— 08 15	0.3—7.0	B	9	β Ori A-BC (″.2)
3824	Σ 653	12. 2	+ 32 38	5.3—7.5	A	15	14 Aur
3962	Σ 696	20. 2	+ 03 30	5.0—7.1	B	32	23 Ori
3991	Wnc 2	21. 3	— 00 55	6.5—7.3	F	2.5	A-BC (″.3)
4002	Da 5	22. 0	— 02 26	3.8—4.8	B	1.5	η Ori T
4068	Σ 716	26. 2	+ 25 07	5.9—6.7	A	4.7	118 Tau T
4123	Σ 729	28. 6	+ 03 15	5.8—7.1	B	2	33 Ori
4131	Σ 730	29. 3	+ 17 01	6.0—6.5	B	10	
4179	Σ 738	32. 4	+ 09 54	3.7—5.6	O	4	λ Ori
4186	Σ 748	32. 8	— 05 25	6.8—7.9—5.4—6.8	O	9/13 /13	θ¹ Ori AB/AC/CD (θ² Ori 2′ S., 5.2—6.5 52″)
4192	Σ 750	33. 0	— 04 24	6.5—8.5	B	4	
4193	Σ 752	33. 0	— 05 56	2.9—7.1	O	11	ι Ori
4200	Σ 742	33. 4	+ 21 58	7.2—7.8	F	4	
4208	Σ 749	34. 0	+ 26 54	6.4—6.5	B	1	T
4241	Σ 762	36. 2	— 02 38	3.8—7.5	B	13	σ Ori AB-D (AB″.3) E 6.5 42″
4263	Σ 774	38. 2	— 01 58	2.0—4.2	B	2.5	ζ Ori
4376	Σ 3115	44. 4	+ 62 48	6.5—7.6	A	1	T
4390	Σ 795	45. 3	+ 06 26	6.0—6.0	A	1.2	52 Ori T
4566	OΣ 545	56. 3	+ 37 13	2.7—7.2	A	3	θ Aur
4773	Σ 845	6 07. 8	+ 48 43	6.1—6.8	A	7.8	41 Aur T
4991	Σ 899	19. 9	+ 17 36	7.1—8.1	A	2.3	
5012	Σ 900	21. 1	+ 04 37	4.5—6.5	A	13	ε Mon
5107	Σ 919	26. 4	— 07 00	4.7—5.2	B	7	β Mon AB (BC 5.6 3″)
5166	Σ 924	29. 4	+ 17 49	7.1—8.0	F	20	20 Gem
5322	Σ 950	38. 2	+ 09 57	4.8—7.6	O	3	15 Mon
5400	Σ 948	41. 8	+ 59 30	5.3—6.2	A	1.7	12 Lyn AB (C 7.4 9″) E
5436	Σ 958	44. 0	+ 55 46	6.3—6.3	F	4.72	(4.59) F T
5559	Σ 982	51. 8	+ 13 15	4.8—7.7	F	7	38 Gem E
5605	Σ 997	53. 8	— 13 59	5.2—8.5	G	3	μ CMa
5746	Σ 1009	7 01. 7	+ 52 50	6.9—7.0	A	3.8	T
5983	Σ 1066	17. 1	+ 22 05	3.5—8.5	F	6.5	δ Gem E
6004	Σ 1065	18. 4	+ 50 15	7.3—7.4	F	15	20 Lyn
6012	Σ 1062	18. 8	+ 55 23	5.6—6.5	B	15	19 Lyn
6060	Σ 1083	22. 6	+ 20 36	7.2—8.3	A	7	
6126	Σ 1104	27. 1	— 14 53	6.2—7.8	F	2	
6175	Σ 1110	31. 4	+ 32 00	2.0—2.9	A	2.2	α Gem AB (C 9.2 72″) E
6319	Σ 1122	41. 2	+ 65 17	7.7—7.7	F	15	
6321	OΣ 179	41. 4	+ 24 31	3.7—8.4	G	7	ϰ Gem
6348	Σ 1138	43. 2	— 14 34	6.1—6.8	A	17	2 Pup
6381	Σ 1146	45. 6	— 12 04	5.7—7.7	F	3	
6454	Σ 1157	52. 0	— 02 40	7.9—7.9	F	1	T
6569	Σ 1177	8 02. 6	+ 27 40	6.5—7.4	B	3.5	T
6623	Σ 1187	06. 4	+ 32 22	7.1—8.0	F	2.6	
6650	Σ 1196	09. 3	+ 17 48	5.6—6.0	G	1.2	ζ Cnc AB (C 6.3 6″.) E
6811	Σ 1224	23. 7	+ 24 42	7.1—7.6	A	6	24 Cnc A—BC (″.2)
6815	Σ 1223	23. 8	+ 27 06	6.3—6.3	A	5	φ² Cnc T
6886	Σ 1245	33. 2	+ 06 48	6.0—7.1	F	10	
6977	Σ 1270	42. 8	— 02 25	6.5—7.5	F	5	

ADS	Stern	α	δ	m	Sp	ϱ	Bemerkung
6988	Σ 1268	$8^{h}43^{m}.7$	+28°57′	4.2—6.6	G	30	ι Cnc T
6993	Σ 1273	44.2	+06 36	3.5—6.7	F	3	ε Hya AB—C (″.2)
7034	Σ 1282	47.6	+35 15	7.5—7.5	F	3.64	(3.64) F
7054	A 1584	49.5	+55 07	8.1—8.1	G	0.7	T E
7071	Σ 1291	51.2	+30 46	6.1—6.6	K	1.4	σ^2 Cnc T
7093	Σ 1295	53.0	—07 47	6.7—6.9	A	4	17 Hya
7137	Σ 1298	58.4	+32 27	6.0—8.1	A	4.5	66 Cnc
7187	Σ 1311	9 04.6	+23 11	6.9—7.3	F	8	
7203	Σ 1306	06.0	+67 21	4.9—8.2	F	2.3	σ^2 UMa E
7251	Σ 1321	11.4	+52 55	8.1—8.1	K	18	
7286	Σ 1333	15.4	+35 35	6.4—6.7	A	1.84	(1.86) F T
7292	Σ 1334	15.8	+37 01	3.9—6.5	A	2.8	38 Lyn
7307	Σ 1338	17.9	+38 24	6.5—6.7	F	1.2	E
7324	Σ 1340	19.2	+49 46	7.0—8.7	B	6	39 Lyn
7348	OΣ 200	21.5	+51 47	6.6—8.3	G	1.5	
7352	Σ 1348	21.8	+06 34	7.5—7.6	F	2	
7380	Σ 1355	24.7	+06 27	7.5—7.5	F	2.4	
7412	Σ 1365	29.0	+01 41	7.3—8.3	F	3.5	
7425	Σ 1350	30.2	+67 01	8.1—8.2	F	10	
7446	Σ 1362	33.2	+73 18	7.2—7.2	F	5	
7704	OΣ 215	10 13.6	+17 59	7.2—7.4	F	1.4	E T
7705	Σ 1415	13.9	+71 19	6.7—7.3	A	17	
7724	Σ 1424	17.2	+20 06	2.6—3.8	K	4.3	γ Leo E T
7837	Σ 1450	32.4	+08 55	5.8—8.5	A	2.2	49 Leo
7902	Σ 1466	40.8	+05 01	6.3—7.4	K	6.5	35 Sex
7936	Σ 1476	46.8	—03 46	6.9—7.7	A	2.3	40 Sex
7979	Σ 1487	52.9	+25 01	4.5—6.3	A	6.5	54 Leo
8119	Σ 1523	11 15.6	+31 49	4.4—4.9	G	2	ξ UMa E T
8128	Σ 1527	16.4	+14 33	7.0—8.2	G	2.2	
8131	Σ 1529	16.8	—01 23	6.9—7.9	F	9	
8175	Σ 1543	26.4	+39 37	5.3—8.3	A	5.5	57 UMa
8220	Σ 1552	32.1	+17 04	6.0—7.3	B	3.4	90 Leo
8249	Σ 1559	36.0	+64 37	6.8—7.8	A	2	
8250	Σ 1561	36.2	+45 23	6.5—8.5	G	10	
8347	Σ 1579	52.5	+46 45	6.8—8.0	A	4	65 UMa AB—C (AB ″.3, D 6.8 63″)
8406	Σ 1596	12 01.6	+21 44	6.0—7.5	F	4	2 Com
8477	Σ 1619	12.6	—06 58	8.0—8.3	G	7	
8489	Σ 1622	13.6	+40 56	5.9—8.2	K	12	2 CVn
8494	Σ 1625	14.1	+80 25	7.3—7.8	F	14	
8505	Σ 1627	15.6	—03 40	6.7—7.0	F	20	
8519	Σ 1633	18.2	+27 30	7.0—7.1	F	9	
8539	Σ 1639	21.9	+25 52	6.6—7.8	A	1.3	T
8561	Σ 1645	25.7	+45 04	7.4—8.0	F	10	
8568	OΣ I 21	26.4	+26 11	5.4—6.7	A	145	17 Com
8572	Sh 145	27.3	—16 15	3.1—8.5	A	24	δ Crv
8600	Σ 1657	32.6	+18 39	5.2—6.7	K	20	24 Com
8627	Σ 1669	38.7	—12 44	6.0—6.1	F	5	
8630	Σ 1670	39.1	—01 11	3.7—3.7	F	5	γ Vir E T
8682	Σ 1694	48.6	+83 41	5.3—5.8	A	21	32 Cam
8706	Σ 1692	53.7	+38 35	2.9—5.4	A	20	α CVn
8708	OΣ 256	53.9	—00 41	7.1—7.5	F	0.9	T
8710	Σ 1695	54.1	+54 22	6.0—7.9	A	3.5	
8801	Σ 1724	13 07.4	—05 16	4.4—9.0	A	7	θ Vir
8814	OΣ 261	09.7	+32 21	7.2—7.7	F	2	
8891	Σ 1744	21.9	+55 11	2.4—4.0	A	14	ζ UMa
8972	Σ 1763	35.0	—07 37	7.9—7.9	K	3	81 Vir
8974	Σ 1768	35.2	+36 33	5.1—7.0	F	1.7	25 CVn E
8979	Σ 1770	35.7	+50 58	6.8—8.3	K	1.7	
8991	Σ 1772	38.3	+20 12	5.7—8.8	A	5	1 Boo
9000	Σ 1777	40.6	+03 47	5.7—8.0	K	3	84 Vir
9031	Σ 1785	46.8	+27 14	7.9—8.2	K	3	E
9053	Σ 1788	52.4	—07 49	6.5—7.7	F	3	
9173	Σ 1821	14 11.7	+52 01	4.6—6.6	A	13	ϰ Boo
9174	Σ 1816	11.7	+29 20	7.5—7.6	F	1	T
9182	Σ 1819	12.8	+03 22	7.9—8.0	F	1	E T
9192	Σ 1825	14.2	+20 21	6.6—8.3	F	4	
9237	Σ 1833	20.0	—07 33	7.5—7.5	G	6	

ADS	Stern	α	δ	m	Sp	ρ	Bemerkung
9247	Σ 1835	14^h20^m9	+ 08°40′	5.1—6.6	A	6.4	A—BC (″2)
9273	Σ 1846	25.6	— 02 00	5.0—9.5	K	5	φ Vir
9277	Σ 1850	26.3	+ 28 31	7.0—7.4	A	25	T
9338	Σ 1864	38.4	+ 16 38	4.9—5.8	A	5.63	(5.49) F π Boo
9343	Σ 1865	38.8	+ 13 57	4.4—4.8	A	1.2	ζ Boo E T
9372	Σ 1877	42.8	+ 27 17	2.7—5.1	K	3	ε Boo
9396	β 106	46.6	— 13 57	5.8—6.7	A	2	μ Lib
9406	Σ 1890	48.0	+ 48 55	6.1—6.8	F	3	39 Boo T
9413	Σ 1888	49.1	+ 19 19	4.8—6.7	G	7	ξ Boo E
9425	OΣ 288	51.0	+ 15 54	6.9—7.6	G	1.6	E
9507	Σ 1910	15 05.2	+ 09 25	7.4—7.4	G	4	
9626	Σ 1938	22.6	+ 37 31	7.2—7.8	K	2	μ Boo BC E
							(A 4.5 108″)
9701	Σ 1954	32.4	+ 10 42	4.2—5.2	F	3.8	δ Ser T
9716	OΣ 298	34.3	+ 39 58	7.4—7.7	K	1.3	E
9728	Σ 1962	36.0	— 08 38	6.5—6.6	F	12	
9737	Σ 1965	37.5	+ 36 48	5.1—6.0	B	6.24	(6.19) F ζ CrB
9778	Σ 1970	43.9	+ 15 35	3.7—9.5	A	30	β Ser
9842	Σ 1985	53.3	— 02 03	7.1—8.2	G	6	
9909	Σ 1998	16 01.6	— 11 14	4.2—7.2	F	8	ξ Sco AB—C
							(AB 4.8—5.1 ″8 E)
9913	H III 7	02.5	— 19 40	2.9—9.6	B	14	β Sco AC
9933	Σ 2010	05.8	+ 17 11	5.3—6.5	G	30	ϰ Her T
9951	β 120	09.1	— 19 21	4.4—6.2	B	1	ν Sco AB (AC 42″)
				6.8—7.8	B	2	CD
9969	Σ 2021	11.0	+ 13 40	7.5—7.7	K	4.17	(4.17) F T 49 Ser
9979	Σ 2032	12.8	+ 33 59	5.8—6.7	G	6	σ CrB E T
10052	Σ 2054	23.1	+ 61 48	5.9—7.1	G	1.1	T
10058	OΣ 312	23.3	+ 61 38	2.9—8.3	G	6	η Dra
10129	Σ 2078	35.0	+ 53 01	5.6—6.6	A	3.3	17 Dra T
10149	Σ I 31	38.2	+ 04 19	5.7—6.9	A	70	37/36 Her
10157	Σ 2084	39.4	+ 31 41	3.1—5.8	G	1.5	ζ Her E
10312	Σ 2114	59.6	+ 08 31	6.5—7.7	A	1.2	
10345	Σ 2130	17 04.3	+ 54 32	5.8—5.8	F	2	μ Dra E T
10418	Σ 2140	12.4	+ 14 27	3.5—5.4	M	4.5	α Her
10526	Σ 2161	22.0	+ 37 11	4.5—5.5	A	4.02	(4.02) F T ϱ Her
10597	Σ 2180	27.8	+ 50 55	7.6—7.8	F	3.15	(3.15) F
10628	Σ I 35	31.3	+ 55 12	5.0—5.0	A	62	ν^1/ν^2 Dra
10728	Σ 2218	40.0	+ 63 42	7.1—8.3	F	1.7	
10750	Σ 2202	42.0	+ 02 30	6.2—6.6	A	20	61 Oph
10759	Σ 2241	42.8	+ 72 11	4.9—6.1	F	30	ψ Dra T
10786	Σ 2220	44.5	+ 27 46	3.5—9.8	G	34	μ Her A—BC (″6)
10849	Σ 2242	49.7	+ 44 55	8.0—8.0	F	3.5	
10850	OΣ 338	49.7	+ 15 20	7.1—7.4	K	0.8	T
10875	β 130	51.7	+ 40 01	5.2—8.5	K	2	90 Her
10905	Σ 2245	54.2	+ 18 20	7.3—7.3	A	2.63	(2.63) F
10993	Σ 2264	59.4	+ 21 36	5.1—5.2	A	6.2	95 Her T
11005	Σ 2262	18 00.4	— 08 11	5.4—6.0	F	2	τ Oph E
11046	Σ 2272	02.9	+ 02 32	4.3—6.0	K	4.5	70 Oph E T
11061	Σ 2308	03.8	+ 80 00	5.8—6.2	F	20	40/41 Dra
11089	Σ 2280	05.8	+ 26 05	5.9—6.0	A	14	100 Her
11123	Σ 2289	07.9	+ 16 28	6.5—7.5	F	1.2	T
11262	Σ 2303	17.4	— 08 02	6.6—9.1	F	2.2	
11324	AC 11	22.4	— 01 36	6.8—7.0	F	0.7	E T
11336	Σ 2323	23.2	+ 58 46	4.9—7.9	A	3.8	39 Dra (C 7.4 90″)
11353	Σ 2316	24.6	+ 00 10	5.4—7.7	A	3.8	59 Ser
11483	OΣ 358	33.6	+ 16 56	6.7—7.1	G	1.8	E
11500	Σ 2351	34.6	+ 41 14	7.6—7.6	A	5	
11558	Σ 2368	37.7	+ 52 18	7.5—7.7	A	1.9	T
11635	Σ 2382	42.7	+ 39 37	5.1—6.0	A	2.8	ε Lyr AB (AC 208″) E
	Σ 2383	42.7	+ 39 34	5.1—5.4	A	2.3	CD E
11639	Σ I 38	43.0	+ 37 33	4.3—5.9	A	44	ζ Lyr
11640	Σ 2375	43.0	+ 05 27	6.3—6.7	A	2.49	(2.54) F AB—CD (je ″1)
11667	Σ 2379	43.9	— 01 01	5.8—7.5	A	13	5 Aql
11745	Σ I 39	48.2	+ 33 18	3 v—6.7	B	46	β Lyr
11750	Σ 2404	48.4	+ 10 55	6.9—8.1	K	3.5	
11853	Σ 2417	53.7	+ 04 08	4.5—5.4	A	22	θ Ser
11870	Σ 2452	55.2	+ 75 43	6.6—7.4	A	6	

ADS	Stern	α	δ	m	Sp	ϱ	Bemerkung
12061	Σ 2461	19^h05^m5	+ 32°25′	5.1—9.2	F	3.5	17 Lyr
12169	Σ 2486	10. 8	+ 49 46	6.6—6.8	G	8.6	T
12197	Σ 2487	12. 0	+ 39 03	4.5—9.0	B	28	η Lyr
12540	Σ I 43	28. 7	+ 27 51	3.2—5.4	K	35	β Cyg
12594	Σ 2540	31. 1	+ 20 18	7.2—8.7	A	5	
12815	Σ I 46	40. 7	+ 50 25	6.3—6.4	G	38	16 Cyg
12880	Σ 2579	43. 4	+ 45 00	3.0—6.4	A	2	δ Cyg E
12913	Σ 2580	44. 5	+ 33 37	5.0—9.0	F	26	17 Cyg
12962	Σ 2583	46. 4	+ 11 41	6.1—6.9	F	1.46	(1.46) F T π Aql
13007	Σ 2603	48. 3	+ 70 08	4.0—7.6	K	3	ε Dra
13019	Σ 2587	49. 0	+ 03 58	6.7—9.3	K	4	
13087	Σ 2594	51. 9	— 08 21	5.8—6.5	B	36	57 Aql
13148	Σ 2605	54. 4	+ 52 18	4.9—7.4	A	3	ψ Cyg
13256	Σ 2613	59. 0	+ 10 36	7.5—7.7	F	4	
13277	OΣ 395	20 00. 0	+ 24 48	5.9—6.3	F	0.9	16 Vul T
13312	Σ 2624	01. 6	+ 35 53	7.2—8.0	O	2	
13442	Σ 2637	07. 7	+ 20 46	6.4—8.7	F	12	θ Sge T
13506	Σ 2644	10. 0	+ 00 43	6.9—7.2	A	3	
13524	Σ 2675	10. 7	+ 77 34	4.4—8.0	B	7	ϰ Cep
13672	Σ 2666	16. 4	+ 40 35	6.0—8.2	B	2.8	
13692	Σ 2671	17. 2	+ 55 14	6.0—7.4	A	3.5	
13860	β 60	24. 5	— 18 22	5.2—8.5	B	3	π Cap
13902	Sh 324	27. 0	— 18 45	6.1—6.6	A	22	o Cap
14158	Σ 2716	39. 0	+ 32 08	5.9—8.0	K	3	49 Cyg
14259	Σ 2726	43. 6	+ 30 32	4.3—9.2	K	6	52 Cyg
14270	Σ 2725	43. 9	+ 15 43	7.5—8.2	K	5.5	
14279	Σ 2727	44. 4	+ 15 57	4.5—5.5	G	10	γ Del T
14336	Σ 2732	47. 2	+ 51 43	6.5—8.5	B	4	
14421	OΣ 418	52. 8	+ 32 31	8.1—8.2	G	1	T
14504	Σ 2741	56. 9	+ 50 16	5.8—7.1	B	2	
14556	Σ 2742	59. 8	+ 06 59	7.4—7.4	F	3	2 Eql T
14573	Σ 2744	21 00. 5	+ 01 20	7.0—7.5	F	1.4	
14575	Σ 2751	00. 7	+ 56 28	6.1—7.1	B	1.6	T
14592	Σ 2745	01. 4	— 06 01	5.9—7.3	F	2.3	12 Aqr
14636	Σ 2758	04. 4	+ 38 28	5.6—6.3	K	28	61 Cyg E
14682	Σ 2762	06. 5	+ 30 00	5.7—7.7	A	3.5	
14749	Σ 2780	10. 5	+ 59 47	6.0—7.0	B	1	T
14889	OΣ 437	18. 7	+ 32 14	6.9—7.6	G	2	
15007	Σ 2799	26. 4	+ 10 52	7.4—7.4	F	1.6	
15032	Σ 2806	28. 0	+ 70 20	3 v—8.0	B	13	β Cep
15184	Σ 2816	37. 4	+ 57 16	5.6—8.0	O	12	AB (C 8.0 20″)
15270	Σ 2822	41. 9	+ 28 31	4.7—6.1	F	1.7	μ Cyg E
15407	Σ 2843	50. 4	+ 65 31	7.1—7.3	A	1.7	T
15600	Σ 2863	22 02. 2	+ 64 23	4.6—6.5	A	7.5	ξ Cep T
15767	Σ 2878	12. 0	+ 07 44	6.8—8.3	A	1.5	
15934	Sh 345	23. 8	— 17 00	6.4—6.6	G	4	53 Aqr
15971	Σ 2909	26. 2	— 00 17	4.4—4.6	F	1.8	ζ Aqr E T
15987	Σ I 58	27. 3	+ 58 10	4v —7.5	G	41	δ Cep
16095	Σ 2922	33. 6	+ 39 23	5.8—6.5	B	22	8 Lac
16208	Σ 2935	40. 4	— 08 34	6.9—7.9	A	2.5	
16228	Σ 2942	41. 8	+ 39 12	6.3—8.5	K	3	
16291	Σ 2947	47. 3	+ 68 18	7.1—7.1	F	4.2	T
16317	Σ 2950	49. 4	+ 61 25	6.1—7.4	G	1.8	
16666	Σ 3001	23 16. 4	+ 67 50	5.0—7.3	G	3	o Cep E
16775	Σ 3017	25. 7	+ 73 49	7.5—8.6	F	1.7	
16979	Sh 356	43. 4	— 18 57	5.8—7.0	A	6.5	107 Aqr
17022	OΣ 508	46. 4	+ 61 57	5.7—8.2	A	1.8	6 Cas
17140	Σ 3049	56. 4	+ 55 29	5.1—7.2	B	3	σ Cas
17149	Σ 3050	56. 9	+ 33 27	6.5—6.7	F	1.5	E T

Tabelle 29. *Sternhaufen und Nebel: Die Messier-Liste (1784)*

Nummer der Messierliste, Nummer im NGC (bzw., mit *, im IC), Koordinaten 1950, Charakteristik des Objekts: O Offene Sternhaufen, K Kugelsternhaufen, G Galaktische und planetarische Nebel, A Außergalaktische Systeme

M	NGC	Koordinaten		Art	M	NGC	Koordinaten		Art
1	1952	5^h31^m	+22°0	G	53	5024	13^h11^m	+18°4	K
2	7089	21 31	−01.1	K	54	6715	18 52	−30.6	K
3	5272	13 40	+28.6	K	55	6809	19 37	−31.1	K
4	6121	16 21	−26.4	K	56	6779	19 15	+30.1	K
5	5904	15 16	+02.3	K	57	6720	18 52	+32.9	G
6	6405	17 37	−32.2	O	58	4579	12 35	+12.1	A
7	6475	17 51	−34.8	O	59	4621	12 39	+11.9	A
8	6523	18 01	−24.4	G	60	4649	12 41	+11.8	A
9	6333	17 16	−18.5	K	61	4303	12 19	+04.8	A
10	6254	16 55	−04.0	K	62	6266	16 58	−30.1	K
11	6705	18 48	−06.3	O	63	5055	13 14	+42.3	A
12	6218	16 45	−01.8	K	64	4826	12 54	+21.8	A
13	6205	16 40	+36.6	K	65	3623	11 16	+13.4	A
14	6402	17 35	−03.2	K	66	3627	11 18	+13.3	A
15	7078	21 27	+11.9	K	67	2682	8 48	+12.0	O
16	6611	18 16	−13.8	O	68	4590	12 37	−26.5	K
17	6618	18 18	−16.2	G	69	6637	18 28	−32.4	K
18	6613	18 17	−17.1	O	70	6681	18 40	−32.3	K
19	6273	17 00	−26.2	K	71	6838	19 52	+18.6	O
20	6514	17 59	−23.0	G	72	6981	20 51	−12.7	K
21	6531	18 02	−22.5	O	73	6994	20 56	−12.8	O
22	6656	18 33	−23.9	K	74	628	1 34	+15.5	A
23	6494	17 54	−19.0	O	75	6864	20 03	−22.1	K
24	6603	18 16	−18.4	O	76	650	1 39	+51.3	G
25	*4725	18 29	−19.3	O	77	1068	2 40	−00.2	A
26	6694	18 43	−09.4	O	78	2068	5 44	00.0	G
27	6853	19 58	+22.6	G	79	1904	5 22	−24.6	K
28	6626	18 22	−24.9	K	80	6093	16 14	−22.9	K
29	6913	20 22	+38.4	O	81	3031	9 51	+69.3	A
30	7099	21 38	−23.4	K	82	3034	9 51	+69.9	A
31	224	0 40	+41.0	A	83	5236	13 34	−29.6	A
32	221	0 40	+40.6	A	84	4374	12 23	+13.2	A
33	598	1 31	+30.4	A	85	4382	12 23	+18.5	A
34	1039	2 39	+42.6	O	86	4406	12 24	+13.2	A
35	2168	6 06	+24.3	O	87	4486	12 28	+12.7	A
36	1960	5 33	+34.1	O	88	4501	12 29	+14.7	A
37	2099	5 49	+32.5	O	89	4552	12 33	+12.8	A
38	1912	5 25	+35.8	O	90	4569	12 34	+13.5	A
39	7092	21 30	+48.2	O	92	6341	17 16	+43.2	K
41	2287	6 45	−20.7	O	93	2447	7 43	−23.8	O
42	1976	5 33	−05.4	G	94	4736	12 49	+41.4	A
43	1982	5 33	−05.3	G	95	3351	10 41	+12.0	A
44	2632	8 37	+20.2	O	96	3368	10 44	+12.1	A
45	—	3 45	+24.0	O	97	3587	11 12	+55.3	G
46	2437	7 40	−14.7	O	98	4192	12 11	+15.2	A
47	2478	7 53	−15.3	O	99	4254	12 16	+14.7	A
48	—	8 12	−01.8	O	100	4321	12 20	+16.1	A
49	4472	12 28	+08.3	A	101	5457	14 01	+54.6	A
50	2323	7 01	−08.3	O	102	5866	15 05	+56.0	A
51	5194	13 28	+47.4	A	103	581	1 30	+60.5	O
52	7654	23 22	+61.3	O					

(Objekte 40 und 91 existieren nicht)

II. Literaturverzeichnis

Die Liste der hier aufgeführten Bücher und Zeitschriften erhebt keinen Anspruch auf Vollständigkeit. Sie steht auch nicht unmittelbar als Quellenangabe in Beziehung zu diesem Handbuch. Ihr Zweck ist es vielmehr, dem Benützer eine einführende Bibliographie in die Hand zu geben, mit der er weiter in die astronomische Literatur vordringen kann. Viele Werke, besonders Publikationen vor 1945, sind nicht mehr im Handel und können nur in öffentlichen Bibliotheken und wissenschaftlichen Instituten eingesehen werden.

1. *Bibliographie über alle Gebiete der Astronomie*

Astronomischer Jahresbericht, herausgegeben vom Astronomischen Rechen-Institut in Heidelberg. Erscheint jährlich. Berlin: Walter de Gruyter & Co.

Der AJB berichtet präzis über alle astronomischen Veröffentlichungen auf der Welt innerhalb eines Jahres. Wer für die Bearbeitung eines Themas eine Übersicht über die Literatur braucht, kann immer an den AJB verwiesen werden. Ein Standardwerk von internationalem Ruf!

2. *Geschichte der Astronomie*

Balss, H., Antike Astronomie. München: Heimeran 1949.
Aus griechischen und lateinischen Quellen mit Text, Übersetzung und Erläuterungen geschichtlich dargestellt.

Becker, F., Geschichte der Astronomie. Bonn: Universitäts-Verlag 1947.
Eine knappe, übersichtliche historische Einführung. (2. Aufl.)

Gundel, W., Sternglaube, Sternreligion u. Sternorakel. (2. Aufl.) Heidelberg: Quelle & Meyer 1959.
Aus der Geschichte der Astrologie. Eine kulturgeschichtliche Arbeit, die dem historisch interessierten Sternfreund zu empfehlen ist.

Moore, P., Wir im Weltall, Kleiner Roman der Astronomie. Ebenhausen: Langewiesche-Brandt 1955.
Eine populäre Darstellung der Geschichte der Himmelskunde bis in die Gegenwart.

Reiners, L., Steht es in den Sternen? Wahrheit und Irrtum der Astrologie. München: List Verlag. 1951.
Eine geistreiche Veröffentlichung, die uneingeschränkt zu empfehlen ist.

Zinner, E., Astronomie, Geschichte ihrer Probleme. Freiburg und München: Verlag K. Alber 1951.
Das wissenschaftliche Anliegen der Forscher einzelner Epochen wird dargestellt an Hand der zugehörigen Originaldokumente. Mit umfangreicher Bibliographie.

— Geschichte der Sternkunde. Berlin: Springer 1931.
Unentbehrliches Nachschlagewerk über die Geschichte der Astronomie.

3. *Allgemeine und populäre Darstellungen*

Becker, F., Einführung in die Astronomie. Leipzig: VEB Bibliograph. Institut 1950.
Knappe, aber gut lesbare Darstellung.

Fladt, K., u. H. Seitz, Astronomie. Stuttgart: Ernst Klett Verlag 1957.
Eine übersichtliche Einführung, eine Art Lehrbuch der Astronomie für höhere Schulen.

Herrmann, J., Astronomie — Eine moderne Sternkunde. Gütersloh: Bertelsmann 1960.

Krause, A., Himmelskunde für Jedermann. (3. Aufl.) Stuttgart: Franckh'sche Verlagshandlung 1954.
Volkstümliche Darstellung. Der Hauptteil ist der Einführung und dem Sonnensystem gewidmet.

Kühn, R., Astronomie populär. München: Nymphenburger Verlagshandlung 1958.
Eine flott geschriebene, allgemeinverständliche Einführung.

— Himmel voller Wunder. München: Hanns Reich Verlag 1957.
Ein TERRA MAGICA-Bildband mit sehr guten Bildwiedergaben.

Müller, R., Astronomisches ABC für jedermann. (2. Aufl.) München: J. A. Barth 1950.
Lexikonartiges Nachschlagewerk, populär verständlich.

Newcomb-Engelmann, Populäre Astronomie. (8. Aufl.) Leipzig: J. A. Barth 1948.
Dieses Werk, einst unbestrittenes Standardwerk der populären Himmelskunde, ist heute sachlich an vielen Stellen überholt.

Seitz, H., Methode und Praxis des Unterrichts in der Himmelskunde. Heidelberg: Verlag Quelle & Meyer 1957.
Ein nützlicher Leitfaden für Lehrer und Pädagogen.

STUKER, P., Der Himmel im Bild. Zürich: Büchergilde Gutenberg 1954.
Ein astronomisches Bilderbuch, das besonders für Demonstrationszwecke gut geeignet ist.
STUMPFF, K., Astronomie. Das Fischer Lexikon. Band 4. Frankfurt: Fischer Bücherei KG. 1957.
Ein äußerst nützlicher Helfer für jeden Amateur. Reiche Bibliographie.
THOMAS, O., Astronomie — Tatsachen und Probleme. (7. Aufl.) Salzburg: Verlag „Das Bergland-Buch" 1956.
Ausführliche Darstellung aller astronomischen Gebiete. Eigenwillige Diktion.
WERNER, H., Die Sterne dürfet ihr verschwenden. Stuttgart: Gustav Fischer Verlag 1954.
Ein Buch über die Geschichte und Leistung der Zeiß-Planetarien im In- und Ausland.

4. *Radioastronomie*

ALFÉN, H., Cosmical Electrodynamics. Oxford: 1950.
LOVELL, B., u. J. A. CLEGG, Radio Astronomy. London 1952.
PAWSEY, M. L., u. R. P. BRACEWELL, Radio Astronomy. Oxford 1955.
WALDMEIER, M., Radiowellen aus dem Weltraum. Zürich: Kommissionsverlag Gebr. Fretz AG. 1954.
Eine sehr interessant geschriebene Broschüre. Mit gutem Literaturnachweis.
WELLMANN, P., Radioastronomie (Dalp-Taschenbuch Nr. 340). München: Lehnen-Verlag 1957.
Eine allgemeinverständliche Einführung.

5. *Ratgeber für den Beobachter*

BRANDT, R., Himmelswunder im Feldstecher. (5. Aufl.) Leipzig: J. A. Barth 1956.
Voll wertvoller Anregungen; für den angehenden Amateurastronomen.
EBERHARD, G., A. KOHLSCHÜTTER u. H. LUDENDORFF, Handbuch der Astrophysik. Berlin: Springer 1931.
Streng wissenschaftliches Nachschlagwerk über Theorie und Praxis, Methoden und Ergebnisse der Astrophysik.
FLÜGGE, S., Handbuch der Physik, Band XI Astrophysik (5 Bände). Berlin — Heidelberg — Göttingen: Springer 1958—1960.
Standardwerk der Wissenschaft.
GRAMATZKI, H. J., Leitfaden der astronomischen Beobachtung. Berlin: F. Dümmler-Verlag 1928.
Ein sehr inhaltsreicher Ratgeber für Sternfreunde.
HENSELING, R., Astronomisches Handbuch. (2. Aufl.) Stuttgart: Franckh'sche Verlagshandlung 1924.
Theoretischer und praktischer Ratgeber für die Arbeit des Liebhabers der Himmelskunde. Das Handbuch der 20er Jahre für den Amateur. Zahlreiche Hinweise auf die ältere Literatur.
MEURERS, J. Astronomische Experimente (Scientia Astronomica Band 3). Berlin: Akademie-Verlag 1956.
Eine interessante Publikation über die Möglichkeit, die astronomische Forschung an Laborversuchen zu bestätigen. Mit umfangreichem Literaturverzeichnis.
PLASSMANN, J., Hevelius-Handbuch für Freunde der Astronomie. Berlin: F. Dümmler 1922.
Einzelne Kapitel noch heute wertvoll; z. B. Ausgleichsrechnung.
ROTH, G. D., Sternfreunde am Fernrohr (Orion-Bücher, Bd. 117). Murnau: Verlag S. Lux 1958.
Einführung in die Beobachtung für Anfänger.
SCHROEDER, W., Praktische Astronomie für Sternfreunde. Stuttgart: Franckh'sche Verlagshandlung 1958.
Belehrung und Beobachtung mit einfachsten Hilfsmitteln. Pädagogisch wie sachlich sehr interessant!
WIDMANN, W., u. K. SCHÜTTE, Welcher Stern ist das? Stuttgart: Franckh'sche Verlagshandlung 1959.
Eine Einführung in die Orientierung am Sternhimmel für den Anfänger. Übersichtlich und leicht verständlich.
SIDGWICK, J. B., Observational Astronomy for Amateurs. (2. Aufl.) London: Faber & Faber Ltd. 1957.
Alle Beobachtungsobjekte des Amateurs ausführlich behandelt. Eine sehr reiche Bibliographie führt in die englischsprachige Literatur ein.
SIEDENTOPF, H., Grundriß der Astrophysik. Stuttgart: Wissenschaftliche Verlagsgesellschaft 1950.
Ein Standardwerk mit vielen praktischen Anregungen.

STRÖMGREN, B., Astrophysik. Handbuch der Experimentalphysik, Band 26. Leipzig: Akad. Verlagsgesellschaft 1937.
Wissenschaftliches Werk über die Praxis.

6. *Fernrohrbau und Instrumentarium*

ANGERER, E. v., Wissenschaftliche Photographie. Leipzig: Akademische Verlagsgesellschaft 1931.
Behandelt alle Fragen der photographischen Praxis allgemeinverständlich.

BERGER, R., Einführung in das optische Rechnen und Zeichnen. Berlin: Duncker und Humblot 1950.
Optisches Rechnen mit elementarer Mathematik; zahlreiche Beispiele.

BRANDT, R., Das Fernrohr des Sternfreundes. Stuttgart: Franckh'sche Verlagshandlung 1958.
Eine Einführung in die Theorie und Praxis einfacher Instrumente für den Amateur.

DIMITROFF, G., u. J. BAKER, Telescopes and Accessories. Philadelphia: The Harvard books on Astronomy. The Blakiston Comp. 1945.
Umfassend, wissenschaftlich und doch allgemeinverständlich.

GLEICHEN, A., Lehrbuch der geometrischen Optik. B. G. Teubners Sammlung von Lehrbüchern, Bd. VIII. Leipzig u. Berlin: Teubner 1902.
Das unübertroffene Lehrbuch der geometrischen Optik.

GRAMATZKI, H. J., Probleme der konstruktiven Optik und ihre mathematischen Hilfsmittel. (2. Aufl.) Berlin: Akademie-Verlag 1957.
Ein gutes Buch für den Sternfreund, der sich mit der Berechnung optischer Systeme befaßt.

— Hilfsbuch der astronomischen Photographie. Berlin: F. Dümmler-Verlag 1930.
Sehr interessante Schrift aus der Feder eines erfahrenen Praktikers. Heute z. T. sachlich überholt.

INGALLS, A. G., Amateur Telescope Making I, II, III. New York: Scientific American 1953.
Das umfassendste Werk seiner Art. Unerschöpfliche Fundgrube über sämtliche Fragen der Herstellung aller Instrumente eines Amateur-Observatoriums.

KUTTER, A., Der Schiefspiegler. Biberach a.d. Riß: F. Weichardt 1953.
Umfassende elementar-mathematische Theorie und Praxis des sehr empfehlenswerten Instrumentes für den Amateur.

LOSKE, L. M., Die Sonnenuhren (Verständliche Wissenschaft, 69. Band). Berlin-Göttingen-Heidelberg: Springer 1959.
Kurze Einführung in Theorie und Praxis der Sonnenuhr.

MAKSUTOW, D. D., Technologie der astronomischen Optik. Berlin: Verlag Technik 1954.
Der führende Optiker der UdSSR schreibt anregend und gibt praktische Vorschläge.

MERTON, G., Photography and the Amateur Astronomer, BAA Reprint No. 1. London: British Astronomical Association 1953.
Auf 24 Seiten viele nützliche Ratschläge für den Sternfreund.

MUTTER, E., Kompendium der Photographie. Berlin-Borsigwalde: Verlag für Radio, Photo, Kino-Technik.
Ausgezeichnetes Handbuch für den ernsthaft arbeitenden Amateur, das die Grundlagen der Photographie umfassend behandelt.

POHL, R. W., Einführung in die Optik. Berlin: Springer 1940.
Originelle, anschauliche, meisterhafte Einführung.

RIEKHER, R., Fernrohre und ihre Meister. Berlin: VEB Verlag Technik 1957.
Eine Entwicklungsgeschichte der Fernrohrtechnik. Ein Nachschlagwerk für viele Fragen auf dem Gebiet des Fernrohrbaus.

ROHR, H., Das Fernrohr für jedermann. (2. Aufl.) Zürich: Verlag Rascher 1955.
An Hand dieses Buches schleift jeder mit Sicherheit einen guten Spiegel! Mit Literaturhinweisen.

SIDGWICK, J. B., Amateur Astronomer's Handbook. (3. Aufl.) London: Faber & Faber Ltd. 1958.
Ein ausführliches Handbuch (über 500 Seiten), das sich der Fernrohrkunde und dem Instrumentarium des Amateurs widmet. Standardwerk des englischen Sprachgebiets. Mit gutem Literaturverzeichnis.

SONNEFELD, A., Die Hohlspiegel. Berlin: VEB Verlag Technik 1957.
Das Buch des ersten deutschen Optikers der Gegenwart enthält wertvolle Ausführungen über astronomische Spiegeloptik.

STAUS, A., Fernrohrmontierungen und ihre Schutzbauten für Sternfreunde (2. Aufl.). München: Uni-Druck 1959.
Ein grundlegendes Werk über Montierungen von Amateurinstrumenten, mit zahlreichen Bauplänen und Zeichnungen ausgestattet.

WEYRES, TH., u. O. BRANDT, Einführung in die Optik. Hamburg: Technischer Verlag Herbert Cram 1951.
Grundlagen, Geräte, Lichttechnik.
—, u. E. PAULSEN, Einführung in die Phototechnik, 2 Bände. Hamburg: Technischer Verlag Herbert Cram 1952 u. 1956.
Vor allem der 1. Band gibt die physikalischen, chemischen und technischen Grundlagen und einen Anhang über deutsche Hochleistungsobjektive.

7. *Rechnende Astronomie*

ALLEN, C. W., Astrophysical Quantities. London: Athlone Press 1955.
Internationales Standardwerk für astrophysikalische Daten über Sonne, Mond, Planeten, Fixsterne usw.
AMBRONN, L., u. J. DOMKE, Astronomisch-Geodätische Hilfstafeln. Berlin: Ernst S. Mittler & Sohn 1909.
DE BALL, L., Refraktionstafeln. Leipzig: Verlag W. Engelmann 1906.
BECKER, F., Grundriß der sphärischen Astronomie. Berlin-Bonn: F. Dümmler 1934.
Sehr knappe, vorzügliche Arbeit mit allen notwendigen Formeln sowie Anhängen über Fehlerrechnung und Kartographie.
BRENDEL, M., u. K. BODA, Tafeln zur Verwandlung von Rektaszension und Deklination in Länge und Breite auf 0.001°. Veröff. d. Landessternwarte u. d. Planeteninstitutes, Heidelberg, Bd. 13, Heidelberg 1940.
DICK, J., Grundtatsachen der Sphärischen Astronomie. Leipzig: J. A. Barth-Verlag 1956.
Das Buch ist als Einführung gedacht und für den Amateur besonders empfehlenswert.
DNEPROWSKY, N., Refraction tables of Poulkovo Observatory, 4. Aufl. Moskau: 1956.
GRAFF, K., Grundriß der geographischen Ortsbestimmung. Aus astronomischen Beobachtungen (3. Aufl.). Berlin: Walter De Gruyter 1944.
GRAF, U., Trigonometrie der Ebene, sphärische Trigonometrie u. Kartenentwürfe. Leipzig: Quelle & Meyer 1938.
Interpolation and allied tables. Prepared by H. M. Nautical Almanac Office. H. Majesty's Stationary Office, London 1956.
LANDOLT-BÖRNSTEIN, Zahlenwerte und Funktionen III (Astronomie und Geophysik). Berlin-Göttingen-Heidelberg: Springer 1952.
RIGGE, W. F., The Graphic Construction of Eclipses and Occultations. Chicago: Loyola University Press 1924.
SCHAUB, W., Vorlesungen über sphärische Astronomie. Leipzig: Akad. Verlagsgesellschaft 1950.
Ein Buch für den fortgeschrittenen Amateur, mit dessen Hilfe er in die Grundlagen eindringen kann.
SCHORR, R., Bergedorfer Präzessionstafeln 1925.0 berechnet mit Newcombs Wert der Präzessionskonstanten. Bergedorf 1927.
SCHÜTTE, K., Index mathematischer Tafelwerke. München: R. Oldenbourg 1955.
STRACKE, G., Bahnbestimmung der Planeten und Kometen. Berlin: Verlag Springer 1929.
STUMPFF, K., Geographische Ortsbestimmung. Berlin: VEB Deutscher Verlag der Wissenschaften 1955.
WALDMEIER, M., Leitfaden der Astronomischen Orts- und Zeitbestimmung. Aarau: Verlag H. R. Sauerländer & Co. 1958.
WERNER, H., Vom Polarstern bis zum Kreuz des Südens (3. Aufl.). Stuttgart: Verlag von Gustav Fischer 1960.
Eine allgemeinverständliche Einführung in die Astronomie der Himmelskugel und Anleitung zur Orientierung im Gelände nach Gestirnen auf der ganzen Erde.
WIRTZ, C., Tafeln und Formeln aus Astronomie und Geodäsie. Berlin: Springer 1918.

8. *Verwandte Wissenschaften (Mathematik, Meteorologie, Physik)*

BALSER, L., Einführung in die Kartenlehre (Kartennetz) 2. Aufl. Leipzig: G. Teubner.
Eine elementare Einführung in das Wesen der Kartennetze.
DIETZE, G., Einführung in die Optik der Atmosphäre. Leipzig: Akad. Verlagsgesellschaft 1957.
Eine sehr empfehlenswerte Einführung in dieses Spezialgebiet für den Sternfreund.
FISHER, R., Statistische Methoden für die Wissenschaft. 1956, 12. Aufl.
FLADT, K., Lehrbuch der Mathematik für Lehrer und Studierende. Teil I. 1952, Teil II. 1953.
— Elementarmathematik. Teil I. und II. 1957.
FRANKE, H., Lexikon der Physik (2. Aufl.). 2 Bd. Stuttgart: Franckh'sche Verlagsh. 1959.
Rund 10000 Stichwörter. Auch viel Wissenswertes für den Sternfreund.
GRUHLE, W., Elektronische Hilfsmittel des Physikers. Berlin-Göttingen-Heidelberg: Springer 1960.
Zahlreiche Schaltungsunterlagen und Ratschläge für die Konstruktion elektronischer Meßgeräte.

HANN-SÜRING, Lehrbuch der Meteorologie, 2 Bände. Leipzig: Verlag Willibald Keller 1939–1951.

HESS, P., u. H. BREZOWSKY, Katalog der Großwetterlagen Europas. Berichte des Deutschen Wetterdienstes in der US-Zone Nr. 33. Bad Kissingen 1952.

RICHTER, H., Elektronik. Coburg 1956.
Einführung in die Verwendung elektronischer Hilfsmittel. Darstellung rein technisch. Mit aktuellen Literatur- und Zeitschriftenangaben.

SCHERHAG, R., Wetteranalyse und Wetterprognose. Berlin-Göttingen-Heidelberg: Springer 1948.

SCHINDLER, G., Meteorologisches Wörterbuch. Wels und Wunsiedel: Verlag Leitner & Co. 1953.
Etwa 2000 Stichwörter machen mit meteorologischen Fachausdrücken bekannt.

WEITBRECHT, W., Ausgleichsrechnung nach der Methode der kleinsten Quadrate. Sammlung Göschen (2. Aufl.). Berlin: W. de Gruyter 1938.

9. *Objekte der Beobachtung in Einzeldarstellungen*

(Monographien und Hinweise auf Spezialliteratur)

Anmerkung: In den meisten unter 3. und 5. im Literaturverzeichnis aufgeführten Publikationen werden bereits die nachfolgenden Objekte der Beobachtung mehr oder minder ausführlich dargestellt. Die Einzeldarstellungen bringen die notwendige Ergänzung und Vertiefung des Stoffes.

a) Sonne

α) Arbeiten, die als Ergänzung des Handbuchartikels dienen können:

ABETTI, G., Handbuch der Astrophysik, Bd. IV. Berlin: Springer 1929.
Enthält einige Kapitel zur Positionsbestimmung und Hinweise zur Beobachtung der Sonne (Englisch).

GLEISSBERG, W., Die Häufigkeit der Sonnenflecken, (Scientia Astronomica, Bd. 2). Berlin: Akademie Verlag 1952.
Ein Buch, das neben nützlichen Beobachtungsanweisungen Abschnitte zur Positionsbestimmung enthält. Mit Literaturhinweisen.

KLÜBER, H., Über Voraussagen zum Sonnenfleckenmaximum (in Henseling Himmelskalender 1947). Berlin-Frohnau: Condor-Verlag 1947.
Für den Amateur als Anleitung geschrieben.

WALDMEIER, M., Tabellen zur heliographischen Ortsbestimmung. Basel: Verlag Birkhäuser 1950.
Ausschließlich auf Positionsbestimmung ausgerichtet mit Formeltextteil, Tafeln und Diagrammen.

WALDMEIER, M., Ergebnisse und Probleme der Sonnenforschung, 2. Aufl. Leipzig: Akademische Verlagsgesellschaft 1955.
Enthält mehrere Abschnitte mit eingehender Darstellung der Positionsbestimmung und der Ableitung der Rotationsgesetze der Sonne. Mit Literaturhinweisen.

β) Neuere Standardwerke über die Sonne:

ABETTI, G., The Sun. London: Verlag Faber and Faber 1955.

KUIPER, G. P., The Sun. Chicago: The University of Chicago Press 1953.

γ) Allgemeinverständliche Arbeiten:

KIEPENHEUER, K. O., Die Sonne. (Verständliche Wissenschaft, Bd. 68). Berlin-Göttingen-Heidelberg: Springer 1957.

MENZEL, D. H., Our Sun. Philadelphia: Harvard Books on Astronomy 1949.

MÜLLER, R., Sonnen-ABC. (Orion-Bücher Bd. 118). Murnau: Verlag S. Lux 1958.

WALDMEIER, M., Sonne und Erde. Zürich: Verlag Gutenberg 1946.

b) Sonnenfinsternisse

MAHLER, E., Die centralen Sonnenfinsternisse des XX. Jahrhunderts. Wiener Akademie 1885.

VON OPPOLZER, TH., Canon der Finsternisse. Wiener Akademie 1887.

Solar Eclipses and the Ionosphere, hrsg. v. BEYNAN und BROWN. London: Pergamon Press 1956.
Berichtet über die Beziehungen zwischen Sonnenfinsternissen und Ionosphäre. Dort auch weitere Fachliteratur.

Anläßlich der totalen Sonnenfinsternis am 30. Juni 1954 erschienen an vielen Stellen Berichte über Beobachtungen. Besonders sei hier genannt:

Die Sterne **30**, Heft 9/10 (1954) (zahlreiche Expeditionsberichte);
Sky and Telescope **13**, Heft 10 u. 11 (1954) (*besonders Aufnahmen der weißen Korona*);
Orion, **10**, 186 (1955) (*Farbaufnahmen zu einem Bericht von* E. Mädlow *über die Expedition der „Vereinigung der Sternfreunde"*).

c) Mond

Arthur, D. W. G., Contributions to Selenography No. 1—4 im Selbstverlag des Verfassers. Nachweis über das Sekretariat der BAA.
Arthur *befaßt sich vor allem mit Positionsmessungen und ihrer Reduktion. Die Schriften sind Beispiel dafür, was ernsthafte Amateurarbeit zu leisten vermag.*
Blagg, M. A., u. W. H. Wesley, Map of the Moon. Lund: 1935.
Ein Kartenwerk, das für die „Internationale Astronomische Union" herausgegeben worden ist. Monddurchmesser etwa 90 cm.
Elger, T. G., The Moon-Map of its Principal Physical Features. London: 1950.
Eine sehr handliche und übersichtliche Karte zur Orientierung. Monddurchmesser ca. 45 cm.
Falk-Mondbildkarte. Hamburg, Berlin, Den Haag: Falk-Verlag 1959.
Farbige Reliefkarte, Monddurchmesser 56 cm.
Fauth, Ph., Unser Mond. Breslau: 1936.
Ausführliche Mondbeschreibung, basierend auf jahrzehntelangen Beobachtungen und Erfahrungen des Verfassers. Eine Fundgrube für den ernsthaften Mondbeobachter. Im Anhang eine Übersichtskarte des Mondes, Maßstab 1:4 Millionen.
— Große Mondkarte.
Diese zeichnerisch wie topographisch außergewöhnliche Karte im Maßstab 1:1 Million ist von Hermann Fauth *zur Veröffentlichung vorbereitet. Erscheinungstermin* 1961. *Es ist ein Kartenwerk, das einen erheblichen Beitrag zur Ergänzung und kritischen Prüfung aller vorhandenen Mondkarten liefert.*
Gramatzki, H. J., Kritische Mondkarte. Berlin-Klein Machnow: 1941.
Eine Karte, die sich speziell an den Beobachter wendet, um ihn zu sinnvoller Arbeit hinzulenken.
The Journal of the International Lunar Society.
Eine Halbjahresschrift der gleichnamigen Gesellschaft. Die Publikation widmet sich ausschließlich der Mondforschung. Nähere Einzelheiten: Prof. A. Paluzie-Borrell, *Diputacion 337, Barcelona, Spanien.*
The Moon, Nachrichtenblatt der Mondsektion in der „British Astronomical Association".
Eine Schrift, die ausschließlich für den Praktiker am Fernrohr gedacht ist und in der die Diskussion über aktuelle Beobachtungsfragen stattfindet. Näheres: Sekretariat der BAA
Moore, P., Die Welt des Mondes. München: Verlag R. Oldenbourg 1957.
Eine populäre Einführung in die Mondkunde. Beschreibung wichtiger Mondkrater in Verbindung mit einer Skelettkarte geben dem Beobachter manche Anregung.
Wilkins, H. P., Map of the Moon (3. Aufl.). London 1951.
Große Karte, Monddurchmesser etwa 750 cm! Die Mondoberfläche wird in 22 Sektionen dargestellt sowie durch 3 spezielle Darstellungen der Librationszonen ergänzt.
Wilkins, H. P. und P. Moore: The Moon. London: Faber and Faber Ltd. 1955.
Das Standardwerk der angelsächsischen Selenographie der Gegenwart. Das Buch enthält die Große Mondkarte von H. P. Wilkins *in verkleinertem Format auf 25 Seiten, dazu Text, der die sichtbare Mondoberfläche beschreibt. Im Anhang befindet sich ein ausgezeichneter Aufsatz von* E. A. Whitaker *über Mondphotographie.*

d) Mondfinsternisse

Link, F., Die Mondfinsternisse, (Probleme der kosmischen Physik Bd. 28). Leipzig: Akad. Verlagsgesellschaft 1956.
Der Autor zeigt die Beziehung zur Physik der Atmosphäre und zur Sonnenphysik. Mit reichhaltigem Literaturverzeichnis!

e) Sternbedeckungen

Comrie, L. J., A Short Semi-Graphical Method of Predicting Occultations. H. M. Stationary Office London 1926 im Kommissionsverlag des Scientific and Computing Service Ltd., 23 Bedford Square, London W.C.1.
Davidson, M., The Reduction of Occultations for Stars Fainter than Magnitude 7.5. JBAA **48**, 120 (1938).
Beschreibung der Reduktion für nicht in den Vorausberechnungen berücksichtigte Bedeckungen mit numerischem Beispiel.

GONDOLATSCH, F., Erdrotation, Mondbewegung und das Zeitproblem der Astronomie. Astron. Recheninst. Heidelberg Veröff. Nr. 5: Karlsruhe: im Kommissionsverlag von G. Braun G.m.b.H. 1953.
Ephemeridenzeit-Problem, Einrichtungen der Vorausberechnungen der Sternbedeckungen und Reduktion ihrer Beobachtungen mit numerischem Beispiel.

SADLER, D. H., u. H. W. P. RICHARDS, The Prediction and Reduction of Occultations. Suppl. Nautical Almanac 1938 (1937).
Rechenmethoden des NA Office am Royal Greenwich Observatory und des NA Office in Washington.

SCHOENBERG, E., Über die Vorausberechnung von Sternbedeckungen durch den Mond. Die Sterne 7, 231 (1927).

Vorausberechnungen für Deutschland werden laufend veröffentlicht in:

a) Nachrichtenblatt der Vereinigung der Sternfreunde (s. S. 354).
b) deutschsprachige Himmelskalender (s. S. 354).
c) Zeitschrift Die Sterne (s. S. 353).

f) Künstliche Erdsatelliten

Von den sehr zahlreichen Veröffentlichungen in Buchform seien genannt zur allgemeinen Unterrichtung:

VAN ALLEN, J. A., Scientific Uses of Earth Satellites, London: Chapman and Hall 1956.

SCHÜTTE, K., Die Weltraumfahrt hat begonnen. Freiburg i. B.: Herder 1958.

GAIL, O. W., u. W. PETRI: Weltraumfahrt — Physik, Technik, Biologie. München: Hanns Reich Verlag 1958.

ROUSSEAU, P., Satellites artificiels. Paris 1957.

Штернфельд, А. М.: Искуственные Спутники. 2. Aufl. Moskau 1958.

PRIESTER, W., u. HERGENHAHN, G., Bahnbestimmung von Erdsatelliten aus Doppler-Effekt-Messungen. Köln-Opladen: Westdeutscher Verlag 1958.

g) Kometen

GERSTENBERGER, M., Kometen — Außenseiter am Himmelszelt (Kosmos-Bändchen). Stuttgart: Franckh'sche Verlagshandlung 1951.
Populäre Einführung in die Kometenforschung.

HOFFMEISTER, C., Photographische Aufnahmen von Kometen. Berlin: Akademie-Verlag 1956.
58 Bildtafeln mit Aufnahmen, die auf der Sternwarte Sonneberg gewonnen worden sind. Interessante Vergleichsmöglichkeiten über die Veränderung einzelner Objekte.

PORTER, J. G., Comets and Meteor Streams. (The International Astrophysics Series Bd. 2). London: Verlag Chapman and Hall Ltd. und New York: John Wiley and Sons Inc. 1952.
Insbesondere Zusammenhang zwischen Kometen und Meteorströmen, dabei Behandlung der Kometenbahnen, Tabellen ihrer Elemente, Bahnbestimmung und Ephemeridenrechnung mit Rechenbeispielen.

RICHTER, N. B., Statistik und Physik der Kometen. Leipzig: J. A. Barth 1954.
Eine wissenschaftliche Monographie, die für den interessierten Amateur als Standardwerk zu bezeichnen ist.

WURM, K., Die Kometen. (Verständliche Wissenschaft Bd. 53.) Berlin-Göttingen-Heidelberg: Springer 1954.
Weitergehende, aber immer noch gemeinverständliche Einführung in das Gesamtgebiet.

h) Meteore

HEIDE, F., Kleine Meteoritenkunde (Verständliche Wissenschaft Band 23). Berlin-Göttingen-Heidelberg: Springer 1934.

HOFFMEISTER, C., Die Meteore, Leipzig: Akademische Verlagsgesellschaft 1937.

— Meteorströme. Leipzig: J. A. Barth-Verlag 1948.
Ein Standardwerk für den Meteorbeobachter.

LOVELL, A. C. B., Meteor astronomy. Oxford: Clarendon Press 1954.

OLIVIER, C. P., Meteors. Baltimore: Williams and Wilkins 1925.

WHIPPLE, F. L., The Harvard photographic meteor program. Sky and Telescope Band 8, 90 (1949).

i) Planeten und Planetoiden

α) Gesamtdarstellungen

MOORE, P., Guide to the Planets. London: Eyre & Spottiswoode 1955.
Ein allgemein-verständliches Werk mit viel neuem Bildmaterial, gibt auch einige Hinweise für

die Beobachtung, sowie Bemerkungen über Leben auf anderen Planeten und die Möglichkeiten einer Weltraumfahrt. Darstellungen des Himmelsanblicks von anderen Planeten aus, z. T. etwas phantasievoll.

WATTENBERG, D., Die Welt der Planeten. Berlin: Aufbau-Verlag 1953.
Überblick über den Aufbau, die Physik und die Kosmogonie des Planetensystems.

WHIPPLE, F. L., Earth, Moon and Planets. (The Harvard Books on Astronomy) Philadelphia: Blakiston Company.
Eine ohne spezielle Vorkenntnisse verständliche Beschreibung der Planeten und ihrer Atmosphären unter Berücksichtigung der Lebensmöglichkeiten außerhalb der Erde.

β) Einzeldarstellungen

ANTONIADI, E.-A., La Planète Mercure. Paris: Gauthier-Villars 1934.
Die wichtigste Monographie dieses Planeten, leider z. T. etwas veraltet, enthält viele Original-Zeichnungen des Verfassers und ausführliche Literaturhinweise.

MOORE, P., Venus (Orion-Bücher, Band 104). Murnau/München: Verlag Seb. Lux 1957.
Eine populäre Gesamtdarstellung des Planeten Venus, enthält historisches Material und Beobachtungshinweise.

PEEK, B. M., The Planet Jupiter. London: Faber & Faber Ltd. 1958.
Eine ausführliche Monographie über den Planeten Jupiter in englischer Sprache.

ROTH, G. D.: Die Planetoiden (Orion-Bücher, Band 137). München: R. Oldenbourg 1960.
Einführung in die Entdeckungsgeschichte, Physik und Beobachtung der Kleinen Planeten.

SANDNER, W., Die Welt des Merkur (Orion-Bücher, Band 129). Murnau/München: Verlag Seb. Lux 1959.
Eine populäre Schilderung des Planeten, mit Beobachtungshinweisen.

SCHOENBERG, E., u. K. WURM, Das Sonnensystem in FIAT-Band Nr. 20 (Naturforschung und Medizin in Deutschland 1939—1946. „Astronomie, Astrophysik und Kosmogonie", herausgegeben von P. ten Bruggencate). Wiesbaden: Dieterich'sche Verlagsbuchhandlung 1948.
Gibt eine zusammenfassende Darstellung der in Deutschland während des zweiten Weltkrieges erschienenen Arbeiten und enthält zahlreiche Literaturangaben.

VAUCOULEURS, G. DE, The Planet Mars. London: Faber & Faber Ltd. 1951.
Eine kurzgefaßte Darstellung des heutigen Standes der Marsforschung.

— Physics of the Planet Mars. London: Faber & Faber Ltd. 1954.
Das wichtigste neuere Mars-Werk.

WATTENBERG, D., Mars, der rote Planet. Leipzig/Jena: Urania-Verlag 1956.
Eine ausgezeichnete Gesamtdarstellung mit zahlreichen, z. T. seltenen Abbildungen. Literatur-Angaben (auch russische Literatur).

γ) Periodische Veröffentlichungen

In Deutschland erscheinen die *Mitteilungen für Planetenbeobachter*, für die Sektion Mond- und Planetenbeobachtung (München 9, Theodolindenstr. 6) in der *Vereinigung der Sternfreunde* von Günter D. Roth, München, herausgegeben.

In den USA ist die Schrift The Strolling Astronomer das Organ der *Association of Lunar and Planetary Observers*. Herausgeber ist Walter H. Haas, Pan American College Observatory, Edinburg, Texas.

Im übrigen erscheinen Berichte über die Planetenbeobachtung in allen astronomischen Zeitschriften s. S. 353.

k) Veränderliche Sterne

CAMPBELL, L., u. L. JACCHIA, The Story of Variable Stars. (The Harvard Books on Astronomy). Philadelphia: The Blakiston Company 1945.
Allgemeinverständliche, gründliche Darstellung sämtlicher Fragen der Beobachtung veränderlicher Sterne und der Beobachtungsergebnisse.

GÜSSOW, K., Ein vollständiges Verzeichnis der helleren Plejadensterne. In Die Sterne **28**, 104 (1952).
Wichtiges Prüffeld für die visuelle und photographische Photometrie.

HOFFMEISTER, C., Verzeichnis von 1440 neuen veränderlichen Sternen mit Angaben über die Art ihres Lichtwechsels. Berlin: Akademie-Verlag 1949.

MÜLLER, G., u. E. HARTWIG, Geschichte und Literatur des Lichtwechsels der bis Ende 1915 als sicher veränderlich anerkannten Sterne. Leipzig 1918—1922. Zweite Ausgabe 1916 bis 1950, Berlin 1934—1952. Wird fortgesetzt.
Standardwerk!

SCHILLER, K., Einführung in das Studium der veränderlichen Sterne. Leipzig: J. A. Barth 1923.
Ausführliche Anleitung zur Beobachtung und Auswertung der Beobachtungen.

SCHNELLER, H., Einfache Methode zur Bestimmung der Systemkonstanten bei Bedeckungsveränderlichen. Berlin: Akademie-Verlag 1949.

l) Stellarastronomie, Milchstraßen, ferne Welten

BECKER, W., Sterne und Sternsysteme, 2. Aufl. Leipzig: Th. Steinkopff Dresden 1950.
Wissen und Methoden der Stellarastronomie, mit vorbildlicher Materialsammlung.
KRUSE, W., u. W. DIECKVOSS, Die Wissenschaft von den Sternen (Verständliche Wissenschaft, Bd. 43). Berlin-Göttingen-Heidelberg: Springer 1954.
Gute Darstellung der Stellarastronomie.
VOGT, H., Die Spiralnebel. Heidelberg: Carl Winter Universitätsverlag 1946.
Eine streng wissenschaftlich gehaltene Monographie, die aber dem fortgeschrittenen Amateur zum Studium empfohlen werden kann. Ausführliche Literaturhinweise als Fußnoten.
WURM, K., Die Planetarischen Nebel. Scientia Astronomica, Band 1. Berlin: Akademie-Verlag 1951.
Eine Monographie, die mit den neuen wissenschaftlichen Arbeiten auf diesem Gebiet vertraut macht. Das Buch wendet sich in erster Linie an den Fachastronomen.

m) Leuchtende Nachtwolken, Polarlichter und Zodiakallicht

HARANG, L., Das Polarlicht. Leipzig: Akademische Verlagsgesellschaft 1940.
HOFFMEISTER, C., Untersuchungen über das Zodiakallicht, Veröffentlichungen der Universitäts-Sternwarte zu Berlin-Babelsberg, Band X, Heft 1, 1932.
JONES, G., United States Japan Expedition, Observations of the Zodiacal-Light from April 2, 1853 to April 22, 1855, Washington, 1856.
SCHMID, F., Das Zodiakallicht, Hamburg: Grand 1928.
SCHOENBERG, E., und Mitarbeiter, Untersuchungen über das Zodiakallicht, Erster Teil, Mitteilungen der Universitäts-Sternwarte zu Breslau, Band V, 1939.
STÖRMER, C., Quelques résultats des observations et des mesures photographiques d'aurore boréales dans la Norvège meridionale depuis 1911. Göteborg: Gumperts Förlag 1949.
SÜRING, R., Die Wolken. Leipzig: Akademische Verlagsgesellschaft 1941.
Wichtige Hinweise mit genauer Literaturangabe finden sich ferner in den FIAT-Bänden (Naturforschung und Medizin in Deutschland 1939—1946).
Nr. 17 (Geophysik, Teil I, herausgegeben von J. BARTELS) und
Nr. 19 (Meteorologie und Physik der Atmosphäre, herausgegeben von R. MÜGGE). Wiesbaden: Diederich'sche Verlagsbuchhandlung 1948.

10. *Sternkarten, Zeitschriften und Jahrbücher*

a) Karten

BEČVÁŘ, A., Atlas Coeli 1950.0. Prag: 1956 (2. Aufl.).
Der Atlas umfaßt Sterne bis zur visuellen Größe 7.75, weiterhin bis zur selben Größe Doppelsterne, Veränderliche (Maximum gleich oder heller 7.75 Größenklasse), dann Nebel und Sternhaufen. Zum Atlas gehört ein Katalog von 290 Seiten, der Verzeichnisse für sämtliche im Atlas dargestellten Objekte gibt. Ein sehr gutes Kartenwerk für den Amateur!
BEYER, M., u. K. GRAFF, Sternatlas, enthaltend alle Sterne bis zur 9. Größe sowie die helleren Sternhaufen und Nebel zwischen dem Nordpol und 23° südlicher Deklination für 1855. (3. Aufl.). Bonn: F. Dümmlers Verlag 1950. *Ein Standardwerk für den Amateurbeobachter!*
DE CALLITY, V., Goldmanns Himmelsatlas, hrsg. von W. Jahn. München: W. Goldmann 1959.
Sterne bis 5.5^m. Einprägsame Figuren mit Text und Tabellen.
FELSMANN, G., u. O. KOHL, Atlas des gestirnten Himmels für das Äquinoktium 1950. Berlin: Akademie-Verlag 1956.
Ein handlicher, übersichtlich gezeichneter Sternatlas für Sterne bis zur Größenklasse 6.25.
NORTON, A. P., Star Atlas and Reference Handbook London: Gall and Inglis 1954.
Karten gut, Text merklich überholt.
SCHURIG, R., u. P. GOETZ, Himmelsatlas. 7. Aufl. Leipzig: Ed. Gaeblers Geograph. Institut 1942.
Ein gut gedruckter Himmelsatlas bis zur 6. Größe. Format 21 × 31 cm.
THOMAS, O., Atlas der Sternbilder (2. Aufl.). Salzburg: Verlag „Das Bergland-Buch" 1952.
Ein Kartenwerk, das mit den Sternbildern vertraut macht. Sterne bis 5^m.
WIDMANN, W., Neue Kosmos-Sternkarte. Stuttgart: Franckh'sche Verlagshandlung.
Eine drehbare Sternkarte des nördlichen Sternhimmels, ⌀ 27 cm, mit Planetenzeiger.
— Nachtleuchtende Sternkarte für Jedermann. Stuttgart: Franckh'sche Verlagshandlung.
Die wichtigsten Sternbilder und ihre Namen erscheinen selbstleuchtend.

b) Übersicht über die wichtigsten astronomischen Katalogwerke (siehe auch Seite 2 und 272)

In Klammern die gebräuchlichen Abkürzungen. Diese Kataloge sind Fachpublikationen und, mit Ausnahme der BD, nicht im Handel.

Catalogue of Bright Stars (BS) von F. SCHLESINGER: Örter und sonstige Daten aller Sterne bis zur Größe 6.5 nach dem Stand von 1940.

Bonner Durchmusterung (BD) von ARGELANDER und SCHÖNFELD: Genäherte Örter für 1855 für etwa 200000 Sterne bis etwa 9.5te Größe und −23° Deklination. Ein wichtiger Referenzkatalog. Für den Südhimmel ergänzen ihn die Cordoba-Durchmusterung (CD) und die Cape Photographic Durchmusterung (CPD).
Die BD liegt auch als Kartenwerk vor. (Bonn: Dümmler-Verlag).

Zweiter Katalog der Astronomischen Gesellschaft (AGK 2), von SCHORR und KOHLSCHÜTTER. Genaue photographische Örter der Sterne bis zur 9. Größe, nördlich des Äquators; eine Neubearbeitung des älteren AGK. 15 Bände, davon 11 bereits erschienen.

Carte du Ciel = Photographische Himmelskarte, soll alle Sterne bis zur 11. Größe enthalten. Das vor 70 Jahren in internationaler Zusammenarbeit begonnene Unternehmen ist durch die Zeitereignisse noch nicht völlig abgeschlossen. Bisher über 150 Bände.

Henry Draper-Catalogue (HD), 9 Bände (Harvard Annals 91—99) nebst Ergänzungen: Helligkeiten und Spektra von 250000 Sternen über der 10. Größe.

General Catalogue of 33342 stars (GC) von B. BOSS: Genaue Örter und Eigenbewegungen aller Sterne bis zur 7. Größe und einiger schwächerer. 5 Bände.

Dritter Fundamentalkatalog (FK 3): Genaueste Örter von 1535 meist hellen Sternen. Von diesen Fundamentalsternen werden jährlich scheinbare Örter publiziert. Sie liegen der Orts- und Zeitbestimmung zugrunde.

Catalog of 3539 Zodiacal stars (NZC) von J. ROBERTSON (Astronomical Papers of the American Ephemeris, Bd. 10 II). Für Sternbedeckungen wichtig.

General Catalogue of Double Stars (ADS) von R. AITKEN: Doppelsterne nach dem Stand von 1926. 2 Bände.

Obschtschij katalog peremennych swosd (Generalkatalog veränderlicher Sterne). Moskau 1958, 2 Bände. Kurze Hinweise über alle Veränderlichen nach neuestem Stand.

Geschichte und Literatur des Lichtwechsels der veränderlichen Sterne (GuL) von PRAGER und SCHNELLER. Bisher 4 Bände (1934—1957), davon der letzte mit Nachträgen bis 1954.

Atlas stellarum variabilium von HAGEN (1899—1908), mit Katalog.

New General Catalogue of Nebulae and Clusters (NGC) von DREYER (Memoirs RAS Bd. 49) nebst Nachtrag (IC = Index Catalogue, in 2 Teilen, Bd. 51 u. 59). 7840 + 5386 Sternhaufen, galaktische und extragalaktische Nebel.

General Catalogue of Trigonometric Stellar Parallaxes von L. JENKINS, Yale 1952: Parallaxen von 5822 Sternen.

General Catalogue of Stellar Radial Velocities von R. E. WILSON, Washington 1953: Radialgeschwindigkeiten von 15106 Sternen.

Potsdamer photometrische Durchmusterung des nördlichen Himmels (PD). Photometrisch gemessene Größen und Farbangaben für 14199 Sterne der BD bis $7^{m}_{.}5$.

c) Zeitschriften

α) Astronomische Zeitschriften

Astronomische Nachrichten, herausgegeben von J. WEMPE, Potsdam. Berlin: Akademie-Verlag.
Publiziert wissenschaftliche Originalarbeiten aus dem Gesamtgebiet der Astronomie und ihrer Nachbarwissenschaften. Zeitschrift für den Fachastronomen.

Die Sterne, herausgegeben von C. HOFFMEISTER, Sonneberg. Leipzig: J. A. Barth-Verlag.
Zweimonatsschrift über alle Gebiete der Himmelskunde. Inhaltlich auf hohem sachlichem Niveau; Zeitschrift für den arbeitenden Amateur.

Orion, Mitteilungen der Schweizerischen Astronomischen Gesellschaft, redigiert von ROB. A. NAEF, Meilen und E. ANTONINI, Genf.
Vierteljahresschrift für Mitglieder der Gesellschaft. Bringt wissenschaftliche Originalberichte und amateurastronomische Informationen. Zu beziehen über das Sekretariat (siehe S. 355).

Sky and Telescope, herausgegeben von CH. A. FEDERER jr., Harvard College Observatory.
Stets sehr aktuelle und reich illustrierte Monatsschrift. Sie ist die führende astronomische Zeitschrift in den USA, mit einer gut gelungenen Mischung von fachastronomischen und amateurastronomischen Berichten im Inhalt. Cambridge (Mass./USA): Sky Publishing Corporation.

The Journal of the British Astronomical Association, redigiert von N. J. GOODMAN, St. Albans (England).
Monatsschrift dieser angesehenen populär-wissenschaftlichen Gesellschaft. Die Beiträge geben einen guten Überblick über die BAA und ihre zahlreichen Fachsektionen. Zu beziehen über das Sekretariat (siehe S. 355).

VDS-Nachrichtenblatt der Vereinigung der Sternfreunde eV., redigiert von Joachim Herrmann, Berlin.
Monatliche Mitteilungen an die Mitglieder über alle Gebiete der Astronomie, sowie Buchbesprechungen und Vereinsnachrichten, und bei Bedarf „Schnellmitteilungen". Nur für Mitglieder der „Vereinigung der Sternfreunde eV." (siehe S. 355).

β) Naturwissenschaftliche Zeitschriften mit astronomischen Beiträgen

Die Naturwissenschaften, Berlin-Göttingen-Heidelberg: Springer.
Die Umschau, Frankfurt/Main: Umschau-Verlag.
Kosmos, Stuttgart: Franckh'sche Verlagshandlung.
Naturwissenschaftliche Rundschau, Stuttgart: Wissenschaftliche Verlagsgesellschaft m.b.H.
Orion Zeitschrift für Natur und Technik, München: Verlag R. Oldenbourg.
Physikalische Blätter, Mosbach/Baden: Physik-Verlag.
Anmerkung: In allen genannten Zeitschriften erscheinen auch Buchbesprechungen über astronomische Neuerscheinungen.

d) Veröffentlichungen der Internationalen Astronomischen Union

Transactions, dreijährlich erscheinende Berichte, *Telegramme* und *Circulaires* des Bureau Central des télégrammes astronomiques, Observatory, Östervold 3, Kopenhagen K, Dänemark. *Kommen nur für Beobachter an größeren Instrumenten in Betracht.*

e) Jahrbücher und Kalender

Das Himmelsjahr, verfaßt von M. Gerstenberger. Stuttgart: Franckh'sche Verlagshandlung.
Ein sehr populär gehaltener Kalender.
Kalender für Sternfreunde, herausgegeben von P. Ahnert. Leipzig: J. A. Barth-Verlag.
Unter den deutschsprachigen Kalendern zum Standardwerk geworden, kann er jedem beobachtenden Sternfreund warm empfohlen werden.
Der Sternhimmel, verfaßt von R. A. Naef. Aarau (Schweiz): Verlag Sauerländer & Co.
Ein kleines astronomisches Jahrbuch für Sternfreunde von bewährter Qualität. Enthält viele nützliche Hinweise für den Beobachter.
The Handbook of the British Astronomical Association, herausgegeben von J. G. Porter.
Ein zuverlässiges und übersichtliches kleines Jahrbuch für den Amateur. Bezug durch die BAA (siehe S. 355).
*Berliner Astronomisches Jahrbuch**, herausgegeben vom Astronomischen Recheninstitut in Berlin und Heidelberg: Akademie-Verlag.
Ein vollständiges wissenschaftliches Jahrbuch mit über 450 Seiten Umfang. Das Jahrbuch stellt 1960 sein Erscheinen zugunsten der internationalen Arbeitsteilung ein. Trotzdem kann der Erwerb älterer Jahrgänge dem Sternfreund empfohlen werden, da der reichhaltige Tafel- und Tabellenteil nützlich sein kann.
*The Astronomical Ephemeris**, herausgegeben vom Royal Greenwich Observatory (England) in Zusammenarbeit mit dem Naval Observatory Washington (USA).
Ein wissenschaftliches Jahrbuch in der Art des Berliner Astronomischen Jahrbuchs. Die Beobachter finden dort besonders die wichtigen Daten für die Sonnen-, Mond- und Planetenbeobachtung.

11. *Astronomische Filme und Bildreihen*

Für Unterricht und Vorträge ist es zweckmäßig, gelegentlich astronomische Filme und Bildreihen vorzuführen. In Deutschland können derartige Informationsquellen gewöhnlich über die amtliche Bildstellenorganisation der 14 Landesbildstellen bezogen werden. Das *Institut für Film und Bild in Wissenschaft und Unterricht* (*FWU*) in München 22, Museumsinsel, ist u. a. ein Produzent astronomischer Filme und Bildreihen. Das FWU versendet an Interessenten einen ausführlichen Katalog, in dem u. a. auch die einzelnen Landes-, Kreis- und Stadtbildstellen innerhalb der Bundesrepublik Deutschland und West-Berlin verzeichnet sind.

Ausländische Filme und Bildreihen können gelegentlich ebenfalls über die erwähnten Bildstellen bestellt werden. Eine gute Übersicht über ausländische Produktionen gibt eine Zusammenstellung von Sheila A. Boulter, *Films and Film Strips on Astronomy*, The Journal of the British Astronomical Association **70**, 219 (1960).

Anmerkung: * Beginnend mit dem Jahrgang 1960 erscheinen die beiden Jahrbücher von Washington und London *The American Ephemeris* und *The Nautical Almanac* (neuer Titel: *The Astronomical Ephemeris*) mit identischem Inhalt. Als 2. Band dieses einheitlichen Jahrbuchs gibt das *Astronomische Recheninstitut* in Heidelberg die *Apparent Places of Fundamental Stars* heraus, welche die scheinbaren Örter aller Sterne des FK3 einschließlich der Zusatzsterne enthalten.

III. Astronomische Organisationen

1. Vereine

Astronomische Gesellschaft, gegründet 1863 als internationale wissenschaftliche Gesellschaft. Die Mitgliedschaft ist auf Fachastronomen und der Wissenschaft nahestehende Amateure beschränkt. Die Geschäftsstelle befindet sich bei der Staatssternwarte Hamburg-Bergedorf.

Vereinigung der Sternfreunde eV., gegründet 1952 als Nachfolgerin des *Bundes der Sternfreunde* und der *Vereinigung von Freunden der Astronomie und Kosmischen Physik*. Die Mitgliedschaft in der VdS steht allen astronomisch Interessierten offen. Zur Zeit befindet sich die Geschäftsstelle in München 9, Theodolindenstr. 6.

Schweizerische Astronomische Gesellschaft, die nationale astronomische Vereinigung der Schweiz. In ihr sind sowohl Fachastronomen als auch Sternfreunde Mitglieder. Sekretariat: Schaffhausen, Vordergasse 57.

The British Astronomical Association, gegründet 1890, zählt heute über 2500 Mitglieder und ist damit eine der größten Vereinigungen von Sternfreunden auf der Erde. Anschrift: Burlington House, Piccadilly, London W 1, Gt. Britain.

Verband von Sternfreunden in Österreich, Organisation österreichischer Amateure. Vereinssitz Gmunden (OÖ), Sternwarte Prof. H. Eisner.

2. Volkssternwarten

Archenhold-Sternwarte, Berlin-Treptow, Alt-Treptow 1 (DDR).
Einstein-Schulsternwarte, Görlitz (DDR).
Kuffner-Sternwarte, Wien XVI, Johann-Staud-Straße 10 (Österreich).
Olbers-Sternwarte, Bremen, Werderstraße (Seefahrtschule).
Schwäbische Landessternwarte, Stuttgart, Uhlandshöhe.
Städtische Sternwarte, Nürnberg, Lützowstr. 10.
Städtische Sternwarte, Recklinghausen, Stadtpark.
Urania Sternwarte, Zürich, Uraniastraße (Schweiz).
Urania-Sternwarte, Eilenburg, Bartholomäusaue (DDR).
Volkssternwarte Bochum, Bochum-Sundern, Blankensteiner Straße 200.
Volkssternwarte München, München 8, Anzingerstraße 1.
Wiener Urania-Sternwarte, Wien 1, Uraniastraße 1 (Österreich).
Wilhelm-Foerster-Sternwarte, Berlin-Schöneberg, Papestraße 2.

Anmerkung: Die hier aufgeführten Vereine und Volkssternwarten stellen keine vollständige Liste aller in Europa tätigen Institutionen dar. Sie sind aber mit die wichtigsten, und über sie kann man alle anderen Vereine, Arbeitsgemeinschaften und Sternwarten im In- und Ausland erfahren. *Bitte beachten:* bei schriftlichen Anfragen stets Rückporto beifügen.

IV. Gebräuchliche Abkürzungen astronomischer Organisationen und Zeitschriften

AAS	=	American Astronomical Society, USA
AAVSO	=	American Association of Variable Star Observers, USA
AG	=	Astronomische Gesellschaft, Deutschland
AJ	=	Astronomical Journal, New Haven, USA
AJB	=	Astronomischer Jahresbericht, Heidelberg
ALPO	=	Association of Lunar and Planetary Observers, USA
AN	=	Astronomische Nachrichten, Berlin
ApJ	=	Astrophysical Journal, USA
ASP	=	Astronomical Society of the Pacific
BA	=	Bulletin Astronomique, Frankreich
BAA	=	British Astronomical Association
BAC	=	Bulletin of the Astronomical Institutes of Czechoslovacia
BAN	=	Bulletin of the Astronomical Institutes of the Netherlands
BAV	=	Berliner Arbeitsgemeinschaft für veränderliche Sterne, Berlin
BJ	=	Berliner astronomisches Jahrbuch, Berlin
BSAF	=	L'Astronomie, Bulletin de la Societe Astronomique de France, Paris
CdT	=	Connaissance des Temps, Frankreich
DOB	=	Documentation des Observateurs, Paris
Gaz. astr.	=	Gazette astronomique, Antwerpen

HA = Annals of the Harvard College Observatory, USA
HC = Harvard College Observatory Circular, USA
IAU = Internationale Astronomische Union
JBAA = Journal of the British Astronomical Association
JO = Journal des Observateurs, Frankreich
LOB = Lick Observatory Bulletin, USA
MfP = Mitteilungen für Planetenbeobachter, München
MN = Monthly Notices of the Royal Astronomical Society, England
NA = Nautical Almanac and Astronomical Ephemeris, London
Obs = The Observatory, London
PASJ = Publications of the Astronomical Society of Japan
PASP = Publications of the Astronomical Society of the Pacific, USA
PAT = Populär Astronomisk Tidskrift, Stockholm
RAS = Royal Astronomical Society, England
RAJ = Astronomisches Journal der UdSSR, Moskau
SAG = Schweizerische Astronomische Gesellschaft
VdS = Vereinigung der Sternfreunde, Deutschland
ZfA = Zeitschrift für Astrophysik, Berlin-Göttingen-Heidelberg
ZfI = Zeitschrift für Instrumentenkunde

Sachregister

GPSR Compliance

The European Union's (EU) General Product Safety Regulation (GPSR) is a set of rules that requires consumer products to be safe and our obligations to ensure this.

If you have any concerns about our products, you can contact us on ProductSafety@springernature.com

In case Publisher is established outside the EU, the EU authorized representative is:

Springer Nature Customer Service Center GmbH
Europaplatz 3
69115 Heidelberg, Germany

Batch number: 10682323

Printed by Printforce, the Netherlands